ANSYS Autodyn 2023 非线性有限元分析

从入门到工程实战

闫波　吴宏波　张耀磊　编著

·北京·

内容简介

本书以 Ansys Autodyn 2023 R1 版本为例，对 Ansys Autodyn 分析的基本思路、操作步骤、应用技巧进行了详细介绍，并结合典型工程应用实例详细讲述了 Ansys Autodyn 的具体工程应用方法。

本书主要内容包括：Autodyn 概述；Autodyn 操作入门；材料模型、材料库以及定义材料；初始与边界条件；零件、部件和组；零件间的连接、接触以及爆炸；求解控制与输出；显示与后处理；专题实例。

本书内容编排合理，实例丰富实用，与工程实际紧密结合，非常适合从事动力分析相关行业的工程技术研发人员和科研人员使用，也可用作高等院校相关专业的教材及参考书。

图书在版编目（CIP）数据

ANSYS Autodyn 2023非线性有限元分析从入门到工程实战 / 闫波，吴宏波，张耀磊编著. —北京：化学工业出版社，2024.7

ISBN 978-7-122-45482-9

Ⅰ.①A… Ⅱ.①闫… ②吴… ③张… Ⅲ.①有限元分析-应用软件 Ⅳ.①O241.82-39

中国国家版本馆CIP数据核字（2024）第080524号

责任编辑：要利娜　　文字编辑：侯俊杰　温潇潇

责任校对：王　静　　装帧设计：王晓宇

出版发行：化学工业出版社

（北京市东城区青年湖南街13号　邮政编码100011）

印　　刷：北京云浩印刷有限责任公司

装　　订：三河市振勇印装有限公司

787mm×1092mm　1/16　印张19¾　字数517千字

2024年10月北京第1版第1次印刷

购书咨询：010-64518888　　售后服务：010-64518899

网　　址：http://www.cip.com.cn

凡购买本书，如有缺损质量问题，本社销售中心负责调换。

定　　价：99.00元

前言 Preface

有限元法作为数值计算方法中在工程分析领域应用较为广泛的一种计算方法，自20世纪中叶以来，以其独有的计算优势得到了广泛的发展和应用，已出现了不同的有限元算法，并由此产生了一批非常成熟的通用和专业有限元商业软件。随着计算机技术的飞速发展，各种工程软件也得以广泛应用。

Ansys软件是美国Ansys公司研制的大型通用有限元分析（FEA）软件，能够进行包括结构、热、声、流体以及电磁场等学科的研究，在核工业、铁道、石油化工、航空航天、机械制造、能源、交通、国防军工、电子、土木工程、造船、生物医药、轻工、地矿、水利、日用家电等领域有着广泛的应用。Ansys功能强大，操作简单方便，现在已成为国际最流行的有限元分析软件，在历年FEA评比中都名列第一。

Autodyn是美国Ansys子公司Century Dynamics公司于1985年在硅谷开发的非线性瞬态动力分析数值模拟软件，该软件从开发至今一直致力于军工行业的研发。2005年1月该公司加盟Ansys公司，现已融入Ansys协同仿真平台。1995年开发出高精度Euler-FCT、Euler-Godunov求解器，专门用来模拟爆炸冲击波的传递。2000年引入由欧洲航空局开发的SPH求解器，专门用来模拟超高速条件下的接触碰撞分析。目前在国际军工行业占据80%以上市场。

一、本书特色

- 针对性强

本书作者根据自己多年的计算机辅助分析设计领域工作经验和教学经验，针对初级用户学习Autodyn的难点和疑点由浅入深，全面细致地讲解了Autodyn在有限元分析，尤其是非线性分析应用领域的各种功能和使用方法。

- 实例经典

本书中有很多实例本身就是工程分析项目案例，经过作者精心提炼和改编，不仅保证了读者能够学好知识点，更重要的是能帮助读者掌握实际的操作技能。

- 提升技能

本书从全面提升Autodyn分析能力的角度出发，结合大量的案例来讲解如何利用 Autodyn 进行工程分析，真正让读者懂得计算机辅助工程分析并能够独立地完成各种工程项目。

- 内容全面

本书在有限的篇幅内，讲解了 Autodyn 的全部常用功能，内容涵盖了 Autodyn 分析的基本思路、操作步骤、应用技巧等知识。读者通过学习本书，可以较为全面地掌握 Autodyn 相关知识。

二、本书资源与服务

1. 安装软件的获取

按照本书上的实例进行操作练习，以及使用 Autodyn 进行工程分析时，需要事先在计算机上安装相应的软件。读者可访问 ANSYS 公司官方网站下载试用版，或到当地经销商处购买正版软件。

2. 配套学习资源

除书面讲解外，本书还配套了重点章节视频讲解，读者可扫书中二维码，边学边看，提高学习效率。此外，随书附赠了全书实例结果文件素材，读者可扫下方二维码下载实例文件，方便实践。

本书由中国运载火箭研究院的闫波、吴宏波和张耀磊三位高级工程师编写，其中闫波执笔编写了第 1、2、4、5、8、9、10 章，张耀磊执笔编写了第 3 章，吴宏波执笔编写了第 6、7、11 章。胡仁喜、解江坤等也参加了部分编写工作。

由于时间仓促，加之作者的水平有限，不足之处在所难免，恳请专家和广大读者不吝赐教。

编著者

扫码下载素材文件

目录 Contents

第3章 材料模型、材料库以及定义材料 053

第4章 初始与边界条件 069

第5章 零件、部件和组 076

第 9 章 撞击问题实例 178

第 10 章 聚能装药问题实例 227

第 11 章 爆炸冲击问题实例 283

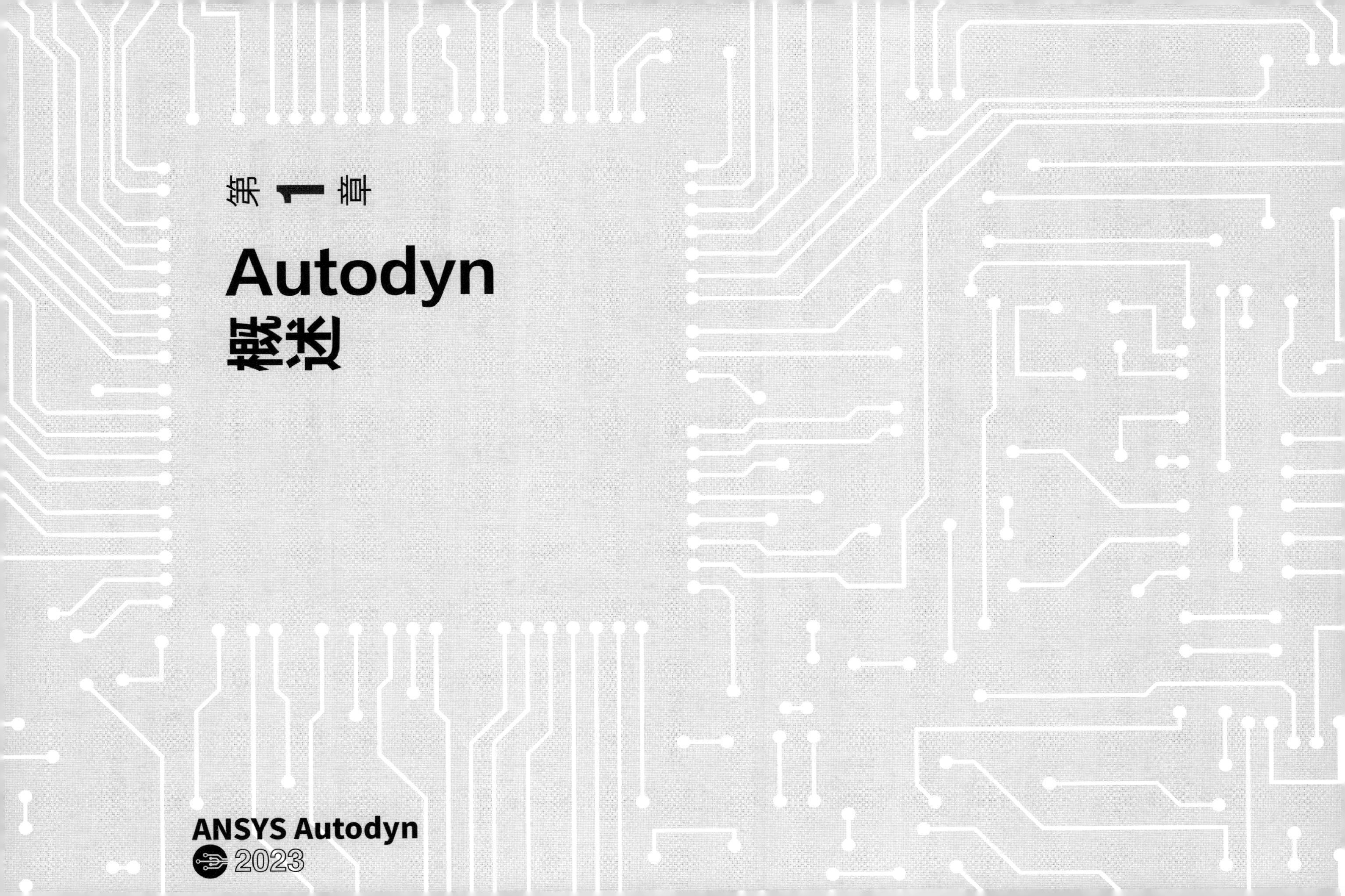

第 1 章

Autodyn 概述

Autodyn 是 Ansys 子公司 Century Dynamics 公司研发的软件产品。该公司为线性、非线性、显式以及多物质流体动力学问题提供成熟易用的仿真软件。Autodyn 是一个显式有限元分析程序，用来解决固体、流体、气体及其相互作用的高度非线性动力学问题。本章主要介绍了有限元法，Ansys 以及 Autodyn 的发展历程、软件功能、分析步骤等内容。

1.1 有限元法简介

有限元是一门以结构力学和弹性力学为理论基础，以计算机为媒体，以有限元程序为主体，对大型结构工程的数值计算方法。有限元的核心思想是结构的离散化，就是将实际结构假想地离散为有限个数目的简单单元的组合体，实际结构的物理性能可以通过对离散单元进行分析，得出满足工程精度的近似结果来替代对实际结构的分析。

1.1.1 有限元法基本思想

有限元法（finite element method，FEM）也称为有限单元法或有限元素法，是一种高效能、常用的数值计算方法。科学计算领域，常常需要求解各类微分方程，而许多微分方程的解析解一般很难得到，使用有限元法将微分方程离散化后，可以编制程序，使用计算机辅助求解。基本思想是将求解区域离散为一组有限个，且按一定方式相互连接在一起的单元的组合体。它是随着电子计算机的发展而迅速发展起来的一种现代计算方法。

任何具有一定使用功能的构件，称为变形体（deformed body）都是由满足要求的材料所制造的，在设计阶段，就需要对该构件在可能的外力作用下的内部状态进行分析，以便核对所使用材料是否安全可靠，以避免造成重大安全事故。描述可承力构件的力学信息一般有三类：

① 构件中因承载在任意位置上所引起的移动，称为位移（displacement）；

② 构件中因承载在任意位置上所引起的变形状态，称为应变（strain）；

③ 构件中因承载在任意位置上所引起的受力状态，称为应力（stress）。

若该构件为简单形状，且外力分布也比较单一，如杆、梁、柱、板就可以采用材料力学的方法，一般都可以给出解析公式，应用比较方便；但对于形状较为复杂的构件却很难得到准确的结果，甚至根本得不到结果。有限元分析的目的就是针对具有任意复杂形状变形体，完整获取在复杂外力作用下它内部的准确力学信息，即求取该变形体的三类力学信息位移、应变、应力。在准确进行力学分析的基础上，设计师就可以对所设计对象进行强度、刚度等方面的评判，以便对不合理的设计参数进行修改，以得到较优化的设计方案。然后，再次进行方案修改后的有限元分析，以进行最后的评判和校核，确定出最后的设计方案。

1.1.2 有限元常用术语

本小节主要介绍有限元常用术语，包括有限元分析的术语、定义、类型、一般要求和规则等。

(1) 单元

结构单元的网格划分中的每一个小的块体称为一个单元。常见的单元类型有线段单元、三角形单元、四边形单元、四面体单元和六面体单元，如图 1-1 所示。由于单元是组成有限元模型的基础，因此单元的类型对于有限元分析至关重要。一个有限元程序所提供的单元种类越多，这个程序的功能则越强大。Ansys 程序提供了 200 多种单元种类，可以模拟和分析大多数的工程问题。

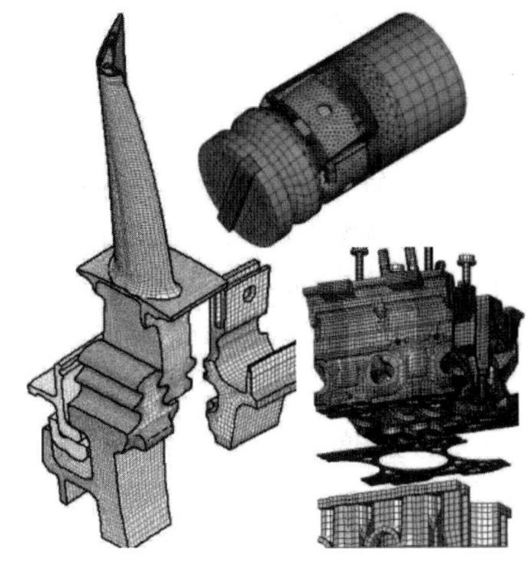

图 1-1　六面体单元

在 Ansys 程序分析中，常用的有限元单元有 Link 单元、Beam 单元、Block 单元和 Plane 单元。

- Link 单元：这种单元是线性单元，线段的两个端点即为单元的节点。每个节点只有三个自由度，没有转动自由度。此单元主要用于桁架结构的模拟分析。
- Beam 单元：此单元主要用于分析细长结构梁的弯曲问题，而 Link 单元只能分析细长结构的受拉和受压时候的情况。与 Link 单元相比较，梁单元增加了转动自由度，即角位移自由度。
- Block 单元：Block 单元分为平面问题和空间问题两种，平面形式的 Block 单元为四个节点的四边形单元或八个节点的四边形单元。平面 Block 单元主要用于平面应变和平面应力问题的分析，也可以用于对轴对称问题的模拟。空间形式的 Block 单元则为八到二十个节点的六面体单元，主要用于空间结构的问题分析。在默认的情况下，Block 单元的每个节点只有位移自由度而没有转动自由度，但在具体分析过程中可以通过程序菜单给每个节点增加转动自由度。
- Plane 单元：Plane 单元每个节点有六个自由度，用于模拟空间的薄壁问题。此外，Ansys 程序单元中还有 Mass 单元、Pipe 单元、Shell 单元和 Fluid 单元等。关于各种单元的详细使用方法和应用范围，可参考 Ansys 程序在线帮助中的单元库手册。

初学 Ansys 的人，通常会被 Ansys 所提供的众多纷繁复杂的单元类型弄花了眼，如何选择正确的单元类型，也是新手学习时很头疼的问题。单元类型的选择，跟要解决的问题本身密切相关。在选择单元类型前，首先要对问题本身有非常明确的认识，然后对于每一种单元类型，每个节点有多少个自由度，包含哪些特性，能够在哪些条件下使用，在 Ansys 的帮助文档中都有非常详细的描述。要结合自己的问题，对照帮助文档里面的单元描述来选择恰当的单元类型。

（2）节点

确定单元形状的点就叫节点。例如线段单元只有两个节点，三角形单元中有三个或六个节点，四边形至少有四个节点，等等。

（3）载荷

工程结构所受到的外在施加的力称为载荷，包括集中力和分布力等。在不同的学科中，载荷的含义也不尽相同。在电磁场分析中，载荷是指结构所受的电场和磁场作用。在温度场分析中，所受的载荷则是指温度本身。

（4）边界条件

边界条件就是指结构边界上所受到的外加约束。在有限元分析中，边界条件的确定是非常重要的因素。边界条件的错误选择往往使有限元中的刚度矩阵发生奇异，使程序无法正常运行。施加正确的边界条件是获得正确的分析结果和较高的分析精度的重要条件。

1.1.3　有限元分析步骤

（1）连续体的离散化

将给定的物理系统分割成等价的有限单元系统。一维结构的有限单元为线段，二维连续体的有限单元为三角形、四边形，三维连续体的有限单元可以是四面体、长方体和六面体。各种类型的单元有其不同的优缺点。根据实际应用，发展出了更多的单元。要决定单元的类型、数目、大小和排列方式，以便能够合理有效地表示给定的物理系统。

（2）选择位移模型

假设的位移函数或模型只是近似地表示了真实位移分布。通常假设位移函数为多项式，最简单情况为线性多项式。实际应用中，没有一种多项式能够与实际位移完全一致。用户所要做的是选择多项式的阶次，以使其在可以承受的计算时间内达到足够的精度。此外，还需要选择表示位移大小的参数，它们通常是节点的位移，但也有可能包括节点的位移导数。

（3）用变分原理推导单元刚度矩阵

单元刚度矩阵是根据最小位能原理或者其他原理，由单元材料和几何性质导出的平衡方程系数构成的。单元刚度矩阵将节点位移和节点力联系起来，物体受到分布力变换为节点处的等价集中力。刚度矩阵 $\boldsymbol{k}$、节点力矢量 $\boldsymbol{f}$ 和节点位移矢量 $\boldsymbol{q}$ 的平衡关系表示为线性代数方程组为 $\boldsymbol{kq}=\boldsymbol{f}$。

（4）集合整个离散化连续体的代数方程

就是把各个单元的刚度矩阵集合成整个连续体的刚度矩阵，把各个单元的节点力矢量集合为总的力和载荷矢量。最常用的原则是要求节点能互相连接，即要求所有与某节点相关联的单元在该节点处的位移相同。总刚度矩阵 $\boldsymbol{K}$、总矢量 $\boldsymbol{F}$ 以及整个物体的节点位移矢量 $\boldsymbol{Q}$ 之间构成整体平衡，其联立方程为 $\boldsymbol{KQ}=\boldsymbol{F}$。

这样得出物理系统的基本方程后，还需要考虑其边界条件或初始条件，才能够使得整个方程封闭。如何引入边界条件依赖于对系统的理解。

（5）求解位移矢量

即求解上述代数方程，这种方程可能简单，也可能很复杂。比如对非线性问题，在求解的每一步都要修正刚度矩阵和载荷矢量。

（6）由节点位移计算出单元的应变和应力

视具体情况，可能还需要计算出其他一些导出量。

在实际工作中，上述有限元分析只是在计算机软件处理中的步骤，要完成工程分析，还需要更多的前处理和后处理。有限元分析流程图如图 1-2 所示。

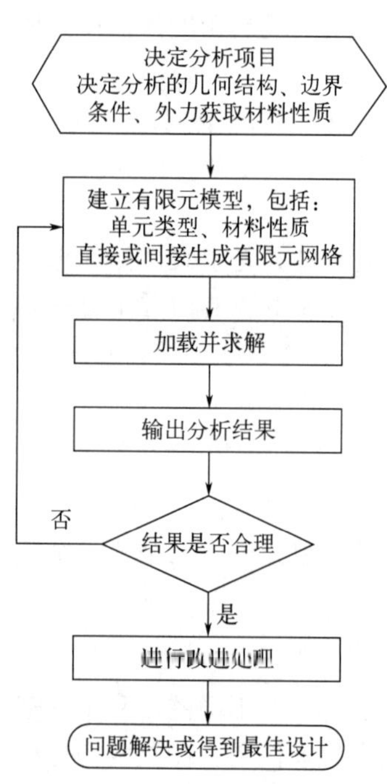

图 1-2 有限元分析流程图

1.2 Ansys 简介

Ansys 软件是集结构、热、流体、电磁、声等多种学科于一体的大型通用有限元分析软件。它在工程中的应用相当广泛，可应用于核工业、铁道、石油工业、航空航天、机械制造、能源、交通、国防军工、电子、土木工程、生物医学、水利、日用家电等工业及科学研究领域。Ansys 是这些领域进行国际国内分析设计技术交流的主要分析平台。该软件可在大多数计算机及操作系统（如 Windows、UNIX、Linux、HP-UX 等）中运行，从 PC 机到工作站直至巨型计算机，Ansys 文件在其所有的产品系列和工作台上均兼容。

1.2.1 Ansys 的发展历史

1963 年，Ansys 的创办人 John Swanson 博士任职于美国宾州匹兹堡西屋公司的太空核子实验室。当时他的工作之一是为某个核子反应火箭做应力分析。为了工作上的需要，Swanson 博士写了一些程序来计算加载温度和压力的结构应力和变位。几年下来，建立在原有的有限元素法热传导程序上，扩充了不少三维分析的程序，包括了板壳、非线性、塑性、潜变、动态全程等。此程序当时命名为 STASYS（structural analysis system）。

Swanson 博士相信，利用这样整合及一般性的有限元素法程序来取代复杂的手算，可以替西屋及其他许多公司省下大量时间和金钱。不过当初西屋并不支持这样的想法。所以 Swanson 博士于 1969 年离开西屋，在邻近匹兹堡的家中车库创立了他自己的公司 Swanson Analysis Systems Inc（SASI）。1970 年，商用软件 Ansys 宣告诞生，致力于工程仿真软件和技术的研发，在全球众多行业中，被工程师和设计师广泛采用。

Ansys 公司于 2006 年收购了在流体仿真领域处于领导地位的美国 Fluent 公司，于 2008 年收购了在电路和电磁仿真领域处于领导地位的美国 Ansoft 公司。通过整合，Ansys 公司成为全球最大的仿真软件公司。Ansys 整个产品线包括结构分析（Ansys Mechanical）系列，流体动力学 [Ansys CFD（FLUENT/CFX）] 列，电子设计（Ansys ANSOFT）系列以及 Ansys Workbench 和 EKM 等。产品广泛应用于航空、航天、电子、车辆、船舶、通信、建筑、医疗、国防、石油、化工等众多行业。

1.2.2 Ansys 软件功能

1.2.2.1 基本功能

（1）结构静力分析

用来求解稳态外载荷引起的系统或部件的位移、应变、应力、和力，如图 1-3 所示。静力分析很适合求解惯性和阻尼对结构的影响并不显著的问题，如确定结构中的应力集中现象。Ansys 程序中的静力分析不仅可以进行线性分析，而且可以进行非线性分析，如塑性、蠕变、膨胀、大变形、大应变及接触分析。

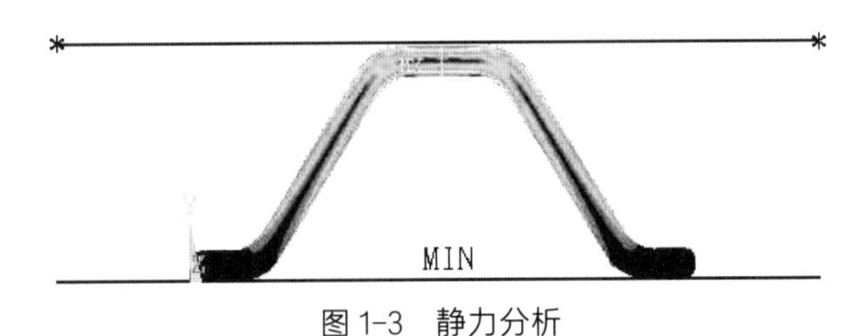

图 1-3　静力分析

（2）结构动力学分析

结构动力学分析用来求解随时间变化的载荷对结构或部件的影响。与静力分析不同，动力分析要考虑随时间变化的力载荷以及它对阻尼的惯性的影响。Ansys 可进行的结构动力学分析类型包括：瞬态动力学分析、模态分析、谐波响应分析及随机振动响应分析。

（3）结构非线性分析

结构非线性分析导致结构或部件的响应随外载荷不成比例变化。Ansys 程序可求解静态和瞬态非线性问题，包括材料非线性、几何非线性和单元非线性三种。

① 几何非线性　主要包括大变形、大应变、应力强化、旋转软化、非线性屈曲等问题的分析。

② 材料非线性

- 弹塑性：双线性随动硬化、双线性各向同性硬化、多线性随动硬化、多线性各向同性硬化、非线性随动硬化、非线性各向同性硬化、非均匀各向异性、速率相关塑性、复合弹塑性。
- 非线性弹性：分段线性弹性。
- 超弹性：各种橡胶、Mooney-Rivlin 材料、Arruda-Boyce 模型。
- 黏弹性：各种玻璃、塑料。
- 黏塑性：高温金属。
- 蠕变：数十种蠕变方程。
- 膨胀：核材料（中子轰击发生膨胀）。
- 岩土、混凝土材料：Drucker-Prager 材料、Mohr-Coulomb 准则。

③ 单元非线性

- 自动接触处理：点对点接触、点对地接触、点对面接触（包括热接触）、刚对柔面面接触、柔对柔面面接触、自动单面接触、刚体接触、固联失效接触、固联接触、侵蚀接触、单边接触。
- 非线性连接单元：3D 空间万向连接单元、非线性拉扭弹簧阻尼器、开关控制单元（模拟摩擦离合器等）、间隙单元、只承拉线缆或只承压杆单元、螺栓单元等。
- 钢筋混凝土单元：任意布置加强钢筋、可计算和图形显示开裂情况。
- 材料高度非线性单元：黏弹性专用单元、黏塑性专用单元。
- 特殊非线性单元：布效应膜壳单元、大变形、大旋转壳单元。

（4）运动学分析

Ansys 程序可以分析大型三维柔体运动。当运动的积累影响起主要作用时，可使用这些功能分析复杂结构在空间中的运动特性，并确定结构中由此产生的应力、应变和变形。

（5）热分析

Ansys 软件可处理热传递的三种基本类型热传导、热对流和热辐射。热传递的三种类型均可进行稳态和瞬态、线性和非线性分析。热分析还具有可以模拟材料固化和熔解过程的相变分析能力以及模拟热与结构应力之间的热 - 结构耦合分析能力。

（6）电磁场分析

主要用于电磁场问题的分析，如图 1-4 所示，如电感、电容、磁通量密度、涡流、电场分布、磁力线分布、力、运动效应、电路和能量损失等。还可用于螺线管、调节器、发电机、变换器、磁体、加速器、电解槽及无损检测装置等的设计和分析领域。

（7）流体动力学分析

Ansys 流体单元能进行流体动力学分析，如图 1-5 所示，飞机的生产和研究就需要对飞机机型气动分析，流体动力学分析的类型可以分为瞬态和稳态。分析结果可以是每个节点的压力和通过每个单元的流率，并且可以利用后处理功能产生压力、流率和温度分布的图形显示。另外，还可以使用三维表面效应单元和热 - 流管单元模拟结构的流体绕流并包括对流换热效应。

（8）声场分析

软件的声学功能用来研究含流体的介质中声波的传播或分析浸在流体中的固态结构的动态特性。这些功能可用来确定音响话筒的频率响应，研究音乐大厅的声场强度分布或预测水对振动船体的阻尼效应。

图 1-4　电磁场分析

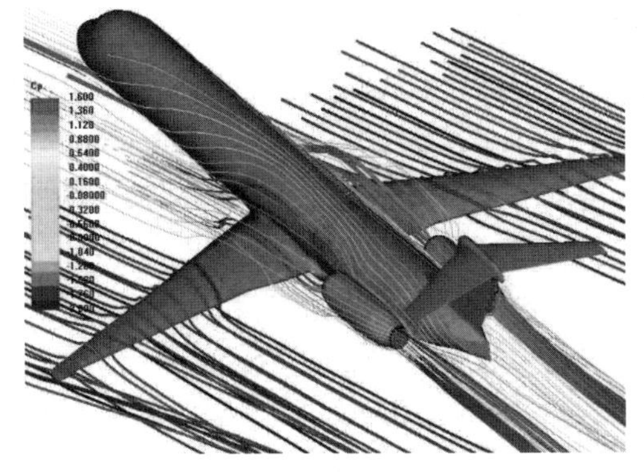

图 1-5　飞机气动分析

（9）压电分析

用于分析二维或三维结构对 AC（交流）、DC（直流）或任意随时间变化的电流或机械载荷的响应。这种分析类型可用于换热器、振荡器、麦克风等部件及其他电子设备的结构动态性能分析。可进行四种类型的分析：静态分析、模态分析、谐波响应分析、瞬态响应分析。

1.2.2.2　高级功能

（1）多物理场耦合分析

考虑两个或多个物理场之间的相互作用。如果两个物理场之间互相影响，单独求解一个物理场是不可能得到正确结果的。例如在压电力分析中需要同时求解电压分布（电场分析）和应变（结构分析）。耦合场分析适用于下列类型的相互作用：

热 - 应力分析（压力容）器；热 - 结构分析；热 - 电分析；热 - 流体分析；磁 - 热分析（感应加热）；磁 - 结构分析（磁体成形）；感应加热分析；感应振荡分析；电磁 - 电路分析；电 - 结构分析；电 - 磁分析；电 - 磁 - 热分析；电 - 磁 - 热 - 结构分析；压力 - 结构分析；速度 - 温度 - 压力分析；稳态 - 流 - 固分析。

（2）优化设计

优化设计是一种寻找最优方案的技术。设计方案的任何方面都是可以优化的，如尺寸（如厚度）、形状（如过渡圆角的大小）、支撑位置、制造费用、自然频率、材料特性等。实际上，所有可以参数化的 Ansys 选项都可以作优化设计，如图 1-6 所示为一个多学科优化流程示意图。

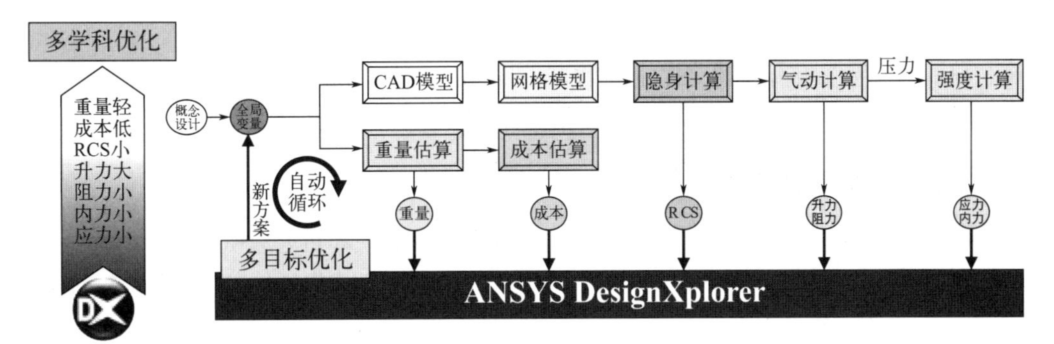

图 1-6　多学科流程集成

（3）拓扑优化

拓扑优化是指形状优化，有时也称为外形优化。拓扑优化的目标是寻找承受单载荷或多载荷的物体的最佳材料分配方案。这种方案在拓扑优化中表现为“最大刚度”设计。用户只需要给出结构的参数（材料特性、模型、荷载等）和要省去的材料百分比，程序就能自动进行优化。

（4）单元的生死

如果模型中加入（或删除）材料，模型中相应的单元就“存在”（或“消亡”）。单元生死选项就用于在这种情况下杀死或重新激活单元。本功能主要用于钻孔（如开矿和挖隧道等）、建筑物施工过程（如桥梁的建筑过程）、顺序组装（如分层的计算机芯片组装）和另外一些用户可以根据单元位置来方便地激活。

（5）用户可扩展功能（UPF）

Ansys 软件的开放结构允许连接自己的 FORTRAN 程序和子过程。当前 UPF 支持如下性能。

- 用户单元坐标系定位。适用于下列单元类型：“SHELL43”“SHELL63”“SHELL91”“SHELL93”“SHELL99”“SHELL181”“SOLID46”“SOLID64”。对于分层的单元，可以定义层的坐标系方位。
- 用户实参。单元“COMBIN7”和“COMBIN37”允许实参在用户自己的非线性功能中被修改。
- 用户摩擦系数。适用于接触单元“CONTAC48”和“CONTAC49”。
- 用户塑性屈服准则。允许用户定义自己的塑性屈服准则计算塑性应变并在积分点处生成切向应力应变矩阵。
- 用户蠕变方程。允许用户定义自己的蠕变方程。
- 用户熔胀准则。如果在分析中计入熔胀（如中子爆炸），可自定义合适的熔胀准则。程序内部没有熔胀准则。
- 用户湿热生成。允许计入由潮湿成分引起的热膨胀，限于单元“SHELL91”。
- 用户超弹性。适用于超弹性单元。
- 用户失效准则。适用于层单元“SOLID46”和“SHELL99”。可以定义不超过 6 个失效准则。
- 用户黏弹性，对于单元“FLUID141”和“FLUID142”，可以将黏弹性作为压力、温度、位置、时间、速度和速度梯度的函数定义。
- 用户荷载。体载荷如温度、热生成和频率（中子流），面载荷如压力、对流、热流和电势密度等可用于子程序定义。
- 用户荷载矢量。对于单元“PIPE59”允许用户生成复数的载荷矢量用于频率范围逻辑。可以用它代表水动力载荷。
- Ansys 作为子程序。可以在自己的程序中将 Ansys 程序作为子程序调用。
- 用户优化。可以用自己的算法和中断准则替换 Ansys 优化过程。

1.2.3 Ansys 应用分析步骤

Ansys 软件主要包括三个部分：前处理模块、分析计算模块和后处理模块。

① 前处理模块用于创建实体模型或有限元模型，包括定义工作文件名、设置分析模块、定义单元类型和选项、定义实常数、定义材料特性、建立分析几何模型、对模型进行网格划分、施加荷载及约束。前处理模块提供了一个强大的实体建模及网格划分工具，用户可以方便地构

造有限元模型。

② 分析计算模块用于选择求解类型、进行求解选项设定、计算。分析类型包括结构分析（可进行线性分析、非线性分析和高度非线性分析）、流体动力学分析、电磁场分析、声场分析、压电分析以及多物理场的耦合分析，可模拟多种物理介质的相互作用，具有灵敏度分析及优化分析能力。

③ 后处理模块用于查看求解结果中的变形、应力、应变、反作用力等基本信息，获取求解结果的分析信息，对各种求解结果的图形化显示，获取动态结果分析，获取与时间相关的处理信息。可将计算结果以彩色等值线显示、梯度显示、矢量显示、粒子流迹显示、立体切片显示、透明及半透明显示（可看到结构内部）等图形方式显示出来，也可将计算结果以图表、曲线形式显示或输出。

1.2.3.1　前处理

前处理主要包括实体建模、网格划分和施加载荷等操作。

（1）实体建模

Ansys 程序提供了两种实体建模方法：自顶向下与自底向上。自顶向下进行实体建模时，用户定义一个模型的最高级图元，如球、棱柱，称为基元，程序则自动定义相关的面、线及关键点。用户利用这些高级图元直接构造几何模型，如二维的圆和矩形以及三维的块 、球、锥和柱。无论使用自顶向下还是自底向上方法建模，用户均能使用布尔运算来组合数据集，从而“雕塑出”一个实体模型。Ansys 程序提供了完整的布尔运算，诸如相加、相减、相交、分割、黏结和重叠。在创建复杂实体模型时，对线、面、体、基元的布尔操作能减少相当可观的建模工作量。Ansys 程序还提供了拖拉、旋转、移动、延伸和拷贝实体模型图元的功能。附加的功能还包括圆弧构造，切线构造，通过拖拉与旋转生成面和体，线与面的自动相交运算，自动倒角生成，用于网格划分的硬点的建立、移动、拷贝和删除。自底向上进行实体建模时，用户从最低级的图元向上构造模型，即用户首先定义关键点，然后依次是相关的线、面、体。

（2）网格划分

Ansys 程序提供了使用便捷、高质量的对 CAD 模型进行网格划分的功能，包括四种网格划分方法：延伸划分、映像划分、自由划分和自适应划分。延伸网格划分可将一个二维网格延伸成一个三维网格。映像网格划分允许用户将几何模型分解成简单的几部分，然后选择合适的单元属性和网格控制，生成映像网格。Ansys 程序的自由网格划分器的功能是十分强大的，可对复杂模型直接划分，避免了用户对各个部分分别划分然后进行组装时各部分网格不匹配带来的麻烦。自适应网格划分是在生成了具有边界条件的实体模型以后，用户指示程序自动地生成有限元网格，分析、估计网格的离散误差，然后重新定义网格大小，再次分析计算、估计网格的离散误差，直至误差低于用户定义的值或达到用户定义的求解次数。

（3）施加载荷

在 Ansys 中，载荷包括边界条件和外部或内部应力函数，在不同的分析领域中有不同的表征，但基本上可以分为 6 大类：自由度约束、力（集中载荷）、面载荷、体载荷、惯性载荷以及耦合场载荷。

① 自由度约束（DOF constraints）：将给定的自由度用已知量表示。例如在结构分析中约束是指位移和对称边界条件，而在热力学分析中则指的是温度和热通量平行的边界条件。

② 力（集中载荷）（force）：是指施加于模型节点上的集中载荷或者施加于实体模型边界上

的载荷。例如结构分析中的力和力矩、热力分析中的热流速度、磁场分析中的电流段。

③ 面载荷（surface load）：是指施加于某个面上的分布载荷。例如结构分析中的压力，热力学分析中的对流和热通量。

④ 体载荷（body load）：是指体积或场载荷。例如需要考虑的重力，热力分析中的热生成速度。

⑤ 惯性载荷（inertia loads）：是指由物体的惯性而引起的载荷。例如重力加速度、角速度、角加速度引起的惯性力。

⑥ 耦合场载荷（coupled-field loads）：是一种特殊的载荷，是考虑到一种分析的结果，并将该结果作为另外一个分析的载荷。例如将磁场分析中计算得到的磁力作为结构分析中的力载荷。

1.2.3.2 后处理

Ansys 程序提供两种后处理器：通用后处理器和时间历程后处理器。

（1）通用后处理器

通用后处理器也简称为 POST1，用于分析处理整个模型在某个载荷步的某个子步，或者某个结果序列，或者某特定时间或频率下的结果，例如结构静力求解中载荷步 2 的最后一个子步的压力，或者瞬态动力学求解中时间等于 6 秒时的位移、速度与加速度等。

（2）时间历程后处理器

时间历程后处理器也简称为 POST26，用于分析处理指定时间范围内模型指定节点上的某结果项随时间或频率的变化情况，例如在瞬态动力学分析中结构的某节点上的位移、速度和加速度从 0 秒到 10 秒之间的变化规律。

后处理器可以处理的数据类型有两种：一是基本数据，是指每个节点求解所得的自由度解，对于结构求解为位移张量，其他类型求解还有热求解的温度、磁场求解的磁势等，这些结果项称为节点解；二是派生数据，是指根据基本数据导出的结果数据，通常是计算每个单元的所有节点、所有积分点或质心上的派生数据，所以也称为单元解。不同分析类型有不同的单元解，对于结构求解有应力和应变等，其他如热求解的热梯度和热流量、磁场求解的磁通量等。

1.3 Autodyn 简介

如图 1-7 所示，Autodyn 是一个显式有限元分析程序，用来解决固体、流体、气体及其相互作用的高度非线性动力问题。Autodyn 完全集成在 Ansys Workbench 中，充分利用 Ansys Workbench 的双向 CAD 接口、参数化建模以及方便实用的网格划分技术，还具有自身独特的前、后处理和分析模块，其前后处理和主解算器集成于一体，采用交互菜单操作。内嵌有 Euler（欧拉）求解器、Lagrange（拉格朗日）求解器、ALE（任意拉格朗日欧拉）求解器以及 SPH（光滑粒子流体动力）求解器。Autodyn 集有限元、计算流体动力学（CFD）等多种处理技术于一体，对各类冲击响应、高速 / 超高速碰撞、爆炸及其作用问题能够很好模拟。而且为了保证高计算效率，可以采取高度集成环境架构，在 Microsoft Windows 和 Linux/Unix 系统中以并行或者串行方式运行，支持共享内存和分布式集群。

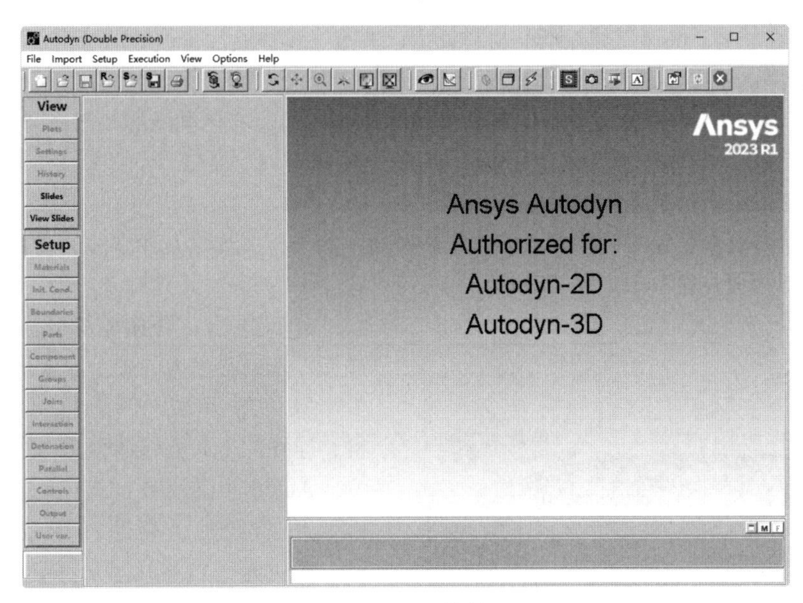

图 1-7　Autodyn 软件界面

1.3.1　Autodyn 的发展历史

自 1986 年起，经过不断的发展，Autodyn 已经成为一个拥有友好用户界面的集成软件包，包括用于计算结构动力学有限体积运算器的有限元（FE），用于快速瞬态计算流体动力学（CFD），用于大变形和碎裂多求解器耦合的无网格 / 粒子方法（SPH），用于多种物理现象耦合情况下的求解丰富材料模型，同时包括本构响应和热力学金属、陶瓷、玻璃、水泥、岩土、炸药、水、空气以及其他的固体、流体和气体的材料模型和数据结构动力学、快速流体流动、材料模型、冲击以及爆炸和冲击波响应分析。

1.3.2　Autodyn 的功能与特点

Autodyn 有别于一般的显式有限元或者计算流体动力学程序，从一开始就致力于用集成的方式自然而有效地解决流体和结构的非线性行为。这种方法的核心在于把复杂的材料模型与流体结构程序的无缝结合方式，高度可视化的交互式 GUI 界面求解器与前、后处理器的无缝集成，完善的材料数据库，在共享内存和分布式内存系统上的并行和串行运算方式，以及对于大量实验现象的验证。

1.3.2.1　Autodyn 的功能

经过不断的发展和行业应用，Autodyn 具有完整、独特的分析功能包括：

- 有限元（FE），用于计算结构动力学；
- 有限体积运算器，用于快速瞬态计算流体动力学（CFD）；
- 无网格 / 粒子方法，用于大变形和碎裂（SPH）；
- 多求解器耦合，用于多种物理现象耦合情况下的求解；
- 丰富材料模型，同时包括本构响应和热力学；
- 金属、陶瓷、玻璃、水泥、岩土、炸药、水、空气以及其他的固体、流体和气体的材料模型和数据；

- 结构动力学、快速流体流动、材料模型、冲击、爆炸及冲击波响应分析。

Autodyn 提供了很多高级功能，其典型应用如下。

① 国防工业：内、外弹道学；冲击波形成与传播；动能和化学能战斗部；装甲、反装甲及冲击引爆；空气、水（中）以及地下爆炸。

② 石油工业：液体晃动；完井射孔。

③ 航空航天：鸟撞；导弹拦截；宇宙垃圾碰撞；冲击、爆炸以及冲击波加载。

④ 加工制造业：材料成型；刀具设计。

⑤ 运输业：防撞性及乘员动力学；轮船碰撞；车或隧道内的爆炸冲击。

⑥ 能源领域：管道振动、移动；喷气机、导弹冲击；流固耦合。

Autodyn 已经被大量应用于工程中，分析高度非线性、高速冲击载荷作用等问题，以下是一些采用了 Autodyn 的实际工程项目。

- 飞机结构冲击动力学仿真分析，如图 1-8 所示。

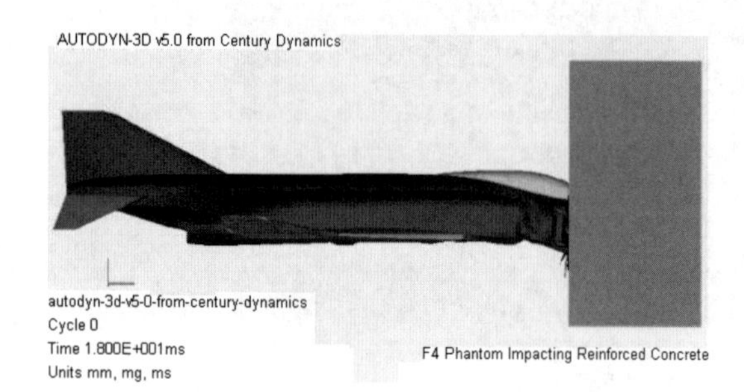

图 1-8　战斗机撞击钢筋混凝土墙模拟

- 城市中心的爆炸效应，如图 1-9 所示。

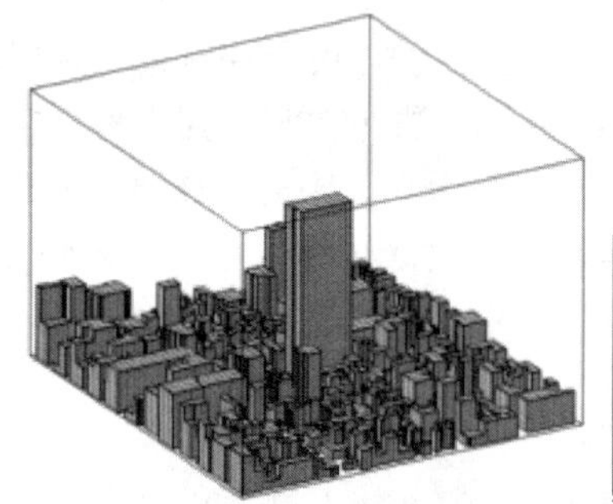
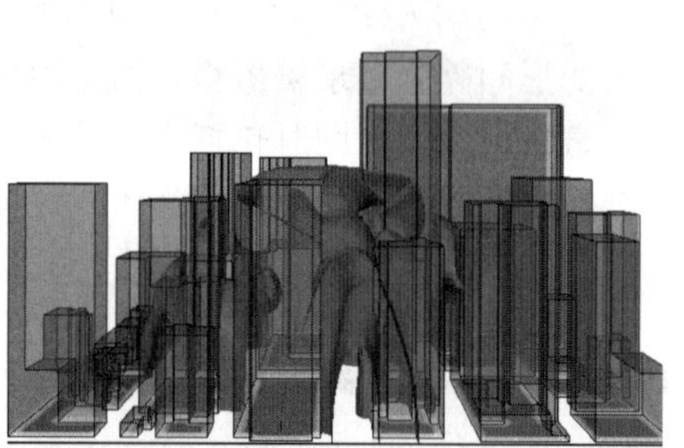

图 1-9　城市街区爆炸中的应用

- 冲击和爆炸载荷下混凝土（钢筋混凝土）结构的损伤，如图 1-10 所示。

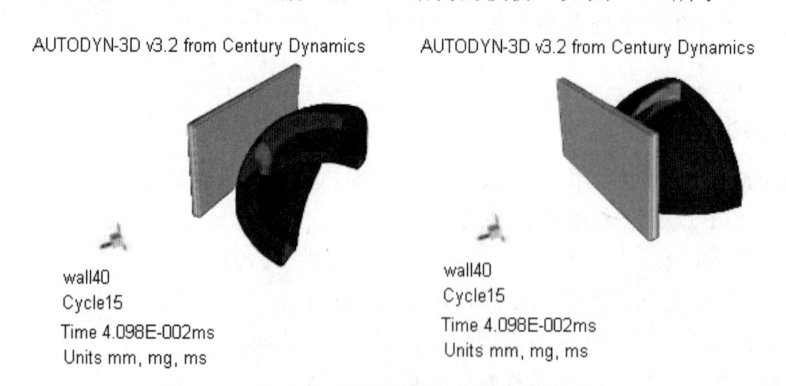

图 1-10　冲击波对钢筋混凝土靶板的作用分析

- 水下爆炸对舰船的破坏分析，如图 1-11 所示。

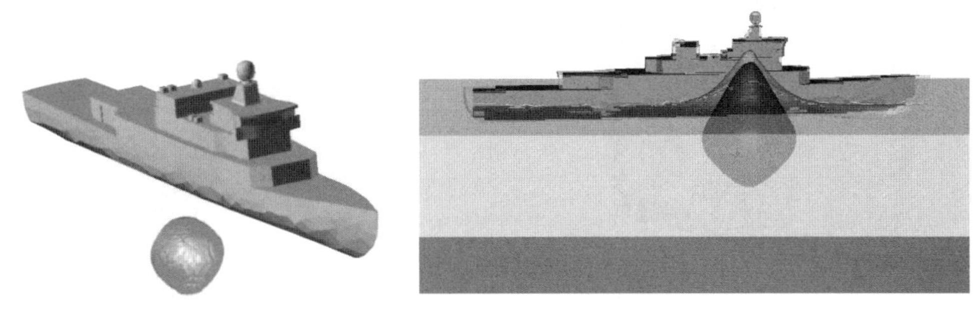

图 1-11　水下爆炸对舰船的破坏分析

- 爆炸冲击装甲结构分析，如图 1-12 所示。
- 飞鸟对飞机机翼的撞击，如图 1-13 所示。

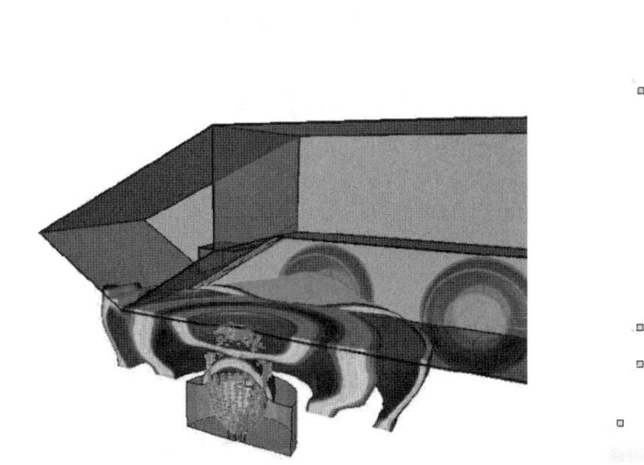

图 1-12　埋置地雷的爆炸和对装甲车的毁伤效应分析

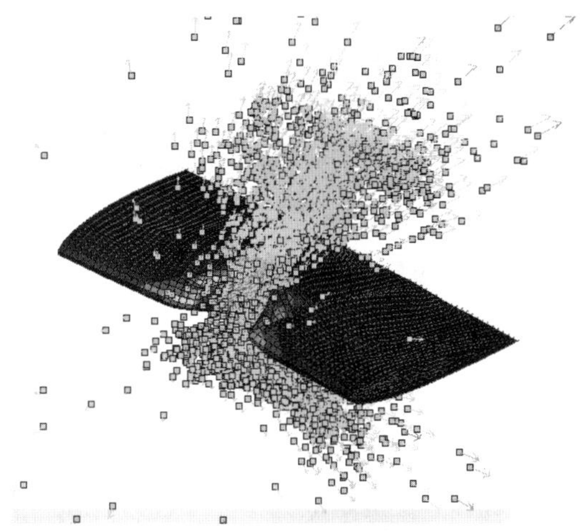

图 1-13　鸟撞机翼数值仿真

- 金属切割、冲压等过程的模拟，如图 1-14 所示。

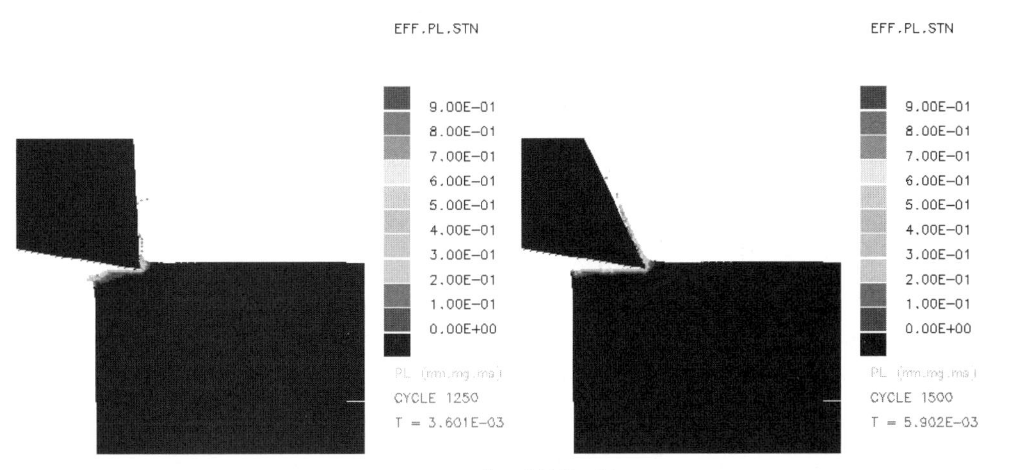

图 1-14　金属材料切割

- 对不同结构的撞击、侵彻分析，如图 1-15 ～图 1-17 所示。

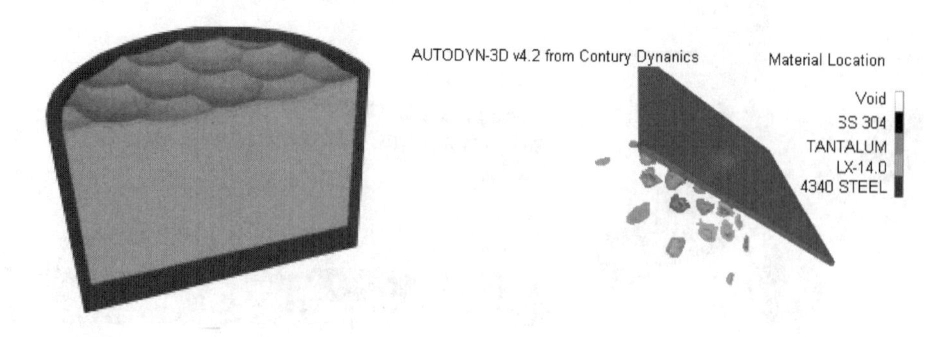

图 1-15　MEFP 战斗部爆炸撞击分析过程

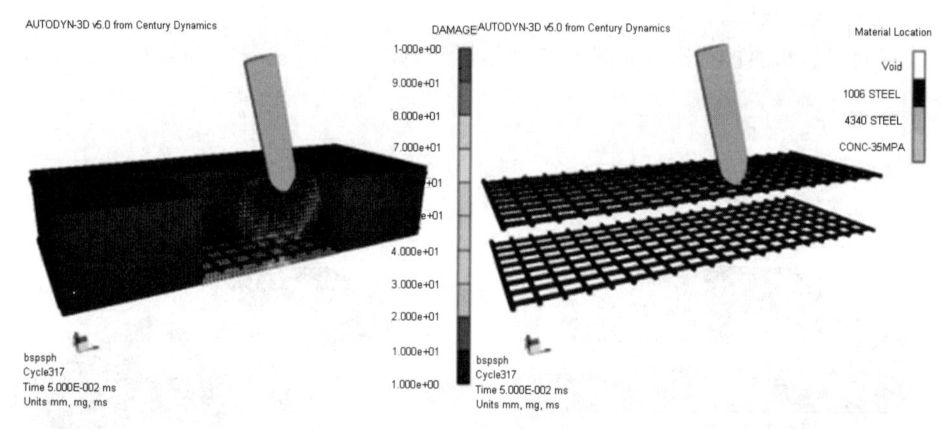

图 1-16　子弹侵彻钢筋混凝土分析

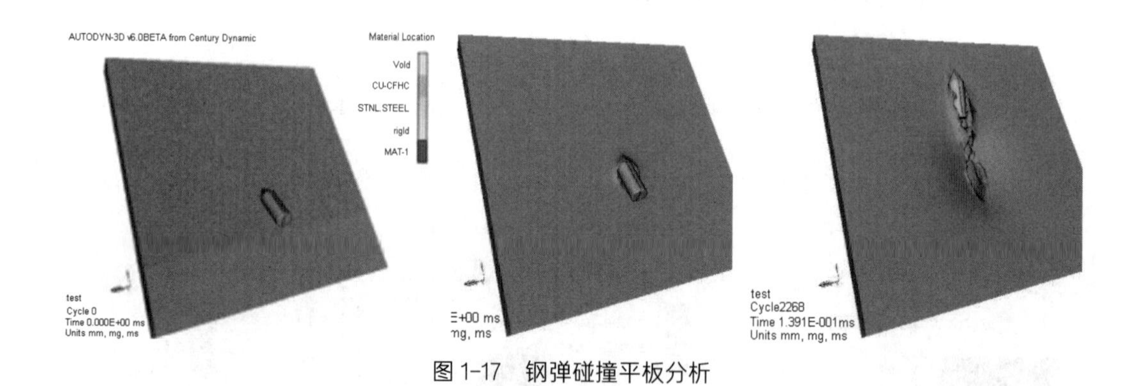

图 1-17　钢弹碰撞平板分析

1.3.2.2　Autodyn 的重要特性

Autodyn 有别于一般的显式有限元或者计算流体动力学程序。从一开始，就致力于用集成的方式自然而有效地解决流体和结构的非线性行为，这种方法的核心在于把复杂的材料模型与流体结构程序的无缝结合方式。Autodyn 有如下重要特性：

- 流体、结构的耦合响应；
- 拥有 FE、CFD 和 SPH 等多个求解器，并且 FE 可以和其他的求解器耦合；
- 除了流体和气体，其他有强度的材料（如金属）可以运用于所有的求解器；
- 从 FE 求解器到 CFD 求解器的完全映射功能，反之亦然；

- 高度可视化的交互式 GUI 界面；
- 求解器与前后处理器的无缝集成；
- 完善的材料数据库，同时包含有热力学和本构响应；
- 在共享内存和分布式内存系统上的并行和串行运算方式；
- 资深开发者的直接指导；
- 直观的用户界面；
- 对于大量实验现象的验证。

1.3.2.3 Autodyn 的特色功能

- 流体和结构的完全耦合求解；
- 拥有 Euler、Lagrange、ALE、SPH、Shell、Beam 等多个求解器，并且各求解器之间可相互耦合求解；
- 提供多种欧拉算法 Euler、Euler-Godnov 和 Euler-FCT 算法，方便用户求解不同类型的流体问题；
- 提供 300 余种常用材料数据库，无需用户定义材料的状态方程、强度模型、失效模型和侵蚀模型中的各种参数；
- 在共享内存和分布式内存系统上的并行和串行运算方式；
- 可以进行平面对称或球对称求解以及网格重新映射技术；
- 一维结果映射到二维或三维模型；
- 部件的抑制或激活技术。

1.3.3 Autodyn 的求解方法

Autodyn 软件拥有 Lagrange（拉格朗日）、Euler（欧拉）、ALE（任意拉格朗日欧拉）和 SPH（光滑粒子流体动力）等多种求解方法及混合求解方法，此外，在求解同一问题时，可以允许对模型的不同部分选用不同的数值方法，数值方法不同的网格可以相互耦合在一起而有效地解决不同物理场之间耦合分析的问题。Autodyn 主要求解方法如下。

1.3.3.1 Lagrange

基于网格技术的 Lagrange 方法，每个网格单元的顶点随填充材料一起移动，填充材料始终保持在原单元内而不会在单元之间流动。如图 1-18 所示是拉格朗日方法求解问题的过程。

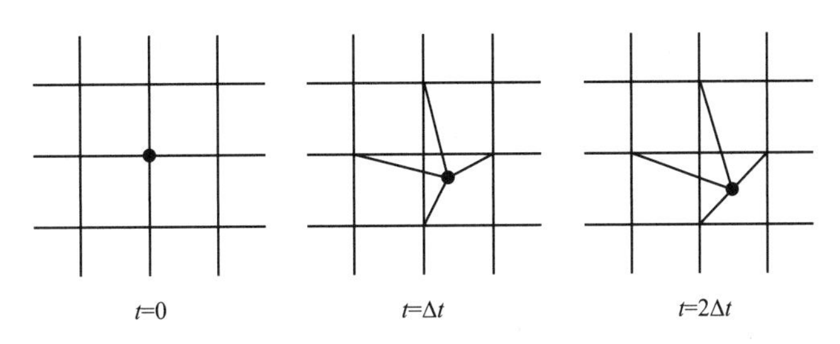

图 1-18　拉格朗日方法计算过程示意图

假定荷载只影响到中心节点，在 1 个计算时步 Δt 后中心节点产生运动，如果荷载不改变或者停止，节点会在 $2\Delta t$ 时运动到新的位置，网格产生更大的变形，这主要是因为网格或者单元始终对应于物质。

算法特点如下：

拉格朗日方法能很好地描述固体材料的行为，且与其他算法相比计算速度较快。但物体的大变形会导致网格的扭曲，从而导致计算精度下降甚至计算难以继续。为解决上述困难，Autodyn 提供了两种解决方法。

① Rezoning（网格重分）是在发生畸变的网格基础上，重新构造更规则的网格，并将发生畸变的网格中的属性重映（Remap）到新网格中。

② Erosion（侵蚀）也可以克服多数拉格朗网格畸变的困难，用户指定网格发生形变的限度，当形变达到该限度，相应单元就被侵蚀，即变成与原来网格不再连接的质点，而网格又自动定义新的界面，从而有效避免网的扭曲。

1.3.3.2 Euler

Euler 方法的坐标是固定的空间坐标系，欧拉网格是不变形和移动的，不存在网格相交的问题，物质通过网格边界流进流出，物质的变形不直接影响时间步长的计算。为更加形象地说明问题，采用和 Lagrange 方法中相同的例子。如图 1-19 所示是使用欧拉方法计算问题的过程。

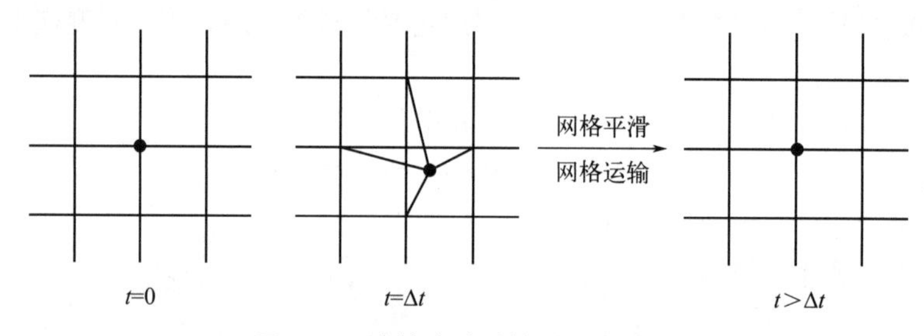

图 1-19　欧拉方法计算过程示意图

首先材料网格以一个拉格朗日步变形，即当中心节点受到荷载作用，其在 Δt 内位置发生变化，但是在 Δt 之后，欧拉方法采用下面的两个步骤来处理网格。

① 网格平滑：所有的欧拉网格的节点，包括那些受到荷载作用发生位移的节点都回复到该计算步开始之前的位置。

② 网格输运：发生位移的网格节点上的变量信息（包括应力、位移场和速度场等）重新计算或者插值，使其与网格平滑前的变量有相同的空间分布，这样网格平滑将不会影响节点的变量信息在空间的分布。

算法特点如下：

- 欧拉方法适合于描述液体和气体的行为，自由边界面和材料的交界面可以通过固定的欧拉网格来表达，由于网格是固定的，大变形或者有流动的情形并不会导致网格畸变；
- 采用欧拉方法的缺点是必须采用复杂的算法来追踪材料的运动，这要求更多的计算工作维持界面和限制数值扩散，同时其计算时间相对较长，强度失效状态和位移历程关系计算精度较差。

1.3.3.3 ALE

ALE 方法是对拉格朗日算法的扩展，其定义方式与拉格朗日的定义方式非常相似。ALE 方法的网格点可以随物质点一起运动，但也可以在空间固定不动，因此 ALE 方法也被称为耦合拉格朗日 - 欧拉方法。如图 1-20 所示，该图给出了 ALE 方法的求解过程，其中在 Δt 时间内网格的变形与前两种方法类似，但在 Δt 时间之后受到荷载的节点不像欧拉方法回到计算步开始前的位置，而是在空间选择一点。

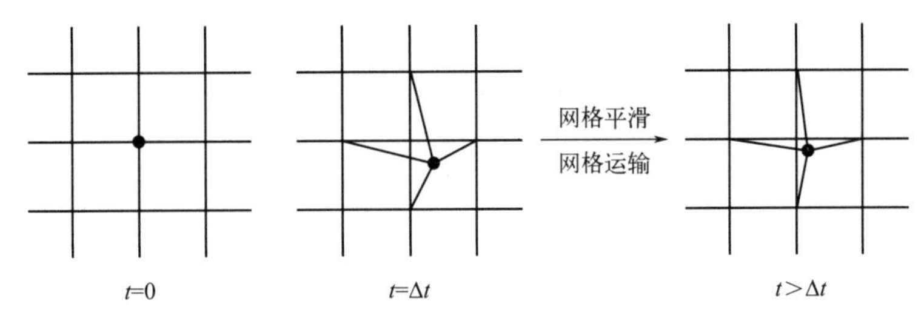

图 1-20　任意拉格朗日欧拉方法计算过程示意图

算法特点如下：

- ALE 方法可以将拉格朗日和欧拉各自的优点结合在一起，增强了网格的灵活性；
- ALE 方法内部网格可以任意指定，但是其自由边界和材料交界面仍然需要被严格指定为拉格朗日网格，而物质不可以从 ALE 方法网格的边界处流入或者流出，单个单元也不可以包含多种物质成分。因此，只有内部的网格才能从 ALE 方法的网格剖分中受益，ALE 方法可以减少有时甚至可以取消对拉格朗日网格的重新划分，但是对于大流动问题中的多种物质混合情形，ALE 方法网格也不能完全取代单纯的欧拉网格；
- ALE 方法可以被用于与固体、液体和气体有关的建模，对于各种流体结构耦合问题特别实用。

1.3.3.4　SPH（Smoothed Particle Hydrodynamics）

SPH 是 20 世纪 70 年代提出并逐渐发展起来的一门数值计算方法，由于具有自适应性、无网格性、拉格朗日性以及粒子性等特性，其在求解大变形、自由表面流、复杂界面运动等过程中具有较大优势，已广泛应用于天体物理、冲击爆炸、水动力学等领域。SPH 基本思想是将整个流场的物质离散为一系列具有质量、速度和能量的粒子，每个粒子具有自己的速度、能量、质量特征，然后通过一个称为核函数的积分进行核函数估值，从而求得流场中不同位置在不同时刻的各种动力学量。这是一种纯拉氏的粒子方法，本质上不需要使用网格且逻辑简单。如图 1-21 所示，该图给出了 SPH 标准算法过程框图。

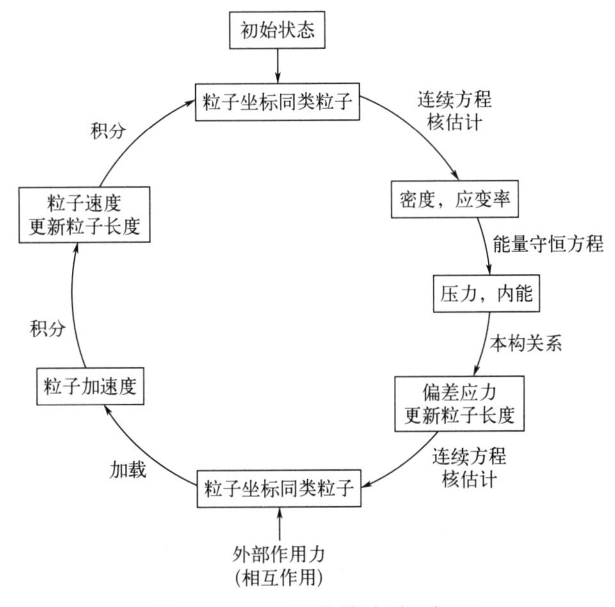

图 1-21　SPH 标准算法过程框图

最初的 SPH 方法是 Lucy、Gingold 和 Monaghan 于 1977 年分别提出的，Johnson 和 Beissel 提出了归一化的光滑函数算法，这一算法能够提高 SPH 的计算精度，并能通过分片试验。在冲击碰撞方面，Johnson 等采用类似于 SPH 的 Generalized Particle Algorithm（广义粒子算法）进行圆杆的撞击以及弹体侵彻的数值计算，Parshikov 等用改进的 SPH 方法分析了子弹冲击靶体的临界穿透速度，结果与实验吻合得较好。

SPH 方法可以广泛地模拟连续体结构的解体、碎裂，固体的层裂、脆性断裂等大变形问题且无须网格重构，并能保证计算精度不受损。SPH 算法以插值理论为基础，其核心是借助核函数对场变量在一点上的值给出积分形式的估计，从而把偏微分形式的控制方程转化为积分方程。核函数具有一定的影响宽度，其解析形式是事先选定的。场变量在点上的核估计通过相邻点上的核函数值以及场变量值求和来近似得到的。但是 SPH 方法对于较为复杂的结构体系很难准确地建立计算模型，同时计算精度不如拉格朗日方法稳定。

1.3.4 Autodyn 分析基本步骤

作为有限元软件的一种，Autodyn 软件进行问题分析常按照以下的步骤进行操作。

（1）新建分析模型，设置工作文件夹、文件名、对称轴、单位制

打开 Autodyn 软件，新建一个模型，单击开始菜单中的“New Model”（新进模型）按钮或选择“File”（文件）下拉菜单中的“New”（新建）命令，如图 1-22 所示。弹出如图 1-23 所示的“Create New Model”（创建新模型）对话框，单击“Browse”（浏览）按钮 Browse，打开“浏览文件夹”对话框，如图 1-24 所示，按提示选择文件输出目录，在“Ident”（标识）文本框中输入一个名称“example”（实例）作为标识，在“Heading”（标题）文本框中输入标题“example”（实例），选择“Symmerty”对称轴（在 3D 中，选择 x 和 y 表示该模型关于 x=0 和 y=0 这两个面对称，即 1/4 模型）和“Units”（单位），红色叹号项必须输入，如图 1-25 所示，单击“OK”按钮，新建分析模型。

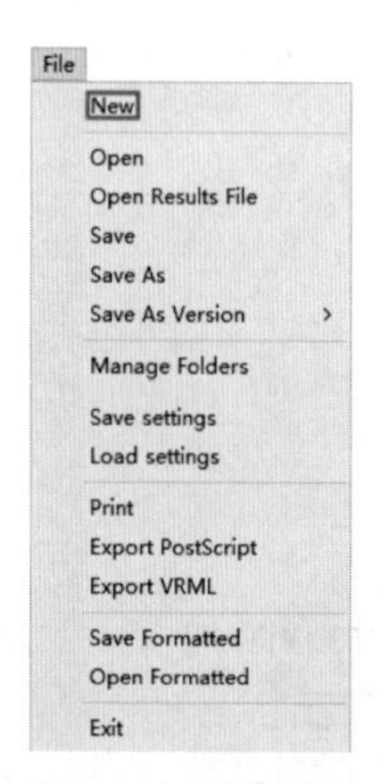

图 1-22 新建模型

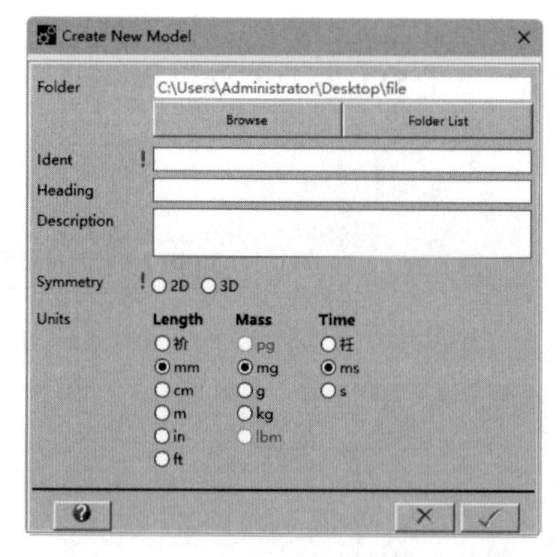

图 1-23 “Create New Model”对话框

（2）定义材料

单击导航栏中的“Materials”（材料）按钮 Materials，打开“Material Definition”（定义材料）面板，如图 1-26 所示。在该面板中单击“New”（新建）按钮 New，打开“Material Data Input”（输入材料参数）对话框，如图 1-27 所示，用户便可以自己定义材料参数。也可以在该面板中单击“Load”（加载）按钮 Load，打开“Load Material Model”对话框，如图 1-28，在该对话框中可以加载所需要的材料及参数。

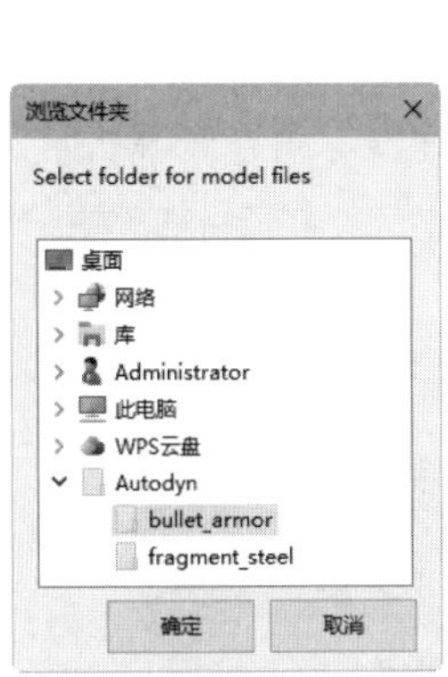

图 1-24　“浏览文件夹”对话框

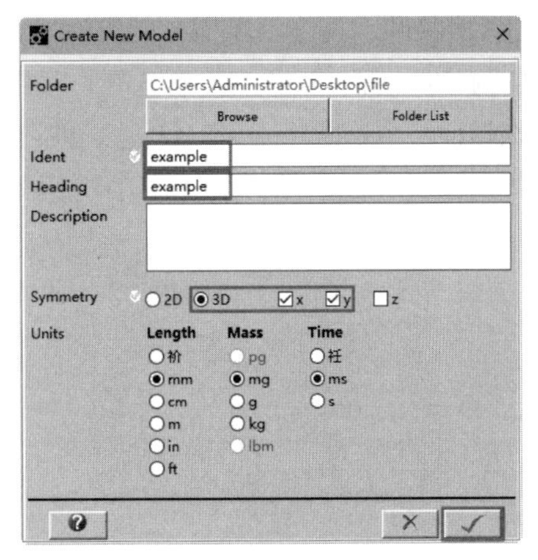

图 1-25　“Create New Model”对话框设置

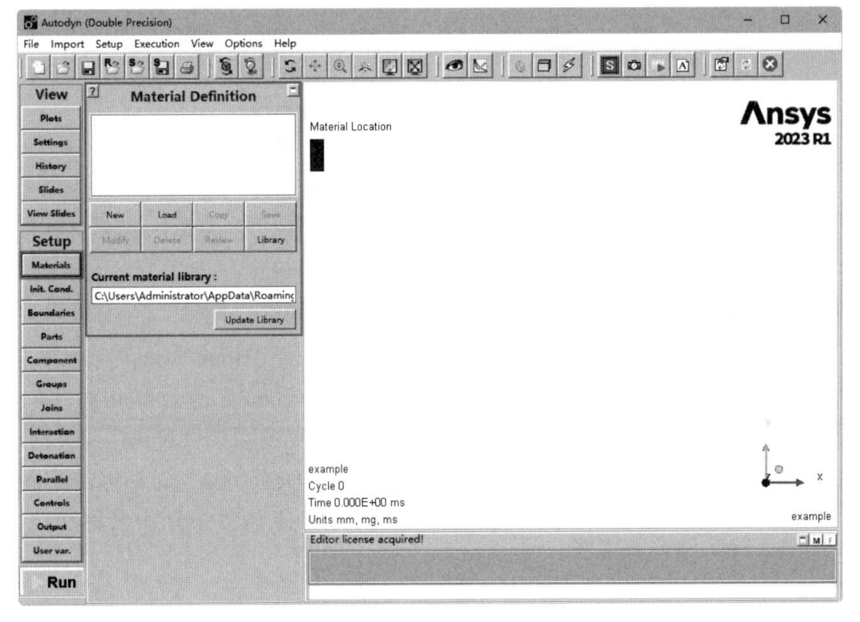

图 1-26　“Material Definition”面板

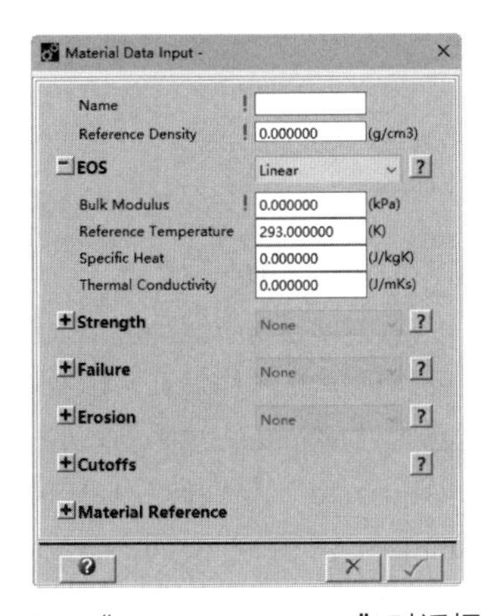

图 1-27　“Material Data Input”对话框

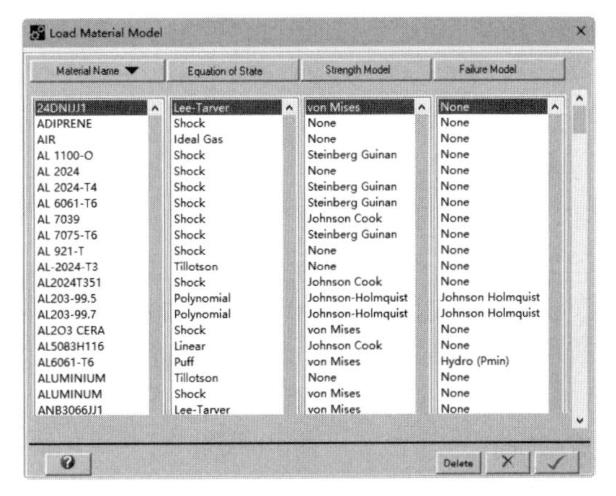

图 1-28　“Load Material Model”对话框

（3）定义初始条件

单击导航栏上的“Int.Cond.”（初始条件）按钮 Init. Cond.，打开“Initial Conditions”（初始条件）面板，在该面板中单击“New”（新建）按钮 New，打开“New Initial Condition”（新建初始条件）对话框，如图 1-29 所示，在该对话框中可以定义如速度、角速度等初始条件。

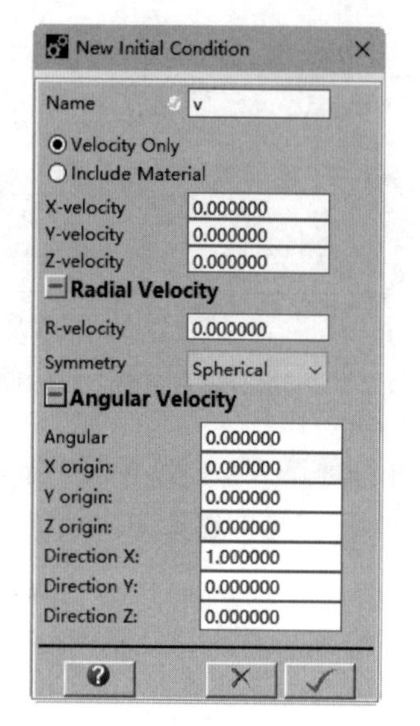

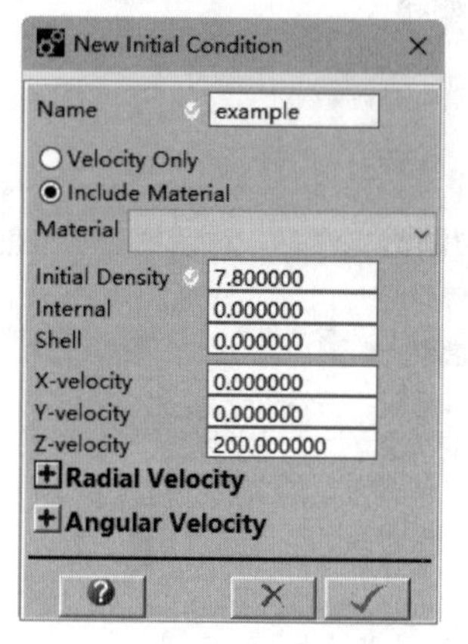

图 1-29 “Initial Conditions”面板和“New Initial Condition”对话框

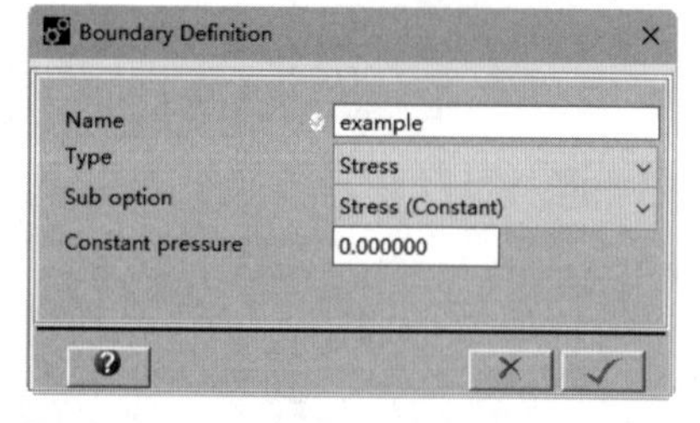

图 1-30 “Boundaries Definition”对话框

（4）定义边界条件

单击导航栏上的“Boundaries”（边界条件）按钮 Boundaries，打开“Boundaries Definition”（定义边界条件）面板，在该面板中单击“New”（新建）按钮 New，打开“Boundaries Definition”对话框，如图 1-30 所示，在该对话框中分别输入边界条件的名称和边界条件的类型等信息。

不同的求解器有不同的边界条件。

（5）建立模型

单击导航栏上的“Parts”（零件）按钮 Parts，打开“Parts”面板，如图 1-31 所示，在该面板中单击“New”（新建）按钮 New，打开“Create New Part”（新建零件）对话框，如图 1-32 所示。在该对话框中的“Part name”（零件名称）文本框中输入创建模型的名称，在“Solver”（求解）列表中选择求解的类型，在“Definition”（定义）中可以选择“Manual”（手动）和“Part wizard”（零件向导）两种建立模型的方式，一般情况下选择“Part wizard”（零件向导）建模方式，然后单击“Next”（下一步）按钮 Next ▷，打开“Prat Wizard-example”（零件向导 - 示例）对话框，如图 1-33。在该对话框中用户便可以分别通过定义形状、划分网格和定义模型的材料等相关操作完成模型的建立。

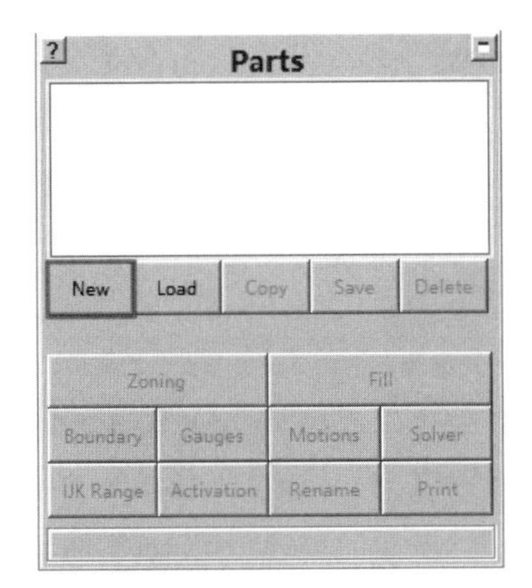

图 1-31 “Parts”面板

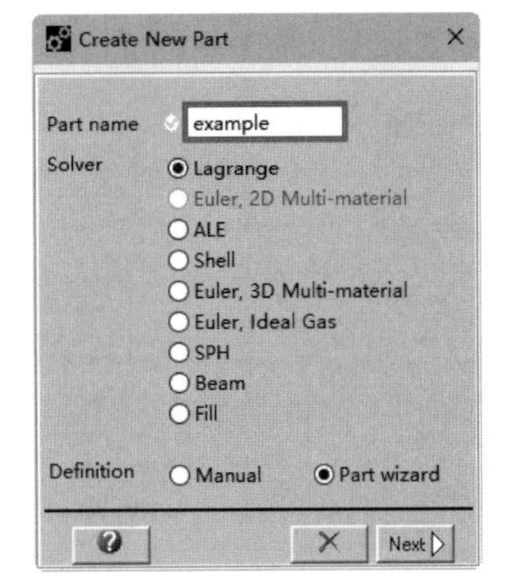

图 1-32 “Create New Part”对话框

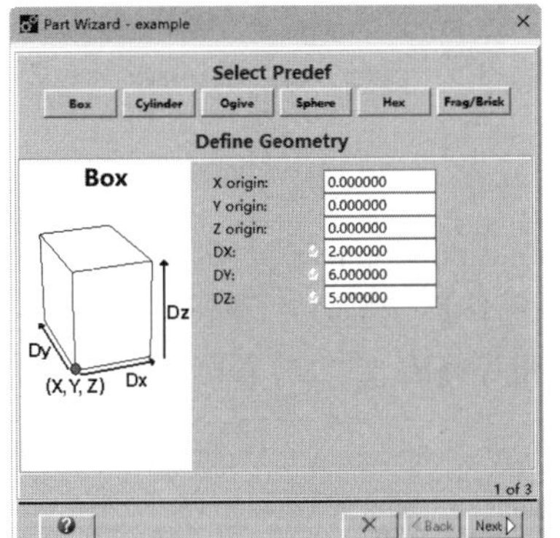

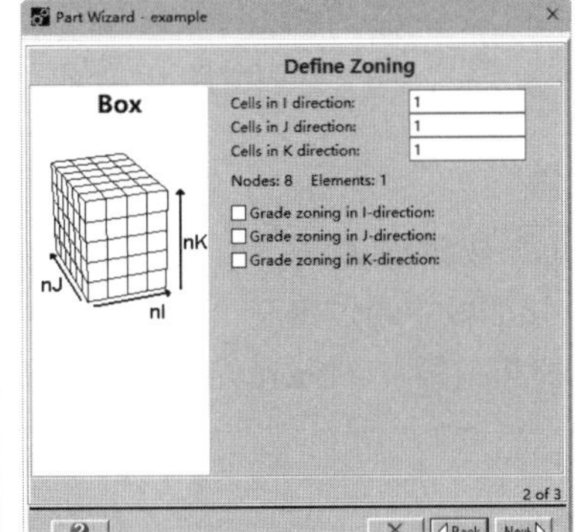

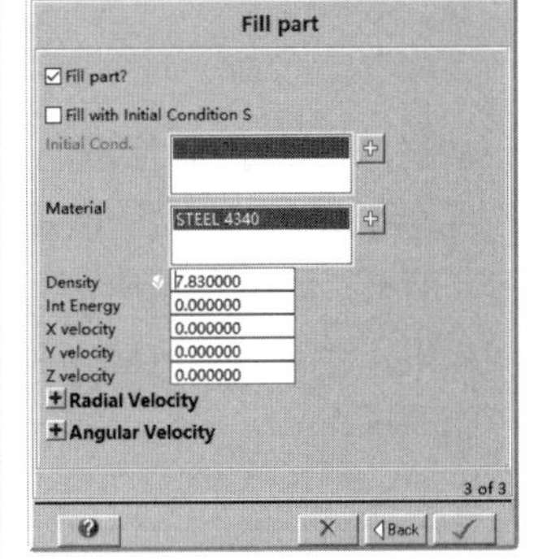

图 1-33 “Prat Wizard-example”对话框

（6）模型相关操作

单击导航栏上的“Parts”（零件）按钮 **Parts**，打开“Parts”面板，通过操作“Parts”面板中的“Boundary”（边界条件）、“Gauges”（高斯）、“Motions”（运动约束）、“Solver”（求解选项）、“IJK Range”（IJK 范围）、“Activation”（激活）、“Rename”（重命名）、“Print”（打印输出）等按钮，可以对模型进行相关操作，如边界条件的施加 / 删除、ALE 运动的施加、求解类型的调整、IJK 范围的调整、模型的激活与抑制、模型重命名等，如图 1-34 所示。

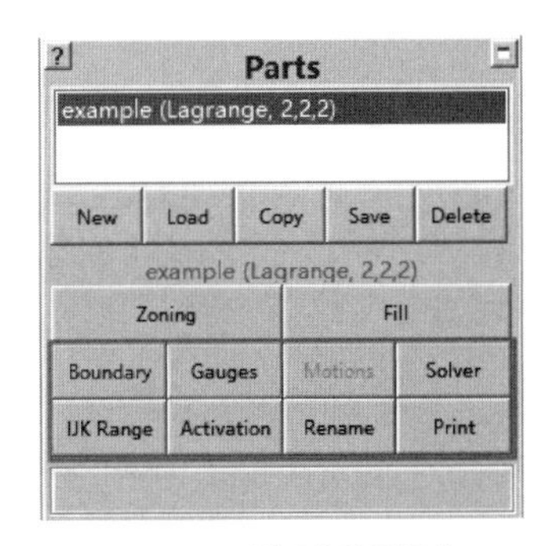

图 1-34 模型设置操作

（7）穿甲、爆炸相关操作

单击导航栏上的“Joins”（连接）按钮 **Joins**、“Interaction”（相互作用）按钮 **Interaction** 和“Detonation”（爆炸）按钮 **Detonation**，分别打开“Define Joins”（定义连接）、“Interactions”（相互作用）和“Detonation/Deflagration”（爆炸 / 爆燃）面板，通过操作相应面板中的按钮，可以对模型进行连接、接触、爆炸等相关操作，各面板如图 1-35 ～图 1-37 所示。

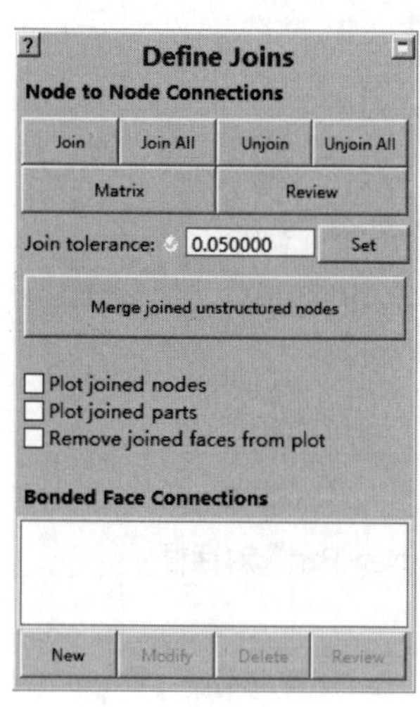

图 1-35 “Define Joins”面板

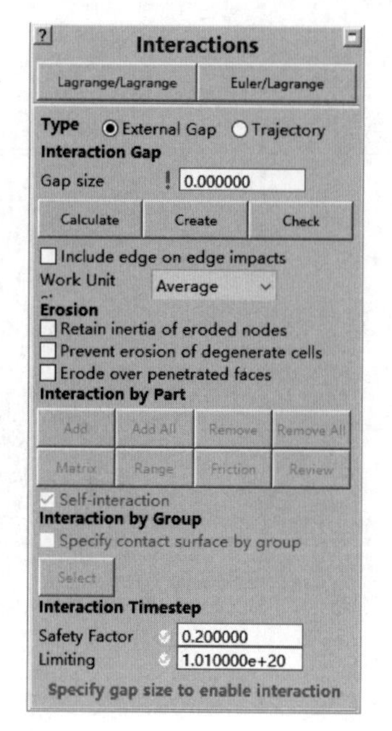

图 1-36 “Interactions”面板

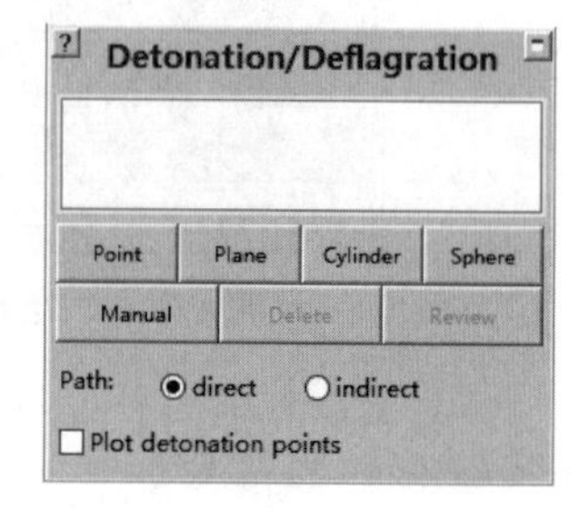

图 1-37 “Detonation/Deflagration”面板

（8）求解控制与输出设置

单击导航栏中的“Controls”按钮**Controls**，打开“Define Solution Controls”（定义求解控制器）面板，如图 1-38 所示，在该面板中通过定义“Cycle limit”（循环周期极限）、“Time limit”（时间极限）、“Energy fraction”（能量分数）、“Energy ref. cycle（能量循环参考）”等参数来设置求解等相关操作。

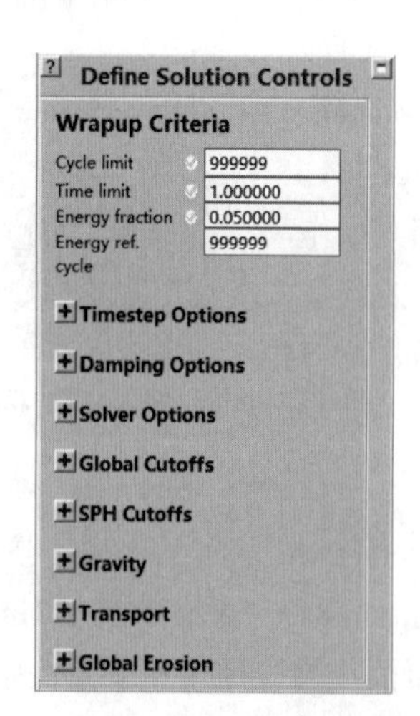

图 1-38 “Define Solution Controls”面板

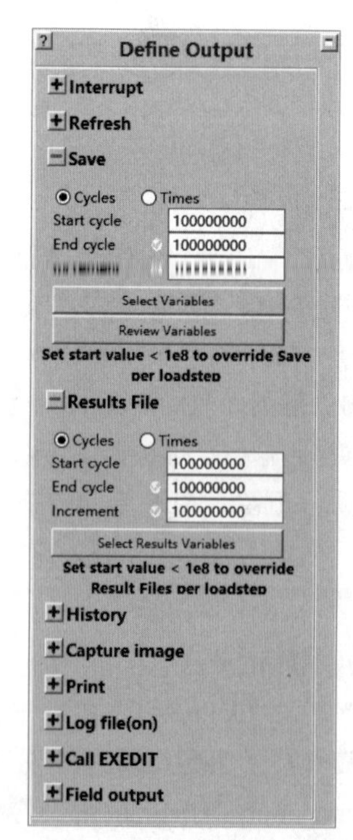

图 1-39 “Define Output”面板

单击导航栏中的“Output”（输出）按钮 Output，打开“Define Output”（定义输出）面板，如图 1-39 所示，可以通过“Cyclse”（循环次数）或“Times”（时间）来定义输出参数。

（9）计算与后处理

当模型设置正确后，单击导航栏中的“Run”（运算）按钮 Run 进行计算，在计算过程中可以随时单击“Stop”（停止）按钮 Stop 来停止计算，这样 Autodyn 软件可以十分方便地实现重启动任务。计算结束后，可以单击导航栏上的“History”（时间历程）按钮 History，打开“History Plots”（时间历程图）面板，如图 1-40 所示，在该面板中可以观察相关的历程曲线图、应力应变图等信息，也可以通过单击导航栏中的“Slides”（幻灯片）按钮 Slides，打开“Compose Slideshow”（生成幻灯片）面板，如图 1-41 所示，在该面板中可以进行动画和幻灯片的制作。

Autodyn 软件的前处理功能稍显逊色，因此，一般采用其他专业软件进行建模，之后导入 Autodyn 软件进行计算。在 Ansys 2023 中可以采用 Ansys 前处理功能模块建立模型，生成“*.k”文件之后，通过操作下拉菜单中的 Import 选项，将生成的 .k 文件导入到 Autodyn 软件中。此外，还可以通过专业的前处理软件 ICEM-CFD、TrueGrid 以及 MSC.Nastran BDF 等生成模型，再导入到 Autodyn 软件中，通过选择求解器进行计算分析。

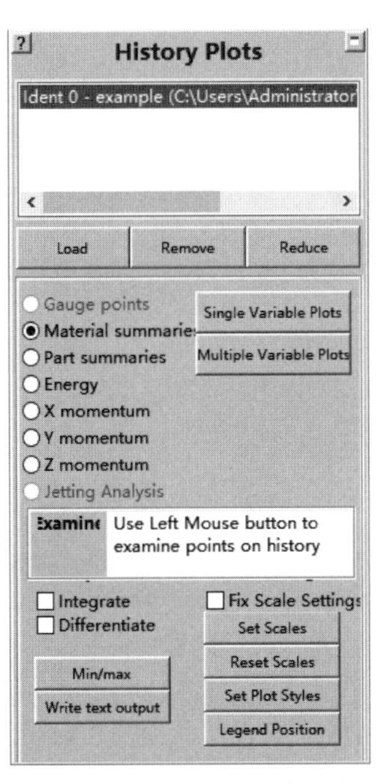

图 1-40　“History Plots”面板

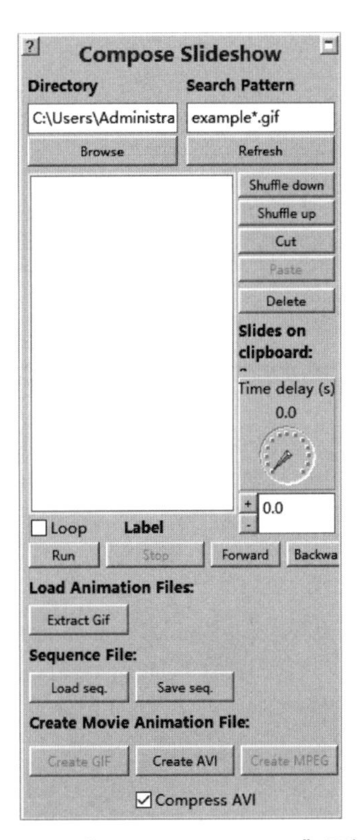

图 1-41　“Compose Slideshow”面板

1.3.5 Autodyn 的文件系统

Autodyn 可导入的模型文件格式有：TureGrid（.zon）、ICEM-CFD（.geo）、LS-DYNA（.k）、MSC.Nastran BDF（.dat）以及 Convert IJK to Unstructured。

Autodyn 保存的文件格式为 .ad，可以打开的运行程序文件可是 .ad。

第2章 Autodyn操作入门

Autodyn 提供了友好的用户图形界面，分为下拉菜单、工具栏、导航栏、对话面板、对话框、视图、命令行、消息框，它把前处理、分析过程和后处理集成到一个窗口环境里面。Autodyn 操作按钮分布在水平方向窗体上部和垂直方向左手边位置。水平方向窗体上部是工具栏，垂直方向左手边的是导航栏。本章主要介绍 Autodyn 的一些基本操作，首先介绍如何启动软件，再介绍其用户界面，最后介绍文件、导入、设置、执行、视图、选项、帮助七个类别的下拉菜单的入门操作。

2.1 Autodyn 的启动

Autodyn 程序是一种多用途型工程软件，主要采用有限差分、定容及有限元技术来解决固体、流体及气体动力方面的问题。其研究现象的基本特点在于时间高度独立于几何非线性（如大扭曲及变形）和材料非线性（如塑性、失效、应变硬化及软化、分段状态方程）。Autodyn 包括了几种不同的数值技术以及广泛的材料模型，从而为解决线性动态问题提供了一个功能强大的系统。Autodyn 软件是一个包含前处理、后处理及求解程序分析引擎的完全集成化的软件包。交互式、菜单驱动允许用户在同一环境下建立、求解问题并演示结果，在分析的每一阶段及问题的计算过程中都伴随有图形显示，并最终可以以幻灯片的形式提供计算过程和结果。Autodyn 是 Ansys 的一个模块，在安装好的快捷方式中并没有 Autodyn 的启动快捷方式，需要软件使用者自己建立快捷方式，以方便使用。Ansys 2023 安装后在开始菜单中的快捷启动方式如图 2-1 所示。

图 2-1　开始菜单中 Ansys 启动快捷方式

Autodyn 的快捷方式建立方式如下所述。

① 打开 Ansys2023 的安装文件夹，如图 2-2 所示。

Shared Files	2022/11/15 7:55	文件夹	
v231	2023/7/14 9:29	文件夹	
install.err	2023/7/14 9:29	ERR 文件	2 KB
install.log	2023/7/14 9:30	文本文档	22 KB
install_licconfig.err	2023/7/7 10:26	ERR 文件	1 KB
install_licconfig.log	2023/7/7 11:07	文本文档	19 KB

图 2-2　Ansys 2023 安装文件夹

② 在 Ansys2023 的安装文件夹下按 C：\Program Files\Ansys Inc\v231\aisol \AUTODYN \winx64 路径找到 Autodyn 的文件夹，会看到如图 2-3 所示的文件夹所包含的文件（这只是截取了其中一部分文件），为了方便使用，在电脑桌面上建立 Autodyn 的启动快捷方式，单击“autodyn.exe”，再单击鼠标右键，发送到桌面快捷方式。

名称	修改日期	类型	大小
appl.vo	2022/11/28 0:32	VO 文件	25,597 KB
autodyn.bk	2022/11/28 0:18	BK 文件	1 KB
autodyn.exe	2022/11/28 0:36	应用程序	28,989 KB
AUTODYNWRAPPER.exe	2022/11/28 0:36	应用程序	66 KB
avsenv	2022/11/28 0:18	文件	1 KB
avsx.dll	2022/11/28 0:36	应用程序扩展	25 KB
bbMPEG.dll	2022/11/28 0:36	应用程序扩展	210 KB
binlib.dll	2022/11/28 0:36	应用程序扩展	455 KB
ccms.dll	2022/11/28 0:36	应用程序扩展	204 KB
cfd_mods.dll	2022/11/28 0:36	应用程序扩展	90 KB
cgns.dll	2019/10/4 23:10	应用程序扩展	531 KB

图 2-3　Autodyn 文件夹

③ 双击桌面上 Autodyn 的启动快捷方式，就可以打开 Autodyn 进行仿真模拟，其界面如图 2-4 所示。

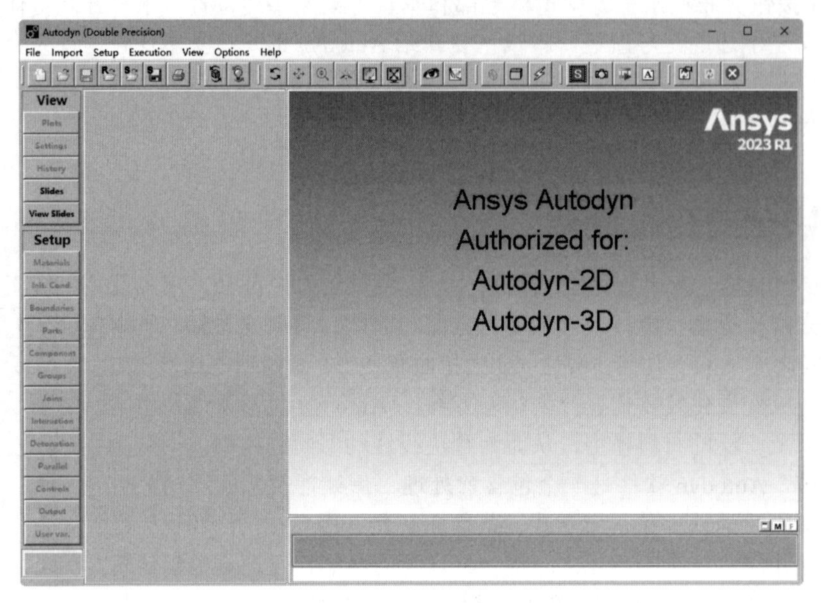

图 2-4　Autodyn 界面

Autodyn 也是 Ansys Workbench 的一部分，Autodyn 也可以通过 Ansys Workbench 启动，打开 Ansys Workbench 如图 2-5 所示，双击“Autodyn”或鼠标左键拖动该分析模块，将其加入项目原理图的界面，如图 2-6 所示。

鼠标右键单击“设置”按钮，选择“新模型”选项启动 Autodyn 软件，如图 2-7 所示。通过 Ansys Workbench 启动 Autodyn 软件界面如图 2-8 所示，接下来就可以按照 Autodyn 分析基本步骤进行仿真模拟了。

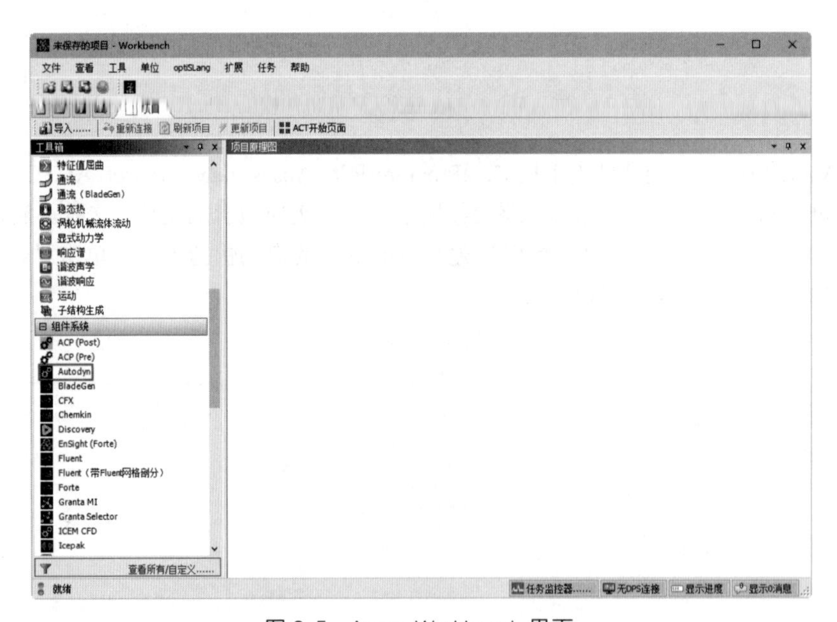

图 2-5　Ansys Workbench 界面

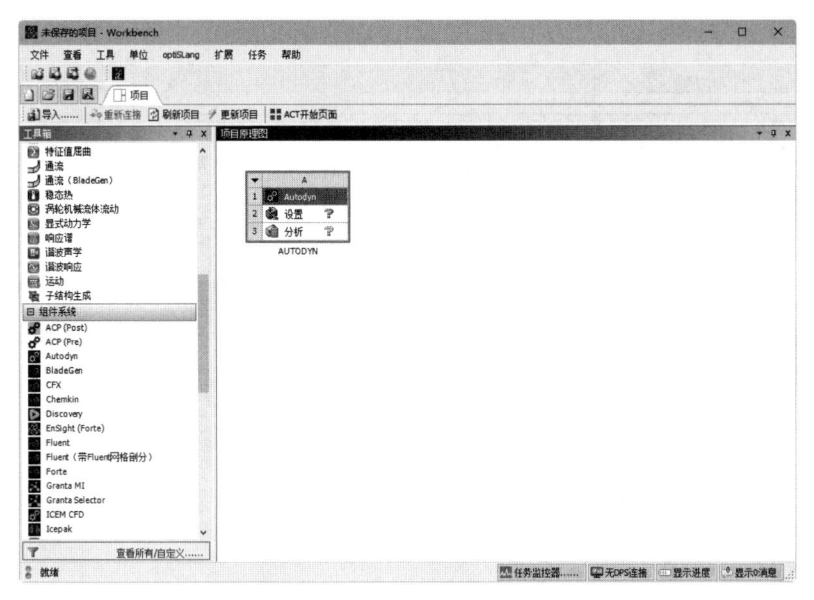

图 2-6　将 Autodyn 添加到项目原理图界面

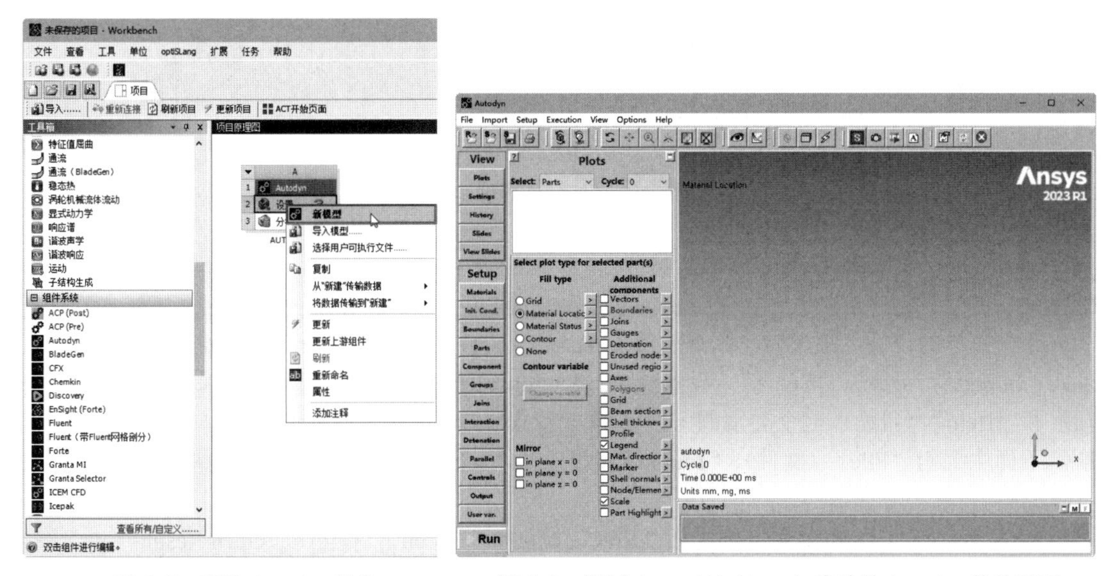

图 2-7　启动 Autodyn 软件　　　图 2-8　通过 Ansys Workbench 启动的 Autodyn 软件界面

2.2　Autodyn 的用户界面

Ansys Autodyn 提供了友好的用户图形界面如图 2-9 所示，分为下拉菜单、工具栏、导航栏、面板、视图区、命令行、消息栏。它把前处理、分析过程和后处理集成到一个窗口环境里面，并且可以在同一个程序中进行二维和三维的模拟。

Autodyn 图形界面的命令按钮分布在水平方向窗体上部和垂直方向左手边位置。水平方向窗体上部是工具栏，垂直方向左手边的是导航栏。工具栏和导航栏提供了一些快捷方式，这些功能也可以通过下拉菜单来实现。Autodyn 主窗口由很多面板组成，包括视图区、面板、消息栏和命令行等。

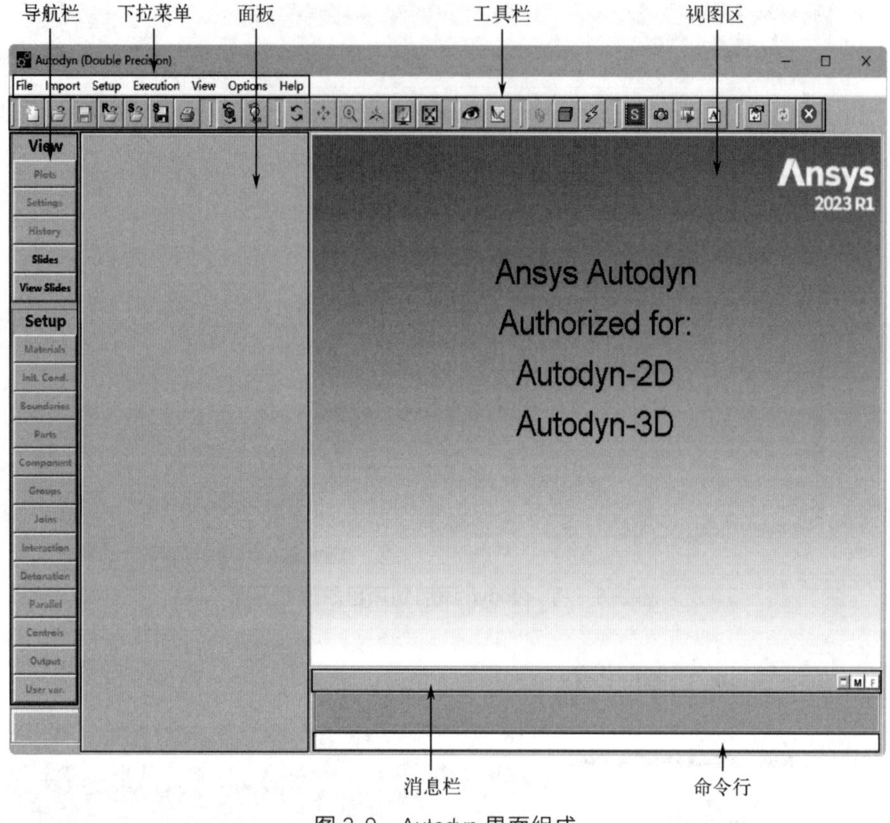

图 2-9　Autodyn 界面组成

2.2.1　下拉菜单

下拉菜单的使用范围较广，几乎能覆盖 Autodyn 软件的所有操作命令。主要包括“File”（文件）、“Import”（导入）、“Setup”（设置）、“Execution”（执行）、“View”（视图）、“Options”（选项）和“Help”（帮助）七个类别的下拉菜单。为了对 Autodyn 软件的下拉菜单有一个全面的了解，下面主要对“File”（文件）、“Import”（导入）、“Setup”（设置）这三个菜单的主要功能进行介绍。

“File”（文件）下拉菜单主要包括“New”（新建）、“Open”（打开）、“Open Results File”（打开结果文件）、“Save”（保存）、“Save As”（保存为）、“Save As Version”（保存为老版本）、“Manage Folders”（管理路径）、“Save settings”（保存设置）、“Load settings”（载入设置）、“Print”（打印）、“Export PostScript”（输出附属文件）、“Export VRML”（输出 VRML）、“Save Fromatted”（保存为格式文件）、“Open Formatted”（打开格式文件）、“Exit”（退出）等选项。图 2-10 中为“File”（文件）下拉菜单各选项。

“Import”（导入）下拉菜单主要包括“from TrueGrid（.zon）”“from Icem-CFD（.geo）”“from LS-DYNA（.k）”“from MSC.Nastran BDF（.dat）”“Convert IJK Parts to Unstructured”五个选项，前四项为从外部输入模型的方式，最后一项为将 IJK 模式转换成非结构求解器模式。图 2-11 中为“Import”（导入）下拉菜单各选项。

“Setup”（设置）下拉菜单主要包括“Description”（描述计算类型）、“Symmetry”（定义对称）、“Material”（定义材料）、“Initial Conditions”（定义初始条件）、“Boundary”（定义边界条件）、“Parts”（建立模型）、“Joins”（定义连接）、“Interactions”（定义接触）、“Detonation”（定义爆炸）、

“Parallel”（并行计算控制）、“Controls”（定义控制）、“Output”（定义输出）、“User Variables”（用户变量）等选项。图 2-12 中为“Setup”（设置）下拉菜单各选项。

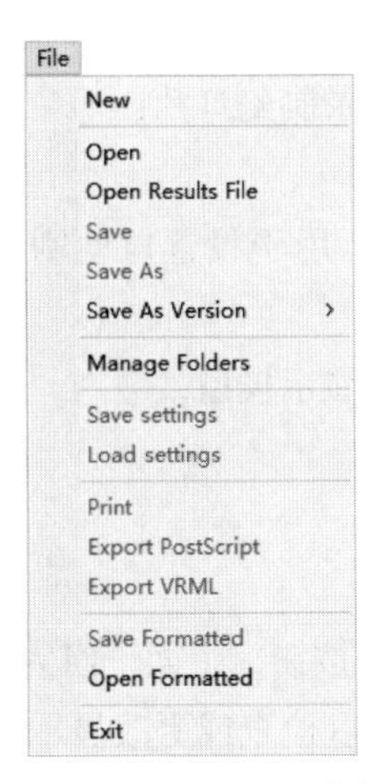

图 2-10　“File”下拉菜单

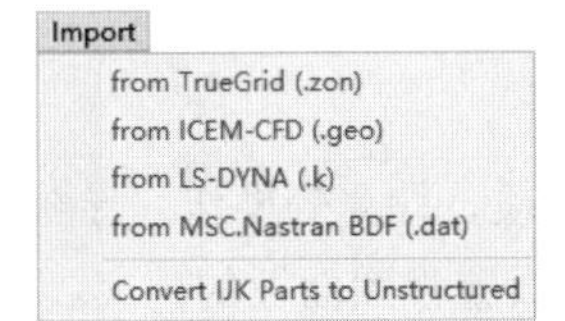

图 2-11　“Import”下拉菜单

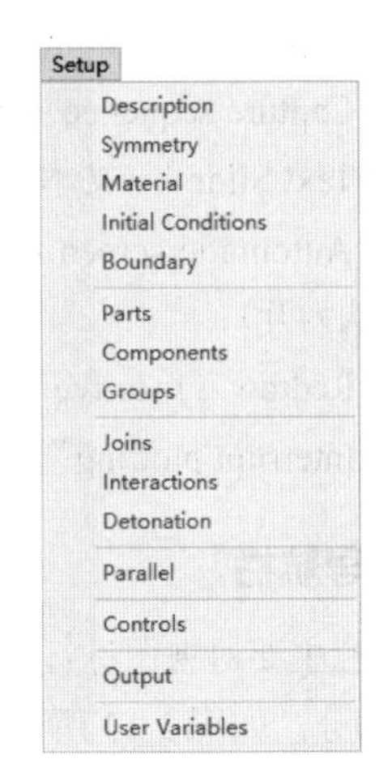

图 2-12　“Setup”下拉菜单

2.2.2　工具栏

工具栏可以对文件进行保存、视图切换、制作动画和实现交互等操作。工具栏提供了下拉菜单中命令的快捷方式。

工具栏的按钮及其用途如下：

① “New Model”（新建）按钮：用于创建一个新模型；

② “Open Model”（打开）按钮：用于打开（或载入）一个以二进制格式保存的模型；

③ “Save Model”（保存）按钮：用当前名称将当前模型保存为二进制的文件；

④ “Open Results File”（打开结果文件）按钮：用于打开一个已经存在的结果文件；

⑤ “Load settings”（载入设置）按钮：用于将前期保存的显示设置文件载入并应用；

⑥ “Save settings”（保存设置）按钮：用于把当前显示设置保存为设置文件；

⑦ “Print”（打印）按钮：将当前的显示打印；

⑧ “Transform object（On）”[移动对象（开）] 按钮：用于移动对象（默认为开）；

⑨ “Transform light（Off）”[移动光源（关）] 按钮：用于移动光源（默认为关）；

⑩ “Rotate（On）”[旋转（开）] 按钮：用于旋转模型（默认为开）；

⑪ “Translate （Off）”[移动（关）] 按钮：用于移动模型（默认为关）；

⑫ “Zoom（off）”（缩放）按钮：用于缩放模型；

⑬ “Set View”（视图设置）按钮：用于设置模型的视图方向；

⑭ “Reset”（重新设置）按钮：用于重新设置视图；

⑮ “Fit”（全部缩放）按钮：将所有模型缩放到适合视窗大小；

⑯ “Exanine”（检查）按钮：用于检查模型；

⑰ “Profile Wimdow”（曲线图窗口）按钮：用显示绘制的曲线图；

⑱ “Wire-Frame（Off）”[线框（关）] 按钮，用于将模型显示为相框模式（默认为关）；

⑲ “Perspective（Off）”[透视（关）] 按钮：用于将模型的视图在正交与透视图之间切换（默认为关）；

⑳ “Hardware Acceleration（On）” [硬件加速（开）] 按钮：用于对硬件加速（默认为开）；

㉑ “Slides setup”（设置幻灯片）按钮：用于设置幻灯片的播放；

㉒ “Capture current image”（图像捕捉）按钮：用于截取当前的视图；

㉓ “Capture sequence（Inactive）”（录制幻灯片）按钮：用于录制幻灯片；

㉔ “Text Slide”（文本幻灯片）按钮：用于创建文字幻灯片；

㉕ “Automatic screen refresh（On）” [自动刷新（开）] 按钮：用于设置自动刷新或手动刷新（默认为开）；

㉖ “Redraw（Inactive）”（重新绘制）按钮：用于刷新和重新显示模型；

㉗ “Interrupt plotting”（中断绘图）按钮：用于停止所有绘图。

2.2.3 导航栏

导航栏主要对视图进行控制、建模、计算等操作。导航栏有两组按钮。上面一组为“View”（视图）部分，如图 2-13 所示，可以设置视图面板的内容。在这里可以检查或更改显示设置，观察历史显示记录，创建并观察幻灯片或动画。

下面的一组为“Setup”（设置）部分，如图 2-14 所示，可以设置模型的参数。

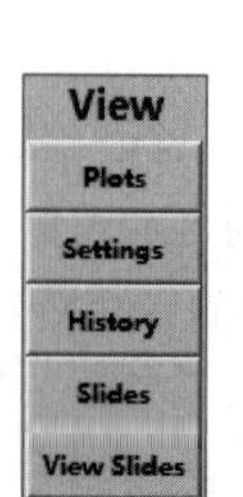

图 2-13　导航栏视图部分

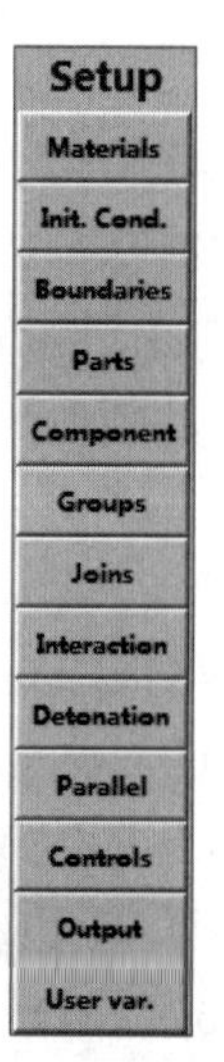

图 2-14　导航栏设置部分

2.2.4 面板和对话框

面板可以对图形进行相关的操作，以改变图形显示的内容等；对话框主要是针对具体操作打开供使用者选择的具体选项。

当在导航栏选择了一个按钮后，就会打开相应的面板。面板基本上包含输入区和需要进一步输入的按钮。在面板上单击一个按钮会在面板内显示出需要进一步设置的面板或打开一个新的对话框，如图 2-15 所示为“Plots”（绘图）面板，图 2-16 为“Select Contour Variable”（选择等值变量）对话框。

在所有的对话框下部都有三个按钮如图 2-17（a）所示。单击“Help”（帮助）按钮，可以显示关于这个对话框的帮助信息。单击“Cancel”（取消）按钮关闭当前窗口，在此窗口中所做的任何更改均无效。单击“OK”（接受）按钮，将关闭窗口且窗口中的更改生效。有些情况下会出现“Apply”（应用）按钮Apply，如图 2-17（b）所示，单击这个按钮可以在不关闭窗口的情况下使更改生效。

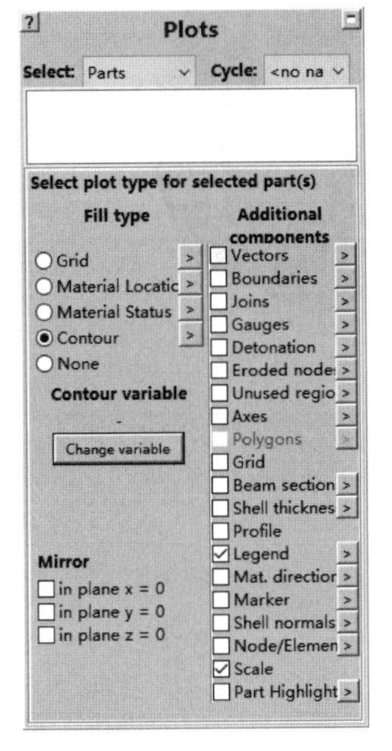

图 2-15　“Plots”面板

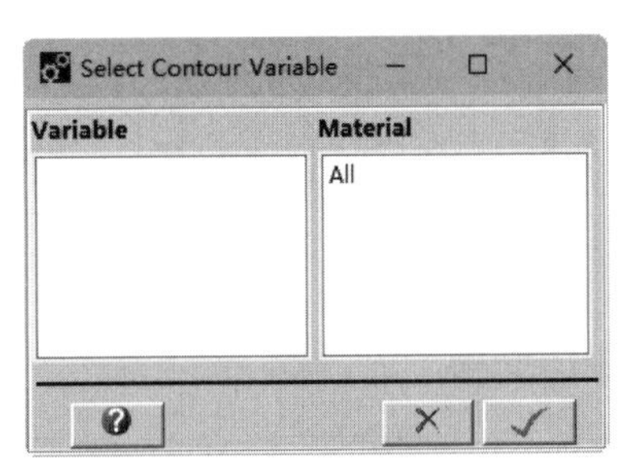

图 2-16　“Select Contour Variable”对话框

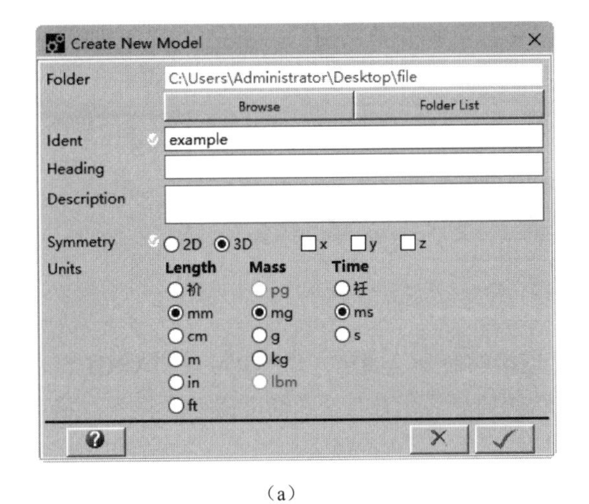

（a）

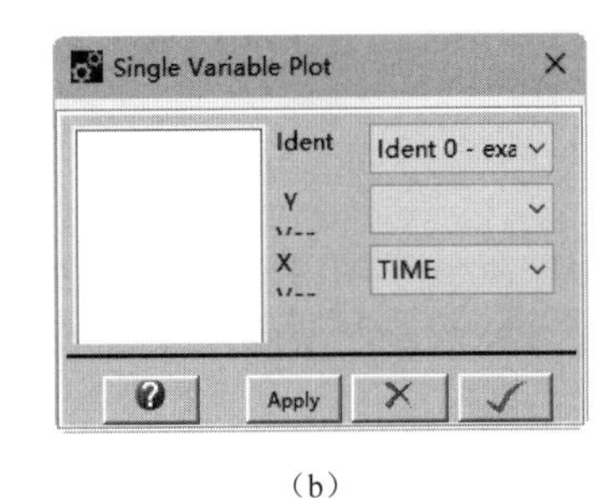

（b）

图 2-17　对话框一般设置情况

在面板或对话框中，用（感叹号）表示必须填写的内容。当输入了一个合理的值之后，感叹号变为（对勾），表示接受输入的值。在为所有必须填写的项目输入合理的数值之前，“OK”（接受）按钮处于不可用状态。

2.2.5　视图区

视图区用于显示具体的模型图形，如图 2-18 所示。

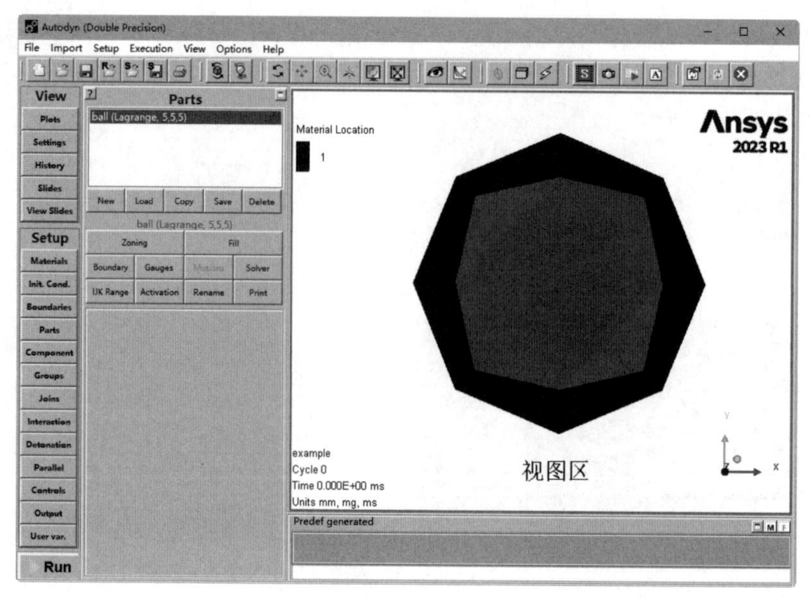

图 2-18 视图区

2.2.6 命令行面板

这种新的命令语言提供给用户如下的功能：记录在用户图形界面中的操作；更改 / 重做 / 重复以前的操作；加载以前保存的操作；使用命令语言设置模型。

在加载模型或创建模型前，命令行处于非激活状态。在信息条的右侧有两个按钮附加在信息窗口旁，如图 2-19 所示，单击“M”按钮M，可打开消息窗口，单击“F”按钮F，可打开命令窗口。

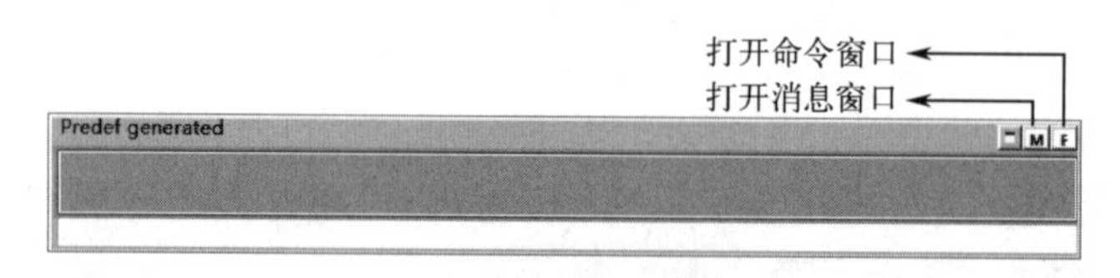

图 2-19 命令行面板

可以在命令行中直接输入多个由“；”连接的命令，如输入“PART：；TARGET”，表示选取名字是“TARGET”的零件。有用 / 有帮助的信息显示在信息 / 输出窗口，将命令窗口独立显示更有利于操作。

命令行产生两种文件：一种是 autodyn.adc 文件，另一种是 ident.adc 文件。

① autodyn.adc 文件保存在 adv6 的目录下，并且每次重新启动 Autodyn 时这个文件均被重写。

② ident.adc 文件在每次新建立一个模型时均会被创建。如果这个模型以后在另外的 Autodyn 进程中有所更改的话，所有的更改均会续写到这个文件中。所以 ident.adc 包含了自模型创建以来的所有操作。

典型的一系列命令如图 2-20 所示。

该命令中的 PARTS 是当前命名结构的名称。(其他的命令结构由命令结构名称分界，在导航栏中的每个按钮均是一个命令结构，比如 MATERIALS 指材料、BOUNDARIES 指边界等）下一行显示的是当前选择的零件名称，在这个例子中是 target。在这个例子中执行了 ZONING 和 FILL 命令，@ 是命令标记，可以键入 @？列出当前所有可用命令。# 表示选项，在这个例子中，#ZONING 选择 ZONING 命令的选项。

该命令中的 PREDEF 是当前选项。PREDEF 选项有一个子选项 #PREDEF GEOMETRY，这个子选项使用户可以选择他们想缩放的预定义几何。在这个例子中，缩放了预定义的 BOX，并输入了相关参数。当所有参数设置好后，用 @DO 命令来执行。

熟悉和使用命令结构最简单的办法就是首先用通常使用的用户图形界面进行如 ZONE、FILL 的操作，所有的操作均被自动记录，然后再用上面提到的方法进行修改和重做。当然，从上面的图片中可以看出，历史窗口中会有关于设置选项和参数的语法提示，可以直接键入命令。

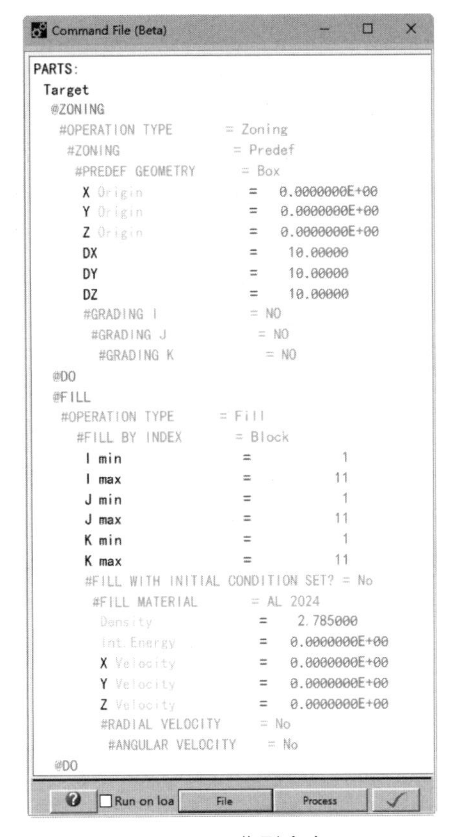

图 2-20 典型命令

单击图 2-19 中的“F”按钮F，可以将命令行从主用户界面中分离出来，并且以独立的窗口显示。如果将这个窗口关掉，命令行面板会自动回到原来位置。

当命令行面板与主用户界面分离后，它包含三个独立的列表框。命令历史框在左手边位置，包含了所有在当前进程中执行的有效命令。可以在历史框中复制多个命令用于重新执行一些操作。消息 / 输出面板在底部位置。在用户提出查询要求时，这个面板提供给用户帮助等信息；当执行不存在的命令的时候，这个面板会给出错误警告。

命令输入面板与其依附在主用户界面时的命令行功能一样，但是命令输入面板是更为用户友好的界面，可以输入多行命令之后再执行。所有在历史框中复制到命令输入面板的命令在执行之前都可以重新编辑。

命令文件窗口可以通过“File”（文件）按钮打开一个已经存在的 Autodyn 命令文件。命令文件窗口中的文件可以通过许多方法进行修改和执行。可以选择所有的命令或是选择一部分命令，然后单击“Process”（处理）按钮执行。如果想在执行命令之前对命令进行修改，可以选择需要修改的命令，将这些命令复制到单独的命令行或是命令输入窗口（如果命令行独立于主用户界面），然后就可以对这些命令进行修改并执行。

2.2.7 消息面板

在模型的设置、执行和观察过程中，消息面板将会显示各种不同的信息。

单击图 2-19 中的右上角打开消息窗口按钮，可以打开一个可以翻页的窗口，这个窗口中包含所有在进程中出现的消息。

2.3 文件操作

通过 Autodyn 用户界面“File”（文件）下拉菜单中的各种命令进行文件操作，如图 2-21 所示。文件操作主要包括：

① New（新建）：创建一个新模型；
② Open（打开）：打开（或载入）一个以二进制格式保存的模型；
③ Open Results File（打开结果文件）：打开一个已经存在的结果文件；
④ Save（保存）：用当前名称保存当前模型为二进制的文件；
⑤ Save As（保存为）：用一个新的名称保存当前模型；
⑥ Save As Version（保存为老版本）：把当前模型保存为老版本支持的格式；
⑦ Manage Folders（管理路径）：改变工程的保存路径；
⑧ Save settings（保存设置）：把当前显示设置保存为设置文件；
⑨ Load settings（载入设置）：将前期保存的显示设置文件载入并应用；
⑩ Print（打印）：将当前的显示打印；
⑪ Export PostScript（输出附属文件）：将当前的显示输出为附属文件；
⑫ Export VRML（输出 VRML）：将当前的显示输出为 VRML 格式的文件；
⑬ Save Fromatted（保存为格式文件）：以当前名称将当前文件保存为格式文件（ASCII）；
⑭ Open Formatted（打开格式文件）：打开（或加载）一个已经存在的格式文件（ASCII）；
⑮ Exit（退出）：退出 Autodyn。

工具栏也可对文件进行部分操作，如图 2-22 所示。

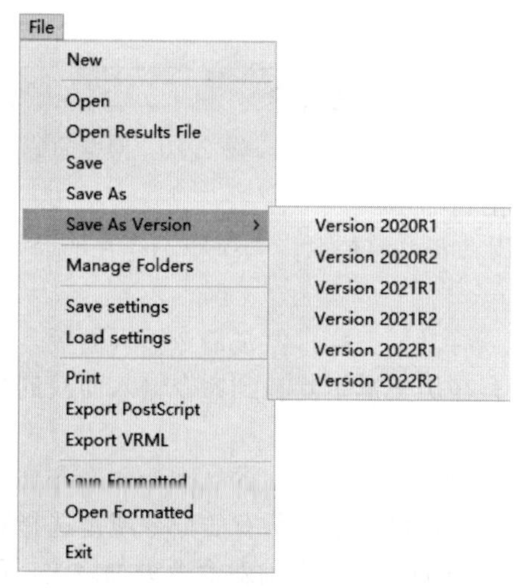

图 2-21 “File”下拉菜单

图 2-22 工具栏文件操作按钮

2.3.1 新建

开始创建一个新模型，选择“File”（文件）下拉菜单中的“New”（新建）命令，如图 2-23 所示，或在工具栏中单击“New”（新建）按钮，打开如图 2-24 所示的“Create New Model”（新建模型）对话框。

(1) Folder（文件夹）

用于显示新建模型保存在哪个文件夹下。单击“Browse”（浏览）按钮 Browse 来选择另外的文件夹，如图 2-25 所示。单击“Folder List”（文件夹列表）按钮 Folder List，打开“Manage Folders”（文件夹管理）对话框，从现有的文件夹列表中选择一个文件夹或是管理文件夹列表，如图 2-26 所示。

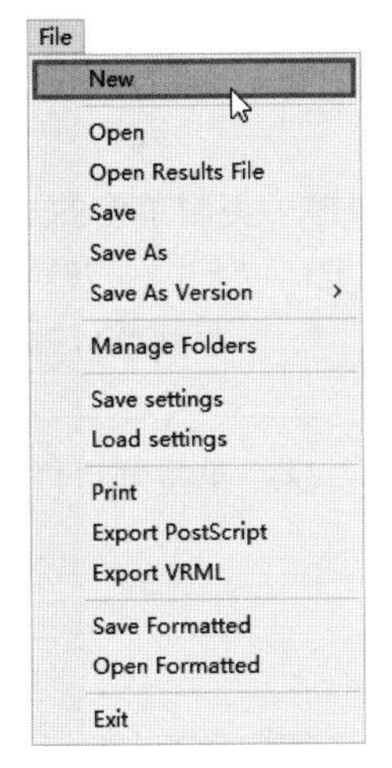

图 2-23　新建文件

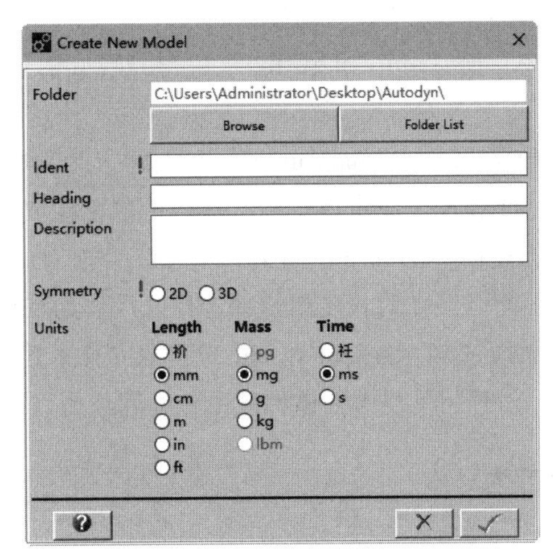

图 2-24　“Create New Model”对话框

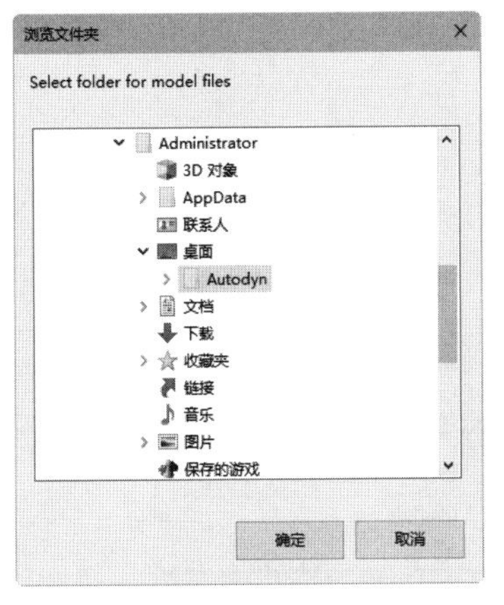

图 2-25　“浏览文件夹”对话框

图 2-26　“Manage Folders”对话框

（2）Ident（标识）

用于为新建模型输入一个名称作为标识，这个名称是用来标识模型创建的所有文件的。如果把标识写成 impact problem，那么这个模型的循环零保存的结果文件的名称就是 impact problem _0.ad。

（3）Heading（标题）

为模型输入一个标题，标题在视图和其他模型输出中显示。

（4）Description（说明）

可以输入更详细的信息。

（5）Symmetry（对称）

为模型选择维数（2D 二维或 3D 三维）和对称方式。在 2D 选项下，必须选择轴对称或是平面对称。在 3D 选项下，不用选择轴对称或是平面对称，而是根据需要选择 x、y 或 z 向对称。如果选择了 x 对称，那么 x=0 的平面就是对称平面。

（6）Units（单位）

为模型选择长度、质量和时间单位。

默认的单位制（mm、mg、ms）会得到较好的计算结果，带来较小的舍入误差，适合大部分的模型。

美制单位（US customary units）在创建一个新模型的时候增加了美制单位的选项。包括：长度单位英寸或英尺、质量单位磅，这些单位可能被缩写成“in（英寸）”“ft（英尺）”“lb（磅）”。时间单位中的任何一个都可以与美制单位联合使用（微秒、毫秒、秒）。美制单位不能与国际单位混用，如不能以英寸为长度单位并选择公斤作为重量单位。

微单位系统（micron unit system）引入了微长度单位（微米），这个单位制可以与微微质量单位（皮克）和时间单位中的微秒或毫秒一起使用。

2.3.2 保存为

选择“File”（文件）下拉菜单中的“Save As”（另存为）命令，如图 2-27 所示，打开“Save Model As”（保存模型为）对话框，如图 2-28 所示，通过这个对话框窗口可以将当前模型以一个新的标识保存。

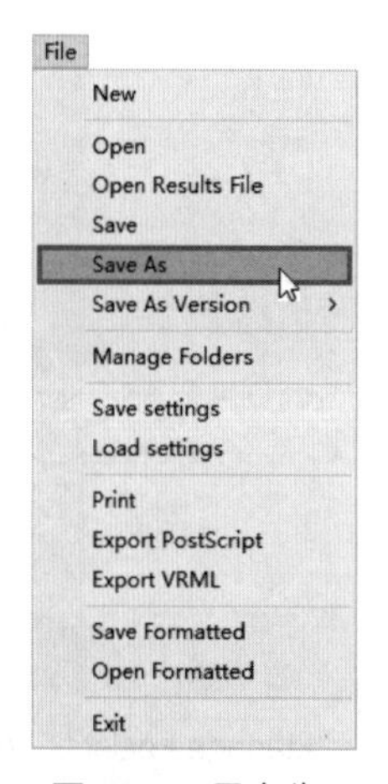

图 2-27 另存为

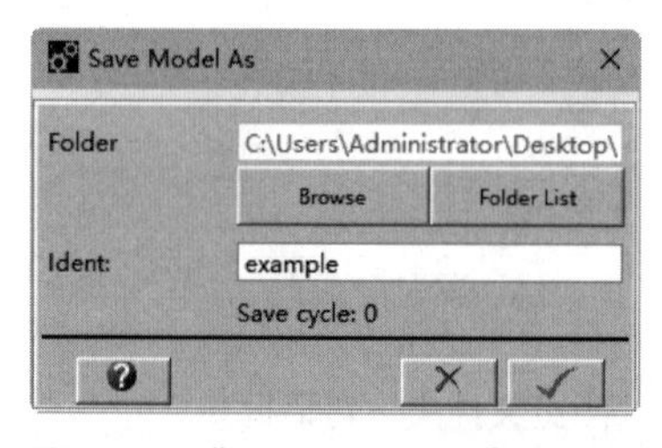

图 2-28 “Save Model As”对话框

2.3.3 保存为老版本

选择“File”（文件）下拉菜单中的“Save As Version”（保存为老版本）命令，如图 2-29 所示，可以使用的版本在次级菜单中列表显示，而且只能从列表中选择一种要保存的版本。展开版本次级菜单后，选择一个想要保存的版本，如 Version 2020R2，将打开“Save Model In Version 2020R2 Format”（保存模型为 2020R2 版本）对话框，如图 2-30 所示，通过这个对话框窗口可以将模型文件保存为老版本支持的格式。

注意

当前版本中存在而旧版本中没有的特性或者选项，在保存中会丢失。建议在进行这个操作时一定要指定一个新的文件名。

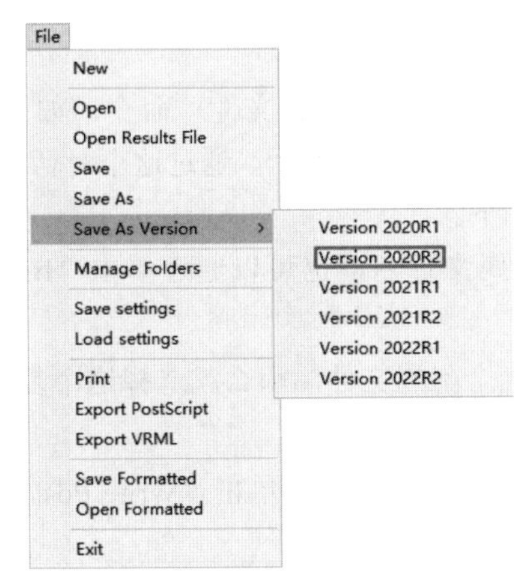

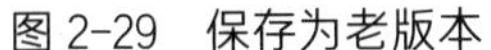
图 2-29　保存为老版本

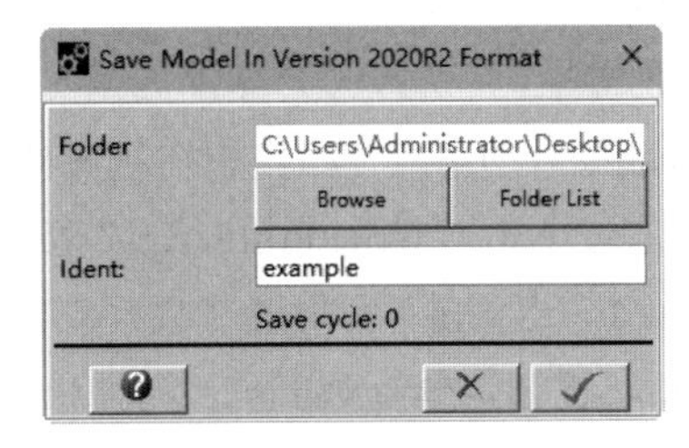

图 2-30　“Save Model In Version 2020R2 Format”对话框

2.3.4　文件夹管理

选择“File”（文件）下拉菜单中的“Manage Folders”（文件夹管理）命令，如图 2-31 所示，打开“Manage Folders”（文件夹管理）对话框如图 2-32 所示，通过这个对话框可以管理包含 Autodyn 模型的文件夹列表，当工程改变时，可以相应地在列表中增加或删除文件夹。具体设置如下。

① Folder List（文件夹列表）　文件夹列表是带滚动条的窗口，双击列表中任何一个文件夹可以将当前模型定义到这个文件夹下。

② Select/Creat Folder（选择 / 创建文件夹）　单击“Select/Creat Folder”按钮，可以通过浏览器的方式为列表增加一个文件夹。当选择好文件夹的路径之后，可以给它赋予一个别名（可选的）。

③ Remove Folder from List（从列表中移除文件夹）　单击“Remove Folder from List”按钮，可以从列表中移除所选的文件夹。

④ View Folder Contents（查看文件夹内容）　单击“View Folder Contents”按钮，可以查看所选文件夹中模型文件的相关信息。

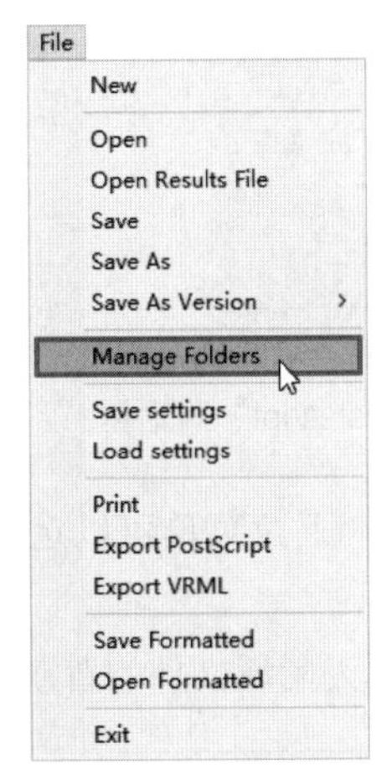

图 2-31　文件夹管理

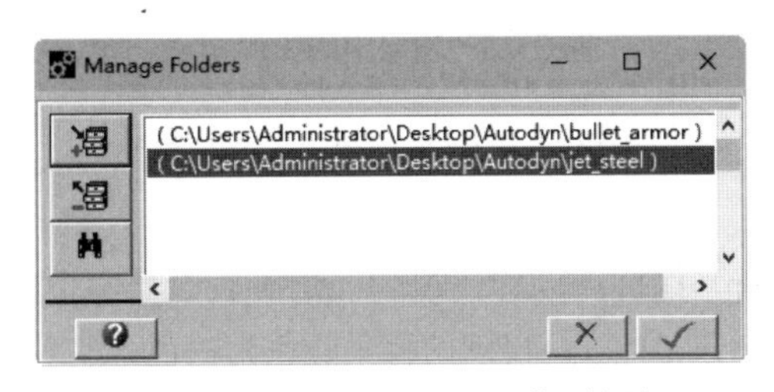

图 2-32　“Manage Folders”对话框

2.3.5 输出附属文件

选择“File”（文件）下拉菜单中的“Export Postscript”（输出附属文件）命令，如图2-33所示，打开“Export Postscript”（输出附属文件）对话框，如图2-34所示，通过这个对话框窗口可以将当前的视图文件输出到一个附属文件。具体设置如下。

① PS File（附属文件）　在“PS File”输入一个附属文件名，也可以通过单击“Browse”（浏览）按钮Browse，选择一个文件夹或文件。

② Dynamic（动态）　如果想在视图改变后就创建一个附属文件，那么就选择这个复选框。否则，只有通过单击“Write PostScript”按钮Write PostScript，来创建。

③ Write PostScript（写附属文件）　如果没有选择动态选项，可以单击“Write PostScript”（写附属文件）按钮Write PostScript，来产生一个附属输出文件。

④ Color Mode（颜色模式）　通过“Color Mode”下拉菜单可以选择在输出文件中应用的颜色格式：

- Color（颜色）：在输出文件中的每种颜色均以三原色定义（RGB）；
- Greyscale（灰度）：每种颜色均转换为单密度值。

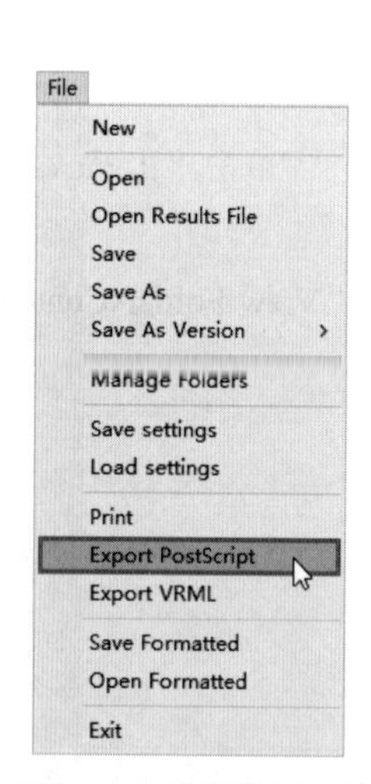

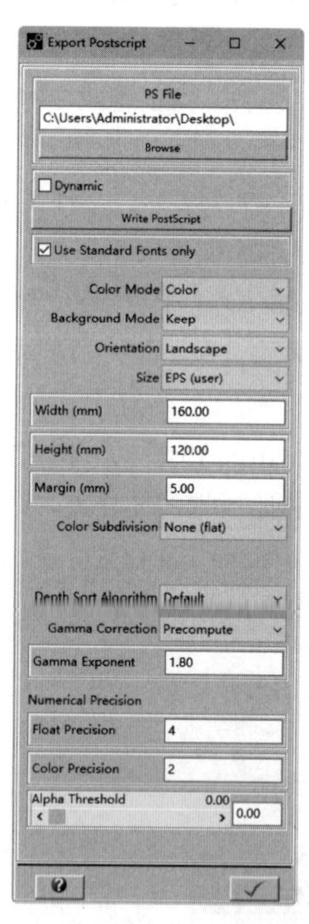

图2-33　输出附属文件　　　图2-34　“Export Postscript”对话框

⑤ Background Mode（背景模式）　通过“Background Mode”下拉菜单可以选择视图的背景如何呈现：

- Keep（保持）：以在AVS/Express查看器中设置的背景颜色为附属文件的背景颜色；
- White（白色）：视图的背景颜色为白色；
- Black（黑色）：视图的背景颜色为黑色。

⑥ Orientation（原点）　通过“Orientation”下拉菜单设置页面如何展开：

- Landscape（横向展开）：场景的 x 轴沿着页面的长边展开；
- Portrait（纵向展开）：场景的 x 轴沿着页面的短边展开。

⑦ Size（大小）　通过“Size”下拉菜单可以设置输出页面的尺寸：

- 用户自定义（EPS）：封装格式的附属文件，可以定义输出的尺寸，并且可以把这个文件安插在其他的文档文件中。如果选择了这个选项，必须定义宽度和高度，并指定页面空白处宽度；
- 输出页面的尺寸还包括 A 型、B 型、A4 等选项。

⑧ Width、Height、Margin（宽、高、页面空白宽）　如果选择 EPS 用户自定义输出尺寸，需要填写宽、高、页面空白宽这三个值。

⑨ Color Subdivision（颜色细分）　通过“Color Subdivision”下拉菜单可以定义二维和三维中多义线或面的颜色，或者三维中顶点的颜色和三维面的灯光。如果激活了颜色细分“Precompute”（预计算）和“Postcompute”（后计算），那么这个细分计算一直持续，直到满足颜色容差。这种方法在不使用颜色梯度对原始颜色进行细分的状态下，可以得到质量最高的结果。具体选项如下所述。

- None（不做改动）：不对颜色进行任何的改动。输出的多义线或是三原色采用单一的段的颜色或是面的颜色。对于顶点，在有需要的地方将其颜色平均从而产生段的颜色或是面的颜色。
- Precompute：这种 VPS 输出模式细分网格数据中存在共享顶点颜色的线段和三角，或是细分灯光下的三维面。这种细分计算会产生许多小的带线性差值颜色的原始颜色。预计算这种方式使输出的文件较大。
- Postcompute：与颜色容差参数一起，大量特殊的差值被写入输出文件。三原色用总顶点颜色信息写在附属文件中。
- Color Tolerance（颜色容差）：通过“Color Tolerance”选项为颜色细分算法（“Precompute”和“Postcompute”）确定在颜色空间的绝对差异值。在后计算模式下，颜色容差被写入输出文件。在预计算模式下，通过输出 VPS 模块细分含有共顶点颜色的线段或面。颜色容差的值在 0 ～ 1 之间，越小的值代表越细的细分方式。如果值接近零，那么会产生大量的原色。如果值是 1，不会产生任何的细分，即使细分选项为打开状态。在不进行颜色细分时（None）在用户界面中没有颜色容差的选项。

⑩ Depth Sort Algorithm（深度分类算法）　通过“Depth Sort Algorithm”下拉菜单选择深度分类算法。

- Default（默认）：每个原始的物体以最小的 z 坐标简单地分类。这种方法对大多数的应用场合都合适，它可以在复杂的场景中产生较好的视觉效果。
- NNS（隐藏面切割算法）：这是 Newell-Sancha 隐藏面切割算法。当检测到一个可视的差异时，这种算法首先尝试改变冲突的原始数据，如果这种冲突仍然存在（想象三角交叉的情况），那么其中一个原始数据沿着线的交叉点切割。

⑪ Gamma Correction（伽马修正）　通过“Gamma Correction”下拉菜单可以选择打印设备如何处理非线性渲染，或者将这种非线性渲染的场景与光栅显示器中同一场景的显示对比。

- None（不做修正）：不做伽马修正，颜色值假设均是线性的。
- Precompute：将数据写入文件之前，输出 VPS 模块改变了所有的颜色值（灰、红、绿、蓝）。因而预计算伽马修正是在预计算颜色细分之后，但是在后计算颜色细分之前。这意味着后计算线性插值可能不能给出期望的表现。预计算伽马会稍微影响文件生成的速度，但是不会影响文件的大小。当文件产生之后，预计算伽马因子不能修改。

● Postcompute：默认算法，伽马解释选项被写进输出文件，在打印中设置了颜色变换的解释功能。每个颜色在打印时均采用伽马修正。后计算伽马修正只会使文件增大一点，但是会使打印变得缓慢。在文件输出后伽马因子可以手动修改。

● Gamma Exponent（伽马解释）：通过“Gamma Exponent”选项可以设置应用于颜色组件的伽马因子，或者用于预计算的输出文件中，或者用于打印中的后计算。伽马因子是一个独立应用到每个颜色组件（灰、红、绿、蓝）中的解释因子。它的值必须大于 0：如果值是 1，则颜色不做任何改变；当值取在 0 ～ 1 之间时加深颜色；当值大于 1 时减轻颜色（饱和度）；默认值是 1.8。

⑫ Numerical Precision（数值精度）

● Float Precision（浮点精度）：通过这个值可以设置输出文件中写真实值的浮点精度。适用于空间坐标和转换，但不适用于颜色。取值范围 1 ～ 8，默认为 4。

● Color Precision（颜色精度）：通过这个值可以设置输出文件中写颜色值的浮点精度。颜色值可以是灰、红、绿和蓝。取值范围 1 ～ 8，默认为 2。

⑬ Alpha Threshold（阿尔法极限）　阿尔法极限的值在 0 ～ 1 之间。

2.3.6 输出 VRML 文件

选择“File”（文件）下拉菜单中的“Export VRML”（输出 VRML 文件）命令，如图 2-35 所示，打开“Export VRML”（输出 VRML 文件）对话框如图 2-36 所示，通过这个对话框窗口可以将当前视图输出为一个 VRML 格式的附属文件。具体设置如下。

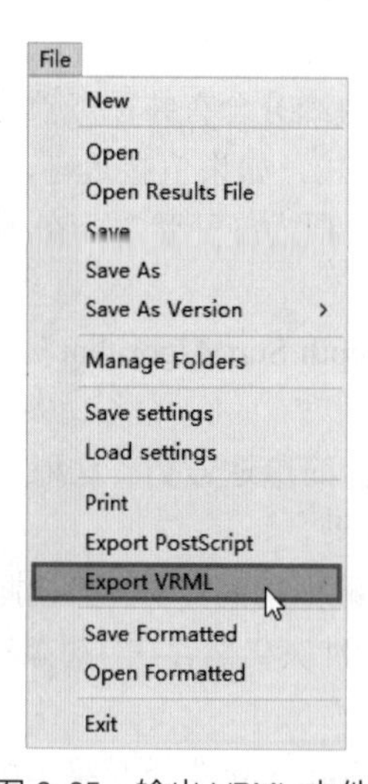

图 2-35　输出 VRML 文件

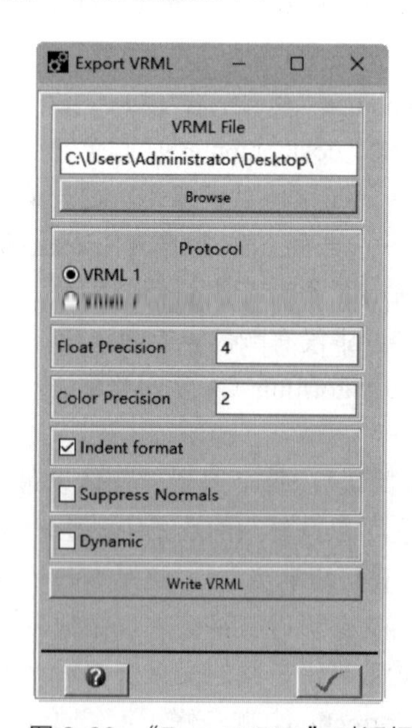

图 2-36　“Export VRML”对话框

① VRML File（VRML 文件）　在“VRML File”输入一个附录文件的名字，也可以通过单击“Browse”（浏览）按钮 Browse，选择一个文件夹或文件。

② Protocol（协议）　选择一种输出文件使用的 VRML 协议：

VRML1：一种清晰的 VRML 1.0c 标准的 ASCII 码；

VRML2：一种清晰的 VRML 2.0c 标准的 UTF8 码。

③ Float Precision（浮点精度）　通过“Float Precision”这个值可以设置输出文件中写真实值的浮点精度。适用于空间坐标、矢量、文字坐标、材料系数和转换，但不适用于颜色。取值范围 1 ～ 8，默认为 4。

④ Color Precision（颜色精度）　通过“Color Precision”这个值可以设置输出文件中写真实值的浮点精度。颜色值可以是漫反射材料颜色、放射状材料颜色和光源颜色。取值范围 1 ～ 8，默认为 2。

⑤ Indent format（缩进格式）　如果希望 VRML 编码为缩进格式，选择这个复选框。缩进格式可以改善易读性，但是会使输出文件增大。

⑥ Suppress Normals（压缩法线）　如果不想把法线写入 VRML 文件，应选择这个复选框。

⑦ Dynamic（动态）　如果希望每次视图改变时均输出新的 VRML 文件，应选择这个复选框。

⑧ Write VRML（生成 VRML 文件）　当没有选择动态复选框时，单击“Write VRML”按钮 Write VRML，生成一个 VRML 输出文件。如果选择了动态复选框，那么这个选项将不会出现。

2.4　导入

通过 Autodyn 用户界面“Import”（导入）下拉菜单中的各种命令，可以从其他程序导入网格数据，如图 2-37 所示。导入操作主要包括：

① from TrueGrid（.zon）[从 TrueGrid 导入（.zon）]：可以从 TrueGrid 导入网格数据；

② from ICEM-CFD（.geo）[从 ICEM-CFD 导入（.geo）]：可以从 ICEM-CFD 导入网格数据；

③ from LS-DYNA（.k）[从 LS-DYNA 导入（.k）]：可以从 LS-DYNA 导入 .k 文件；

④ from MSC.Nastran BDF（.dat）[从 MSC.Nastran BDF 导入（.dat）]：可以从 MSC.Nastran BDF 导入 . dat 文件；

⑤ Convert IJK Parts to Unstructured（转化为非结构化网格）：可以将现存的结构化零件转化为非结构化零件。

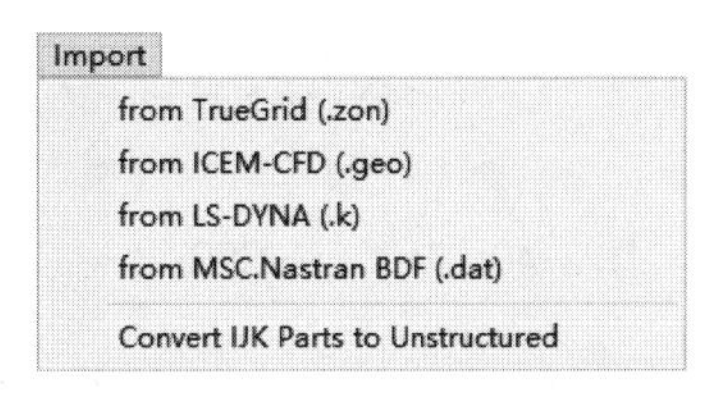

图 2-37　导入操作下拉菜单

2.4.1　从 TureGrid 导入

选择“Import”（导入）下拉菜单中的“from TrueGrid（.zon）”命令，如图 2-38 所示，打开“Open TrueGrid（.zon）file”[打开 TureGrid（.zon） 文件] 对话框如图 2-39 所示，通过这个对话框可以从“TrueGrid”导入网格数据文件，找到想导入的“TrueGrid”网格数据文件（.zon），单击“打开”按钮 打开(O)，导入文件，打开“TrueGrid Import Facility”对话框。

① Block（块）　TrueGrid 网格文件中会含有一块或多块节点（会以零件的方式导入）。这些会显示在 TrueGrid Import Facility 对话框窗口顶部的滚动框中。

② Import all parts（导入所有零件）　选择这个选项可以导入所有块。

③ Import selected parts（有选择性地导入）　如果只想导入部分块，选择“Import selected parts”选项，并在上面的“Block”（块）窗口中选择需要的块。

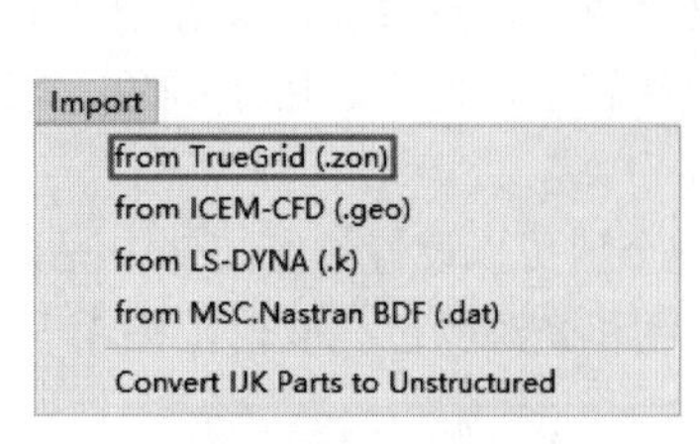

图 2-38　从 TureGrid 导入

图 2-39　“Open TrueGrid (.zon) file”对话框

④ Select solver type to be assigned to imported parts（选择求解器类型）为导入的零件指定求解器类型。

2.4.2　从 ICEM-CFD 导入

选择“Import”（导入）下拉菜单中的“from ICEM-CFD（.geo）”[从 ICEM-CFD 导入（.geo）]命令，如图 2-40 所示，打开“Open ICEM（.geo）file”[打开 ICEM（.geo）文件]对话框，如图 2-41 所示，通过这个对话框窗口可以从 ICEM-CFD 导入网格数据文件，找到想导入的 ICEM-CFD（.geo）网格数据文件，单击“打开”按钮 打开(O)，导入文件，打开“ICEM Import Facility”对话框。

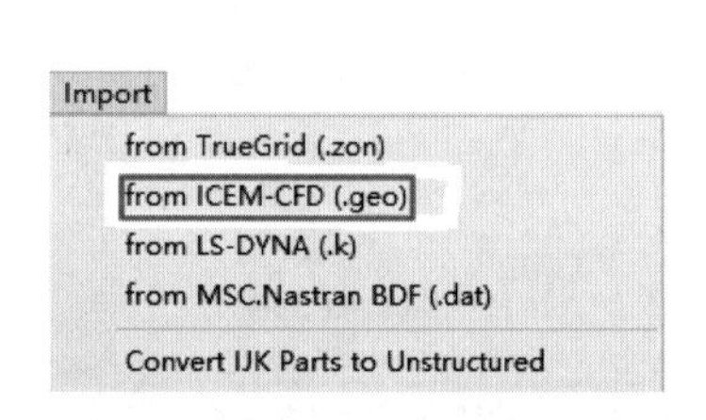

图 2-40　从 ICEM-CFD 导入（.geo）

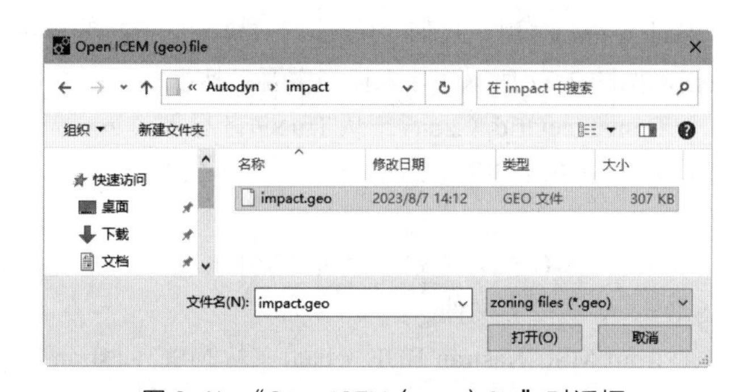

图 2-41　“Open ICEM（.geo）file”对话框

① Domain（域）　ICEM-CFD 网格文件包含一个或多个节点域（以零件的方式导入），这些域会显示在“ICEM Import Facility”对话框顶部的滚动框中。

② Import all Parts（导入所有零件）　选择“Import all Parts”选项可以导入所有域。

③ Import selected Parts（导入选择的零件）　如果只想导入部分域，选择“Import selected Parts”选项，在“Domain”窗口中选择需要的域。

④ Select solver type to be assigned to imported parts（选择求解器类型）　为导入的零件指定求解器类型。

2.4.3　从 LS-DYNA 导入

选择“Import”（导入）下拉菜单中的“from LS-DYNA（.k）”[从 LS-DYNA 导入（.k）]命令，如图 2-42 所示，打开“Open DYNA（.k）file”[打开 DYNA（.k）文件]对话框如图 2-43 所示，通过这个对话框窗口可以从 LS-DYNA 导入网格数据文件，找到想导入的 LS-DYNA（.k）

网格数据文件，单击“打开”按钮打开(O)，导入文件，打开“Import from LS-DYNA”（从 LS-DYNA 导入）对话框，如图 2-44 所示，在这个对话框中选择导入选项。

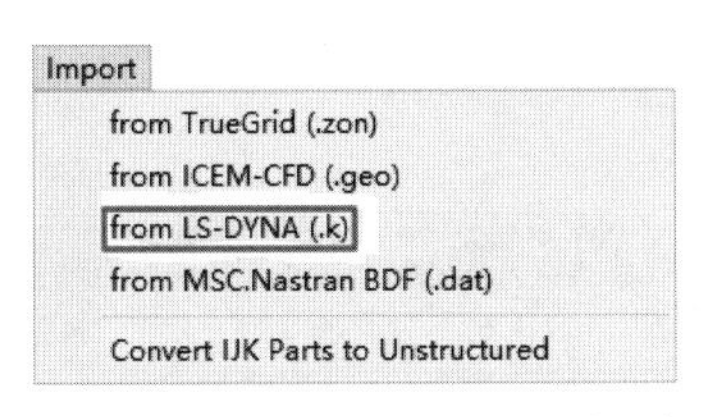

图 2-42　从 LS-DYNA 导入（.k）

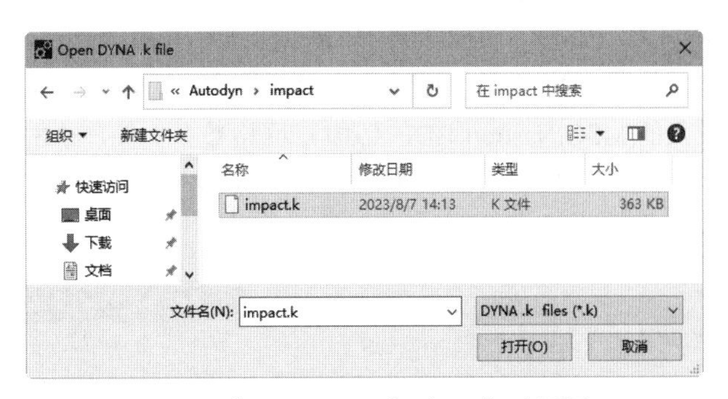

图 2-43　“Open DYNA（.k）file”对话框

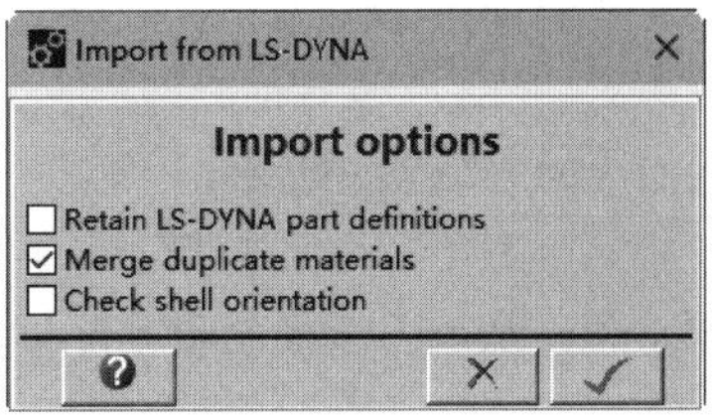

图 2-44　“Import from LS-DYNA”对话框

① Retain LS-DYNA part definitions（保留 LS-DYNA 的零件定义）

选择“Retain LS-DYNA part definitions”（保留 LS-DYNA 的零件定义）选项，在导入零件后会保留 LS-DYNA 文件中对零件名称的定义，否则，会为导入零件自动生成一个普通的名称。

② Merge duplicate materials（合并重复材料）　选择“Merge duplicate materials”选项会合并重复的材料。

③ Check shell orientation（检查壳单元指向）　选择“Check Shell orientation”选项会检查壳单元的不一致、不协调。如果网格存在不一致、不协调，应该重新定义网格，使其法向一致。

固定格式和自由格式的 LS-DYNA（.k）文件均能导入到 Autodyn 中。LS-DYNA 导入器最基本的功能是导入非结构化网格。另外，其他的一些信息也可以导入并存储，比如材料的定义、边界条件和初始条件。能够从 LS-DYNA 的 .k 文件中导入的信息如下所述。

● Mesh（网格）：网格（代表节点位置和单元连通性）可以被读入，并存储为零件或部件。零件是一组通过同一种分类方法联系在一起的单元，如体单元、壳单元或梁单元。部件是一组不考虑拓扑关系的一组单元。默认情况下，Autodyn 中定义的零件不一定与 LS-DYNA 的 .k 文件中的零件一致。Autodyn 也提供了保留 LS-DYNA 中对于零件的定义的选项。

● Materials（材料）：在 .k 文件中的每个单元均有一个相关联的材料定义。在 .k 文件导入 Autodyn 后会自动生成一个相应的材料。一般情况下，材料的参数不会读入到 Autodyn，在导入后，需要确认材料参数是否被合理地定义。目前，一部分的材料参数会自动读入 Autodyn，包括刚体、弹性、分段塑性和弹簧材料模型。

● Initial and Boundary Conditions（初始条件和边界条件）：LS-DYNA 中固定的边界条件会导入到 Autodyn 中。这些边界条件会转换为 Autodyn 中相应的边界，有些情况下，还包括一些参数。在 LS-DYNA 的 .k 文件中以节点或节点组定义的初始速度会被导入到 Autodyn 中，并转换为相应的初始条件。这些初始条件还会自动施加到相应的节点上。

● Shell and Beam Sections（壳单元和梁单元的截面）：在 k 文件中定义的壳单元截面会自动转换为 Autodyn 中的初始条件。对于层单元的局部方向目前还不能转换。在 .k 文件中定义的梁单元截面和方向还有相关参数会被转换到 Autodyn 中相类似的梁单元类型。

2.4.4 从 MSC.Nastran BDF 导入

选择“Import”（导入）下拉菜单中的“from MSC.Nastran BDF（.dat）”（从 MSC.Nastran BDF 导入）命令，如图 2-45 所示，打开“Open Nastran BDF file”（打开 Nastran BDF 文件）对话框，如图 2-46 所示，通过这个对话框窗口可以从 MSC.Nastran BDF 导入网格数据文件，找到想导入的 MSC.Nastran BDF（.dat）网格数据文件，单击“打开”按钮 打开(O)，导入文件，打开“Import from MSC.Nastran BDF”（从 MSC.Nastran BDF 导入）对话框，在这个窗口中可以选择导入选项。

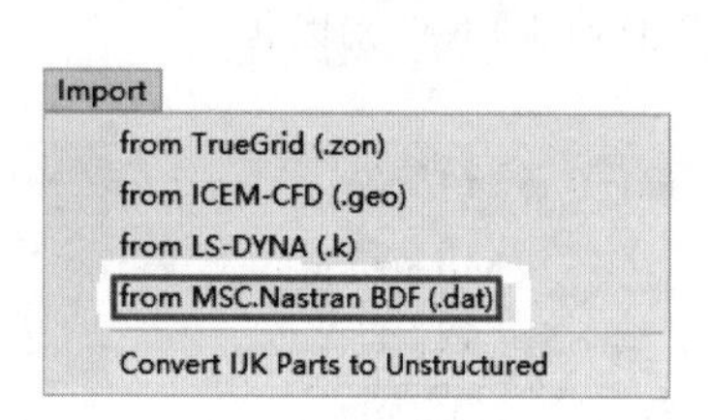

图 2-45 从 MSC.Nastran BDF 导入

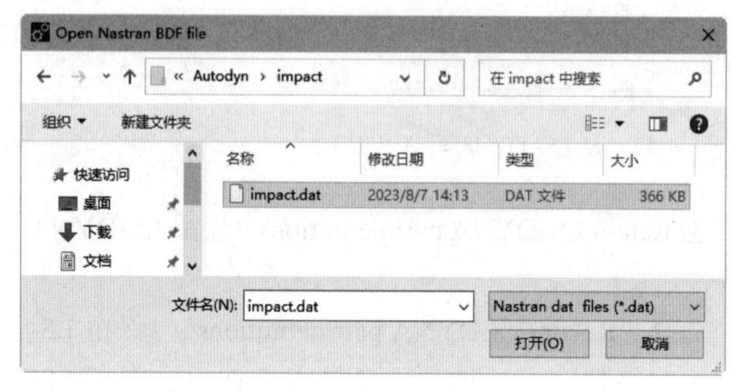

图 2-46 “Open Nastran BDF file”对话框

① Convert properties to Autodyn parts（将属性转化为 Autodyn 零件） 选择“Convert properties to Autodyn parts”选项，在导入零件后会保留 NASTRAN 文件中对零件名称的定义，否则会为导入零件自动生成一个普通的名称。

② Merge duplicate materials（合并重复材料） 选择“Merge duplicate materials”选项，将重复材料合并。

③ Check shell orientation is consistent（检查壳单元指向） 选择“Check shell orientation is consistent”选项会检查壳单元的不一致、不协调。如果网格存在不一致、不协调，应该重新定义网格，使其法向一致。

Autodyn 可以导入自由和固定格式的 MSC.NASTRAN 文件。MSC.NASTRAN 导入器最基本的功能是导入非结构化网格。另外，其他的一些信息也可以导入并存储，比如材料的定义、边界条件和初始条件。能够从 MSC.NASTRAN 数据文件中导入的信息如下所述。

- Mesh（网格）：网格（代表节点位置和单元连通性）可以被读入，并存储为零件或部件。零件是一组通过同一种分类方法联系在一起的单元，如体单元、壳单元或梁单元。部件是不考虑拓扑关系的一组单元。

- Materials（材料）：每个从体数据文件中被导入的单元均有一个与单元属性区（PSOLID，PSHELL）定义的材料名称相同的名称。在文件导入 Autodyn 后会自动生成一个相应的材料。一般情况下，材料的参数不会读入到 Autodyn，在导入后，需要确认材料参数定义是否合理。目前，一部分的材料参数会自动读入 Autodyn，包括刚体、弹性、分段塑性和弹簧材料模型。

- Initial and Boundary Conditions（初始和边界条件）：每个单元的属性均会转化为 Autodyn 中相应的初始条件，并把这些初始条件应用到相应的单元上。体数据文件中固定的边界条件会导入到 Autodyn 中。这些边界条件会转换为 Autodyn 中相应的边界，有些情况下还包括一些参数。在体数据文件中，以节点或节点组定义的初始速度会被导入到 Autodyn 中，并转换为相应的初始条件。这些初始条件还会自动施加到相应的节点上。

2.4.5　转化为非结构化网格

选择“Import”（导入）下拉菜单中的“Convert IJK Parts to Unstructured”（将 IJK 零件转换为非结构化零件）命令，可以将已经存在的、用拉格朗日或壳单元或梁单元求解器的结构化网格转化为非结构化网格。网格、材料、边界条件和初始条件均被转换到一个新零件中。这个特性可以将现有的模型转换到新的求解器中，从而减小内存的需求，并加快求解速度，如图 2-47 所示，打开“Convert IJK Parts to Unstructured”（将 IJK 零件转换为非结构化零件）对话框，如图 2-48 所示，在转换中需要设置如下的选项。

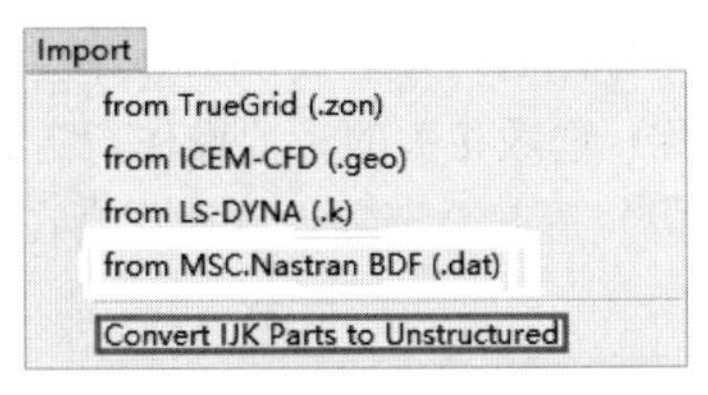

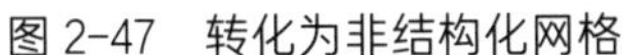
图 2-47　转化为非结构化网格

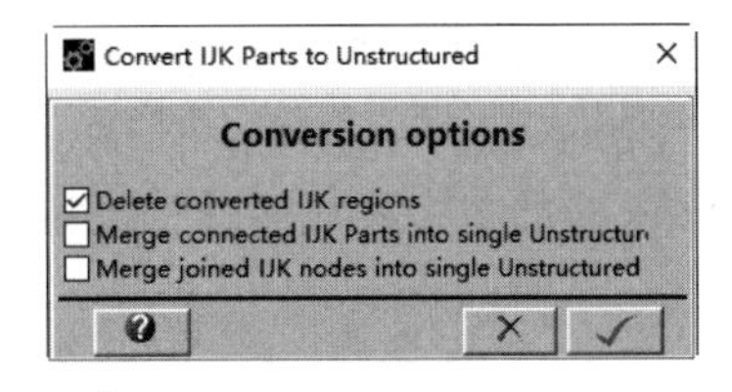

图 2-48　“Convert IJK Parts to Unstructured”对话框

① Delete converted IJK regions（删除结构化区域）　通过“Delete converted IJK regions”选项，在将结构化网格转换为非结构化网格之后，将原结构化网格零件删除。

② Merge connected IJK parts into single unstructured part（将相连接的结构化零件转换为单一的非结构化零件）　对于用结构化网格求解器定义的复杂模型，一般均含有较多较为简单且连接在一起的零件（比如从 ICEM-CFD 导入的 .geo 网格文件）。默认情况下，转换程序会将连接在一起的结构化网格零件转换为单一的零件。这将使模型更简单，并且可以改善求解，因为在模型中会有较少的连接。对于某些情况，可能不希望这样合并结构化的零件，不选择这个选项，那么在转换后零件的定义不会改变。

③ Merge joined IJK nodes into single unstructured node（将连接的结构化节点转换为单一的非结构化节点）　默认情况下，转换过程中会将连接的结构化节点转换为单一的非结构化节点。但是某些情况下，如销钉连接，可以不选择这种默认操作。

2.5　设置

通过 Autodyn 用户界面“Setup”（设置）下拉菜单中的各种命令进行模型设置操作，如图 2-49 所示。设置操作主要包括：

① Description（描述）：通过“Description”可以更改模型的描述，描述最开始在“Create New Model”对话框里面定义；

② Symmetry（对称）：通过 Symmetry 可以更改模型的对称方式，最开始在“Create New Model”对话框里面定义；

③ Material（材料）：定义和改变材料；

④ Initial Conditions（初始条件）：定义和改变初始条件设置；

⑤ Boundary（边界）：定义和改变边界条件；

⑥ Parts（零件）：定义和改变零件；

⑦ Components（部件）：定义和改变部件；

⑧ Groups（组）：定义和改变组；

⑨ Joins（连接）：定义连接；

⑩ Interactions（接触）：定义接触；

⑪ Detonation（起爆）：定义起爆点；

⑫ Parallel（并行计算）：设置并行计算环境，并为并行计算对模型进行设置；

⑬ Controls（控制）：设置控制模型，如对计算限制、时间步长、阻尼常数、中止和重力作用设置；

⑭ Output（输出）：设置需要的输出；

⑮ User Variables（自定义变量）：对在自定义程序中使用的网格变量进行初始化。

“Setup”（设置）下拉菜单中的大部分命令选项均可以通过导航栏访问。本节主要介绍导航栏中没有的“Description”（描述）和“Symmetry”（对称）选项相关的设置操作，“Material”（材料）、“Initial Conditions”（初始条件）、“Boundary”（边界）等其余选项设置操作会在后面章节详细介绍。

2.5.1 描述

选择“Setup”（设置）下拉菜单中的“Description”（描述）命令，如图 2-50 所示，打开“Modify Heading”（修改描述）对话框，如图 2-51 所示，通过这个对话框窗口可以更改模型的标识、标题、说明、单位等描述，修改好后单击“OK”按钮 ✓，完成设置。

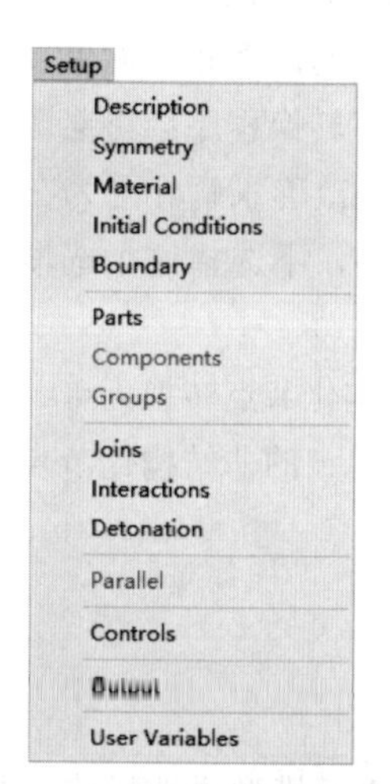

图 2-49　Setup 下拉菜单

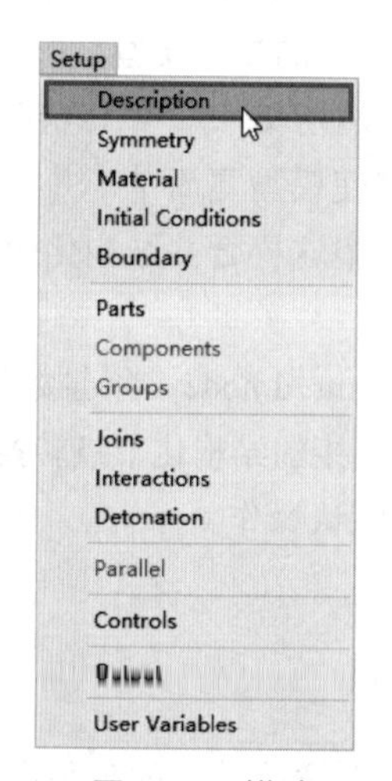

图 2-50　描述

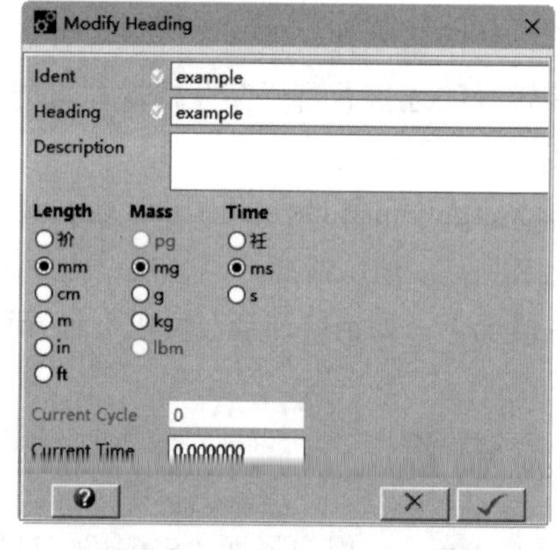

图 2-51　Modify Heading 对话框

① Ident（标识）　通过 Ident 选项可以改变模型的标识，这个标识用来定义模型产生的所有文件。如标识为“impact problem”，那么这个模型零循环的保存文件为“impact problem_0.ad”。

② Heading（标题）　通过 Heading 选项可以改变模型的标题，标题会在模型的显示窗口和其他输出文件中显示。

③ Description（说明）　通过 Description 选项输入或改变对模型的说明。

④ Units（单位）　通过 Units 选项，可以改变模型中的长度、质量和时间单位。默认的单位（mm、mg、ms）会得到较好的结果，小的舍入误差适用于大多数的模型。改变单位不会改变先前输入的数据大小。这种改变只体现在两方面，一是输出时显示的单位有变化，二是从材料库中读写数据时的转换关系的改变。

⑤ Current Cycle（当前循环）　显示当前循环数。

⑥ Current Time（当前时间）　通过 Current Time 选项可以改变当前时间。

2.5.2 对称

选择“Setup”（设置）下拉菜单中的“Symmetry”（对称）命令，如图 2-52 所示，打开“Modify Symmetry”（修改对称）对话框，如图 2-53 所示，通过这个对话框窗口可以更改 2D、3D 模型的对称方式，修改好后单击“OK”按钮✓，完成设置。

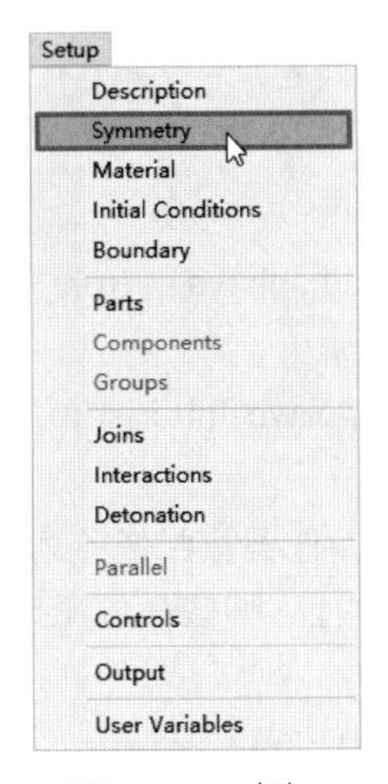

图 2-52　对称

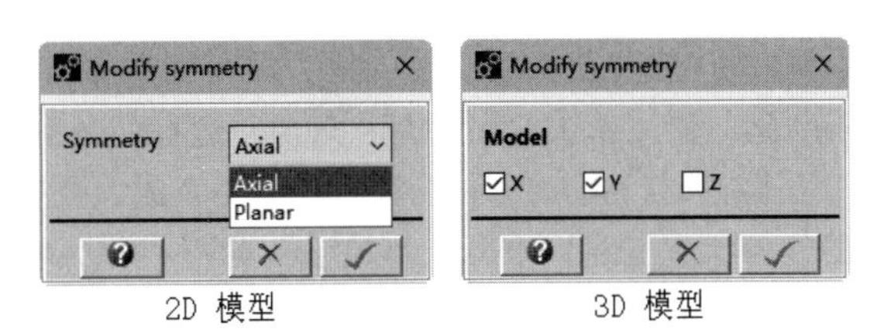

图 2-53　Modify Symmetry 对话框

在 2D 选项下，可以修改“Axial”轴对称或是“Planar”平面对称。在 3D 选项下，不用选择轴对称或是平面对称，而是根据需要选择 x、y 或 z 向对称，如果选择了 x 对称，那么 x=0 的平面就是对称平面。

2.6 执行

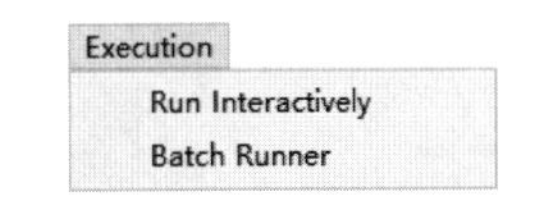

图 2-54　“Execution”下拉菜单

通过 Autodyn 用户界面“Execution”（执行）下拉菜单中的各种命令进行模型开始计算操作，如图 2-54 所示。

执行操作选项主要包括：

① Run Interactively（交互式的运行）　开始运行程序，这与单击导航栏中的“Run”（运行）按钮 Run，功能一样。

② Batch Runner（批处理）　运行一个或多个模型。

选择“Execution”下拉列表中的“Batch Runner”（批处理）命令，打开“Autodyn Batch Runner”对话框如图 2-55 所示，通过这个对话框窗口可以对增加任务、删除选择任务、从文件加载任务等选项设置，设置好后单击“OK”按钮✓，完成批处理设置。

③ Job List（任务列表）　Job List 显示当前任务（保存将要被加载和运行的文件）并显示它们的状态。

④ Add Job（增加任务）　单击“Add Job”按钮 Add Job，增加一个任务到任务列表。会打开一个窗口，通过这个窗口浏览并找到想要加载并计算的保存文件。

⑤ Delete Selected Job（s）（删除选择任务）　在任务列表中选择一个或多个任务，单击 Delete Selected Job（s）按钮 Delete Selected Job(s)，将其删除。

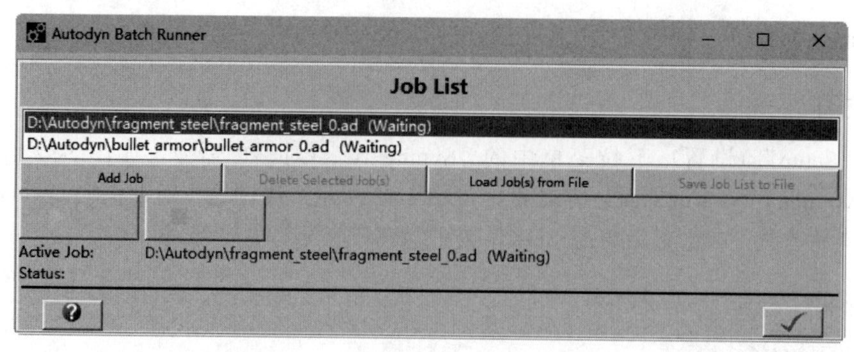

图 2-55 Autodyn Batch Runner 对话框

⑥ Load Job（s） from File（从文件加载任务） 单击 Load Job（s） from File 按钮 Load Job(s) from File，会将保存在文件（.bat）中的任务加载到任务列表。

⑦ Save Job List to File（将任务列表保存为文件） 单击 Save Job List to File 按钮 Save Job List to File，会将任务列表中的任务保存到文件（.bat）。

⑧ Run（运行） 单击 Run 按钮 Run，运行任务列表中的任务。任务按照任务列表中的顺序逐个运行。运行时，窗口显示哪些任务已经完成、哪些任务正在运行、哪些任务在排队等待。正在运行的任务状态在窗口下部也有显示。

⑨ Stop（停止） 单击 Stop 按钮 Stop，停止运行任务列表中的任务。

2.7 视图

通过 Autodyn 用户界面“View”（视图）下拉菜单中的各种命令可以对视图（能在视图面板中看到的）进行个性化设置操作，如图 2-56 所示。视图操作主要包括以下选项。

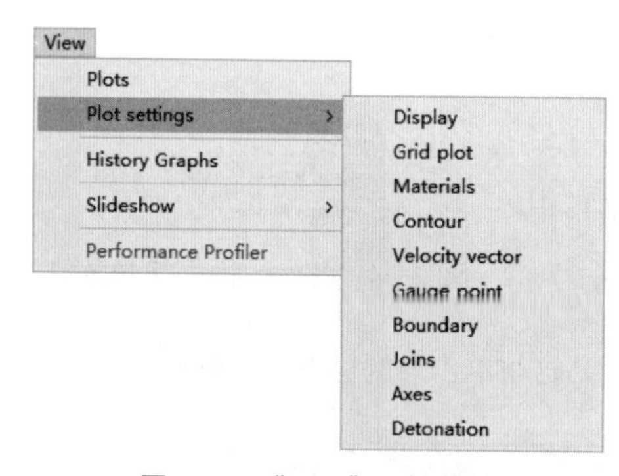

图 2-56 “View”下拉菜单

① Plots（显示）：设置在视图面板中看到的内容。

② Plot Settings（显示设置）：通过对多种显示类型设置的改变，来控制如何显示模型。可以将视图设置为如下类型：

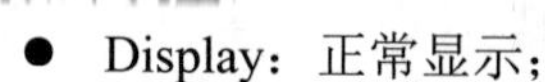

- Display：正常显示；
- Grid plot：显示网格；
- Materials：显示材料；
- Contour：显示云图；
- Velocity vector：显示速度矢量；
- Gauge point：显示高斯点；
- Boundary：显示边界；
- Joins：显示连接；
- Axes：显示轴；
- Detonation：显示起爆点。

③ History Graphs（历史曲线）：观察某些参数的历史曲线，如高斯点、材料、零件和能量的概况。

④ Slideshow（幻灯片）：创建和管理幻灯片。

⑤ Performance Profiler（表现状态）：通过表现状态监控计算。

“View”（视图）下拉菜单中的大部分选项均可以通过导航栏访问。本节主要介绍 Setup Slideshow（幻灯片设置）和 Performance Profiler（表现状态）选项相关的设置操作，Plots（显示）、Plot Settings（显示设置）、History Graphs（历史曲线）等其余选项设置操作会在后面章节详细介绍。

2.7.1 幻灯片设置

单击“View”（视图）下拉菜单“Slideshow”（幻灯片）下一级菜单中的“Setup”（设置）命令，如图 2-57 所示，打开“Setup Slideshow”（幻灯片设置）对话框如图 2-58 所示，通过这个对话框窗口可以设置创建幻灯片的参数，设置好后单击“OK”按钮 ✓，完成幻灯片设置。

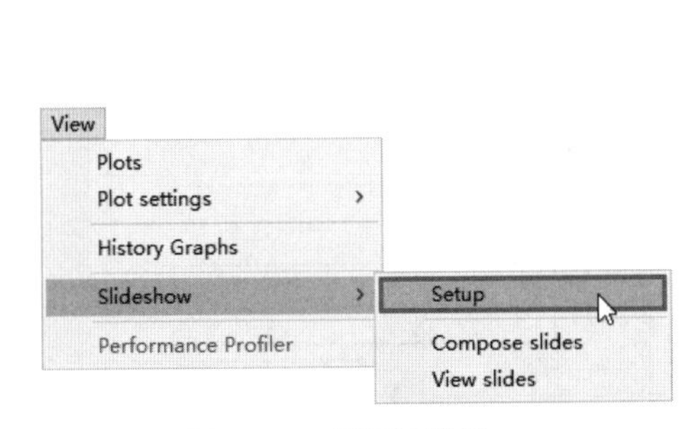

图 2-57　幻灯片设置

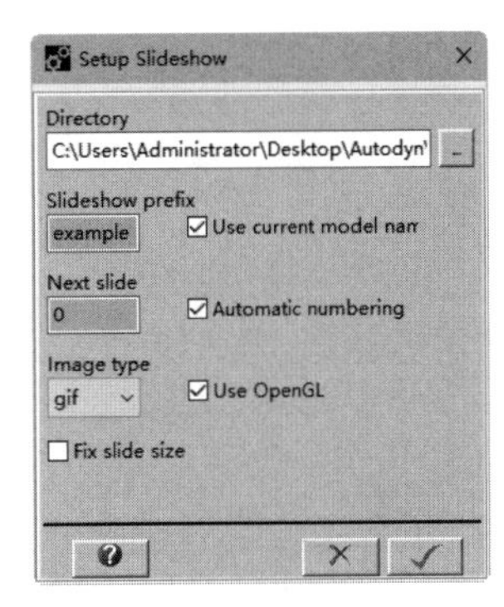

图 2-58　“Setup Slideshow”对话框

① Directory（路径）　设置幻灯片的保存路径，单击路径窗口旁边的浏览按钮 ⋯，可以改变幻灯片的保存路径。

② Slideshow prefix（幻灯片前缀）　在 Slideshow prefix 文本框中为幻灯片输入一个前缀，或选择“Use current model name”（使用当前模型名）选项，使用当前文件标识作为幻灯片前缀。这个前缀用于为这个幻灯片创建的所有图像文件。

③ Next slide（下一个幻灯片）　输入下一个幻灯片的编号，或者选择“Automatic numbering”（自动编号），Autodyn 将自动为幻灯片赋予编号。

④ Image type（图像类型）　通过“Image type”下拉菜单来选择希望用什么格式来创建幻灯片，可选择 gif、jpeg、tiff、gfa 格式，如图 2-59 所示。如果想用“OpenGL”创建幻灯片，可勾选此选项，通过这种方法可以大大改善 SPH 的显示效果。

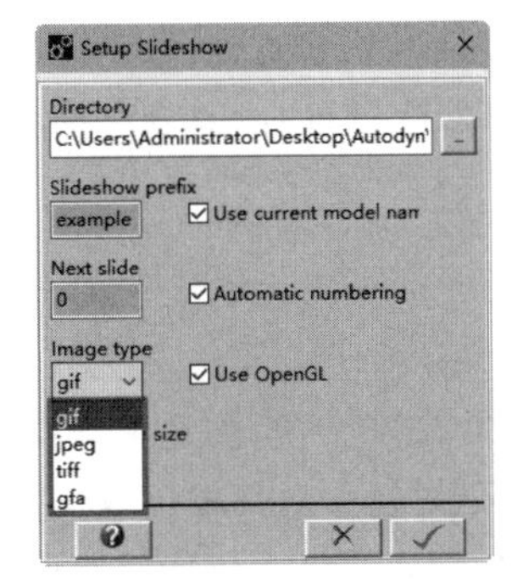

图 2-59　图像类型设置下拉菜单

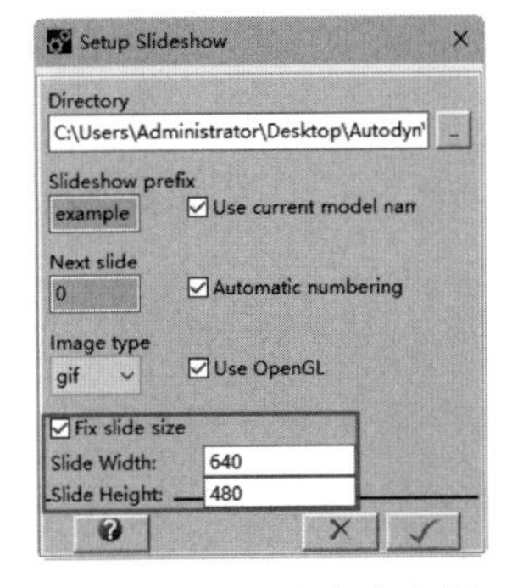

图 2-60　固定幻灯片大小参数设置界面

⑤ Fix Slide size（固定幻灯片大小） 勾选“Fix slide size”（固定幻灯片大小）选项来固定输出幻灯片的大小，以像素为单位确定幻灯片的宽度和高度，如图 2-60 所示。如果没有选择这个选项，那么幻灯片将按照图形窗口的大小输出。

2.7.2 表现状态

单击“View”（视图）下拉菜单中的“Performance Profiler”（表现状态），如图 2-61 所示，打开“Performance Profiler”对话框，如图 2-62 所示，通过这个对话框窗口可以直观地监视并行模拟的加载平衡表现。

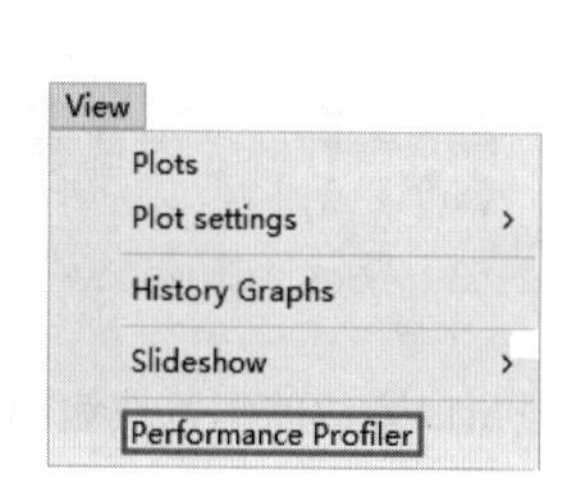

图 2-61　表现状态

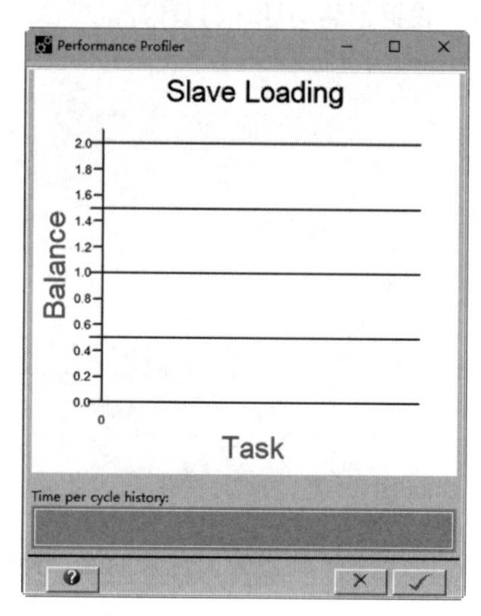

图 2-62　“Performance Profiler”对话框

2.8 选项

通过 Autodyn 用户界面“Options”（选项）下拉菜单中的各种命令可以设置多种用户图形界面选项，如图 2-63 所示。选项操作主要包括：

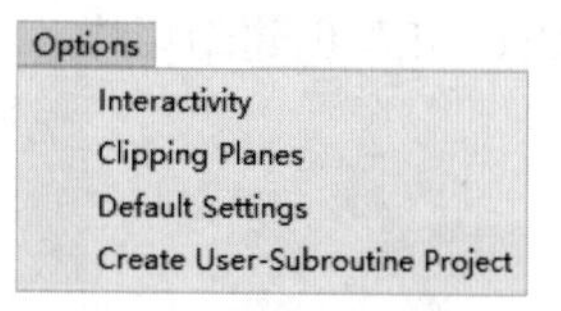

图 2-63　“Options”下拉菜单

① Interactivity（交互性）：通过“Interactivity”选项设置如何通过鼠标和键盘控制视图面板中显示的图像；

② Clipping Planes（切面）：设置视图的切割平面；

③ Default Settings（默认设置）：改变启动 Autodyn 的一些默认状态设置。

2.8.1 交互性

选择“Options”下拉菜单中的“Interactivity”（交互性），如图 2-64 所示，打开“Mouse Interactivity”（鼠标交互性）对话框，如图 2-65 所示，通过这个对话框可以设置如何通过鼠标和键盘控制视图面板中显示的图像，设置好后单击“OK”按钮 ✓，完成交互性设置。

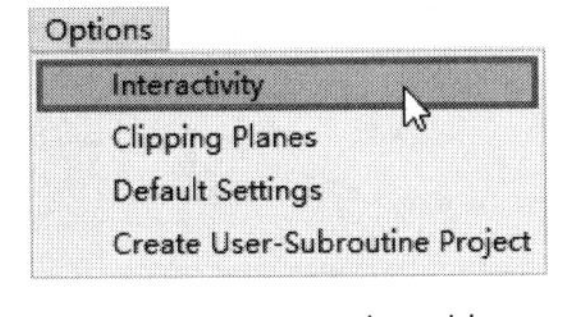

图 2-64　交互性

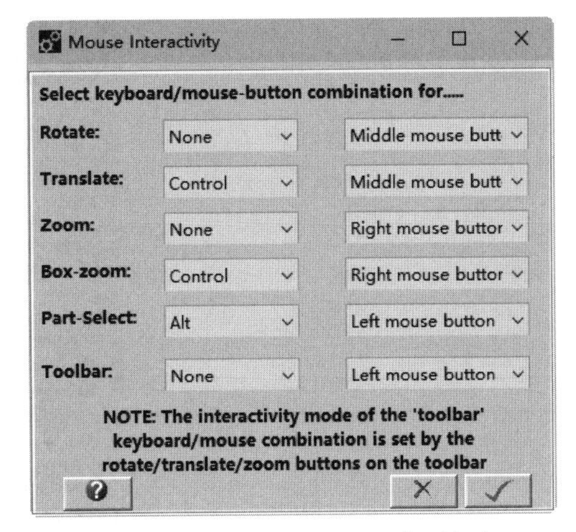

图 2-65　"Mouse Interactivity"对话框

2.8.2　切面

选择"Options"下拉菜单中的"Clipping Planes"（裁剪）命令，如图 2-66 所示，打开"Move clipping planes"（移动切面）对话框，如图 2-67 所示，通过这个对话框窗口可以设置视图的切割平面，设置好后单击"OK"按钮，完成切面设置。

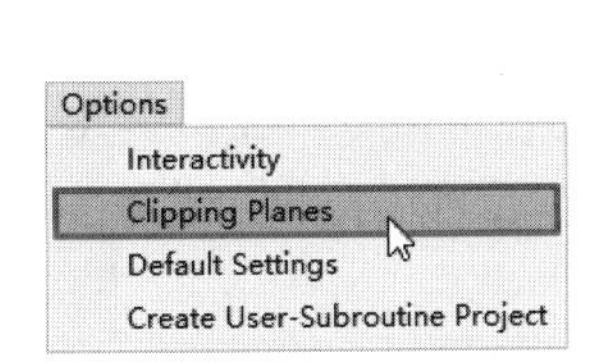

图 2-66　切面

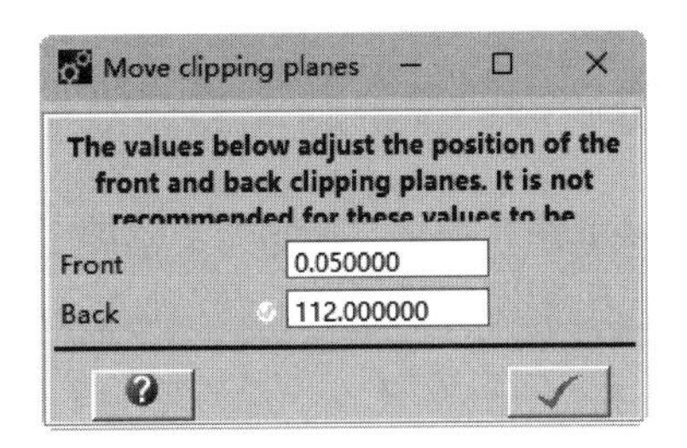

图 2-67　"Move clipping planes"对话框

在某些情况下，如果将所有的东西都包含在视图里面，那么显示的效果可能不太好。默认值的切割平面值会使显示状态有较大的改观，但有些时候可能需要其他的值。

① Front（前切割面）　通过 Front 选项设置视点到前切割面的距离，在视点和前切割面之间的网格均不显示。

② Back（后切割面）　通过 Back（后切割面）选项设置视点到后切割面的距离，在视点和后切割面之外的网格均不显示。

2.8.3　默认设置

选择"Options"下拉菜单中的"Default Settings"（默认设置）选项，如图 2-68 所示，打开"Default Settings"（默认设置）对话框，如图 2-69 所示，通过这个对话框可以设置 Autodyn 用户图形界面的默认设置，设置好后单击"OK"按钮，完成默认设置。

默认设置保存在名为"autodyn.ini"的 ASCII 码文件中，这些设置在每次启动 Autodyn 时，用来对用户图形界面和表现方式的很多方面进行初始化。

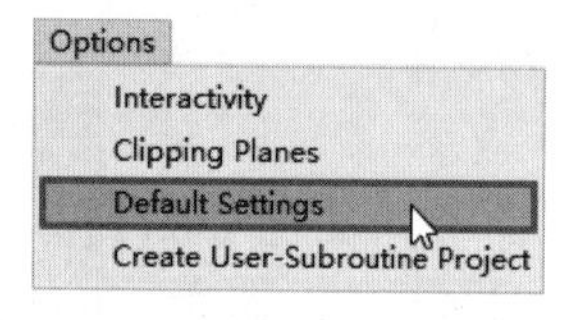

图 2-68　默认设置

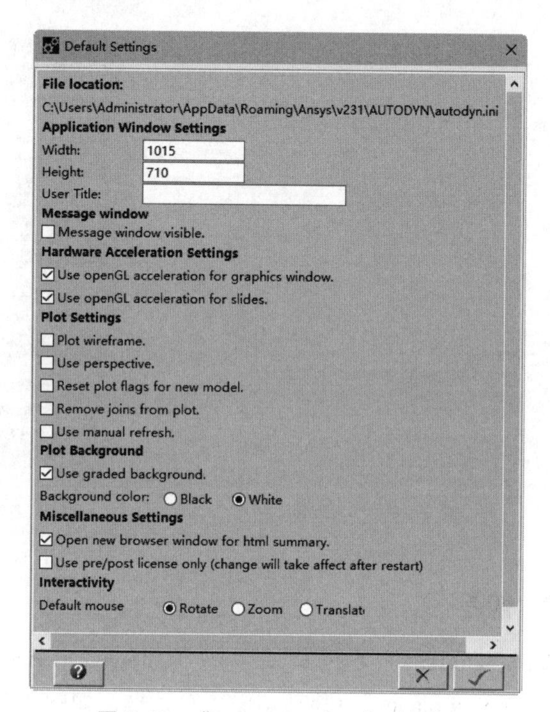

图 2-69　“Default Settings”对话框

2.9　帮助

通过 Autodyn 用户界面“Help”（帮助）下拉菜单中的各种命令，如图 2-70 所示，可以得到 Autodyn 的通用帮助信息，也可以运行示范文件和动画，还可以提供当前版本的一些信息如图 2-71 所示。

图 2-70　“Help”下拉菜单

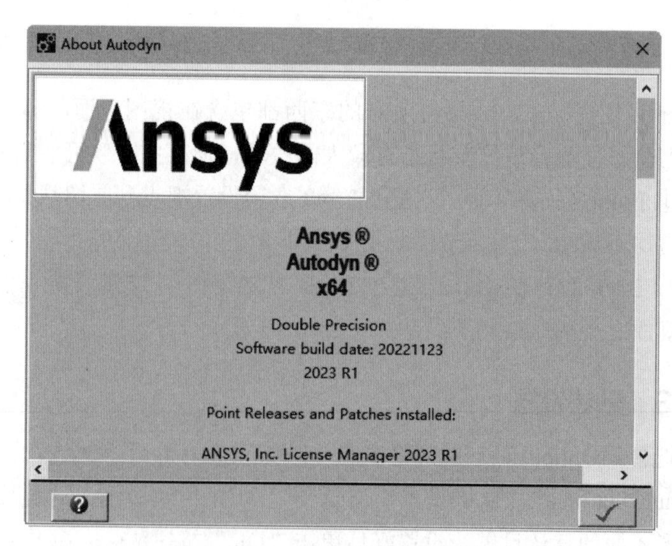

图 2-71　Autodyn 当前版本信息

第3章 材料模型、材料库以及定义材料

本章重点介绍材料模型、材料库以及定义材料，其中材料模型主要介绍了状态方程、强度模型、失效模型和侵蚀模型相关含义和参数设置操作，材料库主要介绍了 Autodyn 包含的材料数据及相关操作，定义材料主要介绍了定义模型中使用的材料相关操作。

3.1 材料模型

通常，材料在动态载荷下的响应非常复杂，比如：非线性压力响应、应变和应变率硬化、热软化、各向异性料属性、拉伸断裂、复合材料破坏。

一种材料模型不可能经历上面所有的响应，因此 Autodyn 提供许多模型供用户选择，用户可以根据问题选择适合的模型。根据不同问题，Ansys Autodyn 提供了状态方程、强度模型、失效模型、侵蚀模型等多种材料模型供用户来模拟材料的动态响应行为。材料模型的选择取决于要计算的问题中的实际材料。一般对于每种材料需要指定以下四类信息：

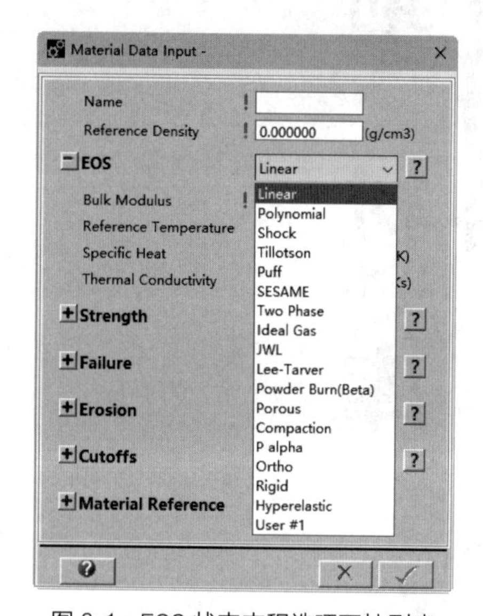

图 3-1　EOS 状态方程选项下拉列表

- 状态方程：作为关于密度和内能函数的压力；
- 强度模型：强度模型定义了屈服面；
- 失效模型：失效模型规定了材料何时不再具有强度；
- 侵蚀模型：侵蚀阈值，当材料被侵蚀，它将由一个固体单元转变为一个自由质量节点（仅对于拉格朗日网格）。

以上信息既可以在全局菜单下选择 Material 来输入，也可以在子区域菜单下输入。在子区域菜单下，如果用户在一个区域中填充了一种新的材料名称（未定义过的），用户将被提示输入必需的材料参数。

对于状态方程、强度模型、失效模型和侵蚀模型，在 Autodyn 中有多种可用的标准模型可用，如图 3-1 所示，以下对它们进行总结。

3.1.1 状态方程

EOS 状态方程主要包括以下几种选项，可从 EOS 栏的下拉列表中选择使用的状态方程。

- Linear 状态方程：线性状态方程，定义了体积模量和参考密度。这个最简单的状态方程假设压力与内能无关，材料密度变化小，变化过程是可逆的（等熵的），通常用于固体。线性状态方程需要很少的材料数据，但是对于大的压缩情况不太精确。Linear 状态方程参数设置界面如图 3-2 所示。
- Polynomial 状态方程：多项式，压力的广义多项式函数，是压缩（密度）的函数。Polynomial 状态方程参数设置界面如图 3-3 所示。
- Shock 状态方程：冲击状态方程，使用了冲击波速度和材料质点速度关系 Hugoniot 数据的 Mie-Gruneisen 方程。Shock 状态方程参数设置界面如图 3-4 所示。
- Tillotson 状态方程：高压状态方程。
- Puff 状态方程：应用于多种结构材料，它由 Mie-Gruneisen 状态方程、压缩单元的三次多项式 Hugoniot 关系和膨胀单元的状态方程组成。

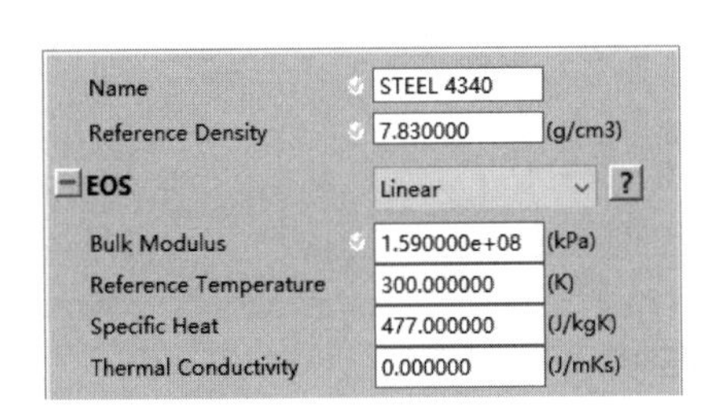

图 3-2　Linear 状态方程参数设置界面

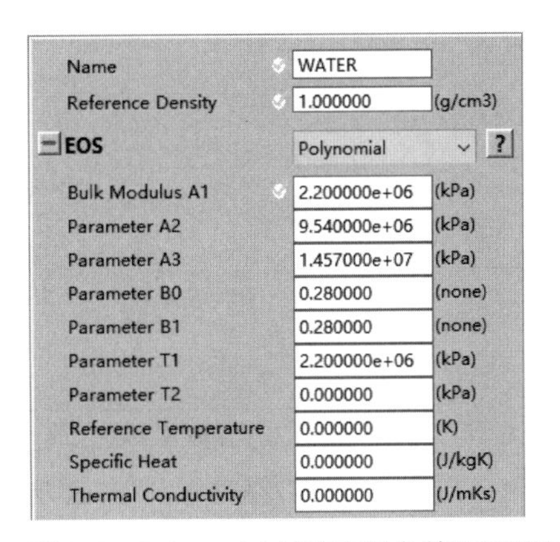

图 3-3　Polynomial 状态方程参数设置界面

- Two phase 状态方程：两相流状态方程，用来描述膨胀材料的单相或两相行为，但前提是这种材料沿饱和曲线的状态是已知的，并可以被列出来。Two-phase 特别用于对水压系统的安全分析计算，如水压反应器（PWRs），热交换器和管道网络。
- Ideal gas 状态方程：理想气体状态方程，定义理想气体常数（gamma）。Ideal gas 状态方程参数设置界面如图 3-5 所示。

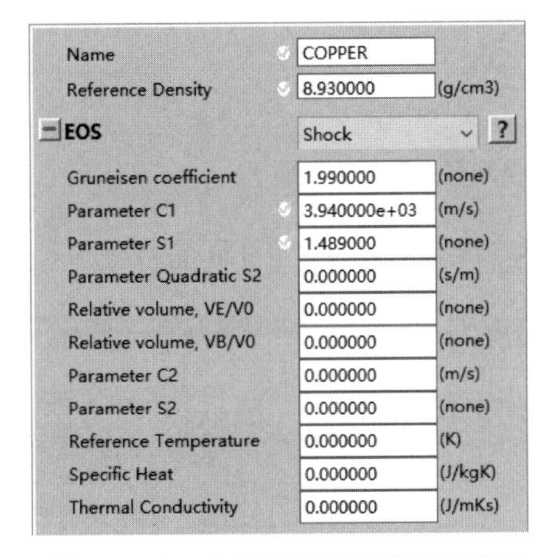

图 3-4　Shock 状态方程参数设置界面

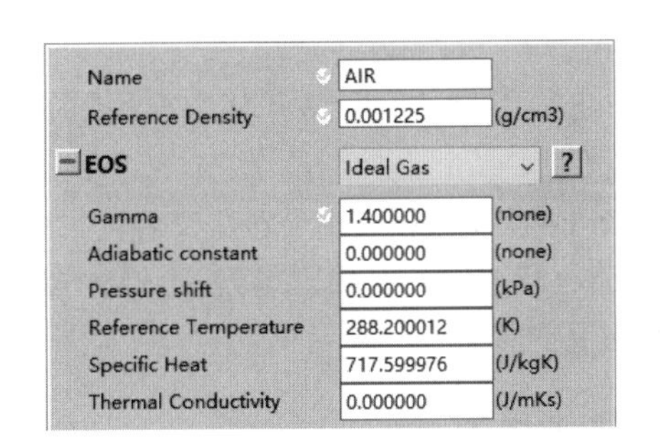

图 3-5　Ideal gas 状态方程参数设置界面

- JWL 状态方程：炸药的 Jones-Wilkins-Lee 状态方程，用来描述炸药产物（气体）的高速膨胀，JWL 状态方程是一个经验公式，所需的数据均来源于数值和物理实验。
- Lee-Tarver 状态方程：炸药状态方程，用于高能炸药初始状态研究，考虑了动态引爆和爆轰的增长。Lee-Tarver 状态方程由下面的三个基本部分组成：对于惰性炸药的一个状态方程（用 Shock 或 JWL 形式）；用 JWL 状态方程描述反应的爆炸产物；反应率方程描述燃烧的点火、生长和完成。
- Powder Burn 状态方程：主要物理特征为爆燃的材料的燃烧（纵火器、弹药），单元内气体和固体同时存在。固体相为 Linear/Compaction 状态方程；气体相为 JWL/Exponential 状态方程。
- Porous 状态方程：压缩路径通过密度和压强的十个分段线性函数的值来描述（十个点可以不全部使用），密度 - 压强关系如图 3-6 所示，弹性加载 / 卸载的斜度是初始声速和完全压实后声速的线性插值。

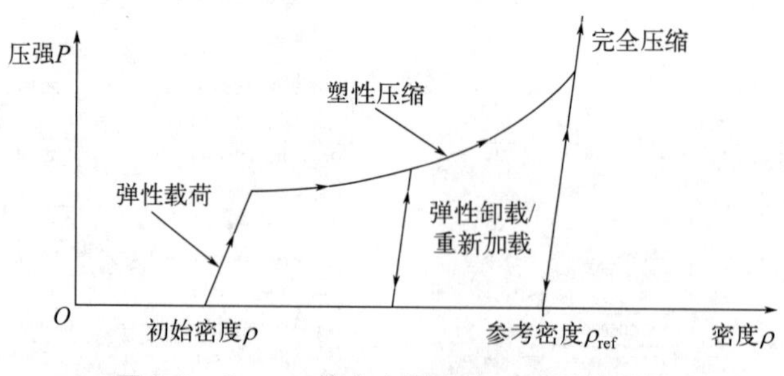

图 3-6　Porous 状态方程密度 - 压强关系图

- Compaction 状态方程：是 Porous 状态方程的扩展，密度 - 压强关系如图 3-7 所示，允许更多对弹性加载 / 卸载的斜度的控制，弹性声速是密度的函数（优于用线性插值）。

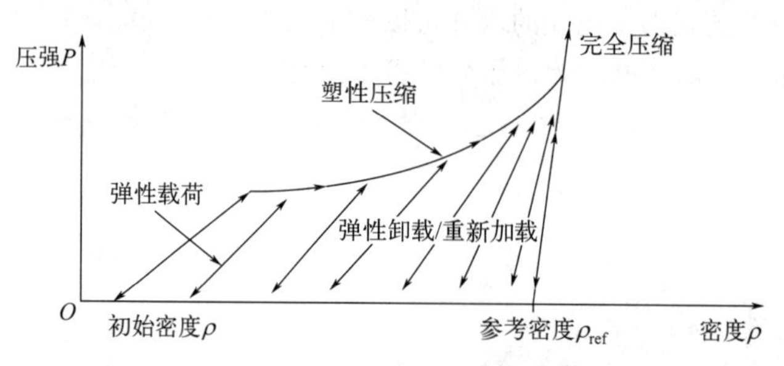

图 3-7　Compaction 状态方程密度 - 压强关系图

- Palpha 状态方程：多孔状态方程，完全压缩材料用 Linear、Polynomial 或者 Shock 状态方程来定义。
- Ortho 状态方程：用于对正交各向异性材料建模。
- User 状态方程：用户自定义状态方程，使用子程序 EXEOS 定义的状态方程。

3.1.2　强度模型

材料强度用来描述屈服应力与应变、应变率和温度等之间的关系，如图 3-8 所示。Autodyn 中最简单的强度模型是 None、Elastic 和 Von Mises（米塞斯屈服）模型。强度模型主要包括以下几种选项，可在“Strength”下拉列表中选择使用的强度模型。

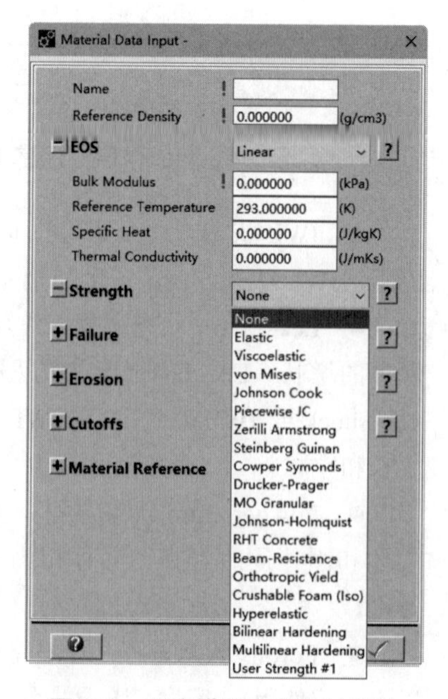

图 3-8　强度模型选项下拉菜单

- None 模型：没有屈服面和剪切模量，材料是没有强度的流体。
- Elastic 模型：没有屈服，剪切模量定义为常数。
- von Mises 模型：屈服应力和剪切模量均定义为常数。
- Johnson Cook 模型：应变硬化模型，一般用于描述大应变（large strains）、高应变率（high strain rates）、高温

（high temperatures）环境下金属材料的强度极限。在 Johnson Cook 强度模型中，屈服应力（yield stress）由应变、应变率以及温度决定。

● Zerilli Armstrong 模型：应变硬化模型，应变率和温度相关，常用于无氧高导电性铜（OFHC-Copper）和阿姆克铁（工业纯铁）等，参数设置界面如图 3-9 所示。

● Steinberg Guinan 模型：应变硬化模型，基于应变率和温度，参数设置界面如图 3-10 所示。

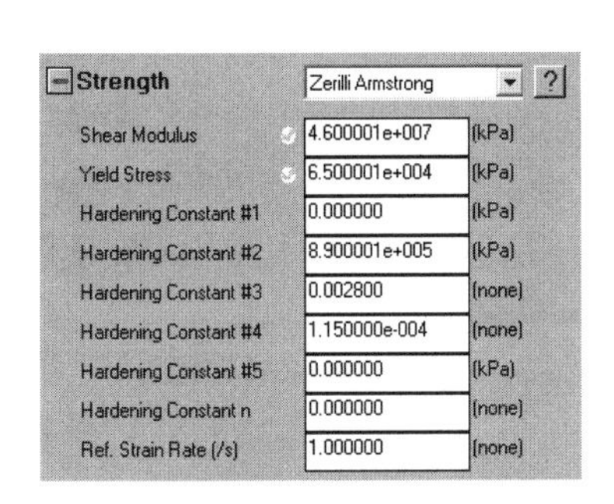

图 3-9　Zerilli Armstrong 模型参数设置界面

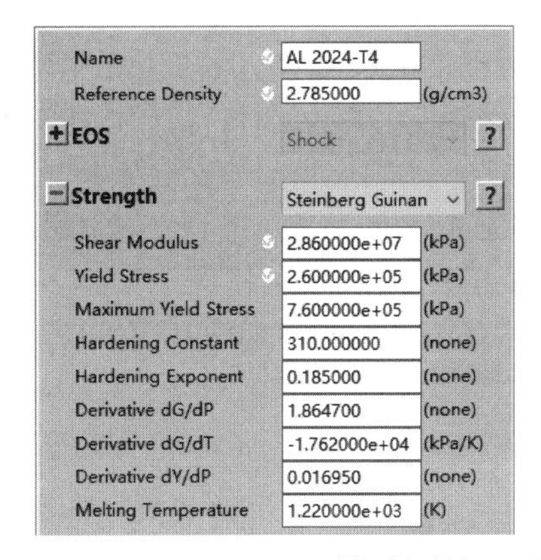

图 3-10　Steinberg Guinan 模型参数设置界面

● CowperSymonds 模型：一个简单的、通用的金属材料强度模型，应变硬化和应变率硬化模型。

● Drucker-Prager 模型：屈服应力可以随着十个压力屈服点的分段函数、线性函数或剪切模量常数变化，常用于地质材料（土壤、岩石等），压强硬化能用三种方式定义。

● MOGranular 模型：常用于干土、沙子、岩石、混凝土和陶瓷等材料。

● Johnson-Holmquist 模型：用于易碎的材料，比如玻璃、陶瓷等，易碎的材料屈服于大应变、高应变率和高压强。

● User Strength#1 模型：用户自定义强度模型，使用子程序 EXYLD 定义屈服模型，屈服面和剪切模量都可以被定义。

3.1.3　失效模型

绝大多数材料在失效之前，仅能抵挡相当小的拉伸应力和（或）应变。在 Autodyn 中有许多方式来判定是否失效：一个单元的失效行为既可以是瞬时的（失效发生在循环计算中），也可以是逐渐累积造成的（材料的抵制外界影响能力逐渐下降）。失效模型主要包括以下几种选项，可在“Failure”下拉列表中选择使用的失效模型，如图 3-11 所示。

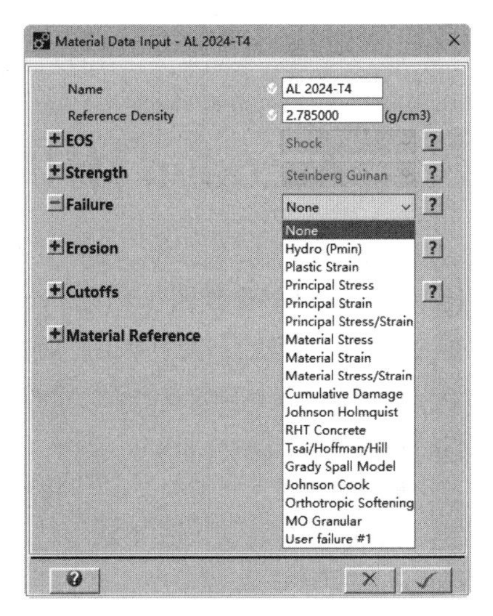

图 3-11　失效模型选项下拉菜单

● None 模型：材料永不失效。

● Hydro 模型：当压力低于静水拉伸压力临界时，发生体积失效。可以用来描述材料的散裂或气穴现象。

● Plastic Strain 模型：当有效塑性应变超过输入的临界应变值时，发生体积失效，这可以用来描述易延展性材料失效。

- Principal Stress 模型：如果最大主应力，或最大剪切应力超过它们各自的失效应力，则失效开始发生。
- Principal Strain 模型：如果最大主应变，或最大剪切应变超过它们各自的失效应变，则失效开始发生。
- Principal Stress/Strain 模型：如果最大主应力或应变，或最大剪切应力或应变超过它们各自的失效极限，则失效开始发生。
- Material Stress 模型：主材料应力失效，主方向由主材料方向确定。这个模型用于那些沿预先确定的材料平面失效的材料，如可能发生层离失效的多层复合材料。初始主材料方向由用户指定。
- Material Strain 模型：类似于 Material Stress，基于应变。
- Material Stress/Strain 模型：以上两种情况的结合。
- Cumulative Damage 模型：用于描述脆性材料的宏观非弹性行为，这些材料在受压时，强度显著退化。
- User Failure 模型：用户自定义失效模型。

3.1.4 侵蚀模型

对于一个单元，当达到了指定的应变阈值时，将发生侵蚀。这个单元将转化为自由质量节点（残余惯性）或被丢弃（无残余惯性）。侵蚀应用于拉格朗日、ALE 和薄壳型子区域中包含的材料，对于欧拉型子区域中的材料不适用。侵蚀模型主要包括以下几种选项，可在“Erosion”下拉列表中选择使用的侵蚀模型，如图 3-12 所示。

- Geometric Strain 模型：几何应变由单元变形单独定义，并且不取决于材料特性。 当弹性振荡使几何应变的值趋于单调增加时，使用这种模型。
- Plastic Strain 模型：当达到塑性应变极限时发生侵蚀，这是一个取决于材料屈服应力和剪切模量的物理量。
- User Erosion 模型：用户自定义侵蚀模型。

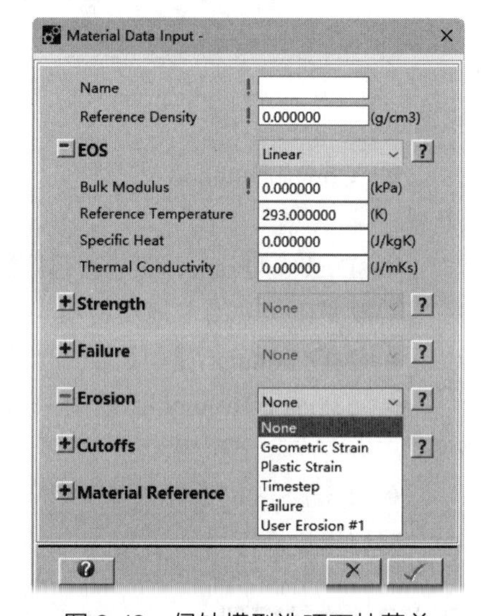

图 3-12　侵蚀模型选项下拉菜单

3.2 Autodyn 材料库

Autodyn 以状态方程、强度模型、失效方式，通过组合模拟各种材料，用于几乎所有的求解器和单元，材料库如图 3-13 所示，可以通过此窗口从当前材料库中加载材料，用户还可以建立新的材料、修改已有材料如图 3-14 所示。

丰富的材料库模型含有约 300 种有效的材料数据，包括各种含能材料、金属材料、非金属材料，具体如下。

- 含能材料：火（炸）药共 80 多种，如 TNT、奥克托金、赛克洛托、AB、BTF、DIPAM、EL、PBX、PENT、RX、LX、 特 屈 儿、XTX、ANFO、HNX、HMX、NM、HNS、TETRYL、彭托利特等。
- 金属材料：装甲钢、铜（无氧高导电性铜）、铝、铁、钽、钡、铍、铋、镉、铬、锗、铀、金、铟、镁、水银、钼、铌、钯、铂、钾、铼、铑、铷、钍、锡、钨、钒、锆、锌等。

- 非金属材料：混凝土、橡胶、玻璃（树脂玻璃）、纤维材料（凯夫拉尔）、沙子、水、空气、尼龙、硼、塑料、硫黄、绝缘材料等。

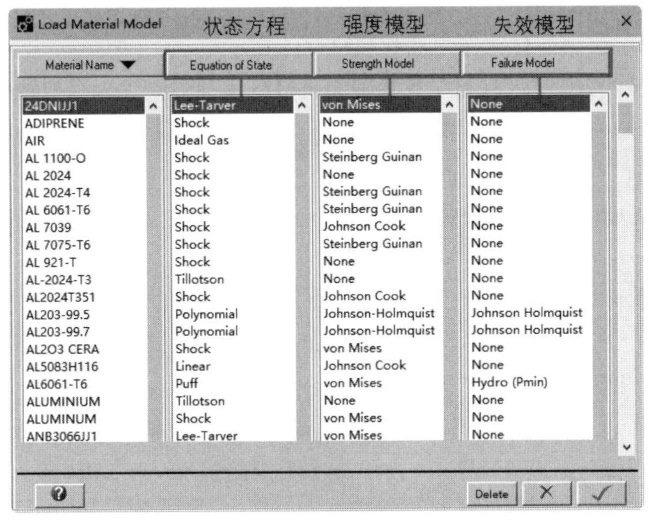

图 3-13　材料库对话框

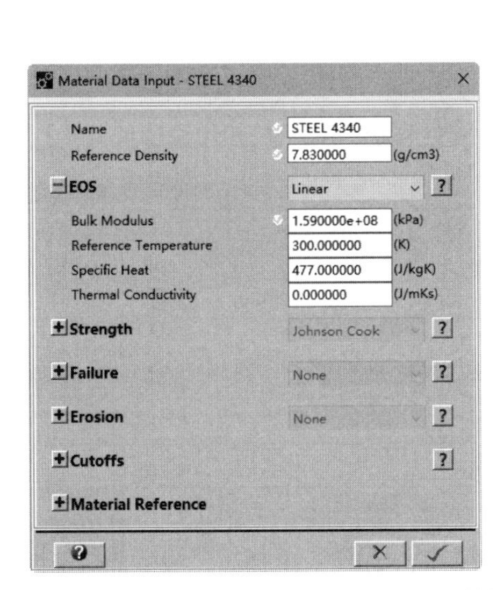

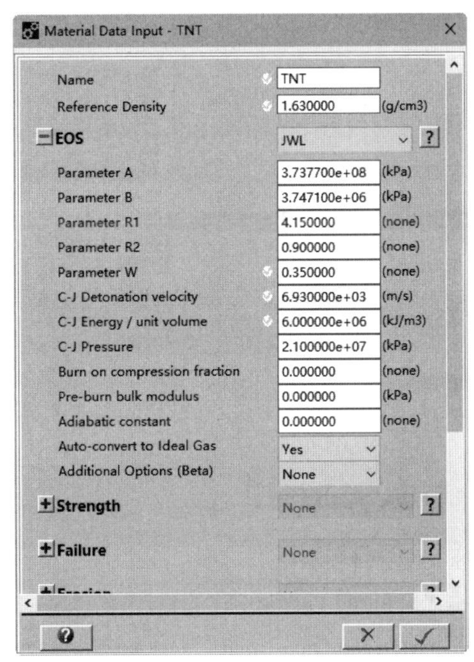

图 3-14　材料参数设置对话框

3.3　定义材料

单击导航栏中的“Materials”（材料）按钮 **Materials**，或者选择“Setup”下拉菜单中的“Material”（材料）命令，如图3-15所示，打开“Material Definition”（定义材料）面板，如图3-16

所示，通过此对话面板窗口可以定义模型中使用的材料。材料定义选项设置主要包括：

① Material List（材料列表）：在材料定义对话面板顶部的窗口列表显示了当前模型中已定义的材料，通过此列表选择材料；

② New（新建）：定义一个新材料；

③ Load（加载）：在当前材料库中加载材料；

④ Copy（复制）：将现存材料的参数复制到新材料或者另一个现存材料中；

⑤ Save（保存）：将已定义的材料保存到材料库，当前材料库（Current material library）选项处显示当前材料库；

⑥ Modify（更改）：为所选材料更改参数；

⑦ Delete（删除）：从模型中删除一个或多个材料；

⑧ Review（查看）：单击此按钮弹出一个浏览窗口，从而查看所选材料的参数；

⑨ Library（库）：默认的材料库为“standard.mlb”，库中包含 Autodyn 提供的所有材料数据，单击此按钮将材料库更改为其他材料库；

⑩ 更新库（Update Library）：更新旧材料库文件，从而使其支持当前版本的 Autodyn。

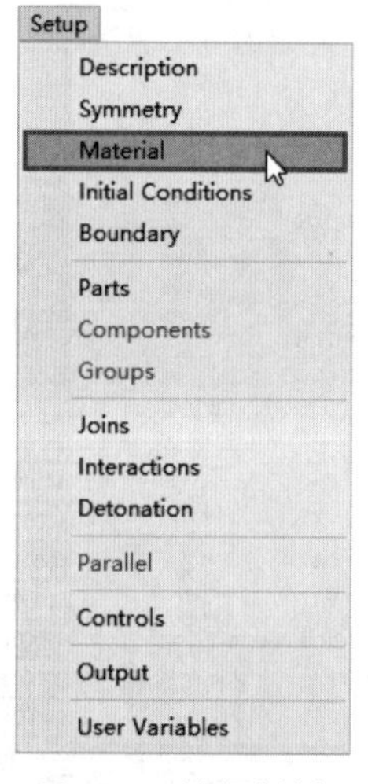

图 3-15 选择材料

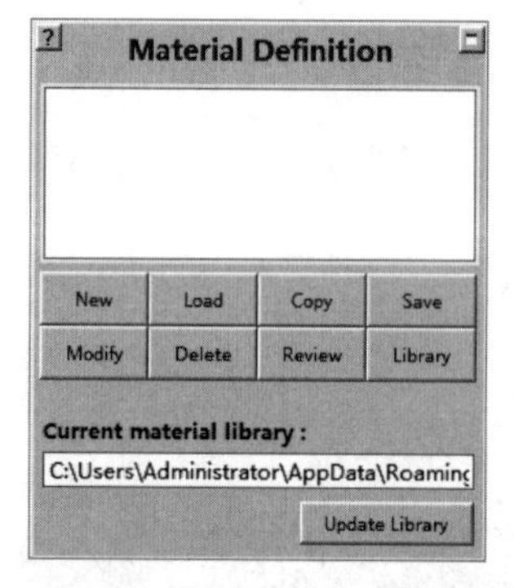

图 3-16 “Material Definition”面板

3.3.1 新建、修改材料

（1）新建材料

单击“Material Definition”面板中的“New”（新建）按钮New，如图 3-17 所示，来新建材料，打开“Material Data Input”（输入材料参数）对话框，如图 3-18 所示，通过此对话框为新建材料进行定义。

① Name（名称） 为材料输入名称。

② Reference Density（参考密度） 为材料输入参考密度（一般为初始密度）。

③ EOS（状态方程） 为材料定义状态方程，单击此选项旁的“Open”（打开）按钮+，展开 EOS（状态方程）栏，在右边的下拉列表中选择需要的状态方程，如图 3-19 所示，然后在相应的区域输入参数，如图 3-20 所示。

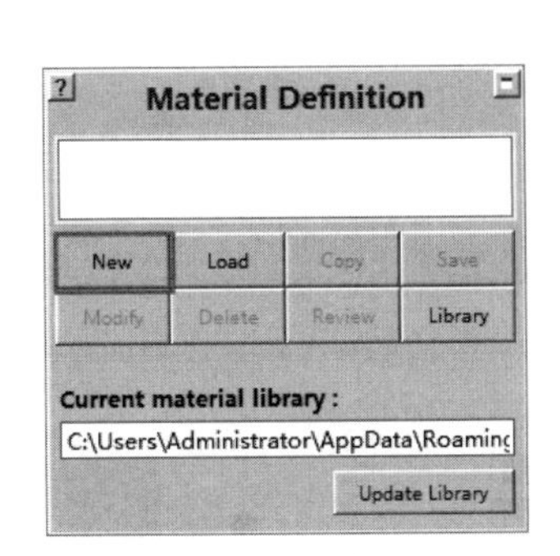

图 3-17　新建材料

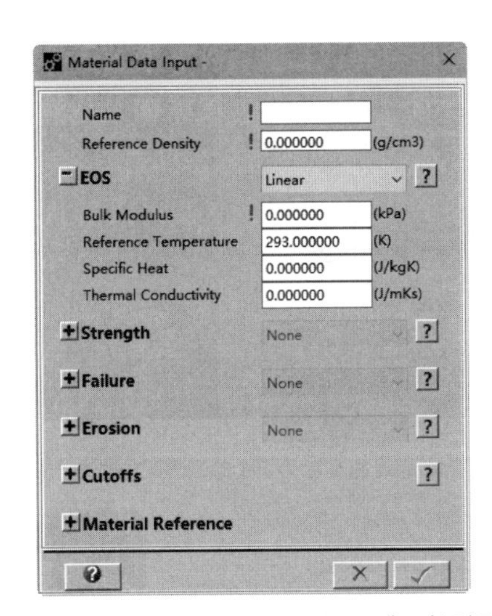

图 3-18　“Material Data Input”对话框

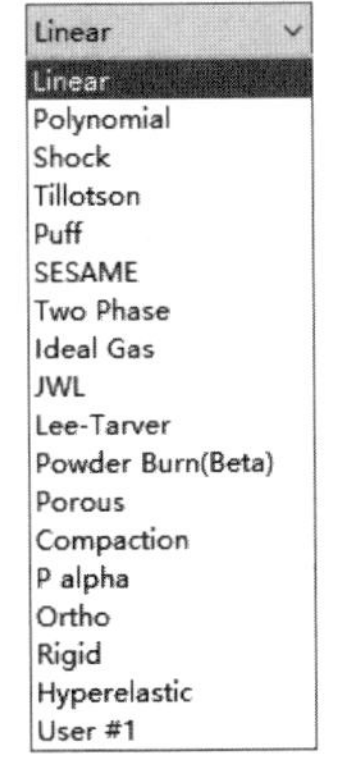

图 3-19　状态方程下拉菜单

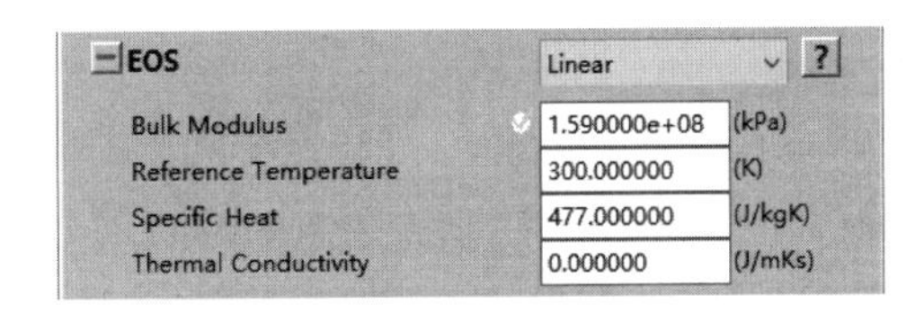

图 3-20　状态方程参数输入

④ Strength（强度模型）　为材料定义强度模型，单击此选项旁的“Open”（打开）按钮➕，展开 Strength（强度模型）栏，在右边的下拉列表中选择需要的强度模型，如图 3-21 所示，然后在相应的区域输入参数，如图 3-22 所示。

图 3-21　强度模型下拉菜单

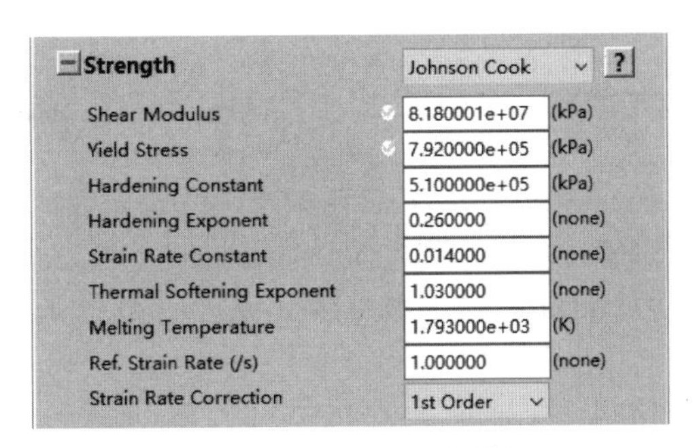

图 3-22　强度模型参数输入

⑤ Failure（失效模型） 为材料定义失效模型，单击此选项旁的“Open”（打开）按钮，展开 Failure（失效模型）栏，在右边的下拉列表中选择需要的失效模型，如图 3-23 所示，然后在相应的区域输入参数，如图 3-24 所示。

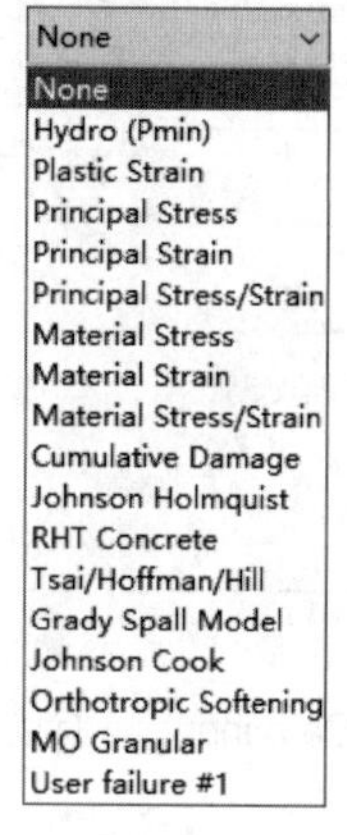

图 3-23 失效模型下拉菜单

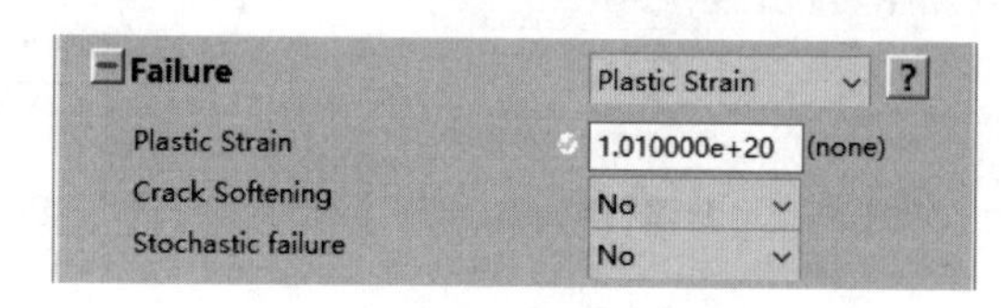

图 3-24 失效模型参数输入

⑥ Erosion（侵蚀模型） 为材料定义侵蚀模型，单击此选项旁的“Open”（打开）按钮，展开 Erosion（侵蚀模型）栏，在右边的下拉列表中选择需要的侵蚀模型，如图 3-25 所示，然后在相应的区域输入参数，如图 3-26 所示。

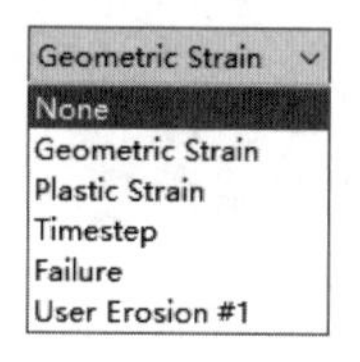

图 3-25 侵蚀模型下拉菜单

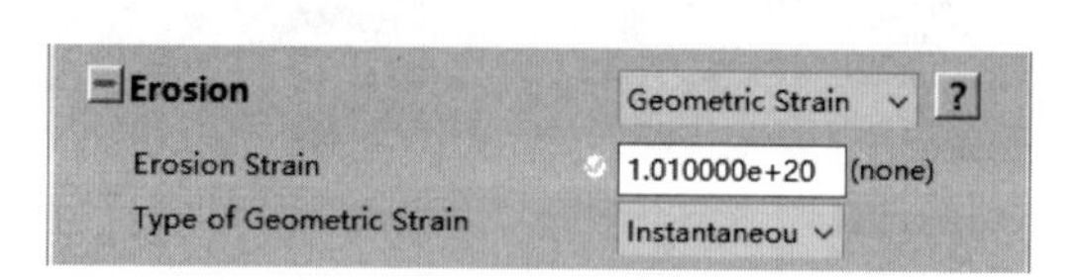

图 3-26 侵蚀模型参数输入

⑦ Cutoffs（界限） 通过此选项设置材料界限，使用默认单位制时最好使用默认的材料界限，单击此选项旁的“Open”（打开）按钮，展开 Cutoffs（界限）栏，更改界限值，如图 3-27 所示。

⑧ Material Reference（材料说明） 单击此选项旁的“Open”（打开）按钮，展开对话框，在此输入模型的说明性文字，如图 3-28 所示。

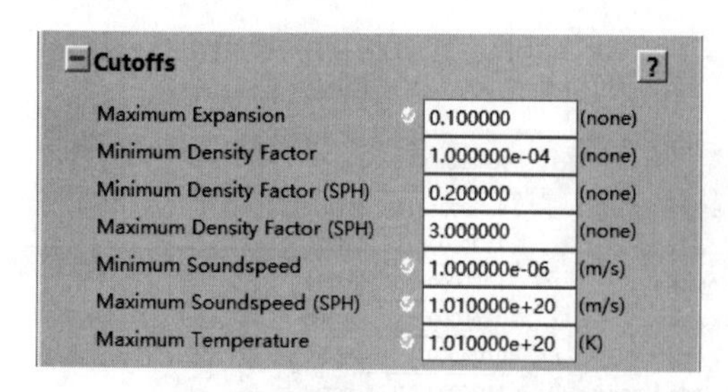

Cutoffs		
Maximum Expansion	0.100000	(none)
Minimum Density Factor	1.000000e-04	(none)
Minimum Density Factor (SPH)	0.200000	(none)
Maximum Density Factor (SPH)	3.000000	(none)
Minimum Soundspeed	1.000000e-06	(m/s)
Maximum Soundspeed (SPH)	1.010000e+20	(m/s)
Maximum Temperature	1.010000e+20	(K)

图 3-27 材料界限参数输入

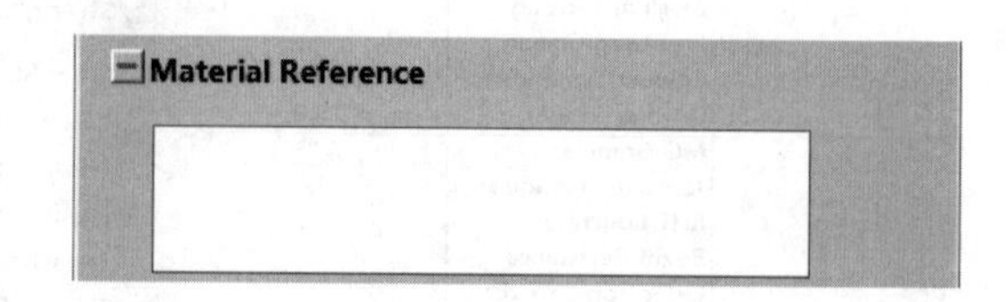

图 3-28 输入模型的说明性文字

（2）修改材料

在“Material Definition”（定义材料）面板中的材料列表中选择需要修改的对象，然后单击该面板中的“Modify”按钮 Modify，如图 3-29 所示，打开“Material Data Input”（输入材料参数）对话框，如图 3-30 所示，通过此窗口对材料参数进行修改。

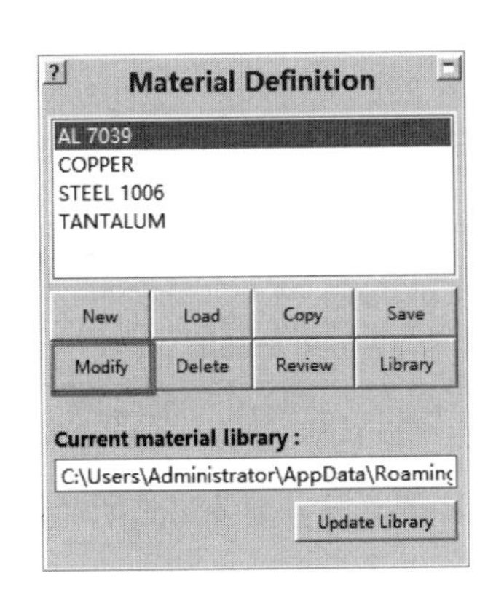

图 3-29　修改材料

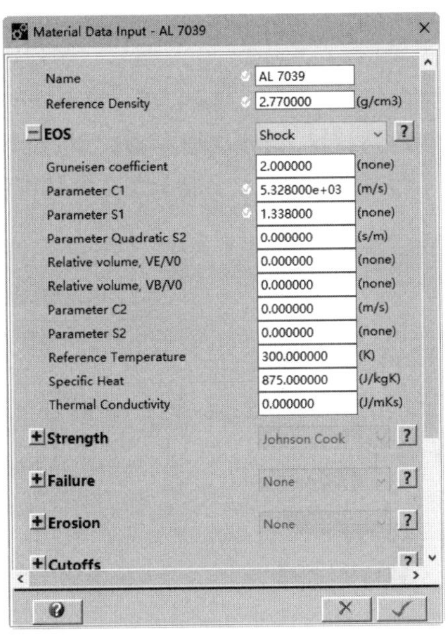

图 3-30　“Material Data Input”对话框

3.3.2　加载、删除材料

（1）加载材料

在“Material Definition”（定义材料）面板中单击“Load”（加载）按钮 Load，如图 3-31 所示，打开“Load Material Model”（加载模型材料）对话框，如图 3-32 所示，从材料库中选择加载的材料。在垂直的滚动列表中显示可用材料，每个材料有四列显示，分别为材料名称、状态方程、强度模型和失效模型，单击每列上部的按钮，将以此列为基准，以字母数字的顺序对材料进行重新排列。

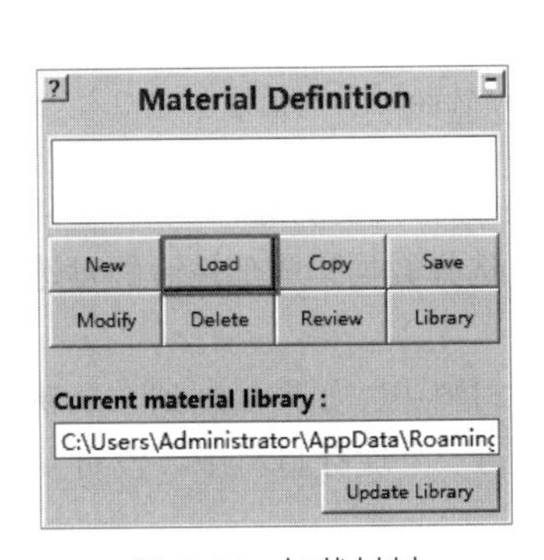

图 3-31　加载材料

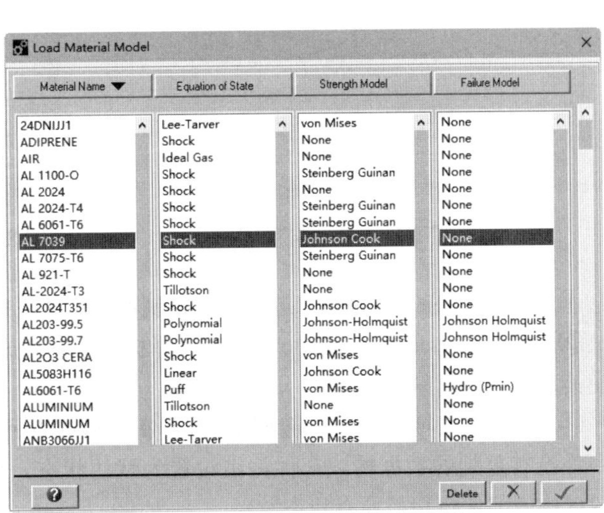

图 3-32　“Load Material Model”对话框

使用 Shift 和 Ctrl 键组合可以选取多个材料加载，单击鼠标左键将所选材料加载到模型中，加载完成后单击“OK”按钮✓，结果如图 3-33 所示。

（2）删除材料

在“Material Definition”（定义材料）面板中单击“Delete”（删除）按钮Delete，如图 3-34 所示，打开“Delete Material Models”（删除模型材料）对话框，如图 3-35 所示，从已有的材料中选择需要删除的材料，然后单击“OK”按钮✓完成删除。如果删除的材料已经赋给了一个或多个零件，程序将会询问是否将材料从零件中移除。

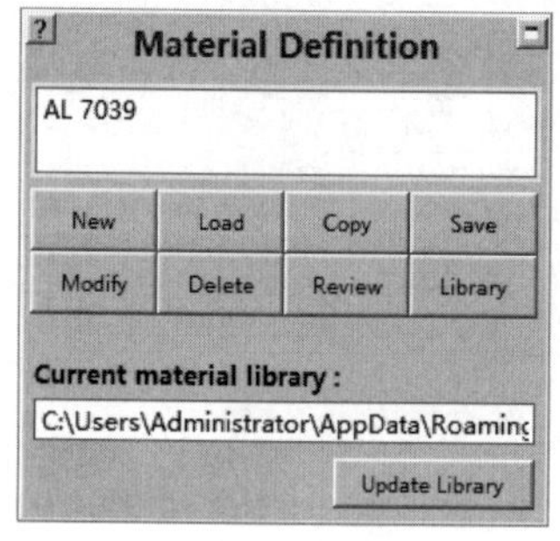

图 3-33　加载材料后的面板

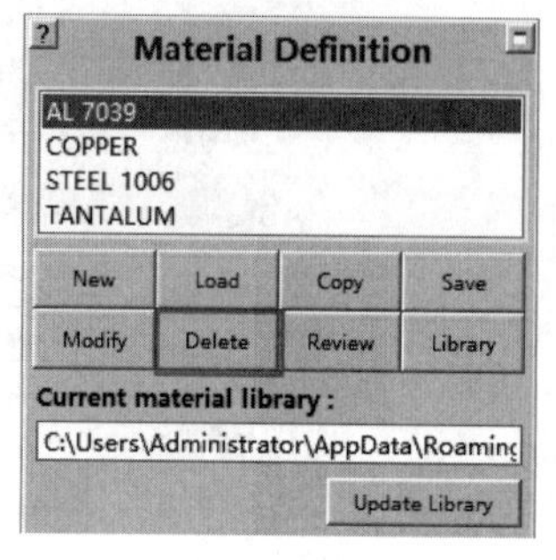

图 3-34　删除材料

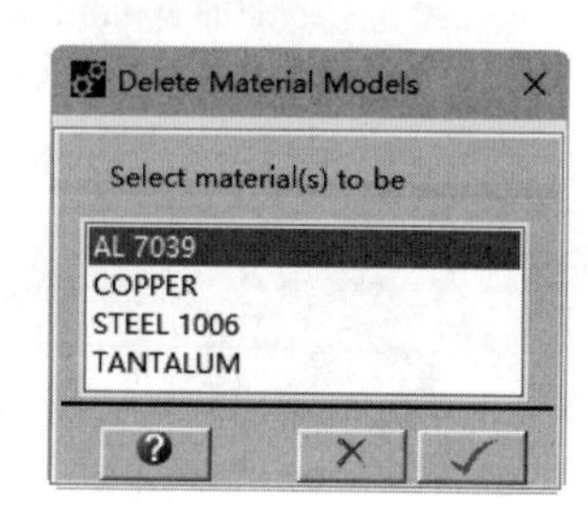

图 3-35　“Delete Material Models”对话框

3.3.3　复制、保存材料

（1）复制材料

在“Material Definition”（定义材料）面板的材料列表中选中要复制的材料，单击“Copy”（复制）按钮Copy，如图 3-36 所示，弹出“Copy Material”（复制材料）对话框，如图 3-37 所示，在该对话框可将现存材料的参数复制到新材料或者另一个现存材料中。

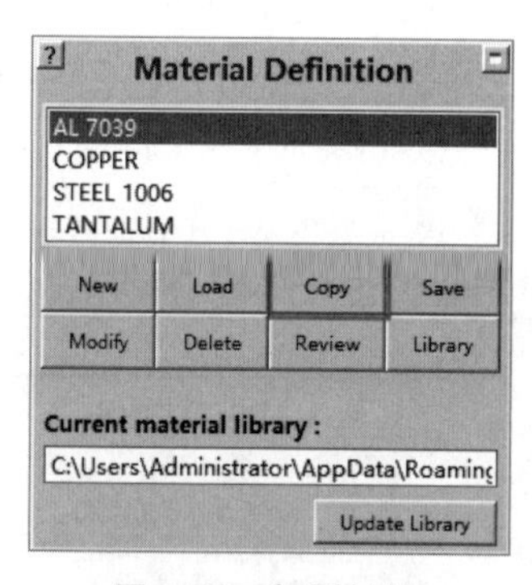

图 3-36　复制材料

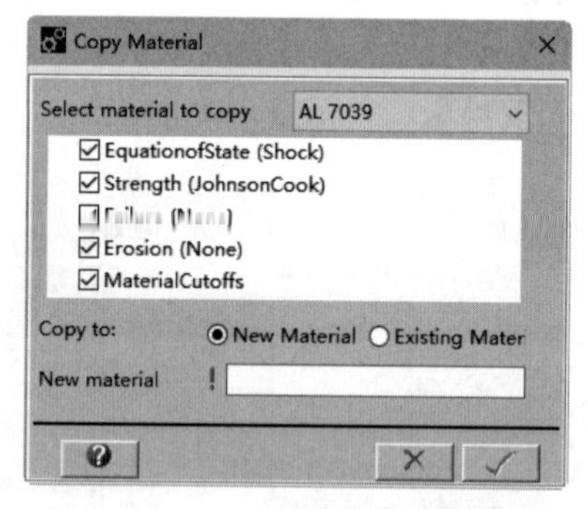

图 3-37　“Copy Material”对话框

① Select material to copy（选择材料复制源）　从下拉菜单中选择材料复制源。

② Select data components to copy（选择材料数据构成部件）　选择数据构成部件旁的复选框将使其复制到新材料中。

③ Copy To（复制到）　将数据复制到新材料或者另一个现存材料中。如果复制到一个新材料中，没有复制的数据构成部件将被设置为默认状态。如果复制到一个现存材料中，没有复制的数据构成部件将保持原有状态。

④ New material（新材料名称）　如果选择复制到新材料中，在此输入新材料的名称。

（2）保存材料

“Material Definition”（定义材料）面板的材料列表中选中要保存的材料，然后单击“Save”（保存）按钮Save，如图 3-38 所示，打开“Select material library file”（保存材料）对话框，如图 3-39 所示，该对话框将现存材料的参数保存到所选目录下。

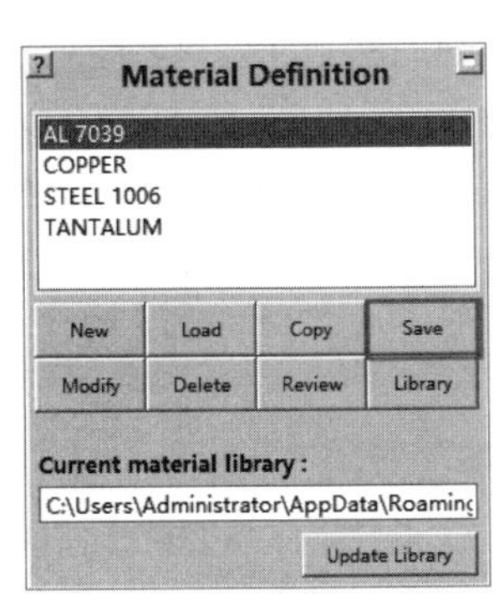

图 3-38　保存材料

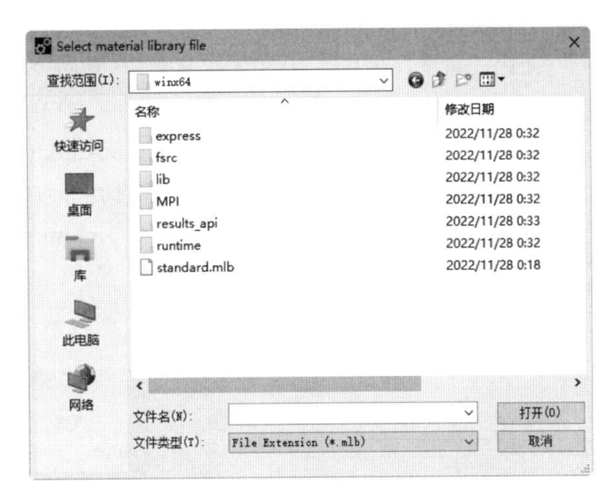

图 3-39　“Select material library file”对话框

3.4　实例导航——钽芯破片撞击钢板材料定义

扫码看视频

本书第 3 ～ 8 章按照 Autodyn 分析基本步骤介绍钽芯破片撞击钢板的数值仿真过程，数值分析中采用 Lagrange（拉格朗日）算法进行计算，计算模型为二维平面模型。计算过程包括算法选择、材料的定义、初始及边界条件设置、模型的创建、零件间接触设置、求解控制与输出设置、结果后处理分析等。

3.4.1　问题的描述

枪械发射的子弹或是战斗部携带的破片一般都是多层材质的弹丸，弹丸将会以较高的速度撞击目标以达到毁伤的目的。本节主要介绍通过 Autodyn 软件仿真分析钽芯破片撞击钢板的侵彻过程，将半径 10mm、长度为 30mm 的圆柱体作为破片毁伤元，该破片共由 4 种材质组成，芯部为金属钽、厚度 20mm 的钢板作为目标靶材。

3.4.2　模型分析及算法选择

（1）模型分析

数值仿真的动力学模型由钽芯破片、目标靶组成。所用的材料均直接从 Autodyn 材料数据库中获得，模拟所用钽芯破片材料由外到内分别选用材料库中 COPPER、AL 7039、TANTALUM，钽靶材料选用材料库中 STEEL 1006 材料模型。

（2）算法选择

计算采用 Lagrange 算法，该算法的优势在于能很好地描述固体材料的行为，可清楚地描述不同界面之间的相对运动，且与其他算法相比计算速度较快。

3.4.3 创建 Autodyn 分析模型

在 Ansys 2023 的安装文件夹下按 C：\Program Files\Ansys Inc\v231\aisol \Autodyn \winx64 路径找到 autodyn 的文件夹，会看到文件夹所包含的文件 autodyn.exe，双击 autodyn.exe 将软件打开。

单击工具栏中的“New Model”（新建模型）按钮或选择“File”（文件）下拉菜单中的“New”（新建）命令，如图 3-40 所示。打开“Create New Model”（新建模型）对话框，如图 3-41 所示，然后单击“Browse”按钮 Browse，打开“浏览文件夹”对话框，如图 3-42，按提示选择文件输出目录 C：\Users\Administrator\Desktop\Autodyn\fragment_steel，然后单击“确定”按钮 确定，返回“Create New Model”（新建模型）对话框，在“Ident”（标识）文本框中输入“fragment_steel”，在“Heading”（标题）文本框中输入“fragment_steel”。选择“Symmerty”（对称性）为“2D”“Axial”（轴对称），即二维轴对称。设置“Units”（单位制）为默认的“mm、mg、ms”。单击“OK”按钮，如图 3-43 所示，创建新模型。

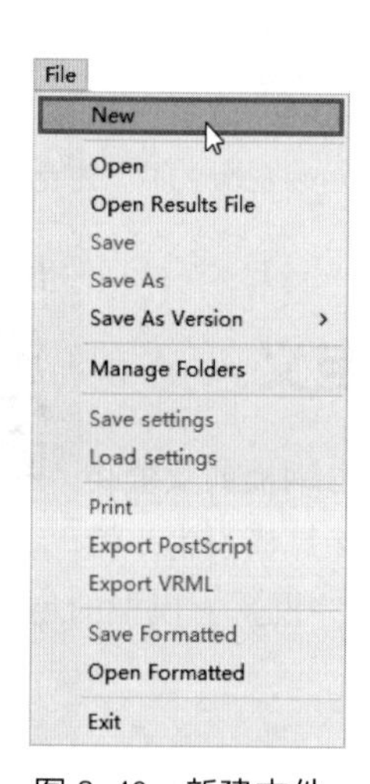

图 3-40　新建文件

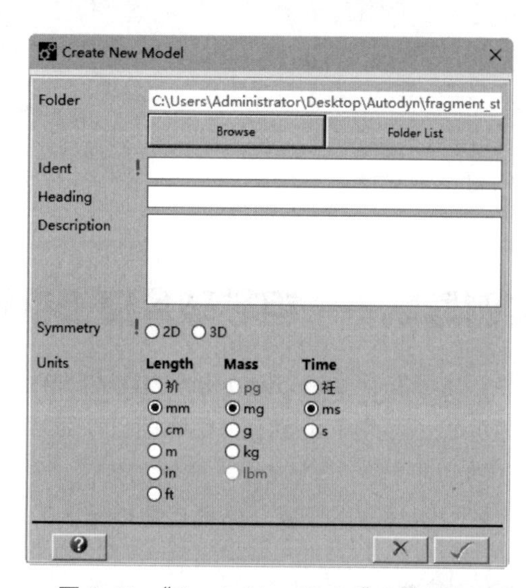

图 3-41　“Create New Model”对话框

图 3-42　“浏览文件夹”对话框

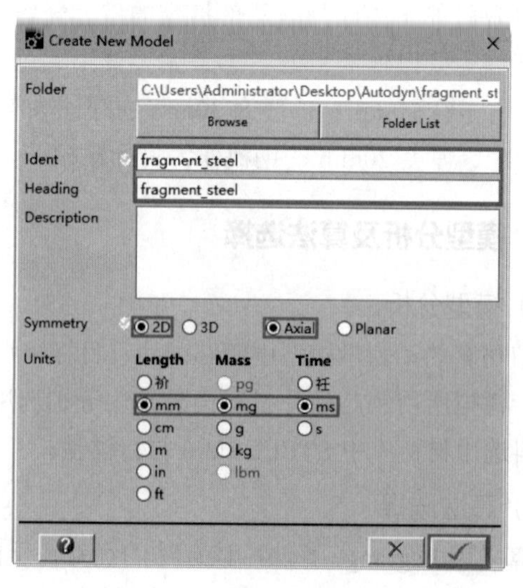

图 3-43　创建新模型设置

3.4.4 修改背景颜色

单击导航栏中的“Settings”（设置）按钮 **Settings**，打开“Plot Type Settings”（显示类型设置）面板，如图 3-44 所示，在“Plot Type”（绘图类型）下拉列表中选择“Display”（显示）选项，在“Background”（背景）下拉列表中选择“White”（白色），去掉勾选“Graded Shading”（渐变）复选框，如图 3-45 所示。

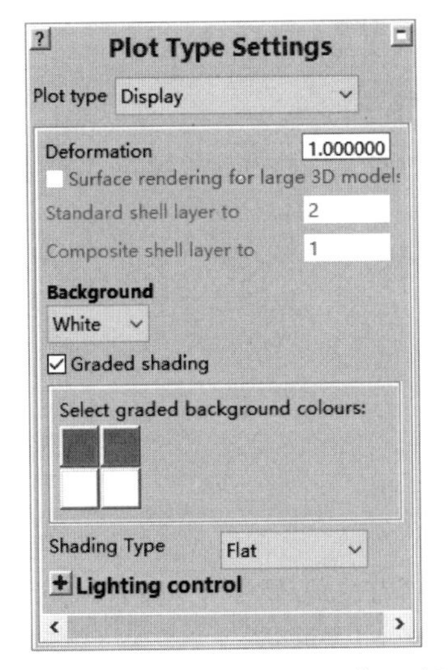

图 3-44　“Plot Type Settings”面板

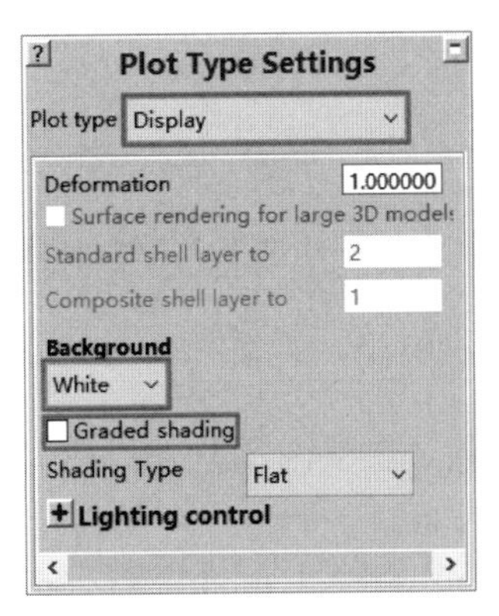

图 3-45　设置背景颜色

3.4.5 定义模型材料

（1）加载材料数据

单击导航栏中的“Materials”（材料）按钮 **Materials**，打开“Material Definition”（定义材料）面板，如图 3-46 所示，在该面板中单击“Load”（加载）按钮 **Load**，打开“Load Material Model”（加载材料模型）对话框，如图 3-47 所示，在该对话框中可以加载模型需要的材料。依次选择材料“AL 7039（Shock，Johnson Cook，None）”（铝）、“COPPER（Shock，Piecewise JC，None）”（铜）、“STEEL 1006（Shock，Johnson Cook，None）”（钢）、“TANTALUM（Shock，von Mises，None）”（钽），选中要加载的材料后单击“OK”按钮 ✓，完成加载。此时，Material Definition 栏中已显示所选用的材料名称如图 3-48 所示。

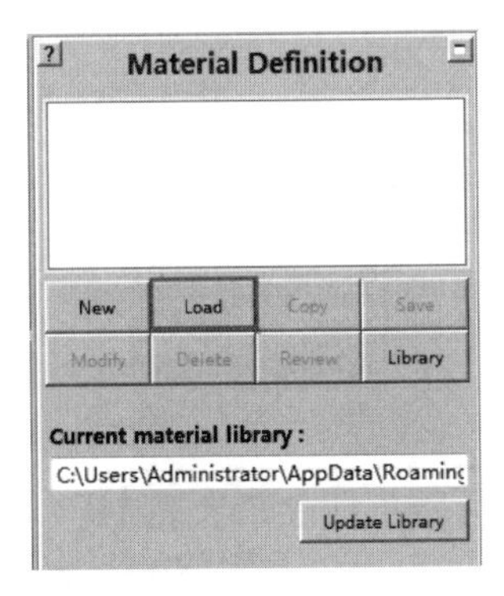

图 3-46　“Material Definition”面板

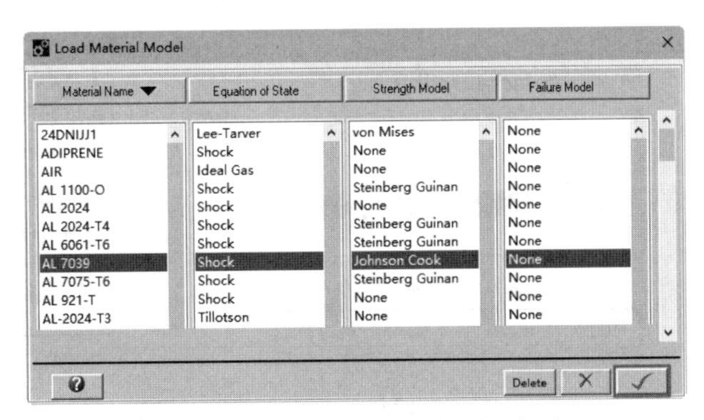

图 3-47　“Load Material Model”对话框

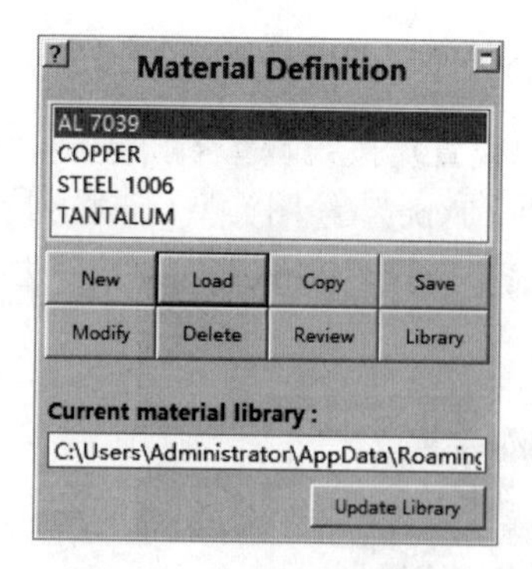

图 3-48　加载材料后面板

注意

可按住 Ctrl 键一次选择多个材料模型。

（2）为材料添加侵蚀模型

为以上四种材料中的每一种材料添加侵蚀模型。首先选择一个材料，如“TANTALUM”（钽），如图 3-49 所示，单击“Modify”（修改）按钮 Modify，打开“Material Data Input-TANTALUM”（输入材料参数）对话框来修改模型。展开“Erosion”（侵蚀）栏，修改“Erosion”（侵蚀）为“Geometric Strain”（几何应变），设置“Erosion Strain”（侵蚀应变）值为“2.000000”（即 200%），设置“Type of Geometric Strain”（几何应变类型）为“Instantaneous”（瞬态），如图 3-50 所示，单击“OK”按钮 ✓，完成添加侵蚀模型。以此类推完成所有材料的侵蚀模型添加。

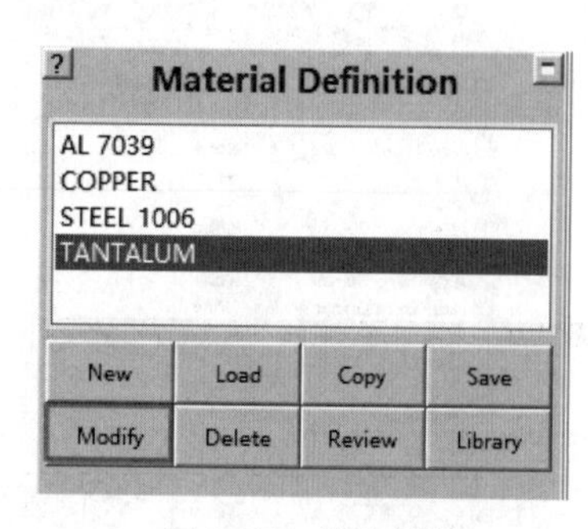

图 3-49　修改材料

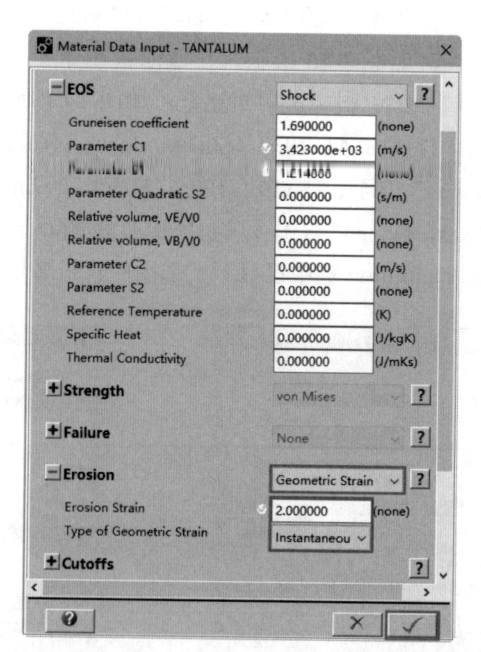

图 3-50　“Material Data Input-TANTALUM”对话框

第4章 初始与边界条件

Autodyn 可通过初始条件定义速度、角速度等信息。边界条件用于描述分析对象与外界的接触，Autodyn 边界条件包括速度、力、传输、流动等，既可以定义在已使用网格的外表面，也可以定义在未使用网格的外表面。本章主要介绍了 Autodyn 软件初始、边界条件定义的相关操作。

4.1 定义初始条件

如图 4-1 所示，选择“Setup”（设置）下拉菜单中的“Initial Conditions”（初始条件）命令或者单击导航栏中的“Init.Cond.”（初始条件）按钮 Init. Cond.，打开“Initial Conditions”（初始条件）面板，如图 4-2 所示，通过此面板设置模型初始条件，可以在填充（Fill）操作中用于填充零件（Parts）。不一定要通过初始条件填充零件，但是如果使用这种方法，所有对初始条件的更改会自动应用到使用此初始条件填充的零件上，这意味着不需要重新填充零件。初始条件定义选项设置主要包括：

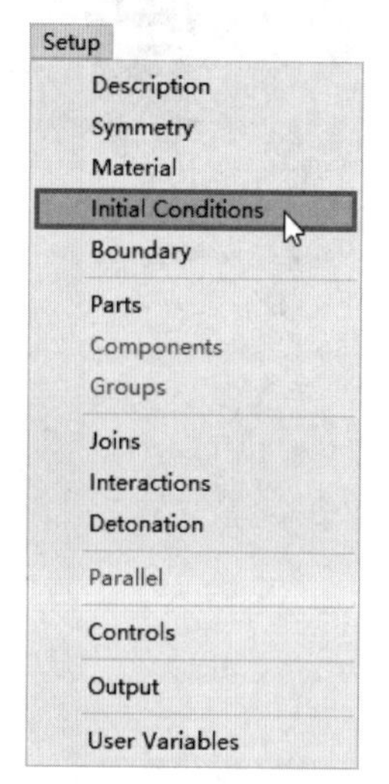

图 4-1　选择“Initial Conditions”

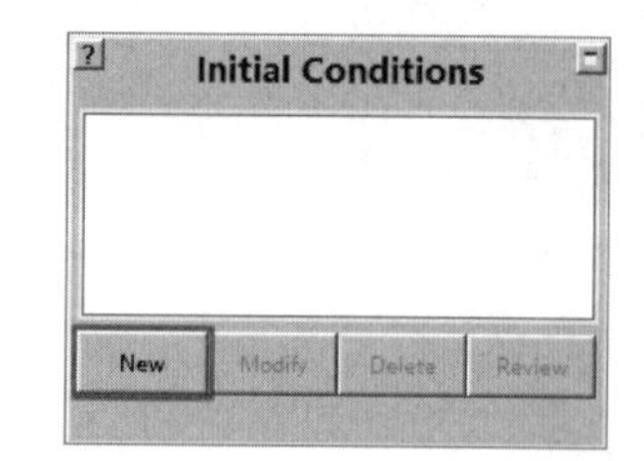

图 4-2　“Initial Conditions”面板

① Initial Condition Set List（初始条件列表）：面板顶部列表显示了模型中已定义的初始条件，可以在这里选择一个初始条件；

② New（新建）：新建一个初始条件；

③ Modify（修改）：修改已选择的初始条件；

④ Delete（删除）：从模型中删除一个或多个初始条件；

⑤ Review（查看）：单击此按钮弹出一个浏览窗口，查看所选初始条件的参数。

4.1.1 新建初始条件

在“Initial Conditions”（初始条件）面板中单击“New”按钮 New，如图 4-2 所示，打开“New Initial Condition”（新建初始条件）对话框，如图 4-3 所示，通过此窗口来定义新的初始条件，设置好后单击“OK”按钮 ✓，完成定义。具体定义选项如下。

① Name（名称）　在 Name 输入框设置初始条件名称。

② Velocity Only（只包含速度）　选择 Velocity Only 选项设置，初始条件将只包含速度，见图 4-3（a）所示。

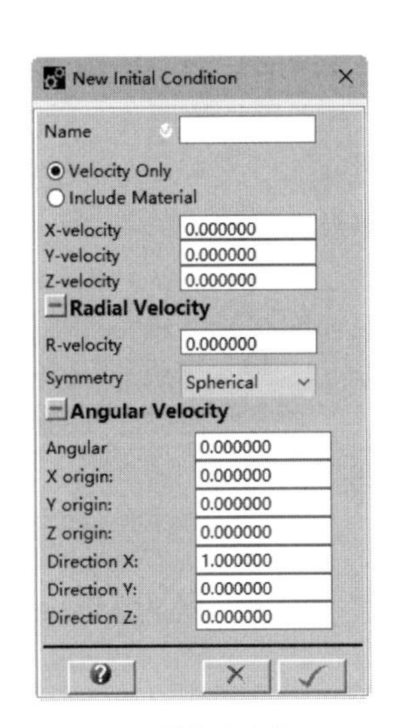

(a) 只包含速度

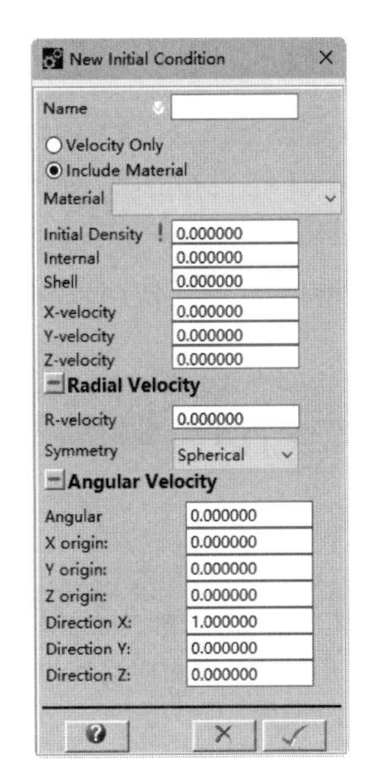

(b) 包含材料

图 4-3 “New Initial Condition”对话框

③ Include Material（包含材料）　选择 Include Material 选项设置，初始条件包含速度和材料（及其相关变量），见图 4-3（b）所示。

④ Material（材料）　通过下拉菜单，选择需要赋予初始条件的材料。

⑤ Material Variables（材料变量）　在此输入初始条件中使用的、合适的材料密度和初始能量。另外，如果初始条件与壳单元一起使用，需要定义单元厚度。注意，这只能应用到非结构化求解器。

⑥ Translational Velocity（平移速度）　设置初始条件中基于全球坐标系的 X、Y、Z 速度。

⑦ Radial Velocity（径向速度）　通过此选项设置一个固定的初始速度，速度的方向按照每个节点与原点（0，0，0）的夹角定义。可以选择球形或是圆柱对称。

⑧ Angular Velocity（角速度）　仅适合于三维模型，在 Autodyn-3D 中，除了平移速度，还可以使用角速度。角速度以弧度 / 时间定义，转轴的方向为通过过空间一点的矢量定义。

4.1.2 修改初始条件

单击“Initial Conditions”（初始条件）面板中的“Modify”（修改）按钮 Modify，如图 4-4 所示，打开“Modify Initial Condition”（修改初始条件）对话框，如图 4-5 所示，通过此窗口来修改已有的初始条件，修改后单击“OK”按钮，完成修改。

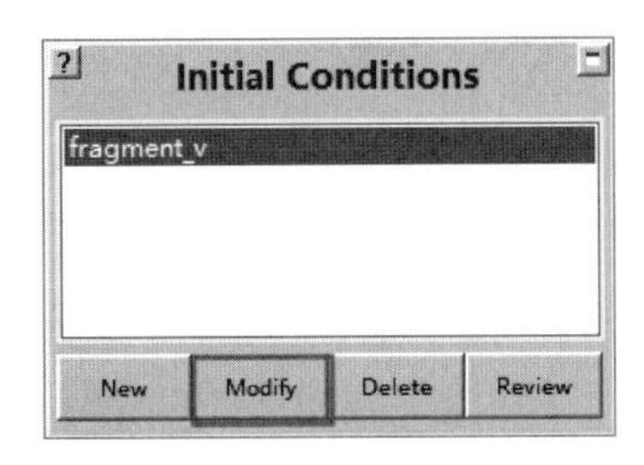

图 4-4 修改初始条件

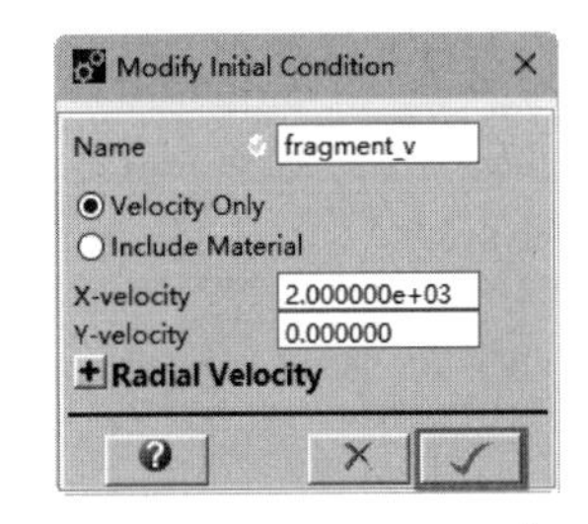

图 4-5 “Modify Initial Condition”对话框

4.1.3 删除初始条件

单击“Initial Conditions”（初始条件）面板中的“Delete”（删除）按钮Delete，如图4-6所示，打开“Delete Initial Conditions”（删除初始条件）对话框，如图4-7所示，通过此对话框可以从模型中删除已有的初始条件。选择需要删除的初始条件，然后单击“OK”按钮✓，完成删除。如果删除的初始条件已经使用，程序将会询问是否将移除。

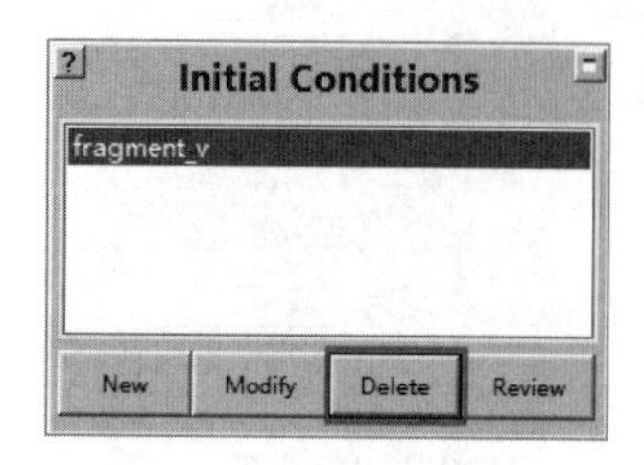

图4-6 删除初始条件

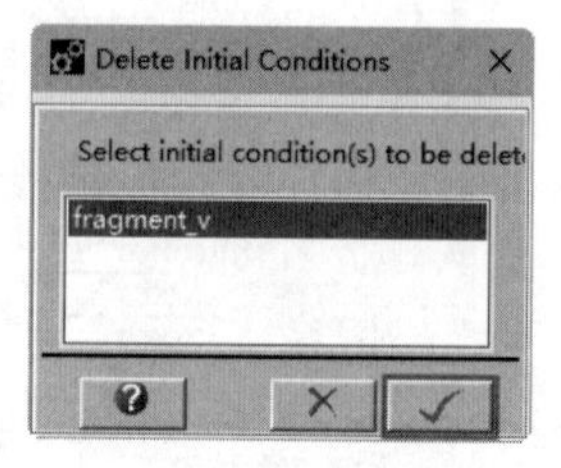

图4-7 “Delete Initial Conditions”对话框

4.2 定义边界条件

边界条件既可以定义在已使用网格的外表面也可以定义在未使用网格的外表面，默认的边界条件是：

- Lagrange（拉格朗日）：自由边界（压力 = 0）；
- Euler（欧拉）：刚性墙（无流动，速度 = 0）。

如图4-8所示，选择“Setup”（设置）下拉菜单中的“Boundary”命令或者单击导航栏中的“Boundaries”（边界条件）按钮Boundaries，打开“Boundary Definitions”（定义边界条件）面板，如图4-9所示，通过此面板为零件创建边界条件，一旦被定义，可以通过导航栏中的“Parts”（零件）面板中的“Boundary”选项将边界条件施加给结构化网格。边界条件定义选项设置主要包括：

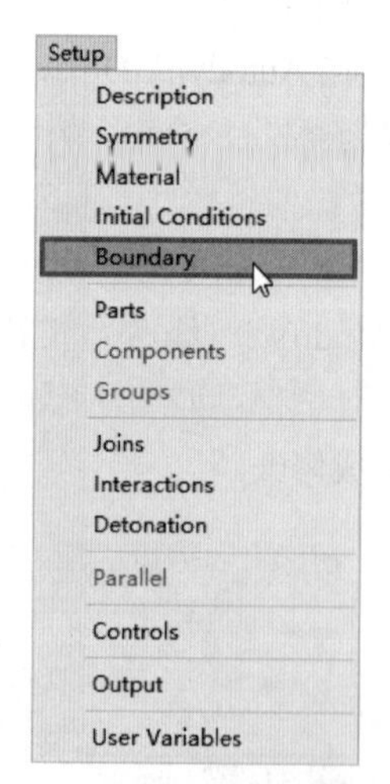

图4-8 选择“Boundary”

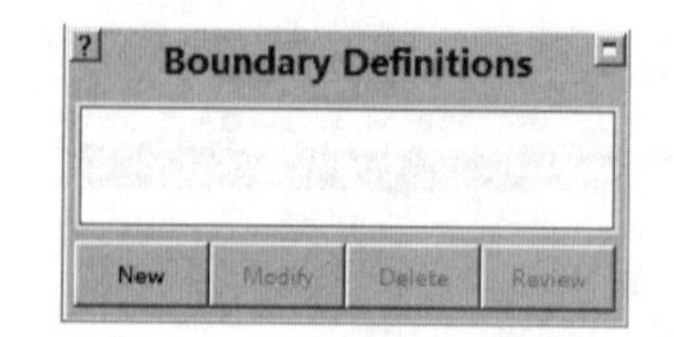

图4-9 “Boundary Definition”面板

① Boundary Condition List（边界条件列表）：面板顶部列表显示了模型中已定义的边界条件，

可以在这里选择一个已有边界条件；

② New（新建）：新建一个边界条件；

③ Modify（修改）：修改已选择的边界条件；

④ Delete（删除）：从模型中删除一个或多个边界条件；

⑤ Review（查看）：单击此按钮弹出一个浏览窗口，查看所选边界条件的参数。

4.2.1 新建边界条件

单击“Boundary Definitions”（定义边界条件）面板中的“New”（新建）按钮 New，如图 4-10 所示，弹出“Boundary Definition”（定义边界条件）对话框，如图 4-11 所示，通过此对话框来定义新的边界条件，设置好后单击“OK”按钮 ✓，完成定义。具体定义选项如下。

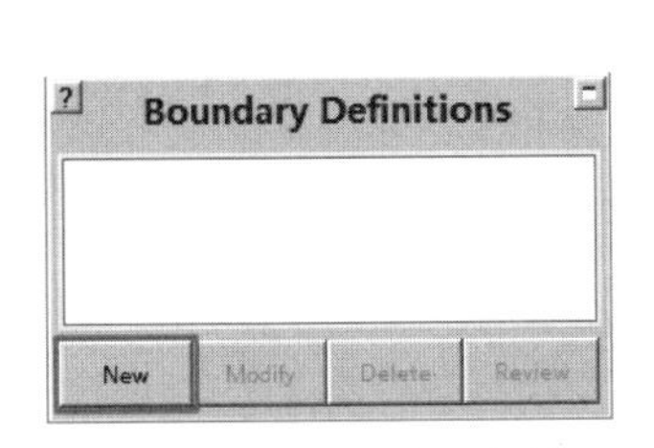

图 4-10　新建边界条件

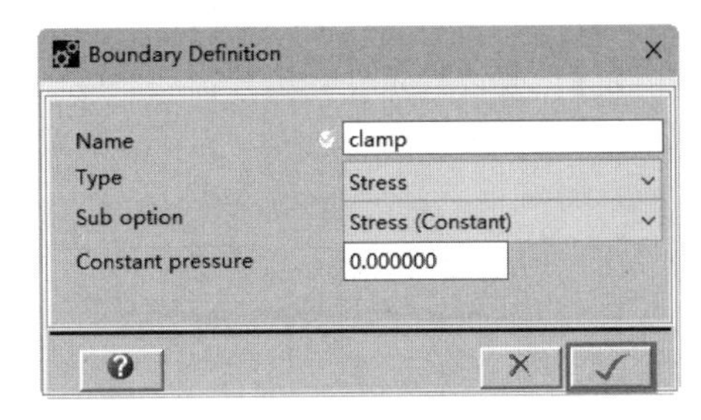

图 4-11　“Boundary Definition”对话框

① Name（名称）　在此为边界条件输入名称。

② Type（类型）　从下拉菜单中选择边界条件类型，如图 4-12 所示。

③ Sub option（子选项）　从下拉菜单中选择子选项，如图 4-13 所示。

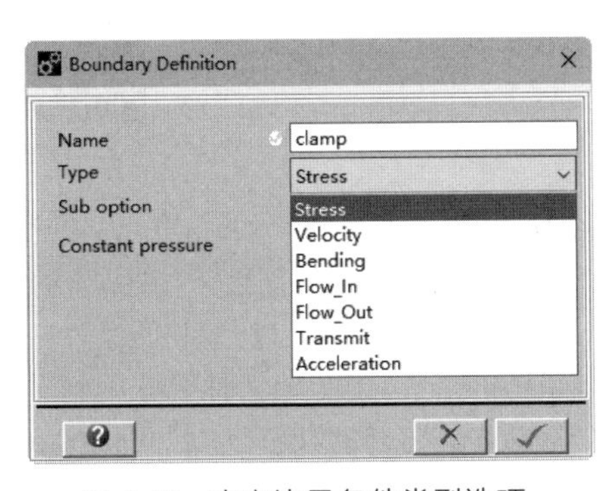

图 4-12　定义边界条件类型选项

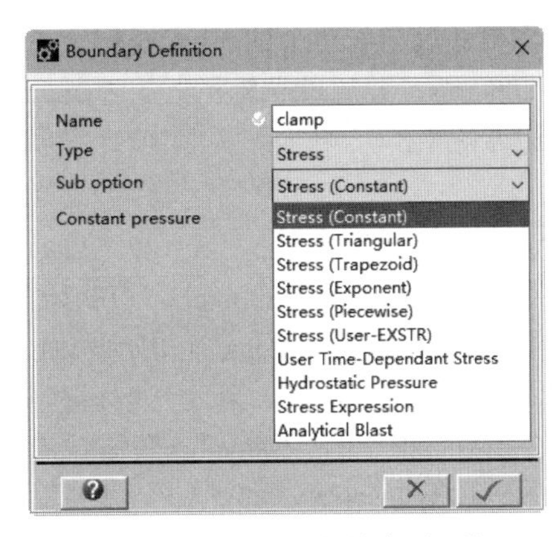

图 4-13　定义边界条件类型子选项

4.2.2 修改边界条件

单击“Boundary Definitions”（定义边界条件）面板中的“Modify”按钮 Modify，如图 4-14 所示，打开“Boundary Definition”（定义边界条件）对话框如图 4-15 所示，通过此对话框来修改已有的边界条件，修改后单击“OK”按钮 ✓，完成修改。

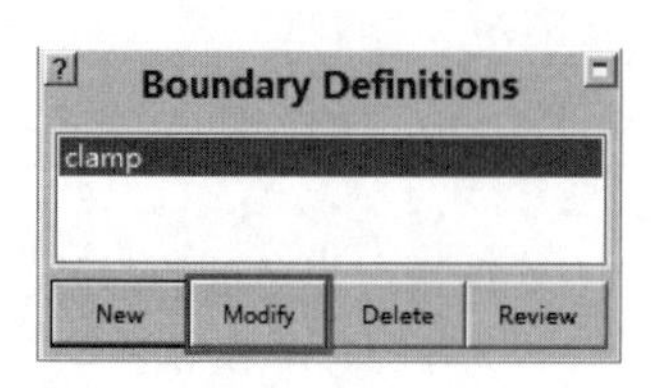

图 4-14 修改边界条件

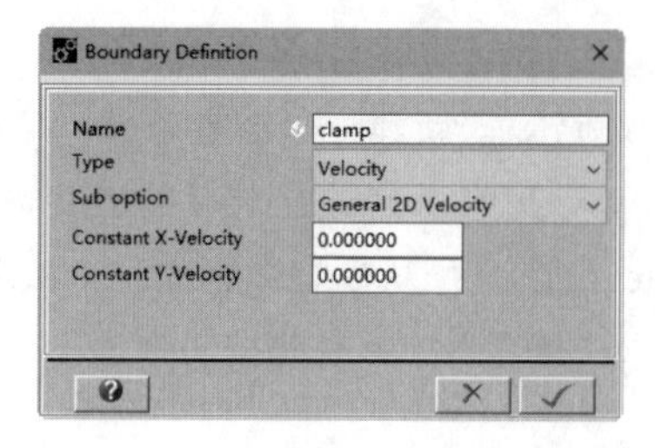

图 4-15 “Boundary Definition”对话框

4.2.3 删除边界条件

单击“Boundary Definitions”（定义边界条件）面板中的“Delete”按钮 Delete ，如图 4-16 所示，打开“Delete Boundary Definition”（删除边界条件）对话框，如图 4-17 所示，通过此窗口从模型中删除已有边界条件。选择需要删除的边界条件，然后单击“OK”按钮 ✓ ，完成删除。如果删除的边界条件已经使用，程序将会询问是否将移除。

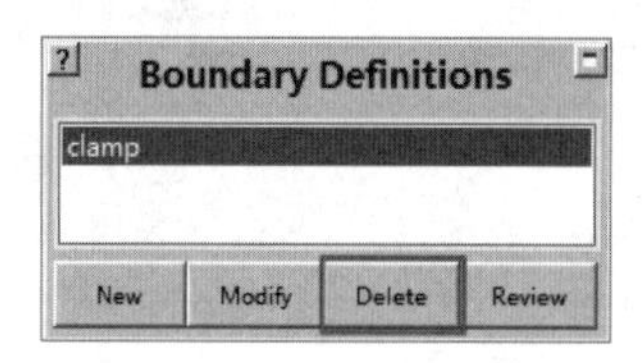

图 4-16 删除边界条件

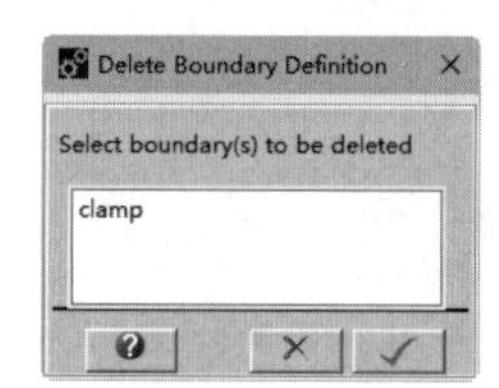

图 4-17 “Delete Boundary Definition”对话框

4.3 实例导航——钽芯破片撞击钢板初始与边界条件设置

本节通过导航栏上的“Int.Cond.”（初始条件）功能定义钽芯破片的初始速度为 2000m/s，并通过导航栏上的“Boundaries”（边界条件）功能为目标靶设置夹紧边界条件。

扫码看视频

4.3.1 定义初始条件

单击导航栏上的“Int.Cond.”（初始条件）按钮 Init. Cond. ，或者选择“Setup”（设置）下拉菜单中的“Initial Conditions”（初始条件）命令，打开“Initial Conditions”面板，如图 4-18 所示，在该面板中单击“New”（新建）按钮 New ，打开“New Initial Condition”（新建初始条件）对话框，在该对话框中的“Name”（名称）文本框中输入“fragment_v”，由于该条件要应用到多个材料，保持勾选“Velocity Only”（仅速度）复选框。设置“X-velocity”（x 轴速度）为“2.000000e+03”，其余为默认设置，单击“OK”按钮 ✓ ，完成初始条件设置，结果如图 4-19 所示。

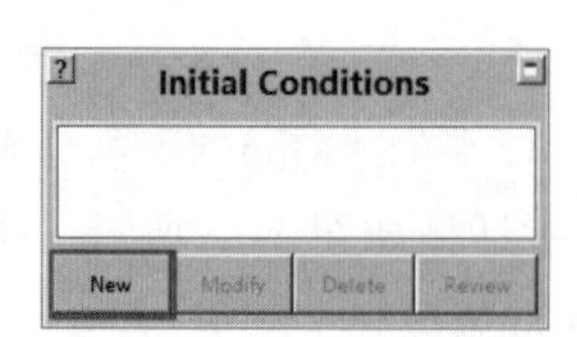

图 4-18 “Initial Conditions”面板

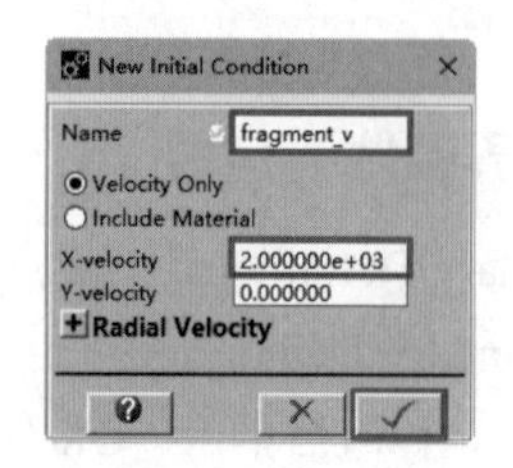

图 4-19 “New Initial Condition”对话框

4.3.2　定义目标靶夹紧边界条件

单击导航栏上的“Boundaries”（边界条件）按钮 Boundaries，打开“Boundary Definitions”（定义边界条件）面板，在该面板中单击“New”（新建）按钮 New，如图 4-20 所示。打开“Boundary Definition”（定义边界条件）对话框，在“Name”（名称）文本框中输入“clamp”（夹紧），“Type”（类型）为“Velocity”（速度），“Sub option”（子选项）为“General 2D Velocity”（常规 2D 速度），设置“Constant X-Velocity”（X 轴速度常量）和“Constant Y-Velocity”（Y 轴速度常量）都为“0.000000”，如图 4-21 所示。单击“OK”按钮 ✓，完成目标靶夹紧边界条件的建立，结果如图 4-22 所示。

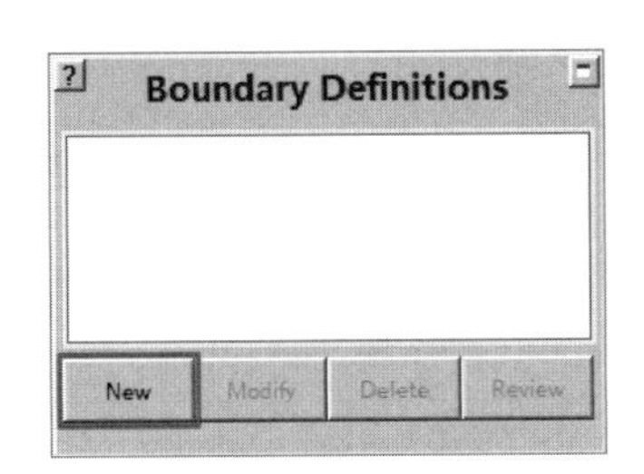

图 4-20　“Boundary Definitions”面板

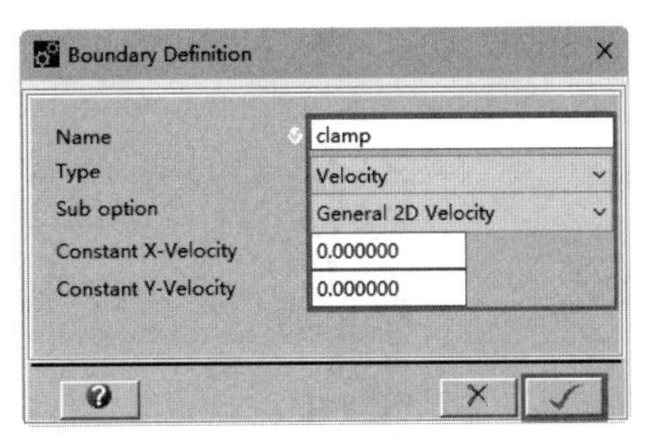

图 4-21　“Boundary Definition”对话框

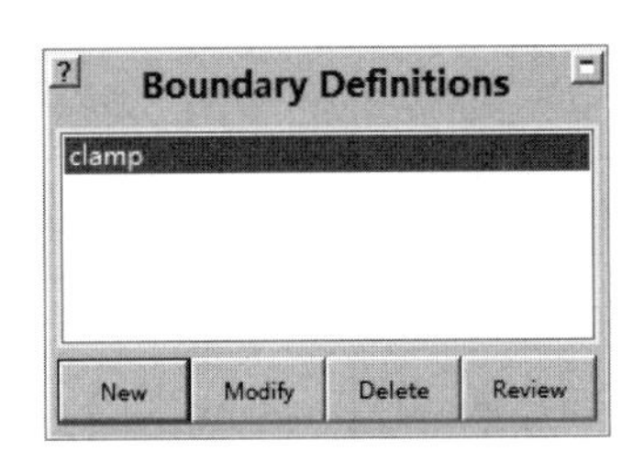

图 4-22　完成边界条件创建的面板

第5章 零件、部件和组

在 Autodyn 中，是以零件的方式建立模型。部件是一组零件，通过对部件的操作可实现同时对多个零件进行速度、初始条件和材料的设置等操作。本章重点介绍零件、部件和组的定义及相关操作。

5.1　定义零件

Parts（零件）是使用一个求解器求解的一组网格（或者是一组 SPH 节点）。相同的求解器可以使用多个 Part。

Parts 能使用结构化或者非结构化网格，其中结构化网格可以在 Autodyn 中生成，使用（I，J，K）指标空间。Autodyn 中每一个结构化零件都会定义一个指标空间，2D（I，J）或者 3D（I，J，K），这里 I、J 和 K 是从 1 到 NI、NJ、NK 的整数，指标空间都是正交的，如图 5-1 所示。非结构化网格必须从外部导入，例如从 Workbench 导入。

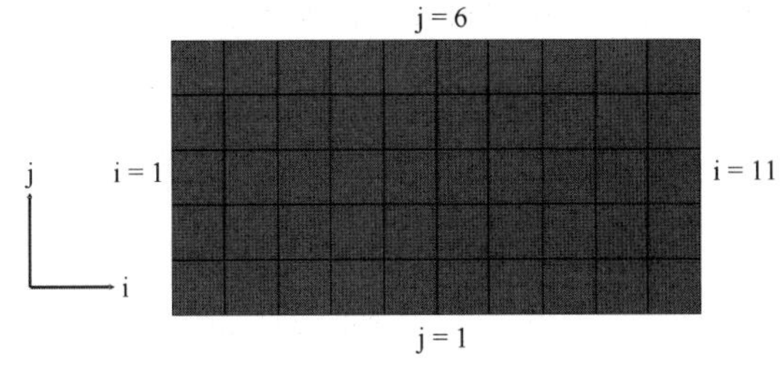

图 5-1　指标空间

（1）Lagrange（拉格朗日）零件（实体，壳，梁）

① 既可以用结构化网格也可以非结构化网格；

② 非结构化网格求解起来更加有效，在求解之前一个结构化网格可以转换成非结构化网格；

③ Lagrange（拉格朗日）零件（结构或者非结构）能够使用“fill”（填充）功能填充到“Euler”（欧拉）和 SPH（光滑粒子流体动力）零件中。

（2）Euler（欧拉）和 ALE（光滑粒子流体动力）零件

Euler（欧拉）和 ALE（光滑粒子流体动力）零件均为结构化网格；Euler 网格通常都是直线正交的。

选择“Setup”（设置）下拉菜单中的“Parts”（零件）命令，如图 5-2 所示，或者单击 Autodyn 导航栏中的“Parts”（零件）按钮 Parts，打开“Parts”（零件）面板，如图 5-3 所示，通过此面板创建或者更改模型中的零件。零件定义选项设置主要包括：

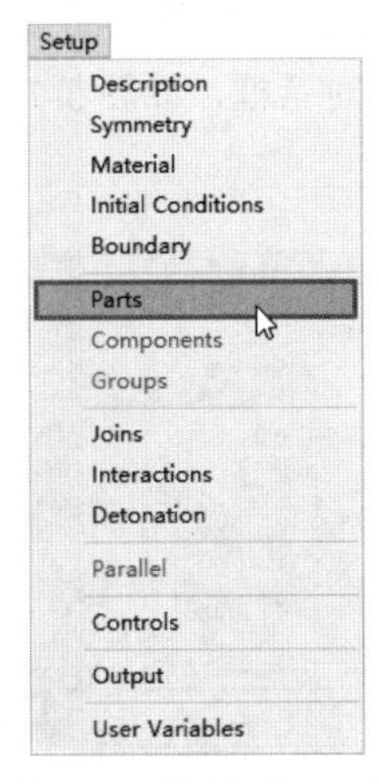

图 5-2　选择“Parts”

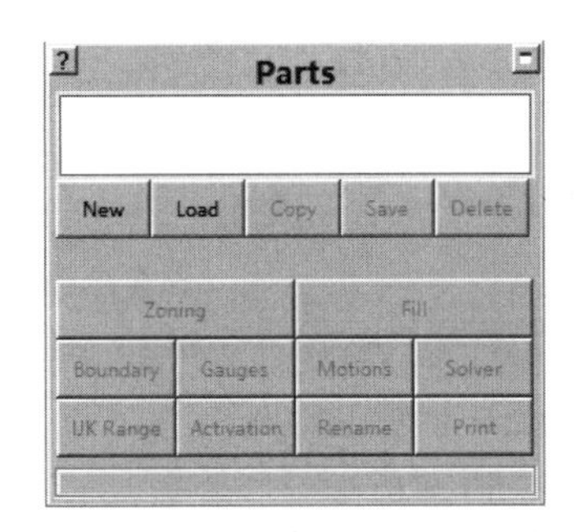

图 5-3　“Parts”面板

① Parts List（零件列表）：在此面板顶部的窗口列表显示了当前模型中已定义的零件。通过此列表选择零件；

② New（新建）：定义一个新零件；

③ Load（加载）：从零件库中加载一个零件；

④ Copy（复制）：将现存的零件复制到新零件；

⑤ Save（保存）：将零件保存到零件库；

⑥ Delete（删除）：删除零件；

"Parts"面板中其余的部分随着被选零件使用的求解器不同而不同。大部分如图 5-4 所示，但如果选择使用"SPH"求解器的零件面板如图 5-5 所示。

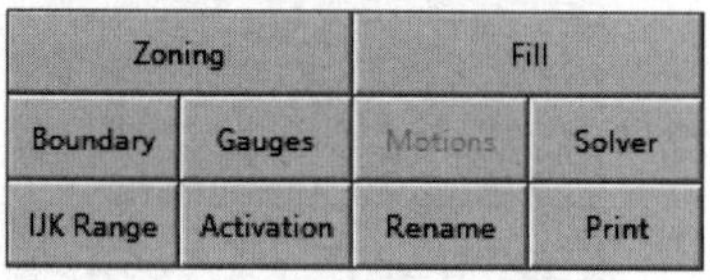

Zoning		Fill	
Boundary	Gauges	Motions	Solver
IJK Range	Activation	Rename	Print

图 5-4 大部分零件面板

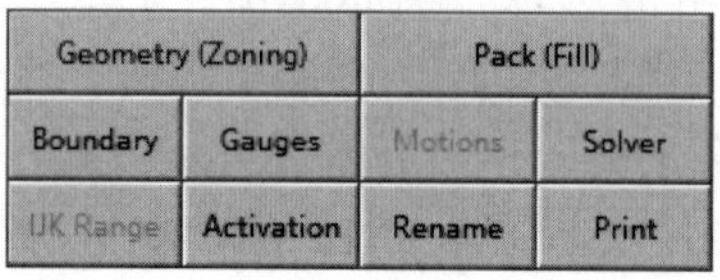

Geometry (Zoning)		Pack (Fill)	
Boundary	Gauges	Motions	Solver
IJK Range	Activation	Rename	Print

图 5-5 "SPH"求解器零件面板

⑦ Zoning（分网）：为零件划分网格；

⑧ Fill（填充）：为零件填充材料和初始条件；

⑨ Geometry（几何）：为 SPH 零件定义几何物体；

⑩ Pack（填充）：使用 SPH 节点填充几何物体；

⑪ Boundary（边界）：为零件施加边界；

⑫ Gauges（高斯点）：为零件定义高斯点；

⑬ Motion（运动）：为 ALE 零件施加运动约束；

⑭ Solver（求解器）：为零件选择求解器选项；

⑮ IJK Range（IJK 范围）：更改零件 IJK 范围；

⑯ Activation（激活）：设置零件生死时间；

⑰ Rename（重命名）：为零件重命名；

⑱ Print（打印）：为零件设置打印范围。

5.1.1 新建零件

通过"Parts"（零件）面板创建一个新零件。单击"Parts"（零件）面板中的"New"按钮 New，如图 5-6 所示，打开"Create New Part"（新建零件）对话框，如图 5-7 所示，通过此对话框来创建一个新零件。具体定义选项如下。

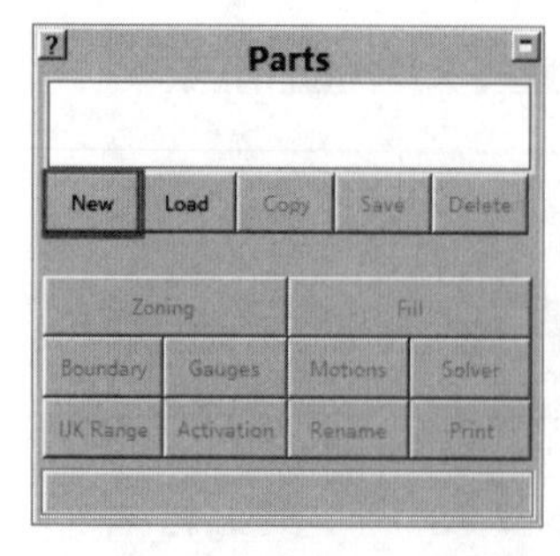

图 5-6 "Parts"面板

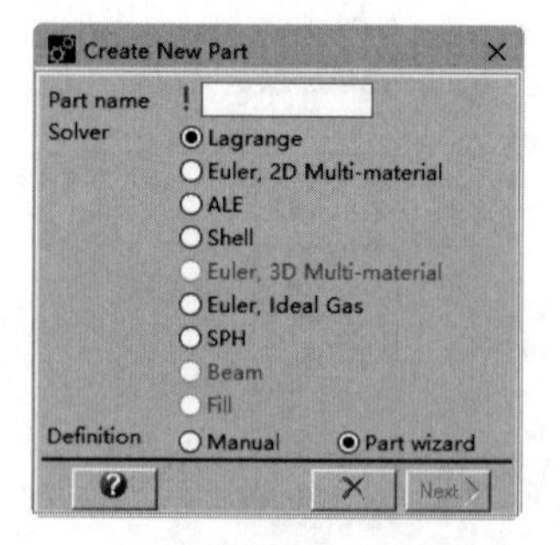

图 5-7 "Create New Part"对话框

① Part name（零件名）　在此输入零件名。

② Solver（求解器）　为零件选择一个求解器，包含 Lagrange（拉格朗日）、Euler（欧拉）、ALE（任意拉格朗日欧拉）和 SPH（光滑粒子流体动力）等多种求解器。

③ Definition（定义方式）　可以选择定义零件的方式，包括“Manual”（手动）或“Part Wizard”（零件向导）两种方式。

注意

零件的定义方式不能用于“SPH”（光滑粒子流体动力）和“Bean”（梁）求解器。若在 Solver（求解器）中选择这两种求解类型时则不会显示 Definition（定义方式）。

a. Manual（手动）　如果选择手动选项，将会出现为此零件输入 IJK 范围的文本框，如图 5-8 所示。单击“OK”按钮 ✓，返回到零件面板，可以通过分网和填充按钮手动定义零件。

b. Part wizard（零件向导）　如果选择 Part wizard 选项，如图 5-9 所示，单击“Next”（下一步）按钮 Next ▷，将出现另外三个窗口，通过这些窗口使用预定义的几何来创建零件：通过第一个窗口选择需要定义的模型形状；通过第二个窗口定义网格；通过第三个窗口填充零件材料等，然后单击最后一个窗口中的“OK”按钮 ✓，创建零件。

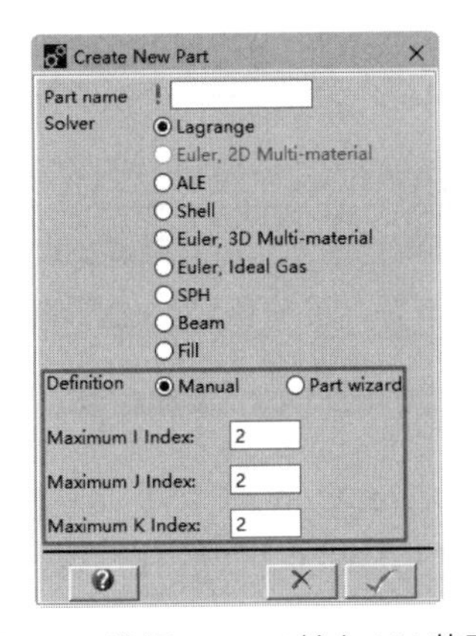

图 5-8　选择 Manual 输入 IJK 范围

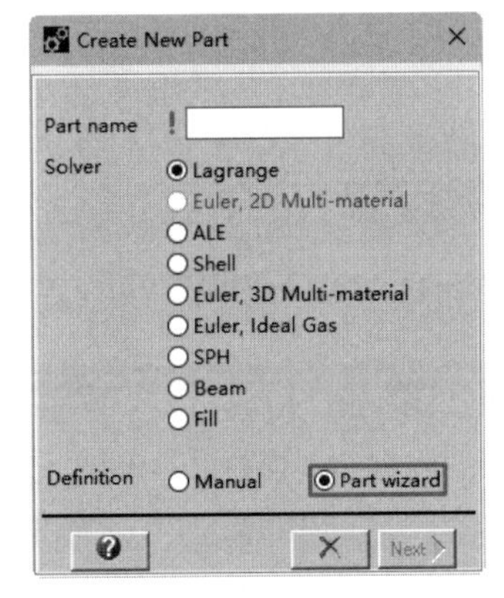

图 5-9　选择 Part wizard

5.1.1.1 Select Predef（选择预定义二维形状）

若在“Create New Model”（创建新模型）时，选择“2D”后，在创建零件时，在“Create New Part”对话框中选择“Part Wizard”（零件向导）定义类型后，单击“Next”（下一步）按钮 Next ▷，打开“Select Predef”（选择预定义）和“Define Geometry”（定义几何）窗口，单击“Select Predef”（选择预定义）窗口上部的“Box”（方形）Box、“Circle”圆形 Circle、“Ogive”圆缺形 Ogive、“Wedge”楔形 Wedge、“Rhombus”菱形 Rhombus、“Quad”四边形 Quad 六个按钮，选择不同的预定义二维形状。

(1) Box（方形）

通过定义方形窗口定义一个方形，如图 5-10 所示，方形的边与 X、Y 轴平行。

① Origin（原点）：在原点输入左下角点的 X、Y 坐标值。

② Box Dimensions（尺寸）：在此处输入方形的尺寸 DX、DY。

（2）Circle（圆形）

通过定义圆形窗口定义一个圆，或者部分圆，如图 5-11 所示。

① Section（部分）：选择需要生成的圆形的部分，包括“Whole”（整体）、“Half”（一半）或“Quarter”（四分之一）。这需要与模型中定义的对称相互匹配。

② Solid（实心）或 Hollow（空心）：选择实心或者空心圆。如果选择了空心圆，应该指定内圆半径和外圆半径。

③ Origin（原点）：在此处输入圆心的 X、Y 坐标。

④ Outer radius（R）（外圆半径）：输入外圆半径。

⑤ Rotation（degrees）（旋转角度）：输入创建的圆相对于 X 轴的旋转角度（以度为单位）。

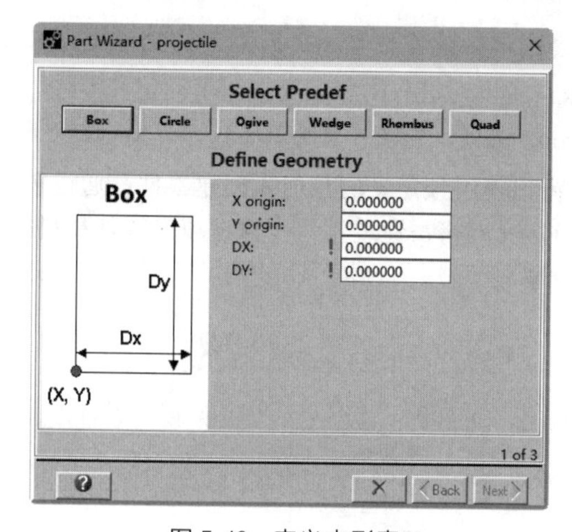

图 5-10 定义方形窗口

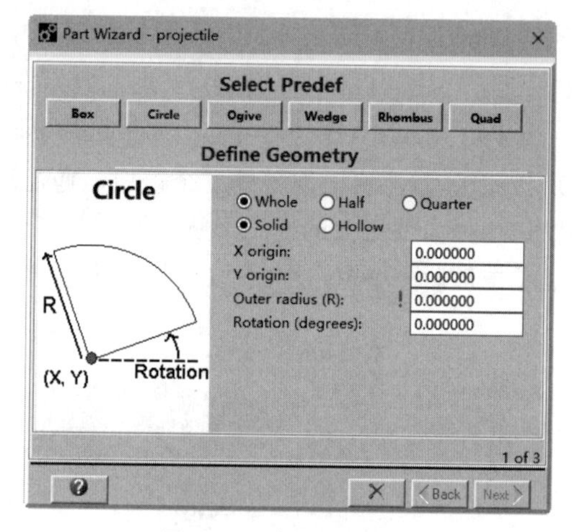

图 5-11 定义圆形窗口

（3）Ogive（圆缺）

通过定义圆缺窗口定义圆缺，如图 5-12 所示，其两边与 X、Y 轴平行。

① Section（部分）：选择需要生成的圆缺部分，包括“Whole”（整体）或“Half”（一半），这需要与模型中定义的对称相互匹配。

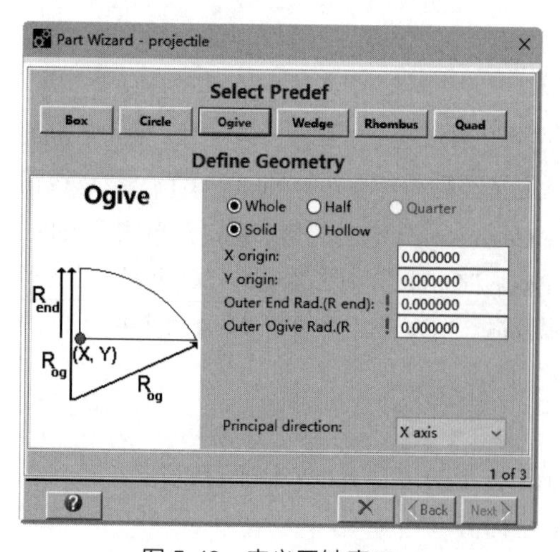

图 5-12 定义圆缺窗口

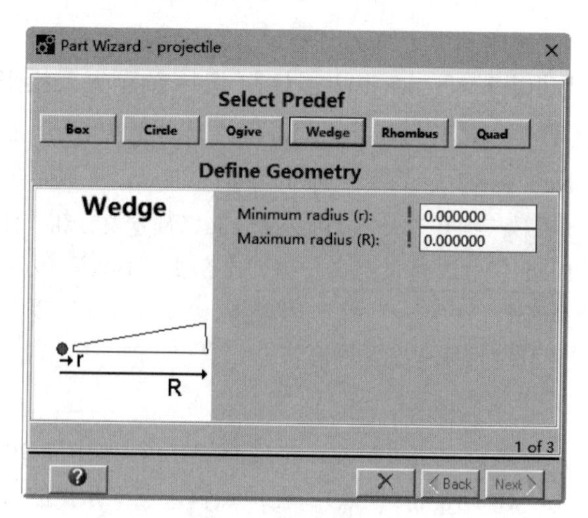

图 5-13 定义楔形窗口

② Solid（实心）或 Hollow（空心）：选择实心或者空心圆缺。如果选择了空心圆缺，应该指定内圆半径和外圆半径。

③ Origin（原点）：在此处输入圆心的 X、Y 坐标。

④ Outer End Rad.（R End）（圆缺高度）：在 Outer End Rad. 输入圆缺高度。

⑤ Outer Ogive Rad.（圆缺半径）：在 Outer Ogive Rad. 处输入圆缺半径。

⑥ Principal direction（主方向）：从下拉菜单中为圆缺选择主轴方向。

(4) Wedge（楔形）

通过定义楔形窗口定义楔形，其底边在 X 轴上，楔形的角度由 Autodyn 自动设置，如图 5-13 所示。楔形在进行一维圆柱计算和二维球对称中比较有用。

① Minimum radius（r）（最小半径）：输入最小半径（不能为零）。

② Maximum radius（R）（最大半径）：输入最大半径。

(5) Rhombus（菱形）

通过定义菱形窗口定义菱形，其对角线平行于 X、Y 轴，如图 5-14 所示。

① Section（部分）：选择需要生成的部分，包括“Whole”（整体）、“Half”（一半）或“Quarter”（四分之一）。这需要与模型中定义的对称相互匹配。

② Origin（原点）：在 Origin 处为菱形输入中心点 X、Y 坐标。

③ Width（宽度）：输入菱形宽度。

④ Height（高度）：输入菱形高度。

(6) Quad（四边形）

通过定义四边形窗口定义四边形，输入四边形第一到第四点的坐标，如图 5-15 所示。

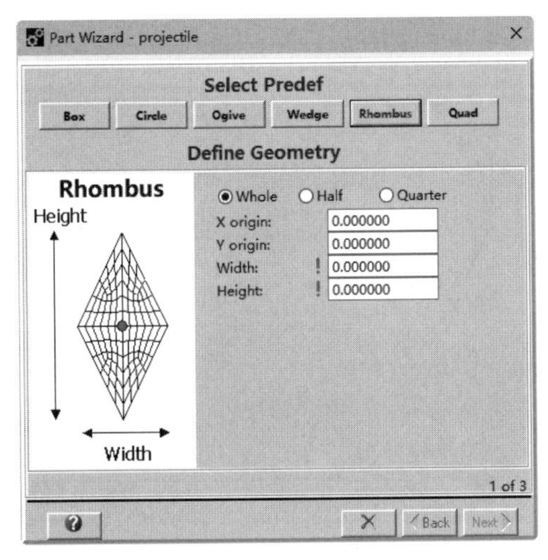

图 5-14　定义菱形窗口

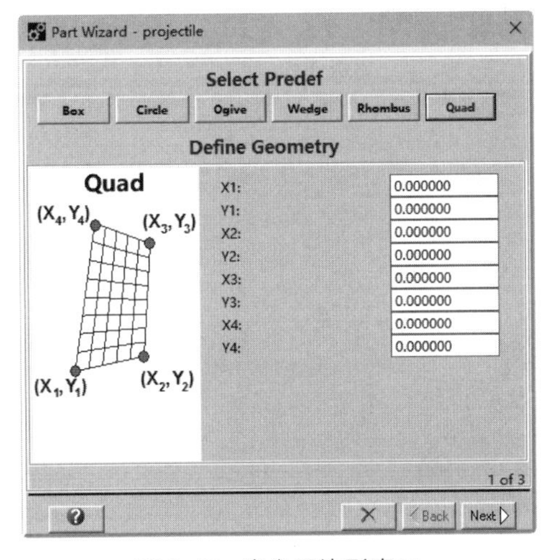

图 5-15　定义四边形窗口

5.1.1.2 Select Predef（选择预定义三维形状）

若在“Create New Model”（创建新模型）时，选择“3D”后，在创建零件时，在“Create New Part”对话框中选择“Part Wizard”（零件向导）定义类型后，单击“Next”（下一步）按钮 Next▷，打开“Select Predef”（选择预定义）和“Define Geometry”（定义几何）窗口，单击“Select Predef”（选择预定义）窗口上部的“Box”（长方体）Box、“Cylinder”（圆柱）Cylinder、“Ogive”（球

缺）Ogive、“Sphere”（球）Sphere、“Hex”（六面体）Hex、“Frag/Brick”（砖墙）Frag/Brick 六个按钮，选择不同的预定义形状。

（1）Box（长方体）

通过定义长方体窗口定义一个长方体，如图 5-16 所示，其边与 X、Y、Z 轴平行。

① Origin（原点）：在原点输入左下角点的 X、Y 、Z 坐标值。

② Box Dimensions（尺寸）：在此处输入长方体的尺寸 DX、DY、DZ。

（2）Cylinder（圆柱）

通过定义圆柱窗口定义一个圆柱，或者部分圆柱，其轴平行于 Z 轴，如图 5-17 所示。

① Section（部分）：选择需要生成的圆形的部分，包括“Whole”（整体)、“Half”（一半）或“Quarter”（四分之一)。这需要与模型中定义的对称相互匹配。

② Solid or Hollow（实心或者空心）：选择实心或者空心圆柱。如果选择了空心圆柱，应该指定内圆半径和外圆半径。

③ Origin（原点）：在此处输入圆柱起始面圆心的 X、Y、Z 坐标。

④ Start Radius / End Radius（起始半径和终止半径）：可以为圆柱定义不同的起始面半径和终止面半径。对于常规圆柱（不是圆台的形式的)，设置相同的起始面半径和终止面半径。

⑤ Length（L）（长度）：在此输入圆柱长度。

⑥ Starting surface / End surface（起始面和终止面）：圆柱的起始面和终止面可以是平面、凹面或凸面。如果选择了凹面或凸面，还需要设置曲率半径。

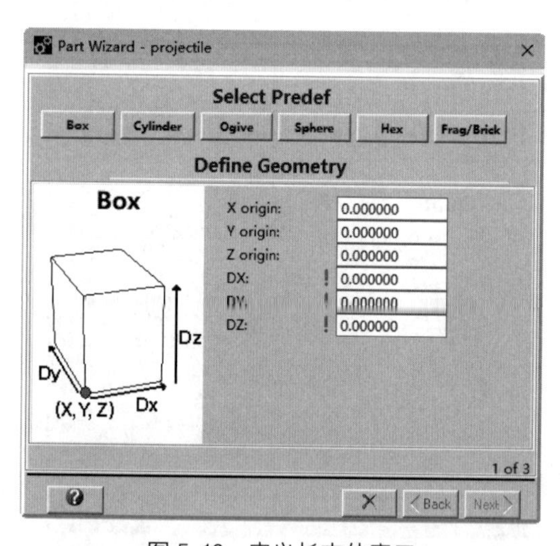

图 5-16　定义长方体窗口

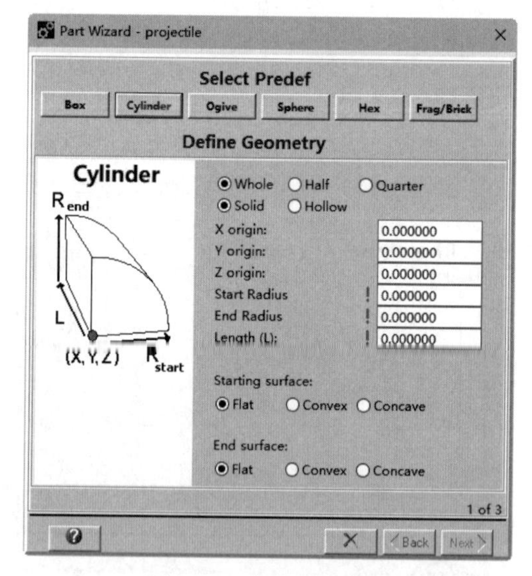

图 5-17　定义圆柱窗口

（3）Ogive（球缺）

通过定义球缺窗口定义球缺，如图 5-18 所示，其轴与 Z 轴平行。

① Section（部分）：选择需要生成的圆形的部分，包括“Whole”（整体)、“Half”（一半）或“Quarter”（四分之一)。这需要与模型中定义的对称相互匹配。

② Solid or Hollow（实心或者空心）：选择实心或者空心球缺。如果选择了空心球缺，应该指定内圆半径和外圆半径。

③ Origin（原点）：在此处输入圆心的 X、Y、Z 坐标。

④ Outer End Rad.（R End）（球缺高度）：在 Outer End Rad. 输入球缺高度。

⑤ Outer Ogive Rad.（球缺半径）：在 Outer Ogive Rad. 处输入球缺半径。

(4) Sphere（球）

通过定义球体窗口定义球形，如图 5-19 所示。

① Section（部分）：选择需要生成的圆形的部分，包括“Whole”（整体）、“Half”（一半）或“Quarter”（四分之一）。这需要与模型中定义的对称相互匹配。

② Solid or Hollow（实心或者空心）：选择实心或者空心球。如果选择了空心球，应该指定内圆半径和外圆半径。

③ Origin（原点）：在此处输入球心的 X、Y、Z 坐标。

④ Outer radius（R）（半径）：在此输入球的半径。

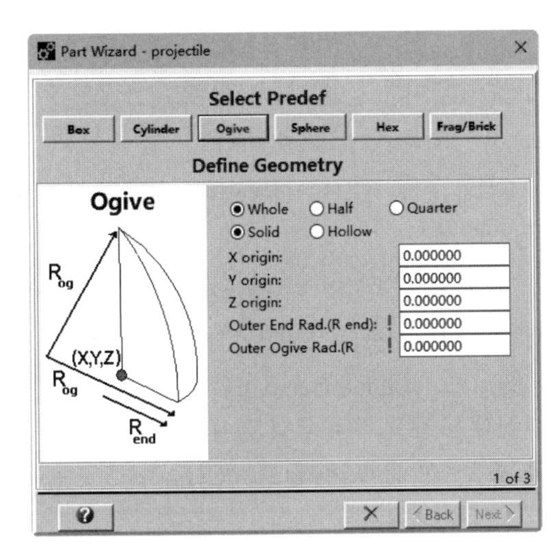

图 5-18　定义球缺窗口

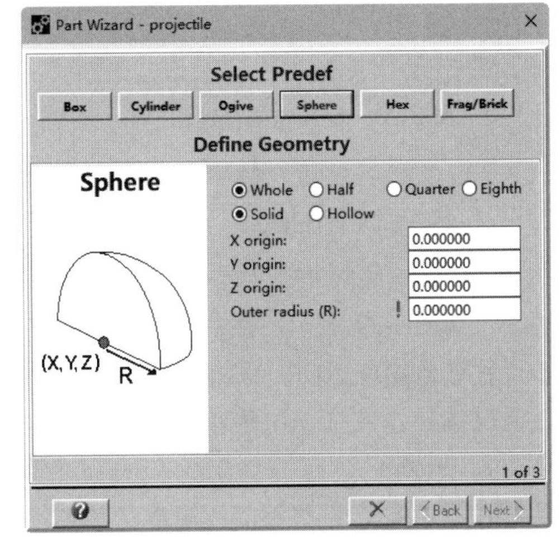

图 5-19　定义球体窗口

(5) Hex（六面体）

通过定义六面体窗口定义六面体，如图 5-20 所示。

① Select node to edit（选择节点）：通过箭头按钮 > 按顺序选择 8 个节点。

② Coordinates（坐标）：输入节点的 X、Y、Z 坐标。

(6) Frag/Brick（砖墙）

通过定义砖墙窗口创建砖墙模型，如图 5-21 所示，其轴与 X、Y、Z 平行。其中：X 向为墙的长度方向；Y 向为墙的高度方向；Z 向为墙的厚度方向。

① Number of fragments/bricks（砖块数量）：此处输入 X、Y、Z 方向砖块数量。

② Length of each fragment/brick（砖块大小）：在此输入砖块在 X、Y、Z 三个方向的长度。

③ Mortar size between each fragment/brick（水泥缝）：在此输入砖块之间水泥缝隙的大小。

④ Mortar included in above fragment/brick dimensions ?（砖块尺寸是否包含水泥缝隙？）：如果希望砖块尺寸包含水泥缝隙，选择此选项。

⑤ Offset ratio（偏移比例）：在此设置砖块的偏移比例，其控制砖块沿着墙体如何交错地排列。例如设置为 0.5，砖块以各错开一半的方式排列。

⑥ Fragment/brick symmetric about X=0？（是否沿着 X=0 平面对称？）：如果希望沿着 X=0 平面对称，选择此项。为预定义形状输入需要的尺寸之后，单击进入下一个对话框定义网格。

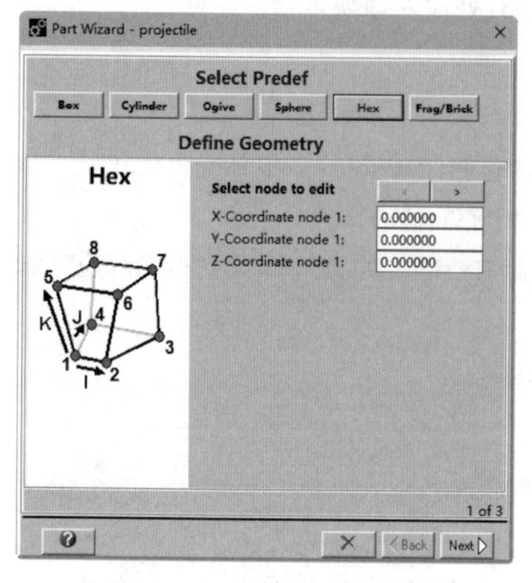

图 5-20　定义六面体窗口

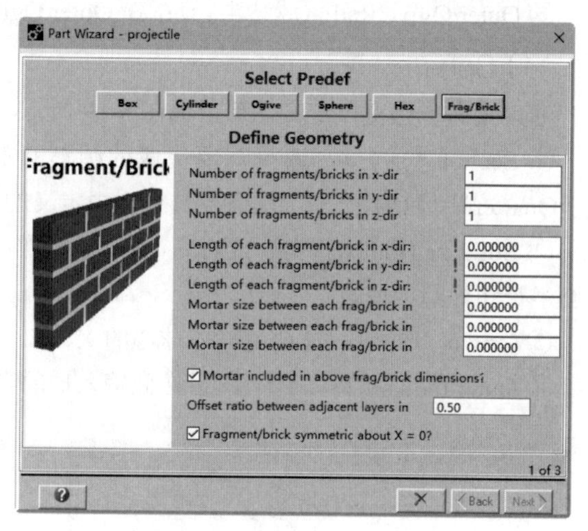

图 5-21　定义砖墙窗口

5.1.1.3　Select Predef（选择预定义三维壳单元形状）

在“Create New Part”（新建零件）对话框中的“Solver”（求解）列表中选择“Shell”（壳）求解器，如图 5-22 所示，然后选择“Part Wizard”（零件向导）定义类型后，单击“Next”（下一步）按钮 Next，打开“Select Predef”（选择预定义）和“Define Geometry”（定义几何）窗口，通过选择预定义三维壳单元形状对话框窗口为创建三维壳单元零件选择预定义形状，单击“Select Predef”（选择预定义）窗口上部的“Plane”（平面）Plane 或“Cylincler”（柱面）Cylinder 二个按钮，选择不同的预定义形状。

（1）Plane（平面）

通过定义平面窗口创建正交于 X、Y、Z 轴的平面，如图 5-23 所示。

① Plane orientation（平面方向）：选择平面方向，如，选择 X-Y 平面意思是创建的平面垂直十 Z 轴。

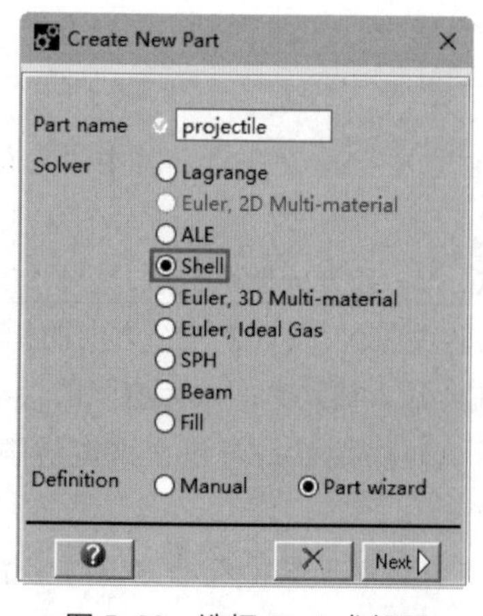

图 5-22　选择 Shell 求解器

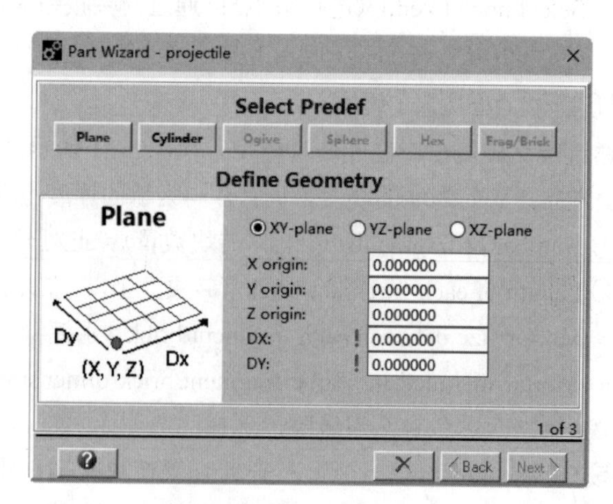

图 5-23　定义平面窗口

② Origin（原点）：在原点处输入下角点的 X、Y、Z 坐标。

③ Box dimensions（尺寸）：在此处输入尺寸 DX、DY、DZ。

（2）Cylinder（柱面）

通过定义柱面窗口创建圆柱面，其轴平行于 Z 轴，如图 5-24 所示。

① Section（部分）：选择需要生成的圆形的部分，包括“Whole”（整体）、“Half”（一半）或“Quarter”（四分之一）。这需要与模型中定义的对称相互匹配。

② Origin（原点）：在此处输入圆柱面起始面圆心的 X、Y、Z 坐标。

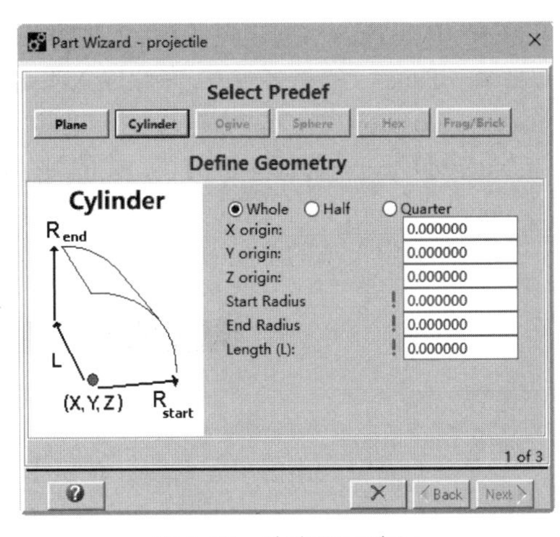

图 5-24　定义平面窗口

③ Start Radius/End Radius（起始半径和终止半径）：可以为圆柱面定义不同的起始面半径和终止面半径。对于常规圆柱面（不是圆台面的形式的），设置相同的起始面半径和终止面半径。

④ Length（长度）：在此输入圆柱面长度。

5.1.1.4　Define Zoning（划分二维网格）

完成定义二维形状后，单击“Next”（下一步）按钮Next，跳转到“Define Zoning”（划分二维网格）对话框，通过划分二维网格对话框窗口为二维零件划分网格。

（1）Box（方形）

通过划分方形网格窗口定义方形网格，如图 5-25 所示。

① Cells（网格数）：在此输入 I、J 方向使用的网格数，此状态下，零件的节点数和单元数显示在下面。

② Grade zoning（网格渐变）：选择需要网格渐变方向的复选框。如果选择了网格渐变，可以指定固定尺寸网格的范围，其余的网格以光滑渐变的方式创建，渐变的范围为前一个窗口中定义的尺寸减去固定网格的尺寸。选择网格渐变后如图 5-26 所示，还需要设置固定尺寸、网格多少、分布位置。

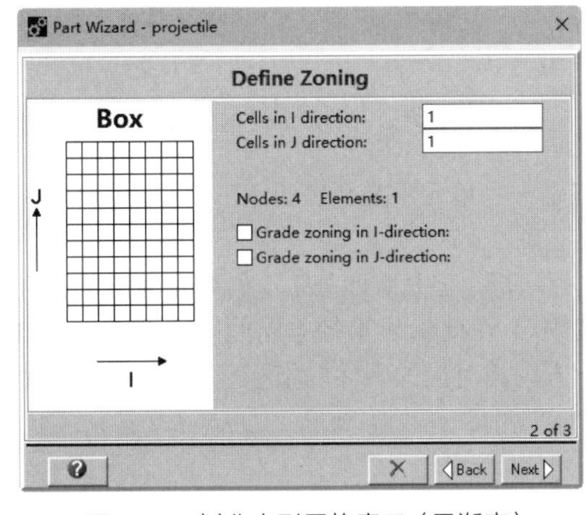

图 5-25　划分方形网格窗口（无渐变）

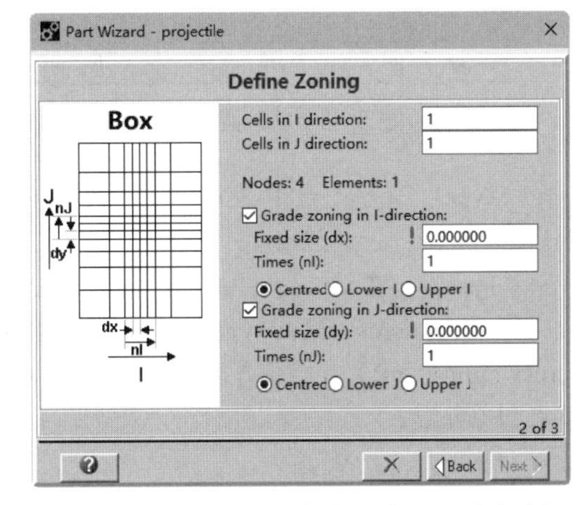

图 5-26　划分方形网格窗口（X、Y 向渐变）

- Fixed size（固定尺寸）：在此输入固定大小单元的尺寸。
- Times（网格多少）：在此输入固定大小单元的数量。
- Position（分布位置）：指定固定大小单元在整个 I、J、K 范围的位置。中间（Centered）——在整个 I/J 范围的中间；低端（Lower）——在 I/J 范围的低端；高端（Upper）——在 I/J 范围的高端。

十个固定大小的单元中心分布如图 5-27 所示。

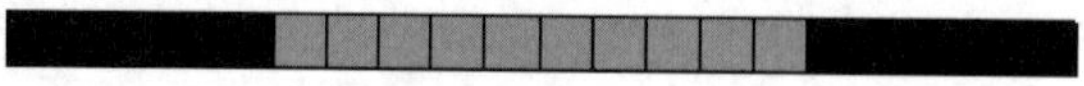

图 5-27　十个固定大小的单元中心分布示意图

十二个固定大小的单元低端分布如图 5-28 所示。

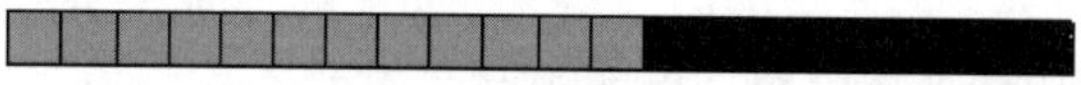

图 5-28　十二个固定大小的单元低端分布示意图

八个固定大小的单元高端分布如图 5-29 所示。

图 5-29　八个固定大小的单元高端分布示意图

（2）Circle（圆形）

通过划分圆形网格窗口定义圆形网格，如图 5-30 所示。

① Mesh Type（划分网格方式）：为圆形选择划分网格方式如图 5-31 所示。

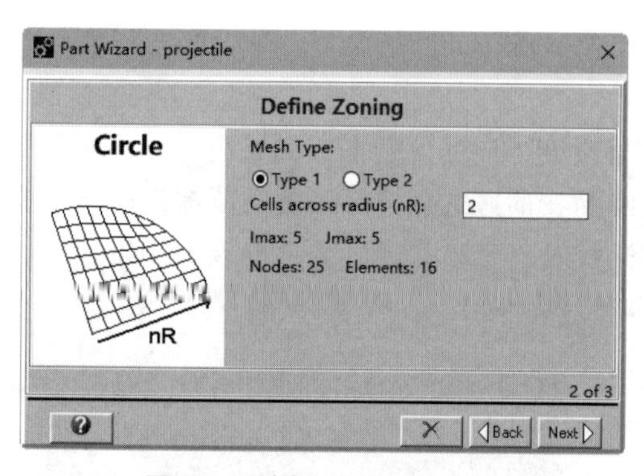

图 5-30　划分圆形网格窗口

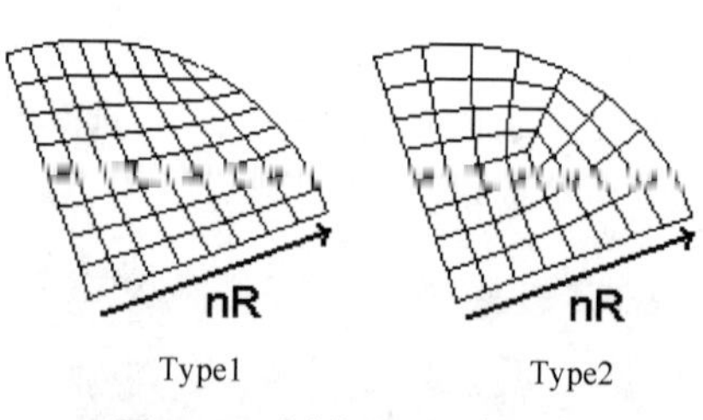

图 5-31　划分圆形网格方式

“Type1”（方式一）：使用单元的效率较高，但是一些单元不是合理四边形单元，甚至不是四边形（会影响计算的精度）。

“Type2”（方式二）：生成的单元是比较合理的四边形，但是有四分之一的单元为未使用的。

② Cells across radius（nR）（半径方向的网格数）：在此输入半径方向的网格数。在 Cells across radius（nR）（半径方向的网格数）输入框下方为相对应的零件的指标空间、零件使用的节点和单元数。

（3）Ogive（圆缺）

通过划分圆缺网格窗口定义圆缺网格，如图 5-32 所示。

① Mesh Type（划分网格方式）：为圆缺选择划分网格方式如图 5-33 所示。

“Type1”（方式一）：使用单元的效率较高，但是一些单元不是合理四边形单元，甚至不是四边形（会影响计算的精度）。

“Type2”（方式二）：生成的单元是比较合理的四边形，但是有四分之一的单元为未使用的。

② Cells across radius（nR）（半径方向的网格数）：在此输入半径方向的网格数。在 Cells across radius（nR）（半径方向的网格数）输入框下方为相对应的零件的指标空间、零件使用的节点和单元数。

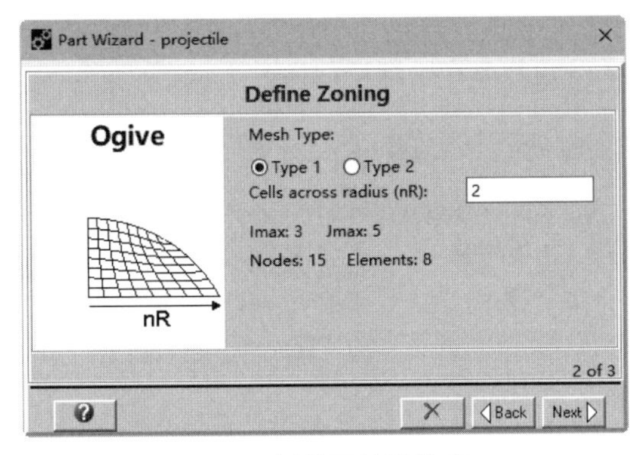

图 5-32　划分圆缺网格窗口

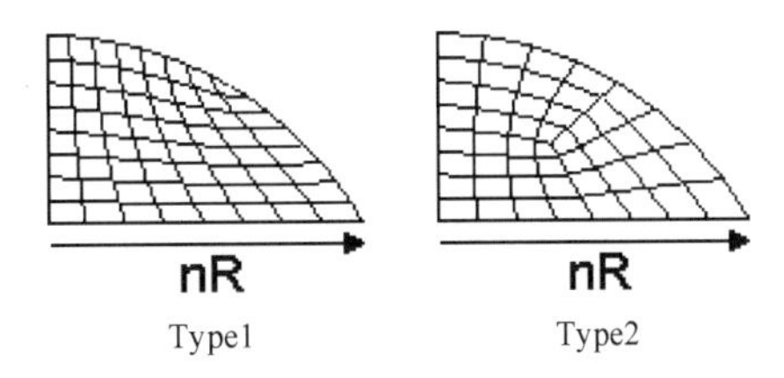

图 5-33　划分圆缺网格方式

(4) Wedge（楔形）

通过划分楔形网格窗口定义楔形网格，如图 5-34 所示。

① Cells across radius（半径方向的网格数）：在此输入半径方向的网格数。

在半径方向的网格数输入框下方为零件的指标空间和零件使用的节点和单元数。

② Grade zoning（网格渐变）：选择需要网格渐变方向的复选框。如果选择了网格渐变，可以指定固定尺寸网格的范围，其余的网格以光滑渐变的方式创建，渐变的范围为前一个窗口中定义的尺寸减去固定网格的尺寸。

- Increment（固定尺寸）：在此输入固定大小单元的尺寸。
- Times（网格多少）：在此输入固定大小单元的数量。

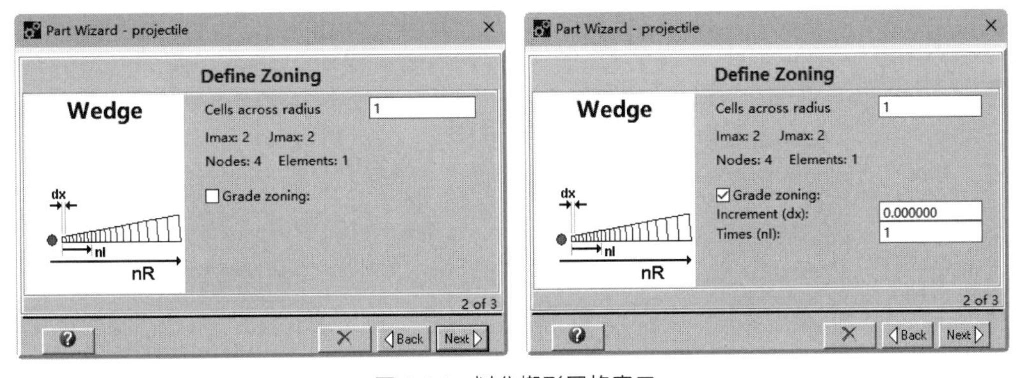

图 5-34　划分楔形网格窗口

(5) Rhombus（菱形）

通过划分菱形网格窗口定义菱形网格，如图 5-35 所示。

- Cells across quarter（边长方向的网格数）：在此输入边长方向的网格数。

在边长方向的网格数输入框下方为零件的指标空间和零件使用的节点和单元数。

（6）Quad（四边形）

通过划分四边形网格窗口定义四边形网格，如图 5-36 所示。

① Cells in I/J direction（I、J 方向的网格数）：在此输入 I、J 方向使用的网格数，此状态下，零件的节点数和单元数显示在下面。

② Automatic（自动）：选择此选项使内部节点均匀分布。

③ IJ-straight（I、J 向均分）：选择此选项使内部节点沿着 I、J 向均匀分布。

④ Geometric Ratio（几何比率）：在此处输入几何比率产生渐变网格。

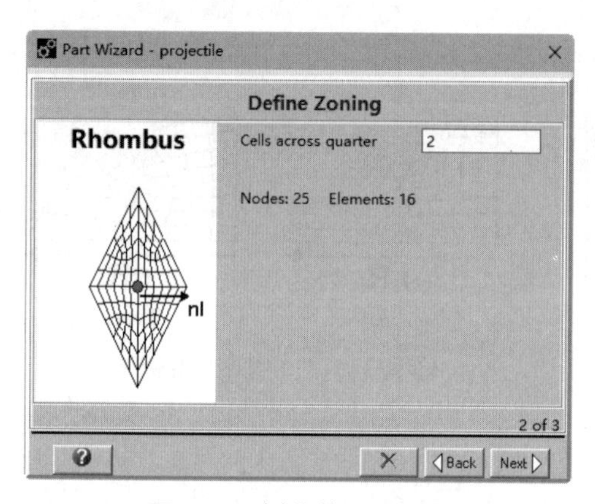

图 5-35 划分菱形网格窗口

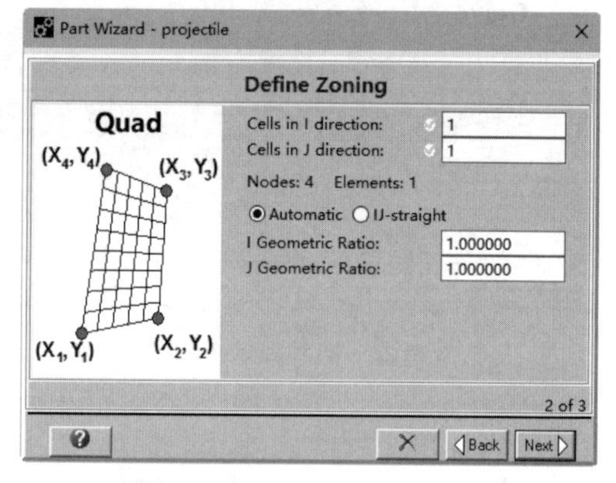

图 5-36 划分四边形网格窗口

5.1.1.5 划分三维网格（Define Zoning）

完成定义三维形状后，单击“Next”（下一步）按钮 Next，跳转到“Define Zoning”（划分三维网格）对话框，通过划分三维网格对话框窗口为三维零件划分网格。

（1）Box（长方体）

通过划分长方体网格窗口定义长方体网格，如图 5-37 所示。

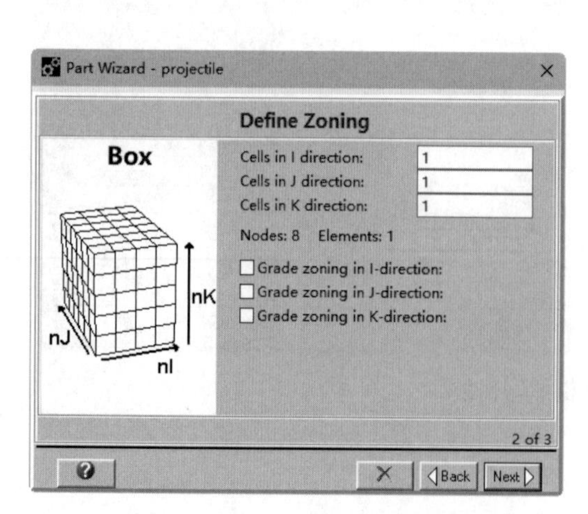

图 5-37 划分长方体网格窗口

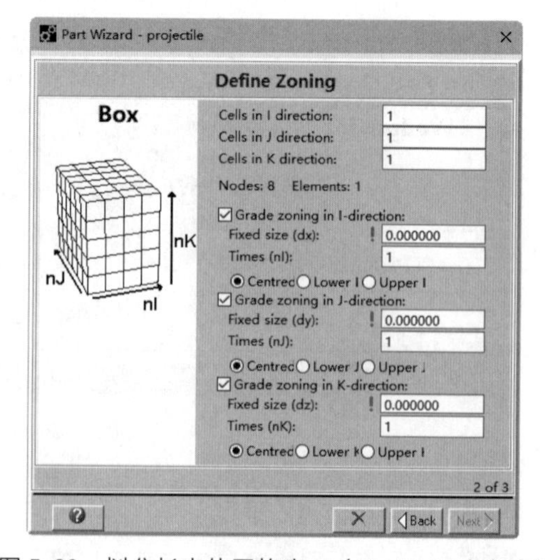

图 5-38 划分长方体网格窗口（X、Y、Z 向渐变）

① Cells（网格数）：在此输入 I、J、K 方向使用的网格数，此状态下，零件的节点数和单元数显示在下面。

② Grade zoning（网格渐变）：选择需要网格渐变方向的复选框。如果选择了网格渐变，可以指定固定尺寸网格的范围，其余的网格以光滑渐变的方式创建，渐变的范围为前一个窗口中定义的尺寸减去固定网格的尺寸。选择网格渐变后如图 5-38 所示，还需要设置固定尺寸、网格多少、分布位置。

- Fixed size（固定尺寸）：在此输入固定大小单元的尺寸。
- Times（网格多少）：在此输入固定大小单元的数量。
- Position（分布位置）：指定固定大小单元在整个 I、J、K 范围的位置。Centered（中间）——在整个 I/J/K 范围的中间。Lower（低端）——在 I/J/K 范围的低端。Upper（高端）——在 I/J/K 范围的高端。

十个固定大小的单元中心分布如图 5-39 所示。

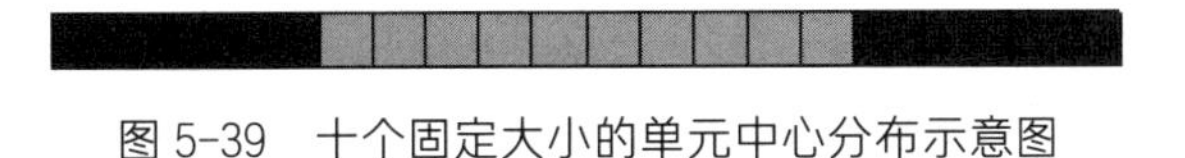

图 5-39　十个固定大小的单元中心分布示意图

十二个固定大小的单元低端分布如图 5-40 所示。

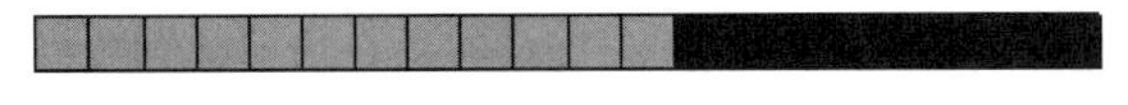

图 5-40　十二个固定大小的单元低端分布示意图

八个固定大小的单元高端分布如图 5-41 所示。

图 5-41　八个固定大小的单元高端分布示意图

（2）Cylinder（圆柱）

通过划分圆柱网格窗口定义圆柱网格，如图 5-42 所示。

① Mesh Type（划分网格方式）：为圆柱选择划分网格方式如图 5-43 所示。

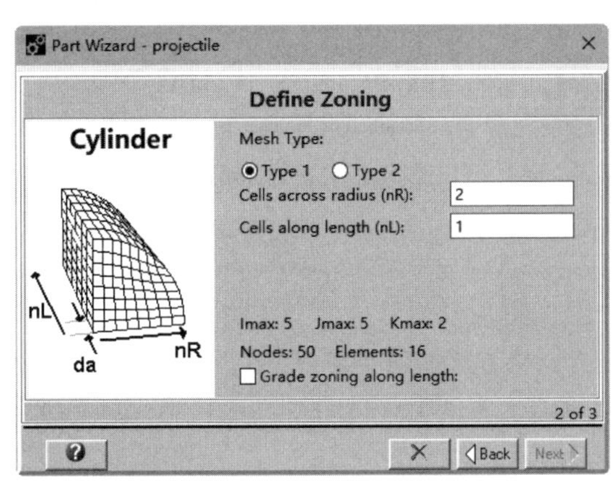

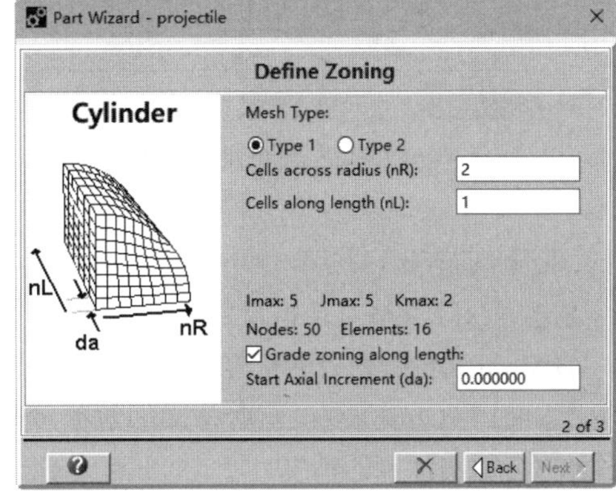

图 5-42　划分圆柱网格窗口

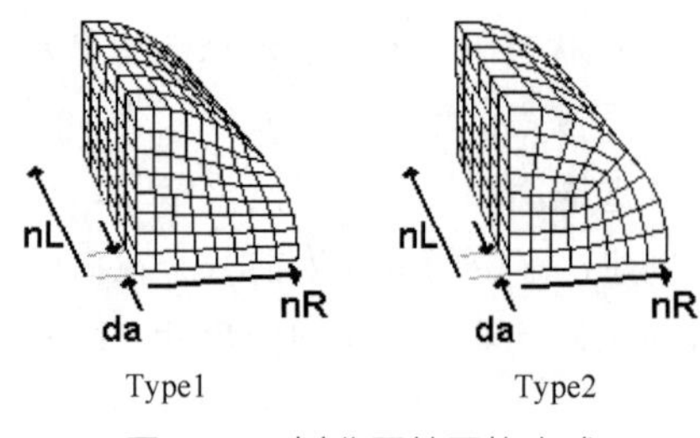

图 5-43　划分圆柱网格方式

“Type1”（方式一）：使用单元的效率较高，但是一些单元不是合理六面体单元，甚至不是六面体（会影响计算的精度）。

“Type2”（方式二）：生成的单元是比较合理的六面体，但是有四分之一的单元为未使用的。

② Cells across radius（nR）（半径方向的网格数）：在此输入半径方向的网格数。

③ Cells along length（nL）（长度方向的网格数）：在此输入长度方向的网格数。

在 Cells along length（nL）（长度方向的网格数）输入框下方为相对应的零件的指标空间、零件使用的节点和单元数。

④ Grade zoning along length（沿长度方向渐变）：选择此选项网格沿长度方向渐变，需要进一步设定初始增量。

（3）Ogive（球缺）

通过划分球缺网格窗口定义球缺网格，如图 5-44 所示。

① Mesh Type（划分网格方式）：为球缺选择划分网格方式如图 5-45 所示。

“Type1”（方式一）：使用单元的效率较高，但是一些单元不是合理六面体单元，甚至不是六面体（会影响计算的精度）。

“Type1”（方式一）：生成的单元是比较合理的六面体，但是有四分之一的单元为未使用的。

② Cells across radius（nR）（半径方向的网格数）：在此输入半径方向的网格数。在 Cells across radius（nR）（半径方向的网格数）输入框下方为相对应的零件的指标空间、零件使用的节点和单元数。

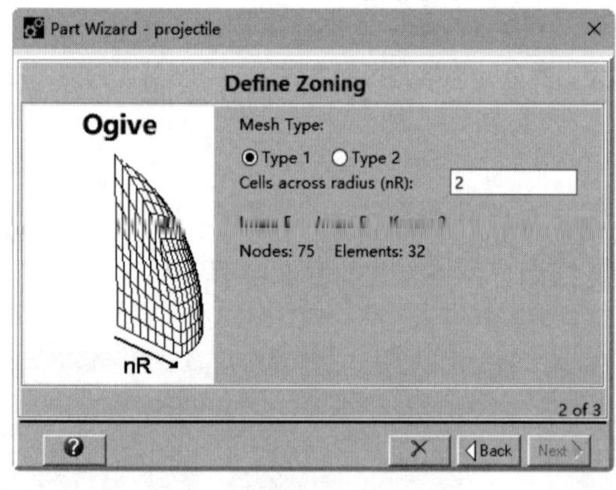

图 5-44　划分球缺网格窗口

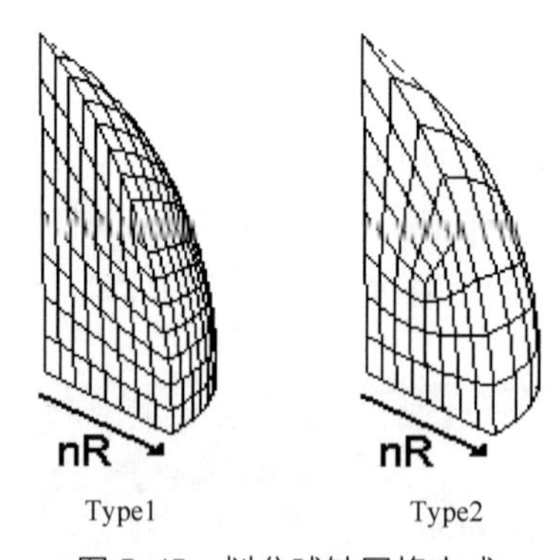

图 5-45　划分球缺网格方式

（4）Sphere（球）

通过划分球网格对话框窗口定义球网格，如图 5-46 所示。

① Mesh Type（划分网格方式）：为球选择划分网格方式如图 5-47 所示。

“Type1”（方式一）：使用单元的效率较高，但是一些单元不是合理六面体单元，甚至不是六面体（会影响计算的精度）。

“Type2”（方式二）：生成的单元是比较合理的六面体，但是有四分之一的单元为未使用的。

② Cells across radius（半径方向的网格数）：在此输入半径方向的网格数。在 Cells across radius（半径方向的网格数）输入框下方为相对应的零件的指标空间、零件使用的节点和单元数。

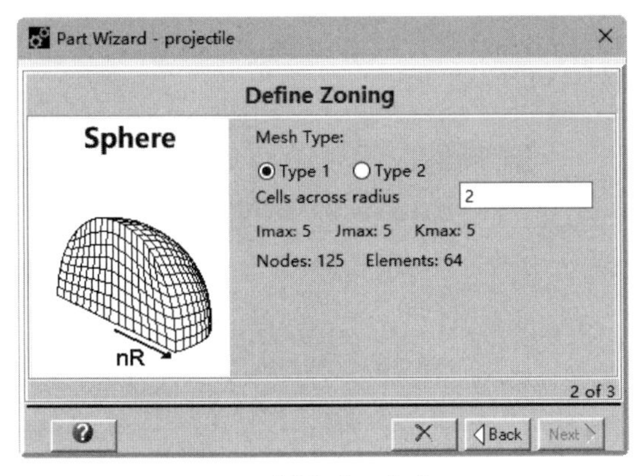

图 5-46　划分球网格窗口

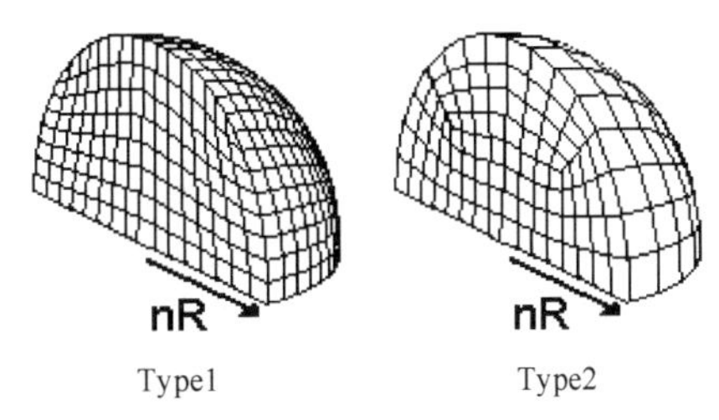

图 5-47　划分球网格方式

(5) Hex（六面体）

通过划分六面体网格窗口定义六面体网格，如图 5-48 所示。

① Cells in I/J/K direction（I、J、K 方向的网格数）：在此输入 I、J、K 方向使用的网格数，此状态下，零件的节点数和单元数显示在下面。

② Automatic（自动）：选择此选项使内部节点均匀分布。

③ IJK -straight（I、J、K 向均分）：选择此选项使内部节点沿着 I、J、K 向均匀分布。

④ Geometric Ratio（几何比率）：在此处输入几何比率产生渐变网格。

(6) Frag/Brick（砖墙）

通过划分砖墙网格窗口定义砖墙网格，如图 5-49 所示。

① Number of elements in each frag/brick（每块砖的单元数）：在此处设置每块砖沿着 X、Y、Z 三个方向的单元数。

② Fill mortar with unused？（将水泥缝设为空？）：选择此选项，水泥缝不需要赋予材料，也不会为水泥缝生成单元。如果不选择此选项，会为水泥缝生成单元。如果缝隙的尺寸与砖块单元尺寸相比小得多，时间步将会很小，需要更多的计算时间。

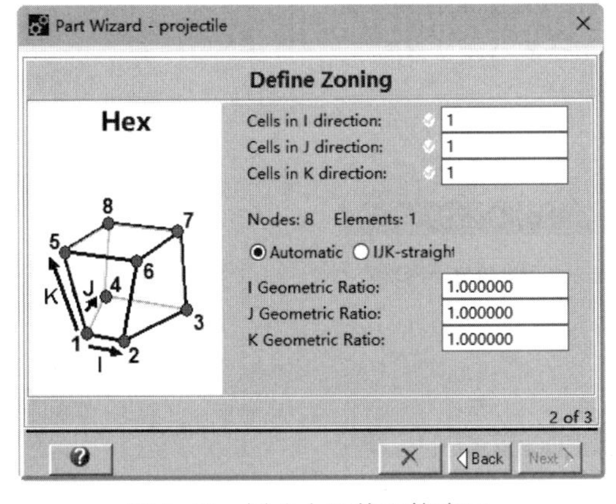

图 5-48　划分六面体网格窗口

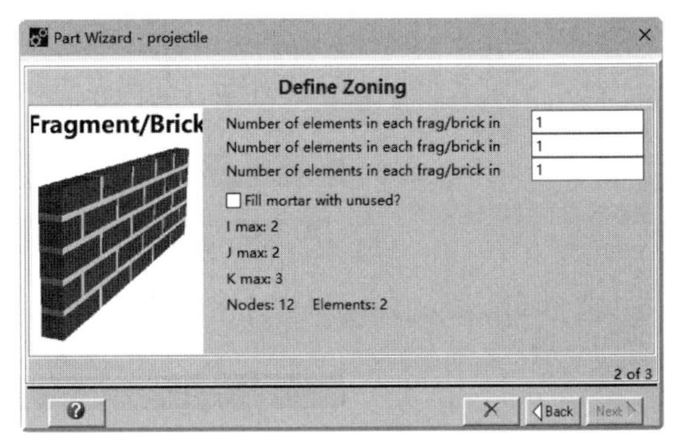

图 5-49　划分砖墙网格窗口

5.1.1.6 Define Zoning（划分三维壳单元网格）

完成定义三维壳单元形状后，单击“Next”（下一步）按钮Next▷，跳转到划分三维壳单元网格对话框，如图 5-25 所示，通过划分三维壳单元网格对话框窗口为三维壳单元零件划分网格。

(1) Plane（平面）

通过划分平面网格窗口定义平面网格，如图 5-50 所示。

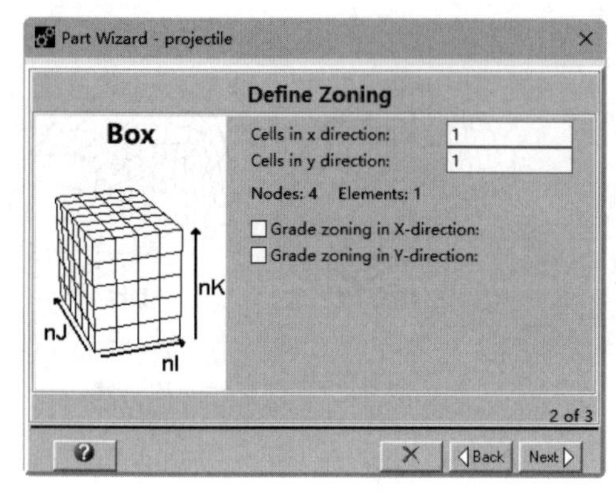

图 5-50 划分平面网格窗口（无渐变）

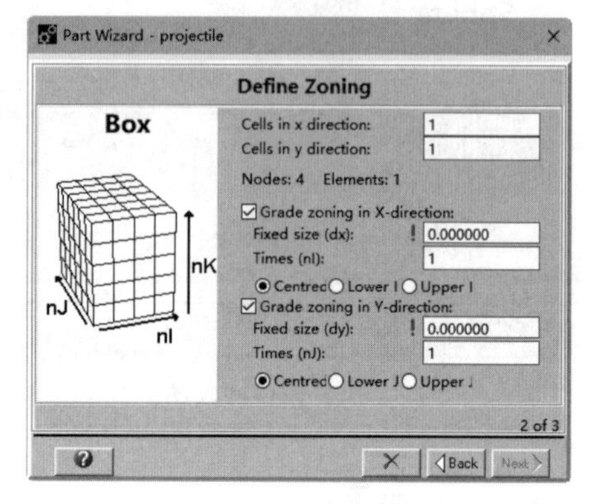

图 5-51 划分平面网格窗口（X、Y 向渐变）

① Cells（网格数）：在此输入 X、Y、Z 方向使用的网格数，此状态下，零件的节点数和单元数显示在下面。

② Grade zoning（网格渐变）：选择需要网格渐变方向的复选框。如果选择了网格渐变，可以指定固定尺寸网格的范围，其余的网格以光滑渐变的方式创建，渐变的范围为前一个窗口中定义的尺寸减去固定网格的尺寸。选择网格渐变后如图 5-51 所示，还需要设置固定尺寸、网格多少、分布位置。

- Fixed size（固定尺寸）：在此输入固定大小单元的尺寸。
- Times（网格多少）：在此输入固定大小单元的数量。
- Position（分布位置）：指定固定大小单元在整个 I、J、K 范围的位置。Centered（中间）——在整个 I/J/K 范围的中间。Lower（低端）——在 I/J/K 范围的低端。Upper（高端）——在 I/J/K 范围的高端。

十个固定大小的单元中心分布如图 5-52 所示。

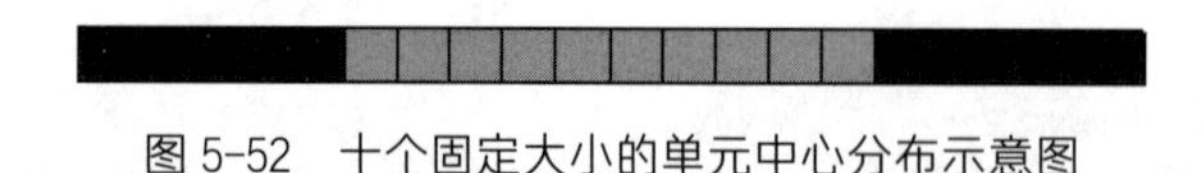

图 5-52 十个固定大小的单元中心分布示意图

十二个固定大小的单元低端分布如图 5-53 所示。

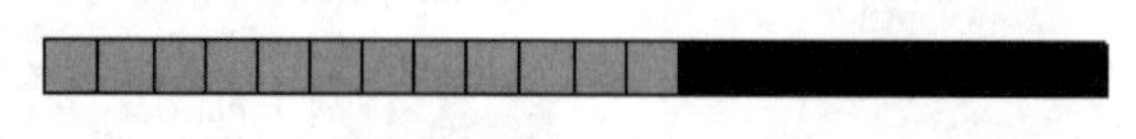

图 5-53 十二个固定大小的单元低端分布示意图

八个固定大小的单元高端分布如图 5-54 所示。

图 5-54 八个固定大小的单元高端分布示意图

（2）Cylinder（圆柱面）

通过划分圆柱面网格窗口定义圆柱面网格，如图 5-55 所示。

① Cells about circumf.（nC）（圆周方向的网格数）：在此输入圆周方向的网格数。

② Cells along length（长度方向的网格数）：在此输入长度方向的网格数。在此输入框下方为零件的指标空间、零件使用的节点和单元数。

③ Grade zoning along length（nL）（沿长度方向渐变）：选择此选项网格沿长度方向渐变，需要进一步设定初始增量。

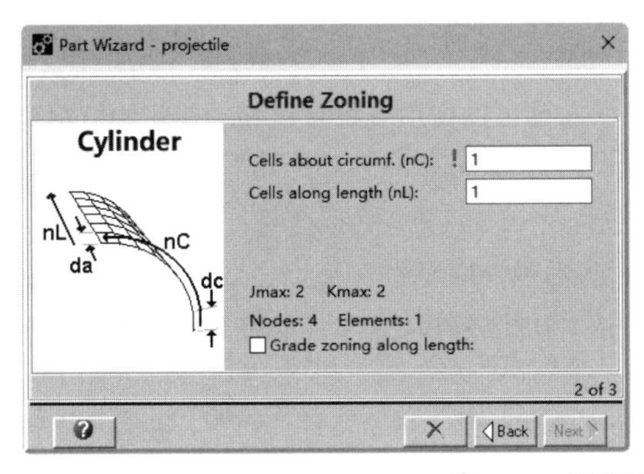

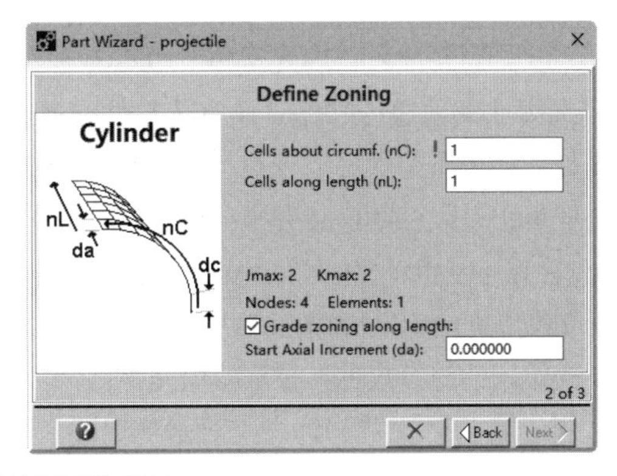

图 5-55　划分圆柱面网格窗口

5.1.1.7　Fill Part（填充二维零件）

完成划分二维网格后，单击“Next”（下一步）按钮 Next ，跳转到“Fill part”（填充二维零件）对话框，如图 5-56 所示，通过“Fill part”（填充二维零件）窗口填充零件。

（1）Fill Part？（填充零件？）

选择此选项通过零件向导填充零件。通过零件向导可以使用一种材料和一些初始值填充整个零件。如果希望使用多种材料或者初始条件填充零件，在完成零件的创建后，在“Parts”（零件）面板中单击“Fill”（填充）按钮 Fill 。

（2）Fill with Initial Condition Set？（使用初始条件填充？）

如果需要使用初始条件填充，选择此选项。使用初始条件填充零件的好处是，如果后期改变了初始条件的参数也不必重新填充零件。

可以通过单击“Setup”（设置）下拉菜单中的“Initial Condition”（初始条件）命令或者单击导航栏中的“Init. Cond.”（初始条件）按钮 Init. Cond. ，来创建初始条件，也可以在此窗口中单击“Init.Cond.”（初始条件）旁的“New Initial Condition”（新建初始条件）按钮 ，来创建初始条件。

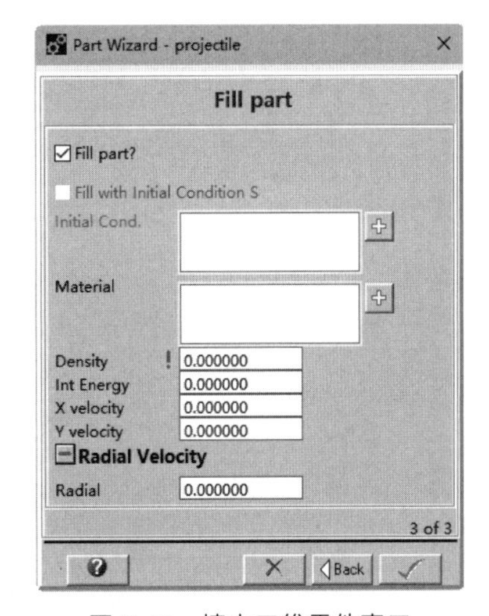

图 5-56　填充二维零件窗口

（3）Material（材料）

如果不想使用初始条件填充零件，从此下拉菜单中选择材料填充。

可以通过单击导航栏中的“Materials”（材料）按钮 Materials，来创建材料，也可以在此窗口中单击“Materials”（材料）旁的“New Materials”按钮，来创建材料。

（4）参数（Parameters）

如果不想使用初始条件填充零件，可以在此处输入一些参数值，如密度、能量和速度。

5.1.1.8 Fill Part（填充三维零件）

完成划分三维网格后，单击“Next”（下一步）按钮 Next，跳转到“Fill part”（填充三维零件）对话框，如图 5-57 所示，通过“Fill part”（填充三维零件）窗口填充零件。

（1）Fill Part？（填充零件？）

选择此选项通过零件向导填充零件。通过零件向导可以使用一种材料和一些初始值填充整个零件。如果希望使用多种材料或者初始条件填充零件，在完成零件的创建后，在“Parts”（零件）面板中单击“Fill”（填充）按钮 Fill。

（2）Fill with Initial Condition Set？（使用初始条件填充？）

如果需要使用初始条件填充，选择此选项。使用初始条件填充零件的好处是，如果后期改变了初始条件的参数也不必重新填充零件。

可以通过单击“Setup”下拉菜单中的“Initial Condition”（初始条件）命令，或者单击导航栏中的“Init.Cond.”（初始条件）按钮 Init. Cond. 来创建初始条件，也可以单击“Init.Cond.”（初始条件）旁的“New Initial Condition”（新建初始条件）按钮，来创建初始条件。

（3）Material（材料）

如果不想使用初始条件填充零件，从此下拉菜单中选择材料填充。

可以通过单击导航栏中的“Materials”（材料）按钮 Materials，来创建材料，也可以在此窗口中单击“Materials”（材料）旁的“New Materials”按钮，来创建材料。

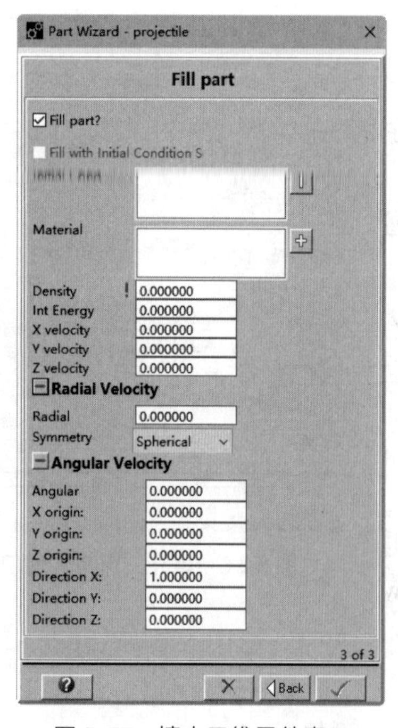

图 5-57　填充三维零件窗口

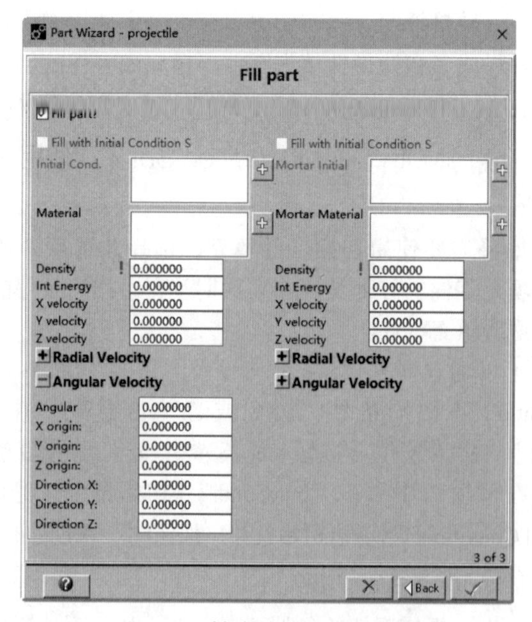

图 5-58　填充砖墙三维零件窗口

(4) Parameters（参数）

如果不想使用初始条件填充零件，可以在此处输入一些参数值，如密度、能量和速度。

(5) Frag/Brick（砖墙）

图5-58为砖和水泥缝输入材料参数。

5.1.1.9　Fill Part（填充壳单元零件）

完成划分三维壳单元网格后，单击“Next”（下一步）按钮Next▷，跳转到“Fill part”（填充壳单元零件）对话框，如图5-59所示，通过“Fill part”（填充壳单元零件）窗口填充壳单元零件。

(1) Fill Part？（填充零件？）

选择此选项通过零件向导填充零件。通过零件向导可以使用一种材料和一些初始值填充整个零件。如果希望使用多种材料或者初始条件填充零件，在完成零件的创建后，在“Parts”（零件）面板中单击“Fill”（填充）按钮Fill。

(2) Fill with Initial Condition Set？（使用初始条件填充？）

如果需要使用初始条件填充，选择此选项。使用初始条件填充零件的好处是，如果后期改变了初始条件的参数也不必重新填充零件。

可以通过单击“Setup”下拉菜单中的“Initial Condition”（初始条件）命令，或者单击导航栏中的“Init.Cond.”（初始条件）按钮Init. Cond.来创建初始条件，也可以单击“Init.Cond.”（初始条件）旁的“New Initial Condition”（新建初始条件）按钮，来创建初始条件。

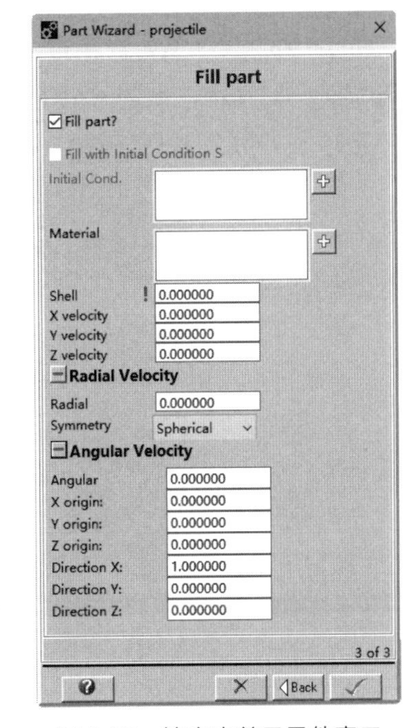

图5-59　填充壳单元零件窗口

(3) Material（材料）

如果不想使用初始条件填充零件，从此下拉菜单中选择材料填充。

可以通过单击导航栏中的“Materials”（材料）按钮Materials，来创建材料，也可以在此窗口中单击“Materials”（材料）旁的“New Materials”按钮，来创建材料。

(4) Parameters（参数）

如果不想使用初始条件填充零件，可以在此处输入一些参数值，如壳单元厚度和速度。

5.1.2　复制零件

在“Parts”（零件）面板中选中要复制的零件，单击“Copy”（复制）按钮Copy，如图5-60所示，打开“Copy Part”（复制零件）对话框，如图5-61所示，通过此对话框中将已存在的零件复制为一个新零件。具体定义选项如下。

① Part List（零件列表）　此处列表显示了模型中的所有零件，从此列表选择复制源。

② New Part Name（新零件名）　在此处输入新零件名，单击“OK”按钮✓，创建新零件。

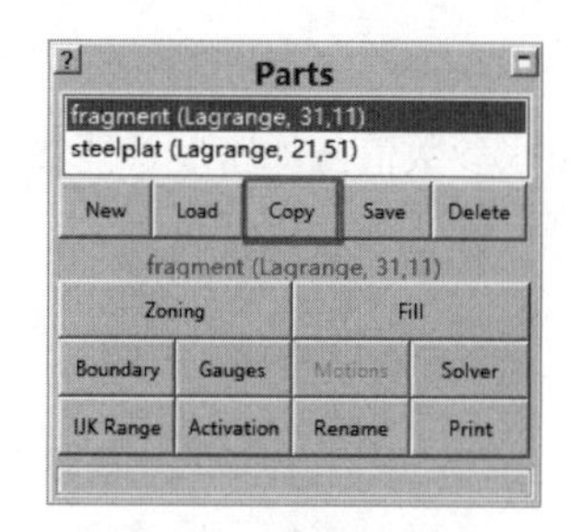

图 5-60　复制零件

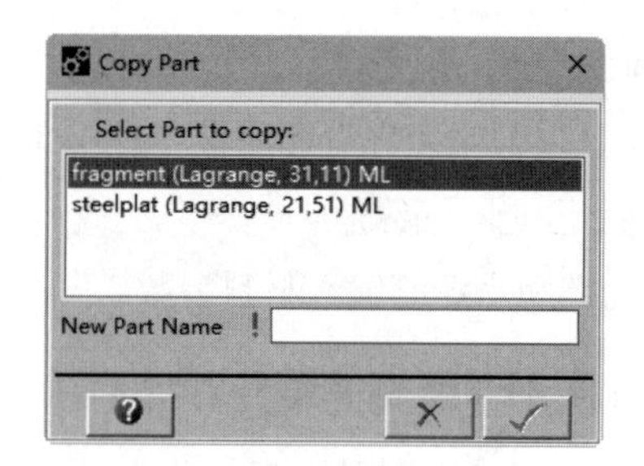

图 5-61　“Copy Part”对话框

5.1.3　删除零件

在“Parts”（零件）面板中单击“Delete”按钮 Delete，如图 5-62，打开“Delete Parts”（删除零件）对话框，如图 5-63 所示，通过此窗口从模型中删除已有零件。选择需要删除的零件，然后单击“OK”按钮 ✓，完成删除。

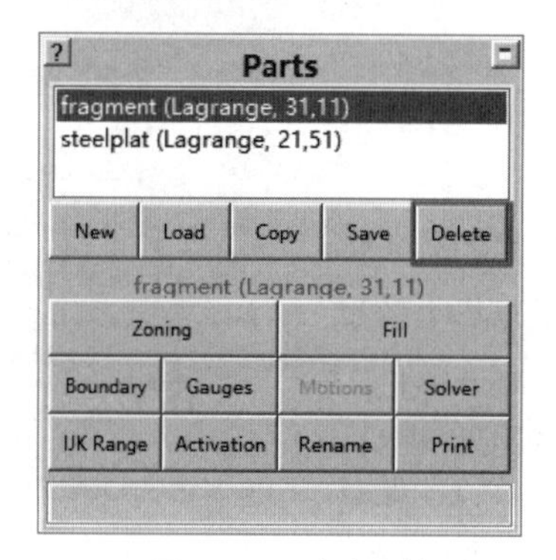

图 5-62　删除零件

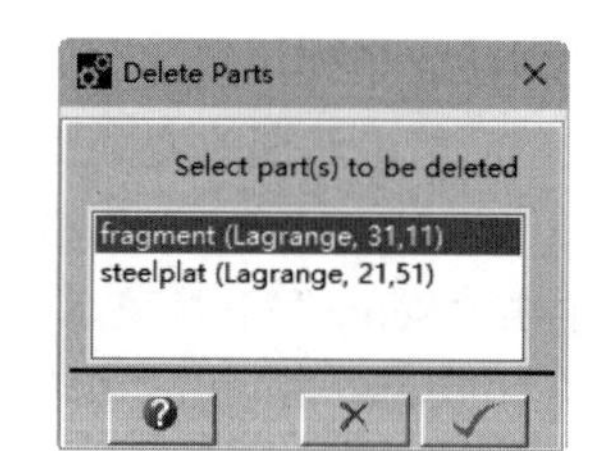

图 5-63　“Delete Parts”对话框

5.2　定义部件

Component（部件）是一组零件，可以一起进行操作。一个 Component（部件）可以包含多个“Part”（零件），用来帮助模型结构和参数设置：对多个“Part”（零件）进行速度、初始条件和材料的设置；边界条件的施加；平移、旋转和放大 / 缩小多个“Part”（零件）；复制和删除多个“Part”（零件）。

选择“Setup”（设置）下拉菜单中的“Components”（部件）命令，如图 5-64 所示，或者单击导航栏中的“Components”（部件）按钮 Component，打开“Component Definitions”（定义部件）面板，如图 5-65 所示，通过此面板定义部件，并进行相关操作。部件定义选项设置主要包括以下内容。

① Component List（部件列表）：面板上部为已定义的部件列表，可以在此处选择部件；

② New（新建）：单击此按钮新建部件；

③ Modify（更改）：单击此按钮更改部件；

④ Delete（删除）：单击此按钮删除部件；

⑤ Review（查看）：单击此按钮查看部件；

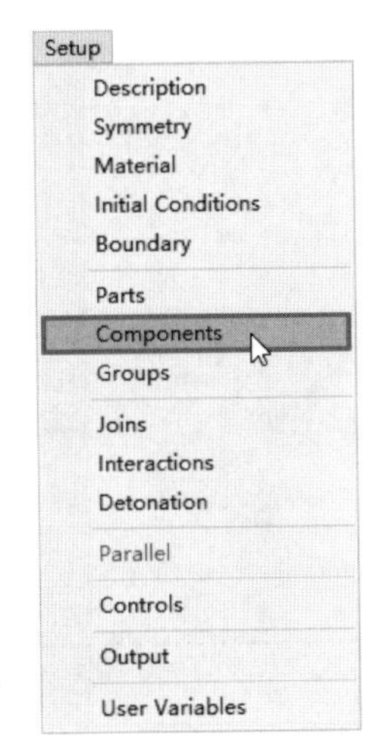

图 5-64　选择“Components”

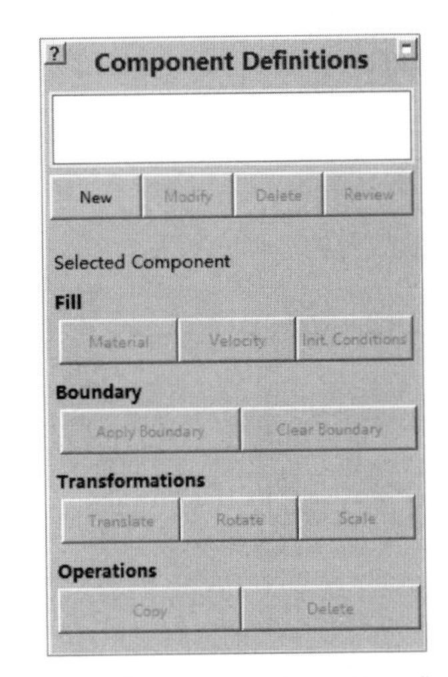

图 5-65　“Component Definitions”面板

⑥ Fill（填充）

a. Material（材料）：单击此按钮使用同一材料填充当前部件的所有零件；

b. Velocity（速度）：单击此按钮使用同一速度赋予当前部件的所有零件；

c. Initial Conditions（初始条件）：单击此按钮使用同一初始条件赋予当前部件的所有零件。

⑦ Boundary（边界条件）

a. Apply Boundary（施加边界条件）：单此按钮为所选部件施加边界条件；

b. Clear Boundary（清除边界条件）：单击此按钮清除所选部件的边界条件。

⑧ Transformations（移动）

a. Translate（平移）：单击此按钮平移所选部件中的所有零件；

b. Rotate（旋转）：单击此按钮旋转所选部件中的所有零件；

c. Scale（缩放）：单击此按钮缩放所选部件中的所有零件。

⑨ Operations（操作）

a. Copy（复制）：单击此按钮复制所选部件；

b. Delete（删除）：单击此按钮删除所选部件。

5.2.1　新建部件

单击“Component Definitions”（定义部件）面板中的“New”（新建）按钮 New，如图 5-66 所示，打开“New Component”（新建部件）对话框，如图 5-67 所示，通过此对话框来创建一个新部件。具体定义选项如下。

① Name（名称）　在此输入部件名称。

② All Parts（所有零件）　此窗口中列表显示了模型中的所有零件。可以在此窗口中选择一个或者多个零件。

③ Component Parts（部件中的零件）　此窗口中（初始为空）列表显示加入新建部件中的所有零件。

④ Add（添加）　在左侧的窗口中选择一个或多个零件然后单击此按钮将所选零件加入部件。完成后，添加的零件将在左侧的窗口中移除，添加到右侧的列表中。

⑤ Remove（移除）　在右侧的窗口中选择一个或多个零件然后单击此按钮将所选零件从部件中移除。

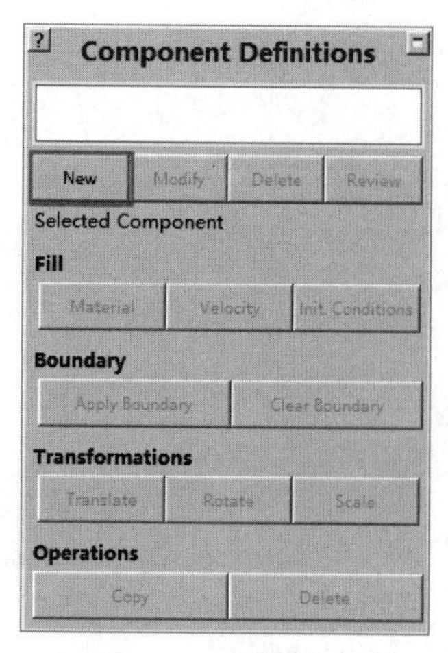

图 5-66 新建部件

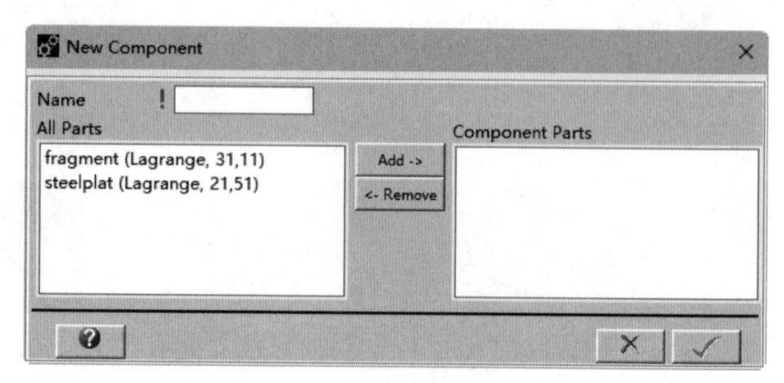

图 5-67 “New Component”对话框

5.2.2 修改部件

单击“Component Definitions”（定义部件）面板中的“Modify”（修改）按钮 Modify，如图 5-68 所示，打开“Modify Component”（修改部件）对话框，如图 5-69 所示，通过此对话框来修改已有的部件，修改后单击“OK”按钮 ✓，完成修改。

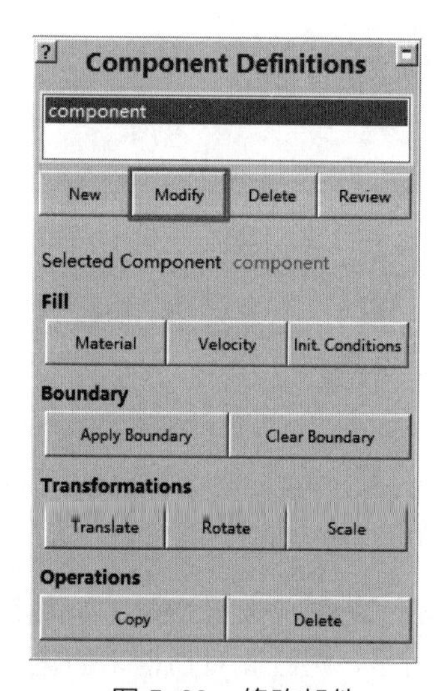

图 5-68 修改部件

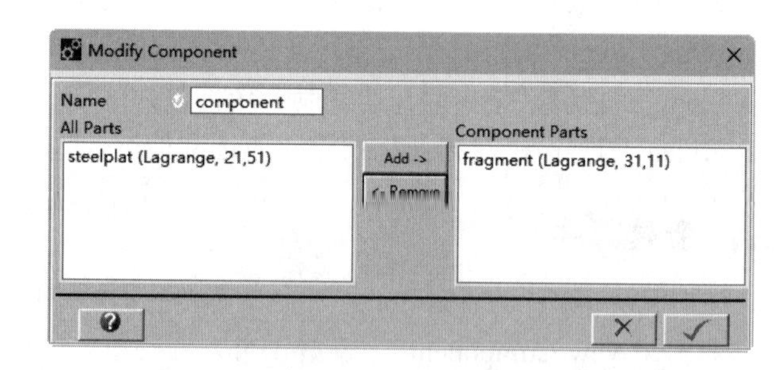

图 5-69 “Modify Component”对话框

① Name（名称） 在此修改部件名称。

② All Parts（所有零件） 此窗口中列表显示了模型中的所有零件。可以在此窗口中选择一个或者多个零件。

③ Component Parts（部件中的零件） 此窗口中列表显示部件中的所有零件。可以在此窗口中选择一个或者多个零件。

④ Add（添加） 在左侧的窗口中选择一个或多个零件然后单击“Add”（添加）按钮 Add ->，将所选零件加入部件。完成后，添加的零件将在左侧的窗口中移除，添加到右侧的列表中。

⑤ Remove（移除） 在右侧的窗口中选择一个或多个零件然后单击“Remove”（移除）按

钮 <- Remove，将所选零件从部件中移除。完成后，移除的零件将在右侧的窗口中移除，添加到左侧的列表中。

5.2.3 删除部件

单击“Component Definitions”（定义部件）面板中的“Delete”按钮 Delete 如图5-70所示，打开“Delete Component”（删除部件）对话框，如图5-71所示，通过此对话框从模型中删除已有的一个或多个部件。在列表中选择需要删除的部件，然后单击“OK”按钮 ✓，完成删除。

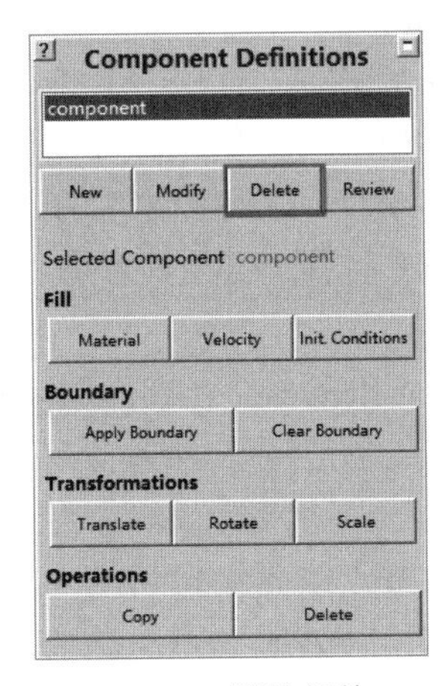

图5-70　删除部件

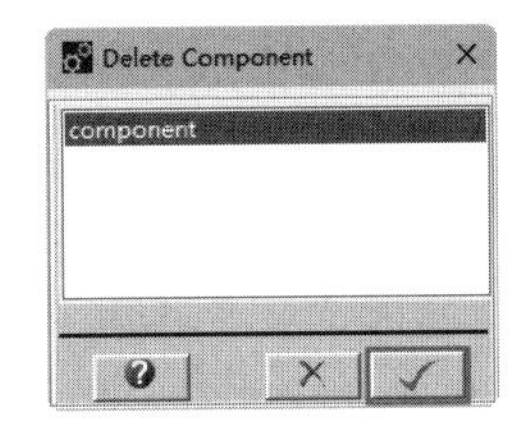

图5-71　“Delete Component”对话框

5.3 定义组

组是一组节点、面或单元的集合，可以通过组进行一些操作，如施加边界条件、填充等。选择“Setup”（设置）下拉菜单中的“Groups”（组）命令，如图5-72所示，或者单击导航栏中的“Groups”（组）按钮 Groups，打开“Groups”（组）面板，如图5-73所示，通过此面板定义组，并进行相关操作。组定义选项设置主要包括以下内容。

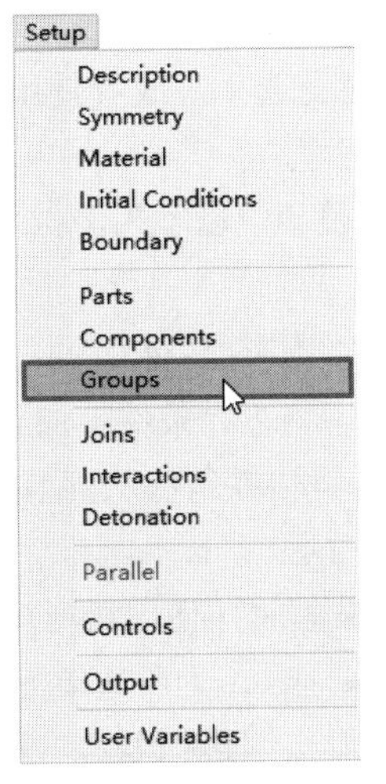

图5-72　选择“Groups”

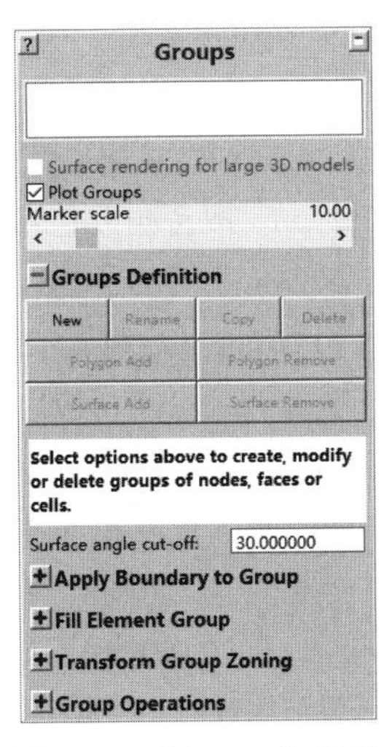

图5-73　“Groups”面板

① Groups Definition（组的定义）。

a. Group List（组列表）：面板上部为已定义组的列表，包含 3 种组类型，分别为“Nodes”（节点）、“Edges”（边）、“Element”（单元）和组大小，可以在此选择一个组。

b. New（新建）：单击“New”按钮New，新建组。

c. Rename（重命名）：单击“Rename”按钮Rename，重命名组。

d. Copy（复制）：单击“Copy”按钮Copy，复制组。

e. Delete（删除）：单击“Delete”按钮Delete，删除组。

f. Polygon Add（多边形添加）：单击“Polygon Add”按钮Polygon Add，可以交互式地定义多边形，所有在此多边形内的节点、面或单元均添加到所选组中。通过 Alt 键和鼠标左键组合设置多边形的角点。使用 Shift 键和左键删除上一个多边形角点。使用 Control 键和左键完成多边形的定义。完成多边形的定义后，所选的节点或面将显示出来。完成多边形的定义后，所选的节点或面将显示出来，单击“OK”按钮✓，接受选择并将其加入组，单击“Cancel”按钮×，退出选择程序。

g. Polygon Remove（多边形移除）：单击“Polygon Remove”按钮Polygon Remove，可以交互式地定义多边形，所有在此多边形内的节点、面或单元将从所选组中移除。通过 Alt 键和鼠标左键组合设置多边形的角点。使用 Shift 键和左键删除上一个多边形角点。使用 Control 键和左键完成多边形的定义。完成多边形的定义后，所选的节点或面将显示出来，单击“OK”按钮✓，接受选择并将其从组中删除，单击“Cancel”按钮×，退出选择程序。

h. Surface Add（面添加）：单击“Surface Add”按钮Surface Add，选择一个面，将其中的节点、面或者单元添加到所选组。使用 Alt 键和左键选择面，所有与此面相连的面，还有面的法向与此面的法向夹角小于设定值的均添加到组中。例如，在立方体的侧面选择一个单元，会将立方体的所有外立面加入组中。通过将取舍角 度值设置到足够大，可以选择曲面。选择面后所选的面将显示出来，单击“OK”按钮✓，接受选择，或者使用 Alt 键和左键继续选择面，单击“Cancel”按钮×，退出选择程序。

i. Surface Remove（面移除）：单击“Surface Remove”按钮Surface Remove，选择一个面，将其中的节点、面或者单元从所选组中移除。使用 Alt 键和左键选择面，所有与此面相连的面，还有面的法向与此面的法向夹角小于设定值的均从组中移除。如在立方体的侧面选择一个单元，会将立方体的所有外立面从组中移除。通过将取舍角度值设置到足够大，可以选择曲面。选择面后，所选的面将显示出来，单击“OK”按钮✓，接受选择，或者使用 Alt 键和左键继续选择需要移除的面。单击“Cancel”按钮×，退出选择程序。

j. Surface Angle Cut-Off（取舍角度值）：输入取舍角度值（以度为单位）。被选面的法向与其相邻面的法向夹角小于取舍角度值的才会被选择。

② Apply Boundary to Group（给组施加边界条件）栏，如图 5-74 所示。

a. Apply（应用）：单击“Apply”（应用）按钮Apply，将边界条件施加到节点或面组。

b. Clear（清除）：单击“Clear”（清除）按钮Clear，将边界条件从到节点或面组移除。

③ Fill Element Group（填充单元组）栏，如图 5-75 所示。

a. Material（材料）：单击“Material”（材料）按钮Material，使用材料填充选择的单元组。

b. Velocity（速度）：单击“Velocity”（速度）按钮Velocity，为所选单元组赋予速度。

c. Init. Condition（初始条件）：单击“Init. Condition”按钮Init. Condition，为所选单元组赋予初始条件。

图 5-74　给组施加边界条件栏

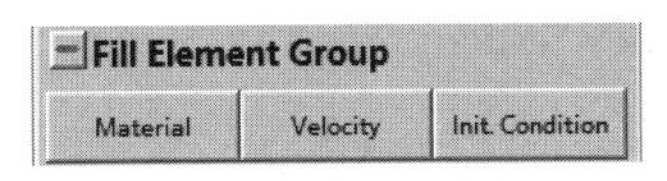

图 5-75　填充单元组栏

④ Transform Group Zoning（移动组网格）栏，如图 5-76 所示。

a. Translate（平移）：单击“Translate”按钮Translate，平移组。

b. Rotate（旋转）：单击“Rotate”按钮Rotate，旋转组。

c. Scale（缩放）：单击“Scale”按钮Scale，缩放组。

⑤ Group Operations（组操作）栏，如图 5-77 所示。

a. Delete Elements（删除单元）：通过此选项删除所选组的所有单元。选择包含需要删除的单元所在组，然后确定，单元将从模型中删除。

b. Split Nodes（切分节点）：通过此选项在组内对材料边界的节点进行切分。Autodyn 将在组内搜索所有的单元，然后识别出不同材料单元（通过连接表）交界的节点。每个连接多种材料的节点将被复制相应材料种类的个数，但仍保持在原位置。相关单元的连通性将进行更新。

c. Merge Nodes（合并节点）：通过此选项在组内对节点进行合并。

d. Reverse Shell Normals（壳法线反向）：通过此选项对壳法线反向。

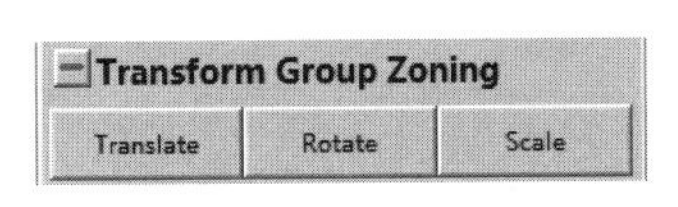

图 5-76　移动组网格栏

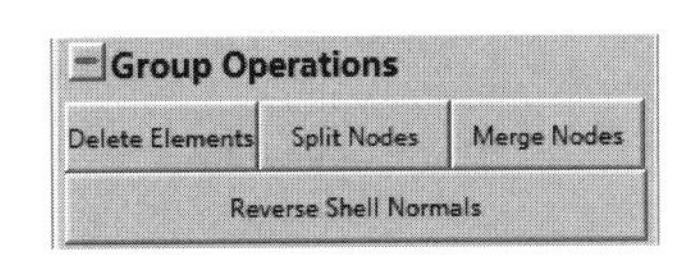

图 5-77　组操作栏

5.3.1　新建组

单击“Groups”（组）面板中的“New”按钮New，如图 5-78 所示，打开“New Group”（新建组）对话框，如图 5-79 所示，通过该对话框来创建一个新组。具体定义选项如下。

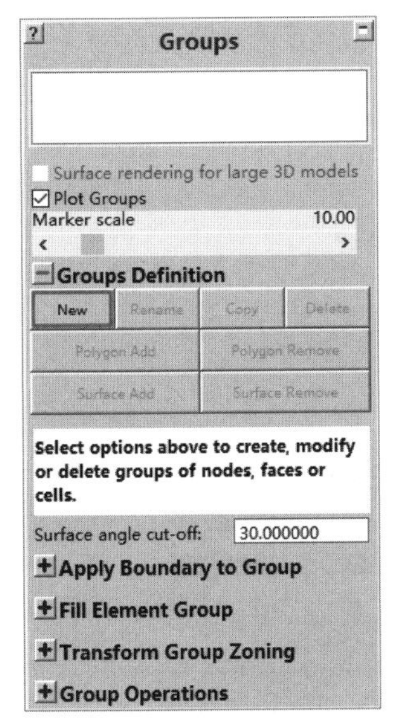

图 5-78　新建组

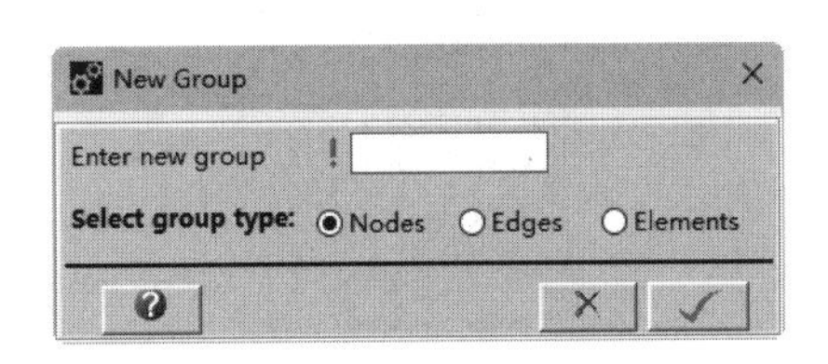

图 5-79　“New Group”对话框

① Enter new group（输入新组名称） 在“Enter name group”后面的文本框中输入新组名称。

② Select group type（选择组类型） 选择组的类型，包括“Nodes”（节点）、“Edges”（边）或“Elements”（单元）。

5.3.2 重命名组

单击“Groups”（组）面板中的“Rename”按钮 Rename，如图 5-80 所示，打开“Rename Group”（重命名组）对话框，如图 5-81 所示，通过此对话框对组进行重命名。

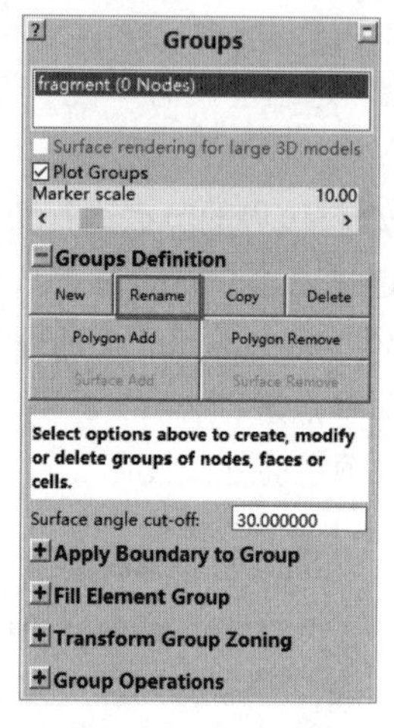

图 5-80 重命名组

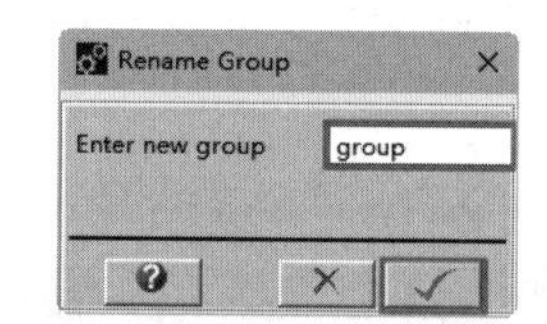

图 5-81 “Rename Group”组对话框

在“Enter new group”（输入新组名称）文本框中输入新组名称，单击“OK”按钮 ✓，完成组的重命名。

5.3.3 复制组

单击“Group”（组）面板中的“Copy”（复制）按钮 Copy，如图 5-82 所示，打开“Copy Groups”（复制组）对话框，如图 5-83 所示，通过此对话框为已存在的组创建复本。具体定义选项如下。

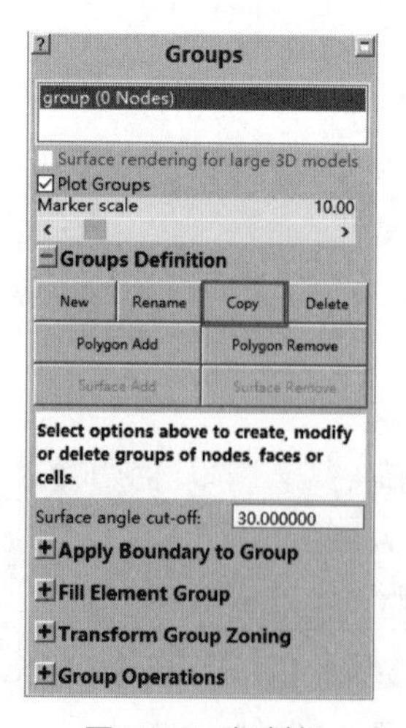

图 5-82 复制组

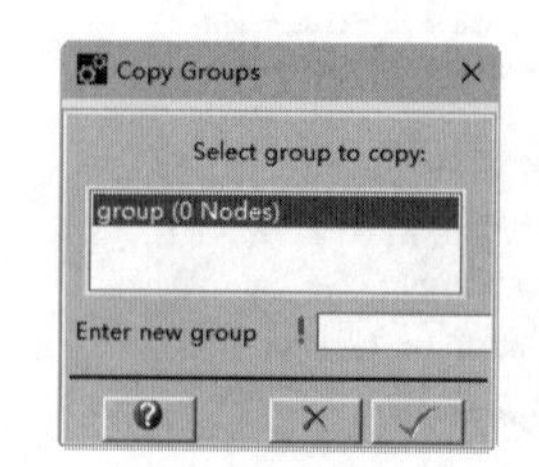

图 5-83 “Copy Groups”对话框

① Select group to copy（选择组复制）　选择要复制的组源。

② Enter new group（输入新组名称）　为复本输入新名称。

5.3.4 删除组

单击“Groups”（组）面板中的“Delete”按钮 Delete ，如图 5-84 所示，打开“Delete Groups”（删除组）对话框，如图 5-85 所示，通过该对话框删除一个或多个组。在列表中选择要删除的组，然后单击“OK”按钮 ✓ ，完成组的删除。

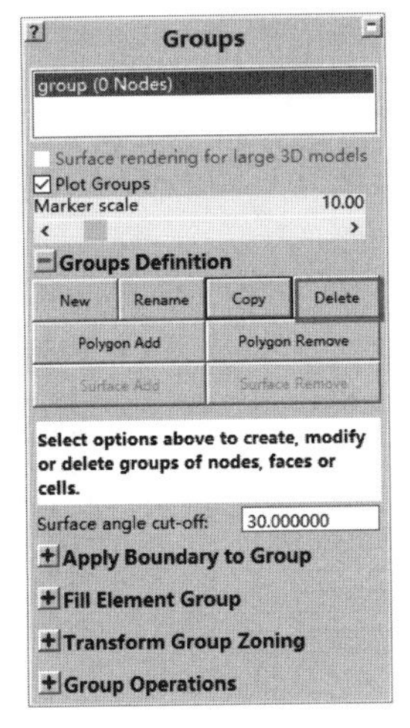

图 5-84　删除组

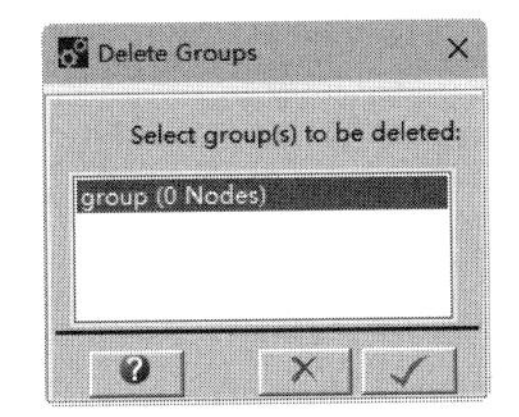

图 5-85　“Delete Groups”对话框

5.4 实例导航——钽芯破片撞击钢板创建模型

扫码看视频

数值仿真的动力学模型由钽芯破片、目标靶组成，本节采用 Lagrange 算法分别对破片、目标靶定义了二维平面计算模型形状，并完成了网格划分和零件填充。

5.4.1 建立破片模型

单击导航栏上的“Parts”（零件）按钮 Parts ，打开“Parts”面板，如图 5-86 所示，在“Parts”面板中单击“New”（新建）按钮 New ，打开“Create New Part”（新建零件）对话框，在“Part Name”（零件名）文本框中输入零件名称“fragment”（破片），在“Solver”（求解）列表中选择“Lagrange”（拉格朗日）求解器，保持默认的“Part wizard”（零件向导）生成方式，然后单击“Next”（下一步）按钮 Next ▷ ，通过定义形状、划分网格和填充零件三步完成零件的建立，如图 5-87 所示。

打开“Select Predef”（预定义）和“Define Geometry”（定义几何）窗口，在“Select Predef”（预定义）窗口中选择“Box”（方形）按钮 Box ，在“Define Geometry”（定义几何）窗口依次输入“-30.000000”“0.000000”“30.000000”“10.000000”，如图 5-88 所示。然后“Next”（下一步）按钮 Next ▷ ，打开“Define Zoning”（划分网格）窗口，通过此窗口为二维零件划分网格，在该窗口中的“Cell in I direction”（I 方向单元）文本框中输入“30”；在“Cell in J direction”（J 方向单元）文本框中输入“10”，零件的节点数和单元数显示在对话框上面，如图 5-89 所示。

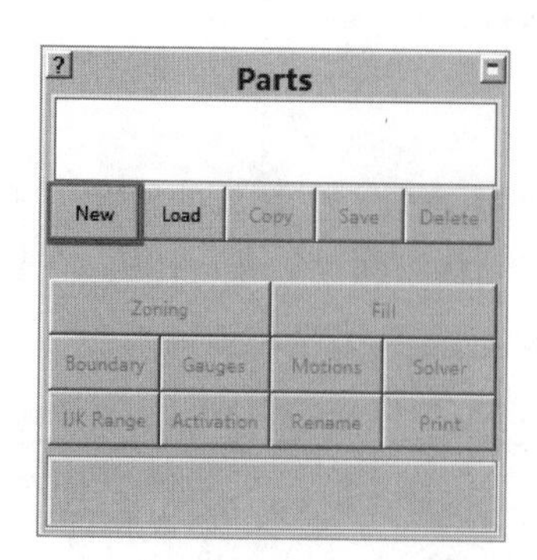

图 5-86 “Parts”面板

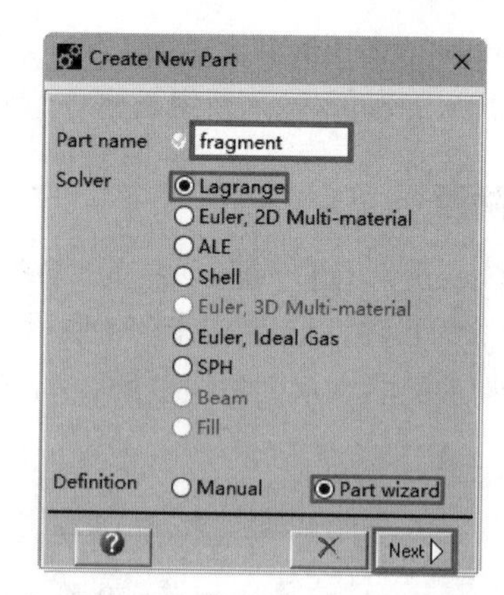

图 5-87 “Create New Part”对话框

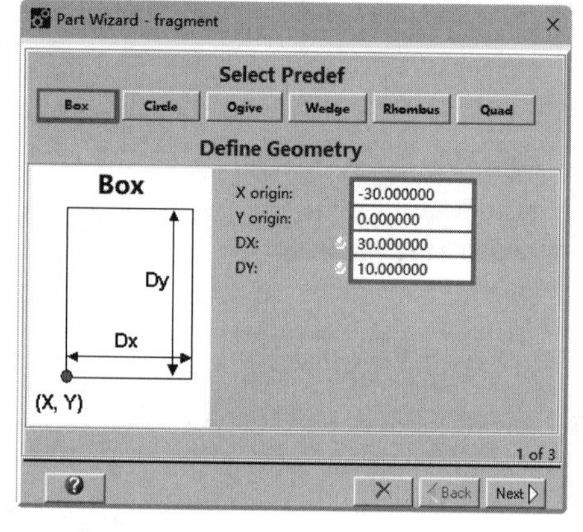

图 5-88 “Select Predef”和“Define Geometry”窗口

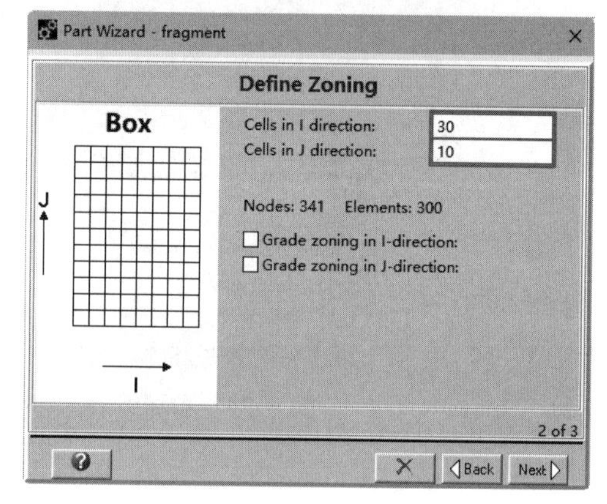

图 5-89 “Define Zoning”窗口

继续单击“Next”（下一步）按钮Next▷，打开“Fill part”（填充零件）窗口，通过此窗口填充零件。勾选“Fill with Initial Condition S”（用初始条件填充）复选框，“Initial Cond.”（初始条件）列表框中的唯一选项“fragment_v”被选中，在“Material”（材料）列表框中选择“AL 7039”材料，暂时将整个破片用铝填充，如图 5-90 所示，后面将用其他材料重新填充，单击“OK”按钮✓，完成破片零件的建立，此时“Parts”面板如图 5-91 所示。

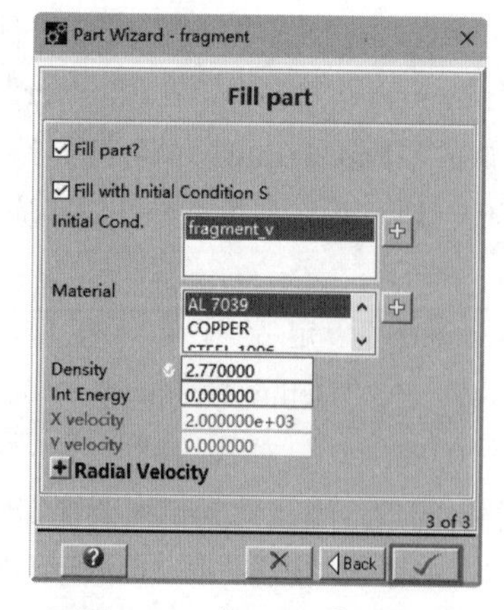

图 5-90 “Fill part”窗口

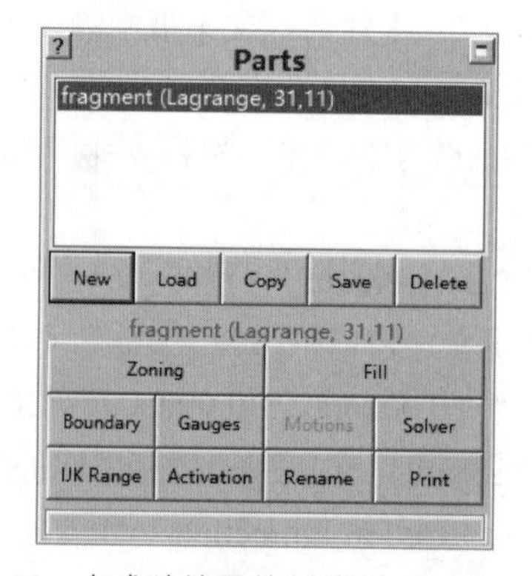

图 5-91 完成破片零件创建的“Parts”面板

检查已生成的破片模型，单击导航栏上的“Plots”（绘图）按钮**Plots**，设置“Fill type”（填充类型）为默认的“Material Location”（本地材料），在“Additional components”（附加组件）栏中选择“Vectors”（速度）来观察速度矢量，并选中“Grid”（网格）来观察网格，如图 5-92 所示。

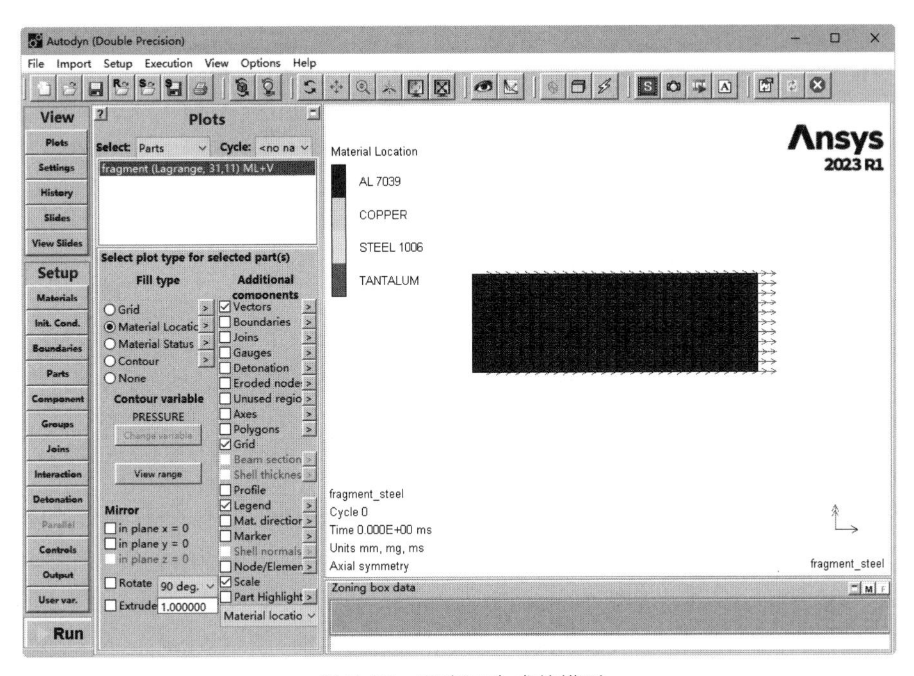

图 5-92　观察已生成的模型

用铜填充破片模型的一部分。单击导航栏上的“Parts”按钮**Parts**，打开“Parts”面板，如图 5-93 所示，在该面板中单击“Fill”（填充）按钮**Fill**，为破片模型填充一部分铜材料，展开“Fill by Index Space”（按索引空间填充）栏，单击“Block”按钮**Block**，打开“Fill Block”（填充块）窗口，设置“From J”为“9”，勾选“Fill with Initial Condition S”（用初始条件填充）复选框，在“Material”（材料）列表中选择“COPPER”材料，如图 5-94 所示。单击“OK”按钮✓，完成用铜填充破片零件，结果如图 5-95 所示。

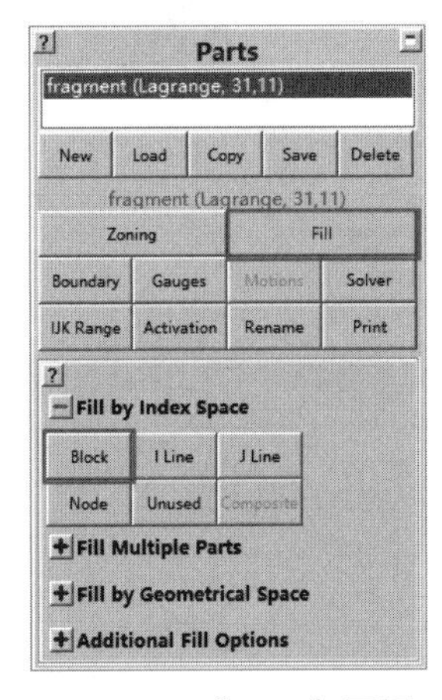

图 5-93　“Parts”面板

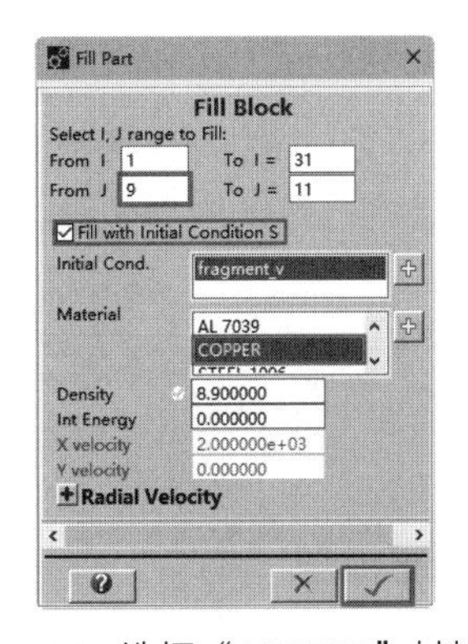

图 5-94　选择“COPPER”材料

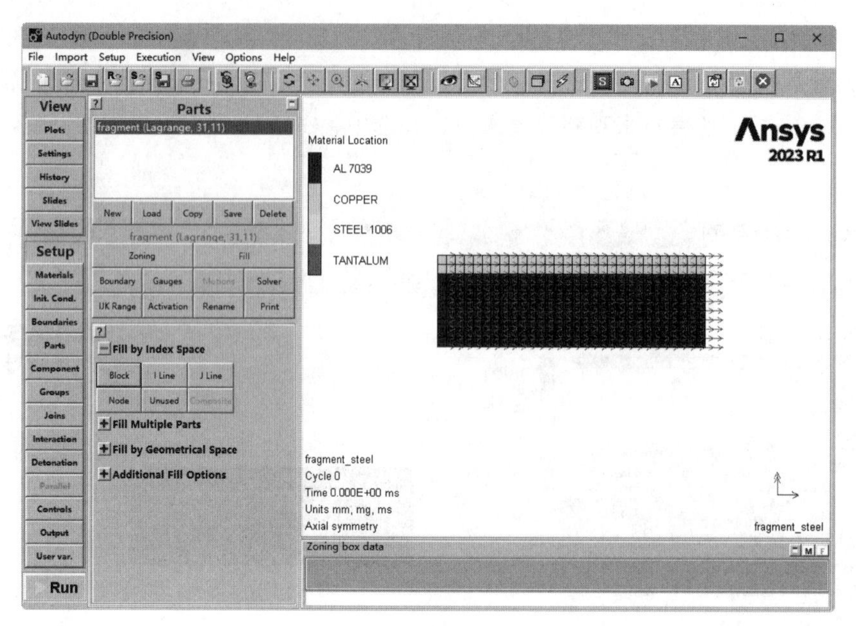

图 5-95　用铜填充部分零件

用钽填充破片芯。继续单击“Parts”面板中的“Fill”（填充）按钮Fill，为破片模型芯部填充钽材料，展开“Fill by Index Space”（按索引空间填充）栏，单击“Block”按钮Block，打开“Fill Block”（填充块）窗口，设置“From I”为“11”，“To I”为“21”，“From J”为“1”，“To J”为“6”，勾选“Fill with Initial Condition S”（用初始条件填充），在“Material”（材料）列表中选择“TANTALUM”（钽）材料，如图5-96所示。单击“OK”按钮✓，完成钽填充破片芯，结果如图5-97所示。

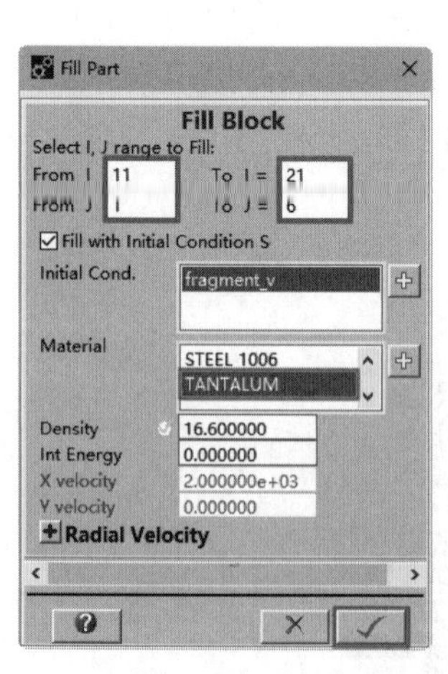

图 5-96　选择“TANTALUM”材料

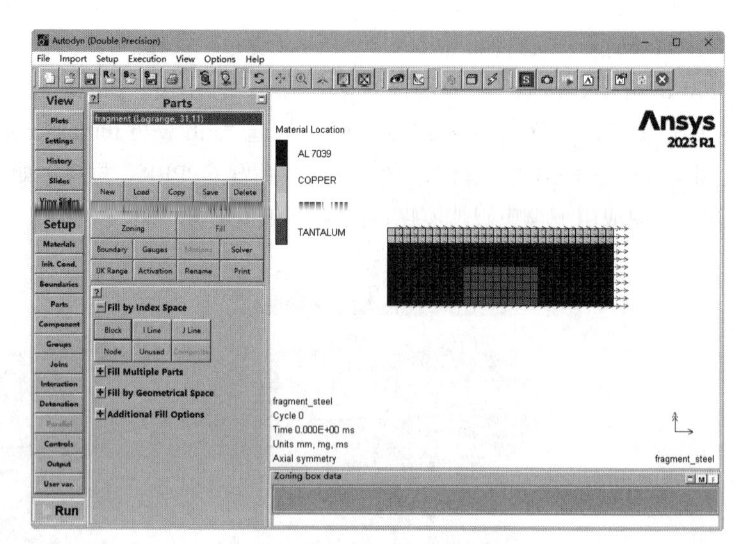

图 5-97　用钽填充破片芯

5.4.2　创建目标靶模型

单击“Parts”（零件）面板中的“New”按钮New，打开“Create New Part”（新建零件）对

话框，在“Part Name”（零件名）文本框中输入零件名称“plate”，选择“Lagrange”（拉格朗日）求解器，保持默认的“Part wizard”（零件向导）生成方式，如图 5-98 所示，然后单击“Next”（下一步）按钮Next▷。

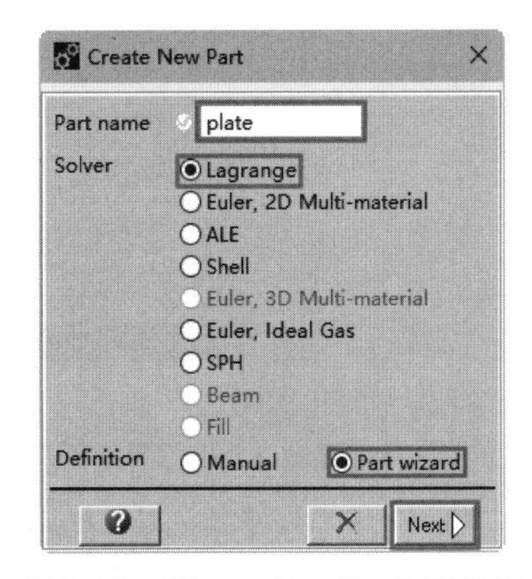

图 5-98　“Create New Part”对话框

打开“Select Predef”（预定义）和“Define Geometry”（定义几何）窗口，在“Select Predef”（预定义）窗口中选择“Box”（方形）按钮Box，在“Define Geometry”（定义几何）窗口依次输入“0.000000”“0.000000”“20.000000”“100.000000”，如图 5-99 所示。然后单击“Next”按钮Next▷，打开“Define Zoning”（划分网格）窗口，在该窗口中的“Cell in I direction”（I 方向单元）文本框中输入“20”，在“Cell in J direction”（J 方向单元）文本框中输入“50”。再选中“Grade zoning in J-direction”（J 方向上的分数）复选框，设置“Fixed size”（固定尺寸）为“1.000000”，设置“Times”（时间）为“10”，并选中“Lower J”（下限），如图 5-100 所示。目标靶径向 10 个单元应该和破片的大小完全一致，其他单元的大小应该随着半径增大而平滑增加。

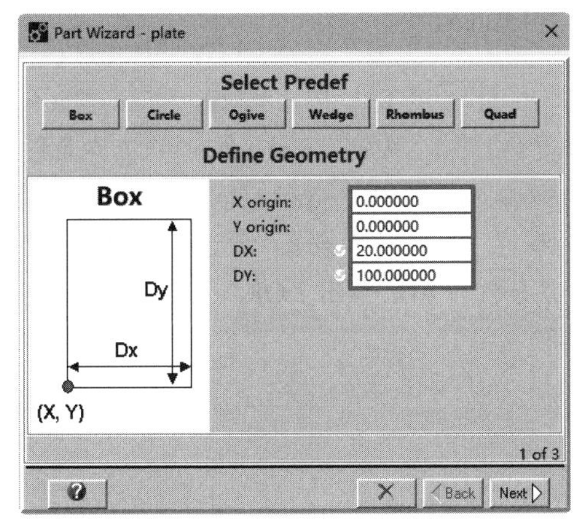

图 5-99　“Select Predef”和“Define Geometry”窗口

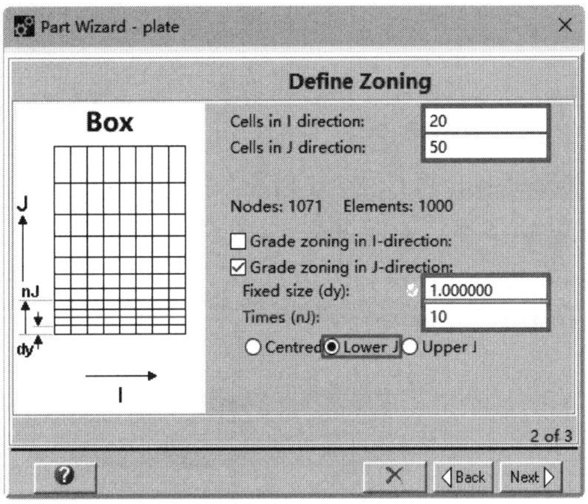

图 5-100　“Define Zoning”窗口

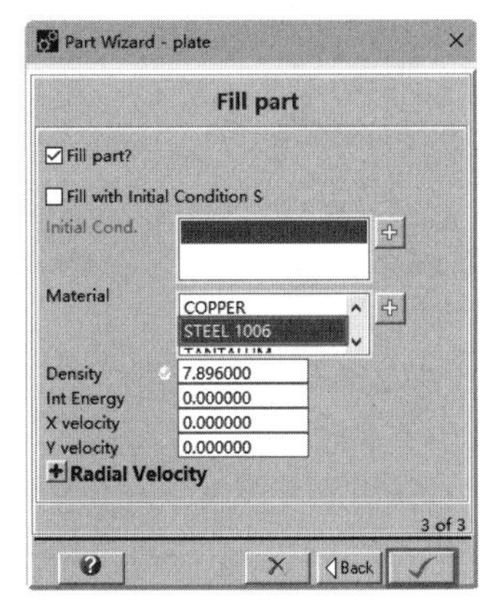

图 5-101　“Fill part”窗口

继续单击“Next”按钮Next▷，打开“Fill part”（填充零件）窗口，通过此窗口填充零件材料。因为目标靶没有初始速度，所以不勾选“Fill with Initial Condition Se”（用初始条件填充），在“Material”（材料）列表中选择“STEEL 1006”材料，如图 5-101 所示，单击“OK”按钮✓，完成目标靶零件建立。单击导航栏上的“Plots”（绘图）按钮Plots，在“Additional components”（附加组件）栏中选择“Grid”（网格），结果如图 5-102 所示。目标靶径向 10 个单元应该和破片的大小完全一致，其他单元的大小应该随着半径增大而平滑增加。

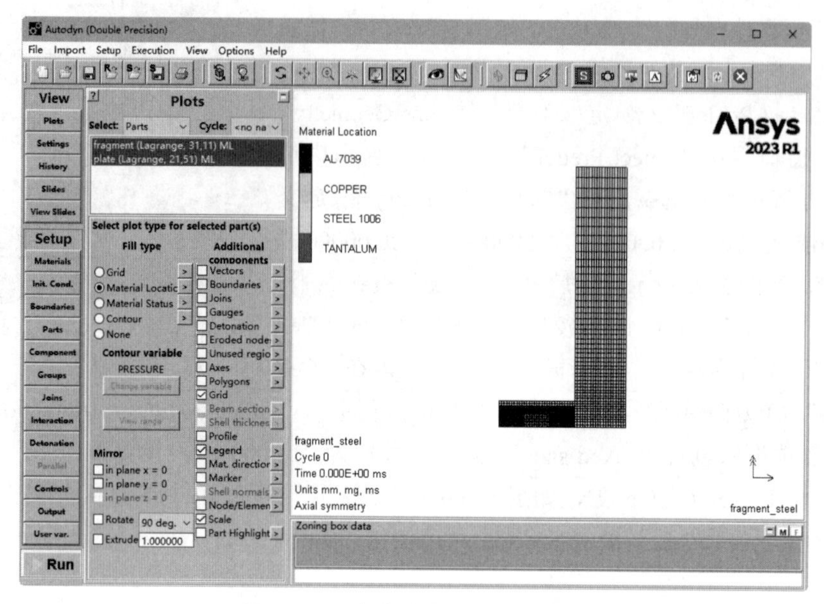

图 5-102　完成创建目标靶的零件

目标靶应用边界条件设置。单击导航栏上的“Parts”（零件）按钮Parts，打开“Parts”面板，在该面板中选择“plate（Lagrange，21，51）”零件，然后单击“Boundary”（边界条件）按钮Boundary，再单击“J Line”按钮J Line，如图 5-103 所示。打开“Apply Boundary to Part”（应用边界条件）对话框，如图 5-104 所示。设置“To I”为“21”，设置“From J”为“51”，在“Boundary”下拉列表中选择“clamp”（夹紧）边界条件，然后单击“OK”按钮✓，完成目标靶零件边界条件应用。

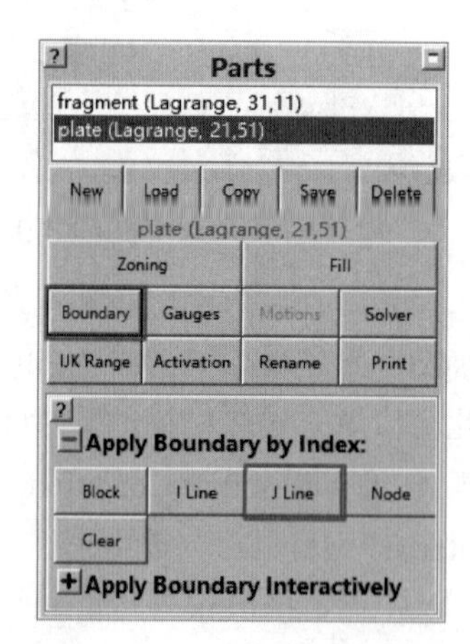

图 5-103　定义零件边界条件

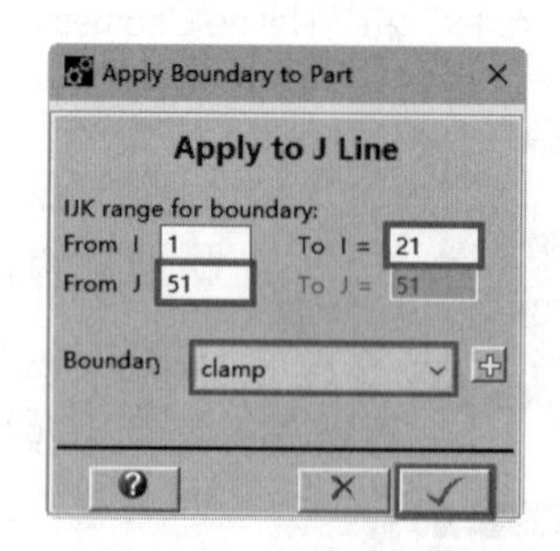

图 5-104　“Apply Boundary to Part”对话框

第6章 零件间的连接、接触以及爆炸

本章重点介绍零件的连接、接触以及爆炸的定义，其中连接主要介绍了定义连接、分离、矩阵方式连接零件相关操作，接触主要介绍了定义拉格朗日 / 拉格朗日、欧拉 / 拉格朗日接触相关操作，爆炸主要介绍了定义二维、三维爆炸相关操作。

6.1 定义连接

如图 6-1 所示，选择“Setup”下拉菜单中的“Joins”（连接）命令，或者单击导航栏中的“Joins”（连接）按钮Joins，打开“Define Joins”（定义连接）面板，如图 6-2 所示，通过该面板定义模型中的零件连接。如果是连接两个零件，Autodyn 会自动寻找两个零件中能够在一起的节点并进行连接。

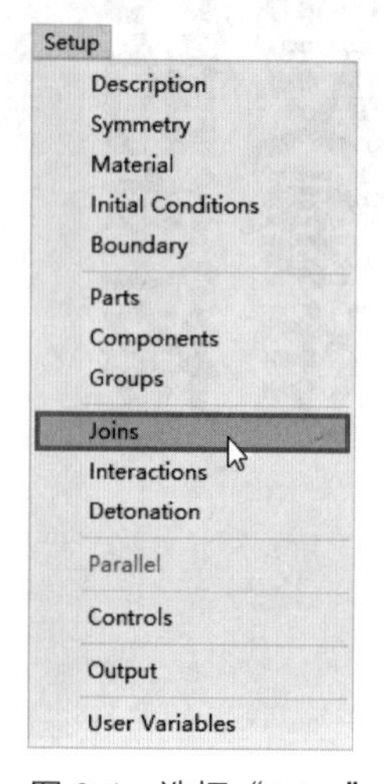

图 6-1 选择“Joins”

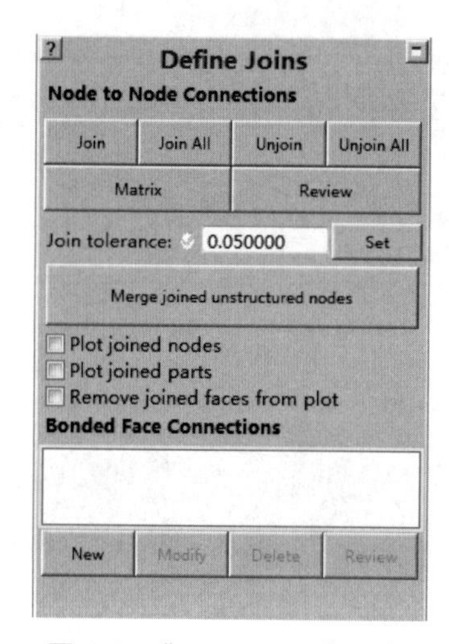

图 6-2 “Define Joins”面板

连接定义选项设置主要包括：

① Join（连接）：单击该按钮用于连接零件；

② Join All（连接）：单击 J 该按钮用于连接全部零件；

③ Unjoin（分离）：单击该按钮用于分离零件；

④ Unjoin All（分离全部）：单击该按钮用于分离全部零件；

⑤ Matrix（矩阵）：单击该按钮通过矩阵定义连接；

⑥ Review（查看）：单击该按钮查看已连接的零件；

⑦ Join tolerance（连接容差）：在文本框中输入一个数值，设置节点进行连接的容差，单击后面的“Set”（设置）按钮Set进行确定；

⑧ Plot joined nodes（显示连接节点）：选择该复选框为每个连接节点显示标识；

⑨ Plot joined parts（显示连接零件）：选择此复选框显示与所选零件连接的零件（选择此项后，会出现一个窗口选择零件）；

⑩ Remove joined faces from plot（从显示中移除连接面）：选择此复选框从云图中移除连接面，在其他类型的显示中也不显示连接面。

6.1.1 连接零件

单击“Define Joins”（定义连接）面板中的“Join”按钮Join，如图 6-3 所示，打开“Join

parts”（连接零件）对话框，如图 6-4 所示，通过此对话框连接零件。这种连接方式无论模型中有多少零件均能正常连接，如果只有几个零件，可以使用矩阵的办法连接零件。具体定义选项如下。

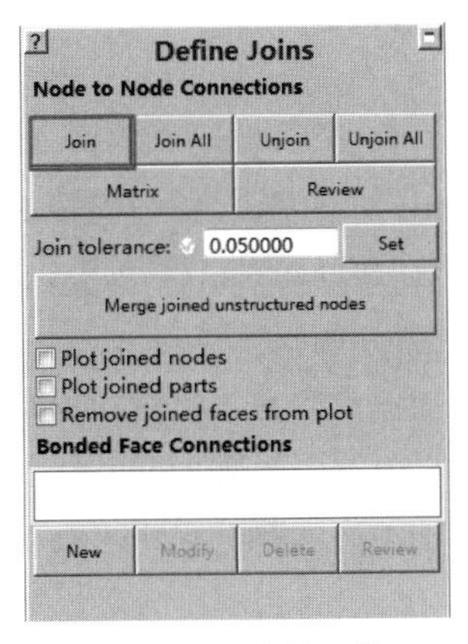

图 6-3　连接零件

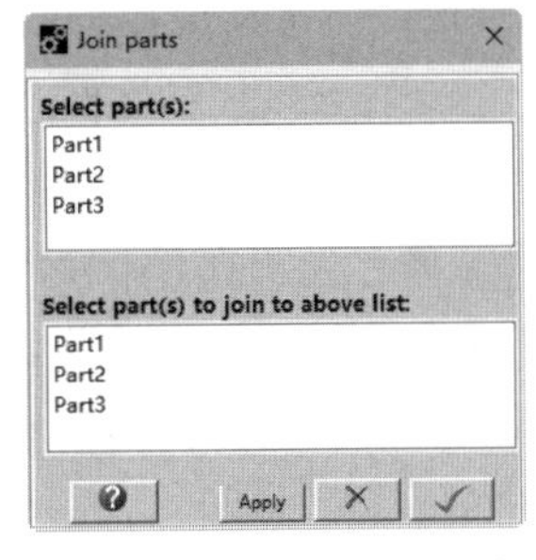

图 6-4　“Join parts”对话框

① Select part（s）（选择零件）　此列表框中显示了模型中的所有零件，在此列表框中可以选择一个或多个零件。

② Select part（s） to join to above list（选择连接零件）　此列表框中也显示了模型中的所有零件，在此列表框中可以选择一个或多个零件。

③ Apply（应用）　单击“Apply”（应用）按钮 Apply，将上部窗口中选择的所有零件与下部窗口中选择的所有零件连接。可以在不关闭窗口的情况下多次进行连接操作。每次单击“Apply”（应用）按钮 Apply 按钮，所选的零件就会进行连接。

6.1.2　分离零件

在“Define Joins”（定义连接）面板中单击“Unjoin”按钮 Unjoin，如图 6-5 所示，打开“Unjoin parts”（分离零件）对话框，如图 6-6 所示，通过此窗口分离零件，单击“OK”按钮 ✓，将上部窗口中选择的所有零件与下部窗口中选择的所有零件分离。这种分离方式无论模型中有多少零件均能正常分离，如果只有几个零件，可以使用矩阵的办法分离零件。具体定义选项如下。

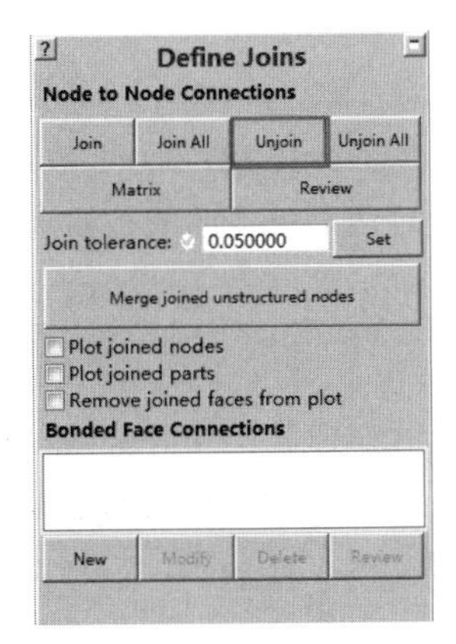

图 6-5　分离零件

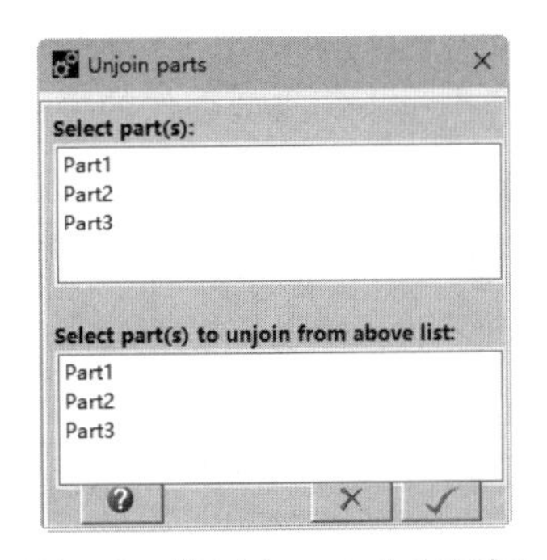

图 6-6　“Unjoin parts”对话框

① Select part（s）（选择零件） 此列表框中显示了模型中的所有零件，在此列表框中可以选择一个或多个零件。

② Select part（s） to unjoin from above list（选择分离零件） 此列表框中也显示了模型中的所有零件，在此列表框中可以选择一个或多个零件。

6.1.3 矩阵方式连接零件

单击“Define Joins”（定义连接）面板中的“Matrix”（矩阵）按钮 Matrix，如图 6-7 所示，打开“Join matrix”（矩阵连接）对话框，如图 6-8 所示，通过此对话框使用定义矩阵的方式定义零件的连接。

如果零件数量较多，使用连接 / 分离的选项进行操作更容易。此对话框中以横、纵矩阵的方式显示模型中的所有零件。这个矩阵是对称的，所以只显示矩阵的对角线及其下部。选择相应的复选框连接零件。单击移除按钮快速取消一行中的所有选择，单击“Apply”（应用）按钮 Apply，应用矩阵中的设置。

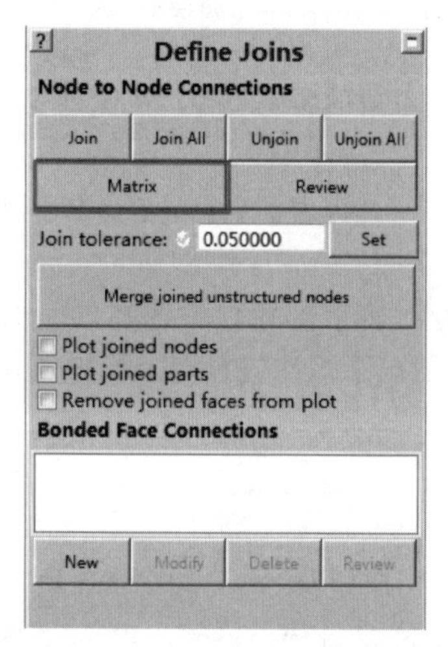

图 6-7 矩阵方式连接零件

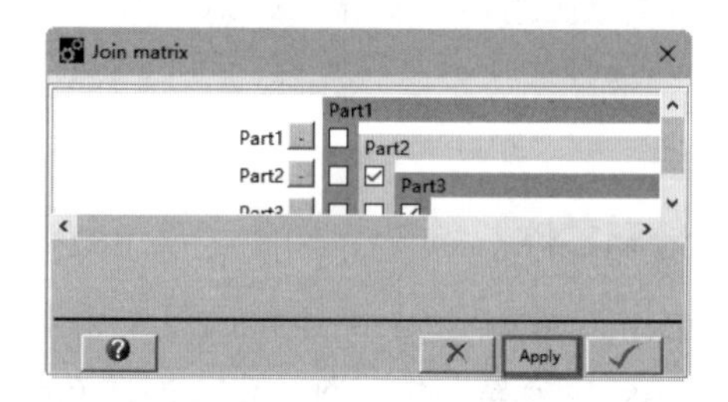

图 6-8 “Join matrix”对话框

6.2 定义接触

如图 6-9 所示，选择“Setup”（设置）下拉列表中的“Interactions”（接触）或者单击导航栏中的“Interactions”（接触）按钮 Interaction，打开“Interactions”（接触）面板，如图 6-10 所示，通过此面板定义模型中不同类型零件的接触，可以通过对话面板顶部的按钮选择需要设置的接触类型。

（1）Lagrange/Lagrange（拉格朗日 / 拉格朗日）

设置拉格朗日零件（使用拉格朗日、壳单元或梁单元求解器的零件）之间的接触 / 滑移界面。在“Interactions”（接触）面板中单击“Lagrange/Lagrange”按钮 Lagrange/Lagrange，显示拉格朗日 / 拉格朗日零件接触对话面板，二维零件接触面板如图 6-11 所示，三维零件接触如图 6-12 所示。

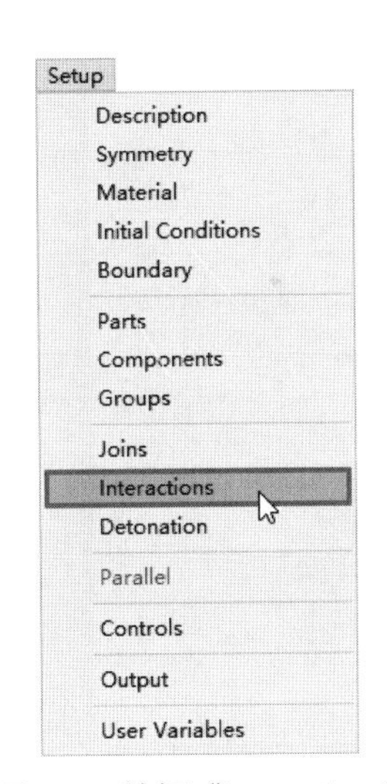

图 6-9　选择“Interactions”

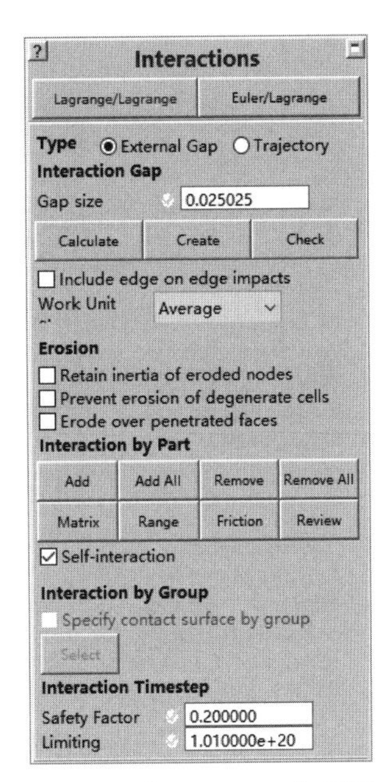

图 6-10　“Interactions”面板

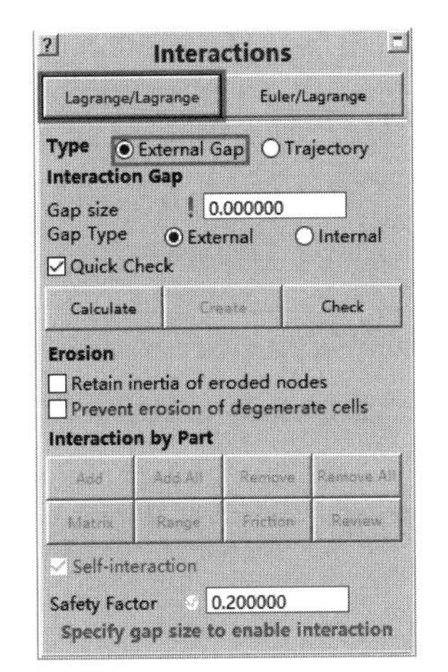

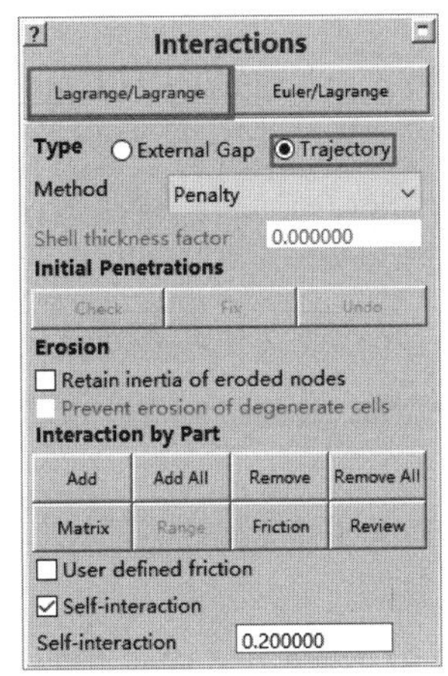

图 6-11　二维拉格朗日 / 拉格朗日零件接触面板

二维拉格朗日 / 拉格朗日零件接触面板的选项如下所述。

① Type（类型）　有两种接触算法，分别为“External Gap”（外部间隙）和“Trajectory”（轨迹）。

② Interaction Gap（接触间隙）　对于接触逻辑，需要存在一个间隙。间隙的大小必须为零件中参加接触的单元中，最小单元尺寸的十分之一到二分之一。对于大多数模型，应该将间隙大小向尺寸界限的低界设置。

- Gap size（间隙大小）：在此输入间隙值，或单击“Calculate”（计算）按钮 Calculate，Autodyn 软件将自动计算间隙值；
- Gap Type（间隙类型）：选择使用“External”（外部间隙）或者“Internal”（内部间隙）。建议使用外部间隙，因为使用外部间隙的计算效率比较高，但是，这种算法需要在计算开始时，将要接触的零件必须以间隙尺寸隔开；

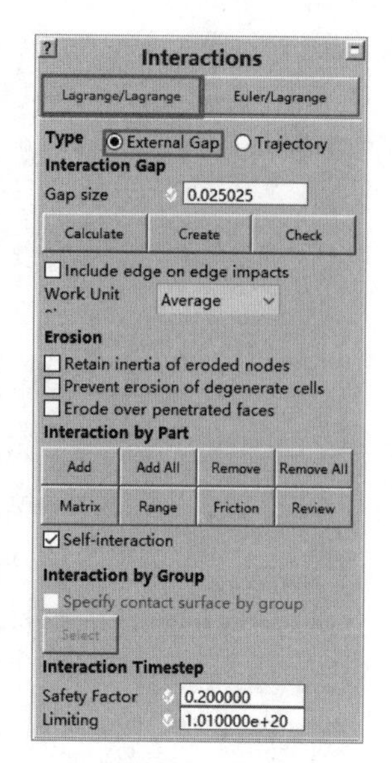

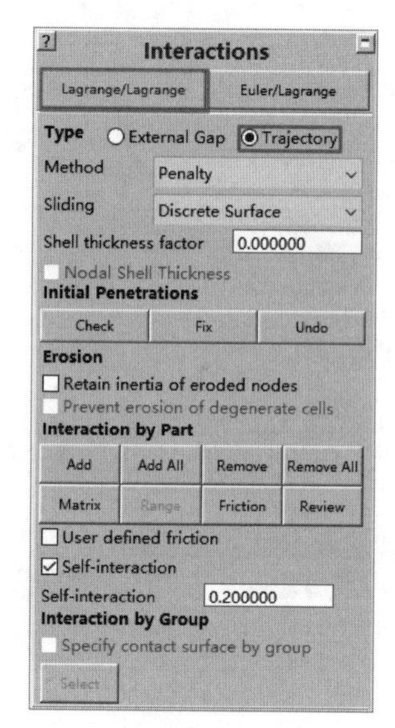

图 6-12 三维拉格朗日 / 拉格朗日零件接触面板

- Quick Check（快速检查）：选择此复选框使模型在确定接触时间步时使用快速计算，只使用模型中的最大速度确定时间步。如果能确定最大速度一直在接触区，可以选择此选项；
- Calculate（计算）：单击此按钮 Autodyn 软件将自动计算间隙尺寸，间隙的大小为零件中参加接触的单元中的最小单元尺寸的十分之一；
- Create（创建）：模型中所有的接触零件必须由间隙尺寸分开，单击此按钮自动在零件间加入需要的间隙；
- Check（检查）：单击此按钮检查间隙尺寸的有效性，检查接触中的所有零件是否已被间隙尺寸隔离。

③ Erosion（侵蚀）

- Retain inertia of eroded nodes（保留侵蚀节点的惯性）：选择此复选框保留侵蚀节点的惯性，否则侵蚀节点从模型中移除；
- Prevent erosion of degenerate cells（防止侵蚀产生的网格退化）：选择此复选框使用接触计算防止侵蚀产生的网格退化。

④ Interaction by Part（零件间接触）

- Add（添加）：单击此按钮在零件间设置接触；
- Add All（添加全部）：单击此按钮在所有的零件相互之间均设置接触；
- Remove（移除）：单击此按钮移除零件之间的接触；
- Remove All（移除全部）：单击此按钮移除零件间的所有接触；
- Matrix（矩阵）：单击此按钮使用零件矩阵定义接触；
- Range（范围）：单击此按钮为零件设置检查接触的指标空间范围；
- Friction（摩擦）：单击此按钮为零件间设置摩擦系数；
- Review（查看）：单击此按钮查看所有接触设置；
- Self-interaction（自接触零件）：选择此复选框使零件自接触。

⑤ Safety Factor（安全因子） 在此输入计算接触时间步使用的安全因子。输入值不能大于默认值 0.2。

三维拉格朗日 / 拉格朗日零件接触面板的选项如下所述。

① Type（类型）　三维情况下也有两种接触算法，分别为“External Gap”（外部间隙）和“Trajectory”（轨迹）。“External Gap”（外部间隙）接触算法可以应用于拉格朗日、ALE、壳单元、梁单元和非结构化的求解器。三维“Trajectory”（轨迹）接触算法适用于所有三维非结构化求解器，包括 SPH。与“External Gap”（外部间隙）接触算法相比，“Trajectory”（轨迹）有三个主要优点：

a. 这种算法不需要指定接触检查区域，也不需要在计算开始时在零件间设置物理间隙，这使处理复杂的三维模型变得非常简单；

b. 接触中不需要约束时间步，这种算法通过跟踪节点到面随时间的轨迹检查节点到面的接触，从而不需要约束时间步，使计算效率有较大幅度的提高；

c. 这种算法是能量守恒、动量守恒的。

② Interaction Gap（接触间隙）　对于接触逻辑，需要存在一个间隙。间隙的大小必须为零件中参加接触的单元中，最小单元尺寸的十分之一到二分之一。对于大多数模型，应该将间隙大小向尺寸界限的低界设置。

- Gap size（间隙大小）：在此输入间隙值，或单击“Calculate”（计算）按钮 Calculate，Autodyn 软件将自动计算；
- Calculate（计算）：单击此按钮 Autodyn 软件将自动计算间隙尺寸，间隙的大小为零件中参加接触的单元中，最小单元尺寸的十分之一；
- Create（创建）：模型中所有的接触零件至少必须由间隙尺寸分开，单击此按钮自动在零件间加入需要的间隙；
- Check（检查）：单击此按钮检查间隙尺寸的有效性，接触中的所有零件是否已被间隙尺寸隔离；
- Include edge on edge impacts（包含边边接触）：选择此复选框激活边边接触，激活后会极大地增加计算量；
- Work Unit size（工作单位大小）：为接触选择工作单位大小。
  - ➢ Average（均值）：工作单位大小基于单元尺寸均值；
  - ➢ Smallest（最小）：工作单位大小基于最小单元尺寸；
  - ➢ Largest（最大）：工作单位大小基于最大单元尺寸。

③ Erosion（侵蚀）

- Retain inertia of eroded nodes（保留侵蚀节点的惯性）：选择此复选框保留侵蚀节点的惯性，否则侵蚀节点从模型中移除；
- Prevent erosion of degenerate cells（防止侵蚀产生的网格退化）：选择此复选框使用接触计算防止侵蚀产生的网格退化；
- Erode over penetrated faces（穿透时侵蚀）：选择此复选框使穿透时发生侵蚀。只有通过此选项才能完成计算时，才选择此项。

④ Interaction by Part（零件间接触）

- Add（添加）：单击此按钮在零件间设置接触；
- Add All（添加全部）：单击此按钮在所有的零件相互之间均设置接触；
- Remove（移除）：单击此按钮移除零件之间的接触；
- Remove All（移除全部）：单击此按钮移除零件中的所有接触；
- Matrix（矩阵）：单击此按钮使用零件矩阵定义接触；

- Range（范围）：单击此按钮为零件设置检查接触的指标空间范围；
- Friction（摩擦）：单击此按钮为零件间设置摩擦系数；
- Review（查看）：单击此按钮查看所有接触设置；
- Self-interaction（自接触零件）：选择此复选框使零件自接触。

⑤ Interaction by Group（组间接触）　在很多计算中，接触区域与整个模型相比很小。由于接触计算造成计算工作量的大大增加，如果将这种计算限制在较小的区域内将是一个较好的选择。组间接触提供了这种功能，它通过一组面描述非结构化模型中的接触。为了使用组间接触，需要为接触区域创建面组。

- Specify contact surface by group（指定组间接触复选框）：通过选择指定组间接触复选框激活组间接触；
- Select（选择）：指定接触计算中使用的面组。

在计算过程中，侵蚀的面将在组中移除，所有露出来的新面均添加到名称为露出面（Uncovered faces）的组中。非结构化梁单元和 SPH 可以通过节点组的方式加入接触中。

注意

组间接触附属于零件间接触。选择零件间接触，使其外表面所有面均参与接触搜索。组间接触用于没有包含在零件矩阵接触中的零件的一些外表面。组间接触只能应用到非结构化零件的一些面。

⑥ Interaction Timestep（接触时间步）　Autodyn 根据间隙尺寸和接触的最大速度自动计算接触时间步。

- Safety Factor（安全因子）：在此输入计算接触时间步使用的安全因子，输入值不能大于默认值 0.200000。
- Limiting（速度限制）：在此输入用于计算接触时间步的最大速度。在模型中有较大速度，但是接触中的速度不大的情况下，此选项非常有用。默认的速度值大于模型中任何可能遇到的速度值。

（2）Euler/Lagrange（欧拉 / 拉格朗日）

在“Interactions”（接触）面板中单击“Euler/Lagrange”按钮 Euler/Lagrange，显示欧拉 / 拉格朗日零件接触面板，二维零件接触选项如图 6-13，三维零件接触如图 6-14 所示，通过此面板设置欧拉 / 拉格朗日零件之间的接触。

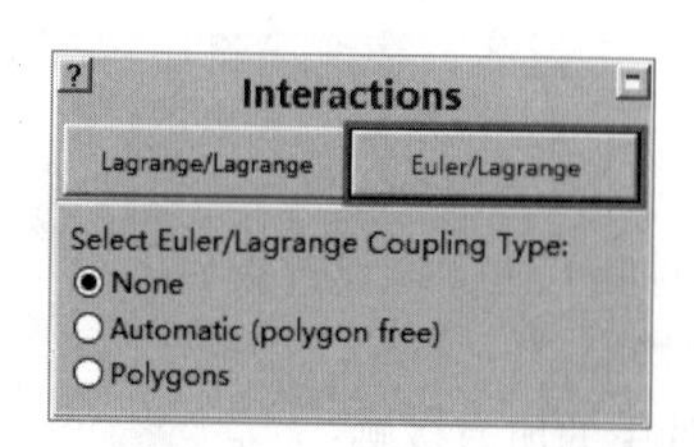

图 6-13　二维欧拉 / 拉格朗日零件接触面板

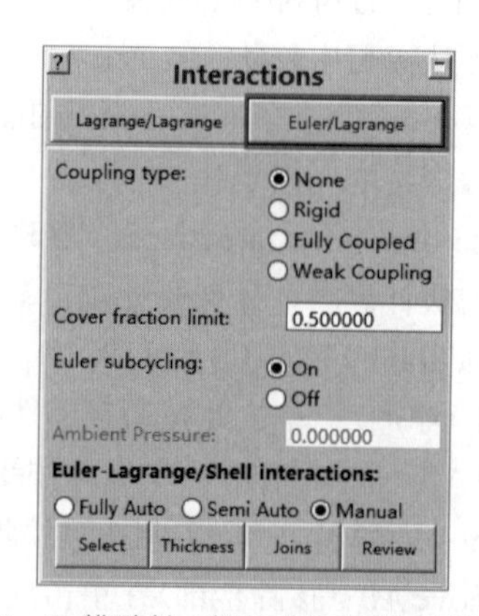

图 6-14　三维欧拉 / 拉格朗日零件接触面板

二维欧拉 / 拉格朗日零件接触面板的选项如下所述。

通过二维欧拉 / 拉格朗日零件接触面板设置二维拉格朗日零件和欧拉零件之间的耦合。

Select Euler/Lagrange Coupling Type（选择耦合类型）：为欧拉 / 拉格朗日接触设置耦合类型。具体选项设置如下。

① None（无）　不进行欧拉 / 拉格朗日耦合计算。

② Automatic（polygon free）（自动）　勾选“Automatic（polygon free）”复选框，将使 Autodyn 软件自动设置耦合。如果希望所有的欧拉零件与所有拉格朗日零件耦合，并且没有壳单元零件，建议使用自动耦合方式。

③ Polygons（多边形）　勾选“Polygons”（多边形）复选框，将使用多边形手动设置耦合。如果希望控制与欧拉耦合的零件，或者模型中有壳单元零件，可以使用多边形耦合方式。只能在自动耦合中使用侵蚀，在多边形耦合中不能使用侵蚀。勾选“Polygons”（多边形）耦合后，对话面板将显示如图 6-15 所示。

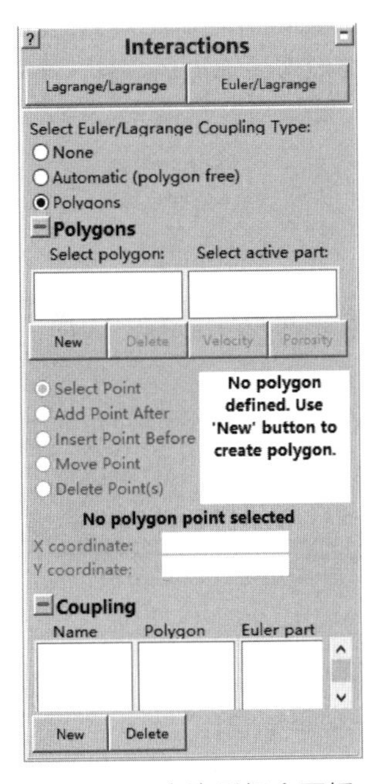

图 6-15　多边形耦合面板

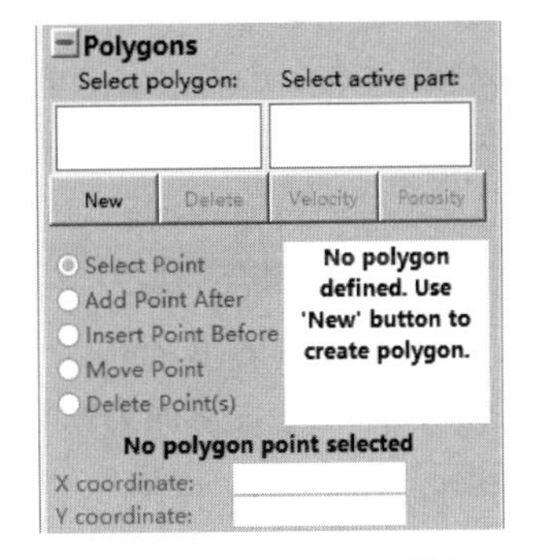

图 6-16　Polygons 面板

- Polygons（多边形）：为了使用多边形定义欧拉 / 拉格朗日耦合，首先要生成一个或多个多边形，并且要将拉格朗日零件（与欧拉耦合的）表面节点连接到多边形的点上。然后指定哪个多边形与哪个欧拉零件耦合，通过此对话面板可以生成多边形，并且设置模型中欧拉零件与多边形的耦合，多边形对话面板如图 6-16 所示。

➢ Select polygon（选择多边形）：此窗口列表显示所有已创建的多边形，可以在此选择一个多边形。

➢ Select active part（选择零件）：此窗口列表显示了所有能与多边形耦合的零件（如所有的拉格朗日、ALE 和壳单元零件），可以在此选择一个零件。

➢ New（新建）：通过此窗口新建用于欧拉 / 拉格朗日耦合的多边形。

➢ Delete（删除）：单击此按钮删除一个多边形。

➢ Velocity（速度）：单击此按钮为所选节点施加速度。

➢ Porosity（孔隙）：单击此按钮为多边形设置孔隙。

➢ Select Point（选择点）：通过此选项利用 Shift+ 鼠标右键在所选多边形中选择一个点。

➢ Add Point After（添加点）：通过此选项利用 Shift+ 鼠标右键在所选的多边形点后添加点，如果添加的点与当前零件的节点距离较近，此点会自动连接到该节点。在完成此操作后，马上放置另一点，此点与当前零件的节点距离也较近，将在添加的两点中间沿逆时针方向自动创建多点，这些点均与零件的表面节点相连，且数量一致。

➢ Insert Point Before（添加点）：通过此选项利用 Shift+ 鼠标右键在所选的多边形点前添加点，如果你添加的点与当前零件的节点距离较近，此点会自动连接到该节点。在完成此操作后，马上放置另一点，此点与当前零件的节点距离也较近，将在添加的两点中间沿逆时针方向自动创建多点，这些点均与零件的表面节点相连，且数量一致。

➢ Move Point（移动点）：通过此选项利用 Shift+ 鼠标右键移动所选的多边形的点。

➢ Delete Point（s）（删除点）：通过此选项删除一个或多个多边形点。第一个被删除的点为当前选择的点，使用 Shift+ 鼠标右键选择最后要删除的点，所有在此两点之间的点将被删除。

➢ X/Y Coordinates（X/Y 坐标）：此处显示当前选择的多边形点的坐标。可以在此输入坐标，从而改变点的位置。

● Coupling（耦合）

➢ Name（名称）：耦合项的名称。

➢ Polygon（多边形）：与欧拉零件耦合的多边形。

➢ Euler part（欧拉零件）：与多边形耦合的欧拉零件。可以在列表中选择一项。

➢ New（新建）：单击此按钮新建一项耦合定义。

➢ Delete（删除）：单击此按钮删除选择的耦合定义项。

三维欧拉 / 拉格朗日零件接触面板的选项如下所述。

通过三维欧拉 / 拉格朗日零件接触对话面板设置三维拉格朗日零件和欧拉零件之间的耦合。

① Coupling Type（选择耦合类型）：为欧拉 / 拉格朗日接触设置耦合类型；

② None（无）：没有耦合的定义；

③ Rigid（刚体）：填充零件从而为欧拉定义刚性边界；

④ Fully Coupled（完全耦合）：欧拉和拉格朗日零件动态耦合；

⑤ Weak Coupling（弱耦合）：一种快速欧拉和拉格朗日零件动态耦合的方式；

⑥ Cover fraction limit（覆盖分数限制）：在此输入覆盖分数限制，这用来决定被部分覆盖的欧拉单元什么时候流入到邻近单元；

⑦ Euler subcycling（欧拉子循环）：选择是否使用欧拉子循环；

⑧ Select（选择）：单击此按钮选择与欧拉耦合的拉格朗日零件；

⑨ Thickness（厚度）：单击此按钮为耦合计算指定壳单元厚度；

⑩ Joins（连接）：单击此按钮指定在耦合计算中哪些壳单元考虑连接；

⑪ Review（查看）：单击此按钮查看耦合。

6.2.1 拉格朗日 / 拉格朗日接触

(1) Create（创建）

单击“Create”按钮 Create，如图 6-17 所示，打开“Create gap”（创建间隙）对话框，如图 6-18 所示，通过此窗口在零件之间自动创建间隙。

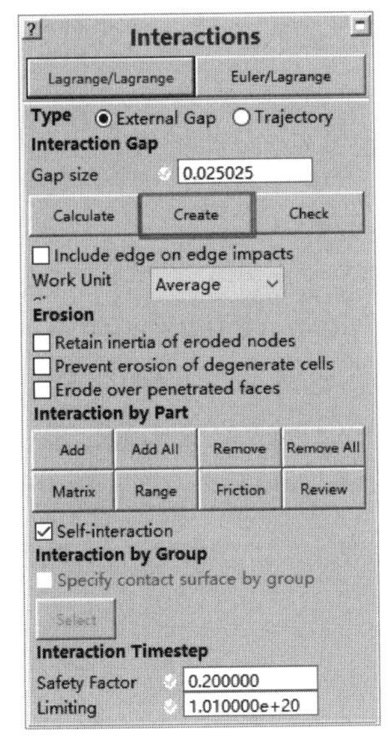

图 6-17　创建间隙

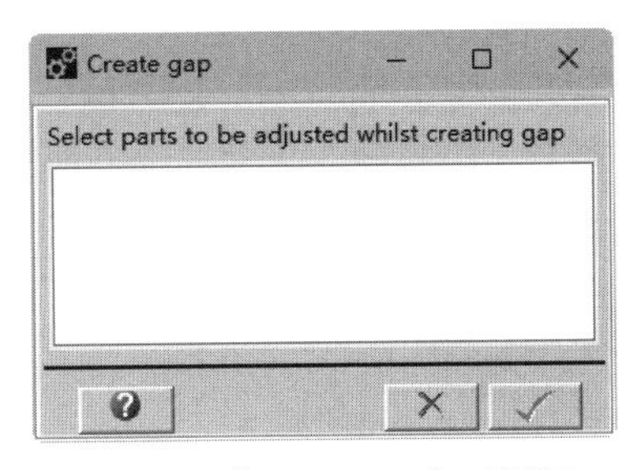

图 6-18　“Create gap”对话框

通过减小所选零件表面单元的大小来创建间隙，相应的零件质量只会受到较小的影响。建议使用划分网格面板中的移动或缩放选项手动添加间隙，从而避免质量损失。窗口中列表显示包含在接触中的所有零件。选择需要创建间隙的零件，然后单击“OK”按钮，Autodyn 自动创建间隙。

（2）Add（添加）

单击“Add”按钮Add，如图 6-19 所示，打开“Add Interaction”（添加接触）对话框，如图 6-20 所示，通过此对话框在零件之间添加接触。这种定义接触的方式无论模型中有多少零件均能正常工作。如果只有几个零件，可以使用矩阵的办法定义接触。单击“OK”按钮，在上部窗口中选择的所有零件与下部窗口中选择的所有零件之间创建接触。

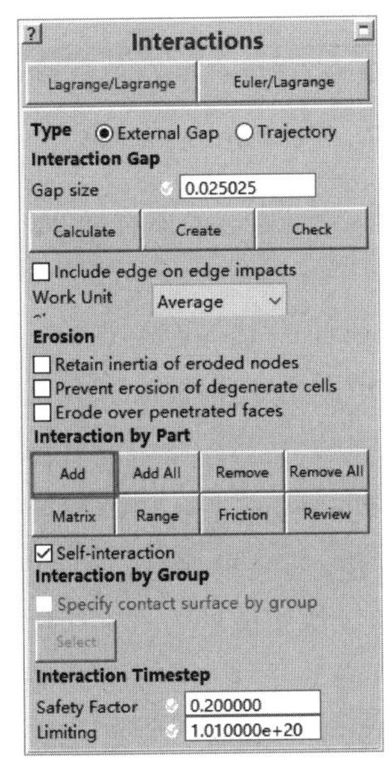

图 6-19　添加接触

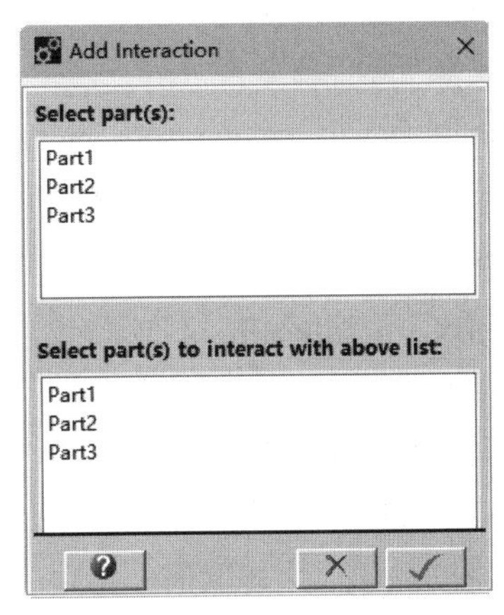

图 6-20　“Add Interaction”对话框

- Select part（s）（选择零件）：此列表框中显示了与接触有关的所有零件，在此列表框中可以选择一个或多个零件。

- Select part（s） to interact with above list（选择接触零件）：此列表框中显示了与接触有关的所有零件，在此列表框中可以选择一个或多个零件。

（3）Remove（移除）

单击“Remove”按钮 Remove，如图 6-21 所示，打开“Remove Interaction”（移除接触）对话框，如图 6-22 所示，通过此对话框移除零件之间的接触。这种移除接触的方式无论模型中有多少零件均能正常工作。如果只有几个零件，可以使用矩阵的办法移除接触。单击“OK”按钮 ✓，将上部窗口中选择的所有零件与下部窗口中选择的所有零件之间的接触移除。具体定义选项如下。

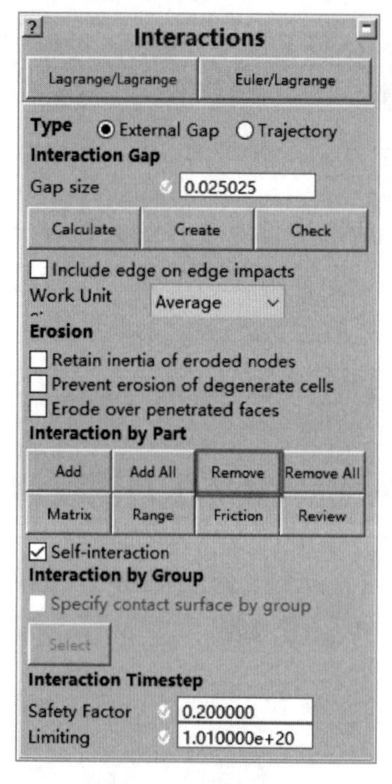

图 6-21　移除接触

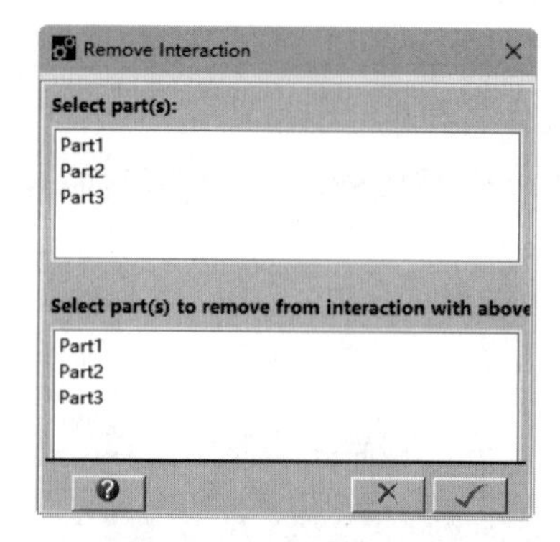

图 6-22　“Remove Interaction”对话框

- Select part（s）（选择零件）：此列表框中显示了与接触有关的所有零件，在此列表框中可以选择一个或多个零件移除。

- Select part（s）to remove from interaction with above list（选择连接零件）：此列表框中显示了与接触有关的所有零件，在此列表框中可以选择一个或多个零件移除。

（4）Matrix（矩阵）

单击“Matrix”按钮 Matrix，如图 6-23 所示，打开“Interaction matrix”（矩阵接触）对话框，如图 6-24 所示，通过此对话框使用定义矩阵的方式定义零件的接触。如果零件数量较多，使用添加 / 移除的选项进行操作更容易。此对话框中以横、纵矩阵的方式显示模型中的所有零件。这个矩阵是对称的，所以只显示矩阵的对角线及其下部。选择相应的复选框在零件间创建接触。单击移除按钮 -，快速取消一行中的所有选择，单击“Apply”按钮 Apply，应用矩阵中的设置。

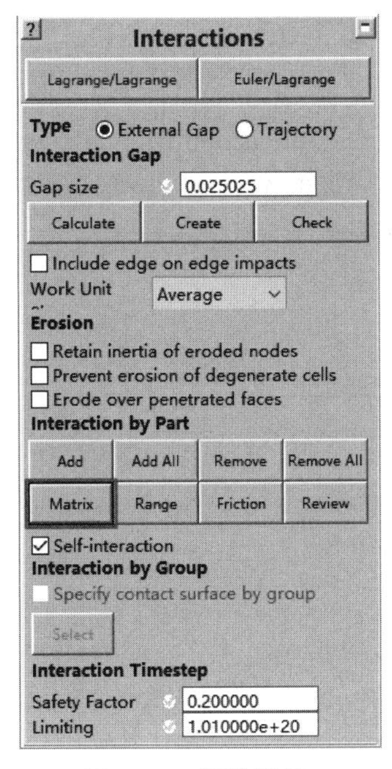

图 6-23　矩阵接触

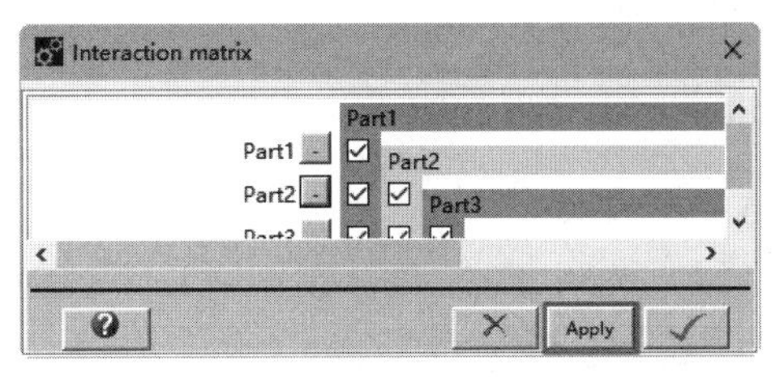

图 6-24　“Interaction matrix”对话框

(5) Range (范围)

单击“Range”按钮 Range，如图 6-25 所示，打开“Define interaction range”(定义接触范围)对话框，如图 6-26 所示，通过此对话框为零件设置接触检查的指标空间范围。具体定义选项如下。

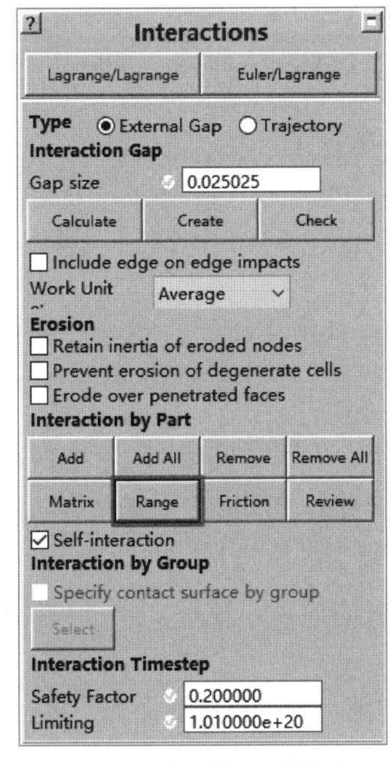

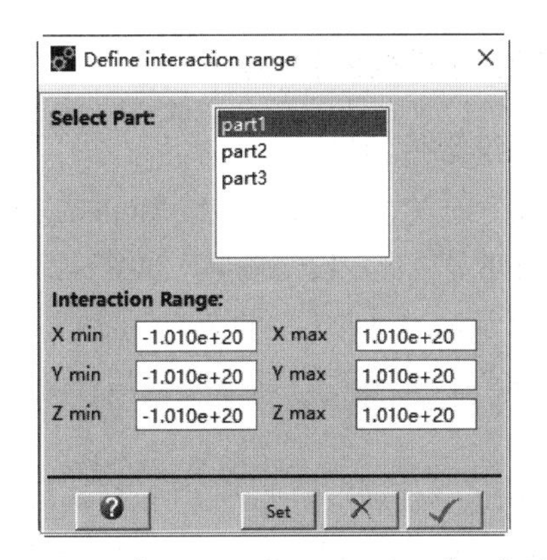

图 6-25　定义接触范围　　图 6-26　“Define interaction range”对话框

- Select Part(选择零件)：在此窗口中选择需要设置接触检查的零件。

- Interaction Range（接触范围）：输入需要进行接触检查的指标空间范围。

（6）Friction（摩擦）

单击“Friction”按钮Friction，如图 6-27 所示，打开“Define interaction friction coefficients”（定义接触摩擦系数）对话框，如图 6-28 所示，通过此对话框设置两个零件之间的摩擦系数。单击“Set”按钮Set，确认所选两个零件之间的摩擦系数，可以在不关闭窗口的情况下多次进行摩擦系数的设置。具体定义选项如下。

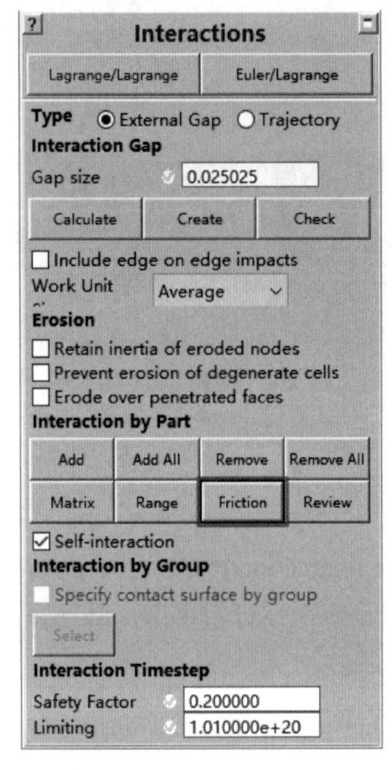

图 6-27　定义摩擦系数

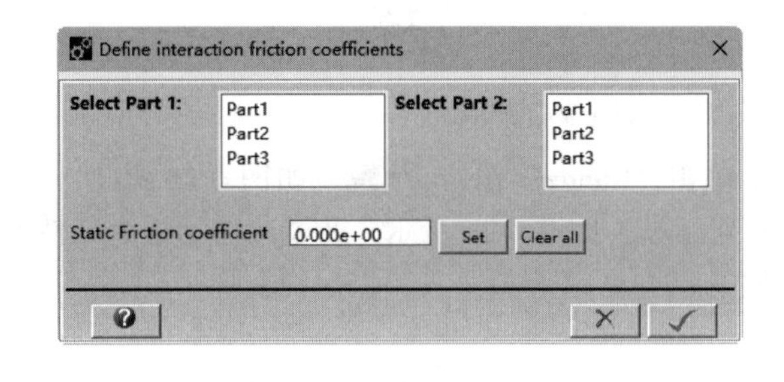

图 6-28　“Define interaction friction coefficients”对话框

- Select Part 1（选择零件 1）：为设置摩擦系数选择零件 1。
- Select Part 2（选择零件 2）：为设置摩擦系数选择零件 2。
- Static Friction Coefficient（摩擦系数）：输入摩擦系数。

6.2.2　欧拉 / 拉格朗日接触

（1）二维零件定义接触

① New（新建多边形）　在“Euler/Lagrange”（欧拉 / 拉格朗日）零件接触面板中单击“New”（新建多边形）按钮New，如图 6-29 所示，打开“New Polygon”（新建多边形）对话框，如图 6-30 所示，通过此对话框新建用于欧拉 / 拉格朗日耦合的多边形。在此输入多边形名称然后单击“OK”按钮✓。新建完成后，通过对话框面板添加点，并将这些点与拉格朗日节点连接。

② Velocity（速度）　在欧拉 / 拉格朗日（欧拉 / 拉格朗日）零件接触面板中单击“Velocity”按钮Velocity，如图 6-31 所示，打开“Set polygon velocity”（设置多边形速度）对话框，如图 6-32 所示，通过此对话框为所选多边形赋予速度边界条件。所有没与零件连接的多边形点将使用此速度。在列表中选择边界条件，然后单击“OK”按钮✓。

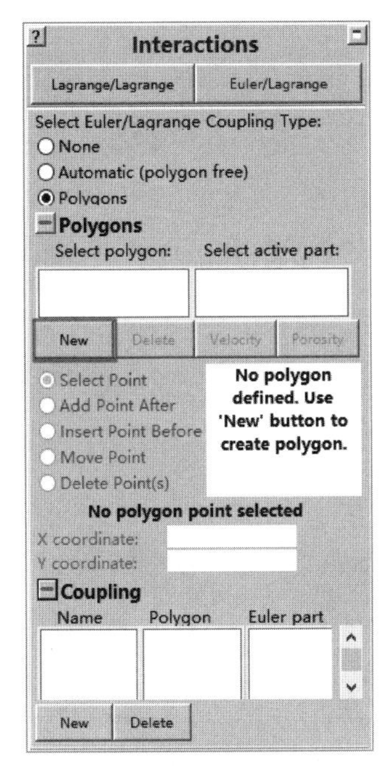

图 6-29　新建多边形

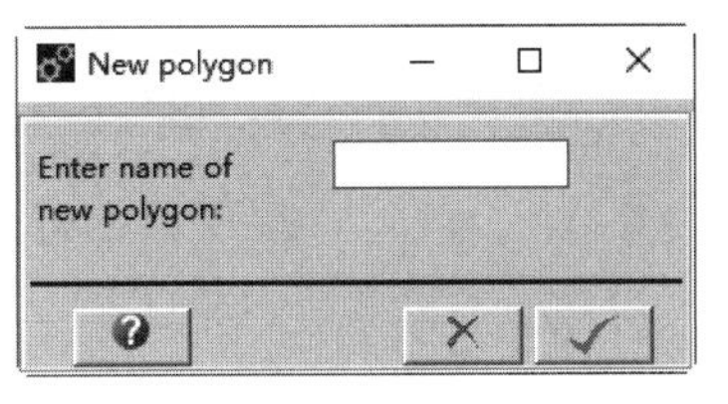

图 6-30　“New Polygon”对话框

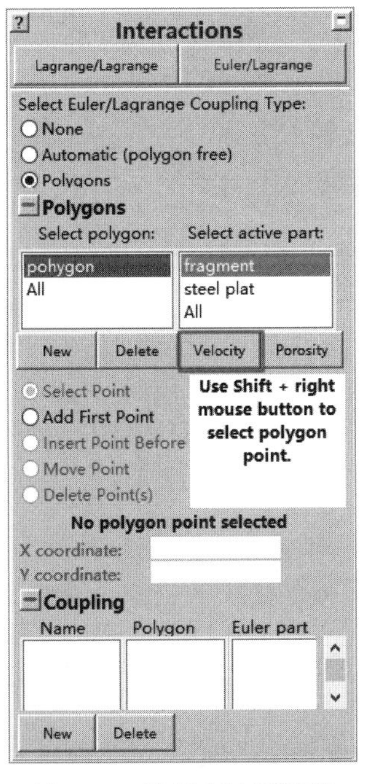

图 6-31　设置多边形速度

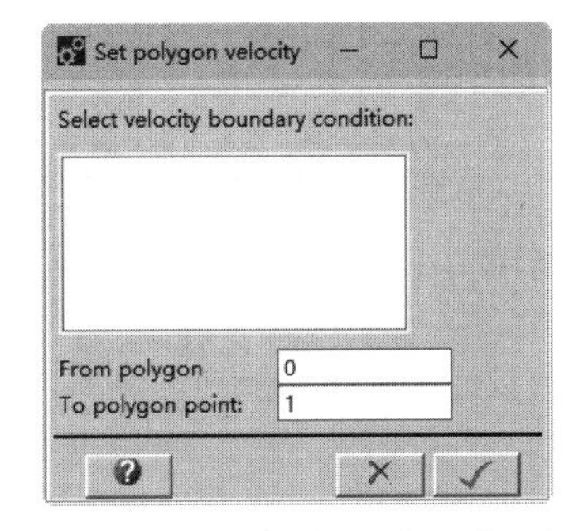

图 6-32　“Set polygon velocity”对话框

③ Porosity（孔隙）　在欧拉 / 拉格朗日（Euler/Lagrange）零件接触面板中单击“Porosity”（孔隙）按钮 Porosity，如图 6-33 所示，打开“Set polygon porosity”（设置多边形孔隙）对话框，如图 6-34 所示，通过此对话框为多边形设置孔隙。默认情况下，多边形完全包覆了与其耦合的欧拉零件。将孔隙值设为大于 0 时，容许物体流入欧拉零件。孔隙值应在 0 ～ 1 之间设置。

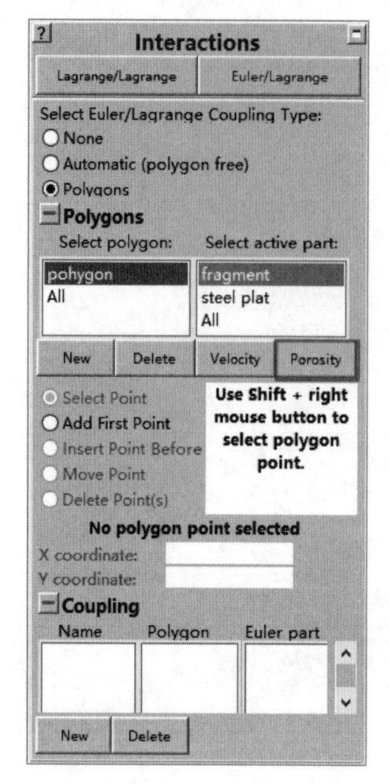

图 6-33 设置多边形孔隙

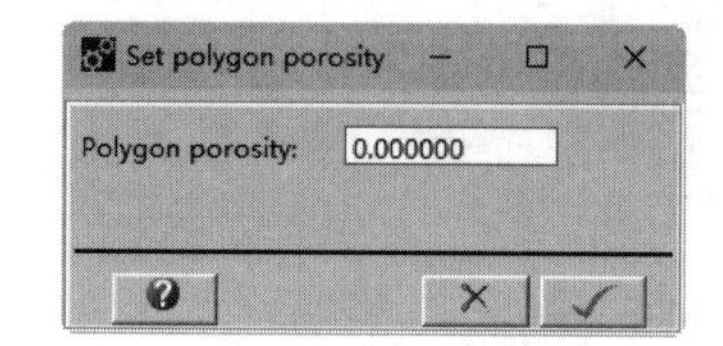

图 6-34 “Set polygon porosity”对话框

④ New Interaction（新建耦合） 在 Euler/Lagrange（欧拉 / 拉格朗日）零件接触对话面板中单击“New”（新建耦合）按钮New，如图 6-35 所示，打开“New Interaction”（新建接触）对话框，如图 6-36 所示，通过此对话框为多边形耦合新建接触项。

- New interaction（为耦合输入名称）：在此为耦合输入名称。
- Select a polygon and euler part（选择一个多边形和欧拉零件）：从左侧窗口选择多边形，从右侧窗口选择欧拉零件，用于耦合。

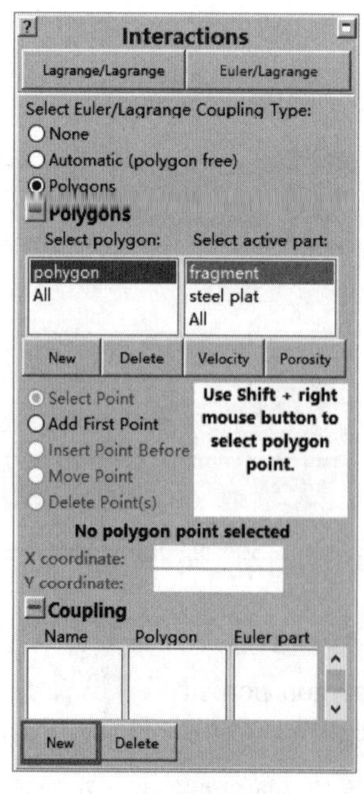

图 6-35 新建接触

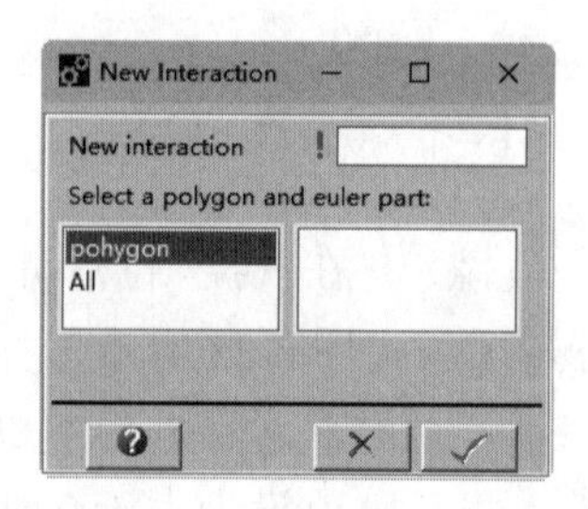

图 6-36 “New Interaction”对话框

（2）三维零件定义接触

① Select（选择）　在 Euler/Lagrange（欧拉 / 拉格朗日）零件接触面板中单击“Select”按钮Select，如图 6-37 所示，打开“Select parts to couple to Euler”（选择与欧拉耦合的零件）对话框，如图 6-38 所示，通过此对话框选择与欧拉耦合的拉格朗日零件。

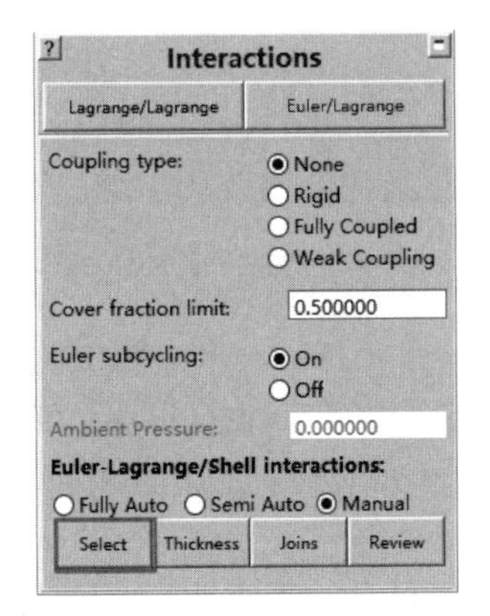

图 6-37　选择与欧拉耦合的零件

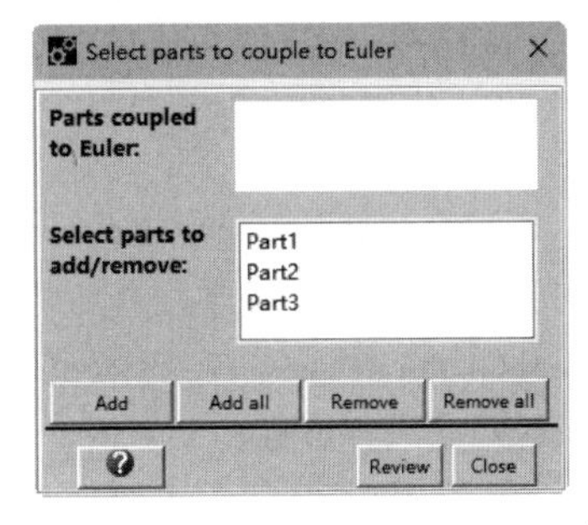

图 6-38　“Select parts to couple to Euler”对话框

- Parts coupled to Euler（与欧拉耦合的零件）：Parts coupled to Euler 窗口显示当前与欧拉耦合的零件。
- Select parts to add/remove（选择要添加与移除的零件）：Select parts to add/remove 窗口中列出了能与欧拉耦合的所有零件。可以在此列表框中选择一个或多个零件。
- Add（添加）：单击“Add”按钮Add，将所选零件添加到与欧拉耦合中。
- Add all（添加全部）：单击“Add all”（添加全部）按钮Add all，将全部零件添加到与欧拉耦合中。
- Remove（移除）：单击“Remove”（移除）按钮Remove，将所选零件从与欧拉耦合中移除。
- Remove all（移除全部）：单击“Remove all”（移除全部）按钮Remove all，将全部零件从与欧拉耦合中移除。
- Review（查看）：单击“Review”（查看）按钮Review，查看所有与欧拉的耦合。

② Thickness（厚度）　在 Autodyn 中不仅可以进行体单元求解器的耦合，壳单元也可以。对于壳单元求解器，零件在厚度方向没有任何的几何尺寸，因此在欧拉网格中不能覆盖体积。所以，每个壳单元均需要指定人工厚度。在“Euler/Lagrange”（欧拉 / 拉格朗日）零件接触面板中单击“Thickness”按钮Thickness　如图 6-39 示，打开“Define Euler/shell coupling”（定义欧拉和壳单元耦合）对话框，如图 6-40 所示，通过此窗口设置壳单元耦合厚度。

- Select Part（选择零件）：此窗口中显示了模型中与欧拉耦合的所有壳单元零件。如果选择了一个零件，其相应的耦合厚度和厚度方向显示在下面。
- Coupling（耦合厚度）：此处显示所选零件的耦合厚度。在此输入值，然后单击“Apply”（应用）按钮Apply，改变耦合厚度。为了使耦合计算正确地进行，壳单元的人工厚度一定要大于周围最大欧拉网格尺寸的两倍。
- Direction（方向）：此处显示所选零件壳单元厚度的方向。选择希望的方向，单击“Apply”（应用）按钮Apply，改变厚度方向。

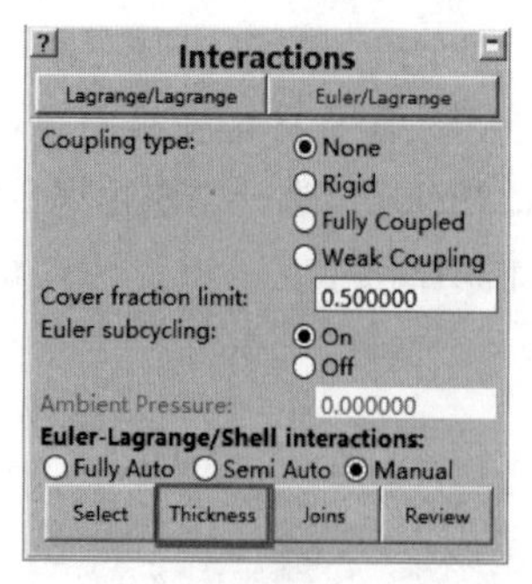

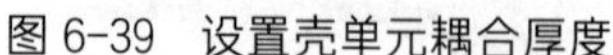
图 6-39　设置壳单元耦合厚度

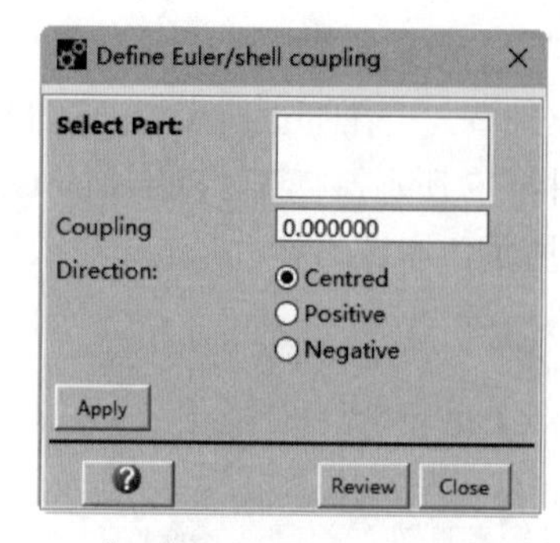

图 6-40　“Define Euler/shell coupling”对话框

● Review（查看）：如果单击“Review”按钮Review，将打开一个 HTML 格式的文件，显示欧拉耦合中的壳单元零件，其厚度和方向，还有厚壳连接矩阵。也可以通过激活显示面板中的壳单元厚度（Shell thickness），在壳单元厚度面板中选择人工壳单元耦合厚度（Artificial Shell Coupling Thickness）来进行查看。

③ Joins（连接）　为了保证壳单元变形时连接处壳厚的体积不重叠，厚度计算算法需要一些额外的信息，这些信息为那些壳零件在计算壳节点外法向时应该考虑连接。默认情况下，所有厚壳单元均设置为连接状态。注意，此处的连接设置只是应用到耦合计算中，不会影响结构的连接。

在“Euler/Lagrange”（欧拉 / 拉格朗日）零件接触面板中单击“Joins”按钮Joins，如图 6-41 示，打开“Select parts for normals calculation”（选择矢量计算的零件）对话框，如图 6-42 所示，通过此对话框设置壳单元耦合厚度。

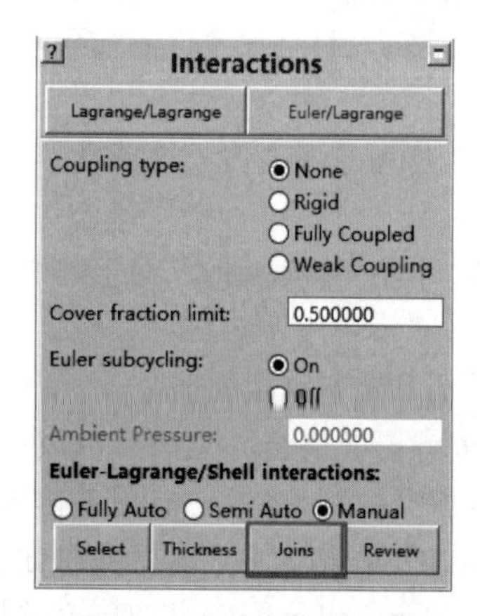

图 6-41　设置壳单元连接

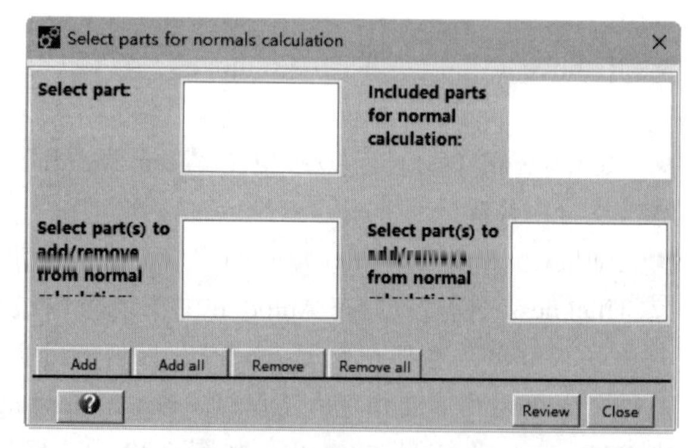

图 6-42　“Select parts for normals calculation”对话框

● Select part（选择零件）：此处列表显示了与欧拉耦合的所有壳单元零件。在此处选择了一个零件后，所有与其连接的零件显示在 Included parts for normal calculation（参与矢量计算的零件）列表框中。

● Included parts for normal calculation（参与矢量计算的零件）：此窗口显示与在选择零件窗口中所选零件相连接的所有壳单元零件。

● Select part（s） to add/remove from normal calculation（从法向计算中选择零件进行添加或移除）：这两个窗口用于从法向计算中选择零件进行添加或移除。

● Review（查看）：如果单击“Review”按钮Review，将打开一个 HTML 格式的文件，显示欧拉耦合中的壳单元零件，其厚度和方向，还有厚壳单元连接矩阵，显示哪些壳单元加入了法向计算。也可以通过激活显示面板中的壳单元厚度（Shell thickness），在壳单元厚度面板中选择人工壳单元耦合厚度（Artificial Shell Coupling Thickness）来进行查看。

6.3 定义爆炸

如图 6-43 所示，选择“Setup”（设置）下拉菜单中的“Detonation”（爆炸）命令，或者单击导航栏中的“Detonation”（爆炸）按钮 **Detonation**，打开“Detonation/Deflagration”（爆炸 / 爆燃）面板，如图 6-44 所示，通过此面板设置爆炸物的爆炸爆燃位置。

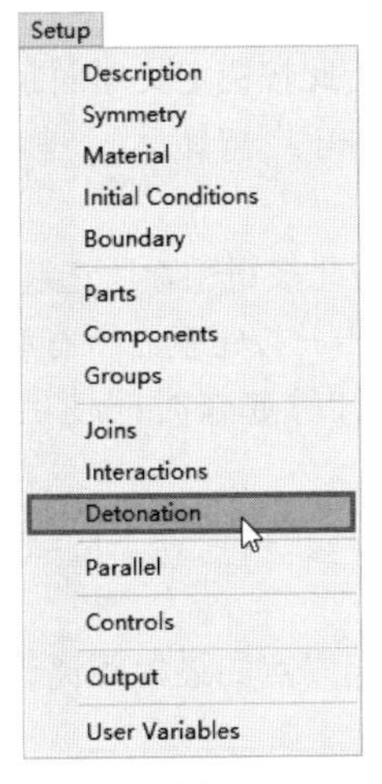

图 6-43　选择 Detonation

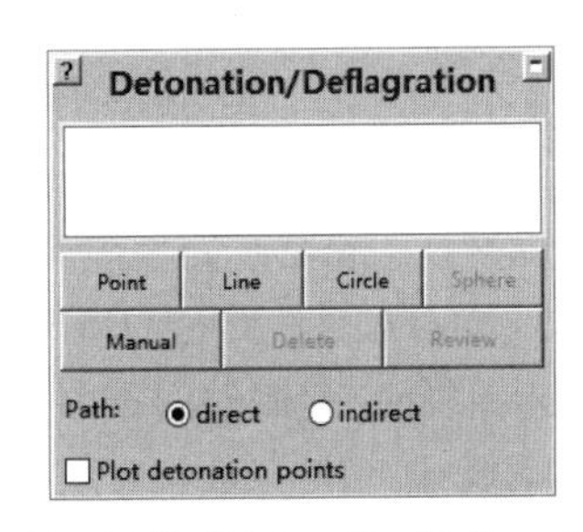

图 6-44　二维“Detonation/Deflagration”面板

（1）二维爆炸

通过二维“Detonation/Deflagration”（爆炸 / 爆燃）面板，如图 6-44 所示窗口，设置二维爆炸物的爆炸爆燃位置。定义选项设置主要包括：

① Detonation/Deflagration List（爆炸 / 爆燃）列表：窗口上部列表显示已定义的爆炸 / 爆燃点。

② Point（点）：单击此按钮定义起爆点。

③ Line（线）：单击此按钮定义线状起爆点。

④ Circle（圆面）：单击此按钮定义圆面起爆点（平面对称）。

⑤ Sphere（球面）：单击此按钮定义球面起爆点（轴对称）。

⑥ Manual（手动）：单击此按钮为一些块内单元定义起爆时间。

⑦ Delete（删除）：单击此按钮删除所选起爆点。

⑧ Review（查看）：单击此按钮查看所有起爆点定义的信息。

⑨ Path（路径）：选择计算起爆时间使用直接路径还是间接路径。

● Direct（直接路径）：起爆时间按照到起爆点的直线距离计算。这是最精确的计算方法，但是只能应用到爆炸物中存在直线路径的情况。

● Indirect（间接路径）：起爆时间按照爆炸物中到起爆点的最短距离计算。路径经过惰性材料（如隔板）时自动绕开。

⑩ Plot detonation points（显示起爆点）：如果想在视图面板中显示起爆点位置，选择此复选框。

（2）三维爆炸

通过三维“Detonation/Deflagration”（爆炸 / 爆燃）面板，如图 6-45 所示窗口，设置三维爆炸物的爆炸爆燃位置。定义选项设置主要包括：

① Detonations/Deflagration List（爆炸 / 爆燃）：窗口上部列表显示已定义的爆炸 / 爆燃点，可以在此选择。

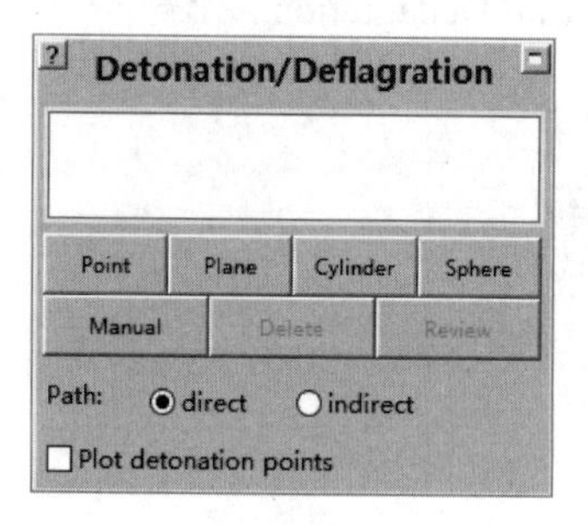

图 6-45　三维“Detonation/Deflagration”面板

② Point（点）：单击此按钮定义起爆点。

③ Plane（平面）：单击此按钮定义平面起爆点。

④ Cylinder（圆柱面）：单击此按钮定义圆柱面起爆点。

⑤ Sphere（球面）：单击此按钮定义球面起爆点。

⑥ Manual（手动）：单击此按钮为一些块内单元定义起爆时间。

⑦ Delete（删除）：单击此按钮删除所选起爆点。

⑧ Review（查看）：单击此按钮查看所有起爆点定义的信息。

⑨ Path（路径）：选择计算起爆时间使用直接路径还是间接路径。

- Direct（直接路径）：起爆时间按照到起爆点的直线距离计算。这是最精确的计算方法，但是只能应用到爆炸物中存在直线路径的情况。
- Indirect（间接路径）：起爆时间按照爆炸物中到起爆点的最短距离计算。路径经过惰性材料（如隔板）时自动绕开。

⑩ Plot detonation points（显示起爆点）：如果想在视图面板中显示起爆点位置，选择此复选框。

6.3.1　定义二维爆炸

（1）Point（点）

在二维“Detonation/Deflagration”（爆炸 / 爆燃）面板中单击“Point”（点）按钮 Point，如图 6-46 所示，打开“Define Node”（定义起爆点）窗口，如图 6-47 所示，通过此窗口定义起爆点。具体定义选项如下。

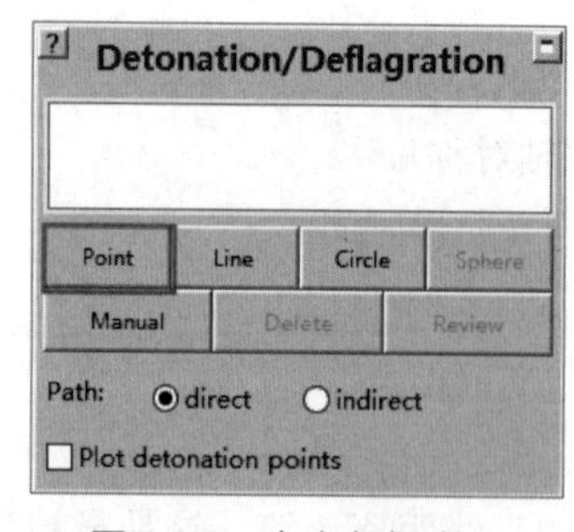

图 6-46　定义起爆点

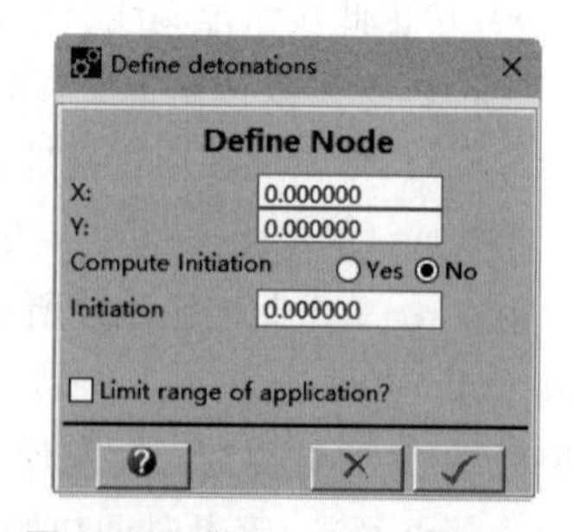

图 6-47　“Define Node”窗口

① X/Y Coordinates（X/Y 坐标）　在此输入起爆点的 X/Y 坐标。

② Compute Initiation（计算起爆时间）　选择设定爆炸起始时间或由 Autodyn 软件计算。如

果选择是，Autodyn 会通过其他起爆点计算起爆时间。至少需要为一个点、线、圆面或球面指定起爆时间。

③ Initiation（起爆时间）　在此输入起爆时间，如果选择计算起爆时间则不用输入。

④ Limit range of application ?（限制作用范围？）　如果想限制起爆点的作用范围，选择此复选框，将会显示设置对话面板，如图 6-48 所示。

● Range will（限制范围）：对于每个零件，可以指定指标空间范围限制起爆点的作用范围。此选项可以选择作用范围是在指定的“Include”（范围内）还是“Exclude”（范围外）。

● Part list（零件列表）：此窗口列表显示模型中所有的零件。在此处选择一个零件限制其作用范围。

● IJK range（IJK 范围）：在此输入限定区域的 IJ 范围。

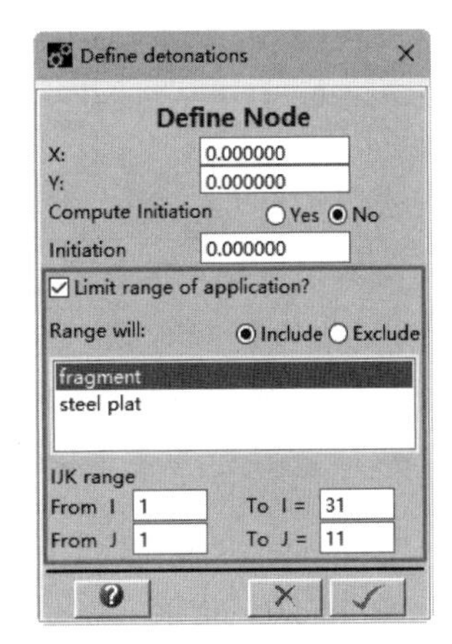

图 6-48　定义限制作用范围设置

(2) Line（线）

在二维“Detonation/Deflagration”（爆炸 / 爆燃）面板中单击“Line”（线）按钮 Line，如图 6-49 所示，打开“Define Line”（定义线状起爆点）窗口，如图 6-50 所示，通过此窗口定义线状起爆点。具体定义选项如下。

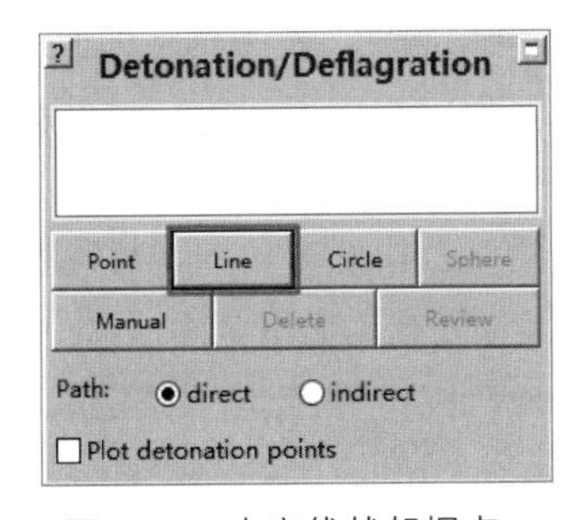

图 6-49　定义线状起爆点

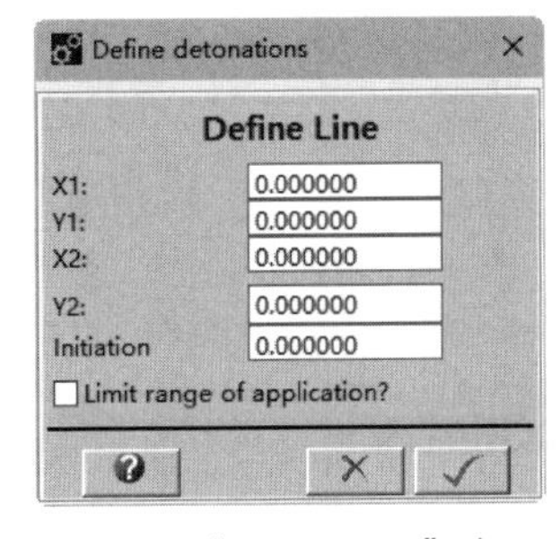

图 6-50　“Define Line”窗口

① X/Y Coordinates（X/Y 坐标）　为线的两个端点输入 X 和 Y 坐标。

② Initiation（起爆时间）　在此输入起爆时间，如果选择计算起爆时间则不用输入。

③ Limit range of application ?（限制作用范围？）　如果想限制起爆点的作用范围，选择此复选框，将会显示设置对话面板如图 6-51 所示。

● Range will（限制范围）：对于每个零件，可以指定指标空间范围限制起爆点的作用范围。此选项可以选择作用范围是在指定的“Include”（范围内）还是“Exclude”（范围外）。

● Part list（零件列表）：此窗口列表显示模型中所有的零件。在此处选择一个零件限制其作用范围。

● IJK range（IJK 范围）：在此输入限定区域的 IJ 范围。

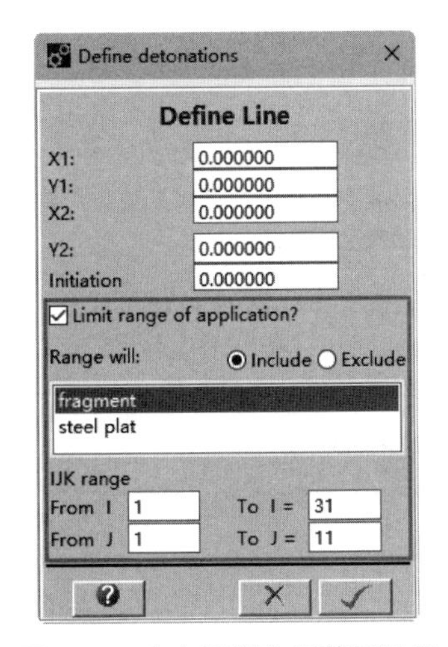

图 6-51　定义限制作用范围设置

(3) Circle（圆面）

在二维“Detonation/Deflagration”（爆炸 / 爆燃）面板中单

击“Circle”按钮Circle，如图6-52所示，打开“Define Circle”（定义圆面起爆点）窗口，如图6-53所示，通过此窗口定义一个圆面起爆点，爆炸从圆面开始，沿着径向向内、向外传播。具体定义选项如下。

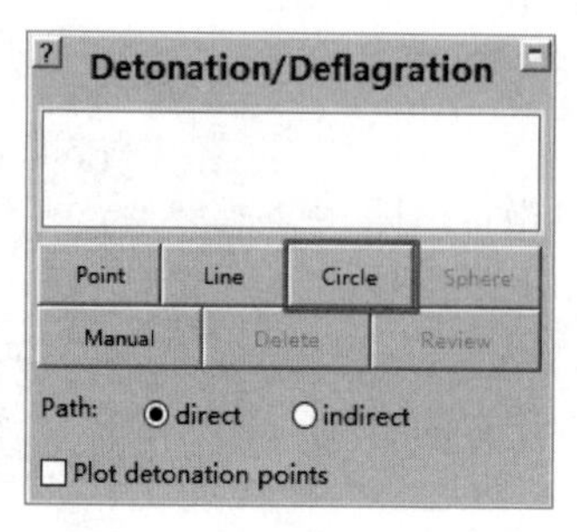

图6-52　定义圆面起爆点

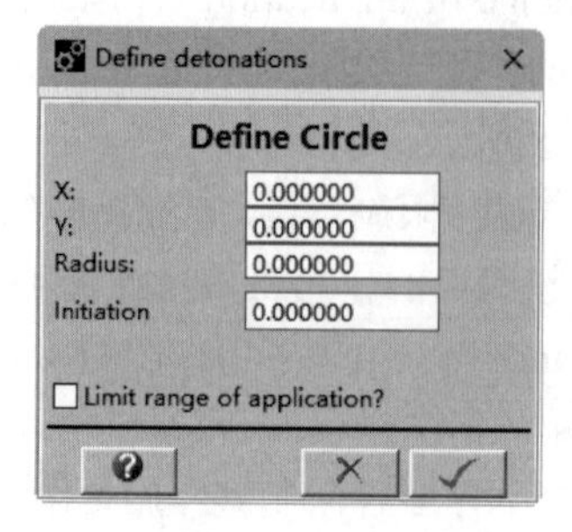

图6-53　“Define Circle”窗口

① Center（X，Y）（圆心坐标）　在此输入圆心坐标。

② Radius（半径）　在此输入半径。

③ Initiation（起爆时间）　在此输入起爆时间，如果选择计算起爆时间则不用输入。

④ Limit range of application？（限制作用范围？）　如果想限制起爆点的作用范围，选择此复选框，将会显示设置面板，如图6-54所示。

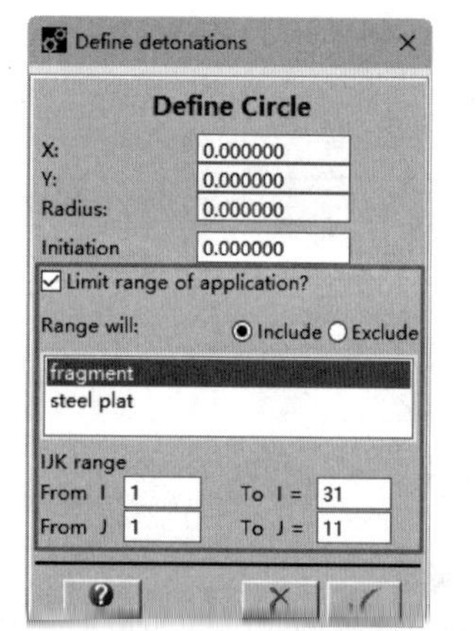

图6-54　定义限制作用范围设置

● Range will（限制范围）：对于每个零件，可以指定指标空间范围限制起爆点的作用范围。此选项可以选择作用范围是在指定的“Include”（范围内）还是“Exclude”（范围外）。

● Part list（零件列表）：此窗口列表显示模型中所有的零件。在此处选择一个零件限制其作用范围。

● IJK range（IJK范围）：在此输入限定区域的IJ范围。

（4）Manual（手动）

在二维“Detonation/Deflagration”（爆炸/爆燃）面板中单击“Manual”按钮Manual，如图6-55所示，打开“Ignition Times”（手动定义起爆时间）窗口，如图6-56所示，通过此窗口为块内单元手动定义起爆时间。具体定义选项如下。

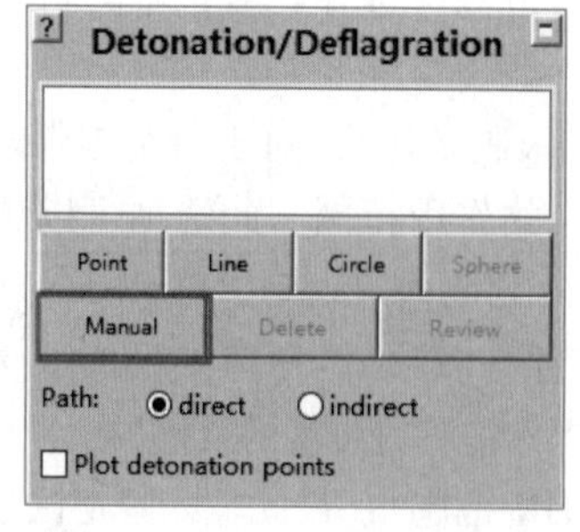

图6-55　手动定义起爆时间

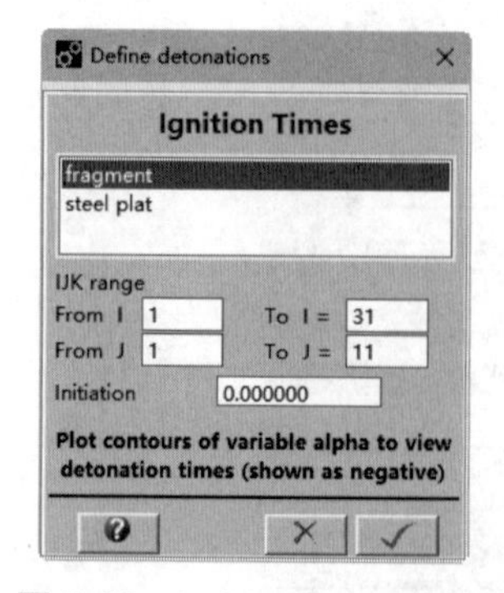

图6-56　Ignition Times窗口

① Part list（零件列表）　此窗口列表显示模型中所有的零件。在此处选择一个零件定义起

爆时间。

② IJK range（IJK 范围）　在此输入块单元的 IJ 范围，然后赋予起爆时间。

③ Initiation（起爆时间）　在此为块中的所有单元赋予起爆时间。

6.3.2 定义三维爆炸

(1) Point（点）

在三维“Detonation/Deflagration”（爆炸 / 爆燃）面板中单击“Point”按钮 Point，如图 6-57 所示，打开“Define Node”（定义起爆点）窗口，如图 6-58 所示，通过此窗口定义起爆点。具体定义选项如下。

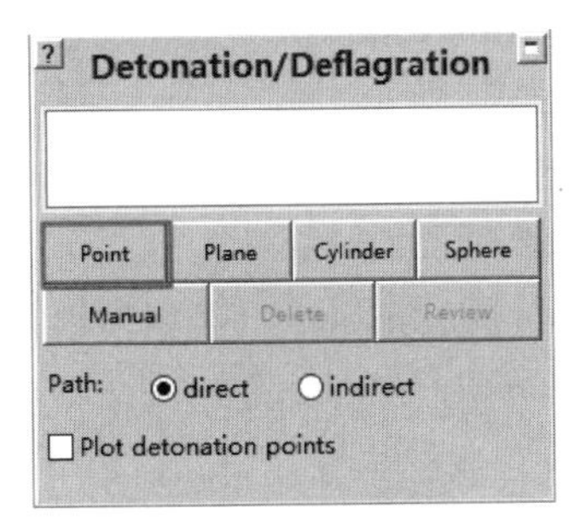

图 6-57　定义起爆点

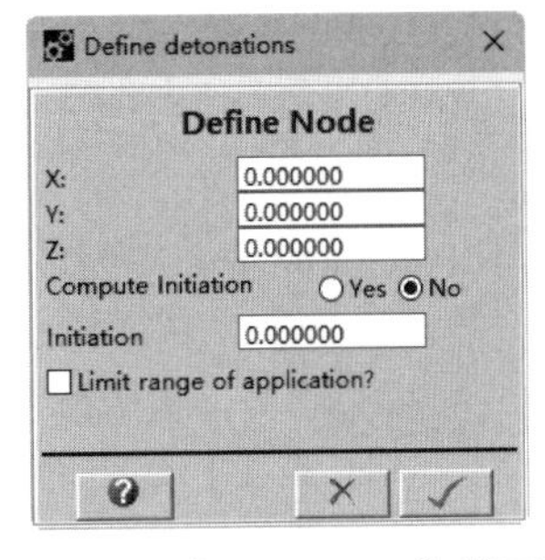

图 6-58　“Define Node”窗口

① X/Y/Z Coordinates（X/Y/Z 坐标）　在此输入起爆点的 X/Y/Z 坐标。

② Compute Initiation（计算起爆时间）　选择设定爆炸起始时间或由 Autodyn 软件计算。如果选择“Yes”（是），Autodyn 会通过其他起爆点计算起爆时间。至少需要为一个点、平面、圆柱面或球面指定起爆时间。

③ Initiation（起爆时间）　在此输入起爆时间，如果选择计算起爆时间则不用输入。

④ Limit range of application？（限制作用范围？）　如果想限制起爆点的作用范围，选择此复选框，将会显示设置对话面板，如图 6-59 所示。

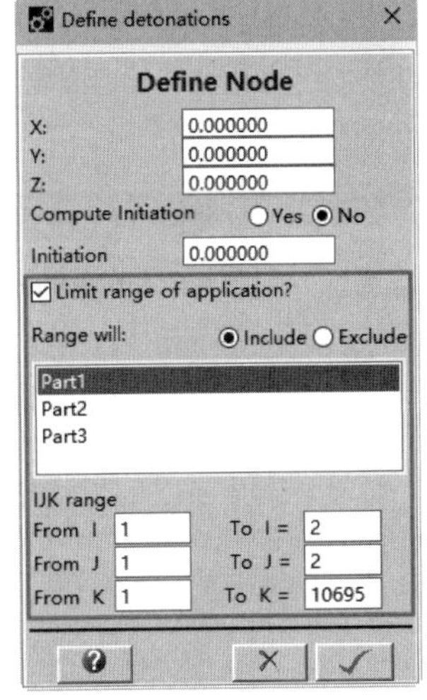

图 6-59　定义限制作用范围设置

- Range will（限制范围）：对于每个零件，可以指定指标空间范围限制起爆点的作用范围。此选项可以选择作用范围是在指定的“Include”（范围内）还是“Exclude”（范围外）。
- Part list（零件列表）：此窗口列表显示模型中所有的零件。在此处选择一个零件限制其作用范围。
- IJK range（IJK 范围）：在此输入限定区域的 IJK 范围。

(2) Plane（平面）

在三维“Detonation/Deflagration”（爆炸 / 爆燃）面板中单击“Plane”按钮 Plane，如图 6-60 所示，打开“Define Plane”（定义平面状起爆点）窗口，如图 6-61 所示，通过此窗口定义平面状起爆点。具体定义选项如下。

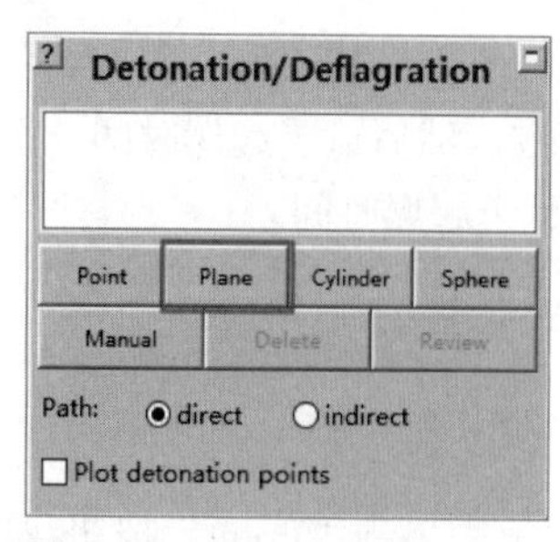

图 6-60　定义平面状起爆点

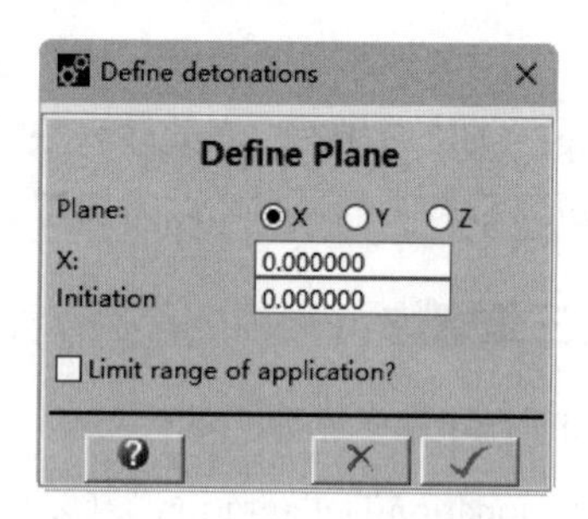

图 6-61　“Define Plane”窗口

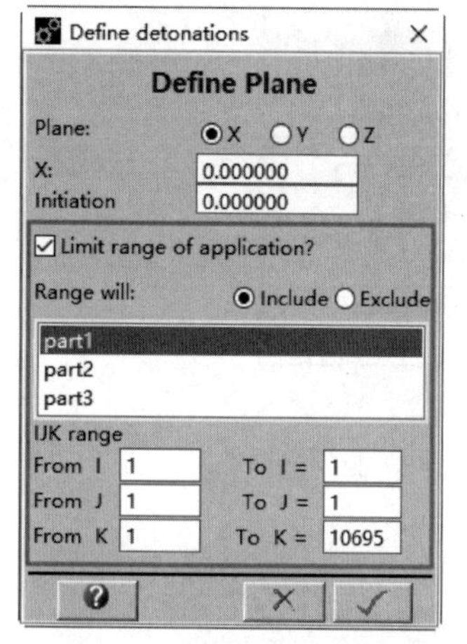

图 6-62　定义限制作用范围设置

① Plane（平面）　选择希望定义的 X、Y 或 Z 平面。

② X/Y/Z Coordinates（X/Y/Z 坐标）　在此输入起爆点平面的 X、Y 或 Z 坐标。

③ Initiation（起爆时间）　在此输入起爆时间，如果选择计算起爆时间则不用输入。

④ Limit range of application？（限制作用范围？）　如果想限制起爆点的作用范围，选择此复选框，将会显示设置对话面板，如图 6-62 所示。

- Range will（限制范围）：对于每个零件，可以指定指标空间范围限制起爆点的作用范围。此选项可以选择作用范围是在指定的“Include”（范围内）还是“Exclude”（范围外）。
- Part list（零件列表）：此窗口列表显示模型中所有的零件。在此处选择一个零件限制其作用范围。
- IJK range（IJK 范围）：在此输入限定区域的 IJK 范围。

（3）Cylinder（圆柱面）

在三维“Detonation/Deflagration”（爆炸 / 爆燃）面板中单击“Cylinder”按钮 Cylinder，如图 6-63 所示，打开“Define Cylinder”（定义圆柱面起爆点）窗口，如图 6-64 所示，通过此窗口定义一个圆柱面起爆点，爆炸从圆柱面开始，沿着径向向内、向外传播。具体定义选项如下。

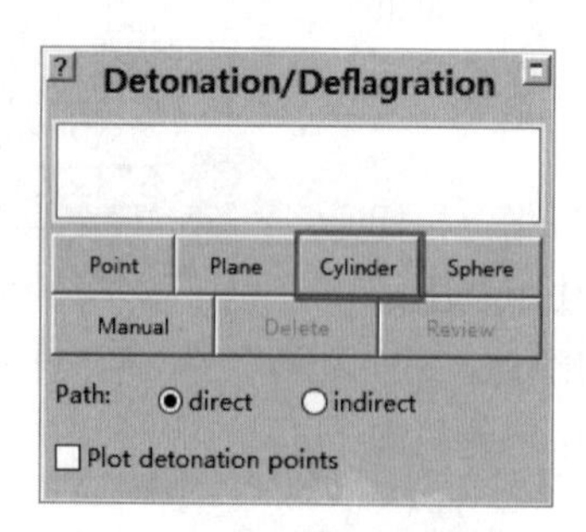

图 6-63　定义圆柱面起爆点

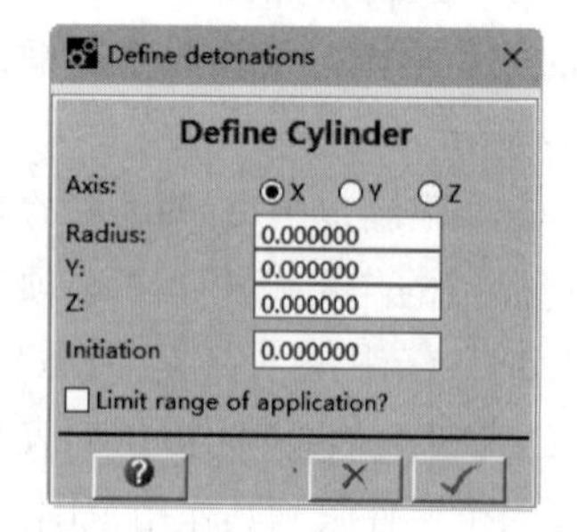

图 6-64　“Define Cylinder”窗口

① Axis（轴）　选择与圆柱面对称轴平行的轴（X、Y 或 Z）。

② Radius（半径）　在此输入圆柱的半径。

③ Center Coordinates（中心坐标）　在此输入圆柱中心的两个坐标。

④ Initiation（起爆时间）　在此输入起爆时间，如果选择计算起爆时间则不用输入。

⑤ Limit range of application？（限制作用范围？）　如果想限制起爆点的作用范围，选择此复选框，将会显示设置对话面板，如图 6-65 所示。

- Range will（限制范围）：对于每个零件，可以指定指标空间范围限制起爆点的作用范围。此选项可以选择作用范围是在指定的“Include”（范围内）还是“Exclude”（范围外）。
- Part list（零件列表）：此窗口列表显示模型中所有的零件。在此处选择一个零件限制其作用范围。
- IJK range（IJK 范围）：在此输入限定区域的 IJK 范围。

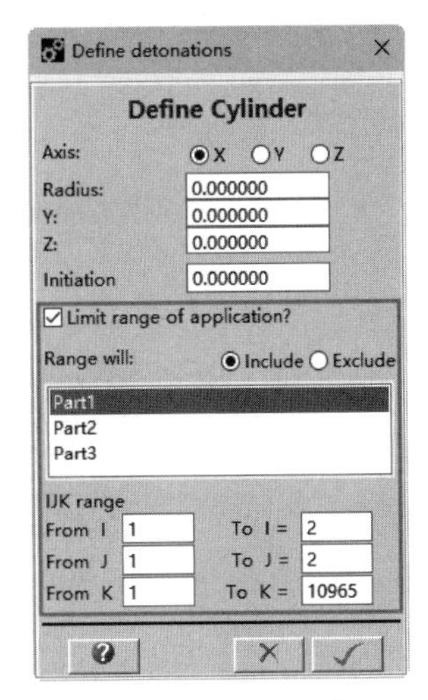

图 6-65　定义限制作用范围设置

(4) Sphere（球面）

在三维“Detonation/Deflagration”（爆炸 / 爆燃）面板中单击“Sphere”按钮 Sphere，如图 6-66 所示，打开“Define Cylinder”（定义球面起爆点）窗口，如图 6-67 所示，通过此窗口定义一个球面起爆点，爆炸从球面开始，沿着径向向内、向外传播。具体定义选项如下。

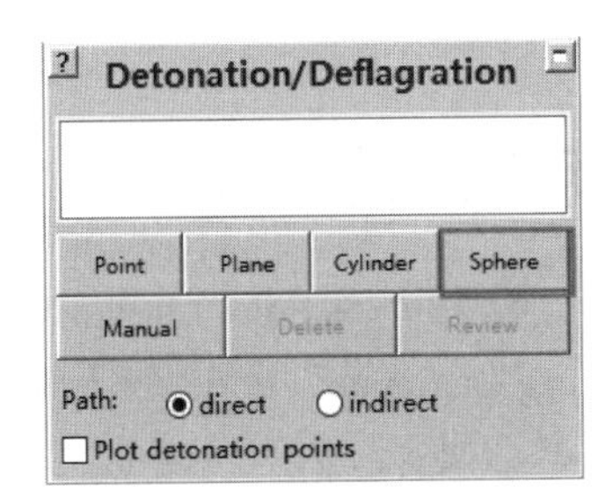

图 6-66　定义球面起爆点

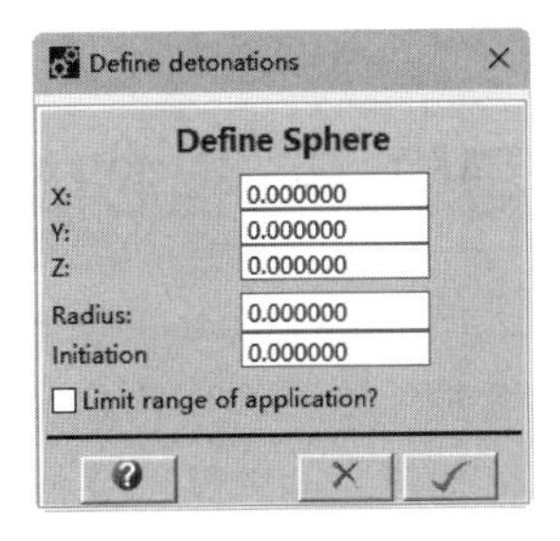

图 6-67　“Define Cylinder”窗口

① Center Coordinates（中心坐标）　在此输入球中心的两个坐标。

② Radius（半径）　在此输入球的半径。

③ Initiation Time（起爆时间）　在此输入起爆时间，如果选择计算起爆时间则不用输入。

④ Limit range of application？（限制作用范围？）　如果想限制起爆点的作用范围，选择此复选框，将会显示设置对话面板，如图 6-68 所示。

- Range will（限制范围）：对于每个零件，可以指定指标空间范围限制起爆点的作用范围。此选项可以选择作用范围是在指定的“Include”（范围内）还是“Exclude”（范围外）。
- Part list（零件列表）：此窗口列表显示模型中所有的零件。在此处选择一个零件限制其作用范围。
- IJK range（IJK 范围）：在此输入限定区域的 IJK 范围。

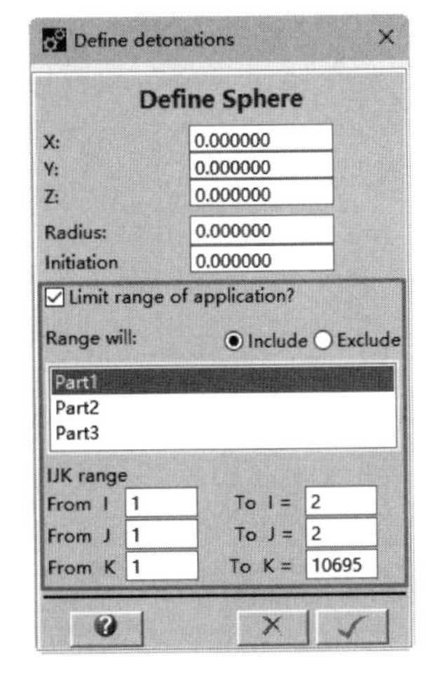

图 6-68　定义限制作用范围设置

(5) Manual（手动）

在三维“Detonation/Deflagration”（爆炸 / 爆燃）面板中单击“Manual”按钮 Manual，如图 6-69 所示，打开“Ignition Times”（手动定义起爆时间）窗口，如图 6-70 所示，通过此窗口为块内的单元手动定义起爆时间。具体定义选项如下。

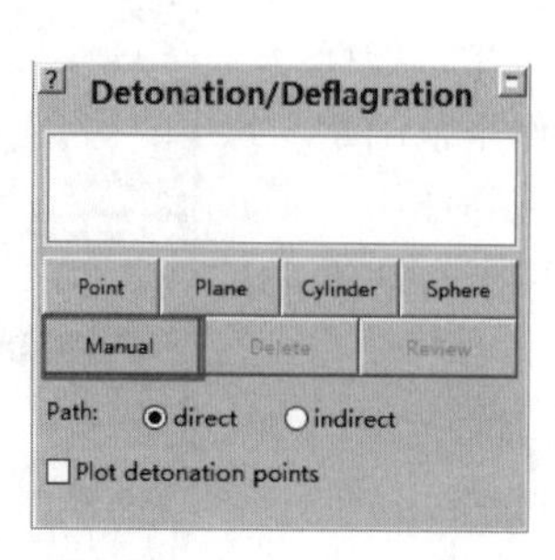

图 6-69　手动定义起爆时间

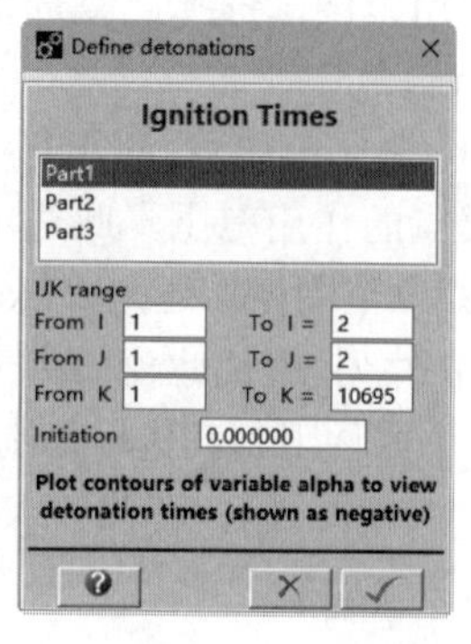

图 6-70　“Ignition Times”窗口

① Part list（零件列表）　此窗口列表显示模型中所有的零件。在此处选择一个零件定义起爆时间。

② IJK range（IJK 范围）　在此输入块单元的 IJK 范围，然后赋予起爆时间。

③ Initiation（起爆时间）　在此为块中的所有单元赋予起爆时间。

扫码看视频

6.4　实例导航——钽芯破片撞击钢板接触设置

单击导航栏上的“Interaction”按钮 Interaction，打开“Interactions”面板，通过此面板定义破片和目标靶的接触，如图 6-71 所示，单击“Lagrange/Lagrange”按钮 Lagrange/Lagrange，设置拉格朗日破片和目标靶之间的接触界面。设置“Type”（类型）为“External Gap”（外部间隙）接触算法，单击“Calculate”（计算）按钮 Calculate，如图 6-72 所示，系统会自动计算间隙值，间隙的大小为破片、目标靶中参加接触的单元中，最小单元尺寸的十分之一。单击“Check”（检查）按钮 Check，打开“Confirm”（确认）对话框，如图 6-73 所示，检查间隙值是否有效并且所有零件初始状态下都由缝隙值分开，单击“否”按钮 否(N)，这时会得到一个错误：破片和目标靶之间的间隔小于缝隙值，它们是接触上的。

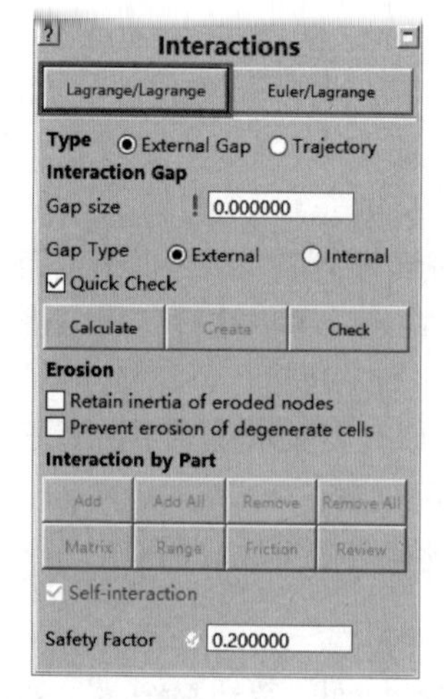

图 6-71　“Interactions”面板

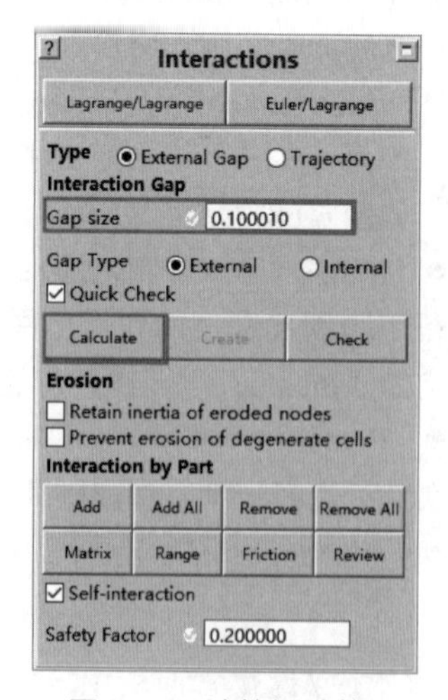

图 6-72　计算间隙值

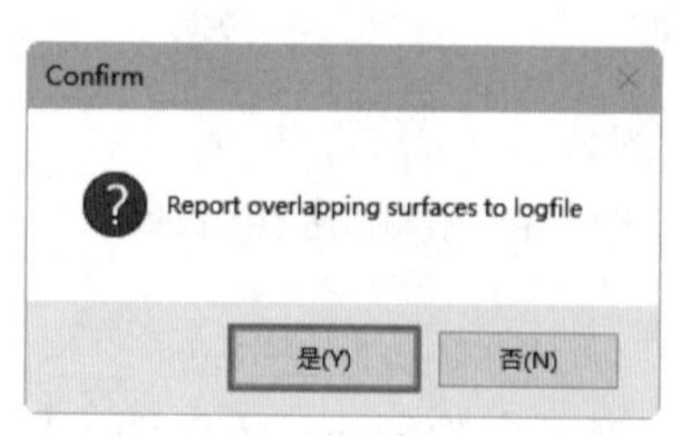

图 6-73　“Confirm”对话框

将破片和目标靶分隔开，单击导航栏上的“Parts”按钮 Parts，打开“Parts”面板，在零件列表中选择“plate（Lagrange，21，51）”零件，在“Parts”面板中单击“Zoning”（生成网格）按钮 Zoning，为零件划分网格，如图 6-74 所示。

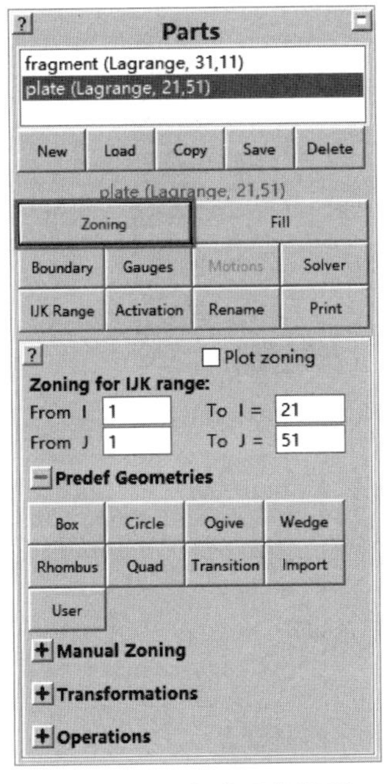

图 6-74　生成网格设置

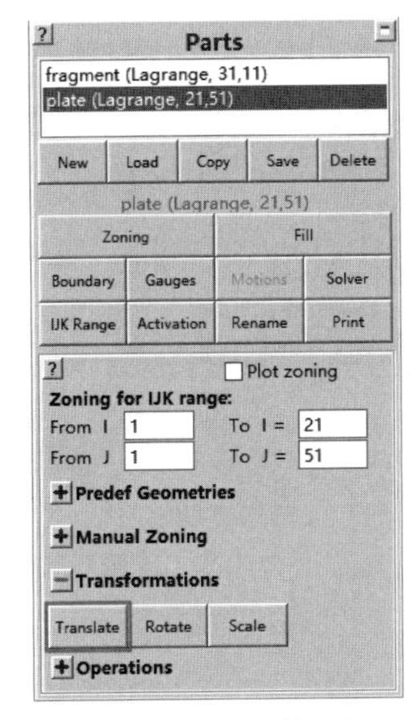

图 6-75　变换网格设置

展开“Transformation”（变换网格）栏，该栏中的单击“Translate”（平移）按钮 Translate、“Rotate”（旋转）按钮 Rotate、“Scale”（缩放）按钮 Scale，可以平移、旋转和缩放网格。如图 6-75 所示，单击“Translate”（平移）按钮 Translate，打开“Zoning Transformation”（变换平移网格）对话框，如图 6-76 所示，在“X distance”后面的文本框中输入“10.000000”，单击“OK”按钮 ✓，这样就将 fragment 破片与 plate 目标靶用间隙值分隔开了，结果如图 6-77 所示。

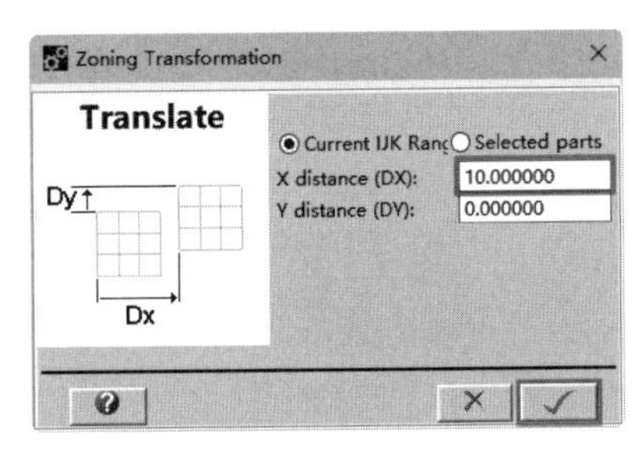

图 6-76　“Zoning Transformation”对话框

返回到接触对话面板，再次单击“Check”按钮，打开“Confirm”（确认）对话框，然后单击“否”按钮 否(N)，打开“Interactions check successful”对话框，会发现接触定义成功，如图 6-78 所示。

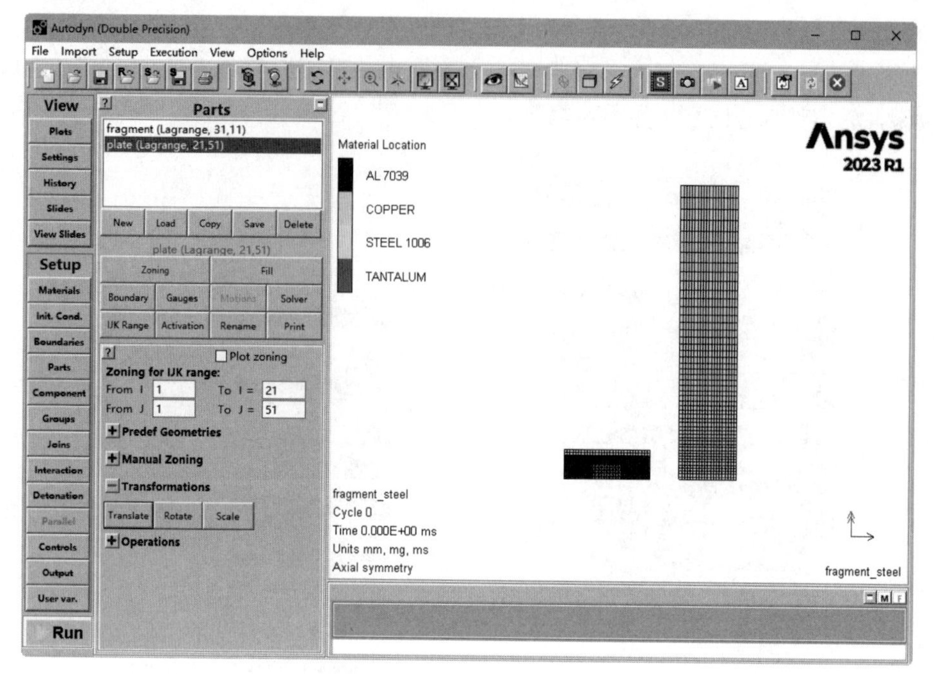

图 6-77 破片和目标靶分隔开

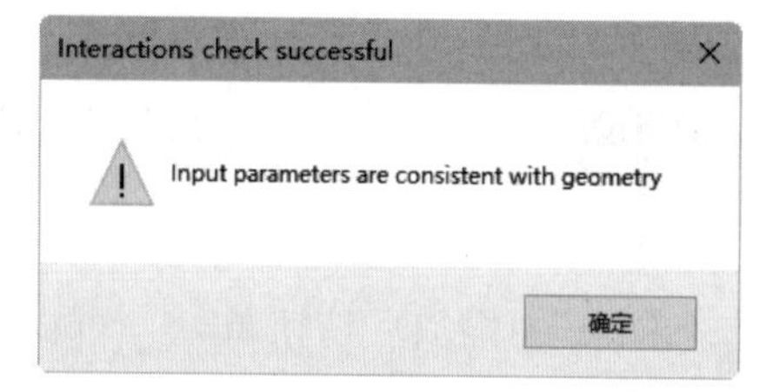

图 6-78 “Interactions check successful”对话框

第7章 求解控制与输出

通过求解控制可设置求解循环上限、求解时间上限等，本章重点介绍求解控制、输出的定义，其中求解控制主要介绍了定义终止标准、时间步选项、阻尼选项等相关操作，控制主要介绍了定义中断、刷新、保存等相关操作。

7.1 定义求解控制

如图 7-1 所示，选择“Setup”（设置）下拉菜单中的“Controls”（控制）命令，或者单击导航栏中的“Controls”（控制）按钮 Controls ，打开“Define Solution Controls”（定义求解控制）面板，如图 7-2 所示，通过此面板为模型定义求解控制。

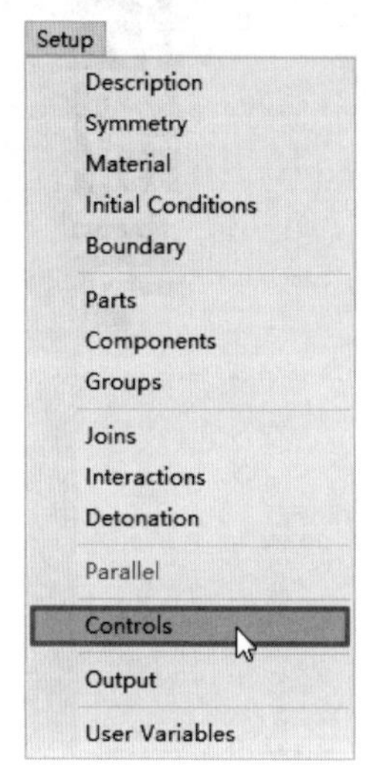

图 7-1 选择“Controls”

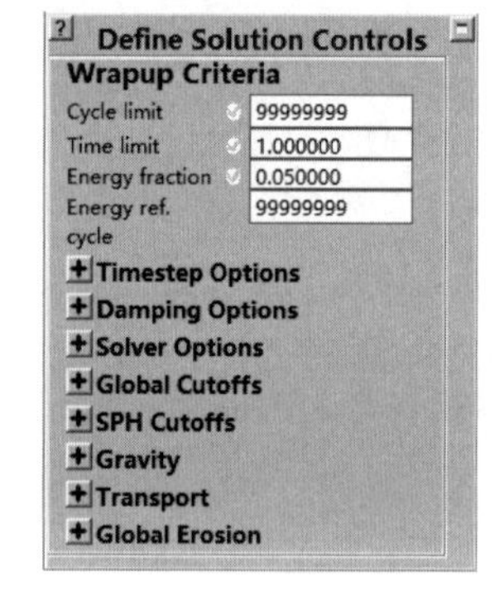

图 7-2 “Define Solution Controls”面板

7.1.1 终止标准

第一次打开定义求解控制对话面板时，只显示“Wrapup Criteria”（终止标准）栏中的选项，如图 7-3 所示，这是因为必须设定这里面的参数。其他的控制参数均有默认值，一般情况下均可用。

① Cycle limit（循环限制） 输入模型计算的最大循环数。如果不希望模型的计算受到循环的限制，可以输入一个较大的循环数值。

② Time limit（时间限制） 输入模型计算的最长时间。如果不希望模型的计算受到时间的限制，可以输入一个较长的时间数值，如 1.0E20。

③ Energy fraction（能量分数） 在此输入一个能量分数值，当模型的能量误差太大时停止计算。默认值为 0.050000，当模型的能量误差大于 5% 时模型停止计算。

④ Energy ref. cycle（检查能量循环数） 输入 Autodyn 检查能量的循环数。

7.1.2 时间步选项

单击“Timestep Options”（时间步选项）旁的“Open”按钮 ，展开该选项的输入栏，如图 7-4 所示，这些选项用来控制模型中的时间步设置。

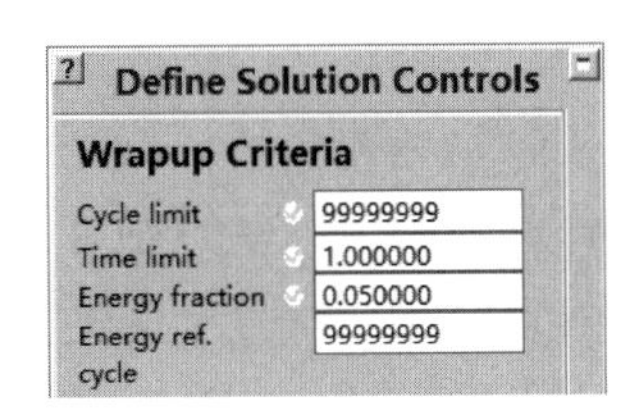

图 7-3　“Wrapup Criteria”栏

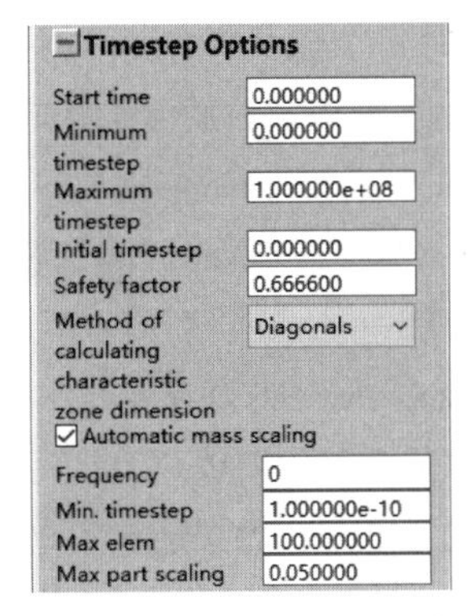

图 7-4　“Timestep Options”栏

（1）Start time（起始时间）

输入模型的起始时间。

（2）Minimum timestep（最小时间步）

输入最小时间步。如果时间步小于此值，终止计算。如果在此处输入“0.000000”，最小时间步将被设定为初始时间步的 1/10。

（3）Maximum timestep（最大时间步）

输入最大时间步。Autodyn 会使用此值的最小值或者计算出的稳定时间步。

（4）Initial timestep（初始时间步）

输入初始时间步。

如果在此处输入“0.000000”，初始时间步将被设定为稳定时间步的 1/2。

（5）Safety factor（安全因子）

输入安全因子。默认值是 0.666600，适用于所有求解问题，但在某些情况下，建议使用 0.900000，这使时间步长较大，计算较快。对于大多数拉格朗日计算，0.900000 较为合适。

（6）Method of calculating characteristic zone dimension（计算特征网格方法）

计算有效网格大小有三个选项（计算有效网格大小用于计算时间步）。默认情况下，模型使用基于单元对角线的方法计算网格大小。如果希望提高效率，尤其是在三维模拟中，可以选用其他两项计算网格大小的方法，一个是基于对立面中心距离法，一个是最近面中心距离法。

经验显示，这两种方法能极大地提高拉格朗日计算的效率，尤其是在三维状况下。但是，在某些情况下，当单元严重变形时，可能导致计算不稳定，会出现较高的能量误差导致计算终止。选择合适的侵蚀应变可以改善这些问题。所以建议，除非对计算效率要求非常高，不要使用这两种方法。

（7）Automatic mass scaling（自动质量缩放）

质量缩放是提高个别单元 CFL（courant-friedrichs-lewy）时间步的人工机制，在 Autodyn 显示瞬态动力分析中一些个别单元控制着最大许用时间步，提高时间步对于给定的时间内减少循环数量的益处是很明显的。经过试验验证，这种方法可以极大地提高计算效率。

质量缩放的主要用途是提高模型中很小的单元（数量较少）的 CFL 时间步，否则这些单元将控制所有单元的时间步。使用此选项，Autodyn 会自动向单独的单元添加人工质量，从而保证这些单元的 CFL 时间步至少与定义的相等。只有在增加的单元惯性对计算结果不产生太大影响的时候，才能使用质量缩放。质量缩放也能用于提高计算中严重变形单元的 CFL 时间步。需要输入的参数定义如下。

① Frequency（频率） Autodyn 调整质量缩放的循环频率。建议使用默认设置，只在开始计算时调整。

② Min. timestep（最小时间步） 小于此值的单元均进行质量缩放。

③ Max. ele（最大单元缩放） 单元进行质量缩放的最大因子。默认值是 100.000000，表示最大缩放为原来的 100 倍。如果超出了这个界限，不再给单元添加质量。

④ Max. part scaling（最大零件缩放） 对于一个零件可以添加的最大质量，是原来零件质量的分数。默认值是 0.050000，相当于原质量的 5%。如果超出了此值，计算终止，并弹出错误窗口报警。

① 质量缩放只能应用于非结构化的单元 / 零件；

② 质量缩放只能应用于以线性或超弹性状态方程材料填充的单元；

③ 计算中实际使用的时间步比定义的 CFL 时间步小；

④ 对于梁单元和 ANP 单元，最小 CFL 时间步可以通过质量缩放来提高，但是，一些量在节点的平均会影响时间步，可能无法达到定义的 CFL 时间步。

7.1.3 阻尼选项

单击“Damping Options”（阻尼选项）选项旁的“Open”按钮➕，展开该选项的输入栏，如图 7-5 所示，通过这些选项控制模型中阻尼的大小。默认值对于大多数模型较好。增大这些值时一定要非常小心，这些值会对求解产生很大的影响。

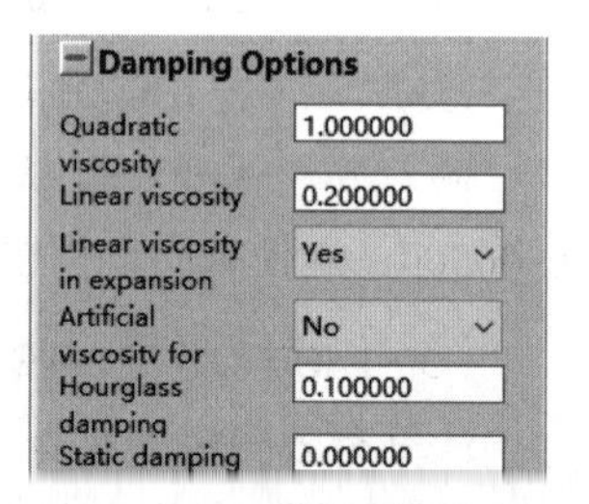

图 7-5 “Damping Options”栏

（1）Quadratic viscosity（二次黏性）

为冲击波（压缩波）输入二次黏性系数。

（2）Linear viscosity（线性黏性）

为冲击波（压缩波）输入线性黏性系数。

（3）Linear viscosity in expansion（膨胀中使用线性黏性）

选择在膨胀中是否使用线性黏性。

（4）Artificial viscosity for（人工黏性）

选择是否使用人工黏性。

（5）Hourglass damping（沙漏阻尼）

为拉格朗日单元输入沙漏阻尼系数。

（6）Static damping（静态阻尼）

静态阻尼常量在 Autodyn 从动态求解转换为应力平衡状态叠代收敛时使用。

7.1.4 求解器选项

单击“Solver Options”（求解器选项）选项旁的“Open”按钮展开该选项的输入栏，如图 7-6 所示，通过这些选项选择求解器。

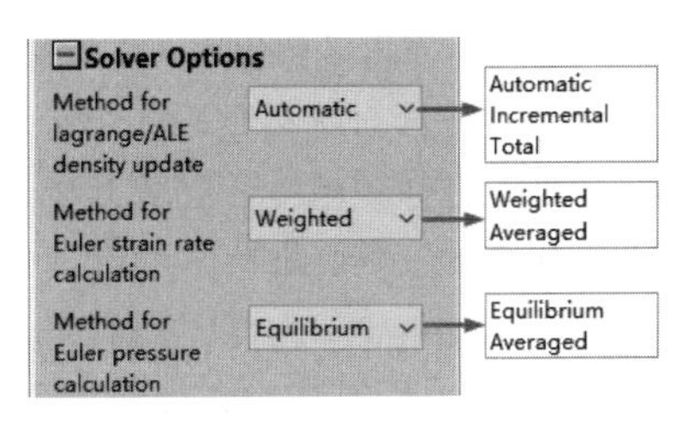

图 7-6　“Solver Options”栏

（1）Method for Lagrange/ALE density update（拉格朗日 /ALE 密度更新方法）

单元的密度使用下面两种方法之一在每个循环中更新：与上一循环体积的改变计算（增量计算），或者基于单元当前的质量和体积计算（全部计算）。如果一个循环中体积改变很小，使用增量计算比使用全部计算的方法更新密度更精确。具体选项包括：

① Automatic（自动）　Autodyn 自己决定使用增量计算还是全部计算进行更新。

② Incremental（增量计算）　强制 Autodyn 使用增量计算进行更新。

③ Total（全部计算）　强制 Autodyn 使用全部计算进行更新。

（2）Method for Euler strain rate calculation（欧拉应变率计算方法）

对于多物质欧拉，有两种计算应变率的方法如下。

① Weighted（加权）　对于多物质欧拉分析，包括带强度的材料，需要计算应变率，从而计算循环到循环的应变增量。应变率由速度梯度得到，速度梯度由单元表面对速度的积分得到。使用加权选项，在积分中使用的面速度是面两侧单元速度的密度加权平均数。这是默认选项，可以提供最精确的应变率计算。

② Averaged（平均）　使用此选项，在积分中使用的面速度是面两侧单元速度的简单平均，这个选项的计算精度比加权算法低。

（3）Method for Euler pressure calculation（欧拉压力计算方法）

对于含两种或多种材料的多物质欧拉单元，有两种计算单元压力的方法。

① Equilibrium（平衡）　单元中的每个材料均进行状态方程和材料状态的迭代，从而建立一致的压力。这种方法目前只适用于单元中只有两种材料，并且这些材料是理想气体或完全燃烧的 JWL 材料。如果单元不满足上面的限定条件，将使用平均选项。

② Average（平均）　单元压力结果由每个材料压力的加权平均数计算。这种加权算法考虑每种材料的体积分数和相对硬度。此选项为默认选项。

7.1.5 全局边界

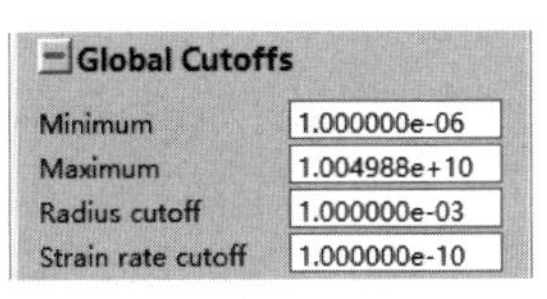

图 7-7　“Global Cutoffs”栏

单击“Global Cutoffs”（全局边界）选项旁的“Open”按钮，展开该选项的输入栏，如图 7-7 所示，通过此选项可设置全局边界。

如果使用默认的“mm，mg，ms”单位制，默认值基本适合所有的情况。如果使用了其他单位制，可以在此更改一个或几个默认设置。

（1）Minimum（最小速度）

输入最小速度。小于此值的速度视为 0。

（2）Maximum（最大速度）

输入最大速度。大于此值的速度视为此速度。这个选择在某些情况下很有用，如计算中产生了较大的速度，这会使时间步变小，但这些较大速度产生的区域不是用户关心的区域。

(3) Radius cutoff (半径边界)

为二维轴对称模型输入半径边界。在计算开始时，如果拉格朗日节点在此半径内，将此节点放置在对称轴上；在计算开始时，如果拉格朗日节点在此半径外，计算过程中此节点距对称轴的距离不会小于此半径。

(4) Strain rate cutoff (应变率边界)

输入最小应变率边界值。小于此值的应变率均被视为 0. 对于大多数分析，建议使用默认值。对于低速或准静态分析，可能需要降低该值。

7.1.6 SPH 边界

单击“SPH Cutoffs”（SPH 边界）选项旁的“Open”按钮 ，展开该选项的输入栏，如图 7-8 所示，通过这些选项设置 SPH 边界。

如果使用默认的“mm，mg，ms”单位制，默认值基本适合所有的情况。如果使用了其他单位制，可以在此更改一个或几个默认设置。

(1) Limit density/Delete node (限制密度 / 删除粒子)

如果 SPH 粒子的密度低于最小密度或高于最高密度，可以选择对删除这些粒子还是将这些粒子的密度设定为限制密度。可以在这里作出选择。

(2) Min. timestep (最小时间步)

输入最小时间步。

7.1.7 重力

单击“Gravity”（重力）选项旁的“Open”按钮，展开该选项的输入栏，如图 7-9 所示，通过此选项为模型设置重力。

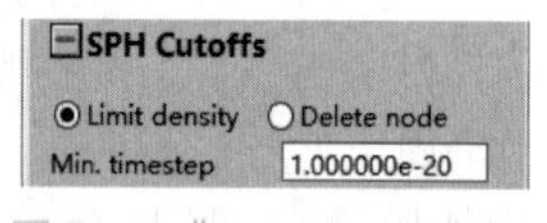

图 7-8 “SPH Cutoffs”栏

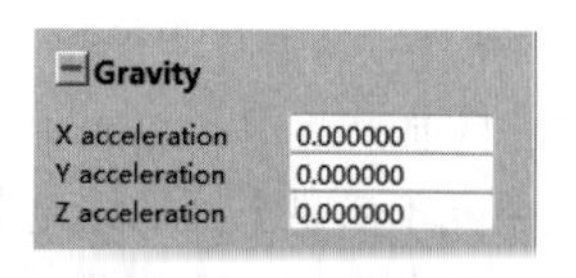

图 7-9 “Gravity”栏

X/Y/Z acceleration（X/Y/Z 向加速度），在此输入 X、Y 和 Z 向加速度。

7.1.8 运输

单击“Transport”（运输）选项旁的“Open”按钮，展开该选项的输入区如图 7-10 所示，通过这些选项设置不同求解器的材料运输。

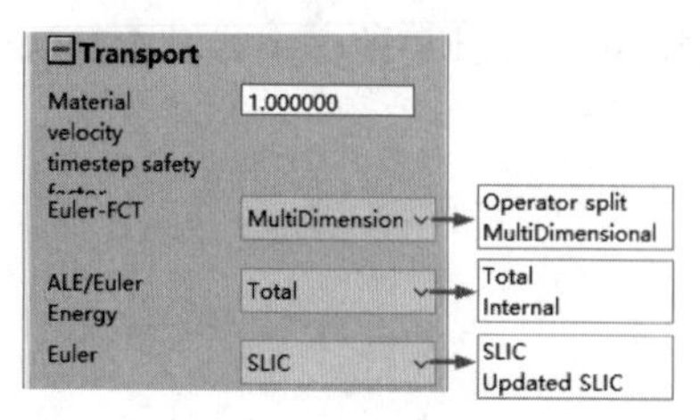

图 7-10 “Transport”栏

(1) Material velocity timestep safety factor (材料速度时间步安全因子)

为材料速度输入时间步安全因子。用于计算稳定时间步的速度 c+u 中，c 是材料的声速，u 是材料的物理速度。如果 u 与 c 相当或高于 c，使用 c +u/f 可以得到稳定的结果，这里的 f 就是安全因子。

(2) Euler-FCT(欧拉 -FCT)

在这个下拉菜单中为欧拉 -FCT 计算选择运输方法。

① MultiDimensional（默认设置是多维）　默认设置是多维，三维同时计算，这样效率高，并且可以帮助保持流场对称。

② Operator split（分开计算）　另一个选项是分开计算，每个维度按顺序计算。

(3) ALE/Euler Energy (ALE/ 欧拉能)

在一个欧拉循环中，质量、动量和能量在单元和单元间运输。此选项决定运输总能量还是内能。

① Total（总能量）　这个选项使在运输中，总能量不变（动能和内能）。这是最快速和精确的选项，也是默认选项。

② Internal（内能）　这个选项使在运输中，内能不变。在某些情况下，总能量运输选项不能得到准确解，如材料过热或动能占主要地位时，可以选择内能作为运输选项。

(4) Euler (欧拉)

通过此选项设置多物质运输使用的运输方法。

① SLIC（SLIC 法）　当材料从一个多物质或空单元中运输出来的时候，需要使用空间法则决定每种材料的运输量，因为提供给运输算法的只有一个数据，那就是每个单元的材料分数。在 Autodyn 中使用 SLIC 方法，这种方法使用较少数量的混合材料单元拓扑模式。此方法是默认方法，适用于所有多物质欧拉分析。

② Updated SLIC（更新 SLIC 法）　比一个单元还小的独立材料零件在网格中移动会出现速度错误。如果周围有材料流过，这些零件趋向于停止移动。更新 SLIC 选项将会以正确的统计速度运输这些小分数材料。使用此选项时要小心，因为它可能引起不能容忍的副作用。对于这些小材料，它们可以穿过其他的多物质欧拉物体，如墙或平板。

7.1.9 全局侵蚀

单击“Global Erosion”（全局侵蚀）选项旁的“Open”按钮，展开该选项的输入栏，如图 7-11 所示，通过此选项可设置全局侵蚀。

① Erode by geometric strain（几何应变侵蚀）　选择此项设置侵蚀应变。

② Erode by timestep（时间步侵蚀）　选择此项设置相关数值。

③ Erode after element failure（单元失效后侵蚀）　选择此项设置为单元失效后侵蚀。

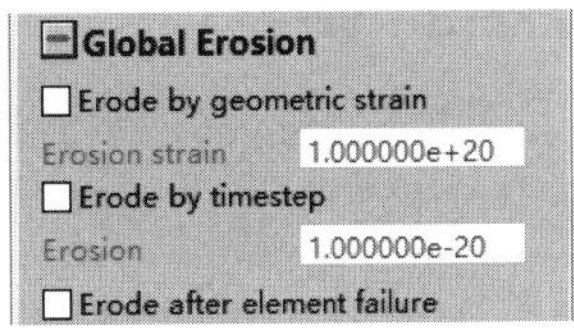

图 7-11 “Global Erosion”栏

7.2 定义输出

如图 7-12 所示，选择“Setup”（设置）下拉菜单中的“Output”（输出）命令，或者单击导航栏中的“Output”（输出）按钮 Output，打开“Define Output”（定义输出）面板，如图 7-13 所示，通过此窗口设置计算生成的文件类型。

7.2.1 中断

单击“Interrupt”（中断）选项旁的“Open”按钮，展开该选项的输入栏，如图 7-14 所示，用来设置计算的中断频率，中断后可进行显示和查看。

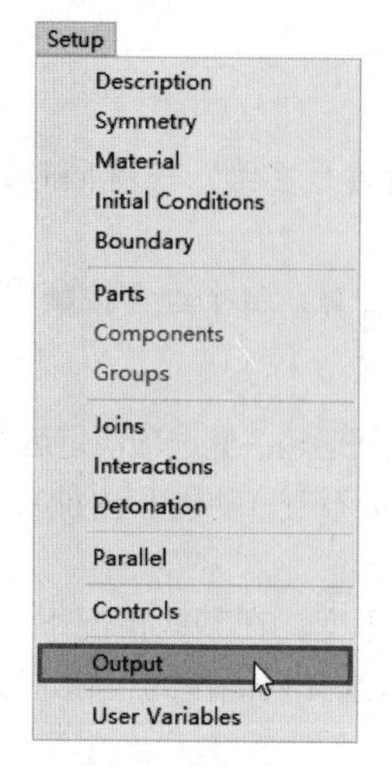

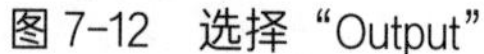
图 7-12　选择“Output”

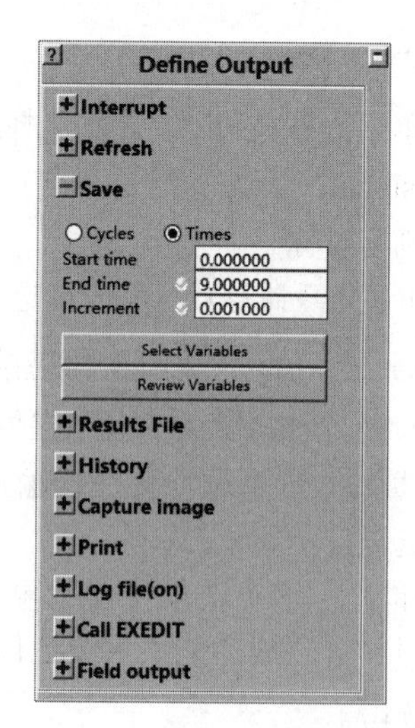

图 7-13　“Define Output”面板

7.2.2　刷新

单击“Refresh”（刷新）选项旁的“Open”按钮➕，展开该选项的输入栏，如图 7-15 所示，用来设置显示面板的刷新频率。

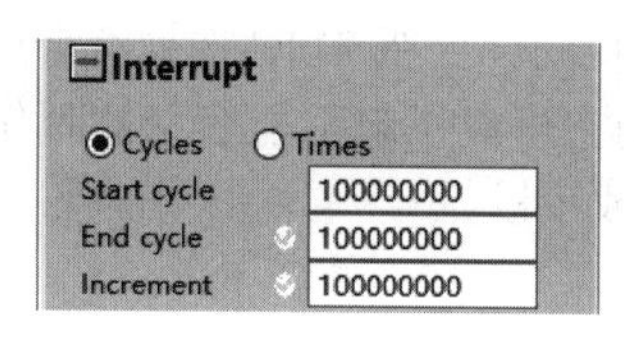

图 7-14　“Interrupt”栏

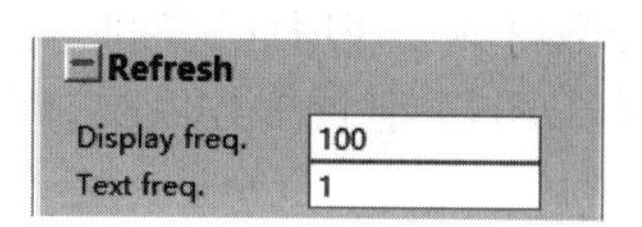

图 7-15　“Refresh”栏

7.2.3　保存

单击“Save”（保存）选项旁的“Open”按钮➕，展开该选项的输入栏，如图 7-16 所示，最主要的数据输出类型均存贮在“Save”（保存）文件中。

（1）Cycle/Times（循环 / 时间）

选择写数据的频率是按照循环还是按照时间。

（2）Start cycle/time（开始循环 / 时间）

为第一个保存文件输入写的循环或时间。

（3）End cycle/time（终止循环 / 时间）

为最后一个保存文件输入写的循环或时间。如果不能确定模型终止计算的时间，在此输入一个较大的值，就不需要再到这里更改此项设置了。

（4）Increment（增量）

输入起始循环 / 时间和终止循环 / 时间之间写文件的频率。

（5）Select Variables（选择变量）

单击“Select Variables”（选择变量）按钮 Select Variables ，打开“Select Save Variables”（选

择保存变量）对话框，如图 7-17 所示，通过此对话框为保存文件选择写入的变量。

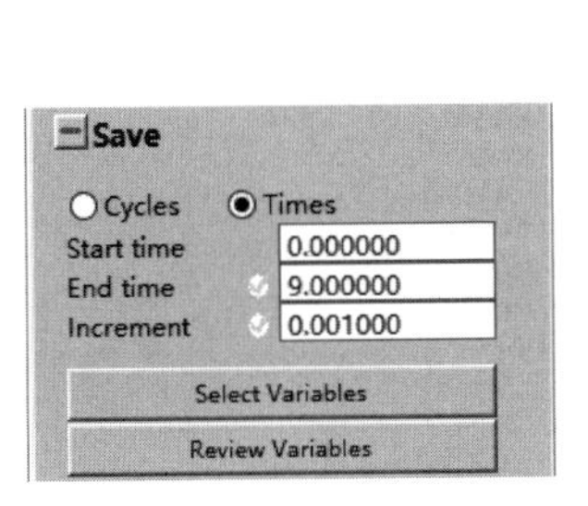

图 7-16　“Save”栏

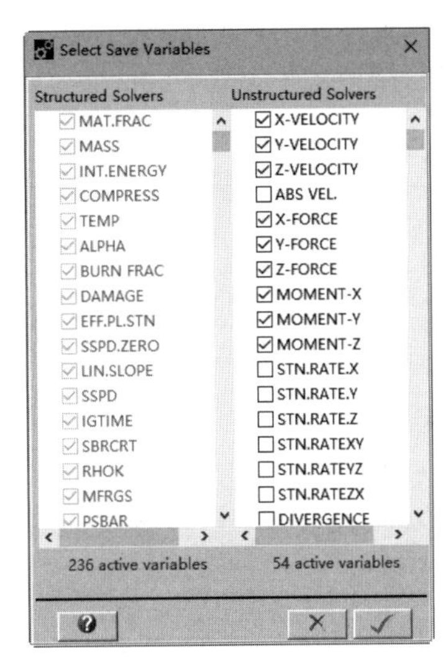

图 7-17　“Select Save Variables”对话框

（6）Review Variables（查看变量）

单击“Review Variables”（查看变量）按钮 Review Variables ，打开“Select variables to review”（选择查看变量）对话框，如图 7-18 所示，以 HTML 格式显示的结构化或非结构化变量。

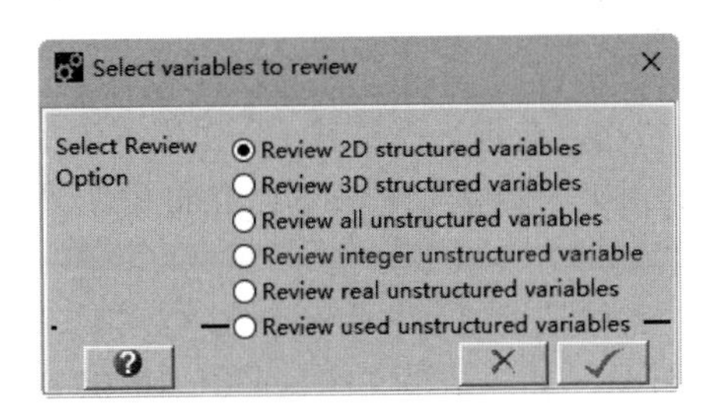

图 7-18　“Select variables to review”对话框

7.2.4　结果文件

单击“Results File”（结果文件）选项旁的“Open”按钮，展开该选项的输入栏，如图 7-19 所示，通过此选项可设置写结果文件的频率。

（1）Cycle/Times（循环 / 时间）

选择写结果文件的频率是按照循环还是按照时间。

（2）Start cycle/time（开始循环 / 时间）

为写第一个结果文件的循环或时间。

（3）End cycle/time（终止循环 / 时间）

为写最后一个结果文件的循环或时间。

（4）Increment（增量）

输入起始循环 / 时间和终止循环 / 时间之间的频率。

（5）Select Results Variables（选择结果变量）

单击“Select Results Variables”按钮 Select Results Variables，打开“Select Results File Variables”（选择结果文件变量）对话框，如图 7-20 所示，为写结果文件选择网格变量。

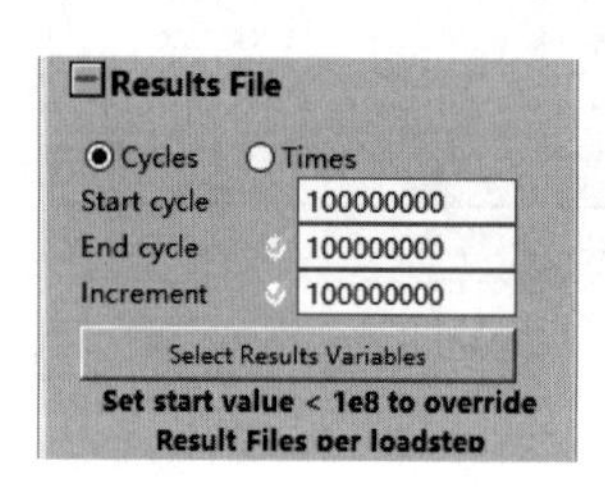

图 7-19 “Results File”栏

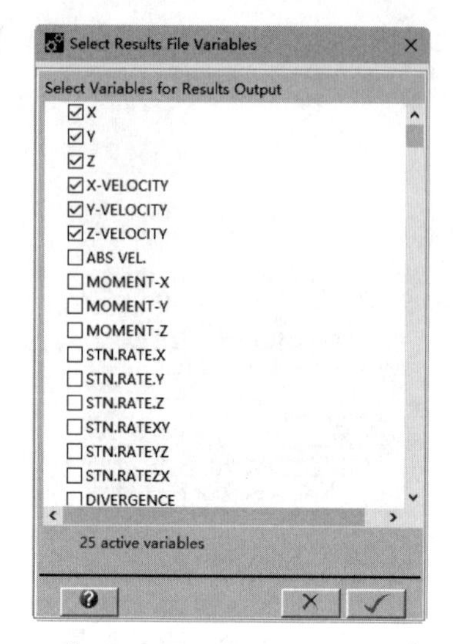

图 7-20 “Select Results File Variables”对话框

结果文件包含的信息是经过缩减的，这使处理能力较差的计算机也可以进行大模型的后处理工作。结果文件不可以用来重新计算问题。结果文件的输出频率独立于保存文件。注意，默认情况下结果变量的选择是受限的。

当模型设置为写结果文件状态，在进行模拟时，会在模型所在文件夹下创建一个新文件夹。文件夹的名字为 < 标识 >_adres。如，模型文件 ben3d1_0.ad 的结果文件会保存在名称为 ben3d1_adres 的子文件夹下。

结果文件的后缀为 adres，名称是模型名称带两个数字：第一个数字表示模拟计算开始的循环数；第二个数字表示当前循环数。如，结果文件 ben3d1_10_25.adres 表示该结果文件包含模型 ben3d1 计算循环为 25 的结果（开始计算循环为 10）。注意，每个结果文件的起始循环均保存在 < 标识 >_< 循环 >.ad_base 文件中，如 ben3d1_10.ad_base，这个文件对于后处理至关重要，不能删除。这个文件包含为产生高效的图形显示所需的信息，这些信息在结果文件中是单一的，不会重复。

7.2.5 历程

单击“History”（历程）选项旁的“Open”按钮，展开该选项的输入栏，如图 7-21 所示，通过此选项可设置写历史数据的频率。

（1）Select Gauge Variables（选择高斯点）

单击“Select Gauge Variables”（选择高斯点）按钮 Select Gauge Variables，打开“Select History Variables”（选择历史变量）对话框，如图 7-22 所示，选择哪些结构化和非结构化变量将写到历史数据文件中。

（2）Select Part Summary Variables（选择零件概况变量）

单击“Select Part Summary Variables”按钮 Select Part Summary Variables，打开“Select Summary

Variables”（选择概况变量）对话框，如图 7-23 所示，选择哪些概况变量将写到历史数据文件中。

零件概况变量包含三种可选的数据：接触能、沙漏能和外力。

图 7-21　“History”栏

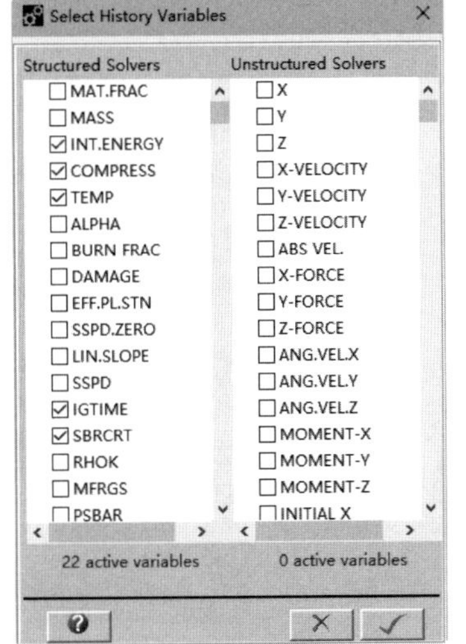

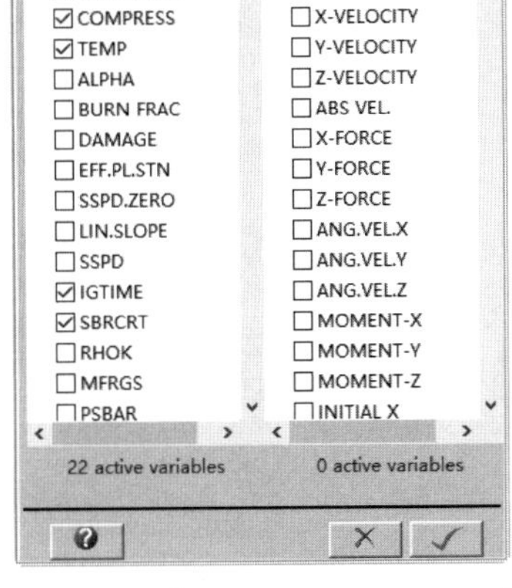

图 7-22　“Select History Variables”对话框

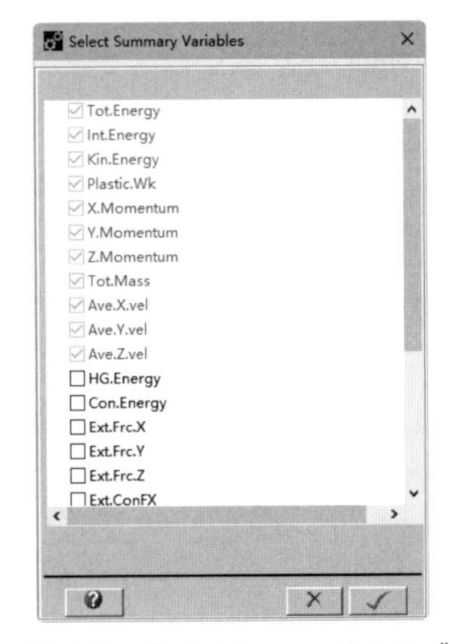

图 7-23　“Select Summary Variables”对话框

这些数据以零件为单位计算，可以通过打印文件（选择能量概况选项）查看，或者通过历史数据（选择零件概况选项）查看。默认情况下，这些附加的变量不能用于历史显示。这些变量必须使用输出 - 历史 - 选择零件概况变量选项激活。

① Hourglass energy（沙漏能）　Autodyn 中的二维和三维拉格朗日体单元和壳单元使用沙漏控制来抑制零能模式下的变形。沙漏控制算法使用的力，在控制零能模式变形时要耗费能量。在 Autodyn 中，这种能量计算并保存在单元内能中。

② Contact energy（接触能）　接触能以每个零件为基础计算。没有摩擦的情况下，两个零件接触时的接触能应该相等，符号相反，所以它们基本不影响总体的能量。接触能出现较大的不均衡现象表示模型的设置有问题。

③ External forces（外力）　零件外力可以通过选择合适的选项（作为零件概况变量）从模拟过程中提取出来。这些选项如下。

- X/Y/Z contact forces（X/Y/Z 接触力）：在拉格朗日 / 拉格朗日接触中施加到一个零件的外力。
- X/Y/Z coupling forces（X/Y/Z 耦合力）：在欧拉 / 拉格朗日耦合中施加到一个零件的外力。
- X/Y/Z boundary forces（X/Y/Z 边界力）：从所有的边界条件中施加到一个零件的外力。
- X/Y/Z total external forces（X/Y/Z 总外力）：一个零件上总的外力。

注意

外力不能从二维多边形欧拉 - 拉格朗日耦合中提取。

7.2.6 截图

单击“Capture image”（截图）选项旁的“Open”按钮，展开该选项的输入栏，如图7-24所示，通过此选项可设置自动截图频率。单击“Setup”（设置）按钮Setup，打开“Setup Slideshow”（设置幻灯片）对话框，如图7-25所示。

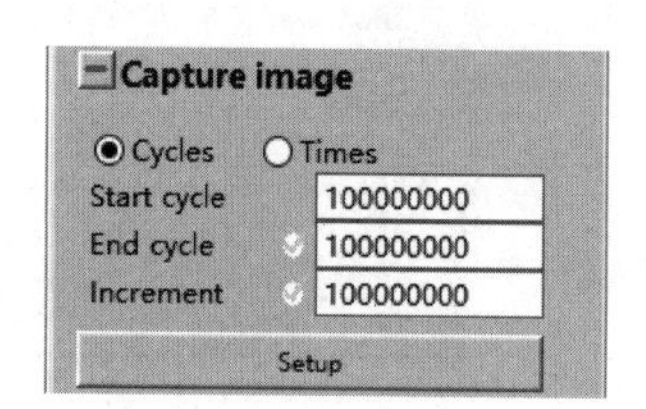

图7-24 “Capture image”栏

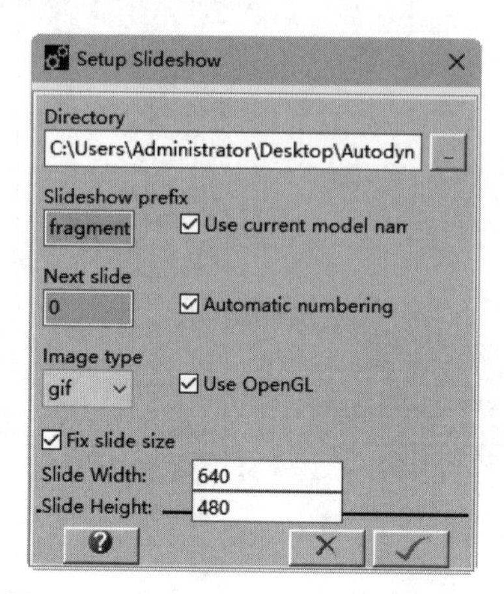

图7-25 “Setup Slideshow”对话框

7.2.7 打印

单击“Print”（打印）选项旁的“Open”按钮，展开该选项的输入栏，如图7-26所示，通过此选项可写打印数据的频率。

(1) Print Format（打印格式）

单击“Print Format”按钮Print Format，打开“Print Format”（打印格式）对话框，如图7-27所示，为写到打印文件中的信息选择格式。

(2) Grid Variables（网格变量）

单击“Grid Variables”按钮Grid Variables，打开“Select Print Variables”（选择打印变量）对话框，如图7-28所示，为打印文件选择网格变量。

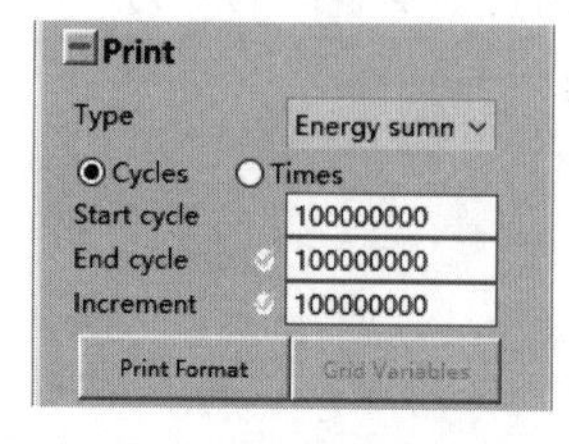

图7-26 “Print”栏

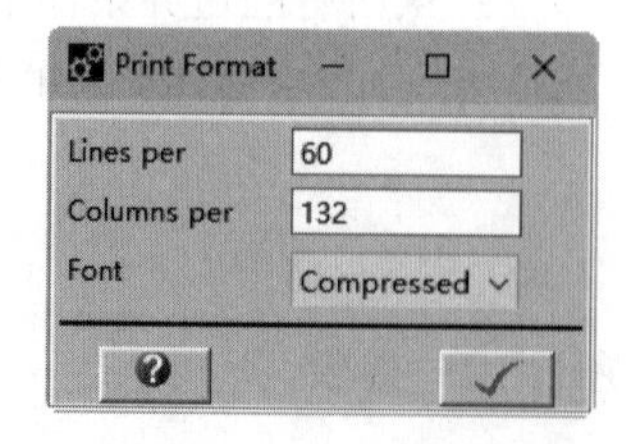

图7-27 “Print Format”对话框

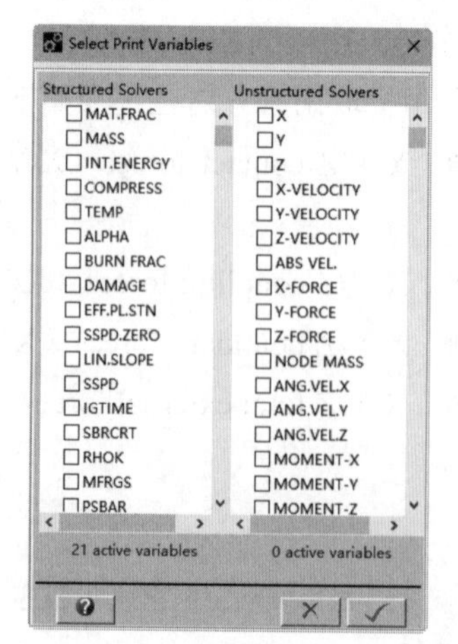

图7-28 “Select Print Variables”对话框

7.2.8 日志文件

单击“Log file（on）”（日志文件）选项旁的“Open”按钮，展开该选项的输入栏，如图 7-29 所示，通过此选项可选择写日志文件的开关。

7.2.9 调用 EXEDIT

单击“Call EXEDIT”（调用 EXEDIT）选项旁的“Open”按钮，展开该选项的输入栏，如图 7-30 所示，通过此选项可设置子程序 EXEDIT 的调用频率。单击“Run EXEDIT now”按钮 Run EXEDIT now，调用 EXEDIT 用户子程序。

7.2.10 场输出

单击“Field output”（场输出）选项旁的“Open”按钮，展开该选项的输入栏，如图 7-31 所示，通过此选项为用于弱耦合分析使用的场文件设置写频率。

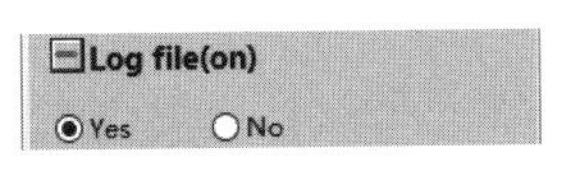

图 7-29　“Log file(on)”栏

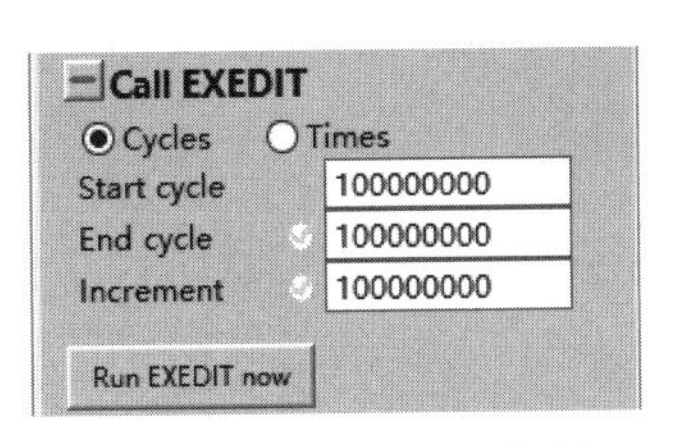

图 7-30　“Call EXEDIT”栏

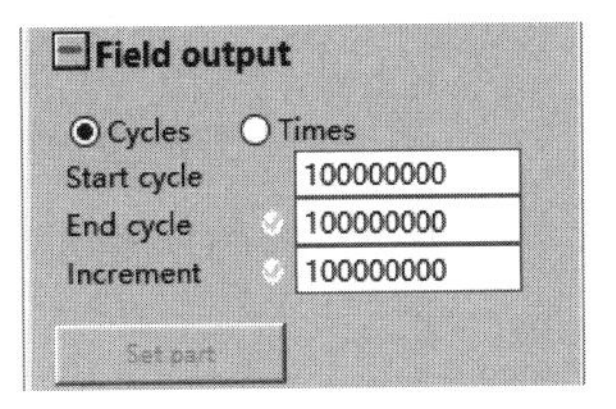

图 7-31　“Field output”栏

7.3 实例导航——钽芯破片撞击钢板求解

扫码看视频

本节以钽芯破片撞击钢板数值仿真为例，重点介绍了该仿真求解控制、输出的设置，其中求解控制主要对循环限制、时间限制、能量分数、检查能量循环数等相关操作进行了设置，输出主要对保存、历程等相关操作进行了设置。

7.3.1 设置求解控制

单击导航栏中的“Controls”（控制）按钮 Controls，打开“Define Solution Controls”（定义求解控制）面板，通过此面板为模型定义求解控制。在“Wrapup Criteria”（终止标准）栏中设置“Cycle limit”（循环限制）为“9999999”，“Time limit”（时间限制）为“0.100000”，“Energy fraction”（能量分数）为“0.050000”，“Energy ref.cycle”（检查能量循环数）为“9999999”，如图 7-32 所示。

7.3.2 设置输出

单击导航栏中的“Output”（输出）按钮 Output，打开“Define Output”（定义输出）面板，在“Save”（保存）栏中选择“Times”（时间）复选框，然后设置“End time”（终止时间）为“0.100000”，“Increment”（增量）为“0.002000”。再展开“History”（历程）栏，在“History”（历程）栏中选择“Times”（时间）复选框。最后设置“End time”（终止时间）为“0.100000”，“Increment”（增量）为“0.002000”，如图 7-33 所示。

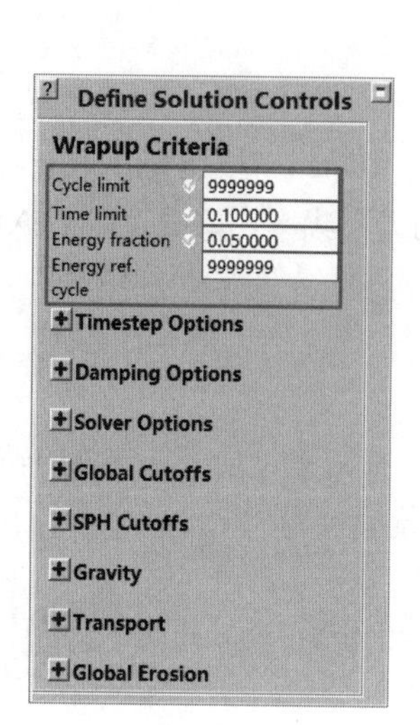

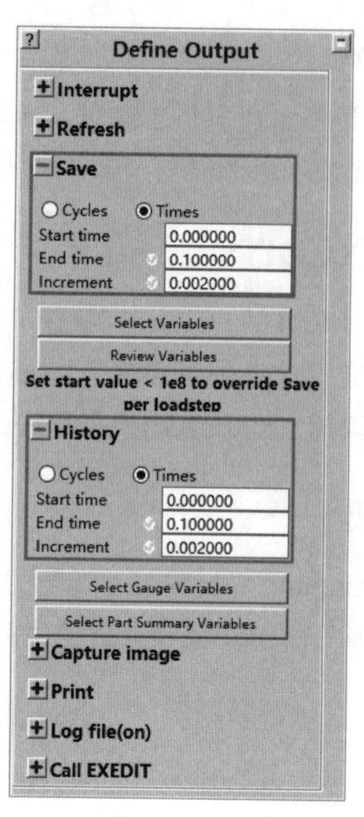

图 7-32 “Define Solution Controls”面板　　图 7-33 “Define Output”面板

7.3.3 开始计算

单击导航栏上的“Plots”（显示）按钮**Plots**，打开“Plots”（显示）面板。将破片和目标靶选中，设置“Fill type”（填充类型）为默认的“Material Location”（本地材料），在“Mirror”（镜像）栏中勾选“Rotate”（旋转）复选框，并设置角度为“270° ”，在“Additional components”（补充选项）列表中取消“Vectors”（速度）和“Grid”（网格）复选框的勾选，如图 7-34 所示。

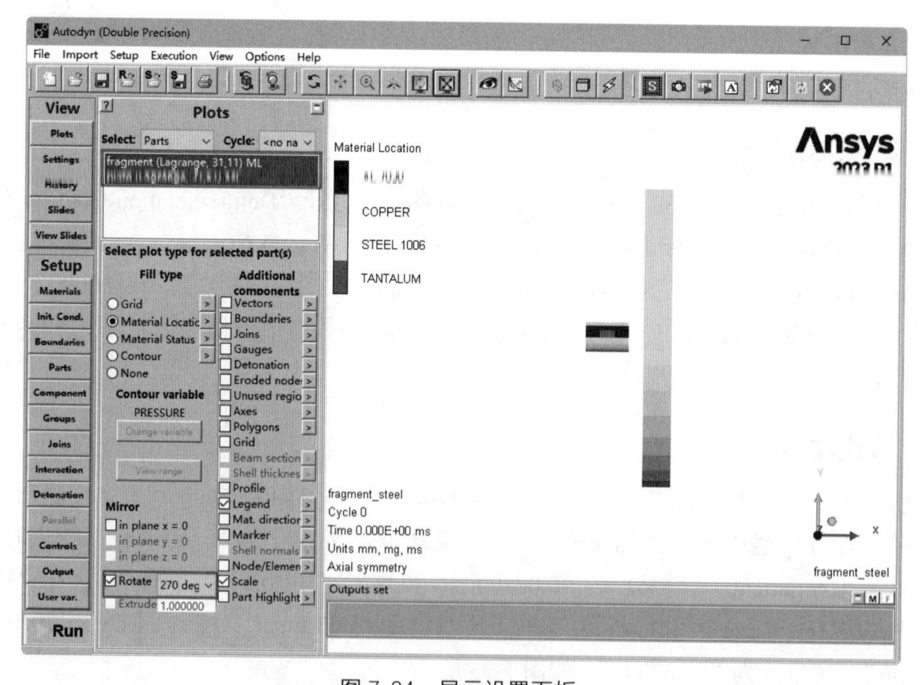

图 7-34 显示设置面板

如图 7-35 所示，当模型设置正确后，单击“Run”（运行）按钮 Run，打开“Confirm”（确认）对话框，如图 7-36 所示。单击“是”按钮是(Y)进行计算，在计算过程中可以随时单击“Stop”（停止）按钮 Stop 来停止计算，观测破片对目标靶的撞击过程及对数据进行读取，观测相关的计算曲线。Autodyn 软件可以十分方便地实现重启动任务。

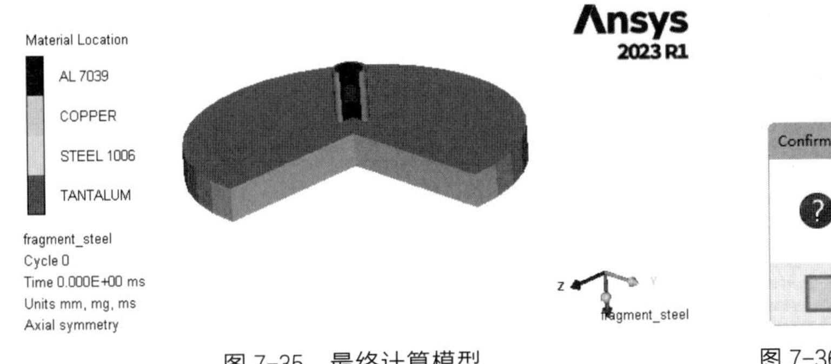

图 7-35　最终计算模型

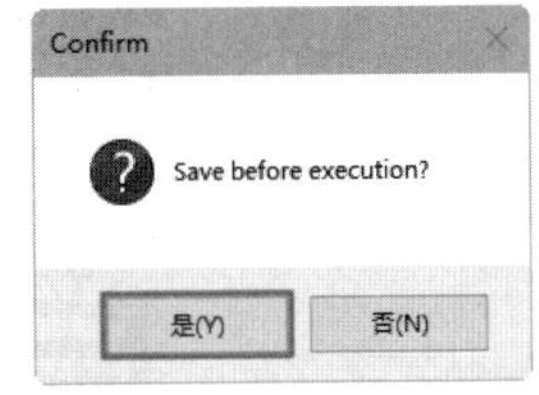

图 7-36　“Confirm”对话框

计算完成后模型如图 7-37 所示，破片已经完全穿透目标靶。

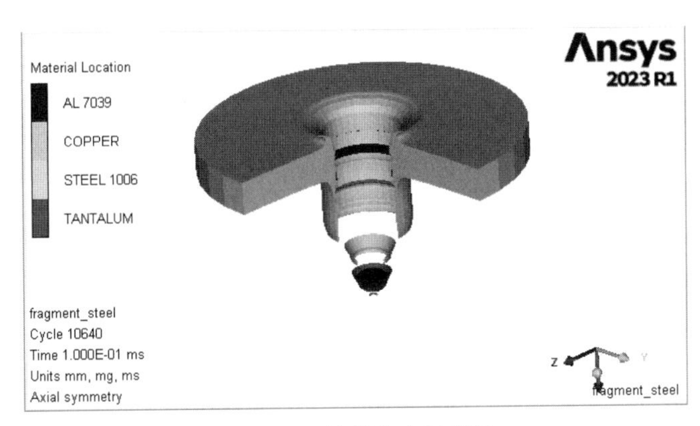

图 7-37　计算完成时模型

第8章 显示与后处理

得到计算结果以后，另外一个重要的步骤就是后处理，后处理可以根据计算要求对计算结果进行检查、分析、整理、打印输出等。后处理首先要具备的功能就是直观显示结果的能力，好的后处理可以以各种方式对结果进行显示和处理。基本功能有云图、动画、列表、曲线等，高级功能有数据组合、结果叠加、计算报告生成等。本章重点介绍显示、显示设置、历程数据显示、幻灯片制作与显示等后处理相关操作。

8.1 定义显示

如图 8-1 所示，选择“View”（视图）下拉菜单中的“Plots”（显示）选项，或者单击导航栏中的“Plots”（显示）按钮 **Plots**，打开“Plots”（显示）面板，如图 8-2 所示，通过此面板设置在视图面板中的显示。

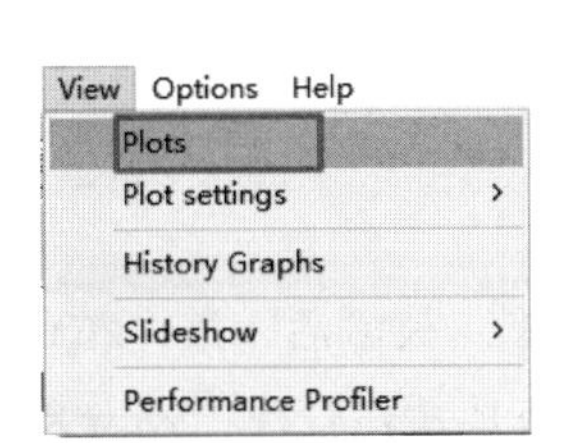

图 8-1　选择“Plots”

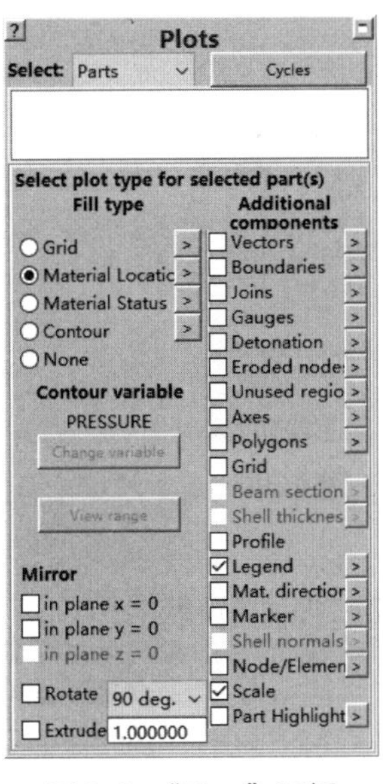

图 8-2　“Plots”面板

显示定义选项设置主要包括：

① Cycle（循环）：通过这个下拉菜单，可以选择查看当前模型的某个循环；

② Select part（s）（选择零件）：这个窗口列表显示模型中的零件，在显示面板中的操作只应用到被选取的零件上；

③ Fill type（填充类型）：通过这个操作可以选择填充视图的基本方式，只能选择一种填充方式；

④ Additional components（补充选项）：通过这个选项可以在显示中查看一些补充选项，希望显示哪个选项，就在哪个选项旁的复选框点选（可以多选）；

⑤ Contour variable（云图变量）：当选择云图填充类型时，这个按钮被激活，单击这个按钮选择生成云图的变量；

⑥ View Range（视图范围）：当只选择一个零件的时候，这个按钮被激活，单击这个按钮限制当前零件的显示范围（IJK）；

⑦ Mirror（镜像）：选择相应的对称轴旁的复选框，模型就按照相应的对称轴对称显示。

每一个填充类型和补充选项都有其默认设置，可以单击这些选项右侧的展开按钮 > ，来快速地访问和更改这些设置。单击后会出现一个对话框，对话框中含有与修改选项相关的设置。通过导航栏中的设置按钮，可以访问这里提到的所有设置。

8.1.1 选择云图变量

当选择云图填充类型时，选择云图变量被激活。在“Plots”（显示）面板中单击“Contour variable”（云图变量）栏下的“Change variable”（更改变量）按钮 Change variable ，如图 8-3 所示，打开“Select Contour Variable”（选择云图变量）对话框，如图 8-4 所示，通过此窗口选择想要显示的云图变量。从左侧的列表选择变量。对于多材料的变量（左侧靠上所列），还需为其在右侧列表中选择一种或所有材料。

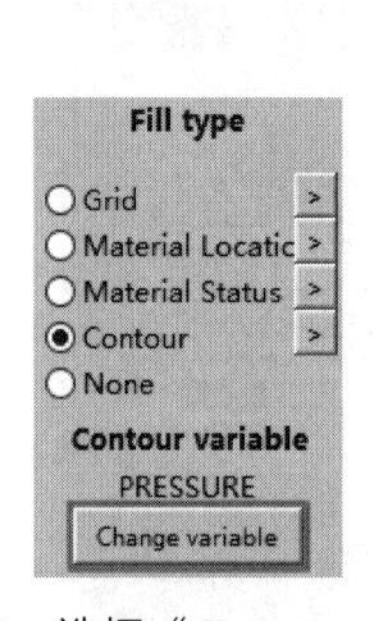

图 8-3　选择“Change variable”

图 8-4　“Select Contour Variable”对话框

8.1.2 结构化网格视图范围和切片

当只选择一个零件的时候，“View range”（视图范围）被激活。在“Plots”（显示）面板中单击“View range”（视图范围）按钮 View range ，如图 8-5 所示，打开“View Range & Slices”（视图范围和切片）对话框如图 8-6 所示，通过此窗口可以设置结构化网格模型的视图显示范围和切片。

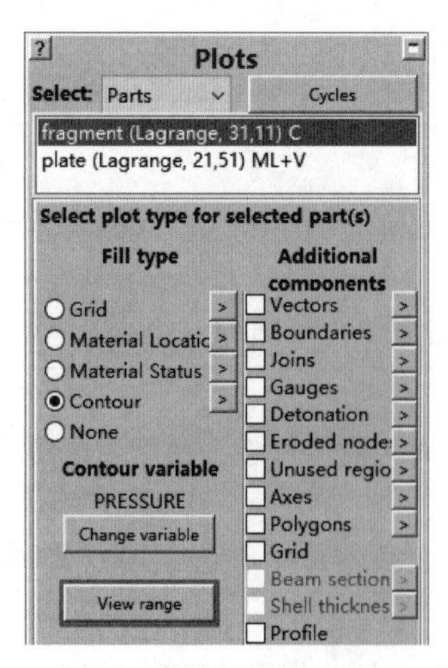

图 8-5　选择“View range”

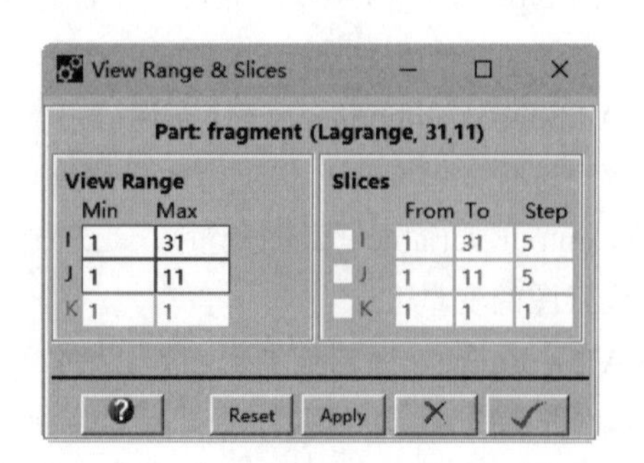

图 8-6　“View Range & Slices”对话框

(1) Part（零件）

显示当前操作的零件及其 IJK 范围。

(2) View Range（显示范围）

通过这个窗口定义对当前的零件的显示范围（IJK）。

(3) Slices（切片）

除了零件的实体视图，也可以通过选择三个切片中的任意几个，从而只观看其切片视图。点选想观看切片所在的指标空间，然后定义切片位置。如果没有选择切片，会以目前的显示范围显示实体。

(4) Reset（重置）

单击“Reset”按钮 Reset，将显示范围和切片值重置为默认值。

(5) Apply（应用）

单击“Apply”按钮 Apply，应用当前设置。

8.1.3　SPH/ 非结构化网格视图范围和切片

单击“Plots”（显示）面板中的“View range”（视图范围）按钮 View range，打开“Set XYZ view range”（设置视图范围）对话框，如图 8-7 所示，通过此窗口可以设置 SPH/ 非结构化网格模型的视图显示范围和切片。

(1) Limit XYZ plot range ?（限制 XYZ 的显示范围？）

选择这个选项来截取非结构化或是 SPH 零件的显示范围。落在指定范围之外的非结构化或是 SPH 节点不会显示。

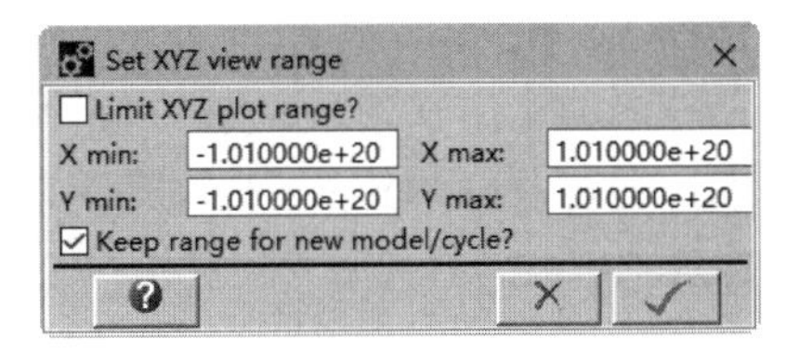

图 8-7　“Set XYZ view range”对话框

(2) View Range（显示范围）

为非结构化或是 SPH 零件设定显示的 X、Y、Z 上下限。显示范围不是基于单个零件的，所以显示范围会应用到模型中的所有非结构化或是 SPH 零件。

(3) Keep range for new model/cycle ?（为新模型重置显示范围？）

如果选择这个选项，当打开一个新模型的时候，显示范围会重置从而显示所有的模型。如果没有选择这个选项，所设定的显示范围会保持并应用到新的模型中。

8.2　显示设置

如图 8-8 所示，选择“View”（视图）下拉菜单中的“Plot settings”（显示设置）命令，或者单击导航栏中的“Settings”（设置）按钮 Settings，打开“Plot Type Settings”（显示类型设置）面板，如图 8-9 所示，通过此面板改变各种显示类型的设置，从而控制模型的显示。在面板顶部的下拉菜单中选择显示类型，从而进一步改变其设置。

可以为如下的显示类型设置参数：Display（显示）；Grid（网格）；Materials（材料）；Contour（云图）；Velocity Vector（速度矢量）；Gauge Point（积分点 / 高斯点）；Boundary（边界）；Joins（连接）；Axes（轴）；Detonation（起爆点）。

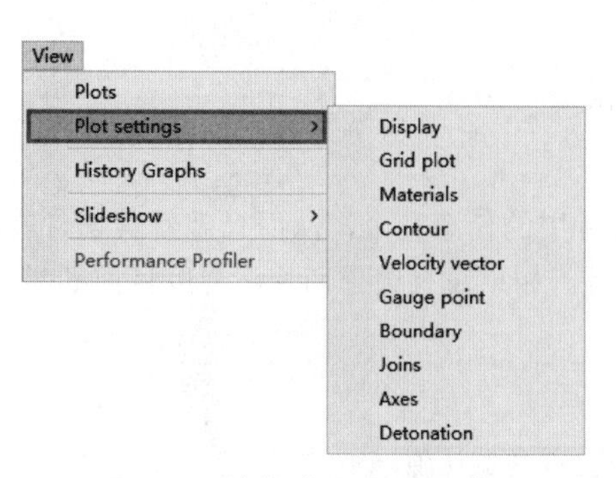

图 8-8 选择“Plot settings”

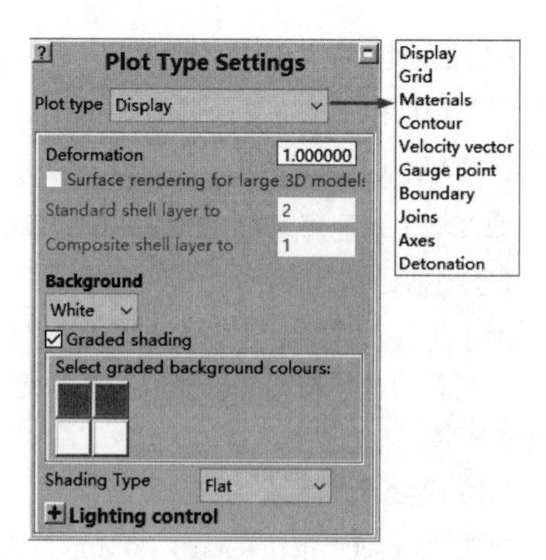

图 8-9 “Plot Type Settings”面板

这些设置也可以通过单击“Plots”（显示）面板中该选项旁的展开按钮 > 来进行改变。

下面的补充设置也可以通过单击“Plots”（显示）面板中“Additional Components”（补充选项）旁的展开按钮 > 来进行改变：Polygons（多边形）；Beam sections（梁截面）；Shell thickness（壳厚度）；Legend（显示说明文字）；Mat. direction（材料方向）；Marker（标记）；Shell normals（壳法向）；Node/Element（节点 / 单元）；Part Highlight（零件高亮显示）。

8.2.1 显示

如图 8-10 所示，选择“Plot Type Settings”（显示类型设置）面板“Plot Type”（显示类型）下拉列表中的“Display”（显示）命令，此时面板如图 8-11 所示，通过这个面板可以设置如下的选项。

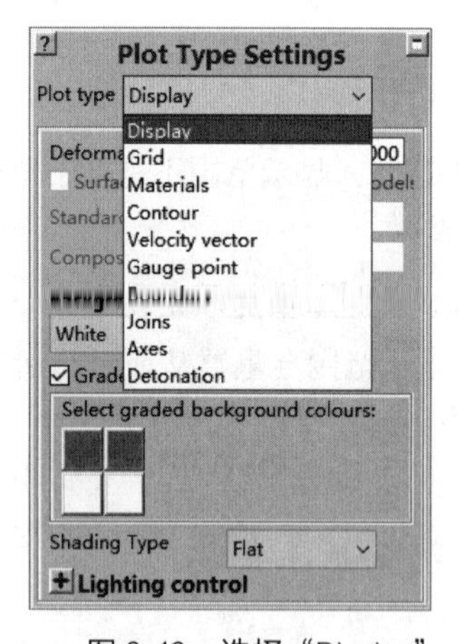

图 8-10 选择“Display”

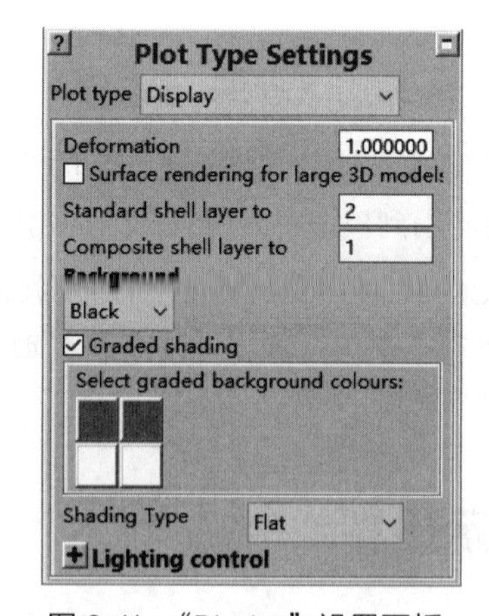

图 8-11 “Display”设置面板

（1）Deformation（变形程度）

通过这个选项可以观察放大的网格变形。输入需要的放大倍数（输入 1 时不进行放大）。

（2）Surface rendering for large 3D models（大型三维模型表面显示）

六面体的三维模型（拉格朗日的或是欧拉的）通常显示所有的单元。如果选择这个选项，模型将只显示外表面。这使得显示过程较快。但是这个选项不适用于所有的显示（如存在透明设置时）。

（3）Standard shell layer to plot（显示标准壳层）

通过勾选“Standard shell layer to plot”复选框来设置标准壳单元层的显示。

（4）Composite shell layer to plot（显示复合壳层）

通过勾选“Composite shell layer to plot”复选框来设置复合壳单元层的显示。

（5）Background（背景）

通过 Background（背景）选项设置视图面板背景颜色。

（6）Graded Shading（渐变）

通过 Graded Shading（渐变）选项为视图面板设置背景颜色，包括颜色渐变。

（7）Shading type（阴影类型）

阴影类型有两种，“FLat”（一般）阴影和 Gouraud（古德）阴影。对于一般阴影，表面上的每个点均赋予相同的亮度。古德阴影，目的是为表现弯曲表面对网格实施阴影，方法是从表面顶点法向对每个点进行差值赋予亮度。

（8）Lighting Control（光源控制）

通过高级光源设置，最多可以设置四个不同的光源，并且可以控制光源的方向和光源的形式，如图 8-12 所示。

Lighting Control（光源设置）栏包括下面的一些选项：

① Current light source（当前光源）　单击工具栏中的“Transform Light”（改变光源）按钮后，可以通过此选项选择当前光源进行交互式的设置。

② Light source toggles（光源触发器）　通过此选项设置光源数量，最多四个。

③ Light source type（光源类型）　光源类型可以选择方向性、双向性、斑状和点状的光源。

④ Show light sources（显示光源）　光源的方向和位置用白色的箭头表示（将背景颜色调黑）。

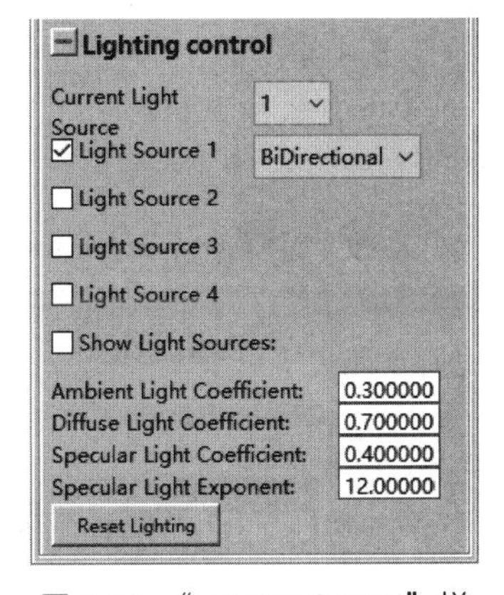

图 8-12　“Lighting Control”栏

⑤ Ambient，Diffuse and Specular Light Coefficients（周围、散射和反射光系数）　周围光源系数控制背景光源亮度。周围光源没有方向性，对所有表面均以相同的强度呈现。散射光反射控制在无周围光源情况下物体朝任何方向反射的比例。无周围光源时的光是由方向光源或点光源产生的。反射控制着当入射光源方向（从方向光源或点光源）于视图方向“足够接近”时，会产生反射效果。反射系数决定反射效果的亮度。

⑥ Specular Light Exponent（反射指数）　决定“足够接近”的大小。指数越大锐度越高，反射光的区域越小（越聚焦）。

8.2.2　网格

如图 8-13 所示，选择“Plot Type Settings”（显示类型设置）面板中“Plot Type”（显示类型）选项下拉列表中的“Grid”（网格）命令，此时面板如图 8-14 所示，通过此面板对网格视图做如下选项的设置。

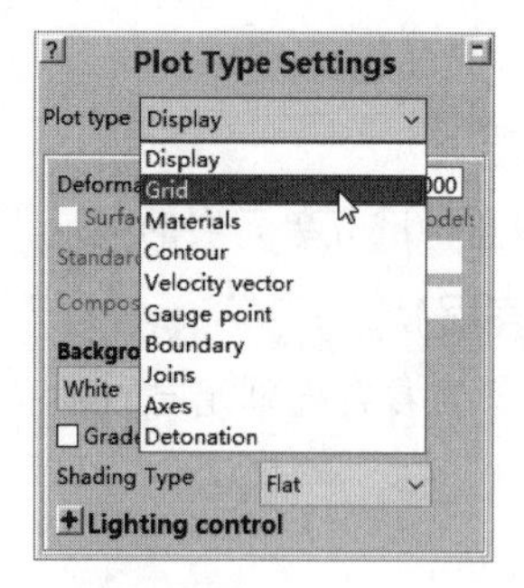

图 8-13　选择“Grid”

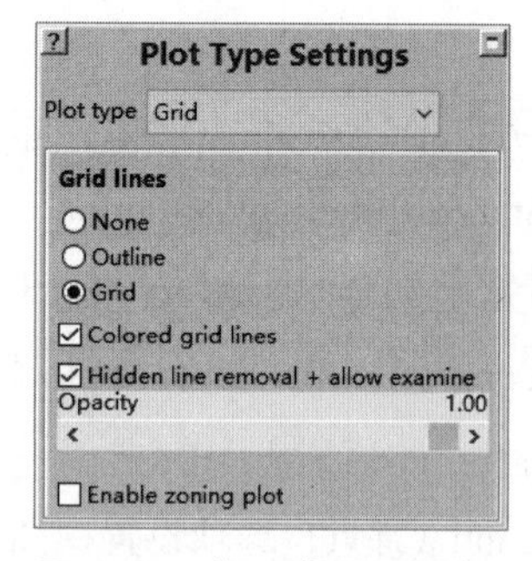

图 8-14　“Grid”设置面板

（1）Grid lines（网格线）

通过 Grid lines（网格线）选项设置是否显示网格线（不显示网格线的意思是只显示网格的外轮廓）。

（2）Colored grid lines（彩色网格线）

通过此选项使网格线用彩色显示，否则其以黑色显示。

（3）Hidden line removal +allow examine（移除隐藏线并容许检查）

单击此选项观察移除隐藏线的网格。只有当选择了移除隐藏线，检查特性才会激活。

（4）Opacity（透明度）

通过这个滚动条设置视图的透明度。只有选择移除隐藏线选项后，这项功能才可用。透明度值为 1，意味着不能看到网格内部；透明度为 0 与关掉移除隐藏线功能一样，可以看见网格内的所有内容。

（5）Enable zoning plot（显示所有网格）

默认情况下，只能观察到赋予材料的网格。选择这个选项后可以看到所有的网格，包含未使用单元。

8.2.3　材料

如图 8-15 所示，选择“Plot Type Settings”（显示类型设置）面板中“Plot Type”（显示类型）选项下拉列表中的“Materials”（材料）命令，此时面板如图 8-16 所示，通过此面板为材料显示设置如下选项。

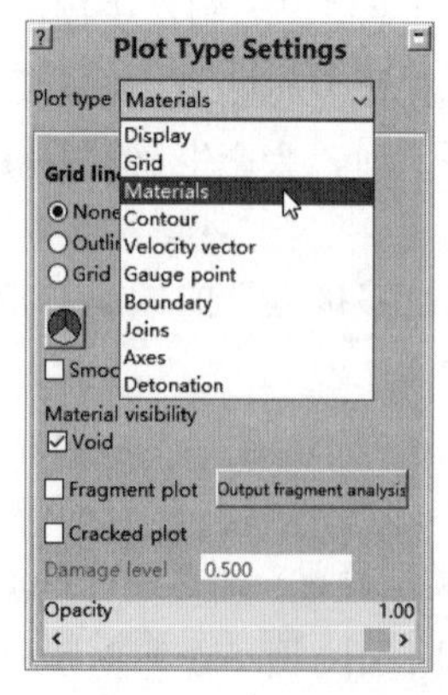

图 8-15　选择“Materials”

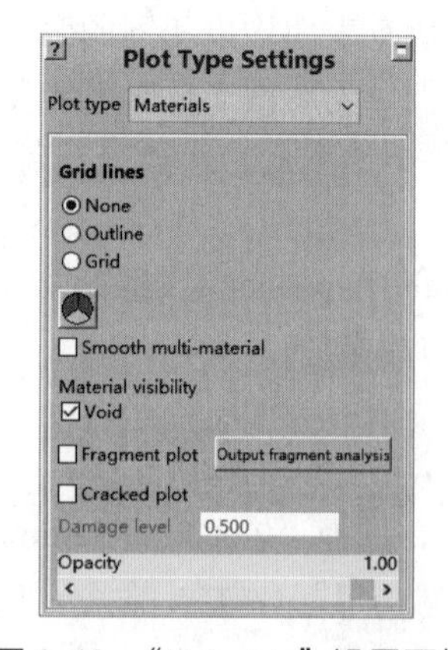

图 8-16　“Materials”设置面板

(1) Grid lines（网格线）

通过 Grid lines（网格线）选项设置是否显示网格线（不显示网格线的意思是只显示网格的外轮廓）。

(2) Set color（设置颜色）

单击“Set color”（设置颜色）按钮，打开“Modify Material Color”（修改材料颜色）对话框，如图 8-17 所示，通过此对话框设置每种材料的颜色。

① Select materials（选择材料）　从左上角选择需要更改颜色的材料。

② Dial Mode（刻度盘模式）　选择刻度盘设置颜色的模式：

- HSV：颜色、饱和度、值；
- RGB：红、绿、蓝。

使用窗口底部的三个刻度盘设置颜色。当改变刻度盘的值时，右上角窗口显示将要应用的颜色。

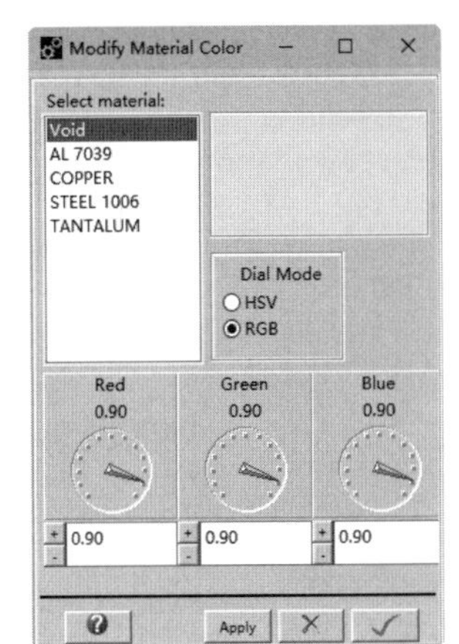

图 8-17　“Modify Material Color”对话框

(3) Smooth multi-material（光滑处理多物质界面）

选择此复选框将光滑处理多物质界面。

(4) Material visibility（材料可见性）

选择材料旁的复选框显示此材料。

(5) Fragment plot（显示碎片）

选择此复选框显示碎片。碎片显示指只显示材料仍没有失效的单元。单击“Output fragment analysis”（输出碎片分析）按钮 Output fragment analysis，使碎片数据输出到文件，并通过默认的浏览器显示。

(6) Cracked plot（显示破坏）

选择此复选框显示破坏材料。破坏材料是指显示材料损伤大于 Damage level（损伤水平）的单元。

(7) Opacity（透明度）

通过这个滚动条设置视图的透明度。透明度值为 1，意味着不能看到网格内部；透明度为 0 与关掉移除隐藏线功能一样，可以看见网格内的所有内容。

8.2.4 云图

如图 8-18 所示，选择“Plot Type Settings”（显示类型设置）面板中“Plot Type”选项下拉列表中的“Contour”（云图），此时面板如图 8-19 所示，通过此面板为云图显示设置如下选项。

(1) Contour variable（云图变量）

单击“Contour variable”按钮 Change variable，打开“Select Contour Variable”（选择云图变量）对话框，如图 8-20 所示，通过此对话框选择希望以哪种变量显示云图。

(2) Profile window（曲线窗口）

选择这个复选框打开“Profile Plot”（显示曲线）对话框，如图 8-21 所示，通过此窗口对某些参数沿着定义的直线合成并显示。

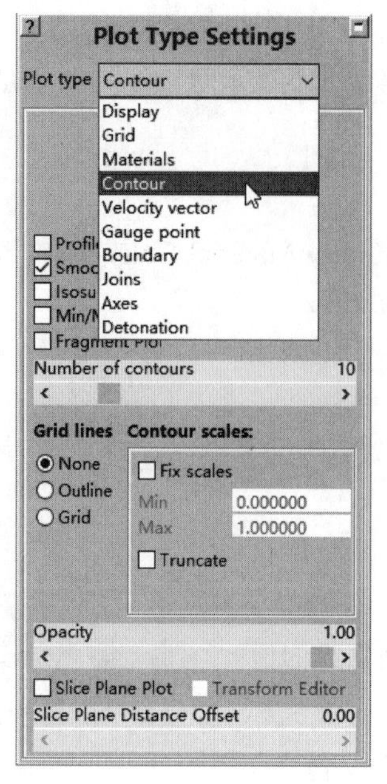

图 8-18　选择“Contour”

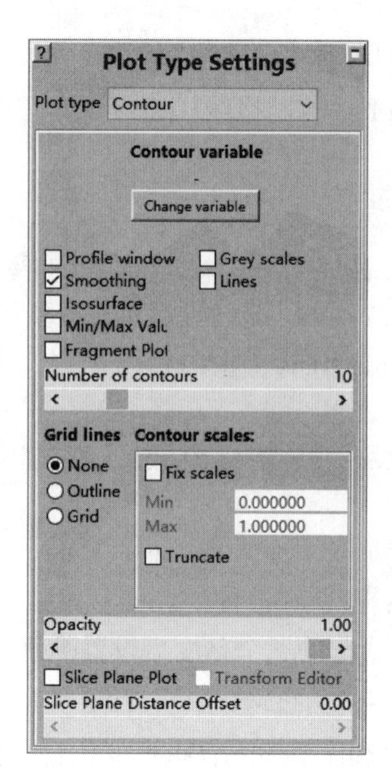

图 8-19　“Contour”设置面板

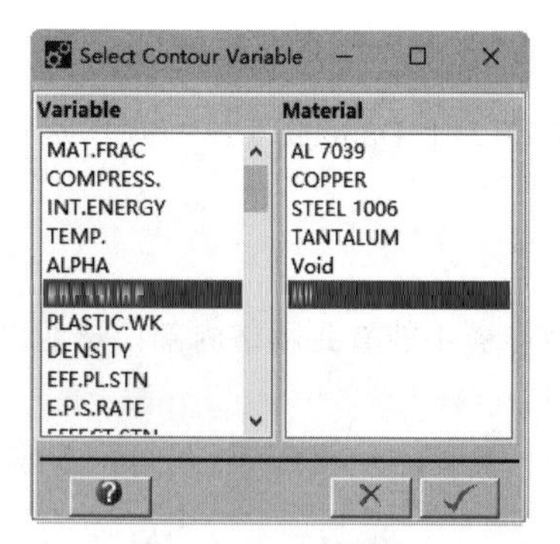

图 8-20　“Select Contour Variable”对话框

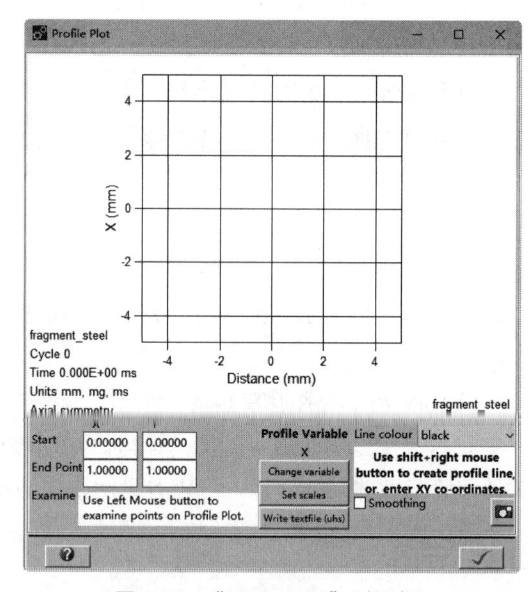

图 8-21　“Profile Plot”对话框

① Define the line along which the variable is profiled（定义变量输出线）　定义变量输出线的端点。可以通过输入起点和终点坐标来定义线。

② Line color（曲线颜色）　通过此下拉菜单为曲线图选择曲线颜色。

③ Change variable（改变变量）　单击“Change variable”按钮 Change variable ，打开“Select Profile Variable”（选择曲线变量）对话框，如图 8-22 所示，用来改变显示的变量。

④ Set scales（设置比例）　单击“Set scales”按钮 Set scales ，打开“Set Scales”（设置比例）对话框，如图 8-23 所示，用来设置比例。

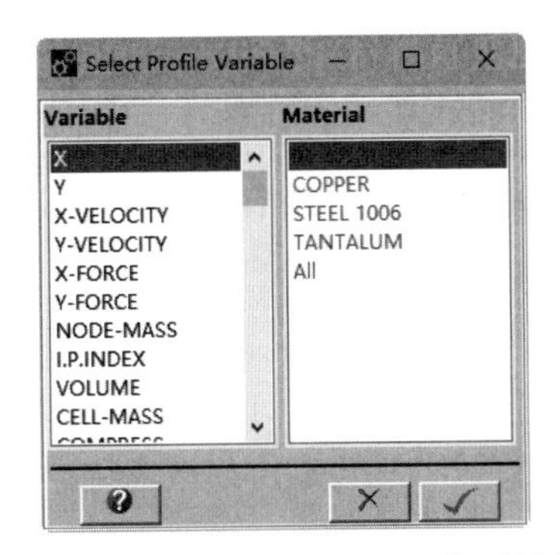

图 8-22　“Select Profile Variable”对话框

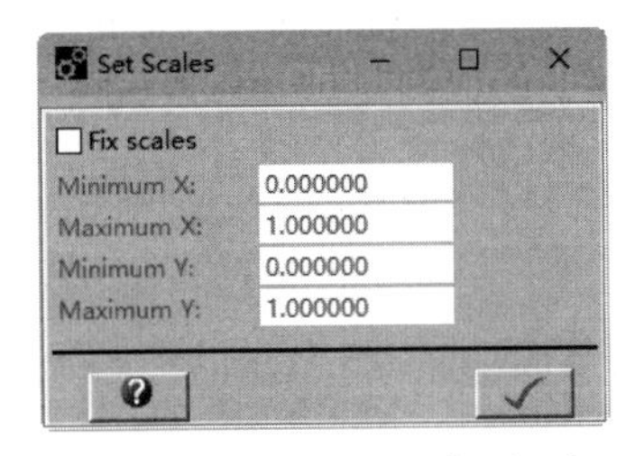

图 8-23　“Set Scales”对话框

⑤ Write textfile（uhs）（写入文本文件）　单击“Write textfile（uhs）”按钮 Write textfile (uhs)，将当前显示写为数据历史文本文件。文本文件的后缀为 .uhs，这种格式与微软的 Excel 兼容。

⑥ Smoothing（光滑处理）　选择这个复选框对显示曲线进行光滑处理。

⑦ Examine（检查）　用鼠标左键在曲线中点选，其相应的 X、Y 值将在检查面板中显示。

(3) Smoothing（光滑处理）

通过选择此复选框使云图光滑。所有单元对每个变量均有一个中心值，如果不对云图进行光滑处理，每个单元均以此值显示颜色，如果进行光滑处理，则中心值在空间内差值，从而得到光滑的变化值。

(4) Isosurface（等值面）

通过选择此复选框观察云图变量的三维等值面显示。

(5) Min/Max Value（最小 / 最大值）

选择此复选框会打开“Minimum/Maximum Values”对话框，如图 8-24 所示，此窗口显示云图变量的最大最小值。

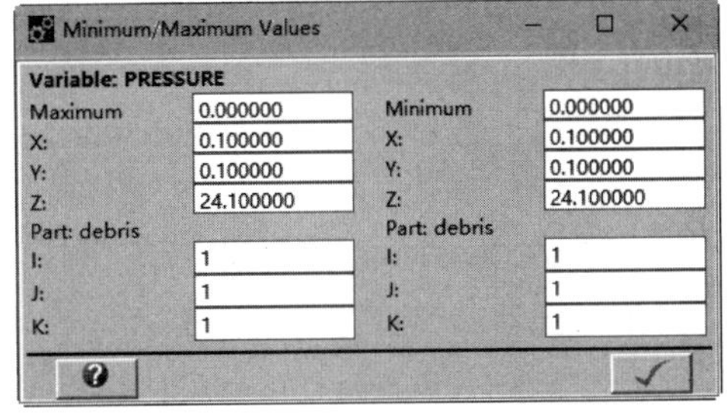

图 8-24　“Minimum/Maximum Values”对话框

(6) Fragment Plot（显示碎片）

选择此复选框显示碎片。

(7) Grey scales（灰度显示）

选择此复选框以灰度显示代替颜色显示。

(8) Lines（等值线显示）

选择此复选框以彩色等值线显示代替颜色填充显示。

(9) Number of contours（云图显示密度）

通过此滚动条设置以几级云图显示，如分三级还是四级。

(10) Grid lines（网格线）

通过此选项设置是否显示网格线，不显示网格线的意思是只显示网格的外轮廓。

(11) Contour scales（云图比例范围）

通常云图显示的最大值和最小值是通过模型数据自动计算的。但是有些情况需要对其进行重新设定，重新设定的方式是通过 Contour scales（云图比例范围）框。如果输入的最大值低于模型中的最大值，那么模型中高于输入的最大值的部分均以红色显示。选择 Fix scales（固定范围）固定当前最大最小值。

(12) Opacity（透明度）

通过这个滚动条设置视图的透明度。透明度值为 1，意味着不能看到网格内部；透明度为 0 与关掉移除隐藏线功能一样，可以看见网格内的所有内容。

(13) Slice Plane Plot（切面显示）

切面显示是一个通过以任意角度切割模型的观察工具。模型中切面上的结果数据（数据类型见云图选项下面）以切片数据的形式显示。建议将切片和透明度联合使用得到较好的结果。

8.2.5 速度矢量

如图 8-25 所示，选择“Plot Type Settings”（显示类型设置）面板中“Plot Type”选项下拉列表中的“Velocity vector”（速度矢量），此时面板如图 8-26 所示，通过此面板为速度矢量显示设置如下选项。

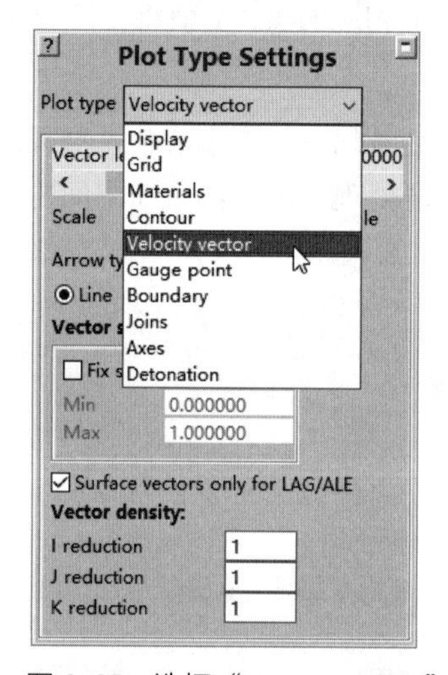

图 8-25 选择“Velocity vector”

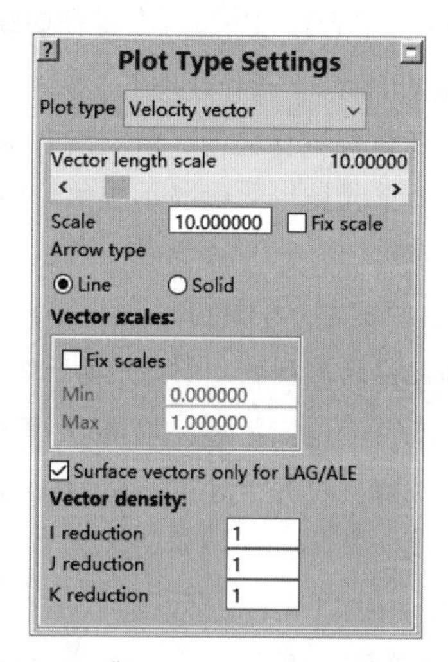

图 8-26 “Velocity vector”设置面板

(1) Vector length scale（矢量长度比例）

通过此滚动条设置为这种显示类型中使用的箭头的比例因子，也可以在滚动条下的窗口中输入一个比例因子。而且可以将比例因子固定，那么所有的显示中均使用同一种比例。比例因子的大小由模型的物理尺寸和最大速度计算得到。

(2) Arrow type（箭头类型）

通过此选项设置箭头显示类型。默认类型为以线表示的箭头，实体显示的箭头将耗费更多的显示时间。

(3) Vector scales（矢量比例）

Autodyn 通过模型中的最大和最小速度自动选择矢量比例，可以在窗口中输入自己的最大最小比例来进行替换，且可以将所有显示的比例固定。

(4) Surface vectors only for LAG/ALE（只显示表面矢量）

通过选择此选项使只有材料的表面才显示矢量，这可以较大程度地增加显示速度。

（5）Vector density（速度密度）

通过此选项减少速度矢量的显示数量，这可以较大程度地增加显示速度，这个选项只能应用到拉格朗日和 ALE 网格。通过为指标空间三个方向 IJK 输入减少因子来实现。

8.2.6　高斯点

如图 8-27 所示，选择“Plot Type Settings”（显示类型设置）面板中“Plot Type”选项下拉列表中的“Gauge point”（高斯点），此时面板如图 8-28 所示，通过此面板为高斯点显示设置如下选项。

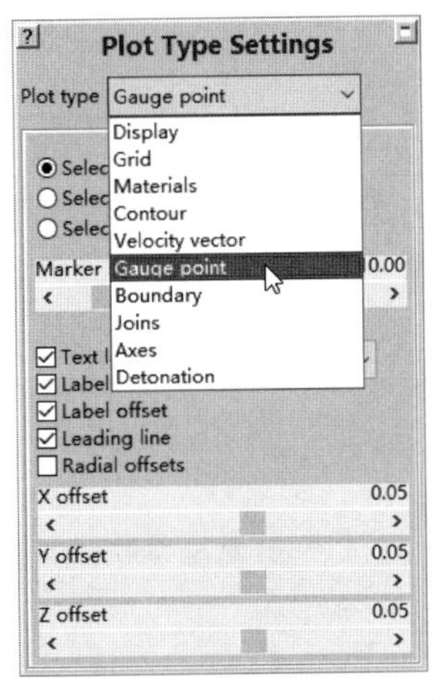

图 8-27　选择“Gauge point”

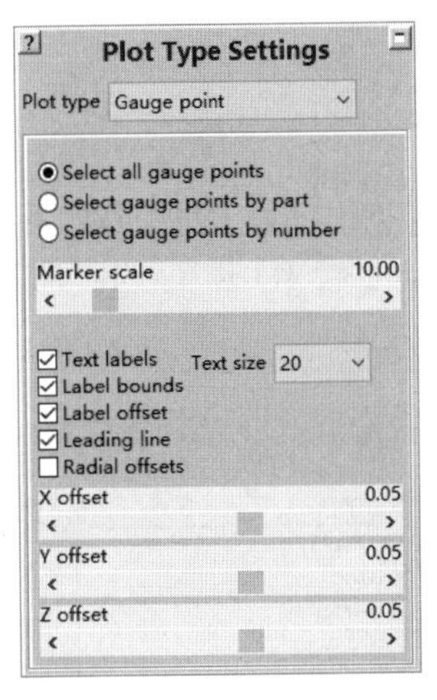

图 8-28　“Gauge point”设置面板

① Select gauge points（选择高斯点）　这个选项通过三种方式选择高斯点，选择所有、通过零件选择和通过编号选择。对于后两种方式会打开新窗口提示输入相应的零件名和高斯点编号。

② Marker scale（标记比例）　每个高斯点由一个标记标识，通过此滚动条设置标记的大小。

③ Text labels（编号标签）　选择此复选框将在每个高斯点旁显示其相应的编号。

④ Text size（标签大小）　通过此选项定义标签大小。

⑤ Label bounds（标签框）　选择此复选框为标签显示标签框。

⑥ Label offset（标签偏移）　选择此复选框为标签设置新的偏移值。

⑦ Leading line（连线）　选择此复选框显示标记与标签的连线。

⑧ Radial offsets（周向偏移）　选择此复选框使用周向偏移代替线性偏移。

⑨ X/Y/Z offset（X/Y/Z 偏移）　通过这些滚动条调整标签沿 X、Y、Z 方向的偏移距离。

8.2.7　边界

如图 8-29 所示，选择“Plot Type Settings”（显示类型设置）面板中“Plot Type”选项下拉列表中的“Boundary”（边界），此时面板如图 8-30 所示，通过此面板设置观察边界条件的如下选项。

① Boundary Condition（边界条件）　选择要观察的边界条件。

② Marker scale（标记比例）　通过此滚动条选择显示节点边界条件施加位置的标记大小。

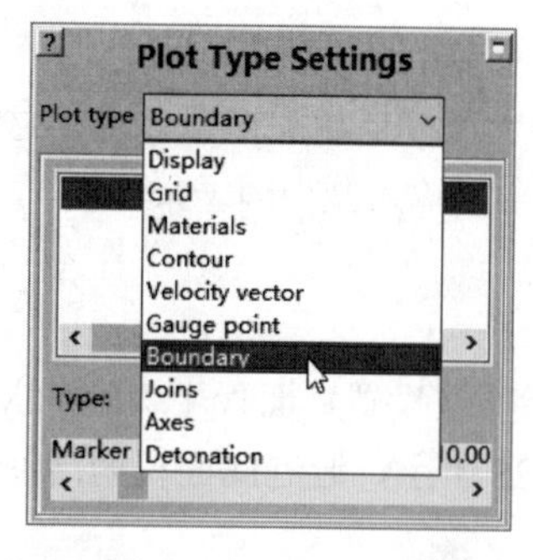

图 8-29 选择“Boundary”

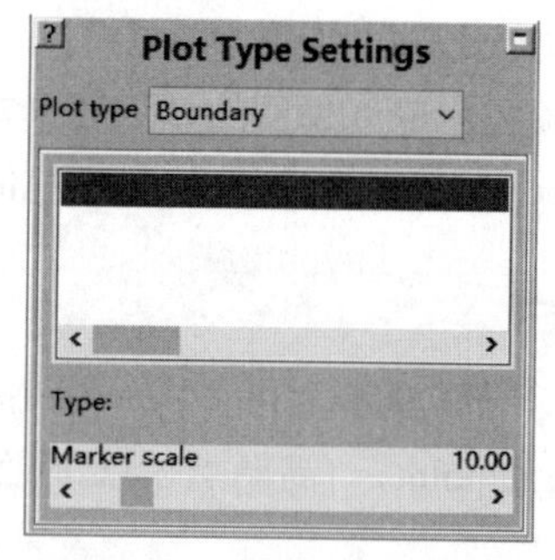

图 8-30 “Boundary”设置面板

8.2.8 连接

如图 8-31 所示，选择“Plot Type Settings”（显示类型设置）面板中“Plot Type”选项下拉列表中的“Joins”（连接），此时面板如图 8-32 所示，通过此面板为观察连接设置如下选项。

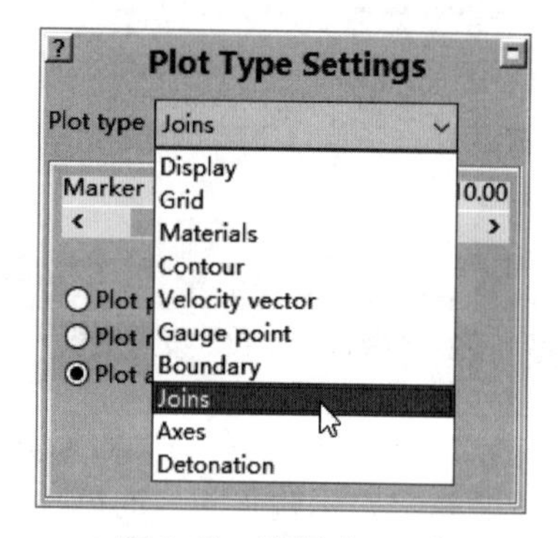

图 8-31 选择“Joins”

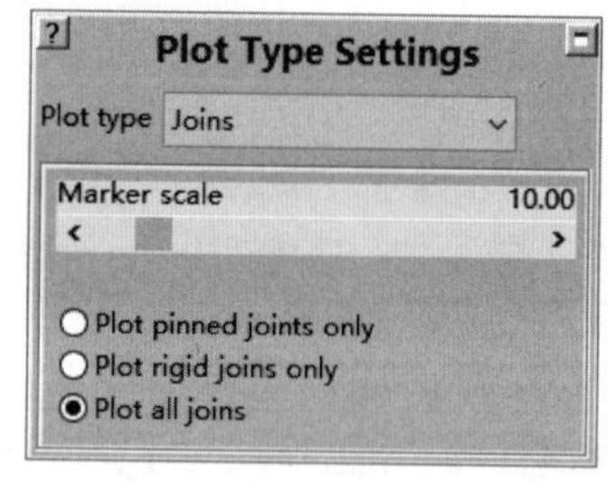

图 8-32 “Joins”设置面板

① Marker scale（标记比例） 通过此滚动条选择显示节点连接位置的标记大小。

② Joins to plot（选择显示连接类型） 通过此选项选择显示连接类型，包括销钉连接、刚性连接和所有连接。

8.2.9 坐标轴

如图 8-33 所示，选择“Plot Type Settings”（显示类型设置）面板中“Plot Type”选项下列表中的“Axes”（坐标轴），此时面板如图 8-34 所示，一般坐标轴是根据模型的最大最小边界自动选定的，通过此对话框可定义用户自定义坐标轴。

① Fix axes size（固定坐标轴大小） 选择此复选框定义用户自定义坐标轴。

② Axis dimensions（轴的尺寸） 为每个坐标轴设置最大最小值。

③ Reset（重置） 单击“Reset”按钮 Reset，将最大最小值重置为由模型尺寸自动计算得到的值。

④ Intervals（间隔） 设置坐标轴上显示间隔的个数。

⑤ Number of decimal（设置小数位数） 为坐标轴输入显示的小数位数。

⑥ Label offset（标签偏移） 通过此项设置控制坐标轴和标签的距离。

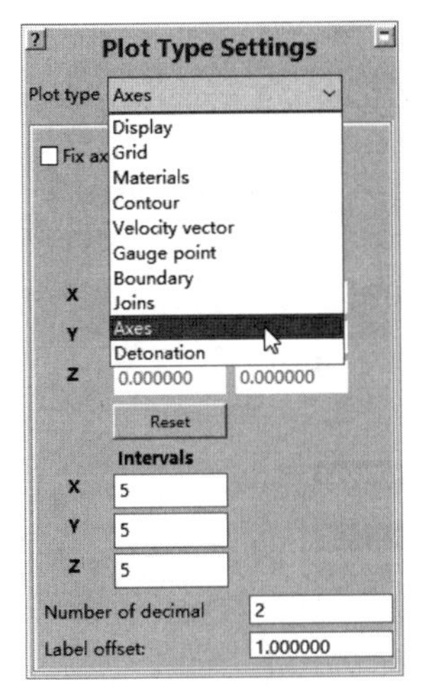

图 8-33　选择“Axes”

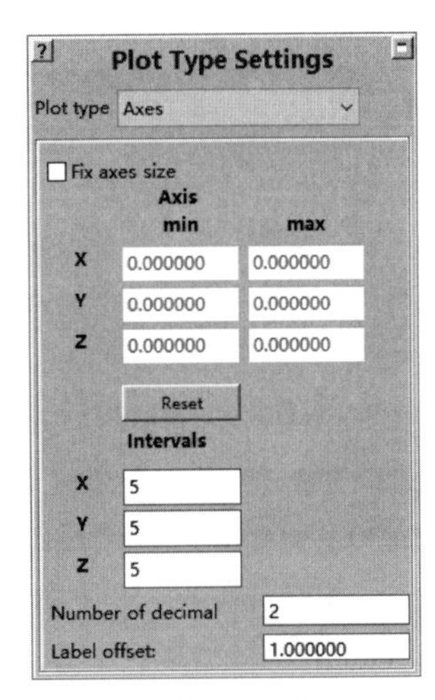

图 8-34　“Axes”设置面板

8.2.10　爆炸

如图 8-35 所示，选择“Plot Type Settings”（显示类型设置）面板中“Plot Type”选项下拉列表中的“Detonation”（爆炸），如图 8-35 所示，此时面板如图 8-36 所示，通过此面板为观察爆炸设置如下选项。

① Marker scale（标记比例）　通过此滚动条选择显示起爆点的标记大小。

② Resolution（分辨率）　设置标记的分辨率。

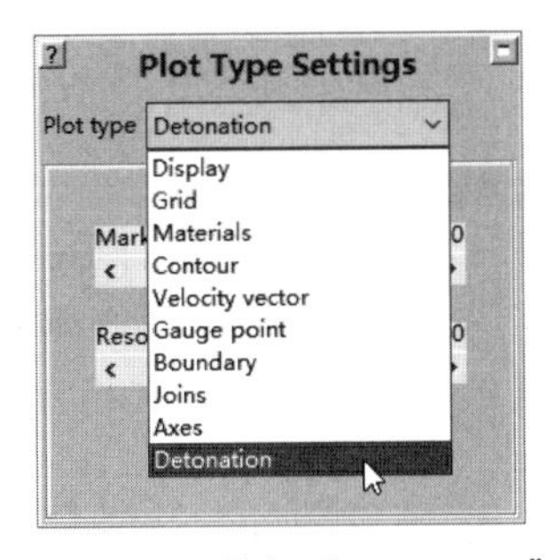

图 8-35　选择“Detonation”

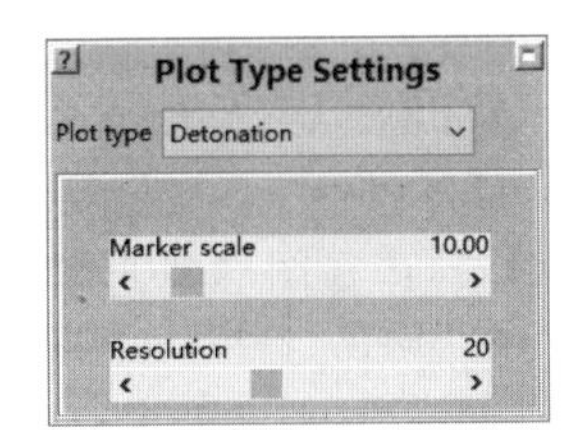

图 8-36　“Detonation”设置面板

8.3　历程数据显示

如图 8-37 所示，选择“View”（视图）下拉菜单中的“History Graphs”（历程图表）命令，或者单击导航栏中的“History”（历程）按钮 History，打开“History Plots”（历程显示）面板，如图 8-38 所示，通过此面板可以对高斯点和变量的时间历程数据进行合成和显示。选择此面板后，与当前模型相关的历程和概要数据将会自动地加载并显示，模型标识也会显示在面板窗口的顶部。

① Load（加载）：单击此按钮加载其他模型的历程数据。

② Remove（移除）：单击此按钮移除选择模型的历程数据。

③ Reduce（减少）：单击此按钮减少模型存储历程数据的数量。

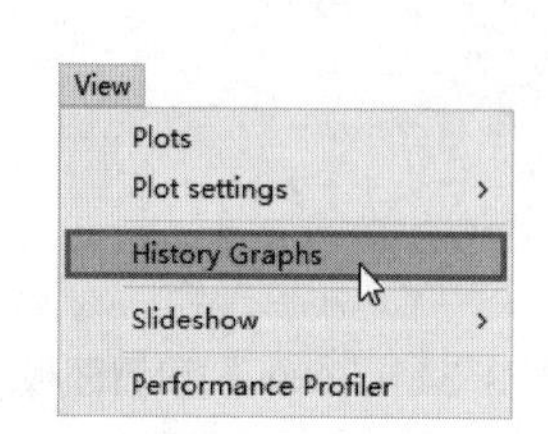

图 8-37　选择“History Graphs”

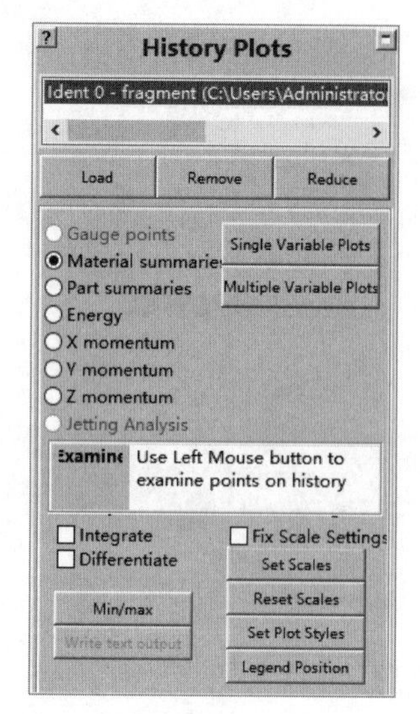

图 8-38　“History Plots”面板

④ History Type（历程类型）：从下面的选项中选择您需要观察的历程类型。

- Gauge Points（高斯点）：高斯点的历程变量数据；
- Material Summaries（材料概要）：每种材料质量、能力和动量概要；
- Part Summaries（零件概要）：每个零件质量、能力和动量概要；
- Energy（能量）：能量平衡；
- X momentum（X 动量）：X 向动量平衡；
- Y momentum（Y 动量）：Y 向动量平衡；
- Z momentum（Z 动量）：Z 向动量平衡；
- Jetting Analysis（射流分析）：射流分析显示（当模型使用射流）。

⑤ Single Variable Plots（单变量显示）：单击此选项合成一个单变量的显示图。

⑥ Multiple Variable Plots（多变量显示）：单击此选项合成一个多变量的显示图。

⑦ Examine（检查）：在图形中通过鼠标左键在曲线中选择一点，其相应的曲线标签和 XY 坐标值就显示在检查面板中。

⑧ Integrate（积分）：选择此复选框将当前视图中的曲线进行积分并显示。

⑨ Differentiate（微分）：选择此复选框将当前视图中的曲线进行微分并显示。

⑩ Min/max（最大 / 最小）：单击此按钮观察当前视图中的最大 / 最小值。

⑪ Write text output（写为文件）：单击此按钮将当前显示写为文本文件，或者从历程文件中输出所有高斯点数据（为当前文件的所有高斯点和变量写输出文件）。

⑫ Set Scales（设置比例）：Autodyn 根据数据的最大最小值自动选择显示比例，单击此按钮设置新的比例。

⑬ Reset Scales（设置比例）：单击此按钮重新设置新的比例。

⑭ Set Plot Styles（显示风格）：单击此按钮为曲线设置颜色、风格和粗细。

⑮ Legend Position（说明文字位置）：单击此按钮设置说明文字在窗口中的位置。

8.3.1 加载

如图 8-39 所示，单击“History Plots”（历程显示）面板中的“Load”（加载）按钮 Load，

打开“Open history file”（打开历程文件）对话框，如图 8-40 所示，通过此窗口加载历程文件。历程文件有两种类型：

① *.his：这种文件包含模型中高斯点的历程数据；

② *.sum：这种文件包含概要性质的历程数据，材料概要、零件概要、能量等；

根据选择的显示类型，通过此窗口浏览，找到 .his 或 .sum 文件并加载。

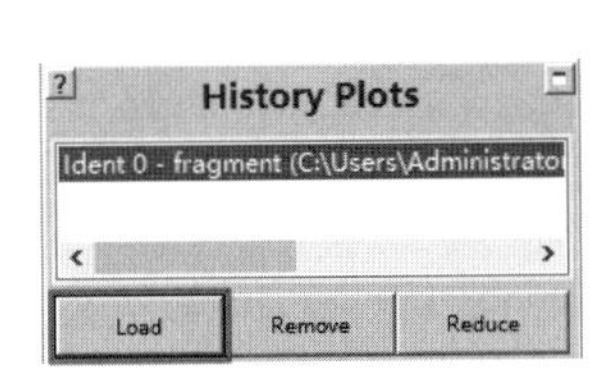

图 8-39　选择“Load”

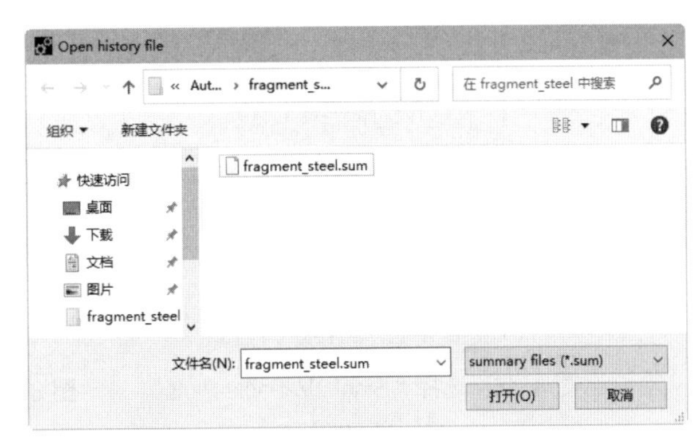

图 8-40　“Open history file”对话框

8.3.2 减少

如图 8-41 所示，单击“History Plots”（历程显示）面板中的“Reduce”（减少）按钮 Reduce，如图 8-41 所示，打开“Reduce history file”（减少历程文件）对话框，如图 8-42 所示。为了得到高频响应，需要经常保存历程数据，默认情况是一个循环保存一次。如果计算的循环数很多，历程文件会很大。通过此窗口可以移除历程文件中的一部分循环，从而降低历程文件的大小。

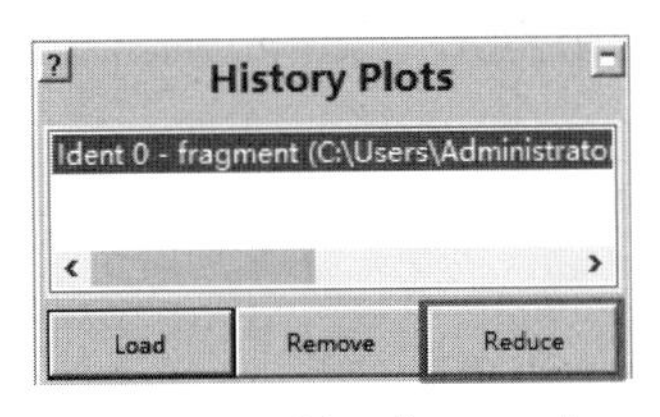

图 8-41　选择“Reduce”

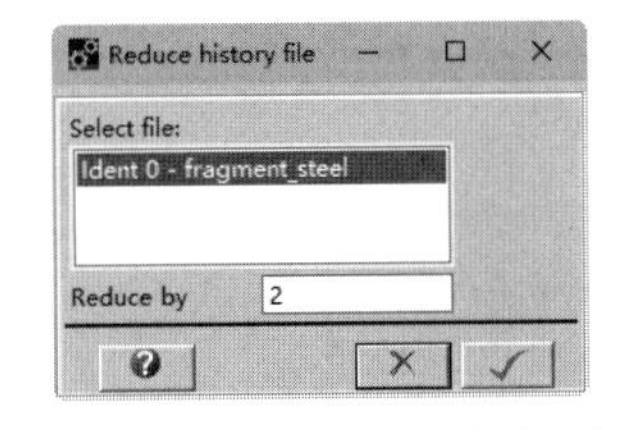

图 8-42　减少历程文件对话框

① Select file（选择文件）　通过此窗口选择需要瘦身的文件名。

② Reduce by（减少因子）　在此输入减少因子。如果输入 2，文件中每隔一个循环将移除一个循环的数据；如果输入 3，文件中每隔一个循环将移除两个循环的数据。

8.3.3 单变量显示

如图 8-43 所示，单击“History Plots”（历程显示）面板中的“Single Variable Plots”（单变量显示）按钮 Single Variable Plots，如图 8-43 所示，打开“Single Variable Plot”（单变量显示）对话框，如图 8-44 所示，通过此窗口合成一个单变量视图。单变量显示可以为同一个 X 或 Y 变量选择多个历程曲线。

① Ident（标识）　从此下拉菜单中选择已经加载的模型中的一个标识（零件名）。

② Y 变量（Y Variable）　从此下拉菜单中选择赋予到 Y 轴的变量。

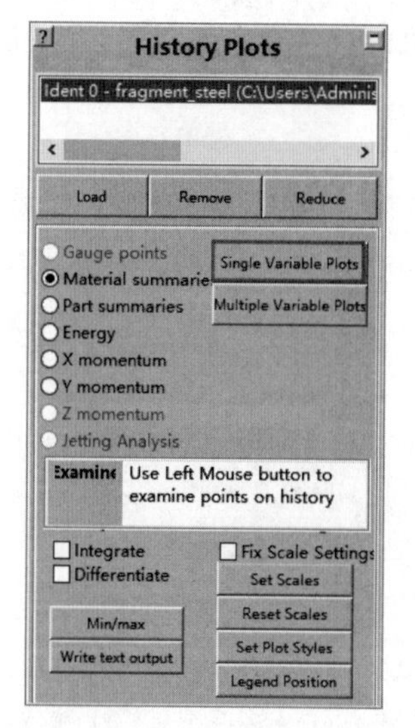

图 8-43　选择“Single Variable Plots”

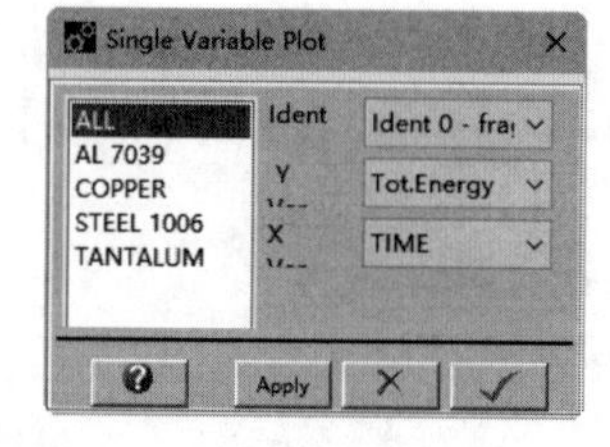

图 8-44　“Single Variable Plot”对话框

③ X 变量（X Variable）　从此下拉菜单中选择赋予到 X 轴的变量，通常为时间。

④ Histories to display（选择历程数据）　在左面的列表中选择需要显示的数据，可以通过 shift 和 control 的方式选取。可选的变量和历程数据与选择的显示类型（高斯点、材料概要等）有关。

8.3.4　多变量显示

如图 8-45 所示，单击“History Plots”（历程显示）面板中的“Multiple Variable Plots”（多变量显示）按钮 Multiple Variable Plots，打开“Multiple Variable Plot”（多变量显示）对话框，如图 8-46 所示，通过此窗口合成多变量显示。多变量显示包含一个或多个历程曲线，每个曲线对应不同的 X、Y 变量。

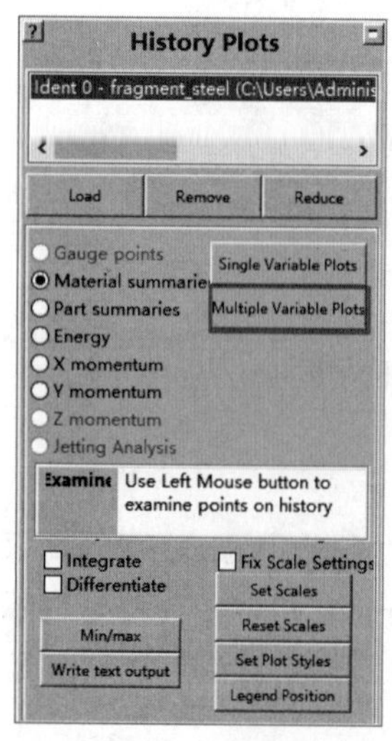

图 8-45　选择“Multiple Variable Plots”

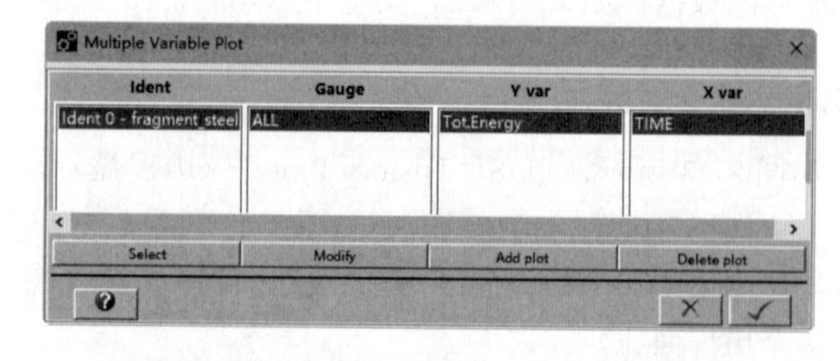

图 8-46　“Multiple Variable Plot”对话框

多变量显示对话框窗口列表显示已定义的历程曲线，分四列显示文件名、高斯点号、X 变量、Y 变量。在列表下面的四个按钮如下所述。

(1) Select (选择)

单击“Select”按钮 Select，打开“Set All Plots”（设置所有曲线）对话框，如图 8-47 所示，通过此对话框快速将多变量曲线添加到多变量曲线列表。

① Select ident（选择文件）　通过此下拉菜单从已加载的模型中选择一个文件。

② Select gauge（s）（选择高斯点）　通过此窗口选择一个或多个高斯点，可以使用 Control 和 Shift 键组合选取。

③ Select Y-variable（选择 Y 变量）　通过此窗口为 Y 赋予一个或者多个变量，可以使用 Control 和 Shift 键组合选取。

④ Select X-variable（选择 X 变量）　通过此下拉菜单为 X 赋予一个变量。

⑤ Number of selected plots（选择曲线数量）　通过此项了解已经定义的曲线数量。曲线数量指通过以上四个选择输入区域联合定义的数量。

(2) Modify (更改)

在列表中选择需要更改的曲线，单击“Modify”（更改）按钮 Modify，打开“Modify Selected Plot”（更改所选曲线）对话框，如图 8-48 所示，通过此窗口为多变量显示中的曲线进行设置或是更改参数。

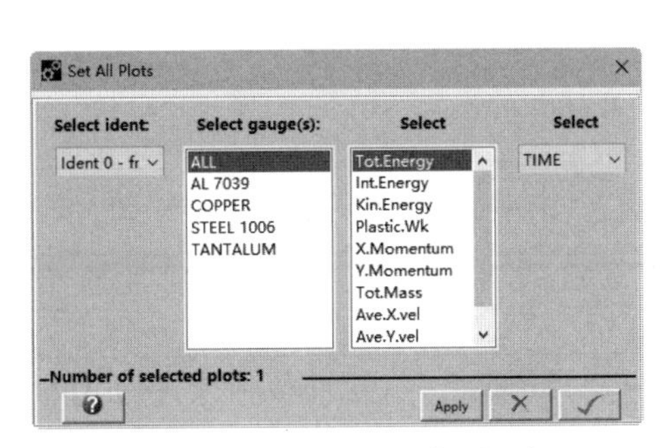

图 8-47　“Set All Plots”对话框

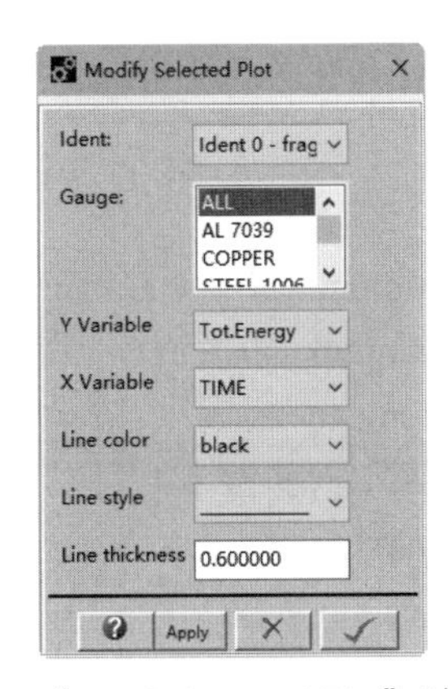

图 8-48　“Modify Selected Plot”对话框

① Ident（标识）　通过此下拉菜单从已加载的模型中选择一个文件。

② Gauge（高斯点）　通过此窗口选择需要显示的高斯点。

③ Y Variable（Y 变量）　通过此下拉菜单选择 Y 变量。

④ X Variable（X 变量）　通过此下拉菜单选择 X 变量。

⑤ Line color（曲线颜色）　通过此下拉菜单选择曲线颜色。

⑥ Line style（线型）　通过此下拉菜单选择曲线线型（实线、虚线等）。

⑦ Line thickness（线粗细）　通过此窗口设置线的粗细。

(3) Add plot (添加曲线)

在列表中选择一条曲线，单击“Add plot”按钮 Add plot，增加一条新曲线。新曲线的初始设置与所选曲线一致，但是可以在打开的窗口中立即更改这些设置。

(4) Delete plot (删除曲线)

单击“Delete plot”按钮 Delete plot，从列表中删除曲线。可选的变量和历程数据与选择的显示类型（高斯点、材料概要等）有关。

8.3.5 设置比例

如图 8-49 所示，单击“History Plots”（历程显示）面板中的“Set Scales”（设置比例）按钮 Set Scales，打开“Set Scales”（设置比例）对话框，如图 8-50 所示，通过此窗口为历程曲线设置比例。

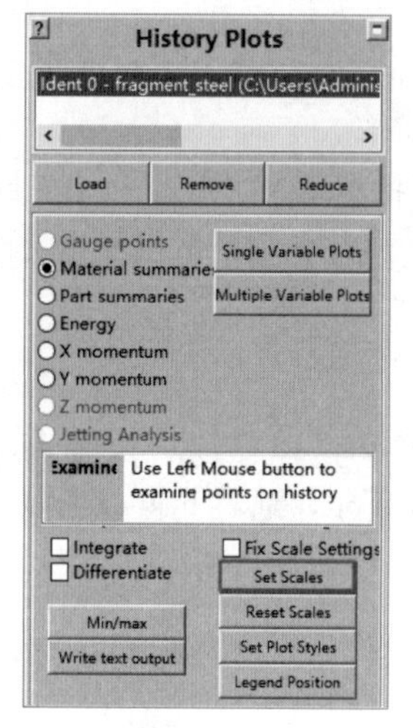

图 8-49 选择“Set Scales”

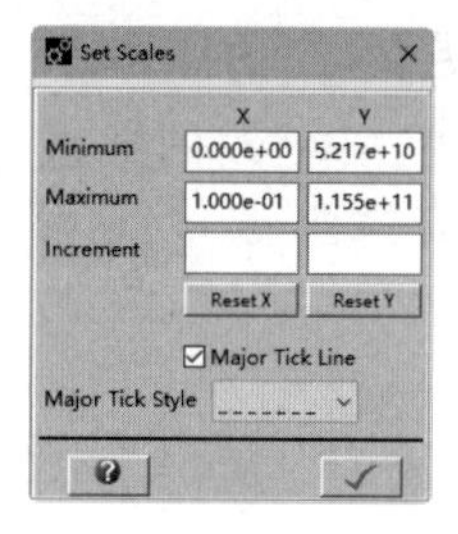

图 8-50 “Set Scales”对话框

① Minimum（最小值） 在此处为 X、Y 设置最小值。

② Maximum（最大值） 在此处为 X、Y 设置最大值。

③ Increment（增量） 在此处为 X、Y 比例条设置增量。

④ Reset X（重置 X） 单击“Reset X”（重置 X）按钮 Reset X，将 X 的极值设置为 Autodyn 自动计算值。

⑤ Reset Y（重置 Y） 单击“Reset Y”按钮 Reset Y，将 Y 的极值设置为 Autodyn 自动计算值。

⑥ Major Tick Lines（主标记线） 选择此复选框将主要标记以网格的形式显示。

⑦ Major Tick Style（主标记风格） 通过此下拉菜单选择主标记线型（实线、虚线等）。

8.3.6 设置显示风格

单击“History Plots”（历程显示）面板中的“Set Plot Styles”按钮 Set Plot Styles，如图 8-51 所示，打开“Set Plot Styles”（设置显示风格）对话框，如图 8-52 所示，通过此窗口为每条曲线设置颜色、线型和粗细。

① Plot Number（曲线序号） 曲线按照定义的顺序编号，从 1 开始。从左侧窗口中选择需要更改风格的曲线。

② Color（颜色） 在右侧上两行中为所选曲线设置颜色。

③ Line Style（线型） 在右侧接下来的四行中为所选曲线设置线型。

④ Line Thickness（线粗细） 在右侧底部一行中为所选曲线设置线的粗细。

⑤ User plot title（用户定义标题） 选择此复选框为显示曲线定义标题，默认标题为“历程曲线”。

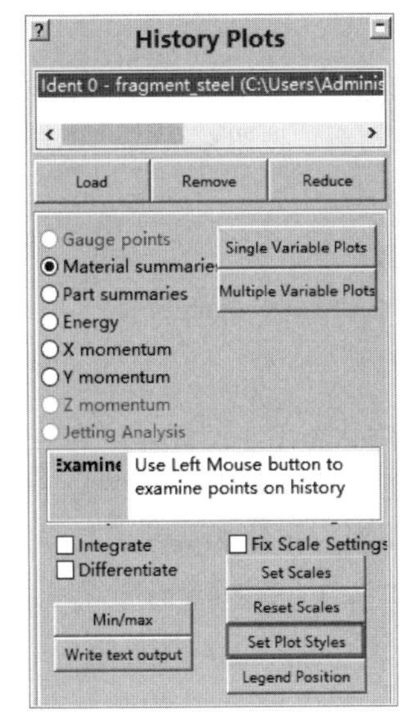

图 8-51　选择 Set Plot Styles

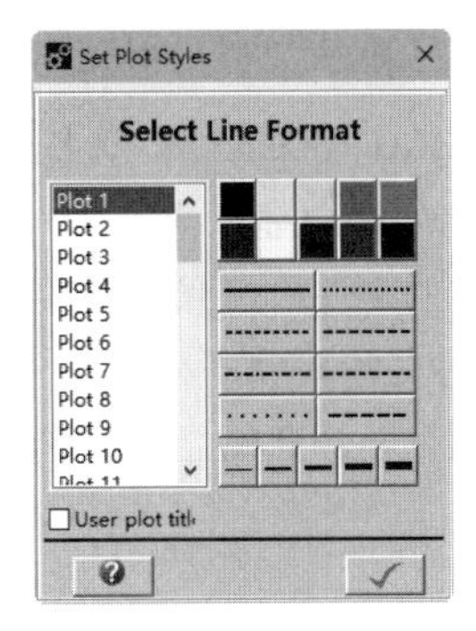

图 8-52　Set Plot Styles 对话框

8.4　幻灯片制作与显示

如图 8-53 所示，选择“View”（视图）下拉菜单“Slideshow”（幻灯片）下一级菜单中的“Compose Slideshow”（幻灯片制作）命令，或者单击导航栏中的“Slides”（幻灯片）按钮 Slides，打开“Compose Slideshow”（幻灯片制作）面板，如图 8-54 所示，通过此窗口合成形成一个幻灯片。

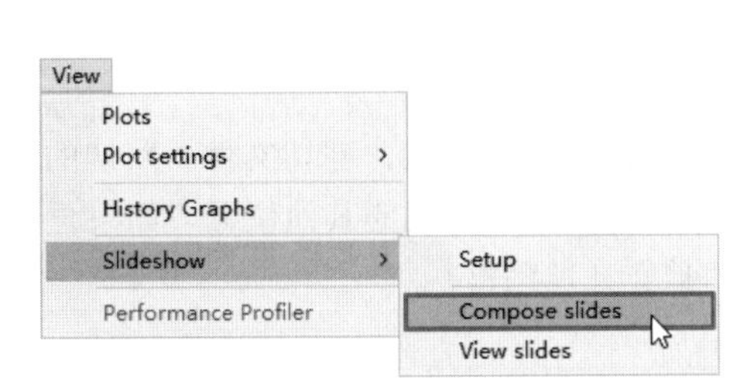

图 8-53　选择“Compose Slideshow”

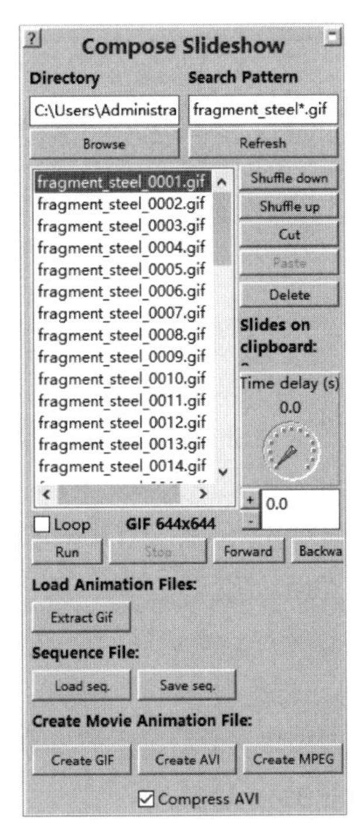

图 8-54　“Compose Slideshow”面板

（1）Directory（路径）

幻灯片保存和处理的当前路径，显示在下面的框中。单击下面的“Browse”（浏览）按钮 Browse，更改路径。更改路径后，单击“Refresh”（刷新）按钮 Refresh，更新幻灯片序列框中幻灯片列表。

（2）Search Pattern（查找类型）

在此窗口中输入查找类型，限制在幻灯片序列框中显示文件的类型。

（3）Slide Sequence Box（幻灯片序列框）

窗口左侧中间的框中显示当前幻灯片序列。初始状态下，幻灯片序列包含当前路径下所有符合查找类型要求的文件，按照字母数字的顺序排列。可以使用剪切 / 粘贴和上下拖动按钮来重新安排幻灯片序列文件的顺序。单击“Refresh”（刷新）按钮 Refresh，将当前文件顺序改为按照字母数字顺序排列。当在幻灯片序列中选择了一个文件，其相应的图像将显示在视图面板中，如图 8-55 所示。

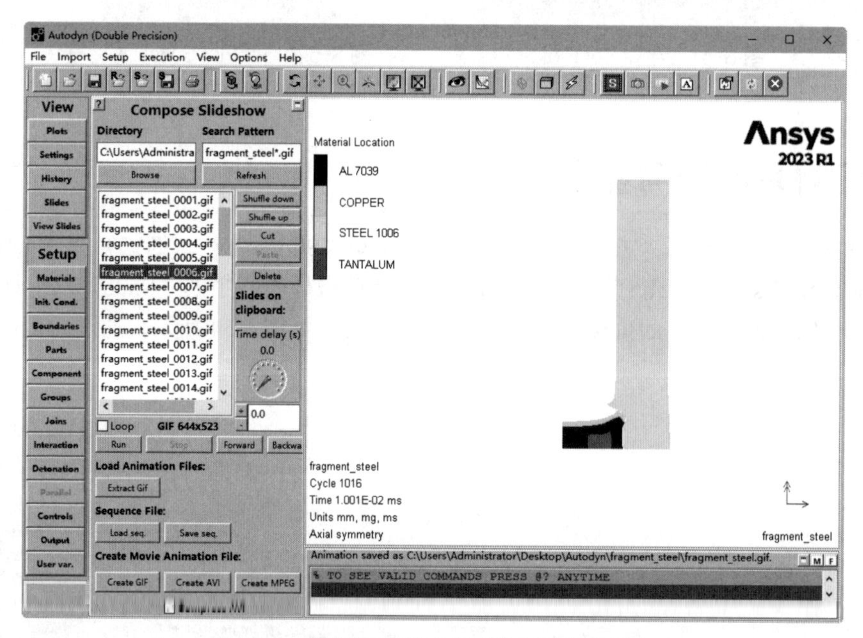

图 8-55 幻灯片序列对应图像显示在视图中

（4）Shuffle up/down（上下拖动）

通过单击“Shuffle up”（向上拖动）或“Shuffle down”（向下拖动）按钮，可将幻灯片序列中的一个或多个文件上移或下移。选择需要移动的文件（使用 Shift 键多选），单击“Shuffle up”或“Shuffle down”，将文件相应地一起向上或向下移动一格。

（5）Cut（剪切）

在幻灯片序列中选择一个或多个文件，单击“Cut”按钮 Cut，剪切文件。剪切的文件放在剪贴板中，使用“Paste”（粘贴）按钮 Paste，将文件放置到序列的其他位置。如果再次使用剪切命令，剪贴板先被清空，然后新剪切的文件将放置在剪贴板。

（6）Paste（粘贴）

单击“Paste”按钮 Paste，将剪贴板中的文件插入到幻灯片序列中所选文件后面的序列。

（7）Delete（删除）

在幻灯片序列中选择一个或多个文件，单击“Delete”按钮Delete，删除文件。

（8）Slides on clipboard（剪贴板中的幻灯片）

显示剪贴板中幻灯片的数量。

（9）Time delay（延时）

在幻灯片序列中选择一个或多个文件，旋转刻度盘为这些文件设置延迟时间，延时指幻灯片的显示时间，以秒为单位。如果不用刻度盘，可以在其下面的框中输入数值。

（10）Loop（循环）

选择此复选框使幻灯片自动循环播放。

（11）Run（运行）

单击“Run”按钮Run，播放当前幻灯片序列，播放整个序列，无论当前选择了哪个文件。

（12）Stop（停止）

单击“Stop”按钮Stop，停止播放当前幻灯片序列。

（13）Forward/Backward（向前 / 向后）

单击“Forward”（向前）或“Backward”（向后）按钮Forward，可以快速改变当前选择的文件。这个过程会自动更新显示面板的显示，所以可以通过此特性手动观察幻灯片。

（14）Extract Gif（摘取 Gif）

单击“Extract Gif”按钮Extract Gif，将从 Gif 动画中摘取独立的 .gif 文件，并将其存放到当前路径下。

（15）Load seq.（加载序列）

单击“Load seq.”按钮Load seq.，将从序列文件中加载序列，并应用到当前路径。

（16）Save seq.（保存序列）

单击“Save seq.”按钮Save seq.，将当前幻灯片序列保存为序列文件。

（17）Create GIF（创建 GIF）

单击“Create GIF”按钮Create GIF，从当前幻灯片序列创建 GIF 动画。

（18）Create AVI（创建 AVI）

单击“Create AVI”按钮Create AVI，从当前幻灯片序列创建 AVI 动画。

（19）Create MPEG（创建 MPEG）

单击“Create MPEG”按钮Create MPEG，从当前幻灯片序列创建 MPEG 动画。

（20）Compress AVI（压缩 AVI）

勾选“Compress AVI”复选框，设置 AVI 压缩。

8.5 实例导航——钽芯破片撞击钢板结果后处理

扫码看视频

本节以钽芯破片撞击钢板数值仿真为例，重点介绍了该仿真结果后处理分析，其中对生成动画、幻灯片制作与显示、云图显示等相关操作进行了设置。

8.5.1 生成动画

单击工具栏中的“Capture sequence”（录制幻灯片）按钮，打开“Generate multiple slides”对话框，如图 8-56 所示。在“Directory for model files”（模型文件目录）中选定存储目录，选取所有时刻，勾选“Create Merged Animation”（创建合并动画）复选框和“GIF”复选框，设置动画输出的格式为 *.GIF，在“Frame”（帧）中设定图片输出时间间隔“0.100000”，如图 8-57 所示。单击“Start”（开始）按钮 Start，开始生成 GIF 图像动画，单击“Stop”（停止）按钮 Stop，可停止输出，生成的动画文件“fragment_steel.gif”可以在选定的存储目录中找到。如果勾选“AVI”复选框，动画输出的格式为“*.avi”，如图 8-58 所示，单击“Start”（开始）按钮 Start 后，会打开“Choose Compression”（选择压缩）对话框，如图 8-59 所示，在“压缩程序”列表中选择“Microsoft Video 1”，单击“确定”按钮 确定，完成动画的生成，“fragment_steel.avi”动画会被保存在选定的存储目录中，然后单击“Cancel”（取消）按钮 ✕，关闭该对话框。

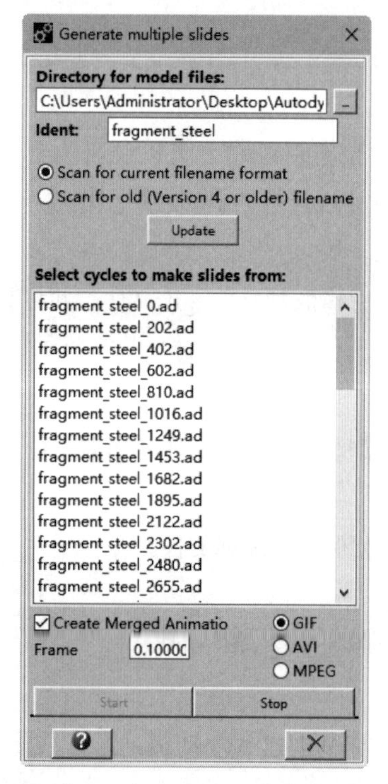

图 8-56 “Generate multiple slides”对话框

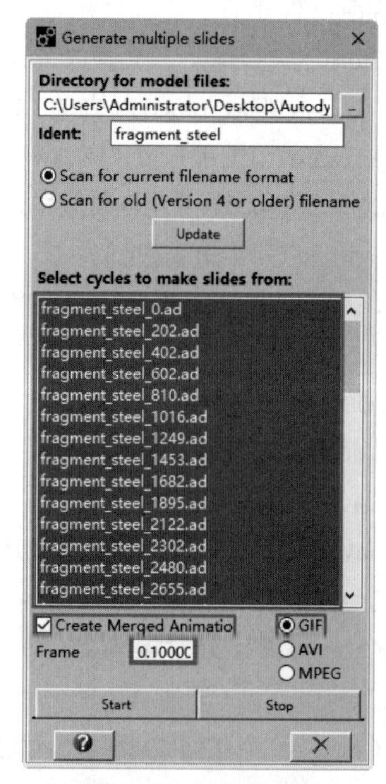

图 8-57 创建动画设置

8.5.2 查看不同时刻幻灯片

单击导航栏中的“Slides”（幻灯片）按钮 Slides，窗口左侧中间的框中显示当前幻灯片序列，初始状态下，幻灯片序列包含当前路径下所有符合查找类型要求的文件，按照字母数字的顺序排列。可以在相应的对话框面板中选择不同时刻的幻灯片，在视图面板中观察目标靶在破片作用下的毁伤过程，如图 8-60 所示。

如图 8-61 所示，分别给出了破片对钢目标靶撞击过程中，在 0.01ms、0.02ms、0.03ms、0.06ms、0.08ms、0.10ms 时破片冲击目标靶的图像。

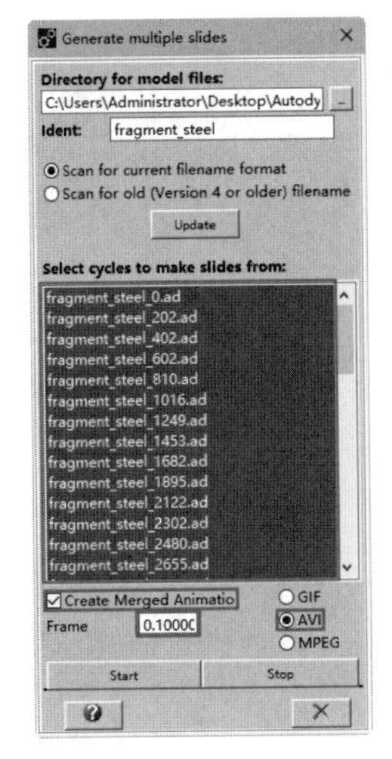

图 8-58　动画格式设置为 AVI

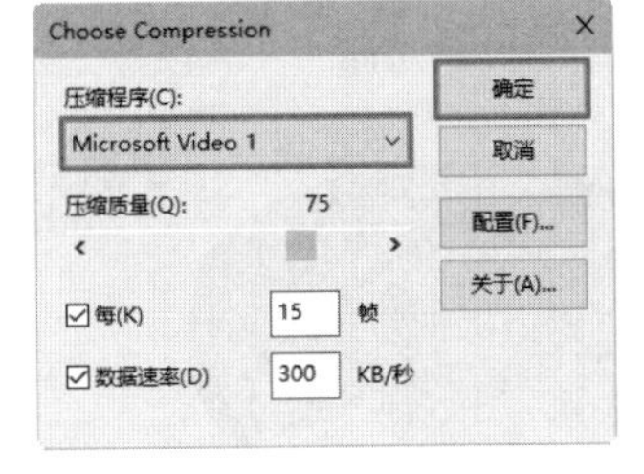

图 8-59　“Choose Compression”对话框

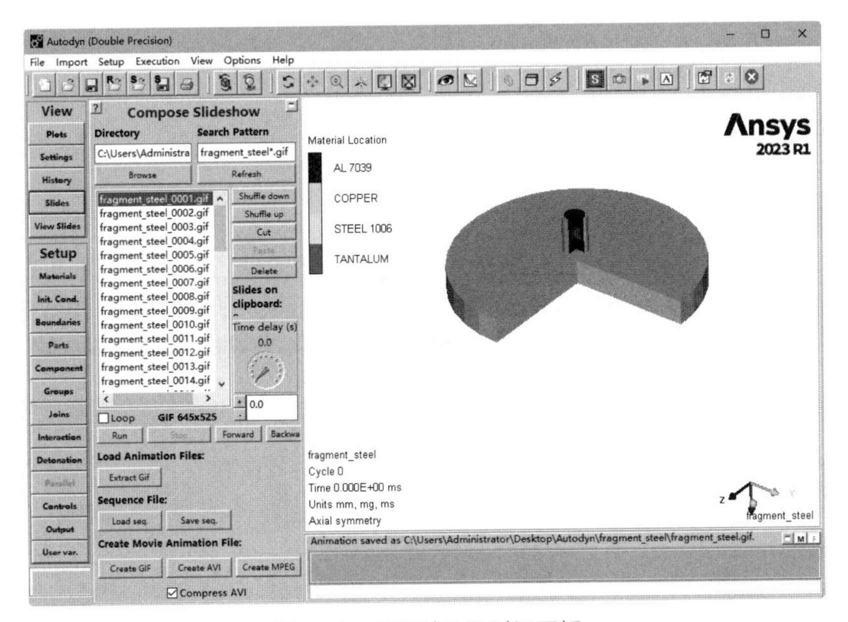

图 8-60　幻灯片设置对话面板

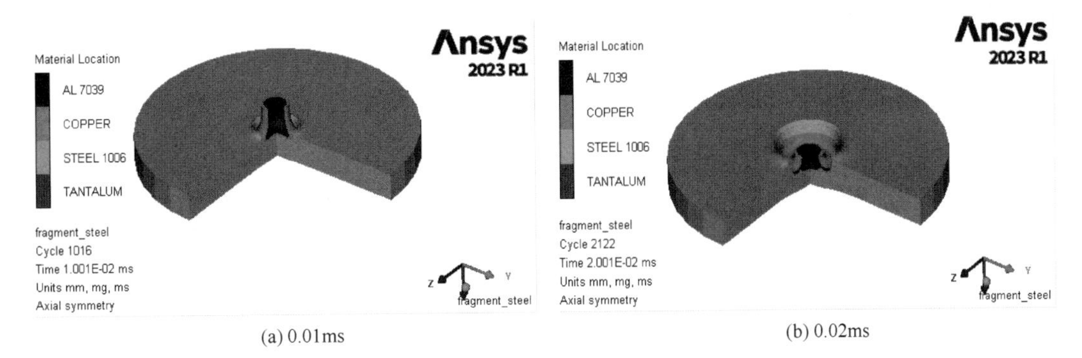

(a) 0.01ms　　(b) 0.02ms

图 8-61

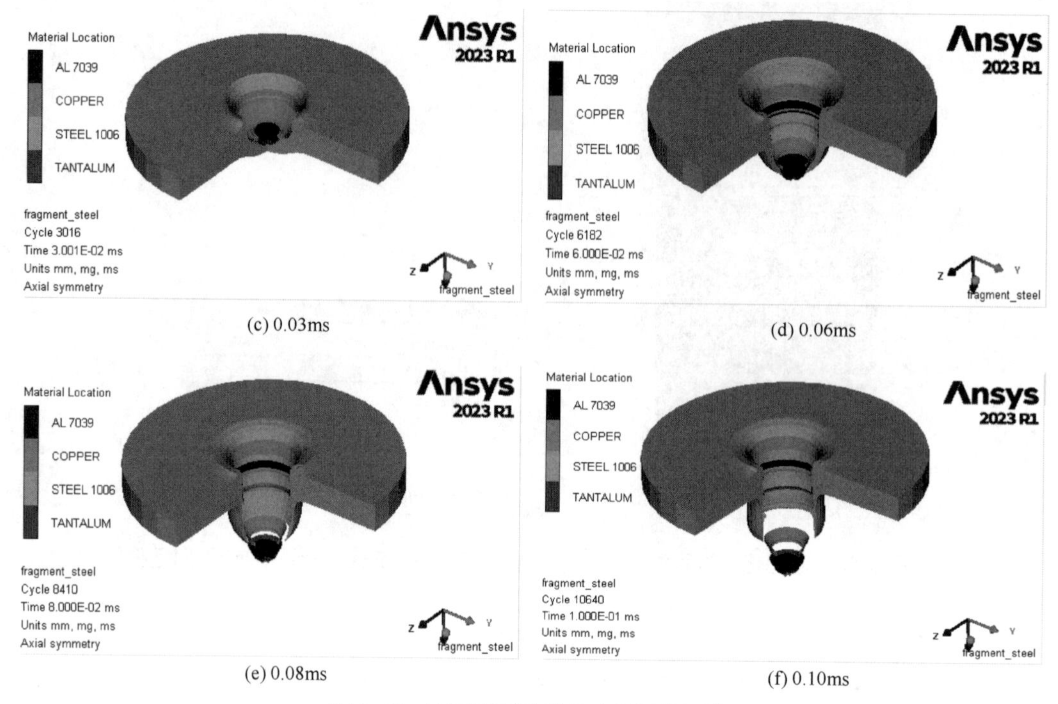

(c) 0.03ms (d) 0.06ms

(e) 0.08ms (f) 0.10ms

图 8-61 不同时刻破片撞击目标靶图像

8.5.3 显示云图

单击导航栏中的“Plots”（显示）按钮**Plots**，打开“Plots”面板，在该面板的“Fill type”（填充类型）栏中选择“Material Location”（本地材料）复选框，如图 8-62 所示。单击“Material Location”右侧的展开按钮 >，打开“Material Plot Settings”（设置材料显示）对话框，如图 8-63

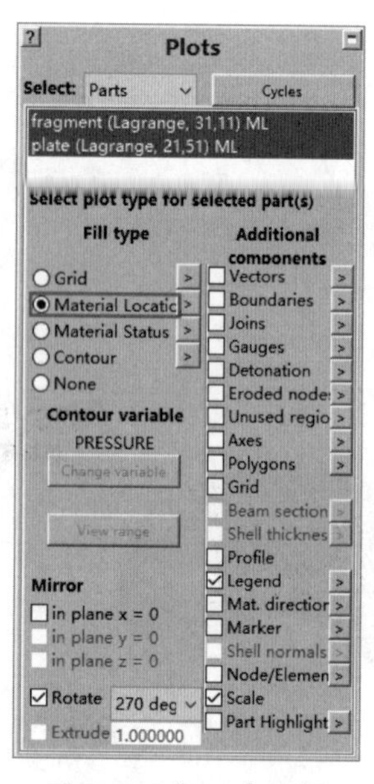

图 8-62 “Plots”面板

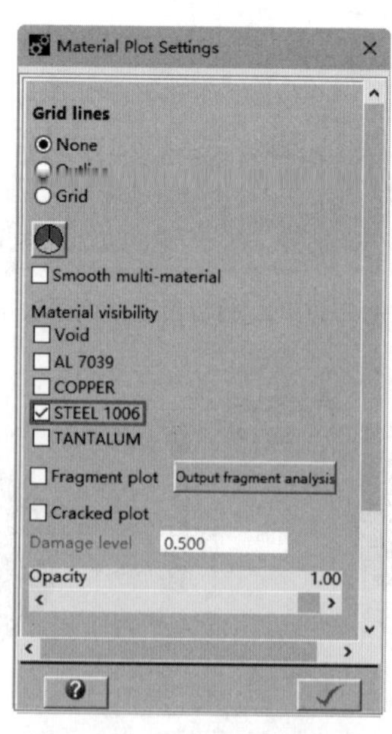

图 8-63 “Material Plot Settings”对话框

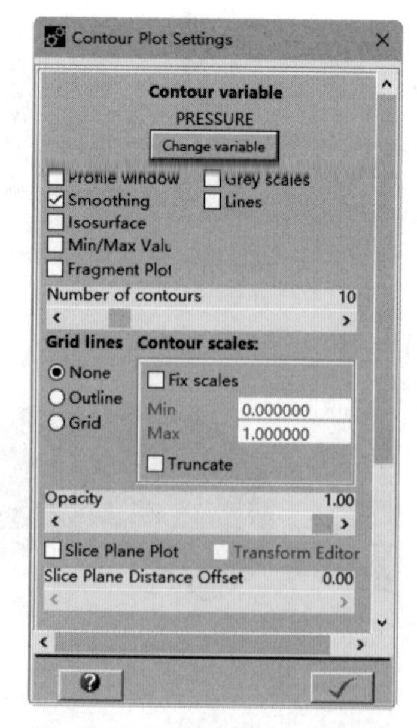

图 8-64 “Contour Plot Settings”对话框

所示。在“Material visbility”（材料可见性）列表中勾选“STEEL 1006”材料，单击“OK”按钮。然后在“Plots”面板中的“Fill type”（填充类型）栏中选择“Contour”（云图）复选框，单击“Contour”右侧的展开按钮，打开“Contour Plot Settings”（绘制云图设置）对话框，如图 8-64 所示。在“Contour variable”（选择云图变量）栏中单击“Change variable”（更改变量）按钮Change variable，打开“Select Contour Variable”对话框，如图 8-65 所示。在“Variable”（变量）列表中选择“MIS. STRESS”，然后单击“OK”按钮，得到了目标靶在破片撞击作用下的应力分布云图，如图 8-66 所示。

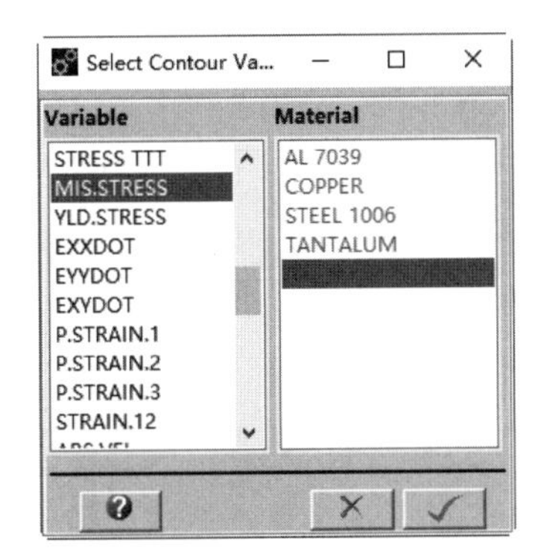

图 8-65　“Select Contour Variable”对话框

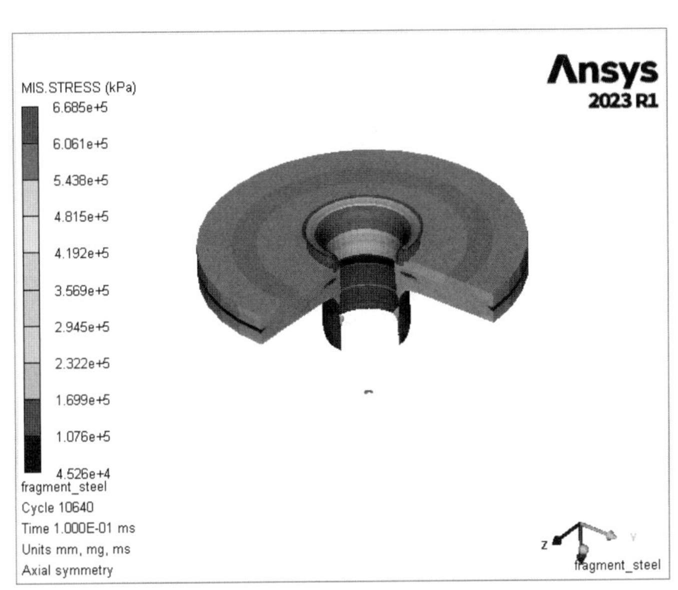

图 8-66　0.10ms 时刻目标靶应力分布云图

第9章 撞击问题实例

针对 Autodyn 数值模拟的 Lagrange（拉格朗日）、SPH（光滑粒子流体动力）求解算法，本章结合冲击碰撞问题的典型示例，给出了两个基于 Autodyn 的按步骤操作实例教程，以便读者结合具体操作掌握 Autodyn 数值模拟撞击问题的应用流程和方法。

9.1 穿甲弹斜侵彻陶瓷装甲数值仿真

扫码看视频

本节采用 Autodyn 软件分析穿甲弹斜侵彻带铝板内衬陶瓷装甲的过程，数值分析中采用 SPH 算法进行计算，计算模型为二维平面模型。计算过程包括算法选择、材料的定义、初始与边界条件设置、模型的创建、结果后处理分析等。

9.1.1 问题的描述

自有枪炮以来，各种弹体对装甲目标的侵彻就成为科学研究的重要内容。陶瓷复合装甲正在逐渐替代常规的钢或钛合金装甲，这种新型装甲将高硬度的脆性材料和高强度的韧性材料结合在一起，不仅制造方便、重量轻，而且防弹性能好，具有良好的抗侵彻效果。本节采用 Autodyn 分析 7.62mm 穿甲弹撞击带铝板内衬陶瓷装甲过程，如图 9-1 所示，将穿甲弹简化为钢质圆柱体子弹，直径为 7.62mm，长度为 16mm，装甲陶瓷层厚 6mm，铝板厚度 3mm，长度为 70mm。子弹以 900m/s 的速度、45°的倾角斜撞击装甲，考虑到撞击过程将会发生较大变形，因此数值分析采用了 SPH 算法。

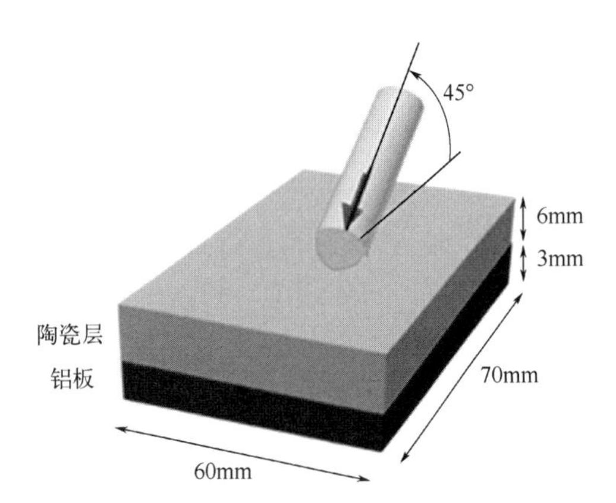

图 9-1　穿甲弹撞击带铝板内衬的陶瓷装甲

9.1.2 模型分析及算法选择

（1）模型分析

数值仿真的动力学模型由穿甲弹、陶瓷装甲组成。所用的材料均直接从 Autodyn 材料数据库中获得，模拟所用的穿甲弹材料由外到内均选用材料库中的 STEEL 4340，陶瓷装甲材料选用材料库中的 AL203CERA、AL6061-T6 材料。

（2）算法选择

在冲击过程中，穿甲弹和陶瓷装甲都会发生大变形，考虑到 SPH 算法能够适应大变形计算，可以广泛地模拟连续体结构的解体、碎裂、固体的层裂、脆性断裂等大变形问题，且无需网格重构，并能保证计算精度不受损。本例计算中穿甲弹与陶瓷装甲均采用 SPH（光滑粒子流体动力）算法。

9.1.3 Autodyn 建模分析过程

（1）启动 Autodyn 软件，建立新模型

在 Ansys 2023 的安装文件夹下按 C：\Program Files\Ansys Inc\v231\aisol \AUTODYN \winx64 路径找到 Autodyn 的文件夹，会看到文件夹所包含的文件 autodyn.exe，双击 autodyn.exe 将软件打开。

单击工具栏中的“New Model”（新建模型）按钮或选择“File”（文件）下拉菜单中的“New”（新建）命令，如图 9-2 所示。打开“Create New Model”（新建模型）对话框，如图 9-3 所示。单击“Browse”（浏览）按钮Browse，打开“浏览文件夹”对话框，如图 9-4 所示。按提示选择文件输出目录 C：\Users\Administrator\Desktop\Autodyn\bullet_armor，然后单击“确定”按钮确定，返回“Create New Model”（新建模型）对话框。在“Ident”（标识）文本框中输入“bullet_armor”作为文件名，在“Heading”（标题）文本框中输入“bullet_armor”。选择“Symmerty”（对称性）为“2D”，“Planar”（平面）。设置“Units”（单位制）为默认的“mm、mg、ms”。单击“OK”按钮，如图 9-5 所示，创建新模型。

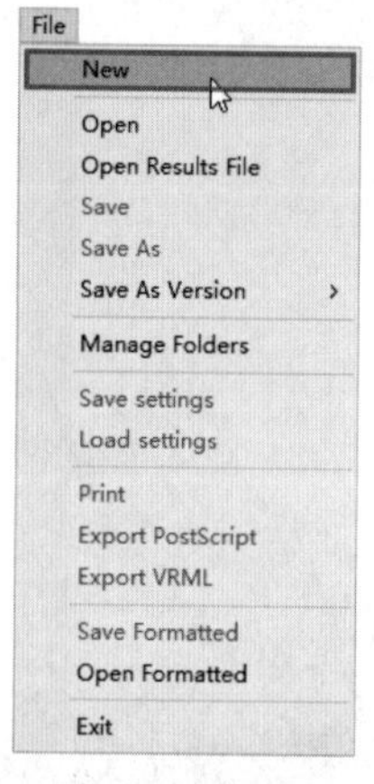

图 9-2 新建文件

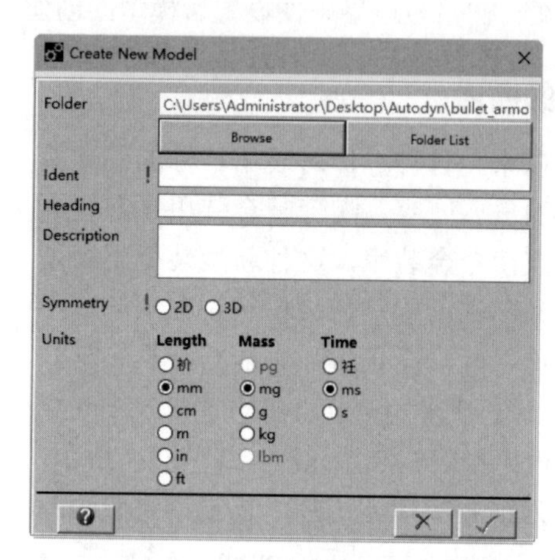

图 9-3 “Create New Model”对话框

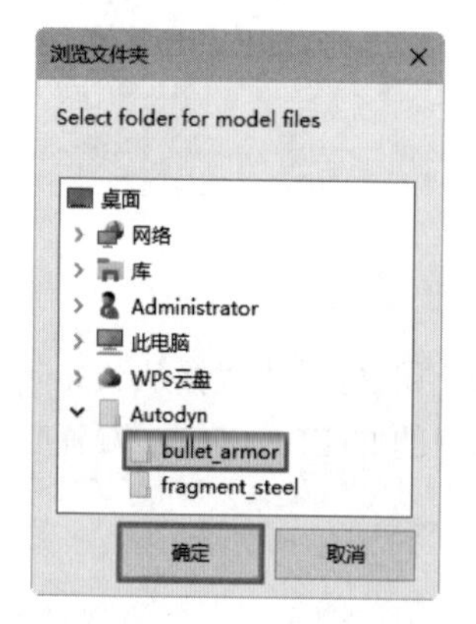

图 9-4 浏览文件夹对话框

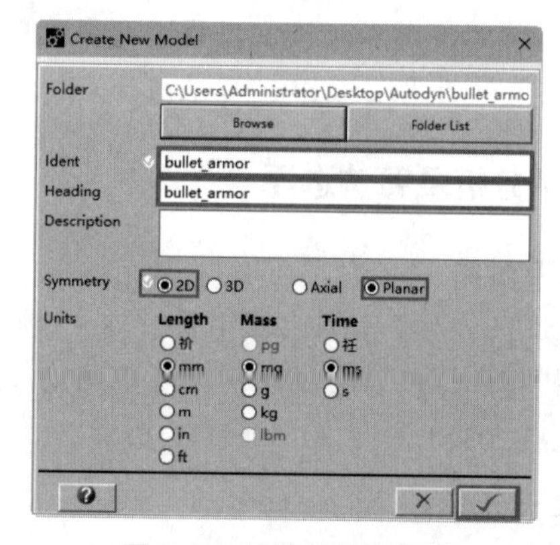

图 9-5 创建新模型设置

（2）修改背景颜色

单击导航栏中的“Settings”（设置）按钮Settings，打开“Plot Type Settings”（显示类型设置）面板，如图 9-6 所示，在“Plot Type”（绘图类型）下拉列表中选择“Display”（显示）选项，在“Background”（背景）下拉列表中选择“White”（白色），去掉勾选“Graded Shading”（渐变）复选框，如图 9-7 所示。

（3）定义模型使用的材料

单击导航栏中的“Materials”（材料）按钮Materials，打开“Material Definition”（定义材料）面板，如图 9-8 所示，在面板中单击“Load”（加载）按钮Load，打开“Load Material Model”（加

载材料模型）对话框，如图 9-9 所示，在该对话框中可以加载模型需要的材料。

依次选择材料“AL203CERA”（Shock，von Mises，None）、“AL6061-T6”[Puff，von Mises，Hydro（Pmin）]、“STEEL 4340”（Linear，Johnson Cook，None），单击“OK”按钮 ✓，完成加载，返回到“Material Definition”（定义材料）面板，在该面板中可以查看选择的材料类型，结果如图 9-10 所示，还可以根据需要修改参数。

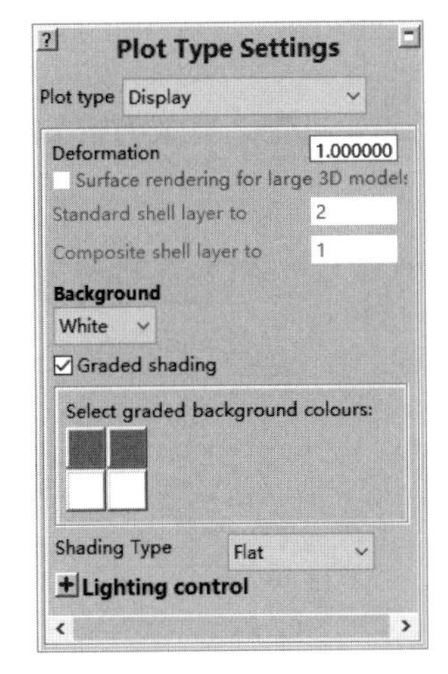

图 9-6　“Plot Type Settings”面板

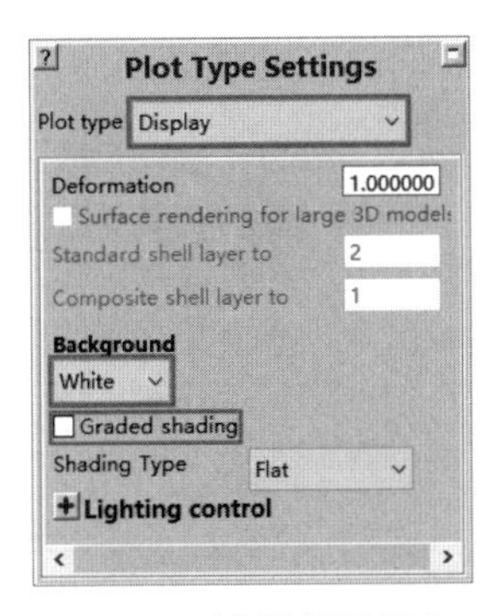

图 9-7　设置背景颜色

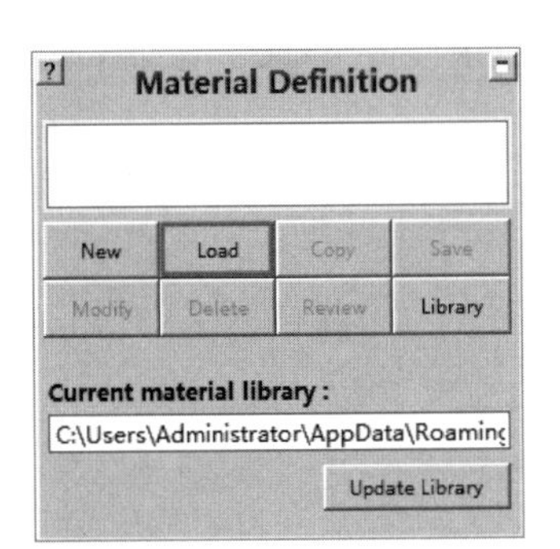

图 9-8　“Material Definition”面板

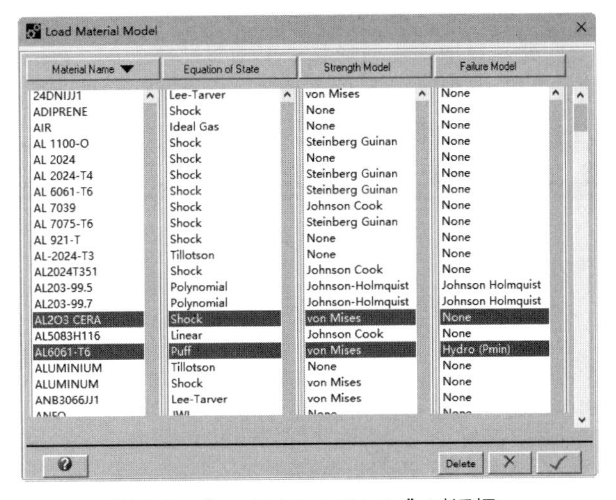

图 9-9　“Load Material Model”对话框

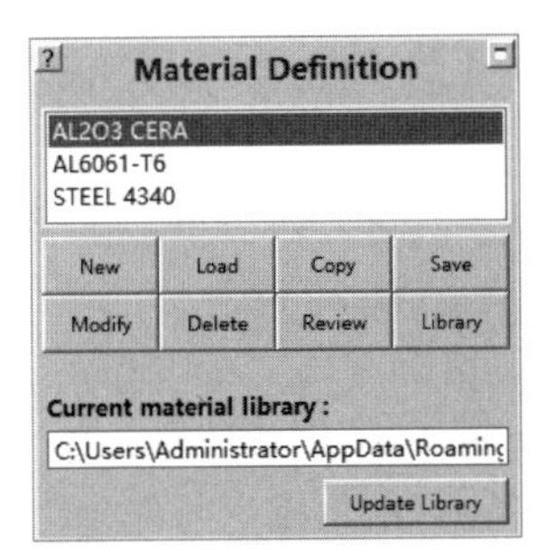

图 9-10　加载材料后的面板

(4) 定义初始条件

单击导航栏中的“Int.Cond.”(初始条件)按钮Init. Cond.或者选择“Setup”下拉菜单中的“Initial Conditions”(初始条件)命令，打开“Initial Conditions”(定义初始条件)面板，如图9-11所示，在该面板中单击“New”(新建)按钮New，打开“New Initial Condition”(新建初始条件)对话框，在该对话框中的“Name”(名称)文本框中输入“bullet_v”(子弹速度)，勾选“Include Material”(包含材料)复选框，并选择“Materials”(材料)为“STEEL 4340”，在“X-velocity”(X分量速度)文本框中输入“636.000000”；在“Y-velocity”(Y分量速度)文本框中输入“636.000000”，如图9-12所示，单击“OK”按钮✓，完成初始条件设置，如图9-12所示。

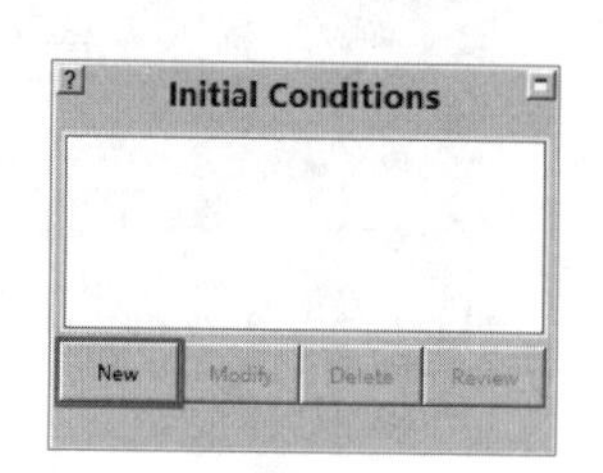

图9-11 “Initial Conditions”面板

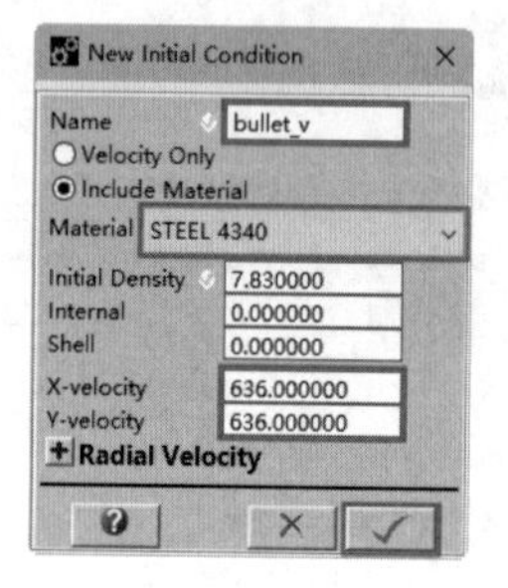

图9-12 “New Initial Condition”对话框

(5) 建立穿甲弹模型

① 建立穿甲弹模型形状 单击导航栏上的“Parts”(零件)按钮Parts，打开“Parts”面板，如图9-13所示，单击“Parts”面板中的“New”(新建)按钮New，打开“Create New Part”对话框，在“Part Name”(零件名)文本框中输入零件名称“bullet”(子弹)，在“Solver”(求解)列表中选择“SPH”(光滑粒子流体动力)求解器，如图9-14所示，单击“OK”按钮✓，完成设置。

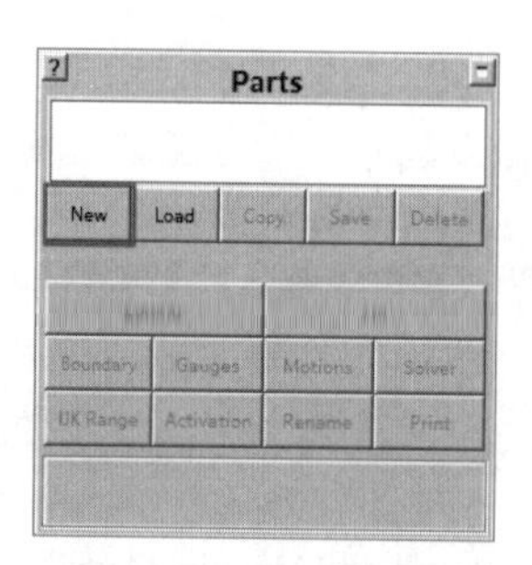

图9-13 “Parts”面板

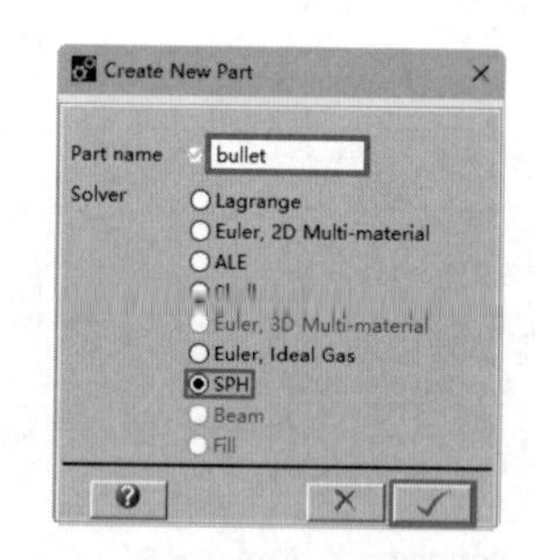

图9-14 “Create New Part”对话框

如图9-15所示，单击“Parts”面板中的“Geometry (Zoning)”(几何网格)按钮Geometry (Zoning)，然后在“Creat/Modify Predef Objects”(创建/修改预定义对象)栏中单击“New”按钮New，打开“Create SPH Geometry”(创建SPH几何)对话框，如图9-16所示，在此对话框中定义穿甲弹头部半圆部分。在“Object name”(对象名称)文本框中输入“bullet1”(子弹1)，并勾选“Circle”(圆)和“Soild”(实体)复选框，在“X Origin”(X原点)和“Y Origin”(Y原点)文本框中输入“0.000000”在“Outer Radius”(外半径)文本框中输入“3.810000”，在“Angle”(角度)文本框中输入“180.000000”，单击“OK”按钮✓，完成穿甲弹头部半圆体部分的创建，结果如图9-17所示。

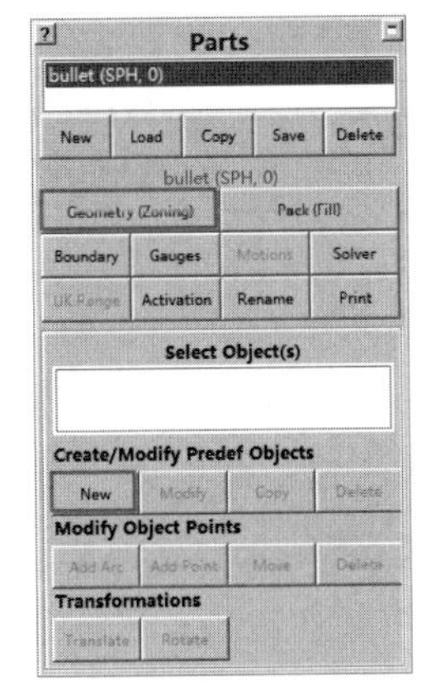

图9-15　定义穿甲弹模型

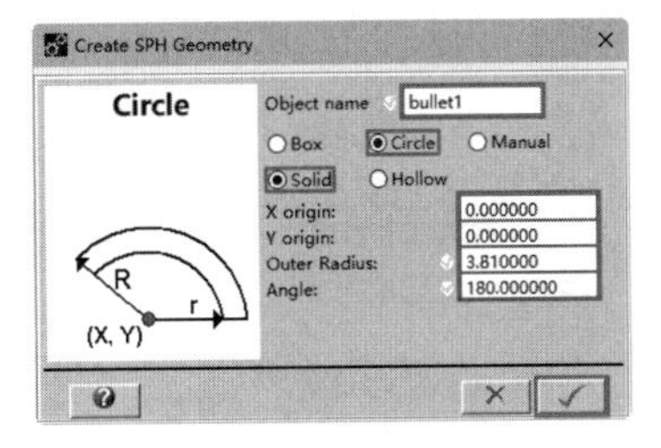

图9-16　“Create SPH Geometry”对话框

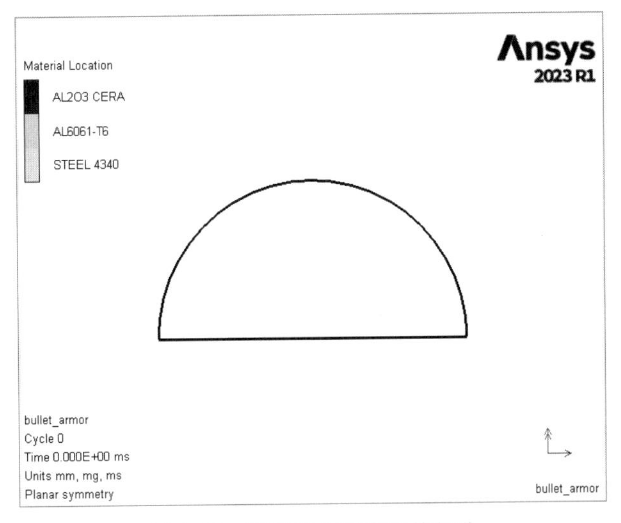

图9-17　穿甲弹头部半圆体部分

如图9-18所示，选择“Parts”面板“Select Object（s）”（选择对象）列表中的“bullet1（Circle，0 sph nodes）”，然后单击“Transformations”（转换）栏中的“Rotate”（旋转）按钮 Rotate，打开“Transform SPH Geometry”（转换SPH几何）对话框，如图9-19所示，在“Angle”（角度）文本框中输入“270.000000”，单击“OK”按钮 ✓，将模型旋转至X方向，结果如图9-20所示。

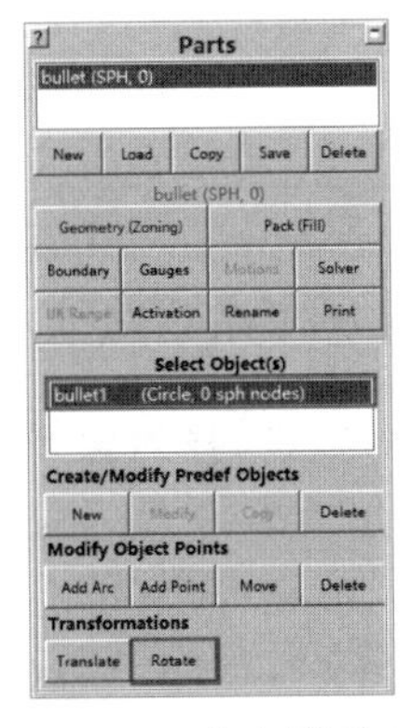

图9-18　定义模型1

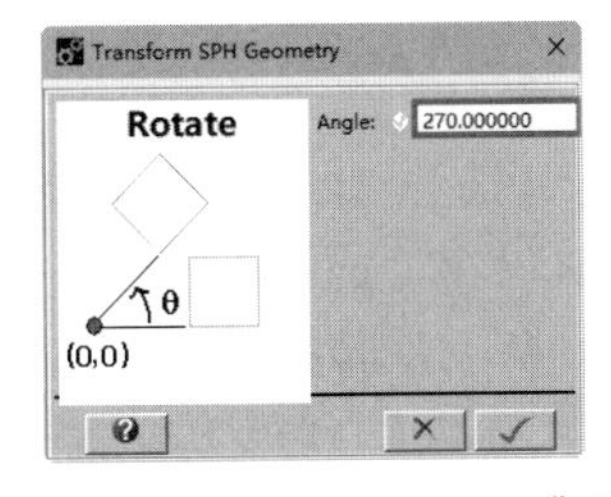

图9-19　“Transform SPH Geometry”对话框

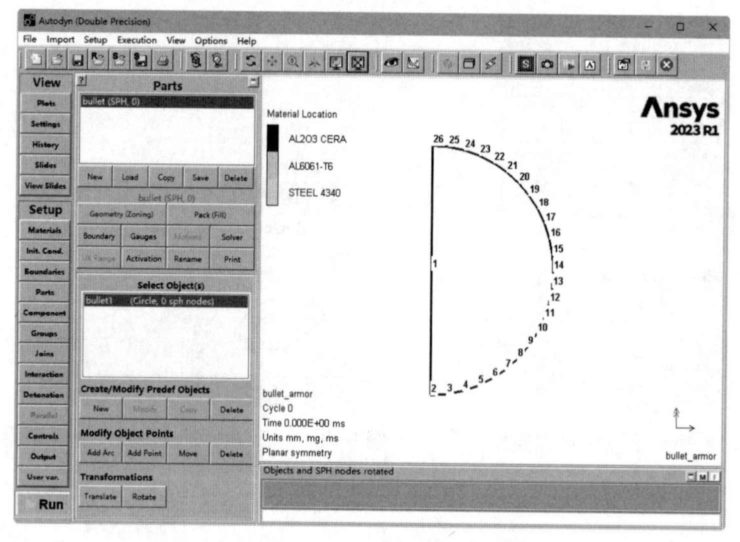

图 9-20　穿甲弹半圆体模型

如图 9-21 所示，单击“Parts”面板中的“Geometry（Zoning）”按钮 Geometry (Zoning)，然后在“Creat/Modify Predef Objects”栏中单击“New”按钮 New，打开“Create SPH Geometry”对话框，如图 9-22 所示，在此对话框中定义穿甲弹矩形部分。在“Object name”文本框中输入“bullet2”（子弹 2），并勾选“Box”（方形）复选框，在“X Origin”和“Y Origin”文本框中分别输入“-16.000000”和“-3.810000”，在“DX”文本框中输入“16.000000”，在“DY”文本框中输入“7.620000”，单击“OK”按钮 ✓，完成穿甲弹的创建，结果如图 9-23 所示。

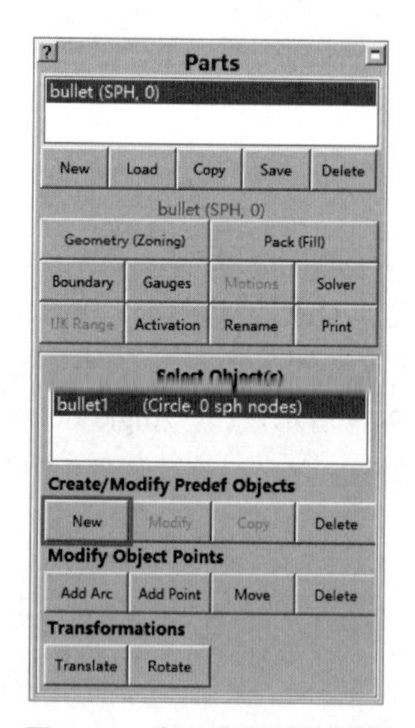

图 9-21　定义穿甲弹矩形模型

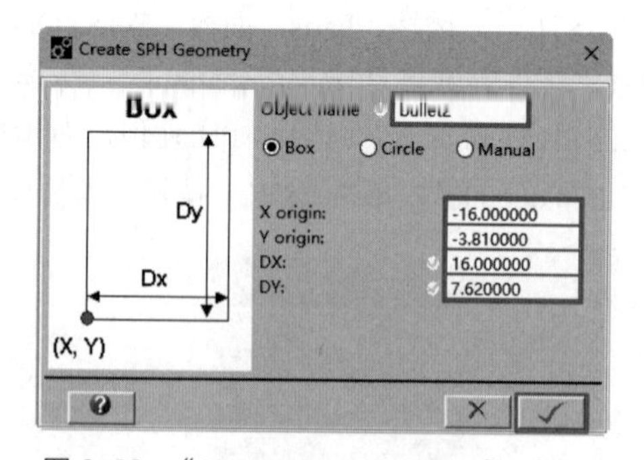

图 9-22　“Create SPH Geometry”对话框

如图 9-24 所示，选择“Parts”面板“Select Object（s）”（选择对象）列表中的“bullet1（Circle，0 sph nodes）”和“bullet2（Box，0 sph nodes）”，然后单击“Transformations”（转换）栏中的“Rotatte”（转换）按钮 Rotate，打开“Transform SPH Geometry”（转换 SPH 几何）对话框，如图 9-25 所示，在“Angle”（角度）文本框中输入“45.000000”，单击“OK”按钮 ✓，将模型旋转至 X 轴逆时针 45° 的方向，结果如图 9-26 所示。

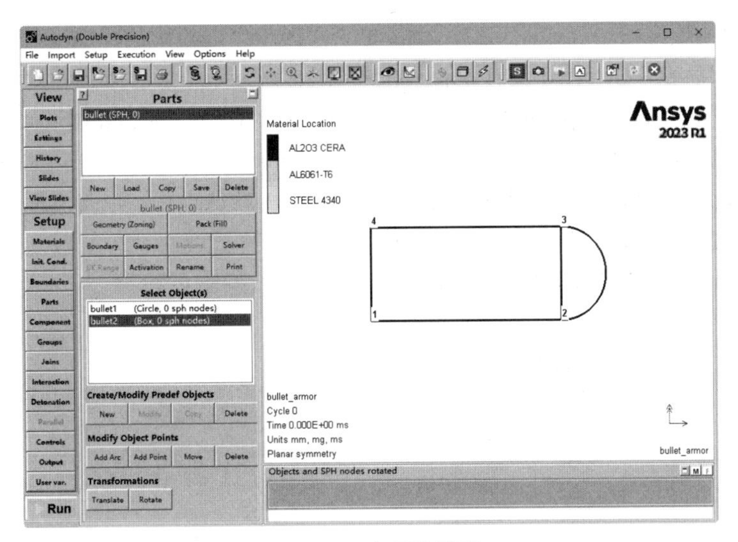

图 9-23　穿甲弹模型

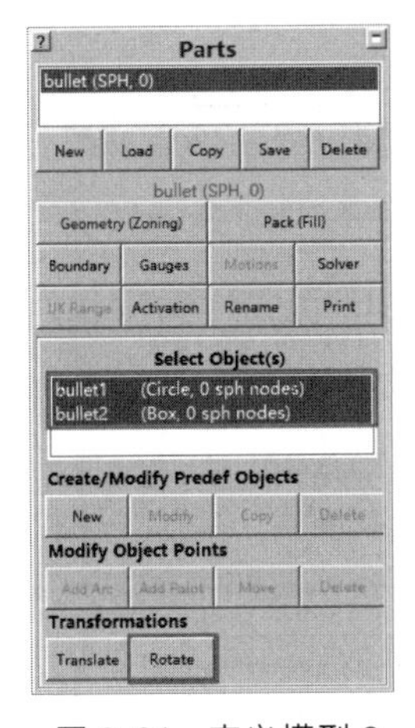

图 9-24　定义模型 2

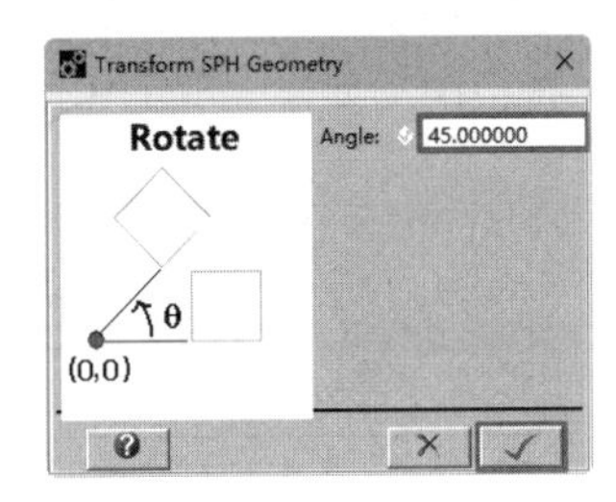

图 9-25　“Transform SPH Geometry”对话框

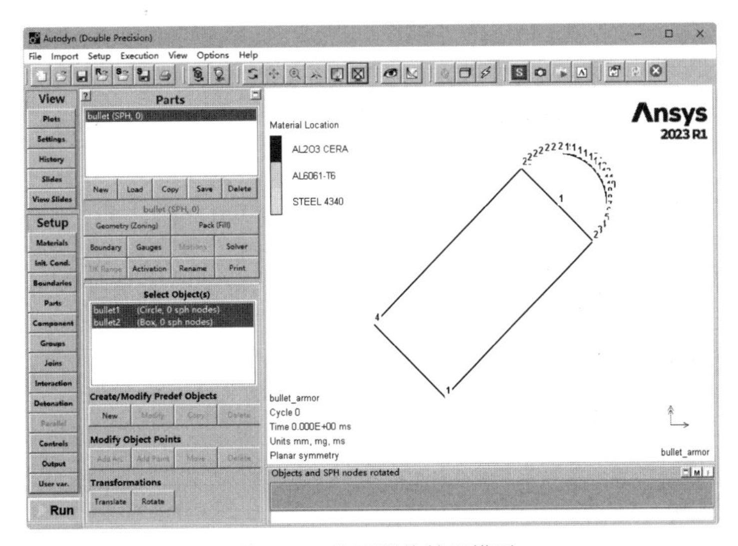

图 9-26　穿甲弹旋转后模型

② 穿甲弹模型填充粒子　如图9-27所示，单击“Parts”面板中的“Pack（Fill）”（打包填充）按钮Pack (Fill)，然后在“Selected SPH object(s) to delete or pack”（选择要删除或打包的SPH对象）列表中选择“bullet1（0 sph nodes）”，再单击下方的“Pack Selected Object（s）”（打包选择对象）按钮Pack Selected Object(s)，打开“Pack selected object（s）”对话框，如图9-28所示。勾选“Fill with Initial Condition S”（用初始条件填充），采用默认设置，单击“Next”（下一步）按钮Next，打开设置粒子尺寸对话框，在“Particle size”（粒子尺寸）文本框中输入“0.200000”，在“Packing”（打包）选项中选择“Rectangular”（矩形），如图9-29所示。

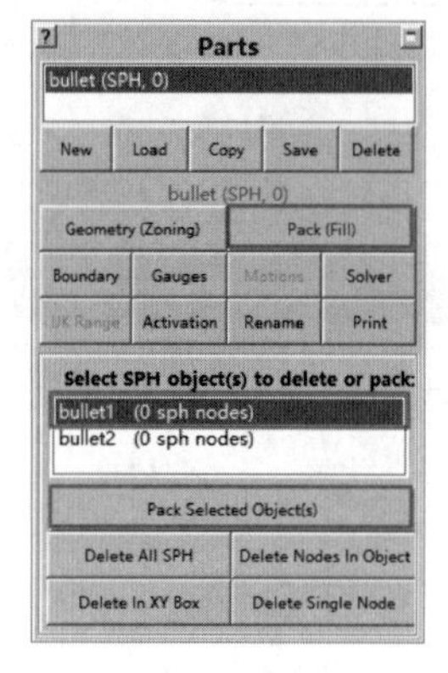

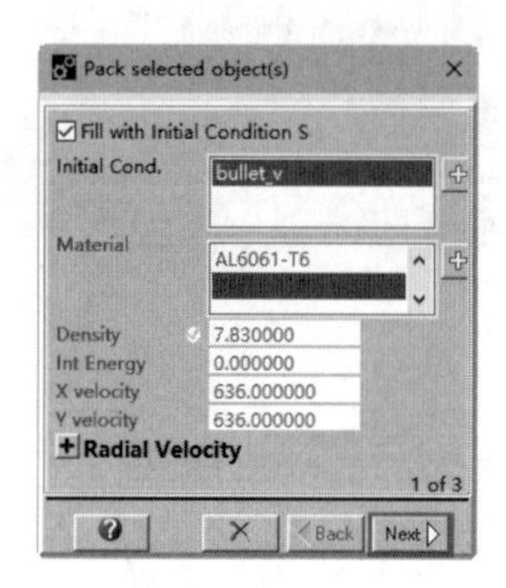

图 9-27　填充粒子　　　图 9-28　“Pack Selected Object(s)”对话框

单击“Next”按钮Next，打开设置粒子原点对话框，采用默认设置，如图9-30所示，单击“OK”按钮✓，将半圆部分模型粒子化，结果如图9-31所示。

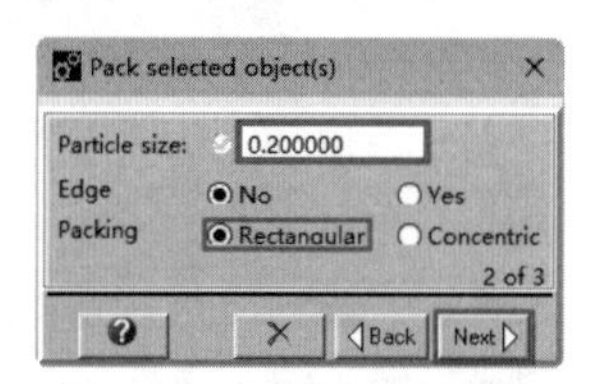

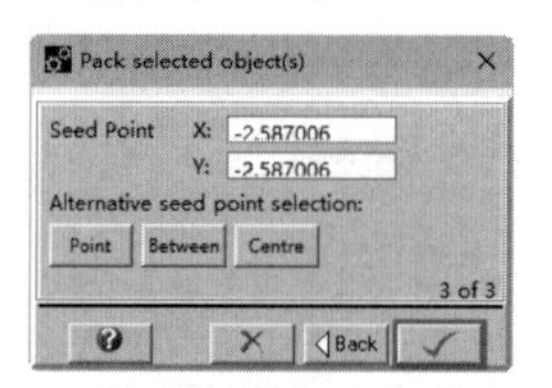

图 9-29　设置粒子尺寸　　　图 9-30　设置粒子原点

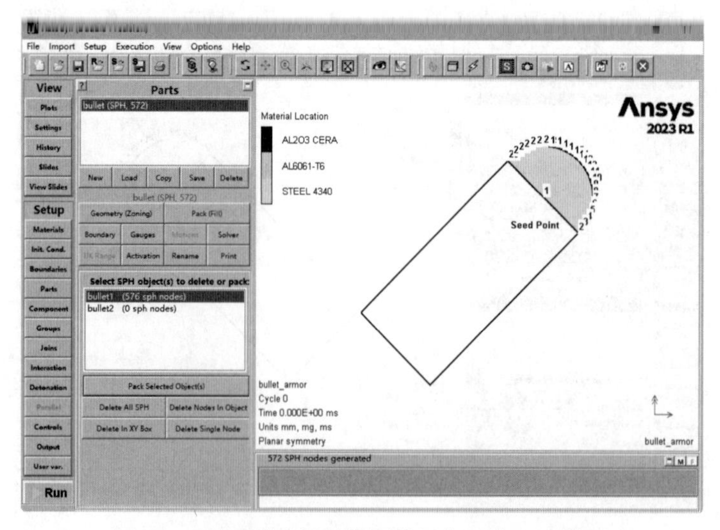

图 9-31　穿甲弹半圆体模型粒子化后的 SPH 模型

重复上述步骤对 bullet2（0 sph nodes）进行粒子化，模型粒子化后完整的 SPH 模型如图 9-32 所示。

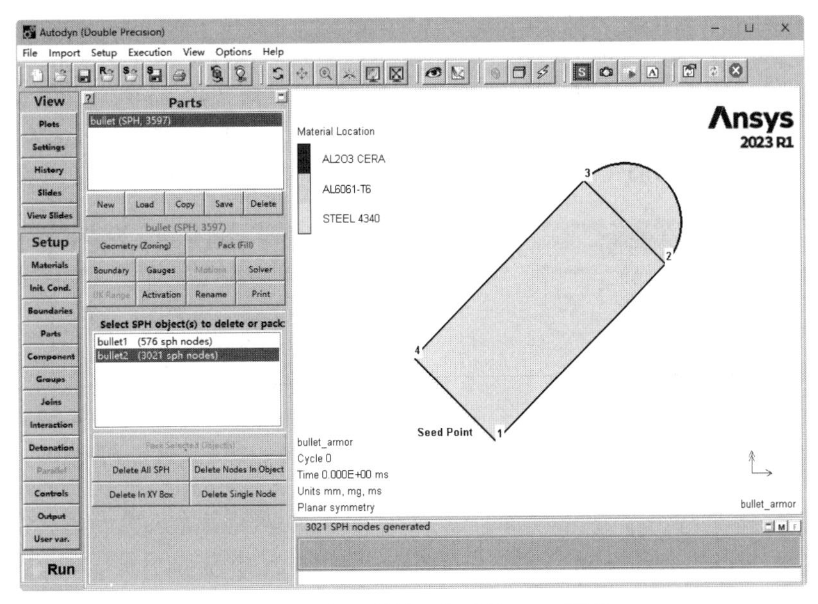

图 9-32　穿甲弹粒子化后的 SPH 模型

（6）创建陶瓷装甲模型

① 建立陶瓷部分装甲模型　单击“Parts”（零件）面板中的“Geometry（Zoning）”（几何网格）按钮 Geometry (Zoning)，然后在“Creat/Modify Predef Objects”（创建 / 修改预定义对象）栏中单击“New”（新建）按钮 New，打开“Create SPH Geometry”（创建 SPH 几何）对话框，如图 9-33 所示，在此对话框中定义陶瓷部分装甲模型。在“Object name”（对象名称）文本框中输入“ceramic”（陶瓷），并勾选“Box”（方形）复选框，在“X Origin”（X 原点）和“Y Origin”（Y 原点）文本框中分别输入“3.810000”和“-35.000000”，在“DX”文本框中输入“6.000000”，在“DY”文本框中输入“70.000000”，单击“OK”按钮 ✓，完成陶瓷部分装甲模型的创建。

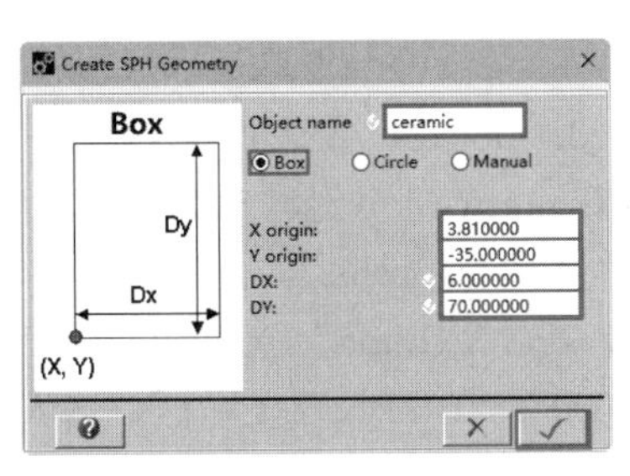

图 9-33　“Create SPH Geometry”对话框

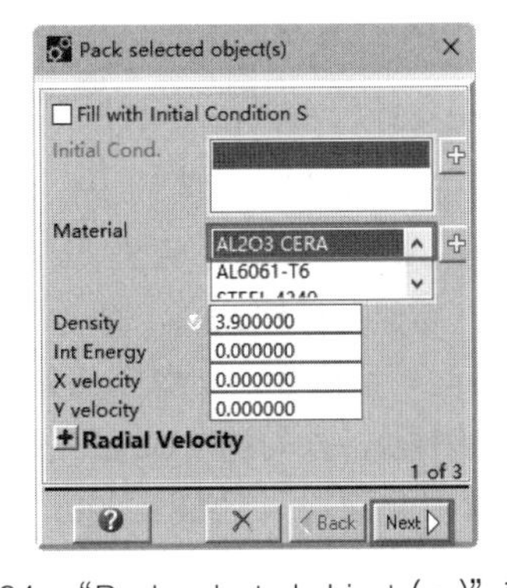

图 9-34　“Pack selected object（s）”对话框

对陶瓷部分装甲模型填充粒子。单击“Parts”面板中的“Pack（Fill）”（打包填充）按钮 Pack (Fill)，然后在“Selected SPH object(s) to delete or pack”（选择要删除或打包的 SPH 对象）列

表中选择“ceramic（Box，0 sph nodes)”，再单击下方的“Pack Selected Object（s)”（打包选择对象）按钮Pack Selected Object(s)，打开“Pack selected object（s)”（打包选择对象）对话框，如图 9-34 所示。在“Material”列表中选择“AL203CERA”材料，单击“Next”（下一步）按钮Next，打开设置粒子尺寸对话框，在“Particle size”（粒子尺寸）文本框中输入“0.200000”，在“Packing”（打包）选项中选择“Rectangular”（矩形)，如图 9-35 所示。

单击“Next”按钮Next，打开设置粒子原点对话框，采用默认设置即可，如图 9-36 所示，单击“OK”按钮，将陶瓷部分装甲模型粒子化，结果如图 9-37 所示。

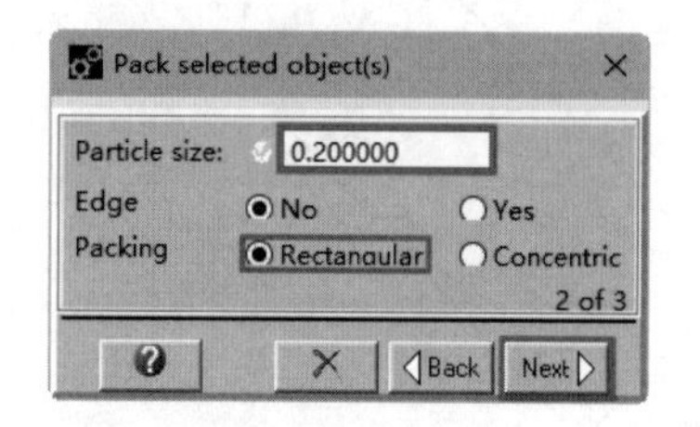

图 9-35　设置粒子尺寸 1

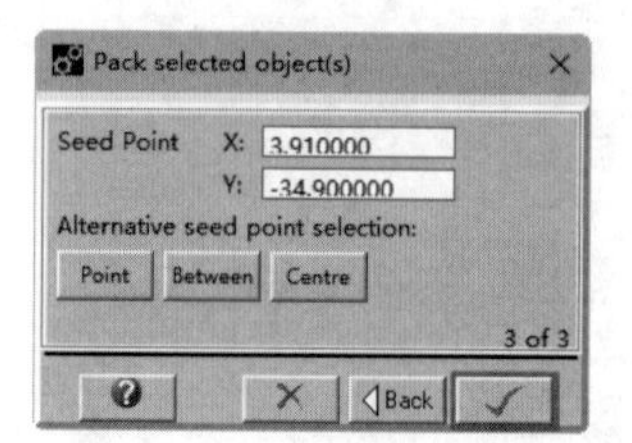

图 9-36　设置粒子原点 1

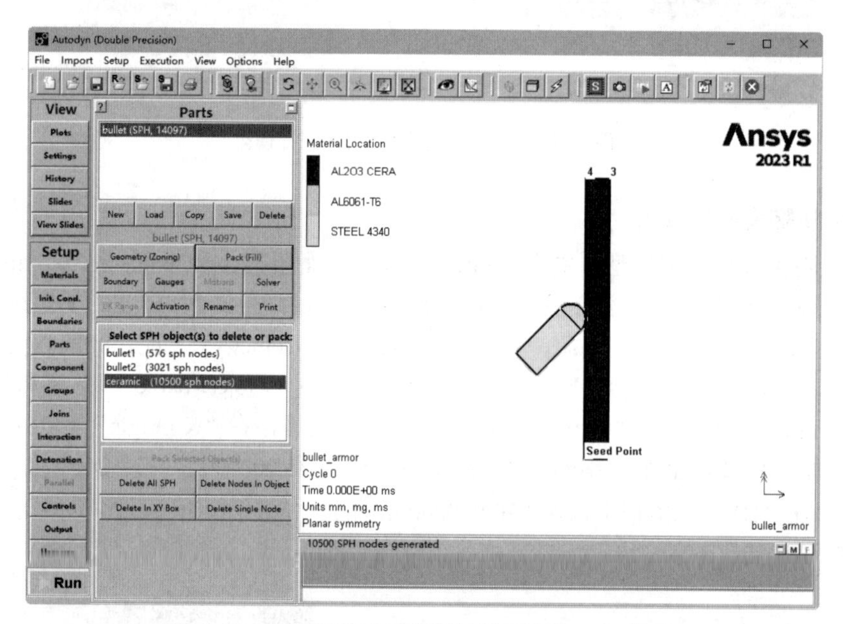

图 9-37　陶瓷部分装甲模型粒子化后的 SPH 模型

② 建立铝板部分装甲模型　单击“Parts”（零件）面板中的“Geometry（Zoning)”（几何网格）按钮Geometry (Zoning)，然后在“Creat/Modify Predef Objects”（创建 / 修改预定义对象）栏中单击“New”（新建）按钮New，打开“Create SPH Geometry ”（创建 SPH 几何）对话框，如图 9-38 所示，在此对话框中定义陶瓷部分装甲模型。在“Object name”（对象名称）文本框中输入“aluminum”（铝板)，并勾选“Box”（方形）复选框，在“X Origin”（X 原点）和“Y Origin”（Y 原点）文本框中分别输入“9.810000”和“-35.000000”，在“DX”文本框中输入“3.000000”，在“DY” 文本框中输入“70.000000”，单击“OK”按钮，完成铝板部分装甲模型的创建。

对铝板部分装甲模型填充粒子。单击“Parts”面板中的“Pack（Fill)”（打包填充）按钮Pack (Fill)，然后在“Selected SPH object(s) to delete or pack”（选择要删除或打包的 SPH 对象）中选中“aluminum （Box，0 sph nodes)”，再单击下方的“Pack Selected Object（s)”（打包选择对

象）按钮 Pack Selected Object(s)，打开“Pack selected object（s）”（打包选择对象）对话框，如图 9-39 所示，在“Material”列表中选择“AL6061-T6”材料，单击“Next”（下一步）按钮 Next ▷，打开设置粒子尺寸对话框，在“Particle size”（粒子尺寸）文本框中输入“0.200000”，在“Packing”（打包）选项中选择“Rectangular”（矩形），如图 9-40 所示。

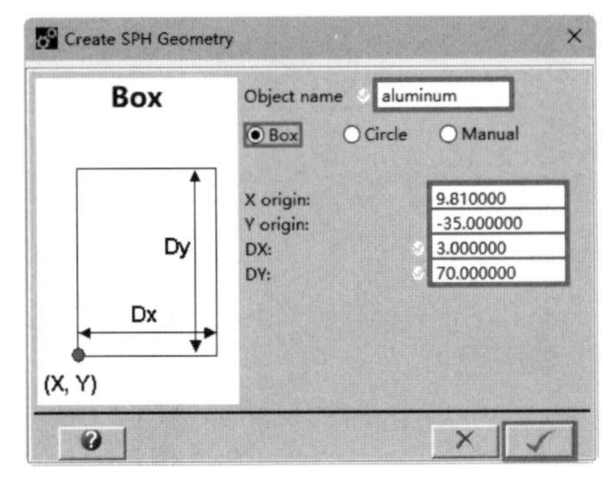

图 9-38　Create SPH Geometry 对话框

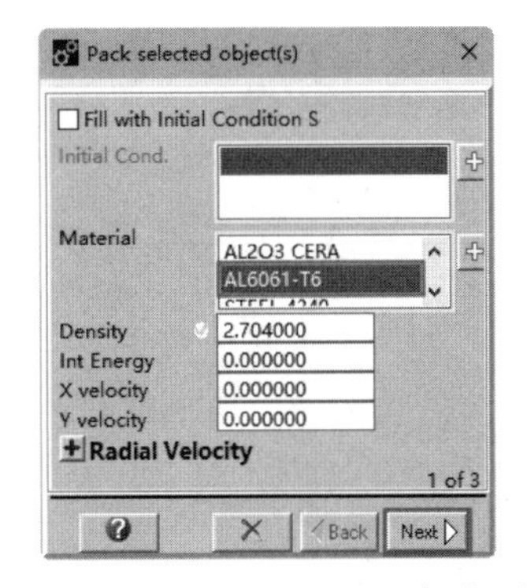

图 9-39　Pack selected object（s）对话框

单击“Next”按钮 Next ▷，打开设置粒子原点对话框，采用默认设置即可，如图 9-41 所示，单击“OK”按钮 ✓，将铝板部分装甲模型粒子化，结果如图 9-42 所示。

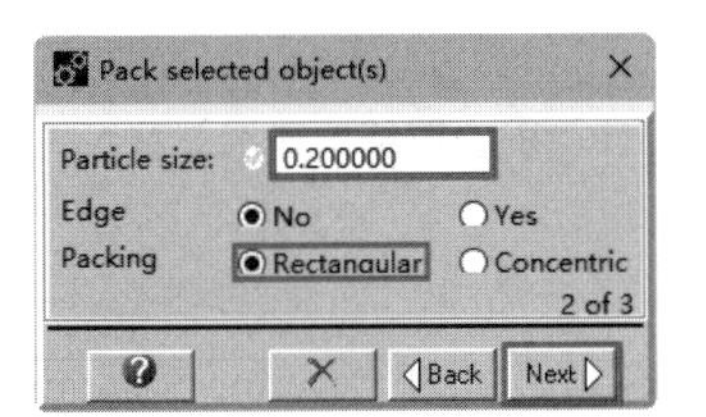

图 9-40　设置粒子尺寸 2

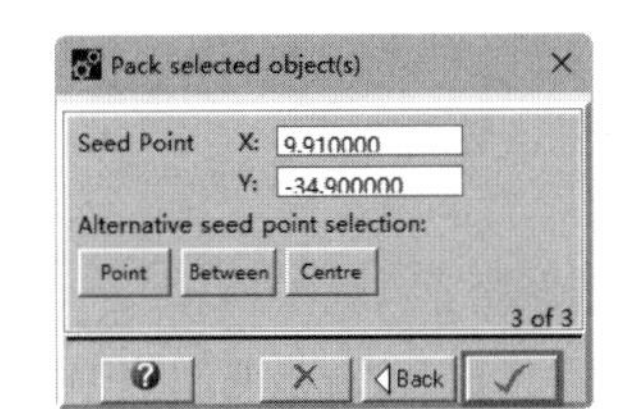

图 9-41　设置粒子原点 2

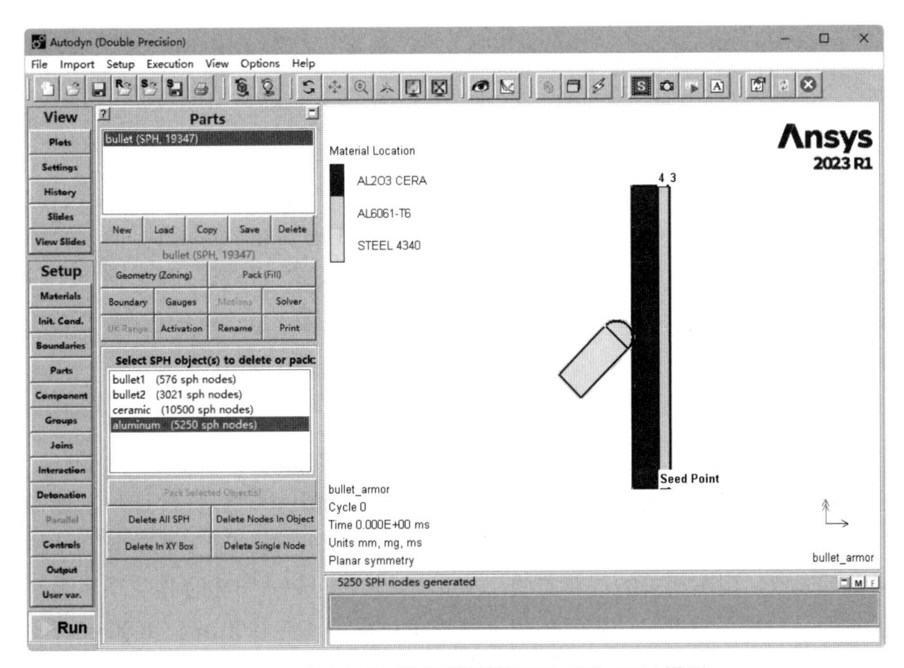

图 9-42　铝板部分装甲模型粒子化后的 SPH 模型

（7）选择输出节点

单击“Parts”（零件）面板中的“Gauges”（高斯）按钮 Gauges，在“Define Gauge Points”（定义高斯点）中勾选“Interactive Selection”（交互式选择），用 ALT 和鼠标左键选择需要输入的节点或者单元，如图 9-43 所示。在计算前设置结果输出关键点，如图 9-44 所示。

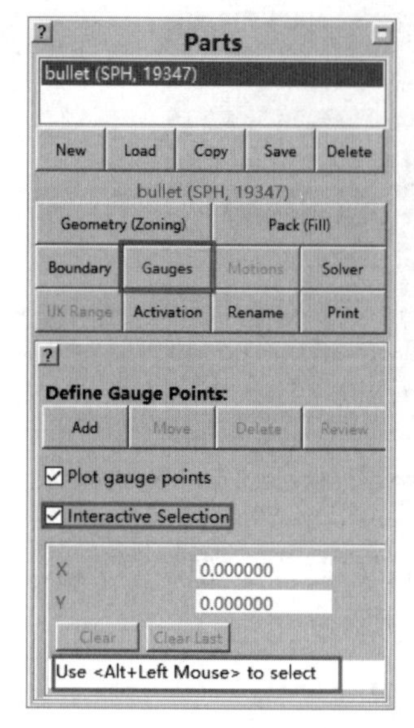

图 9-43　设置输出节点

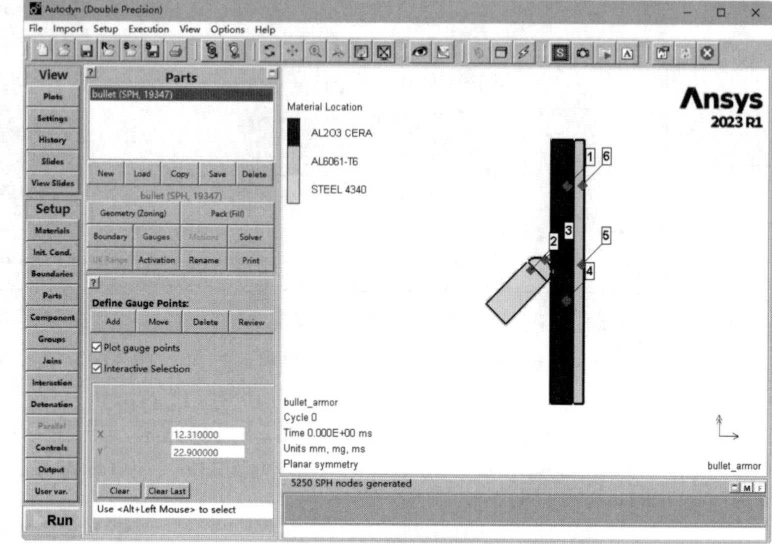

图 9-44　在计算前设置结果输出关键点

（8）设置求解控制

单击导航栏中的“Controls”（控制）按钮 Controls，打开“Define Solution Controls”（定义求解控制）面板，通过该面板为模型定义求解控制。设置“Wrapup Criteria”（终止标准）下面的参数，设置“Cycle limit”（循环限制）为“999999”，设置“Time limit”（时间限制）为“0.020000”，设置“Energy fraction”（能量分数）为“0.005000”设置“Energy ref.cycle”（检查能量循环数）为“999999”，如图 9-45 所示，其他的控制参数为默认值即可。

（9）设置输出

单击导航栏中的“Output”（输出）按钮 Output，打开“Define Output”（定义输出）面板，在 Save（保存）栏中选择“Time”（时间）复选框，设置“End time”（终止时间）为“0.020000”，设置“Increment”（增量）为“1.000000e-03”。展开“History”（历程）栏，在“History”栏中选择“Time”复选框，设置“End time”为“0.020000”，设置“Increment”为“1.000000e-03”，如图 9-46 所示。

（10）开始计算

单击导航栏中的“Run”（运行）按钮 Run，打开“Confirm”（确认）对话框，如图 9-47 所示。单击“是”按钮 是(Y)，进行计算，在计算中每隔 0.001ms 对数据进行一次保存，在计算过程中可以随时单击“Stop”（停止）按钮 Stop 来停止计算，观测穿甲弹对复合结构的撞击过程及对数据进行读取，观测相关的计算曲线。Autodyn 软件可以十分方便地实现重启动任务。图 9-48 给出了穿甲弹对带铝板内衬的陶瓷装甲进行撞击过程中，在 0.001ms、0.004ms、0.008ms 时子弹以 45° 倾角斜撞击带铝板内衬的陶瓷装甲的图像。

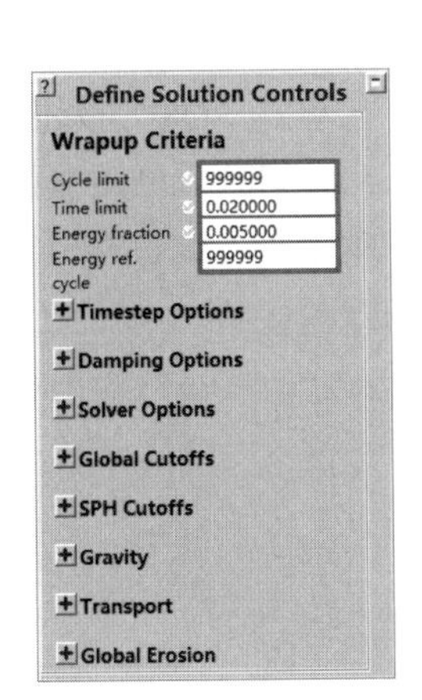

图 9-45　“Define Solution Controls”面板

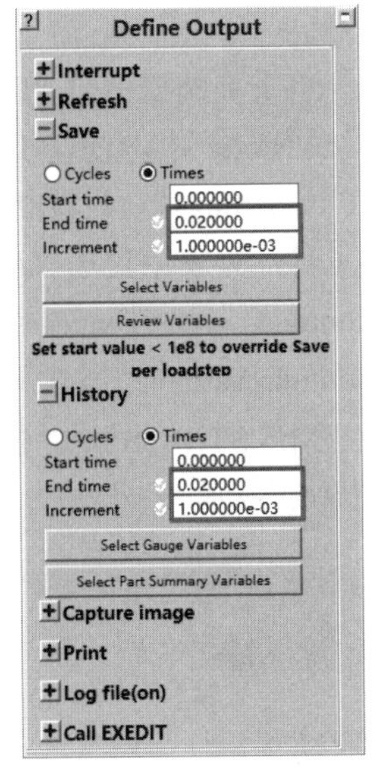

图 9-46　“Define Output”面板

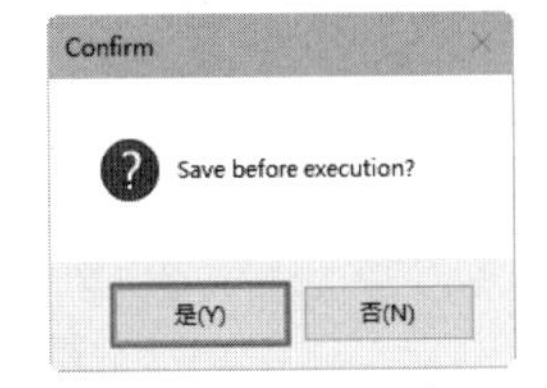

图 9-47　“Confirm”对话框

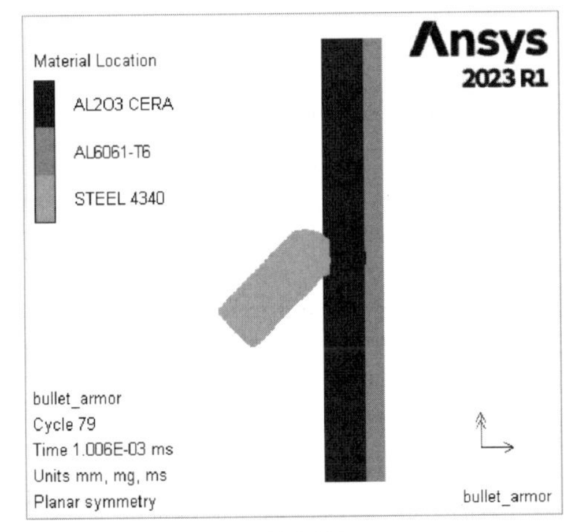

(a) 0.001ms

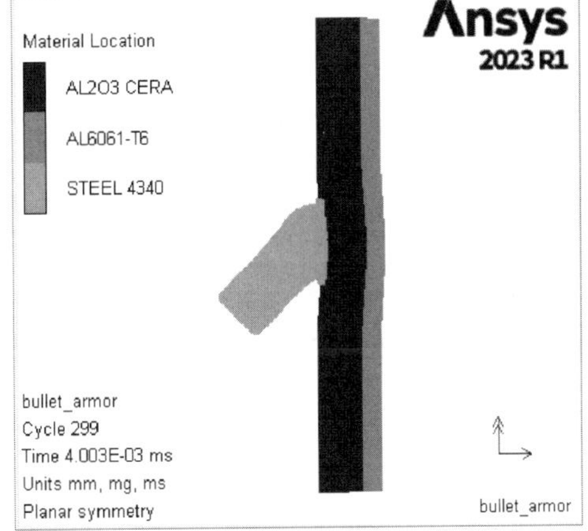

(b) 0.004ms

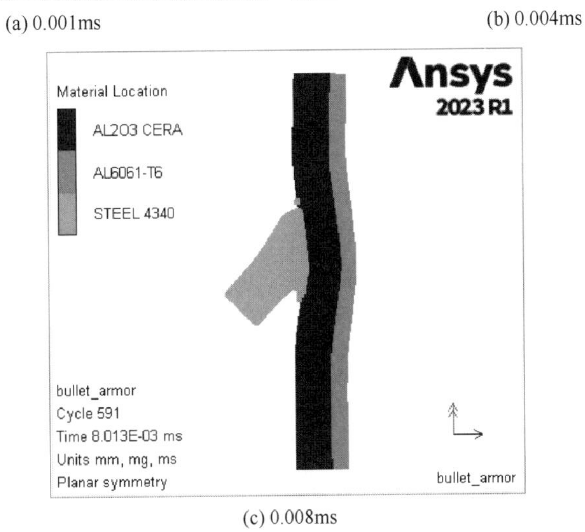

(c) 0.008ms

图 9-48　计算过程中冲击带铝板内衬的陶瓷装甲的过程图像

（11）后处理

① 撞击过程应力分布云图　单击导航栏中的“Plots”（绘图）按钮 Plots，打开“Plots”面板，在“Fill type”（填充类型）栏内选择“Material Location”（本地材料），如图 9-49 所示。单击展开按钮 >，打开“Material Plot Settings”（设置材料显示）对话框，如图 9-50 所示对话框，在“Material visbility”（材料可见性）列表中勾选“AL203 CERA”，单击“OK”按钮 ✓。然后在“Fill type”栏内选择“Contour”（云图），再单击“Change variable”（更改变量）按钮 Change variable，打开“Select Contour Variable”（选择云图变量）对话框，如图 9-51 所示，在“Variable”（变量）列表中选择“MIS.STRESS”，单击“OK”按钮 ✓，绘制陶瓷在钢弹丸冲击作用下的应力分布云图，如图 9-52 所示。

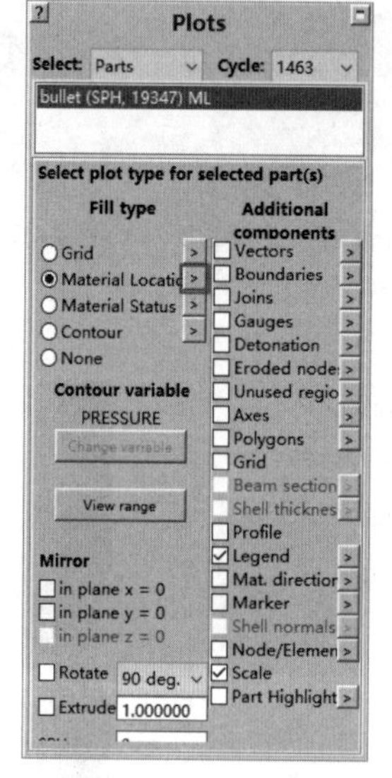

图 9-49　“Plots”面板

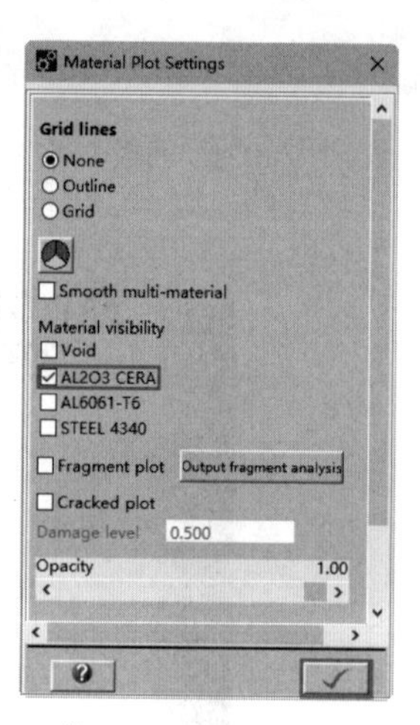

图 9-50　“Material Plot Settings”对话框

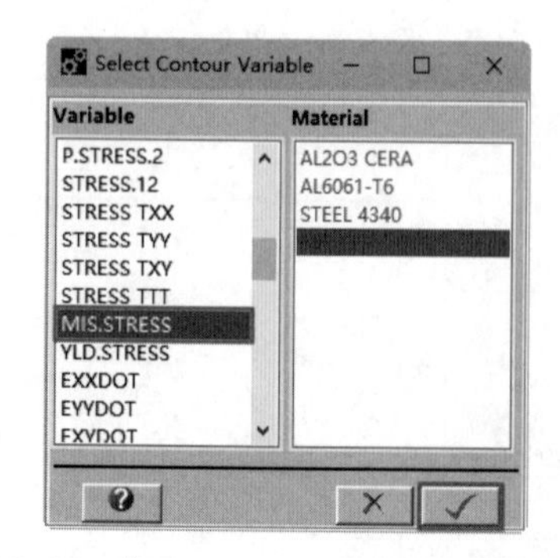

图 9-51　“Select Contour Variable”对话框

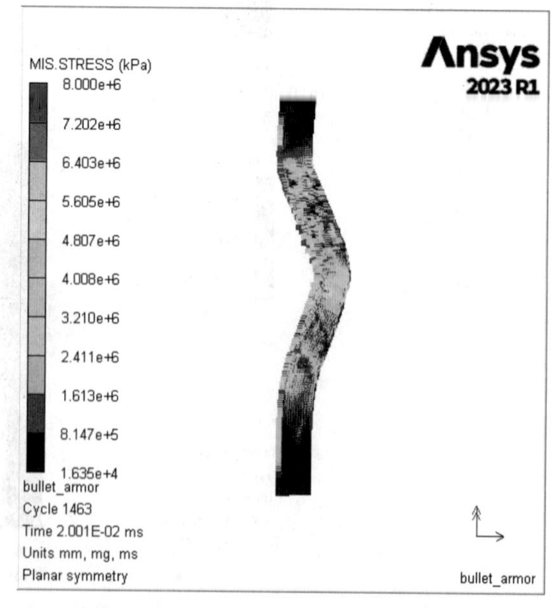

图 9-52　0.02ms 时陶瓷应力分布云图

采用相同的方法，在图 9-50 中的“Material visbility”（材料可见性）中勾选“AL6061-T6”，单击“OK”按钮，绘制铝板在钢弹丸冲击作用下的应力分布云图，如图 9-53 所示。采用相同的方法，在图 9-50 中的“Material visbility”中勾选“STEEL 4340”“AL203 CERA”“AL6061-T6”，单击“OK”按钮，绘制钢弹丸冲击带铝板内衬的陶瓷装甲的应力分布云图，如图 9-54 所示。

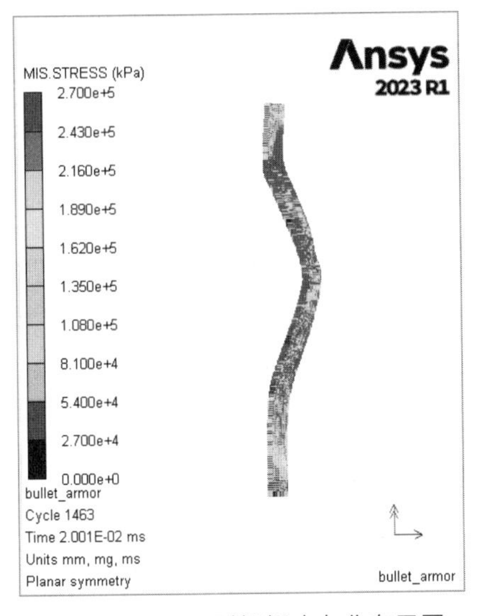

图 9-53　0.02ms 时铝板应力分布云图

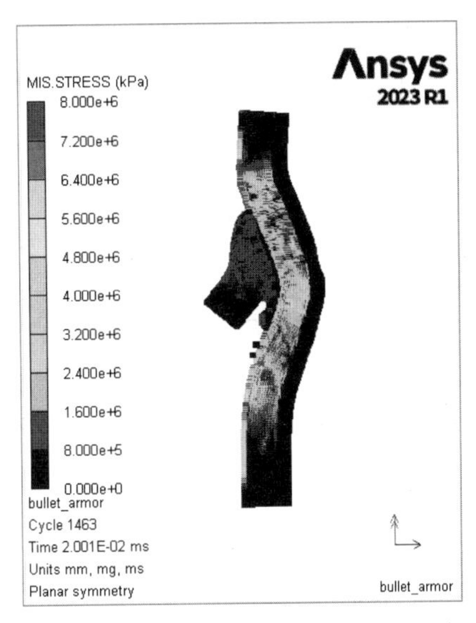

图 9-54　0.02ms 时穿甲弹撞击装甲应力分布云图

② 生成速度变化曲线图　单击导航栏上的“History”（历程）按钮 **History**，打开“History Plots”（时间历程图）面板，选择“Gauge points”（高斯点），然后单击“Single Variable Plots”（单变量显示）按钮 **Single Variable Plots**，如图 9-55 所示，打开如图 9-56 所示的“Single Variable Plot”（单变量显示）对话框。在该对话框的左边选择“Gauge#3”，在右边的“Y Var”（Y 变量）栏内选择“X-VELOCITY”，在“X Var”（X 变量）栏内选择“TIME”（时间），单击“Apply”按钮 **Apply**，得到了弹头上的节点 3 在水平方向上的速度随时间的变化曲线图，如图 9-57 所示。

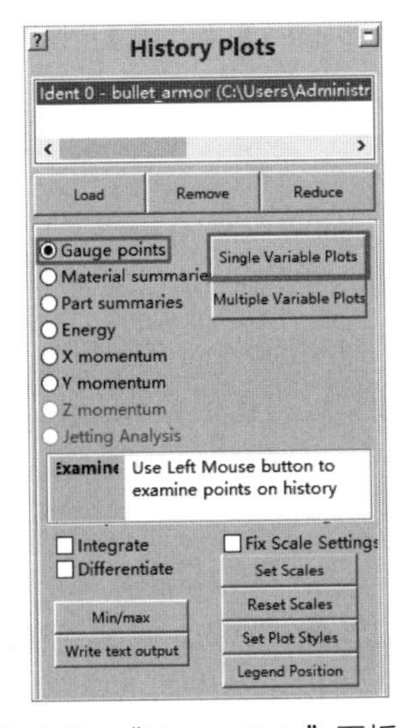

图 9-55　“History Plots”面板

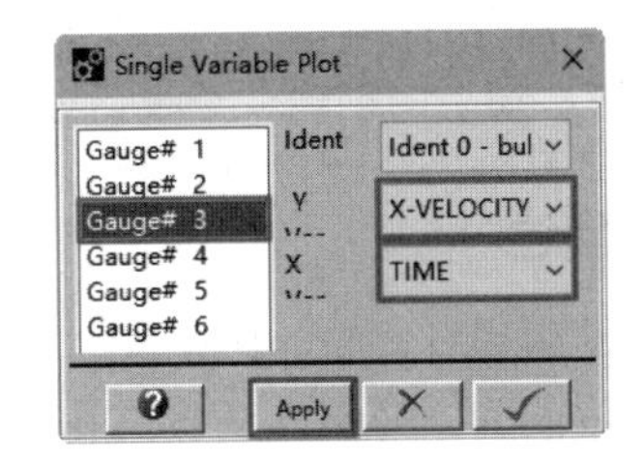

图 9-56　“Single Variable Plot”对话框

按照同样的方法，可以对陶瓷上的节点 1 和铝板上节点 5、节点 6 在水平方向的速度变化曲线，分别如图 9-58、图 9-59 和图 9-60 所示。

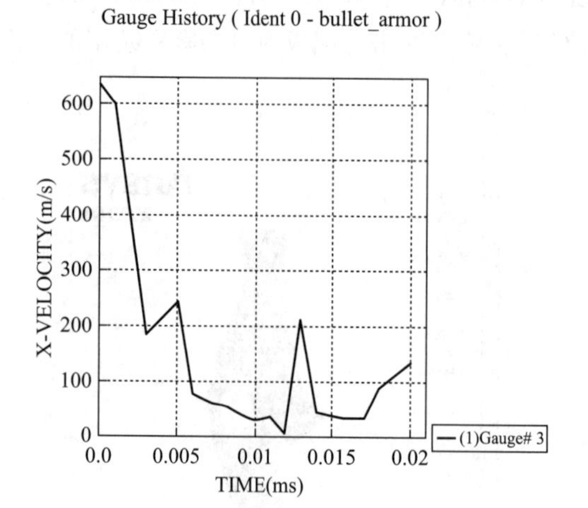

图 9-57　节点 3 的速度随时间变化曲线

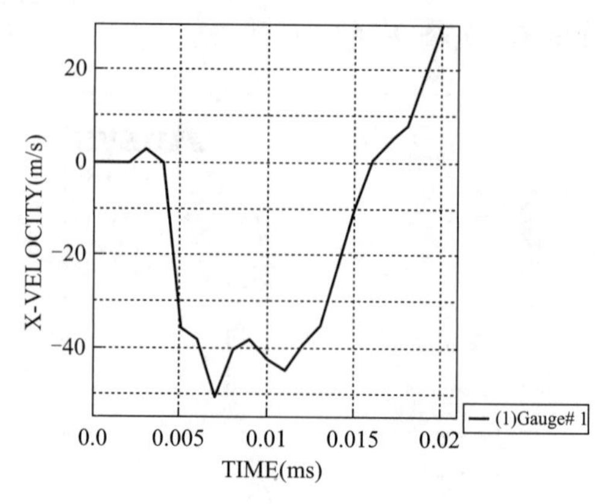

图 9-58　节点 1 的速度随时间变化曲线

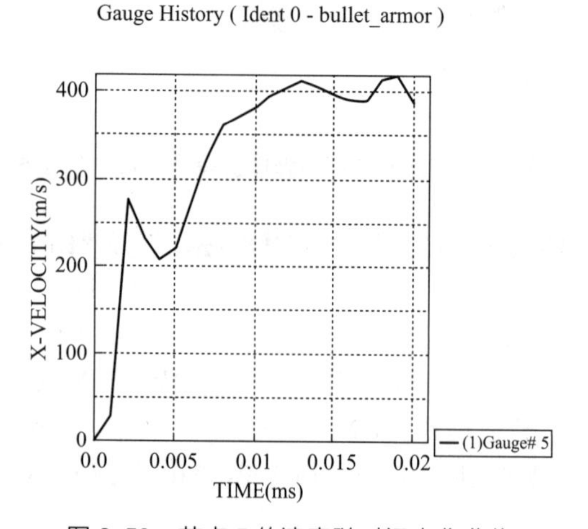

图 9-59　节点 5 的速度随时间变化曲线

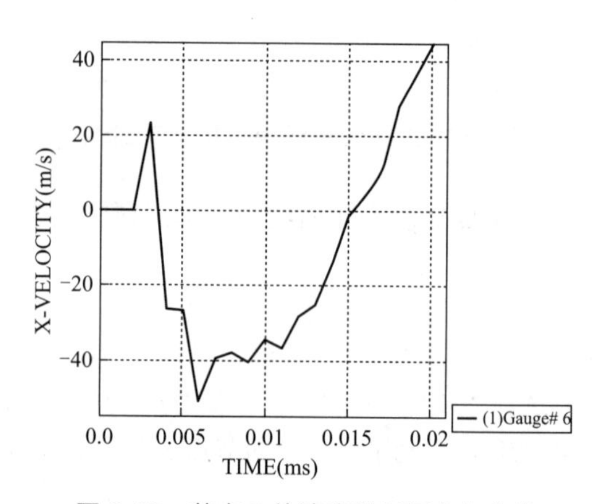

图 9-60　节点 6 的速度随时间变化曲线

9.2　碎片撞击蜂窝夹层板数值仿真

扫码看视频

本节采用 Autodyn 软件分析碎片撞击蜂窝夹层板的过程，数值分析中蜂窝夹层板面板用实体单元、蜂窝芯采用壳单元建模，碎片采用光滑流体动力学 SPH 建模。采用 SPH 算法进行计算，计算模型为三维模型。计算过程包括算法选择、材料的定义、初始与边界条件设置、模型的创建、结果后处理分析等。

9.2.1　问题的描述

蜂窝夹层板结构具有质轻、比强度高、比刚度高、抗震、隔热、隔音等性能优点，而且具有很强的能量吸收能力。蜂窝夹层板结构通常由上、下面板以及中间的蜂窝夹芯层构成。上、下面板的常用材料为铝合金或复合材料，蜂窝芯主要为铝合金材料。其中上下面板的作用是承受使结构面板延伸和收缩变形的直接载荷，以及使表层板扭曲变形的剪切力和弯曲载荷，蜂窝芯的作用是使蜂窝面板保持一定间距，以得到所需的刚度、强度 - 质量比，提供横向剪力载荷的传递路线，使面板不致扭曲变形。因此，蜂窝夹层板在飞机、航天器结构上得到了广泛的应用，是其最主要的结构元件之一。而高速碎片可对飞机、航天器的安全构成极大威胁，使得蜂窝夹层板的碎片超高速撞击研究变得越来越重要。本节主要介绍通过 Autodyn 软件三维仿真分析，获得高速碎片对蜂窝夹层板的冲击损伤，本例仿真中碎片为 ϕ 5mm 的铝合金球体，被撞击结构为铝合金蜂窝夹层板，如图 9-61 所示，撞击速度为 5km/s。

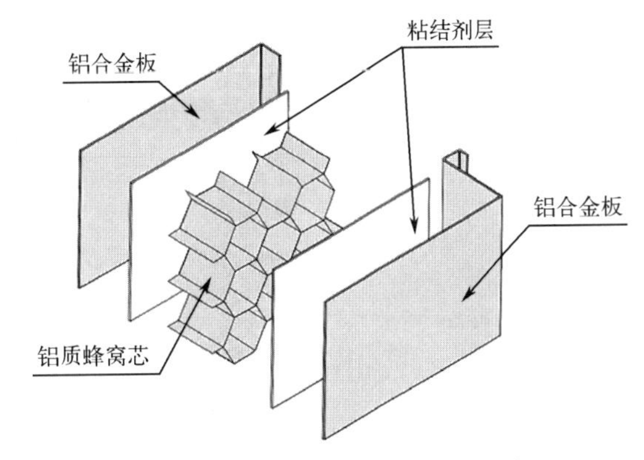

图 9-61　铝合金蜂窝夹层板结构示意图

9.2.2 模型分析及算法选择

（1）模型分析

数值仿真的动力学模型由碎片、蜂窝夹层板组成。所用的材料一部分直接从 Autodyn 材料数据库中获得，一部分通过加载自定义材料获得。其中模拟所用碎片材料选用材料库中 STEEL 4340，蜂窝夹层板模型的面板为自定义材料 Al5A06，蜂窝芯选用材料库中 AL5083H116。

（2）算法选择

蜂窝夹层板由两层面板和蜂窝芯粘接而成，其中面板用实体单元、蜂窝芯采用壳单元建模，碎片采用光滑流体动力学 SPH 建模。由于 SPH 算法解决了大变形下的网格扭曲问题，因此适用于碎片的高速撞击问题。

9.2.3 建立蜂窝夹层板模型

（1）建立蜂窝芯模型

① 打开 CATIA V5 软件　本节 Autodyn 三维仿真采用四分之一模型计算，因此蜂窝夹层板三维模型建立四分之一即可。本实例采用 CATIA 软件建立蜂窝夹层板三维模型，打开 CATIA V5 软件后，选择“开始”下拉菜单中“机械设计”下一级菜单中的“零件设计”命令，如图 9-62 所示，进入零件设计界面。

② 进入草图绘制环境　单击右侧工具栏中的“草图”按钮，在左上角的视图中选择“xy 平面”为草图绘制平面，如图 9-63 所示，进入草图绘制环境。

③ 绘制六边形　单击右侧工具栏中的“多边形”按钮，的原点处绘制一个六边形，然后单击右侧工具栏中的“约束”按钮，标注六边形的边长为，然后双击标注的尺寸，打开“约束定义”对话框，如图 9-64 所示，修改尺寸值为“4”，单击“确定”按钮，完成六边形草图的绘制，结果如图 9-65 所示。

④ 平移复制六边形　在图 9-65 中选择六边形的所有边线，然后单击右侧工具栏中的“平移”按钮→，打开“平移定义”对话框，设置“实例”数为“2”，勾选“复制模式”复选框。在图形中任选一点作为平移起点，此时激活“平移定义”对话框中的“长度”栏，在“值”文本框中输入“12”，如图 9-66 所示。单击“确定”按钮，然后水平拖动鼠标，再单击鼠标

左键，平移复制六边形，结果如图 9-67 所示。

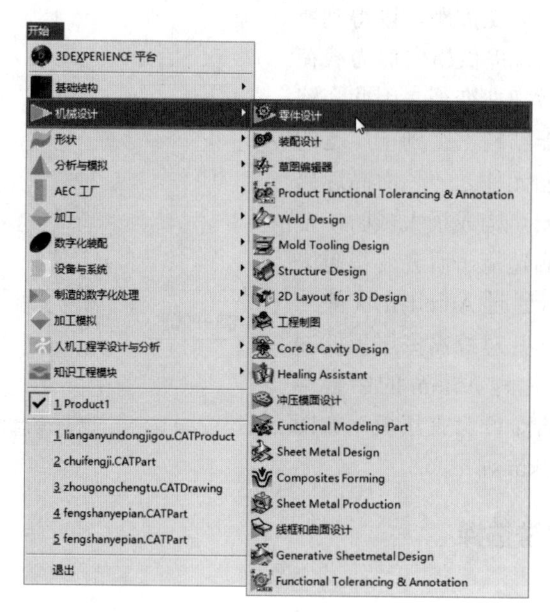

图 9-62　进入零件设计界面

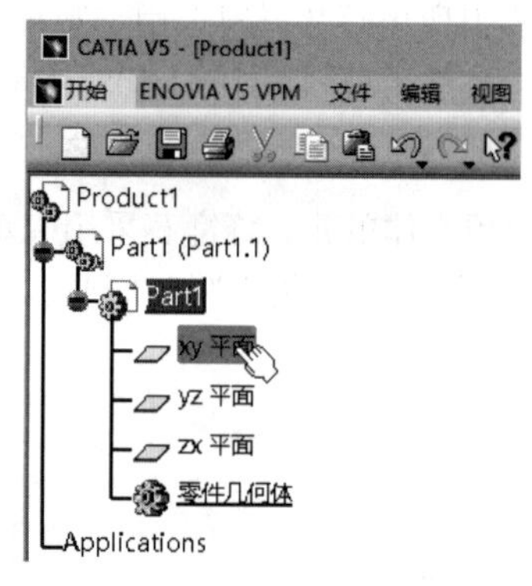

图 9-63　选择草绘平面

图 9-64　修改标注尺寸

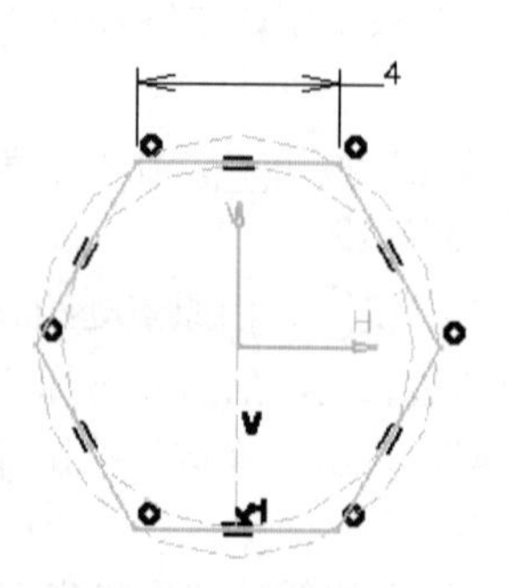

图 9-65　绘制六边形

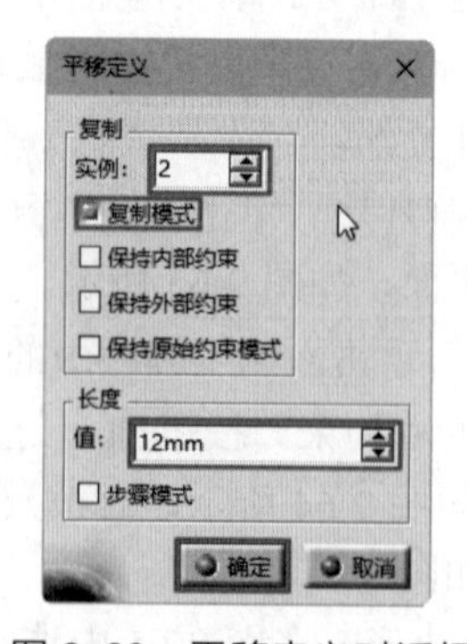

图 9-66　平移定义对话框

在图 9-67 中选择箭头所指的“线”，然后单击右侧工具栏中的“平移”按钮➞，打开“平移定义”对话框，设置“实例”数为“1”，勾选“复制模式”复选框。选择图 9-67 中的“点 1”，再选择图中的“点 2”，再次平移复制六边形，结果如图 9-68 所示。

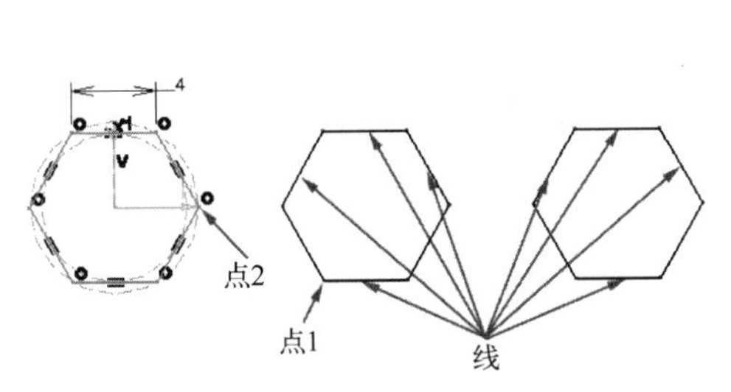

图 9-67　平移复制六边形 1

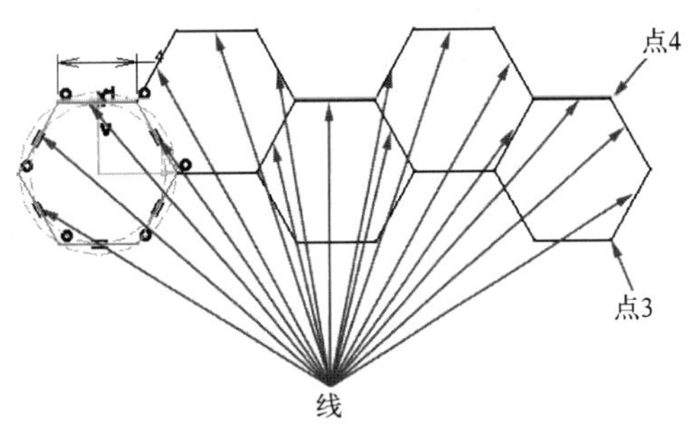

图 9-68　平移复制六边形 2

在图 9-68 中选择箭头所指的“线”，然后单击右侧工具栏中的“平移”按钮➞，打开“平移定义”对话框，设置“实例”数为“3”，勾选“复制模式”复选框。选择图 9-68 中的“点 3”，再选择图中的“点 4”，再次平移复制六边形，结果如图 9-69 所示，完成全部蜂窝芯六边的创建。

⑤ 删除多余六边形　在图 9-69 中选择左侧和下侧多余的六边形边线，单击“Delete”键，删除多余的边线，结果如图 9-70 所示。

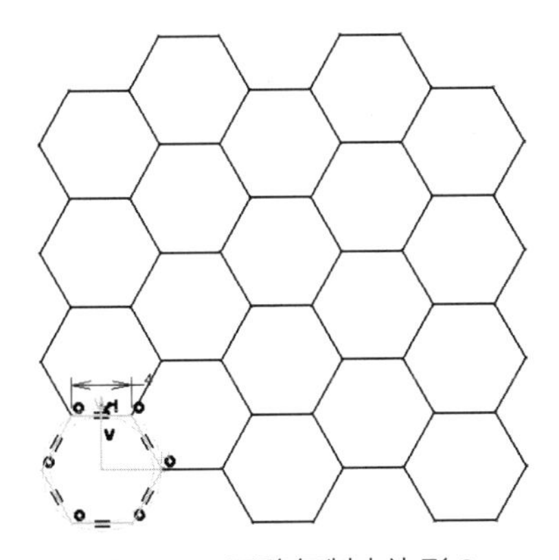

图 9-69　平移复制六边形 3

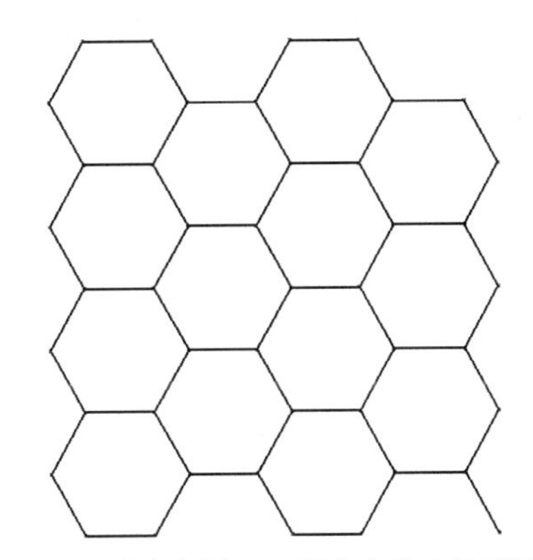

图 9-70　删除左侧和下侧多余的六边形边线

⑥ 补全图形　单击右侧工具栏中的“直线”按钮╱，将左侧蜂窝芯补齐，然后单击右侧工具栏中的“约束”按钮，标注直线的长度为 2mm，完成蜂窝芯草图的绘制，结果如图 9-71 所示。

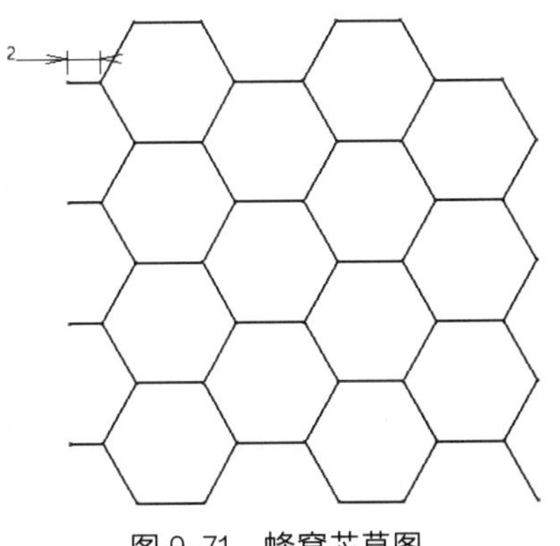

图 9-71　蜂窝芯草图

⑦ 退出草图编辑器　单击右侧工具栏中的“退出工作台”按钮，退出草图绘制环境。

⑧ 进入创成式外形设计环境　选择“开始”下拉菜单中“形状”下一级菜单中的“创成式外形设计”命令，如图 9-72 所示，进入创成式外形设计环境。

⑨ 接合草图　单击右侧工具栏中的“接合”按钮，打开“接合定义”对话框，在特征树种选择“草图 1”为“要接合的元素”，取消“检查连接性”和“检查多样性”复选框的勾选，如图 9-73 所示，单击“确定”按钮，完成蜂窝芯草图的接合。

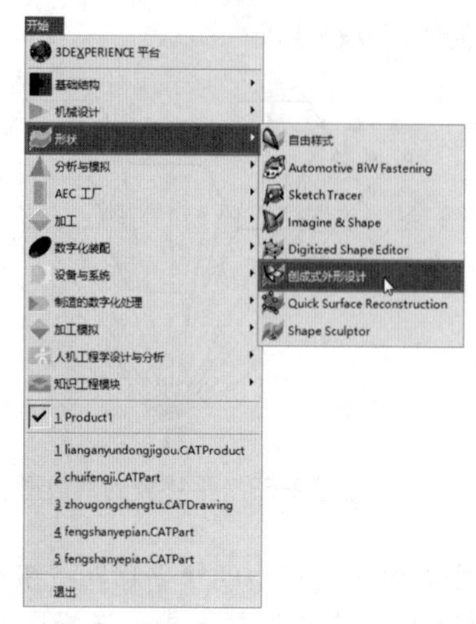

图 9-72　进入创成式外形设计环境

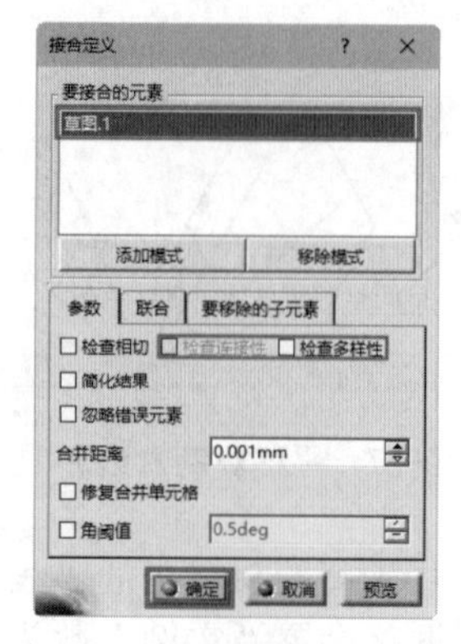

图 9-73　接合定义对话框

⑩ 拉伸蜂窝芯　单击右侧工具栏中的“拉伸”按钮，打开“拉伸曲面定义”对话框，在特征树中选择“接合 1”为“轮廓”，选择“xy 平面”为“方向”，设置拉伸限制 1 的“尺寸”为“20mm”如图 9-74 所示。单击“确定”按钮，打开“多重结果管理”对话框，如图 9-75 所示，采用默认设置，单击“确定”按钮，打开“近 / 远定义”对话框，如图 9-76 所示，采用默认设置，单击“取消”按钮，然后在模型树中选择“接合 .1”，单击鼠标右键，在弹出的快捷菜单中选择“隐藏 / 显示”命令，将“草图 .1”和“接合 .1”隐藏，如图 9-77 所示，完成蜂窝芯的拉伸，结果如图 9-78 所示。

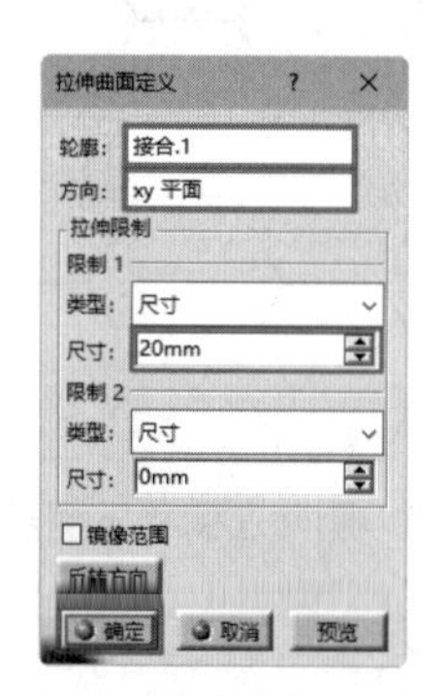

图 9-74　拉伸曲面定义对话框

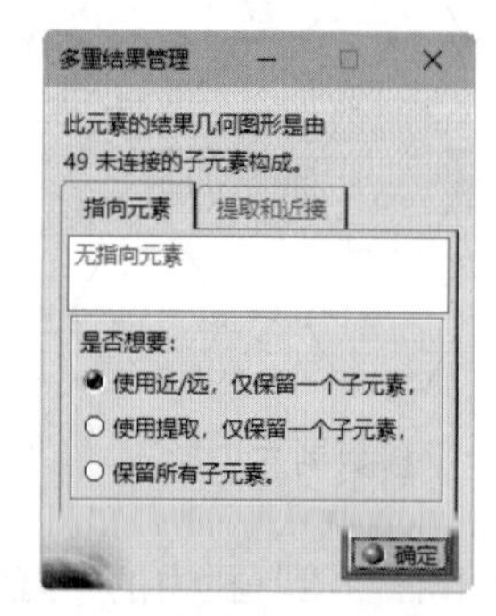

图 9-75　多重结果管理对话框

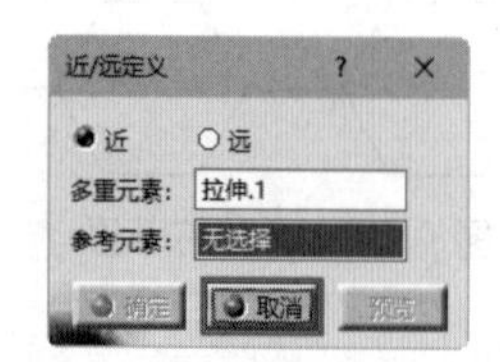

图 9-76　近 / 远定义对话框

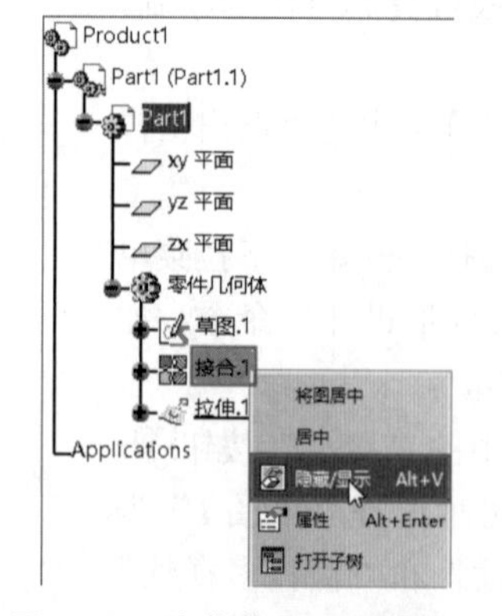

图 9-77　隐藏草图 .1 和接合 .1

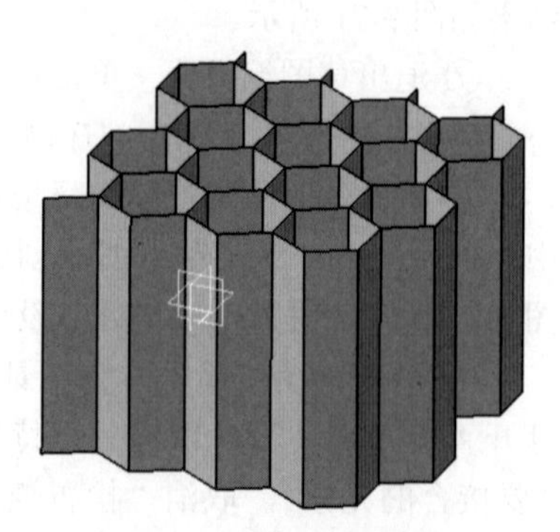

图 9-78　拉伸后的蜂窝芯

（2）建立蜂窝芯面板模型

为了减小工作量，蜂窝板的面板只建立上面板，下面板在 HyperMesh 中复制即可。

① 调整视图方向　单击上方工具栏中的“俯视图”按钮，调整视图方向为俯视图，如图 9-79 所示。

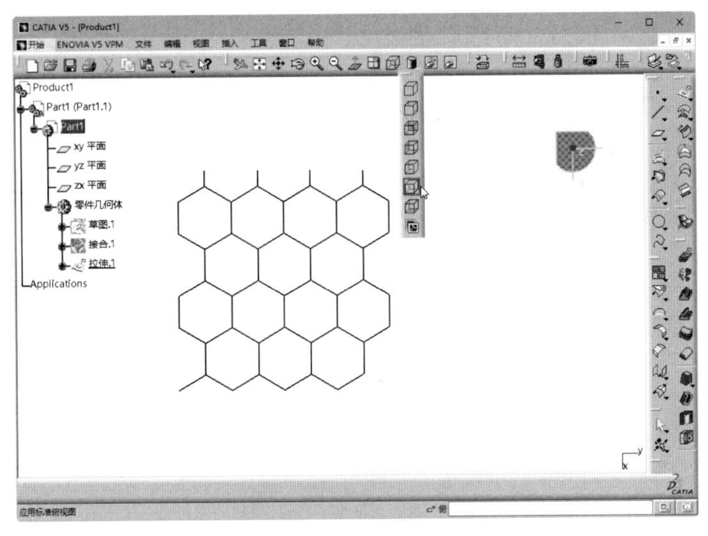

图 9-79　调整为俯视图

② 绘制直线　单击右侧工具栏中的“直线”按钮，打开“直线定义”对话框，设置“线型”为“点 - 点”，选择“点 1”为图形的左下角点，“点 2”为图形中的左上角点，如图 9-80 所示。设置“长度类型”为“终点无限”，如图 9-81 所示，然后单击“确定”按钮，绘制直线，结果如图 9-82 所示。同理绘制另一条直线，起点和终点的选择如图 9-83 所示，结果如图 9-84 所示。

③ 填充蜂窝　单击右侧工具栏中的“填充”按钮，打开“填充曲面定义”对话框，选择如图 9-85 所示的边线为封闭曲线，图形中会显示要封闭的区域，如图 9-86 所示，单击“确定”按钮，填充蜂窝，结果如图 9-87 所示。采用同样的操作选择其他封闭曲线，对每一个蜂窝芯进行填充，结果如图 9-88 所示。

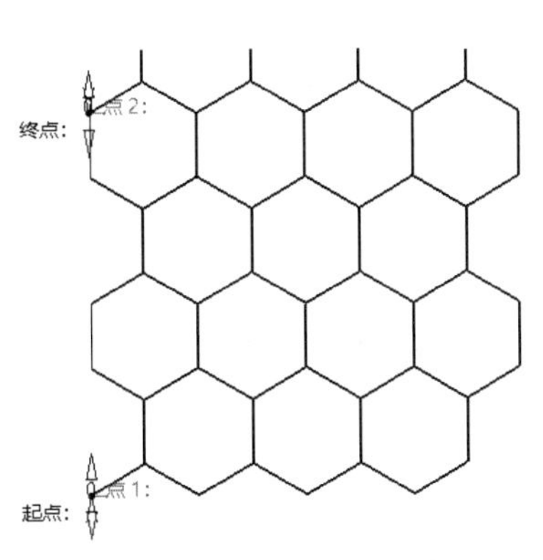

图 9-80　选择起点和终点

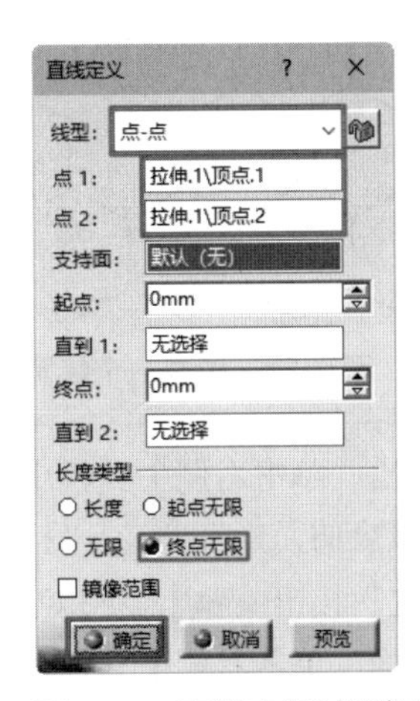

图 9-81　直线定义对话框

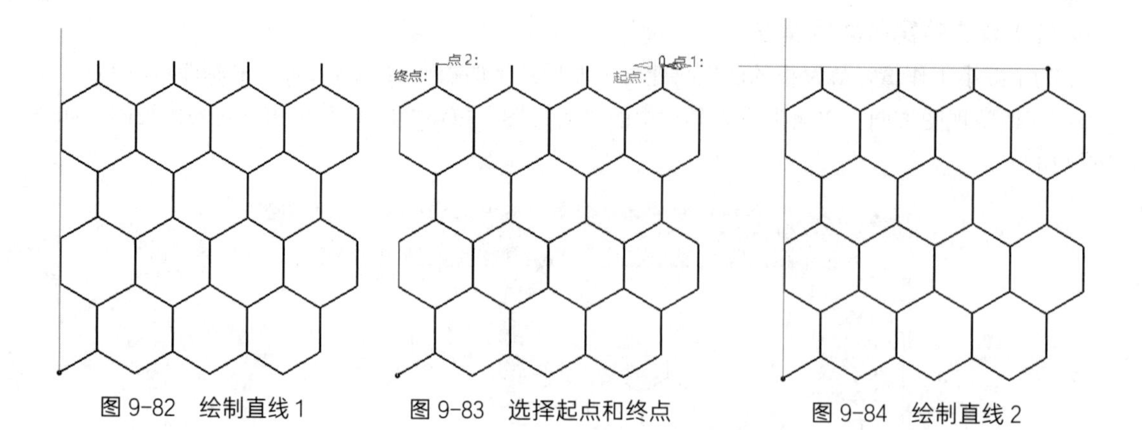

图 9-82　绘制直线 1　　图 9-83　选择起点和终点　　图 9-84　绘制直线 2

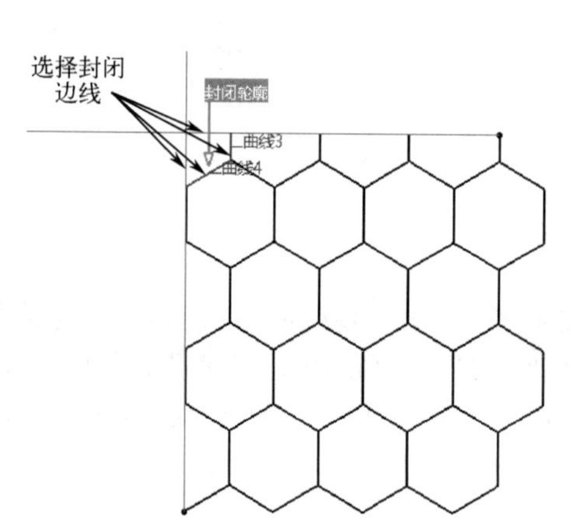

图 9-85　选择封闭边线

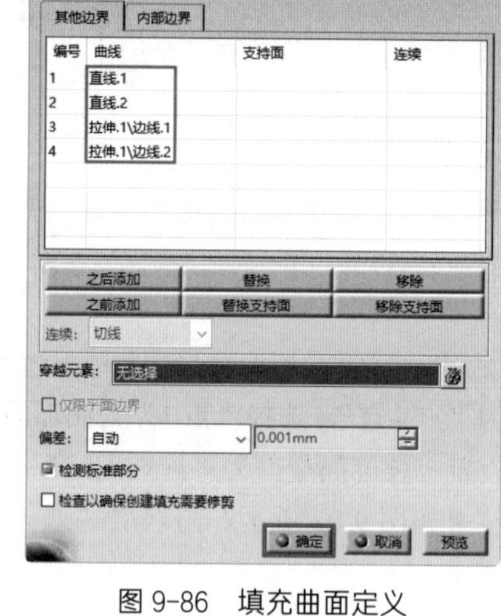

图 9-86　填充曲面定义

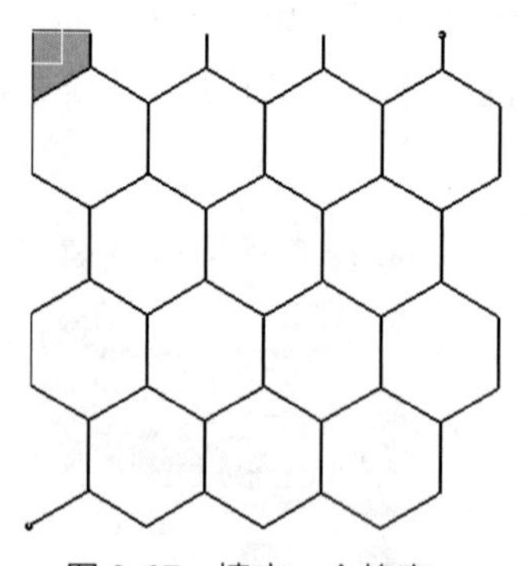

图 9-87　填充一个蜂窝

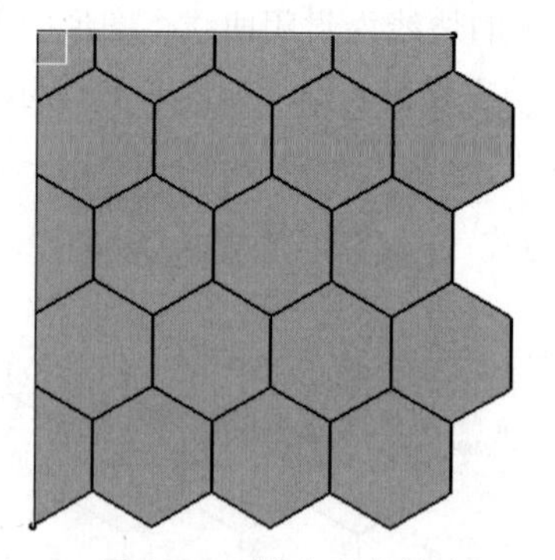

图 9-88　填充所有蜂窝

④ 接合蜂窝　单击右侧工具栏中的“接合”按钮，打开“接合定义”对话框，选择所有的填充为“要接合的元素”，取消“检查连接性”和“检查多样性”复选框的勾选，如图 9-89 所示，单击“确定”按钮，将相互独立的填充接合为一个整体。

⑤ 加厚曲面　单击右侧工具栏中的“厚曲面”按钮，打开“定义厚曲面”对话框，设置“第一偏移”为“0.8mm”，“第二偏移”为“0mm”，选择“接合 2”为“要偏移的对象”，此时

图形中会出现偏移的方向箭头，单击“定义厚曲面”对话框中的“反转方向”按钮 反转方向，将曲面向外偏移，如图 9-90 所示，单击“确定”按钮 确定，完成曲面的加厚，然后在模型树中选择“直线 .1”“直线 .2”和“接合 .2”，单击鼠标右键，在弹出的快捷菜单中选择“隐藏 / 显示”命令，将“直线 .1”“直线 .2”和“接合 .2”隐藏，结果如图 9-91 所示，这样就完成了蜂窝夹层板三维模型创建。

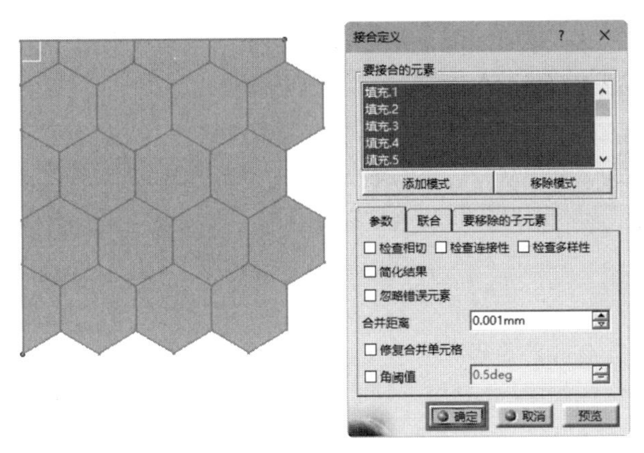

图 9-89　蜂窝芯填充接合

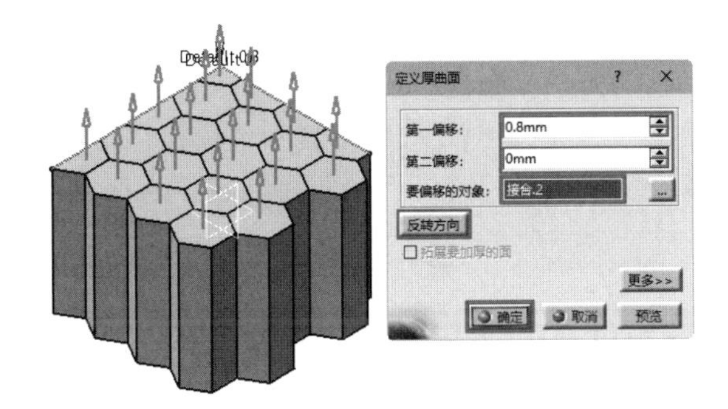

图 9-90　定义厚曲面

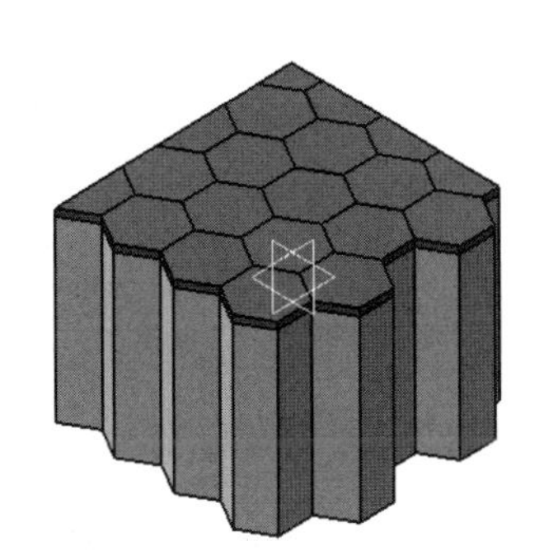

图 9-91　蜂窝夹层板三维模型

（3）保存模型

单击工具栏中的“保存”按钮，打开“另存为”对话框，设置好保存路径后，设置文件名为“honeycomb”，保存类型为“CATPart”，如图 9-92 所示，单击“保存”按钮 保存(S)，保存文件，这样就可以导入 HyperMesh 软件来划分网格。

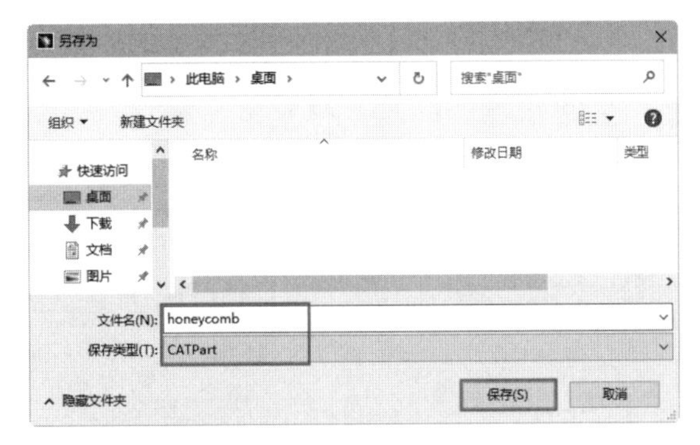

图 9-92　保存模型

9.2.4 蜂窝夹层板网格划分

在桌面上单击“HyperMesh 2022”图标，打开 Untitled-HyperWorks 2022-LsDyna 软件，并打开“User Profiles”（用户配置文件）对话框，如图 9-93 所示，勾选“LsDyna”单选按钮，单击“OK”按钮，关闭该对话框，完成设置。

（1）导入模型

选择“File”（文件）下拉菜单“Import”（导入）下一级菜单中的“Geometry”（几何）命令，如图 9-94 所示，导入需要的 CATIA 模型。

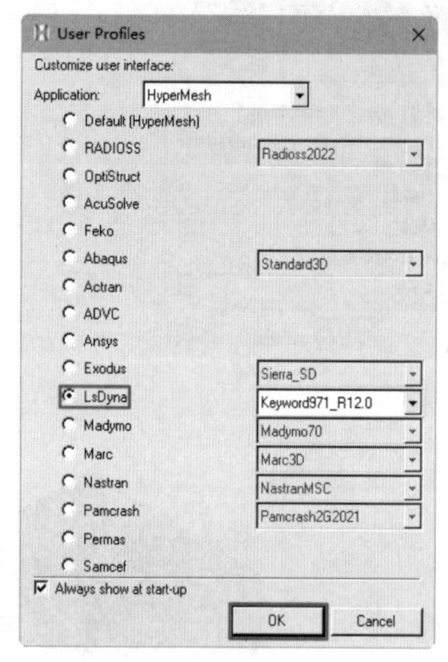

图 9-93 “User Profiles”对话框

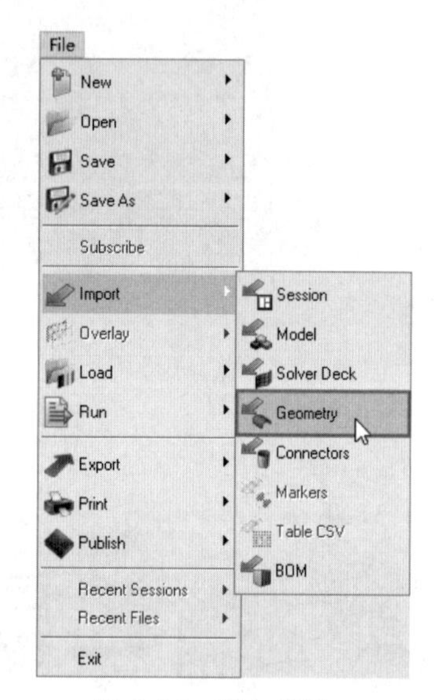

图 9-94 导入模型

如图 9-95 所示，在“Import”（导入）面板中设置“File type”（文件类型）为“CATIA”，然后单击“Select file...”（选择文件）按钮，打开“Select CATIA file”（选择 CATIA 文件）对话框，如图 9-96 所示。选择“honeycomb.CATPart”格式文件所在文件夹，单击“打开”按钮打开(O)，再单击“Import”（导入）标签区中的“Import”（导入）按钮Import，这样就将 CATIA 模型导入了 HyperMesh 中，然后单击工具栏中的“Isometric View”（等轴侧）按钮，将模型调整为等轴侧视图，结果如图 9-97 所示。

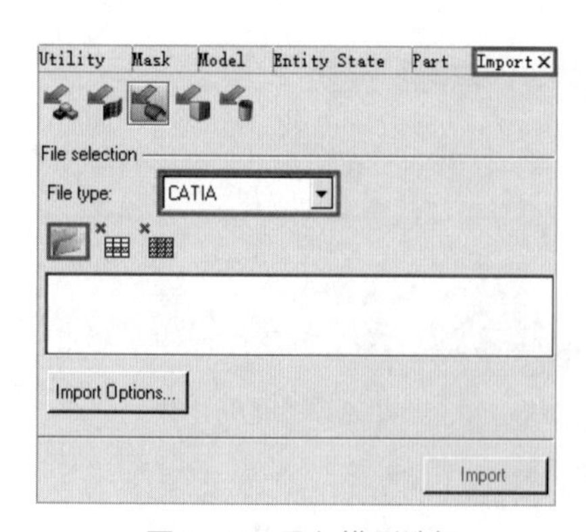

图 9-95 导入模型选择

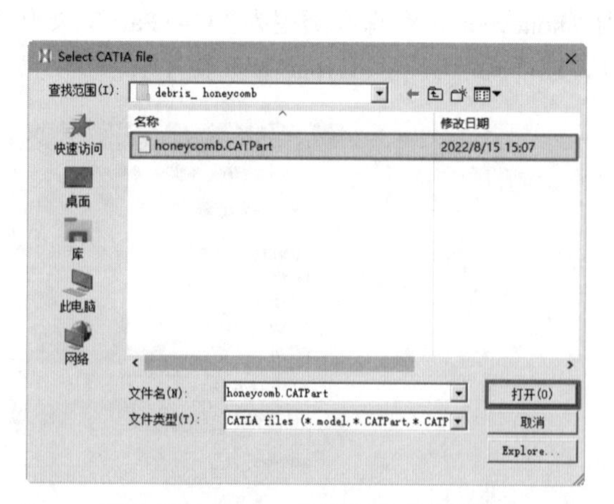

图 9-96 “Select CATIA file”对话框

单击“Model”（模型）面板，在该面板中展开“Components”（零件）栏，可看到该模型由“Extrude.1”“Join.2”和“ThickSurface.1”三部分组成，如图 9-98 所示。右击“Join.2”，在弹出的快捷菜单中单击“Delete”（删除）命令，打开“Confirm Delete”（确认删除）对话框，如图 9-99 所示，单击“Yes”按钮 Yes ，将“Join.2”删除。

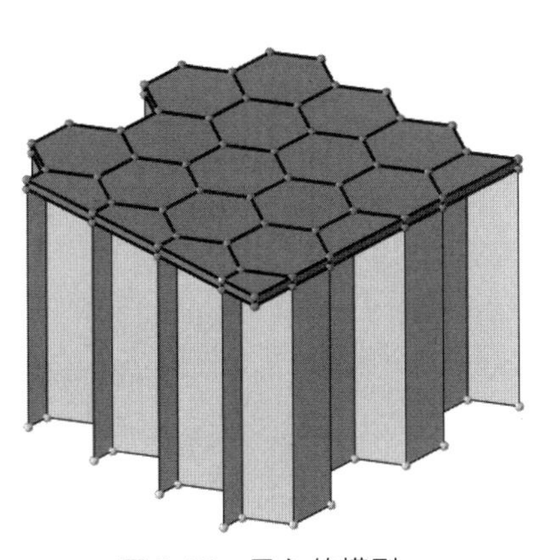

图 9-97　导入的模型

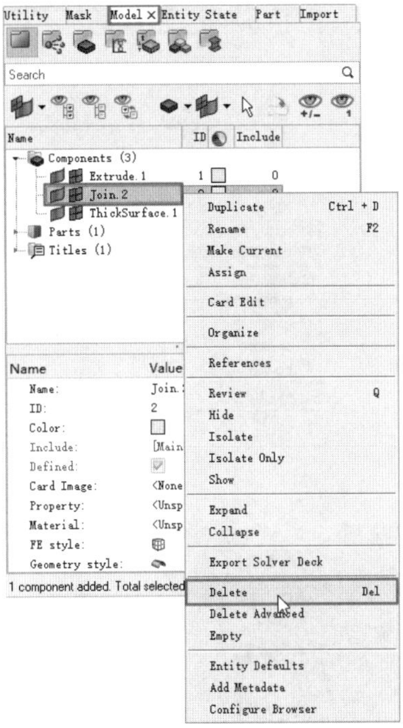

图 9-98　右键删除“Join.2”

(2) 切割蜂窝上面板

单击“Entity State”（实体状态）面板，在该面板中展开“Components”（零件）栏，如图 9-100 所示，在“Active”（激活）列表中，取消“Extrude.1”的勾选，只显示上面板，结果如图 9-101 所示。

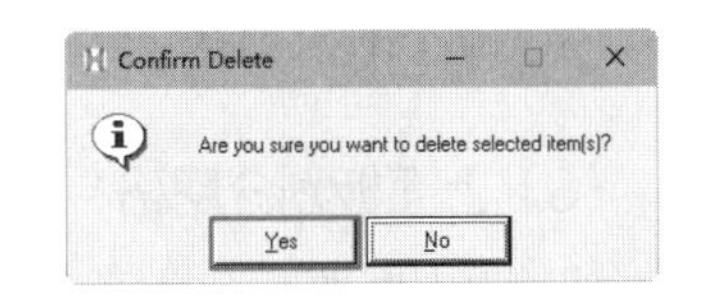

图 9-99　“Confirm Delete”对话框

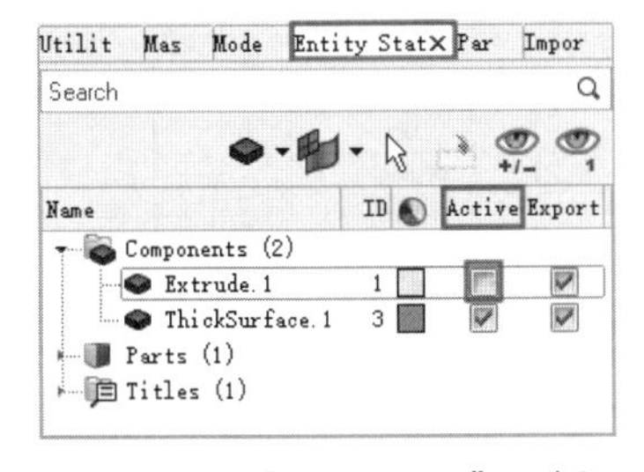

图 9-100　“Entity State”面板

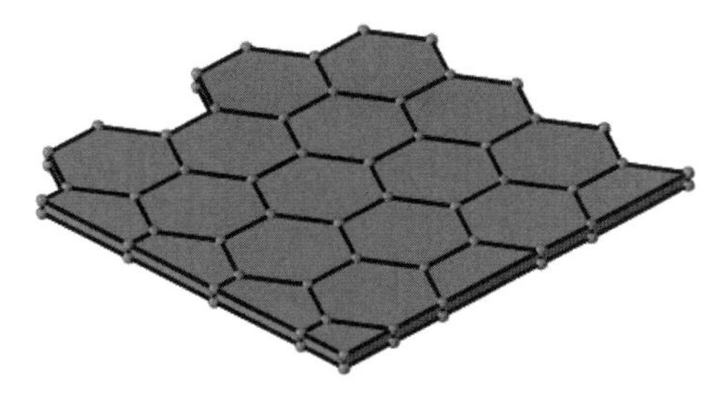

图 9-101　上面板

如图 9-102 所示，在下方的主命令面板区单击“solid edit”（实体边）按钮 solid edit ，切换到如图 9-103 所示的切割面板，在该面板中勾选“trim with lines”（用线切割），然后单击“with bounding lines”（用边界线）下的“solids”（实体）按钮 solids 。单击鼠标左键，在图形区选中上面板，再单击“with bounding lines”下的“lines”（线）按钮 lines ，在图形区选择上面板中的上、下两条边线，如图 9-104 所示。单击切割面板中的“trim”（切割）按钮 trim ，对上面板进行切割，按照相同的操作完成其余的切割，切割后的上面板如图 9-105 所示，然后单击“return”（返回）按钮 return ，返回主命令面板。

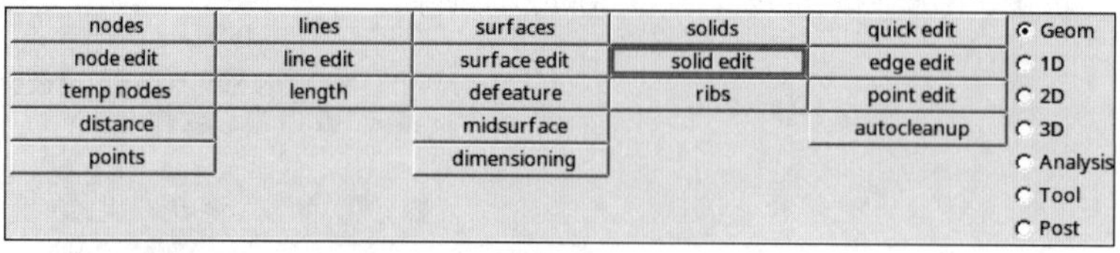

图 9-102　单击“solid edit”

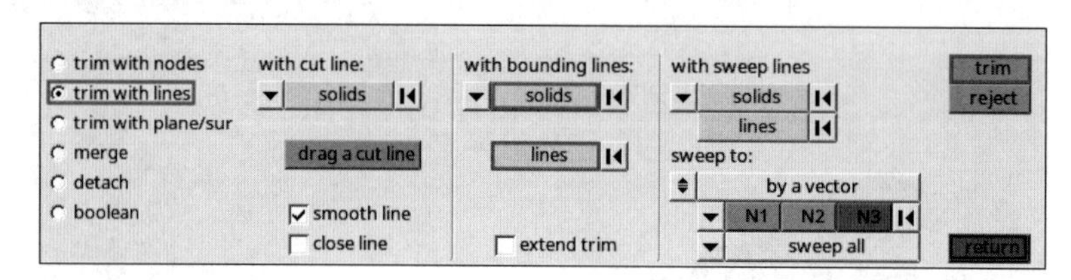

图 9-103　切割面板

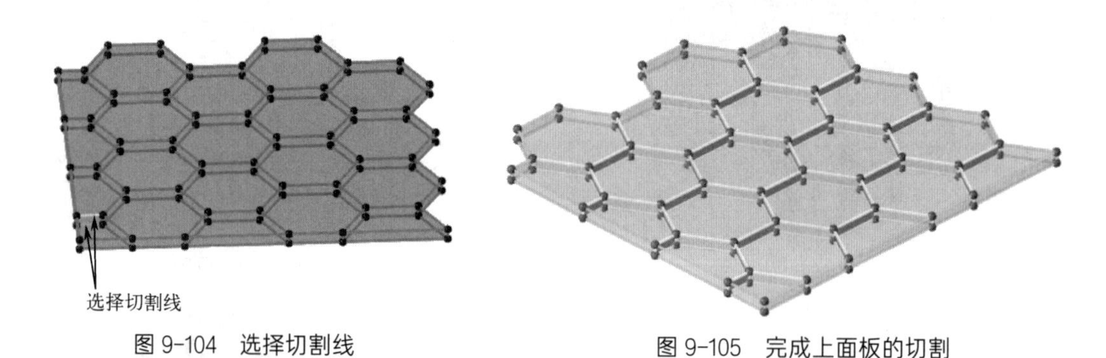

图 9-104　选择切割线

图 9-105　完成上面板的切割

（3）上面板划分网格

如图 9-106 所示，在主命令面板中选择“3D”，然后单击“solid map”（实体网格）按钮 solid map ，切换到划分实体网格面板。

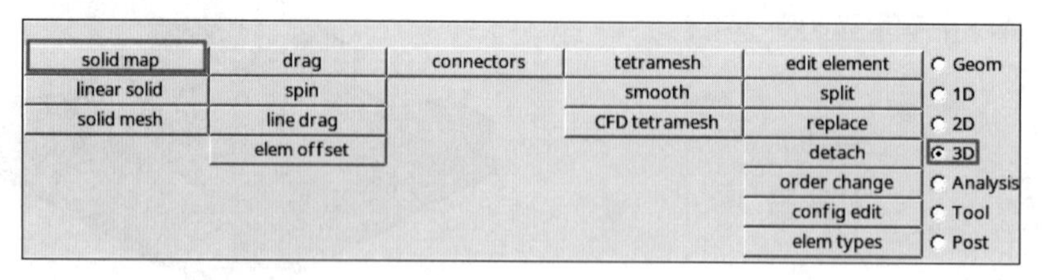

图 9-106　选择“solid map”

在划分实体网格面板上方的工具栏中单击“Properties”（属性）按钮，切换到创建实体属性面板，如图 9-107 所示。设置“prop name”（属性名称）为“1”，设置“type”（类型）为“VOLUME”（体积），设置“card image”（卡片信息）为“SectSld”（动力冲击体单元），单击“create”（创建）按钮 create ，然后再单击“return”（返回）按钮 return ，返回到划分实体网格面板。

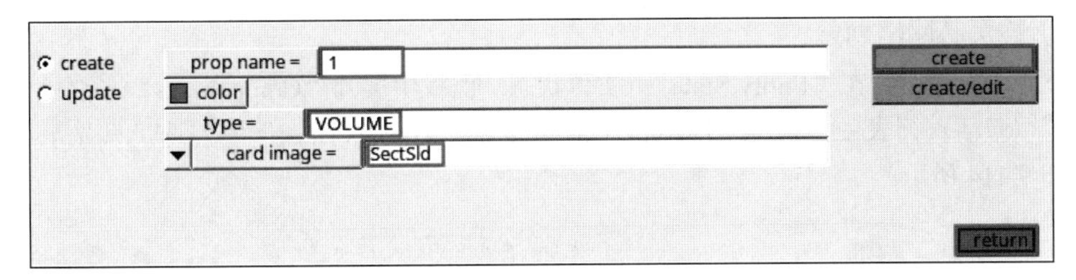

图 9-107　创建实体属性面板

如图 9-108 所示，在划分实体网格面板中选择“one volume”（单一体）单选按钮，网格划分采用梯度网格，设置“source typ”（源类型）为“mixed”（混合），设置“source size”（源尺寸）为“0.300”，设置“along size”（沿尺寸）为“0.300”，然后在图形区中选择一块面板，如图 9-109 所示。单击“mesh”（划分网格）按钮mesh，继续选择其他面板，划分网格，完成 0.3mm 网格划分，结果如图 9-110 所示。

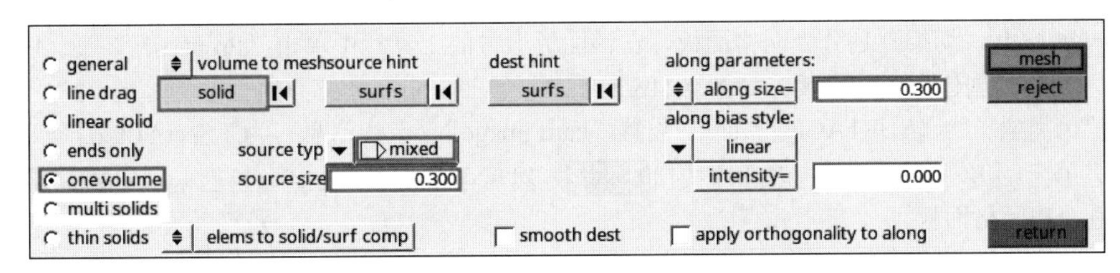

图 9-108　0.3mm 划分网格面板设置

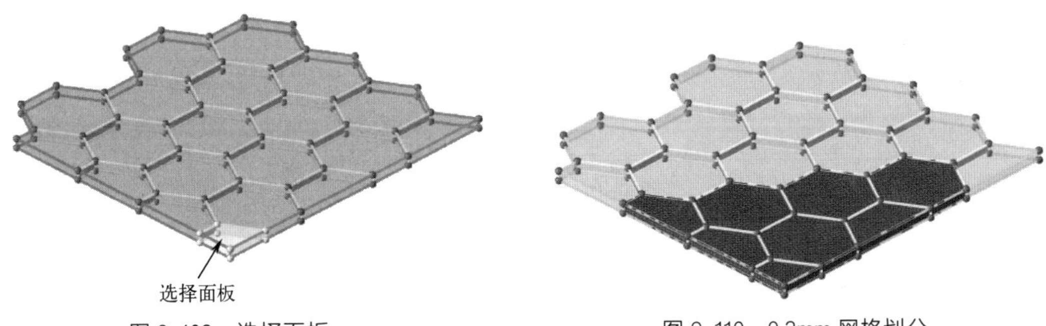

图 9-109　选择面板　　　　图 9-110　0.3mm 网格划分

如图 9-111 所示，在划分实体网格面板中设置“source typ”（源类型）为“mixed”（混合），设置“source size”（源尺寸）为“0.800”，设置“along size”（沿尺寸）为“0.800”，然后在图形区中选择一块面板，单击“mesh”（划分网格）按钮mesh。继续选择其他面板，完成 0.8mm 网格划分，结果如图 9-112 所示。单击“return”（返回）按钮return，返回主命令面板。

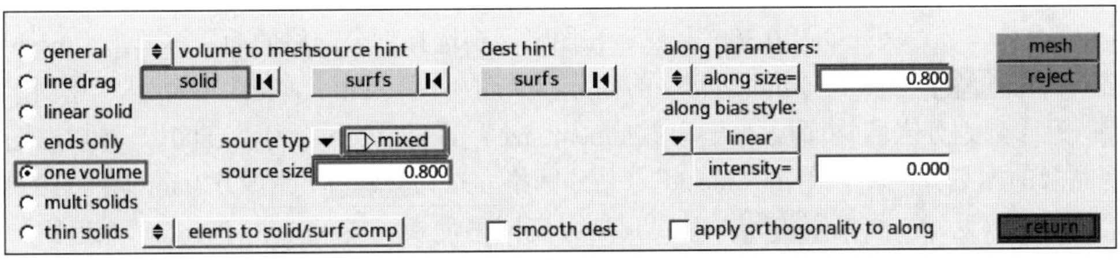

图 9-111　0.8mm 划分网格面板设置

（4）蜂窝芯网格划分

如图 9-113 所示，在“Entity State”（实体状态）面板中展开“Components”（零件）栏，在“Active”（激活）列表中，勾选“Extrude.1”，并取消“ThickSurface”的勾选，只显示蜂窝芯，结果如图 9-114 所示。

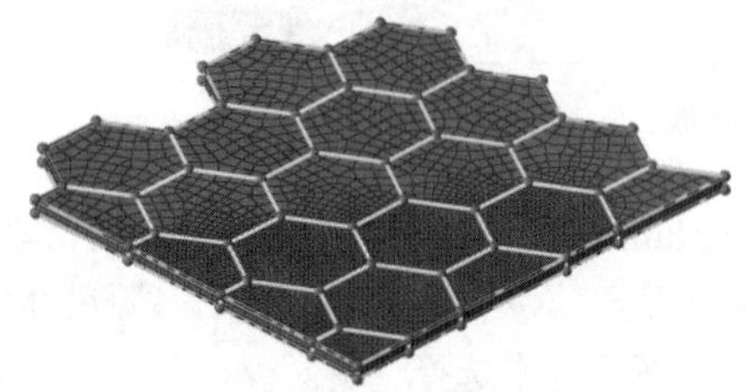

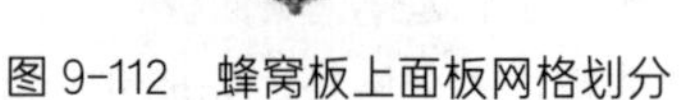

图 9-112　蜂窝板上面板网格划分

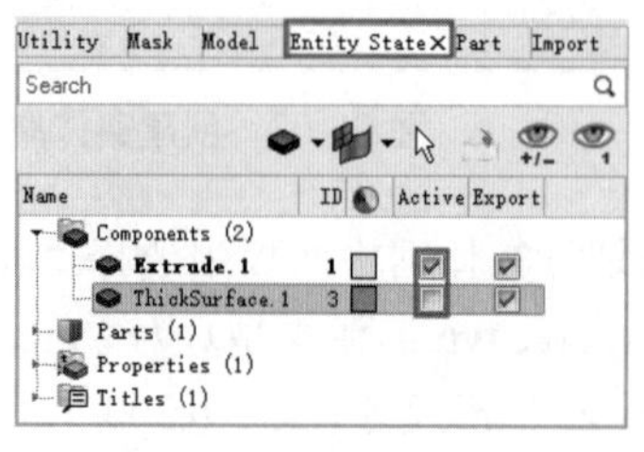

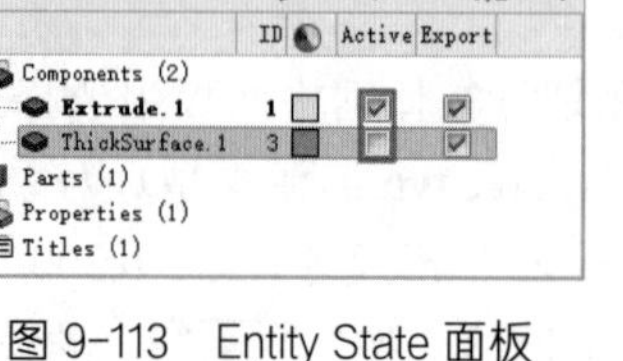

图 9-113　Entity State 面板

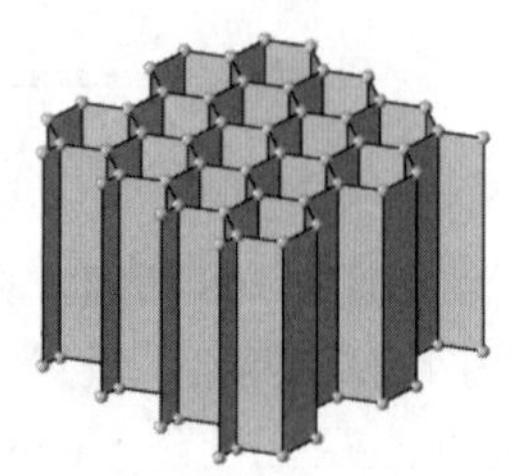

图 9-114　蜂窝芯

如图 9-115 所示，在主命令面板中选择“2D”单选按钮，然后单击“automesh”（自动网格）按钮 automesh ，切换到划分壳网格面板，在该面板上方的工具栏中单击“Properties”（属性）按钮，切换到创建壳属性面板，如图 9-116 所示。设置“prop name”（属性名称）为“2”，设置“type”（类型）为“SURFACE”（面），设置“card image”（卡片信息）为“SectALE2D”（动力冲击壳单元），单击“create”（创建）按钮 create ，然后再单击“return”（返回）按钮 return ，返回到划分壳网格面板。

图 9-115　选择 automesh

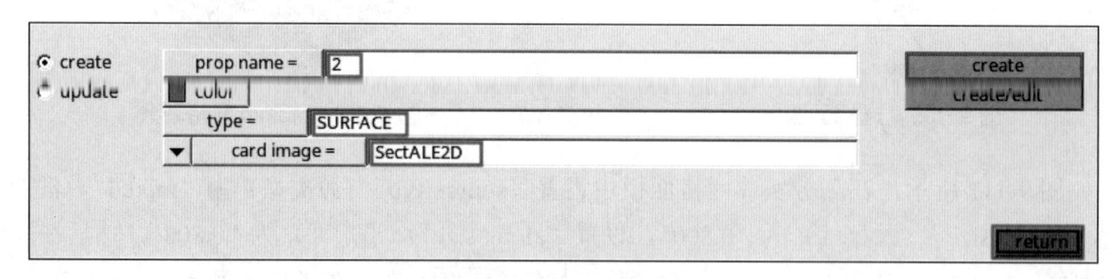

图 9-116　创建实体属性面板

如图 9-117 所示，在划分壳网格面板中选择“surfs”（面），网格划分采用梯度网格，设置“element size”（单元大小）为“0.300”，然后在图形区中选择划分网格的面，再单击“mesh”（划分网格）按钮 mesh ，完成 0.3mm 面网格的划分，如图 9-118 所示。单击“return”（返回）按钮 return ，返回到划分壳网格面板，设置“element size”（单元大小）为“0.800”，然后在图形区中选择剩余的面划分网格，单击“mesh”（划分网格）按钮 mesh ，完成 0.8mm 面网格的划分。单击“return”（返回）按钮 return ，返回到划分壳网格面板，继续单击“return”（返回）按钮 return ，返回到主命令面板，完成 0.8mm 网格划分，结果如图 9-119 所示。

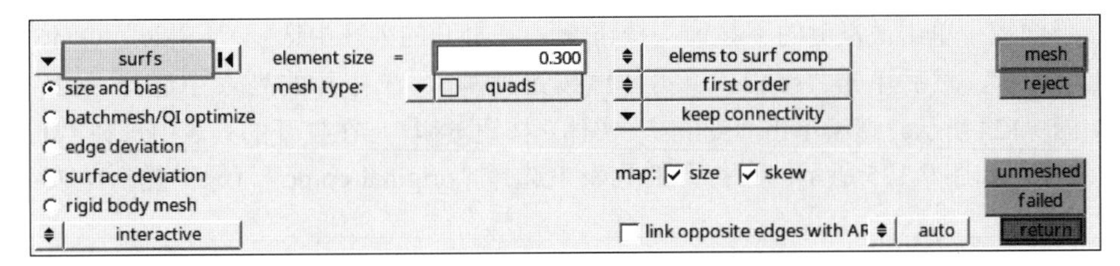

图 9-117　0.3mm 划分壳网格面板设置

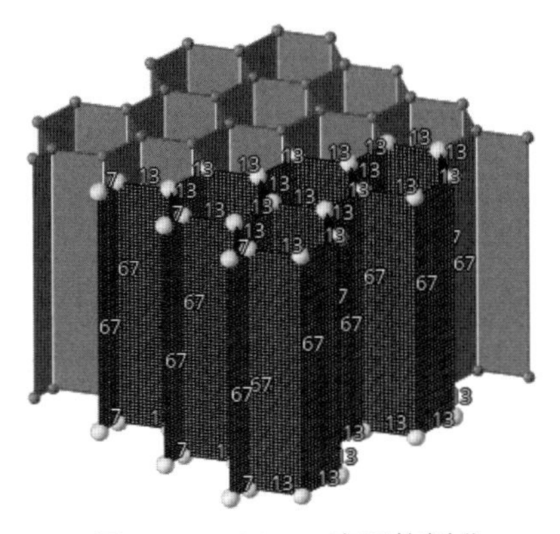

图 9-118　0.3mm 壳网格划分

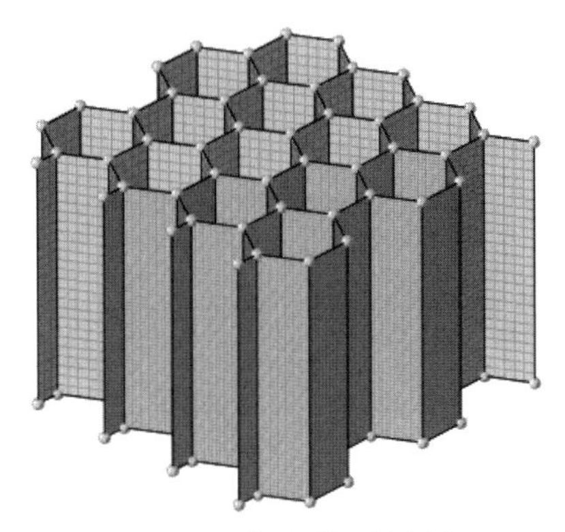

图 9-119　蜂窝芯网格划分

（5）镜像上面板及其网格

如图 9-120 所示，在“Entity State”（实体状态）面板中展开“Components”（零件）栏，在“Active”（激活）列表中，勾选“ThickSurface”，并取消“Extrude.1”的勾选，只显示上面板，结果如图 9-121 所示。

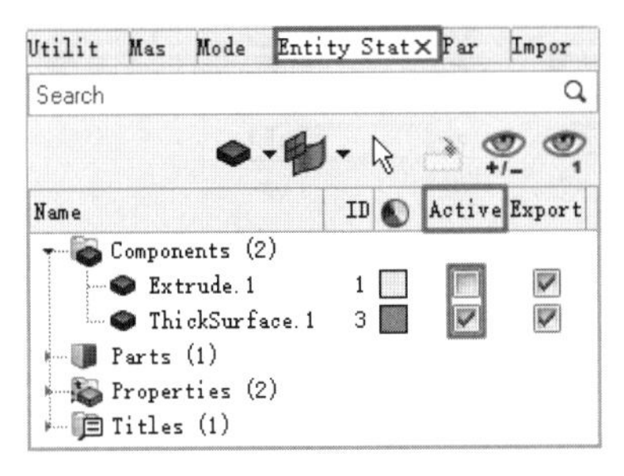

图 9-120　“Entity State”面板

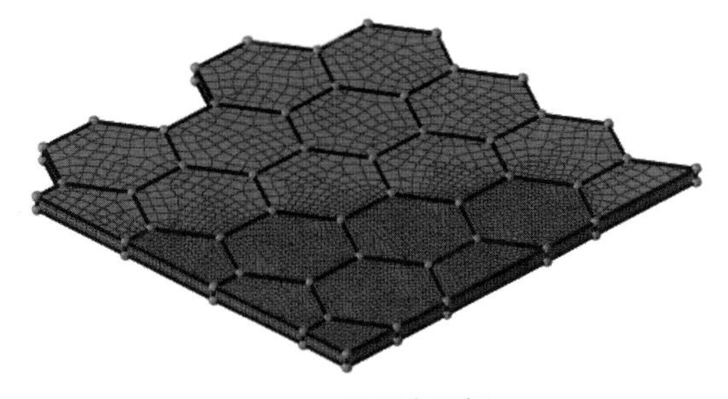

图 9-121　显示上面板

如图 9-122 所示，在主命令面板中勾选“Tool”（工具）单选按钮，然后单击“reflect”（镜像）按钮reflect，切换到镜像面板。

assemblies	find	translate	check elems	numbers	Geom
organize	mask	rotate	edges	renumber	1D
color	delete	scale	faces	count	2D
rename		reflect	features	mass calc	3D
reorder		project	normals	tags	Analysi
		position	dependency	HyperMorph	Tool
		permute		shape	Post

图 9-122　选择“reflect”

在镜像面板中单击最左侧的下拉箭头按钮▼，在打开的列表中选择“solids”（实体）选项，如图9-123所示，然后单击“solids”（实体）按钮 solids，在打开的列表中选择“all”（所有）选项，如图9-124所示。继续单击“solids”（实体）按钮 solids，在打开的列表中选择“duplicate”（复制）选项，如图9-125所示。在打开的列表中选择“original comp”（原样复制），如图9-126所示。

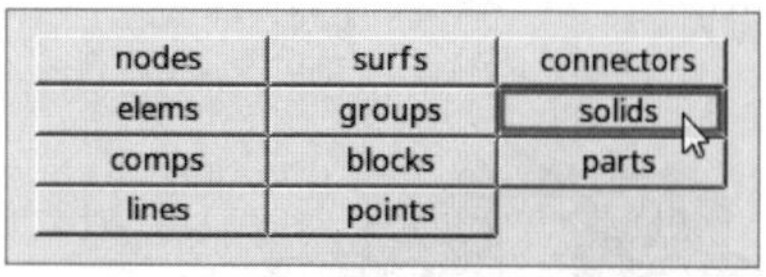

图 9-123　选择“solids”

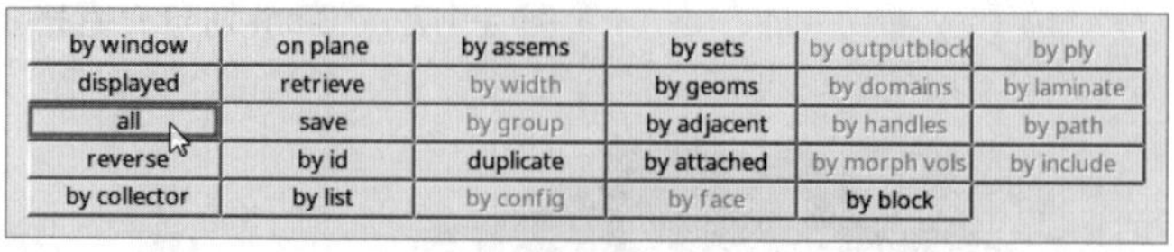

图 9-124　选择“all”

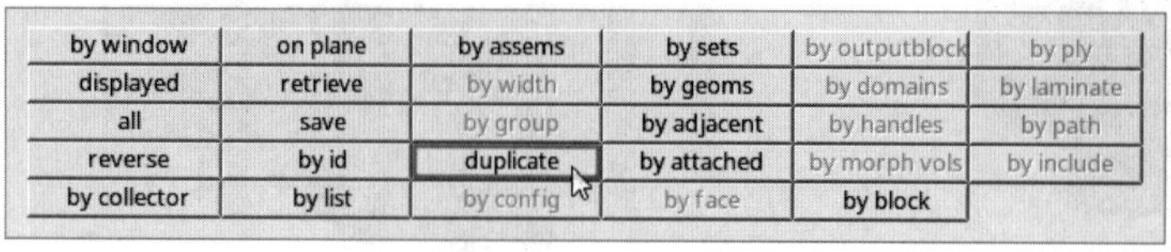

图 9-125　选择“duplicate”

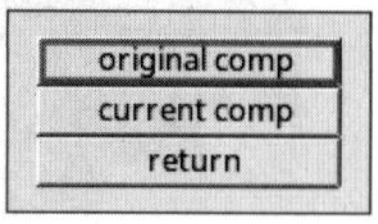

图 9-126　选择“original comp”

在镜像面板中选择对称轴为“Z-axis”（z 轴），然后单击后面的“B”按钮 B，在打开的面板中设置所有 Z 值为“10.000”，结果如图9-127所示。单击“return”（返回）按钮 return，返回到镜像面板，如图9-128所示，单击“reflect”（镜像）按钮 reflect，镜像上面板，结果如图9-129所示。单击“return”（返回）按钮 return，返回到主命令面板。

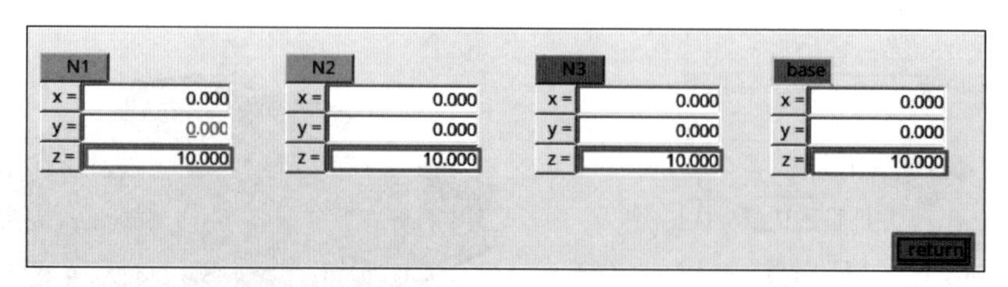

图 9-127　设置Z值为10

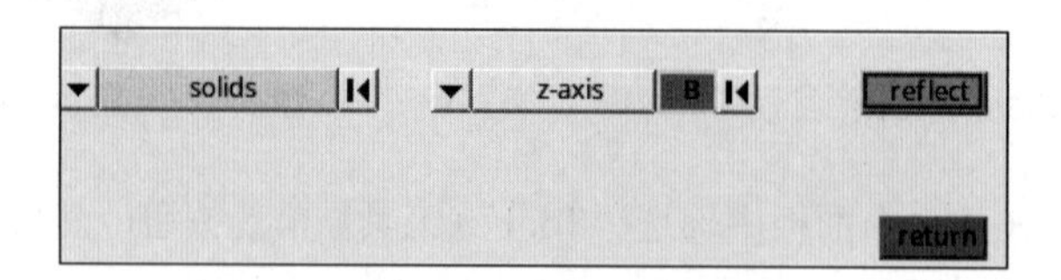

图 9-128　镜像实体面板

在主命令面板中勾选“Tool”（工具）单选按钮，然后单击“reflect”（镜像）按钮 reflect，切换到镜像面板。

在镜像面板中单击最左侧的下拉箭头按钮▼，在打开的列表中选择“elems”（单元）选项，如图9-130所示。单击“elems”（单元）按钮 elems，在打开的列表中选择“all”（所有）选项。继续单击“elems”（单元）按钮 elems，在打开的列表中选择“duplicate”（复制）选项，然后在打开的列表中选择“original comp”（原样复制）。

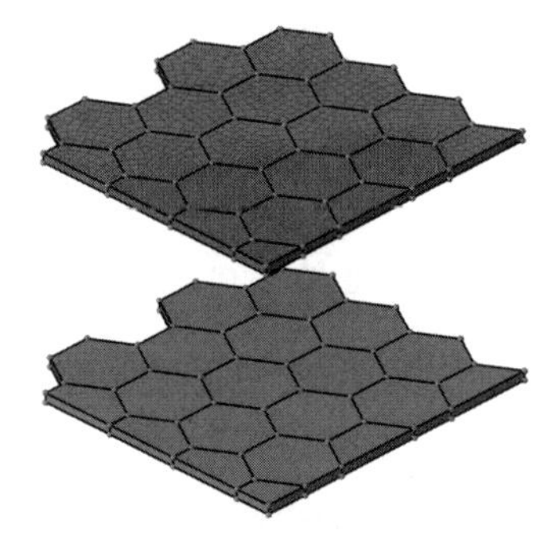

图 9-129　镜像复制生成下面板实体

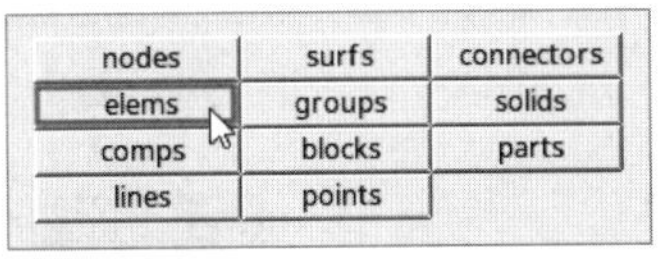

图 9-130　选择“elems”

在镜像面板中选择对称轴为“Z-axis”（z 轴），然后单击后面的“B”按钮B，在打开的面板中设置所有Z值为“10.000”，单击“return”（返回）按钮return，返回到镜像面板，如图9-131所示。单击“reflect”（镜像）按钮reflect，镜像单元，结果如图 9-132 所示。单击“return”（返回）按钮return，返回到主命令面板。

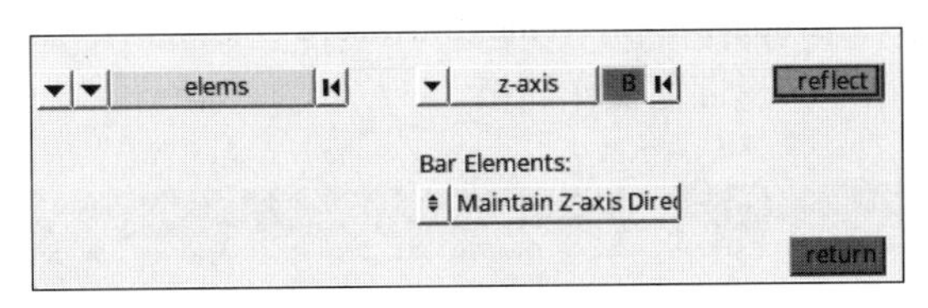

图 9-131　镜像单元面板

在“Entity State”（实体状态）面板中展开“Components”（零件）栏，在“Active”（激活）列表中，勾选“ThickSurface”和“Extrude.1”复选框的勾选，显示蜂窝夹层板的整体网格模型，结果如图 9-133 所示。

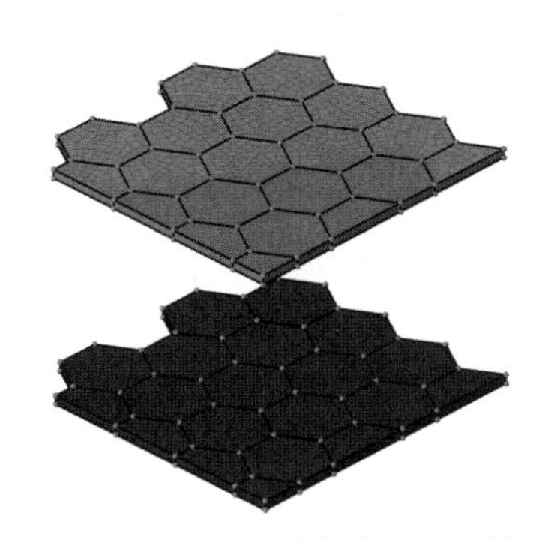

图 9-132　镜像复制生成下面板单元

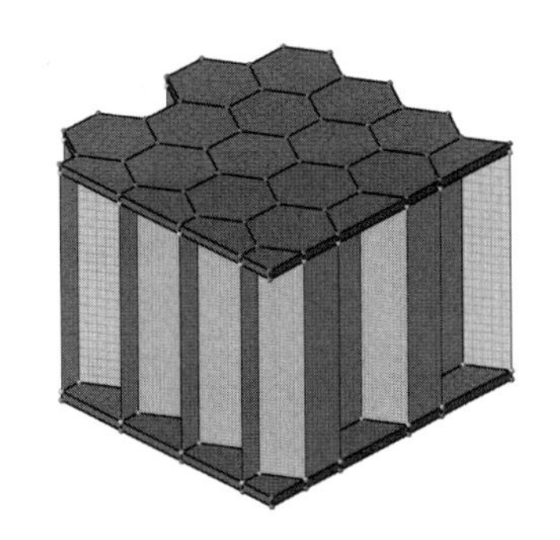

图 9-133　蜂窝夹层板整体网格模型

(6) 和并容差

如图 9-134 所示，在主命令面板中选择“Tool”（工具）单选按钮，然后单击“faces”（面）按钮faces，切换到面操作面板。

在面操作面板中单击最左侧的下拉箭头按钮▼，在打开的列表中选择“comps”（组件）选项，如图 9-135 所示。根据需要选择范围，设置“tolerance”（容差）为“0.1”，容差应当按需求设置，不宜过大，无论如何也不应超过最小单元尺寸，如图 9-136 所示。单击“comps”（组件）按钮comps，切换到组件面板。

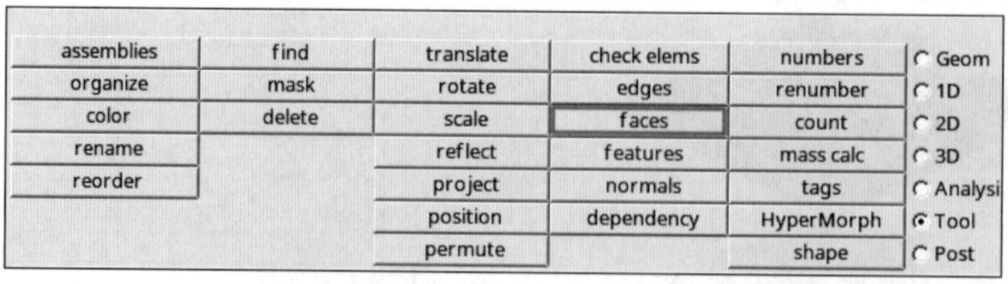

图 9-134　选择“faces”

图 9-135　选择“comps”

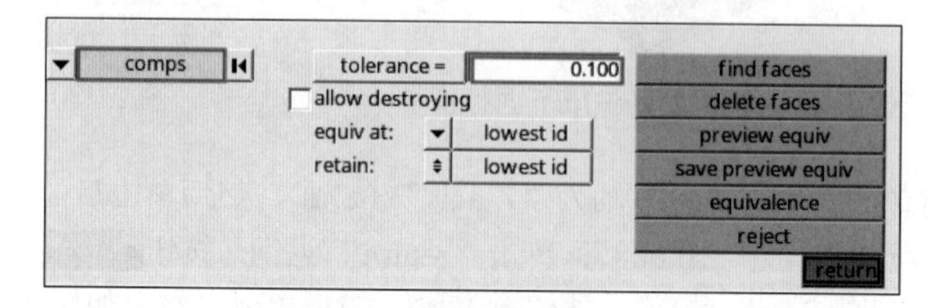

图 9-136　面操作面板

在组件面板中勾选“Extrude.1”和“ThickSurface.1”复选框，然后单击“select”（选择）按钮select，如图 9-137 所示，返回面操作面板。

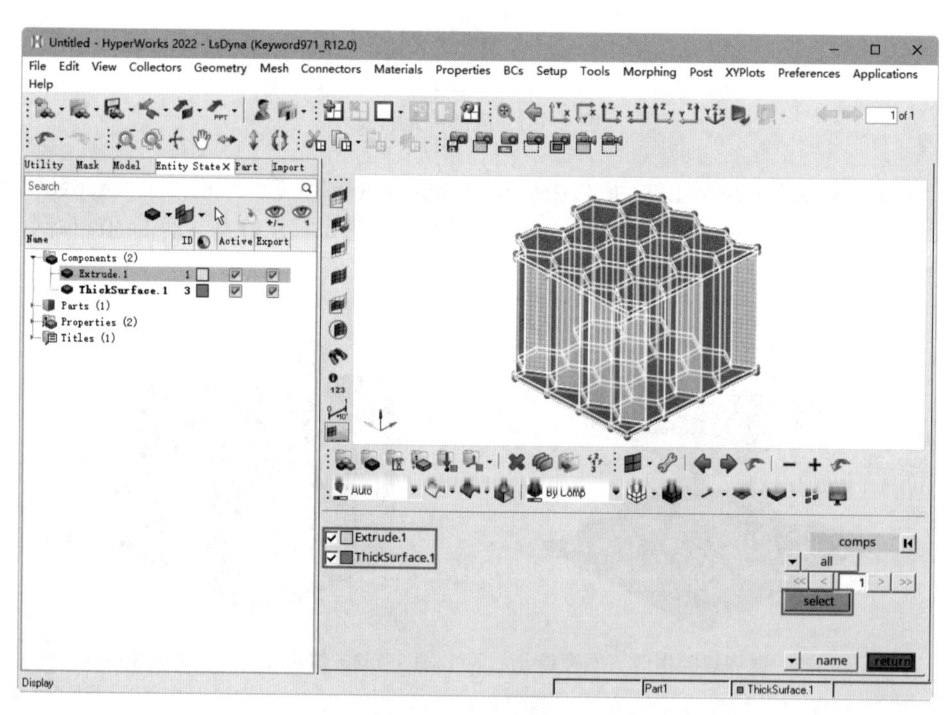

图 9-137　选择组件

在面操作面板中单击“find faces”（查找面）按钮find faces，再单击“comps”（组件）按钮comps，切换到组件面板。在该面板中勾选“Extrude.1”和“ThickSurface.3”复选框，然后单击“select”（选择）按钮select，如图 9-138 所示，返回面操作面板。

在面操作面板中单击“preview equiv”（预览）按钮preview equiv，查看要合并的节点，再单击“equivalence”（等值）按钮equivalence，完成容差范围内的节点合并，结果如图 9-139 所示。单击“return”（返回）按钮return，返回到主命令面板。

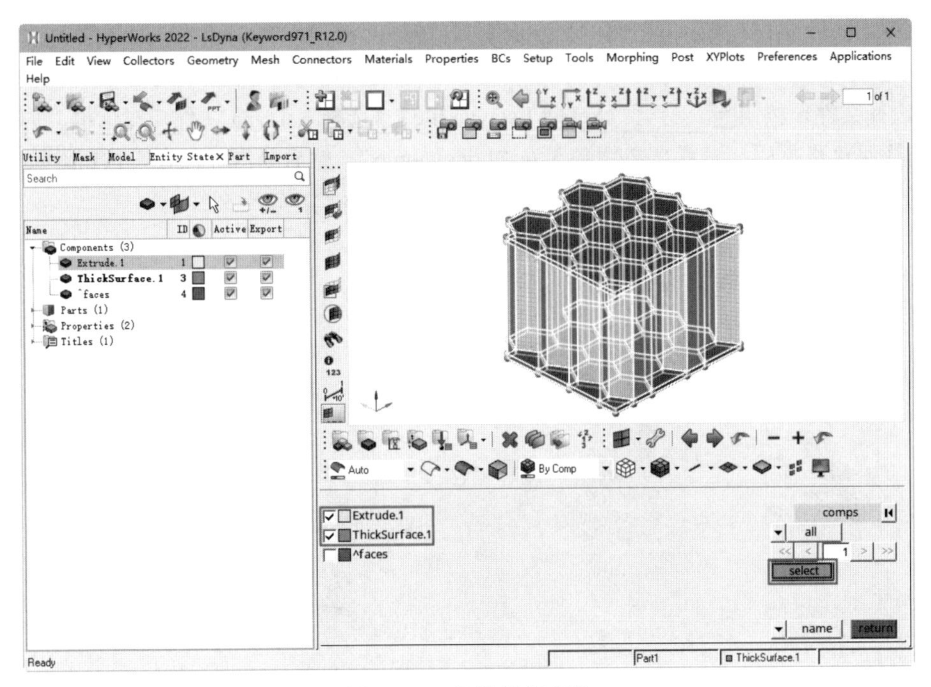

图 9-138　再次选择组件

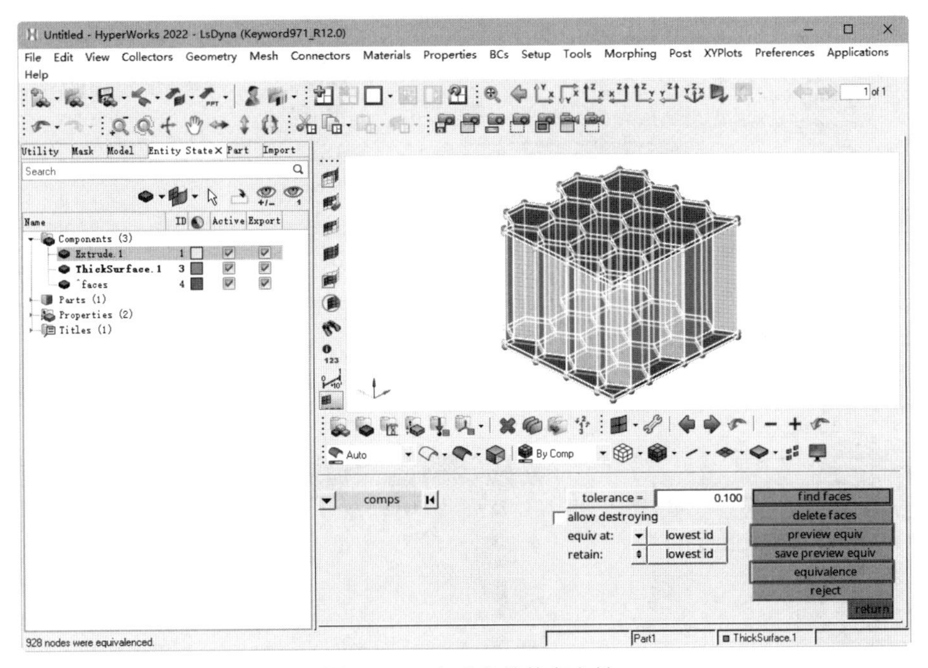

图 9-139　完成容差节点合并

单击“Model”（模型）面板，如图 9-140 所示，右击“^faces”，在弹出的快捷菜单中单击“Delete”（删除）命令，打开“Confirm Delete”（确认删除）对话框，单击“Yes”按钮 Yes ，将“^faces”删除。

（7）导出模型

选择“File”（文件）下拉菜单“Export”（导出）下一级菜单中的“Solver Deck”（求解器

平台）命令，如图 9-141 所示，打开“Export”（导出）面板。

如图 9-142 所示，在“Export”（导出）面板中单击“File”（文件）文本框后面的“Select file...”（选择文件）按钮，打开“Select LsDyna file”（选择 LsDyna 文件）对话框，如图 9-143 所示。选择保存路径后，设置“文件名”为“honeycomb”，然后单击“保存”按钮保存(S)，返回“Export”（导出）面板，单击该面板中的“Export”按钮Export，导出文件。

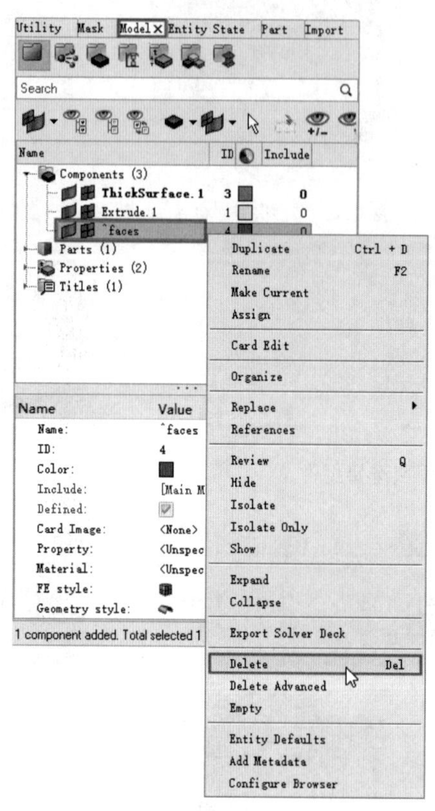

图 9-140　右键删除“^faces”

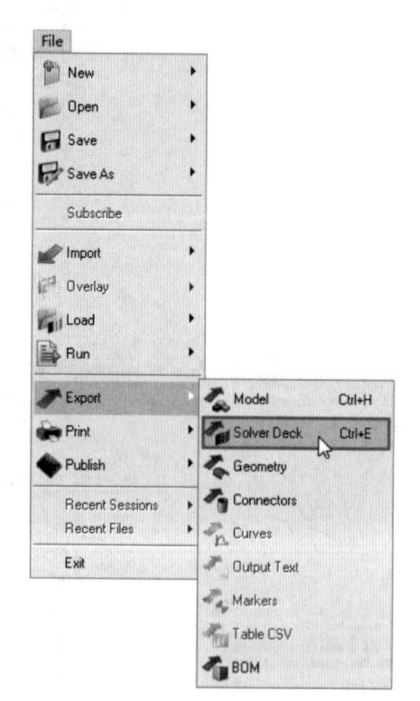

图 9-141　导出模型

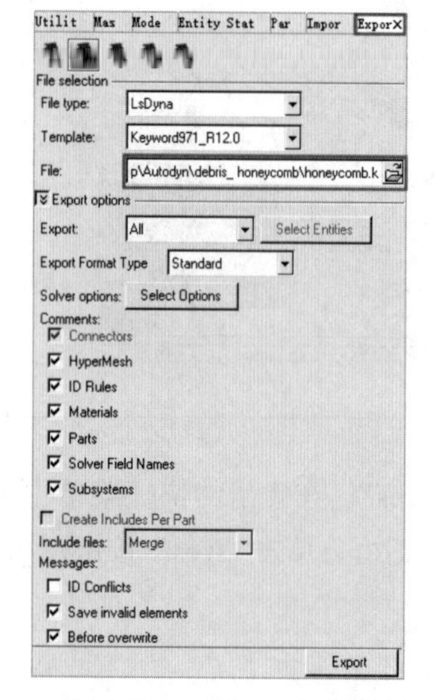

图 9-142　“Export”面板

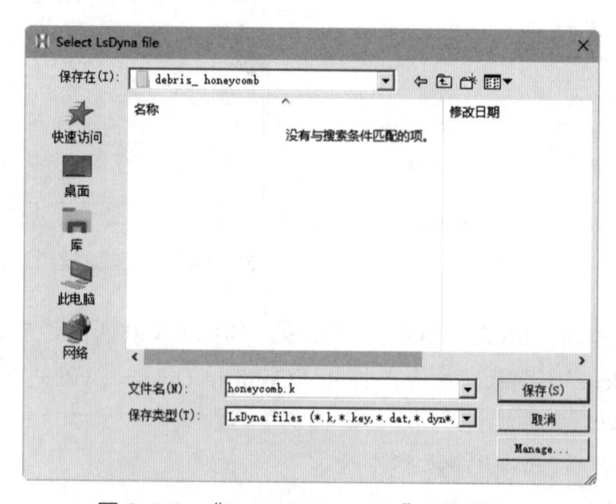

图 9-143　“Select LsDyna file”对话框

9.2.5 Autodyn 建模分析过程

（1）启动 Autodyn 软件，建立新模型

在 Ansys 2023 的安装文件夹下按 C：\Program Files\Ansys Inc\v231\aisol\AUTODYN \winx64 路径找到 Autodyn 的文件夹，会看到文件夹所包含的文件 autodyn.exe，双击 autodyn.exe 将软件打开。

单击工具栏中的“New Model”（新建模型）按钮或选择“File”（文件）下拉菜单中的“New”（新建）命令，如图 9-144 所示。打开“Create New Model”（新建模型）对话框，如图 9-145 所示，单击“Browse”（浏览）按钮 Browse，打开“浏览文件夹”对话框，如图 9-146 所示，按提示选择文件输出目录 C：\Users\Administrator\Desktop\Autodyn\debris_ honeycomb，然后单击“确定”按钮 确定，返回“Create New Model”（新建模型）对话框，在“Ident”（标识）文本框中输入“debris_ honeycomb”，在“Heading”（标题）文本框中输入“debris_ honeycomb”。选择“Symmerty”（对称性）为“3D”，并勾选“x”“y”复选框，表示该模型关于 x=0 和 y=0 这两个面对称，即 1/4 模型。设置“Units”（单位制）为默认的“mm、mg、ms”。单击“OK”按钮，如图 9-147 所示，创建新模型。

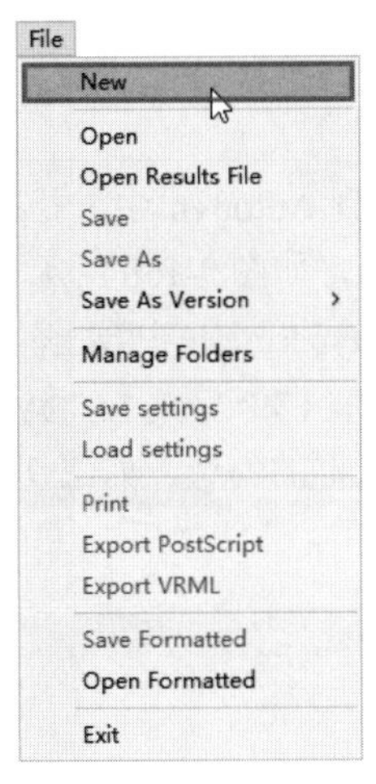

图 9-144　新建文件

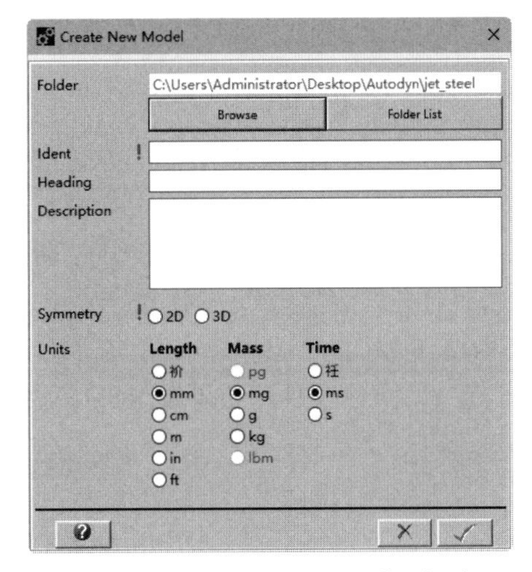

图 9-145　“Create New Model”对话框

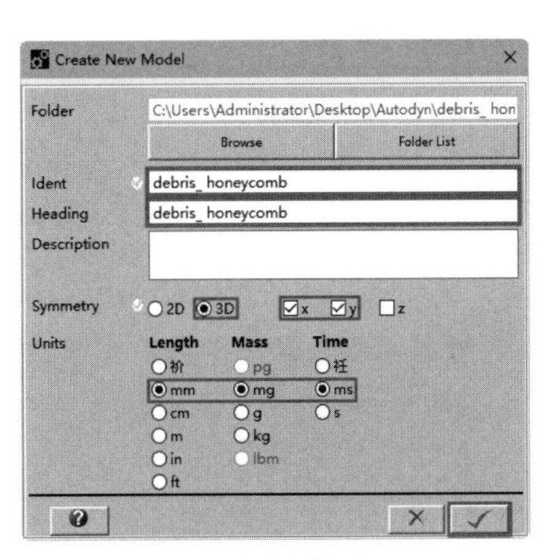

图 9-146　浏览文件夹对话框

图 9-147　创建新模型设置

（2）修改背景颜色

单击导航栏中的“Settings”（设置）按钮Settings，打开“Plot Type Settings”（显示类型设置）面板，如图 9-148 所示。在“Plot Type”（绘图类型）下拉列表中选择“Display”（显示）选项，在“Background”（背景）下拉列表中选择“White”（白色），去掉勾选“Graded Shading”（渐变）复选框，如图 9-149 所示。

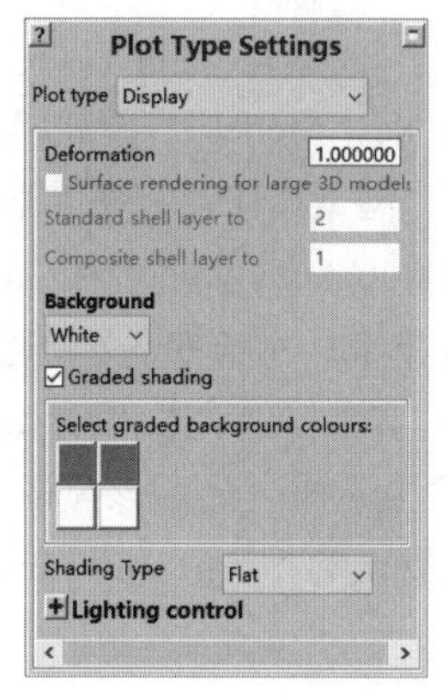

图 9-148 “Plot Type Settings”面板

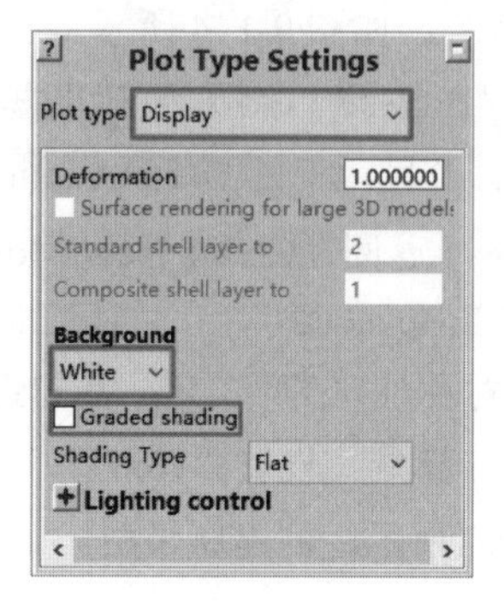

图 9-149 设置背景颜色

（3）网格模型导入 AYUODYN

将 Hypermesh 中划分网格后导出的 honeycomb.k 文件导入到 Autodyn 中进行撞击仿真。选择“Import”（导入）下拉菜单中的“from LS-DYNA（.k）”选项，如图 9-150 所示。打开“Open DYNA.k file”（打开 DYNA.k 文件），如图 9-151 所示。选择在 Hypermesh 中导出的 honeycomb.k 文件，然后单击“打开”按钮打开(O)，打开“Import from LS-DYNA”（导入 LS-DYNA 文件）对话框，取消“Merge duplicate materials”（合并重合的材料）复选框的勾选，如图 9-152 所示。单击“OK”按钮，导入文件，结果如图 9-153 所示。

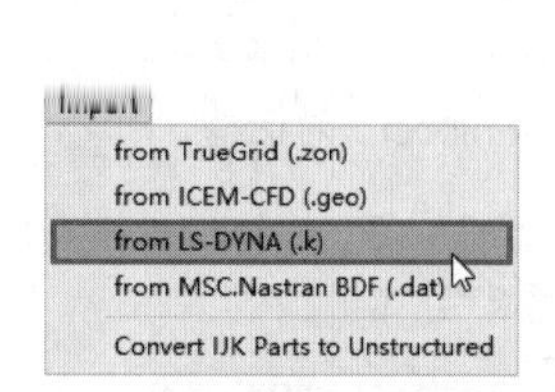

图 9-150 模型导入选项

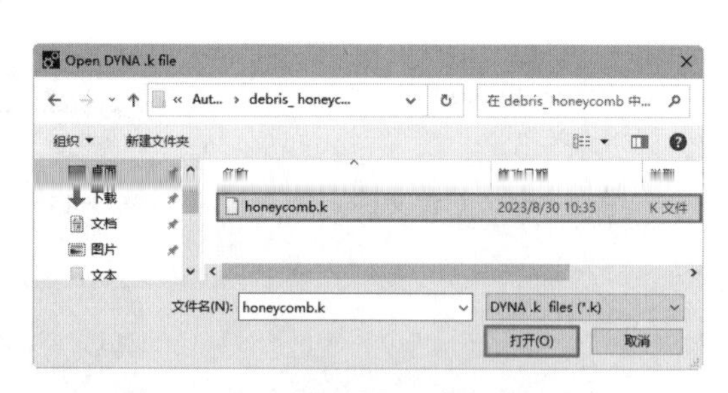

图 9-151 选择 honeycomb.k 文件

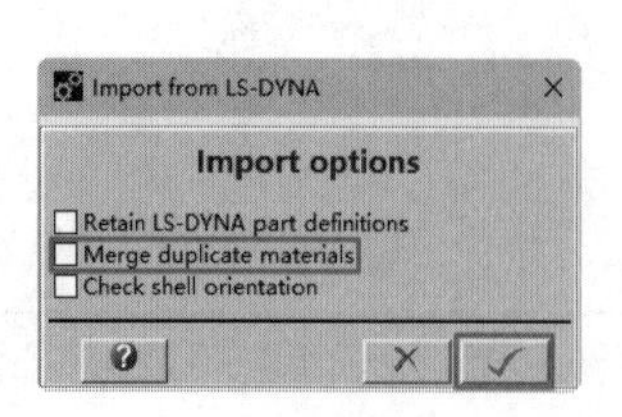

图 9-152 “Import from LS-DYNA”对话框

图 9-153 导入模型

单击选择完成后会出现导入选项对话框，设置步骤如下所示，然后单击 ✓ ，这样就完成了模型导入。

点击导航栏中的“Joins”（连接）按钮 **Joins**，打开“Define Joins”（定义连接）面板，如图 9-154 所示。单击“Join All”（连接所有）按钮 **Join All**，打开“Join all parts”（连接所有零件）对话框，选择“Rigid”（固定）单选按钮，如图 9-155 所示。然后单击“OK”按钮 ✓ ，关闭该对话框，再单击“Define Joins”（定义连接）面板中的“Unjoin All”（全部分离）按钮，打开“Unjoin all parts”（分离所有零件）对话框，单击“确定”按钮 确定 ，分离零件，如图 9-156 所示。

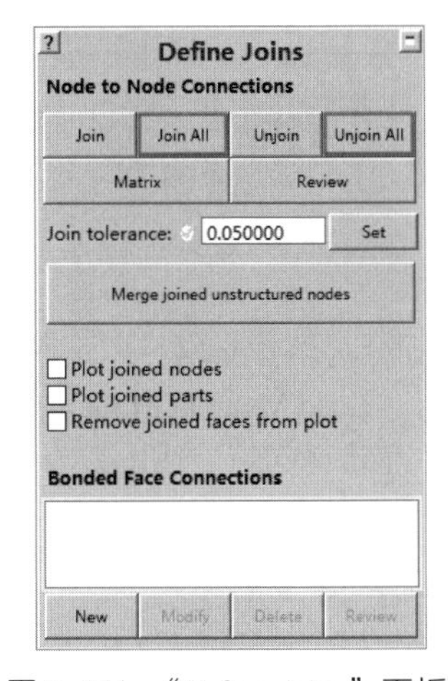

图 9-154　“Define Joins”面板

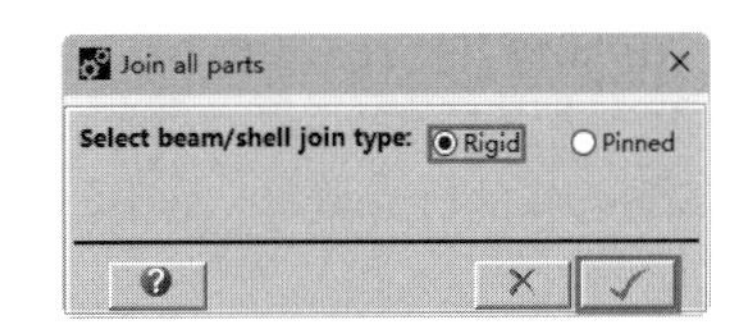

图 9-155　“Join all parts”对话框

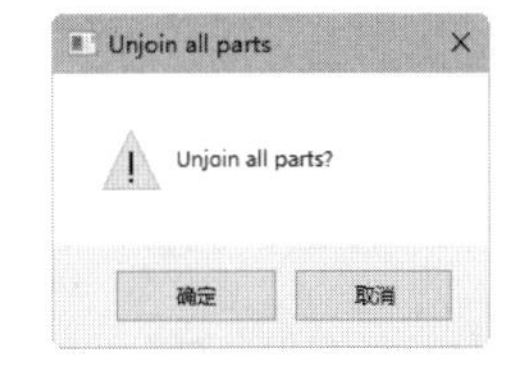

图 9-156　“Unjoin all parts”对话框

（4）定义模型中使用的材料

单击导航栏中的“Materials”（材料）按钮 **Materials**，打开“Material Definition”（定义材料）面板，如图 9-157 所示。在该面板中单击“Load”（加载）按钮 **Load**，打开“Load Material Model”（加载材料模型）对话框，如图 9-158 所示，在该对话框中可以加载模型需要的材料。

依次选择材料“AL5083H116（Linear，Johnson Cook，None）”和“STEEL 4340（Linear，Johnson Cook，Johnson Cook）”，单击“OK”按钮 ✓ ，完成加载，返回到“Material Definition”（定义材料）面板，在该面板中可以查看选择的材料类型，结果如图 9-159 所示，还可以根据需要修改参数。

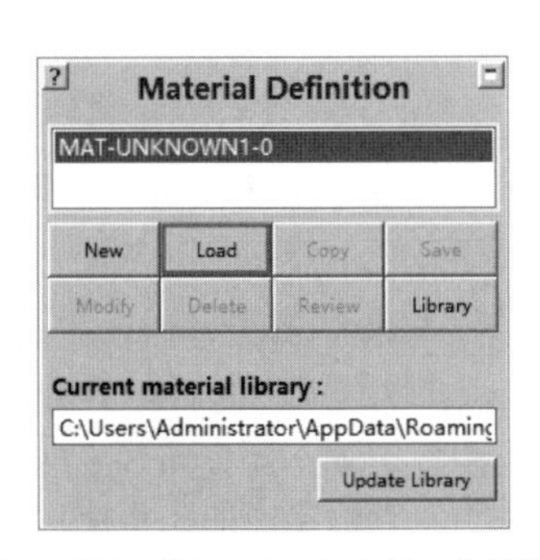

图 9-157　“Material Definition”面板

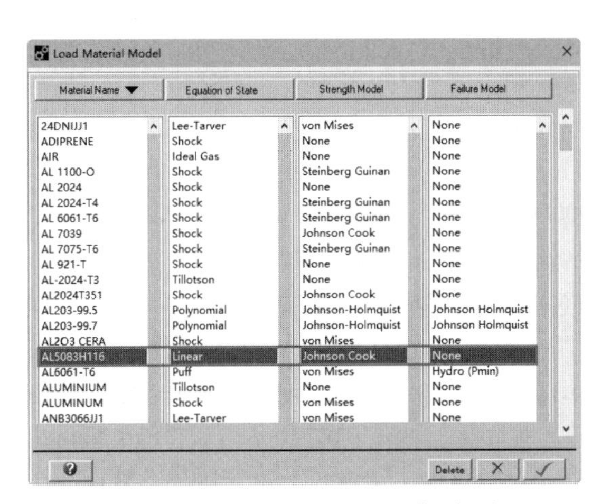

图 9-158　“Load Material Model”对话框

在“Material Definition”（定义材料）面板中单击“Library”（材料库）按钮Library，打开“Select material library file”（选择材料库文件）对话框，找到已经建立好的“Al5A06.mlb”材料文件，单击“打开”按钮打开(O)，导入Al5A06材料，如图9-160所示。

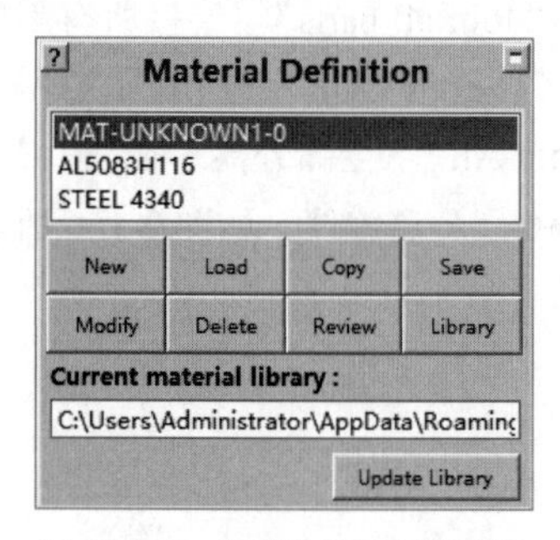

图9-159　加载材料后的面板

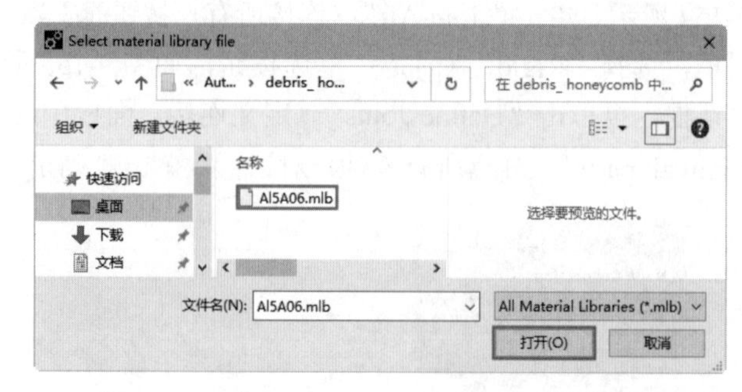

图9-160　“Select material library file”对话框

继续在“Material Definition”（定义材料）面板中单击“Load”（加载）按钮Load，两次弹出“Error”（错误）对话框，如图9-161所示。单击“确定”按钮确定，打开“Load Material Model”（加载材料模型）对话框，选择导入的“Al5A06”材料，如图9-162所示。单击“OK”按钮✓，再次弹出“Error”（错误）对话框，单击“确定”按钮确定，完成加载，返回到“Material Definition”（定义材料）面板，在该面板中可以查看选择的材料类型，结果如图9-163所示。

图9-161　“Error”对话框

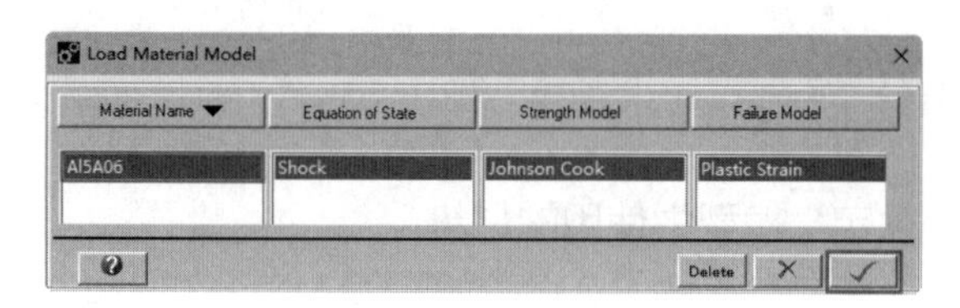

图9-162　选择Al5A06材料

（5）建立初始条件

单击导航栏上的“Int.Cond.”（初始条件）按钮Init. Cond.或者单击“Setup”（设置）下拉菜单中的“Initial Conditions”（初始条件）命令，打开“Initial Conditions”（定义初始条件）面板，如图9-164所示。在该面板中单击“New”（新建）按钮New，打开“New Initial Condition”（新建初始条件）对话框，在该对话框中的“Name”（名称）文本框中输入“debris_v”（碎片速度）。选中“Include Material”（包括材料）选项，并选择“Material”（材料）为“STEEL 4340”，设置“Z-velocity”（Z轴速度）为“-2.000000e+03”，其余为默认选项，如图9-165所示，单击“OK”按钮✓，完成初始条件设置。

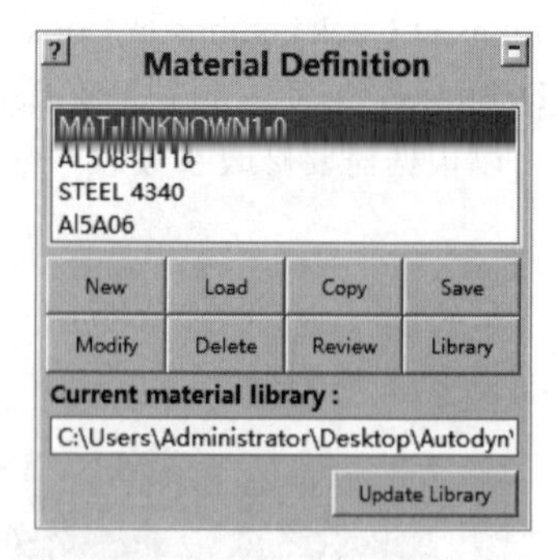

图9-163　加载Al5A06后的面板

（6）建立SPH碎片模型

① 建立碎片模型形状　单击导航栏上的“Parts”（零件）按钮Parts，打开“Parts”面板，如图9-166所示。在“Parts”面板中单击“New”（新建）按钮New，打开“Create New Part”（新建零件）对话框，如图9-167所示。在“Part Name”（零件名）文本框中输入零件名称“debris”（碎片），在“Solver”（求解）列表中选择“SPH”（光滑粒子流体动力）求解器，如图9-167所示，单击“OK”按钮✓，完成设置。

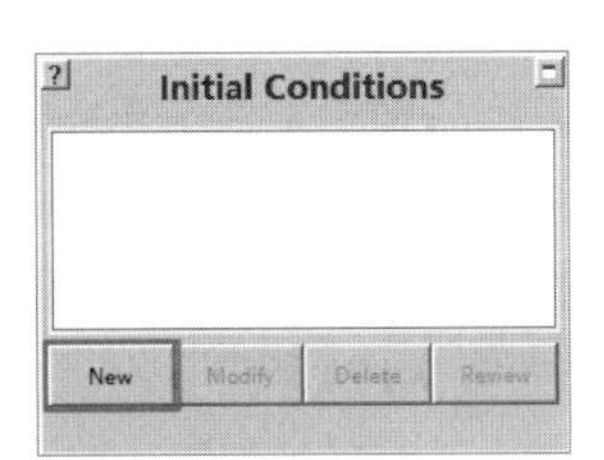

图 9-164　“Initial Conditions”面板

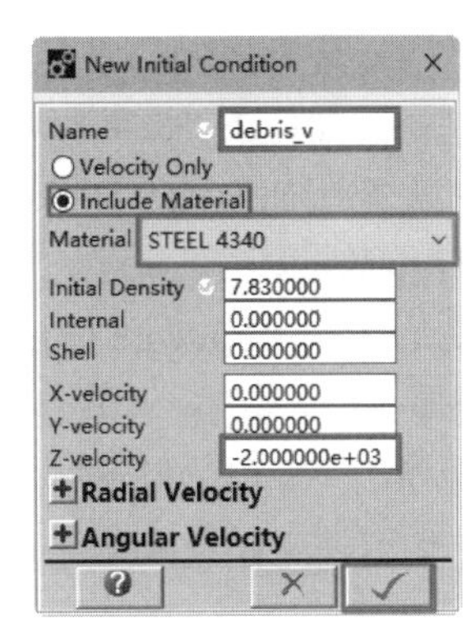

图 9-165　“New Initial Condition”对话框

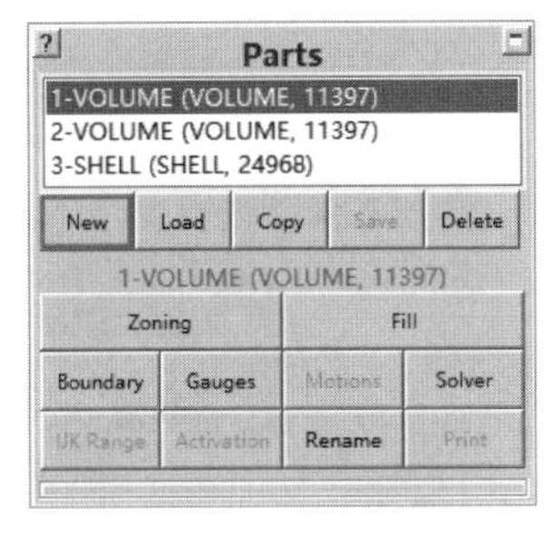

图 9-166　“Parts”面板

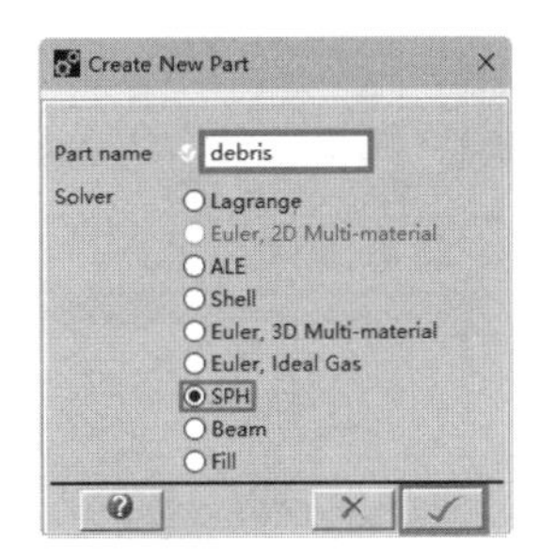

图 9-167　“Create New Part”对话框

如图 9-168 所示，单击“Parts”（零件）面板中的“Geometry（Zoning）”（几何网格）按钮 Geometry (Zoning)，然后在“Creat/Modify Predef Objects”（创建 / 修改预定义对象）栏中单击“New”（新建）按钮 New，打开“Create SPH Geometry”（创建 SPH 几何）对话框，如图 9-169 所示，在此对话框中定义 1/4 碎片模型。在“Object name”（对象名称）文本框中输入“debris”（碎片），并勾选“Sphere”（球体）和“Quarter”（四分之一）复选框，在“X Origin”（X 原点）和“Y Origin”（Y 原点）文本框中输入“0.000000”，在“Z Origin”（Z 原点）文本框中输入“24.000000”，在“Outer Radius”（外半径）文本框中输入“3.000000”，其余为默认设置，单击“OK”按钮 ✓，完成碎片的创建，结果如图 9-170 所示。

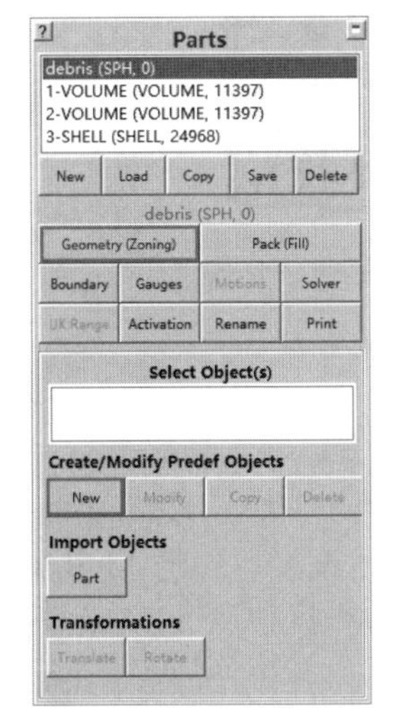

图 9-168　定义碎片模型

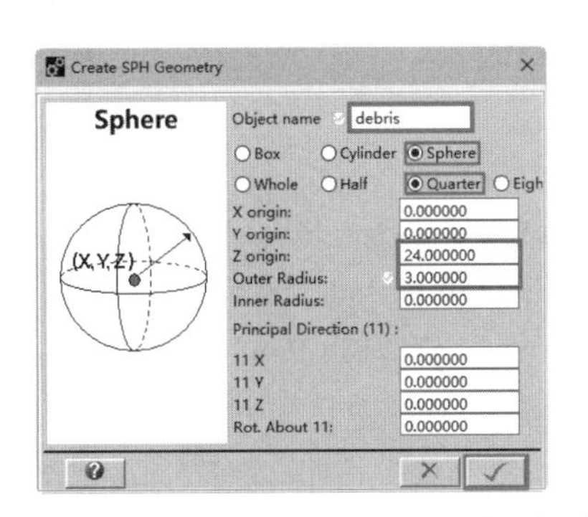

图 9-169　“Create SPH Geometry”对话框

图 9-170　创建的 1/4 碎片模型

② 碎片模型填充粒子　如图 9-171 所示，单击“Parts”（零件）面板中的“Pack（Fill）”（打包填充）按钮Pack (Fill)，然后在“Selected SPH object(s) to delete or pack”（选择要删除或打包的 SPH 对象）列表中选择“debris（0 sph nodes）”，再单击下方的“Pack Selected Object（s）”（打包选择对象）按钮Pack Selected Object(s)，打开“Pack selected object（s）”（打包选择对象）对话框，如图 9-172 所示。勾选“Fill with Initial Condition S”（用初始条件填充），采用默认设置，单击“Next”（下一步）按钮Next ▷，打开设置粒子尺寸对话框，在“Particle size”（粒子尺寸）文本框中输入“0.200000”，在“Packing”（打包）选项中选择“Rectangular”（矩形），如图 9-173 所示，单击“OK”按钮✓，完成粒子的填充，结果如图 9-174 所示。

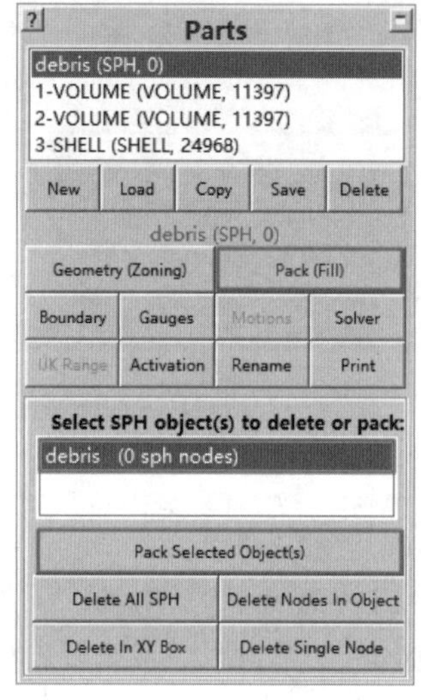

图 9-171　填充粒子

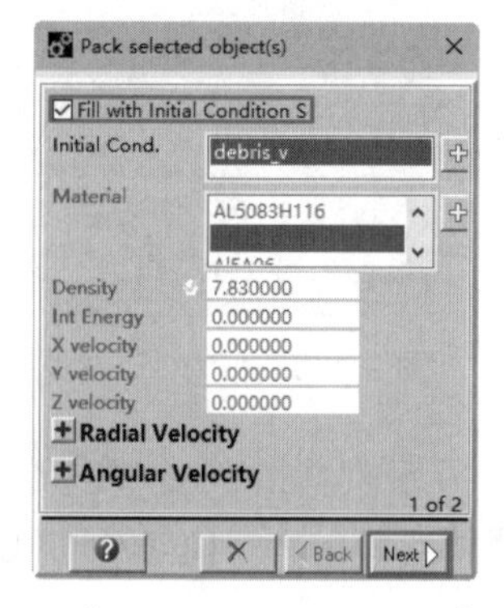

图 9-172　“Pack selected object(s)”对话框

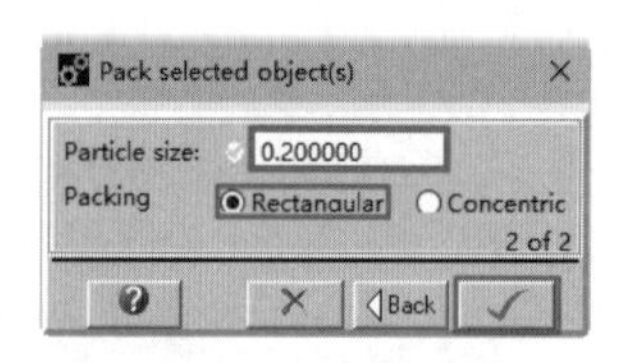

图 9-173　设置粒子尺寸

图 9-174　1/4 碎片粒子化后的 SPH 模型

（7）填充蜂窝及夹层板零件

在“Parts”（零件）面板中选择“1-VOLUME（VOLUME，11397）”作为上面板零件，然后单击“Fill”（填充）按钮Fill，在“Fill by Index Space”（按索引空间填充）栏中单击“Block”（块）按钮Block，如图 9-175 所示。打开“Fill Part”（填充零件）对话框，不勾选“Fill with Initial Condition S”（用初始条件填充），在该对话框中选择“Material”（材料）为“Al5A06”（铝 5A06）材料，如图 9-176 所示，单击“OK”按钮✓，完成上面板零件的填充。重复上述操作对下面板进行填充。

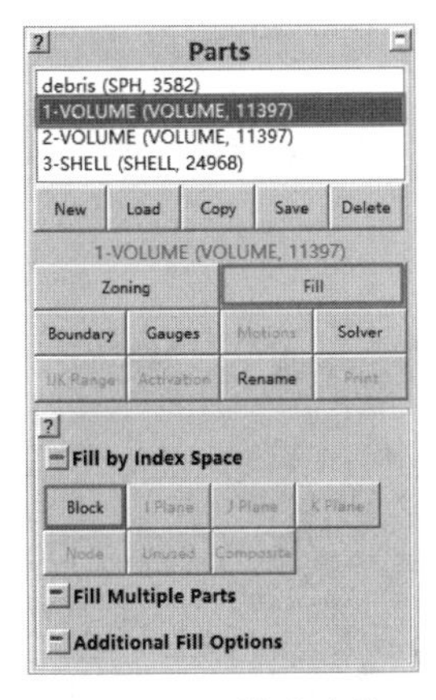

图 9-175　填充壳体

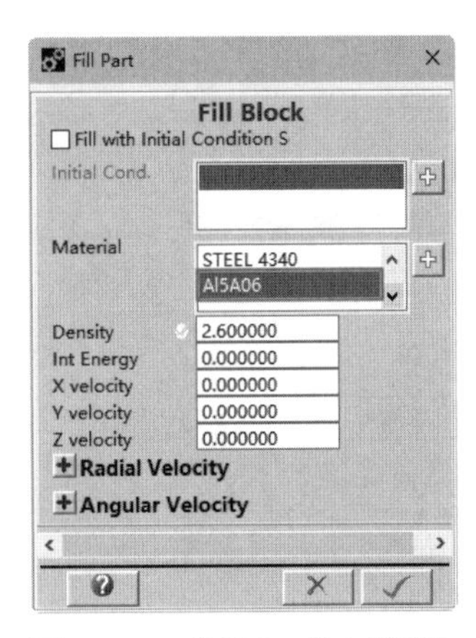

图 9-176　“Fill Part”对话框

在“Parts”（零件）面板中选择“3-SHELL（SHELL，24968）”蜂窝零件，然后单击“Fill”（填充）按钮Fill。在“Fill by Index Space”（按索引空间填充）栏中单击“Block”（块）按钮Block，打开“Fill Part”（填充零件）对话框，不勾选“Fill with Initial Condition S”（用初始条件填充）。在该对话框中选择“Material”（材料）为“AL5083H116”（铝 5083）材料，设置“Shell”（壳）为“0.025000”，如图 9-177 所示，单击“OK”按钮✓，完成蜂窝零件的填充。

点击导航栏中的“Materials”（材料）按钮Materials，打开“Material Definition”（定义材料）面板，如图 9-178 所示。在该面板中单击“Delete”（删除）按钮Delete，打开“Delete Material Models”（删除材料模型）对话框，如图 9-179 所示。在“Select material（s） to be”（选择删除的材料）列表中选择“MAT-UNKNOWN1-0”这个没有使用的材料后，单击“OK”按钮✓将其删除。此时碎片和蜂窝夹层板模型如图 9-180 所示。

（8）设置接触

单击导航栏上的“Interaction”（接触）按钮Interaction，打开“Interactions”（接触）面板，通过此面板定义碎片和蜂窝夹层板的接触，单击“Lagrange/Lagrange”（拉格朗日 / 拉格朗日）按钮Lagrange/Lagrange，如图 9-181 所示。设置“Type”（类型）为“External Gap”（外部间隙）接触算法，单击“Calculate”（计算）按钮Calculate，系统会自动计算间隙值，结果如图 9-182 所示。单击“Check”（检查）按钮Check，检查间隙值是否有效并且所有零件初始状态下都由间隙值分开，打开“Interactions check successful”（接触检查成功）对话框，如图 9-183 所示，表示该模型中各零件之间的间隙满足要求，接触设置正确，单击“确定”按钮确定，关闭该对话框。

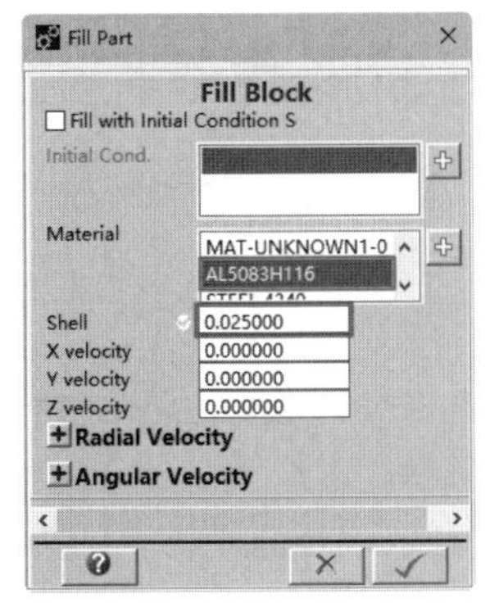

图 9-177　填充蜂窝芯壳体

图 9-178　删除材料

图 9-179　删除材料对话框

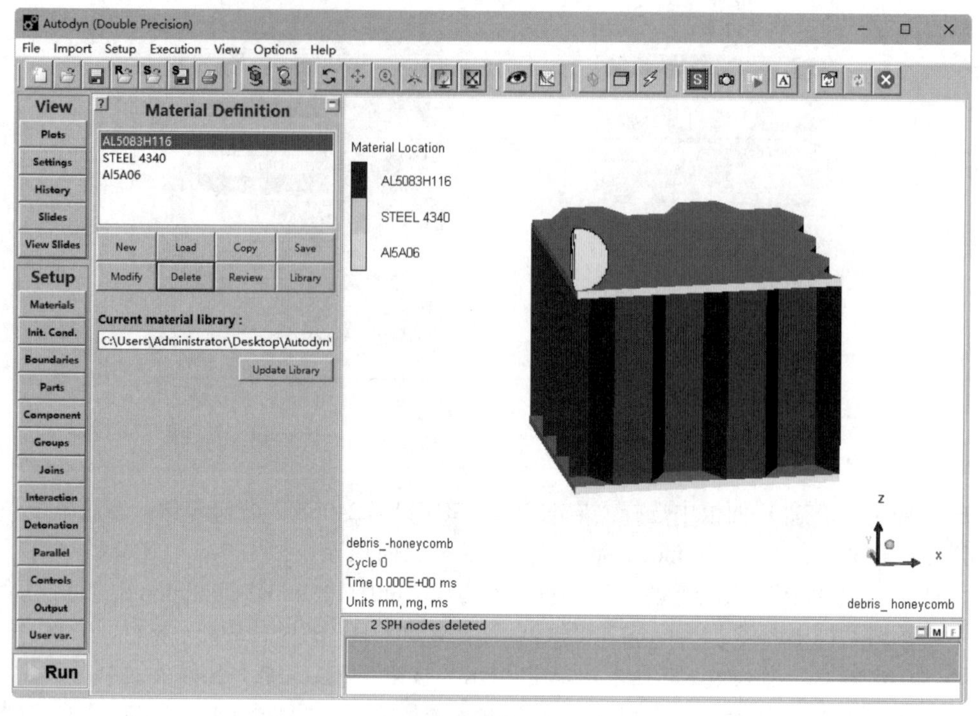

图 9-180　填充后的碎片和蜂窝夹层板模型

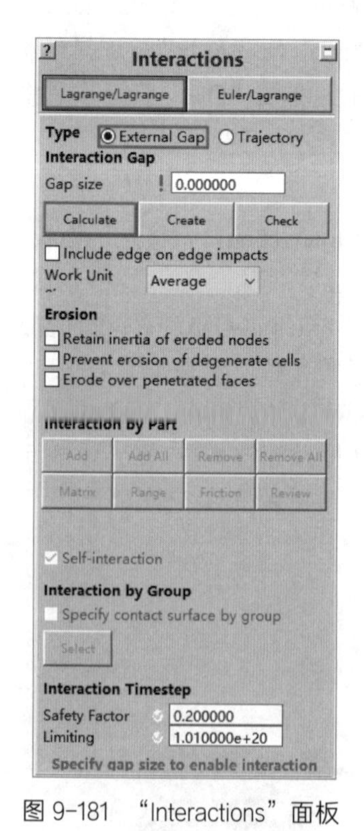

图 9-181　“Interactions”面板

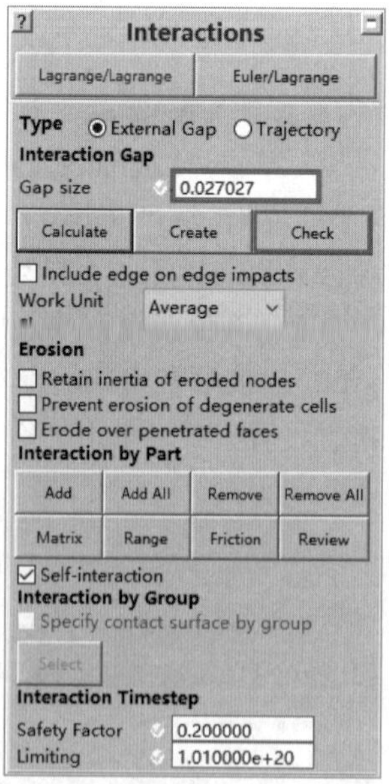

图 9-182　自动计算的间隙值

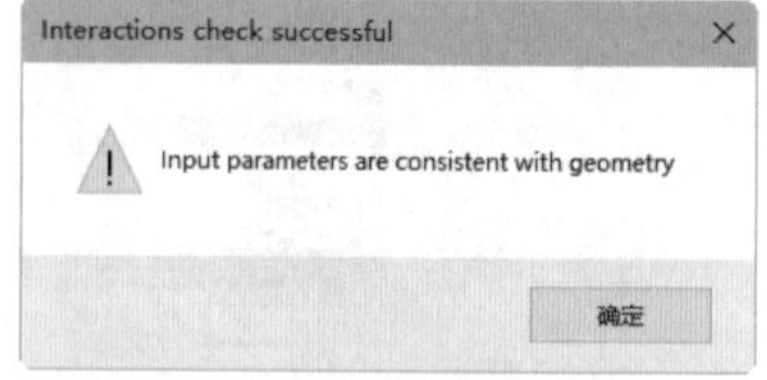

图 9-183　接触定义成功对话框

（9）设置求解控制

单击导航栏中的“Controls”（控制）按钮 **Controls**，打开“Define Solution Controls”（定义

求解控制）面板，通过此面板为模型定义求解控制。“设置 Wrapup Criteria”（终止标准）下面的参数，设置“Cycle limit”（循环限制）为“999999”，设置“Time limit”（时间限制）为“0.020000”，设置“Energy fraction”（能量分数）为“0.050000”设置“Energy ref. cycle”（检查能量循环数）为“999999”，如图 9-184 所示。其他的控制参数为默认值即可。

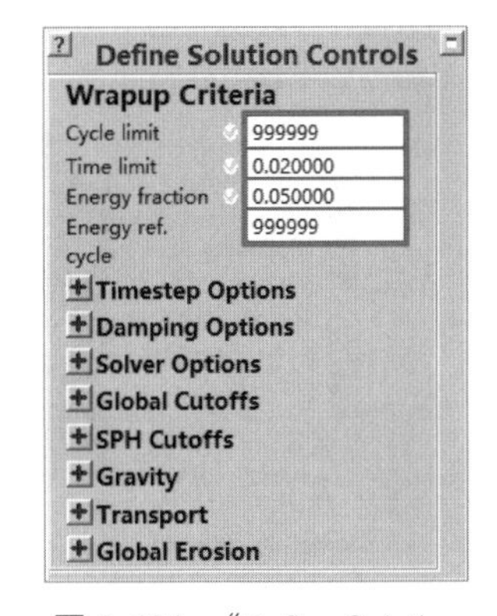

图 9-184　“Define Solution Controls”面板

（10）设置输出

单击导航栏中的“Output”（输出）按钮 **Output**，打开“Define Output”（定义输出）面板，展开“Refresh”（刷新）栏，设置“Display freq.”（刷新频率）为“100”，在“Save”（保存）栏中选择“Time”（时间）复选框，设置“End time”（终止时间）为“0.020000”，设置“Increment”（增量）为“0.002000”。展开“History”（历程）栏，在“History”栏中选择“Time”复选框，设置“End time”为“0.020000”，设置“Increment”为“0.002000”，如图 9-185 所示。

（11）开始计算

单击导航栏中的“Run”（运行）按钮 **Run**，打开“Confirm”（确认）对话框，如图 9-186 所示。单击“是”按钮 是(Y)，进行计算，在计算过程中可以随时单击“Stop”（停止）按钮 **Stop** 来停止计算，观测撞击过程及对数据进行读取，观测相关的计算曲线。图 9-187 给出了碎片对蜂窝夹层板进行撞击过程中，在 0.002ms、0.010ms、0.016ms 时的图像。

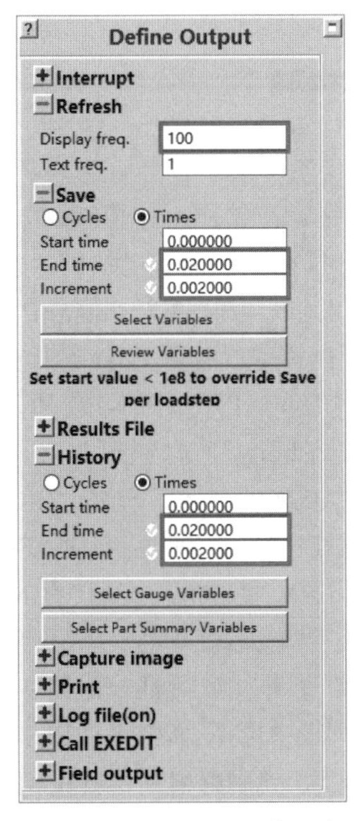

图 9-185　“Define Output”面板

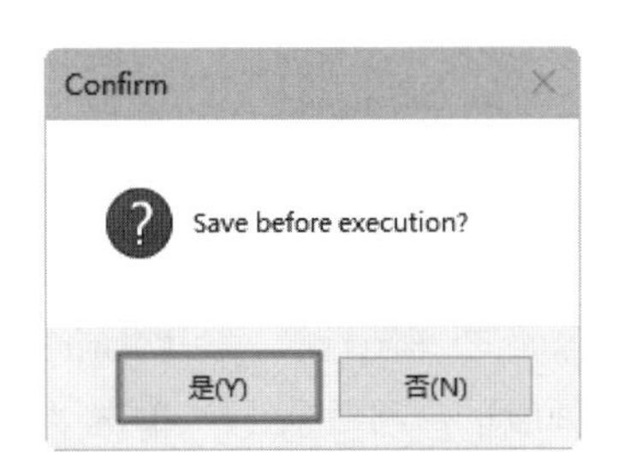

图 9-186　“Confirm”对话框

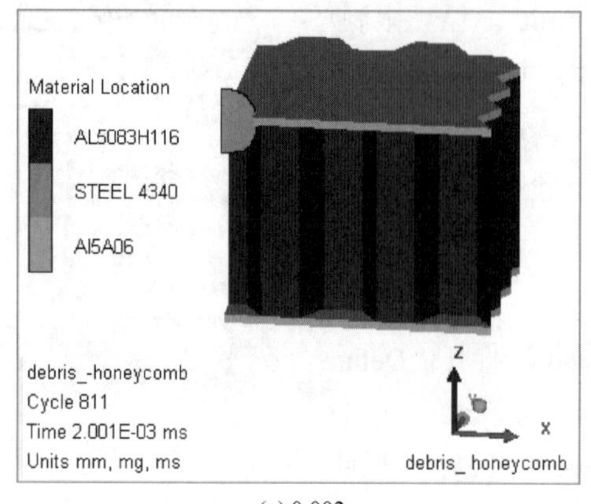

(a) 0.002ms

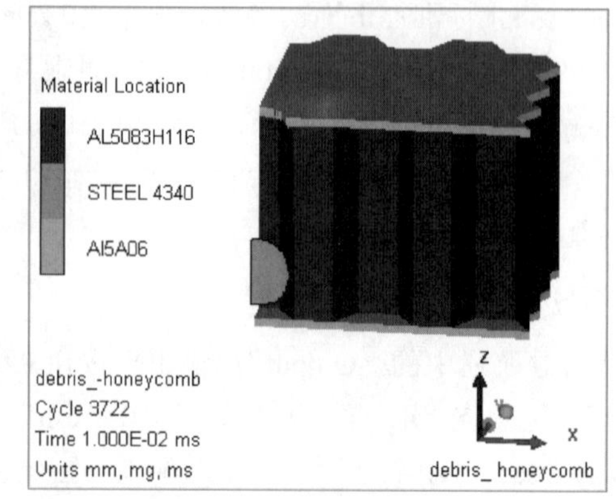

(b) 0.010ms

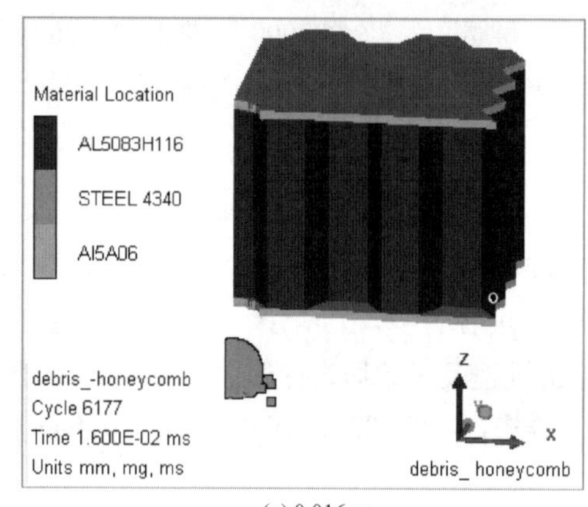

(c) 0.016ms

图 9-187　计算过程中过程图像

（12）后处理

① 撞击过程应力分布云图　单击导航栏中的“Plots”（绘图）按钮Plots，打开“Plots”面板，将零件全部选中，然后在“Cycle”（循环）下拉列表中选择“811”。此时打开一个“Warning！”（对话框），如图9-188所示，单击“Yes”按钮Yes打开“Confirm”（确认）对话框，如图9-189所示，单击“是”按钮是(Y)，然后在“Fill type”（填充类型）栏中选择“Material Location”（本地材料），如图9-190所示。单击展开按钮>，打开如图9-191所示的“Material Plot Settings”（设置材料显示）对话框，在“Material visbility”（材料可见性）列表中勾选“AL5083H116”和“Al5A06”，然后单击“OK”按钮✓，关闭该对话框，再在“Plots”面板中的“Fill type”栏中选择“Contour”（云图）复选框，单击“Change variable”（更改变量）按钮Change variable，打开“Select Contour Variable”（选择云图变量）对话框，如图9-192所示。在“Variable”（变量）列表中选择“MIS.STRESS”（等效应力），单击“OK”按钮✓，绘制蜂窝夹层板在碎片冲击作用下的应力分布云图，如图9-193所示。

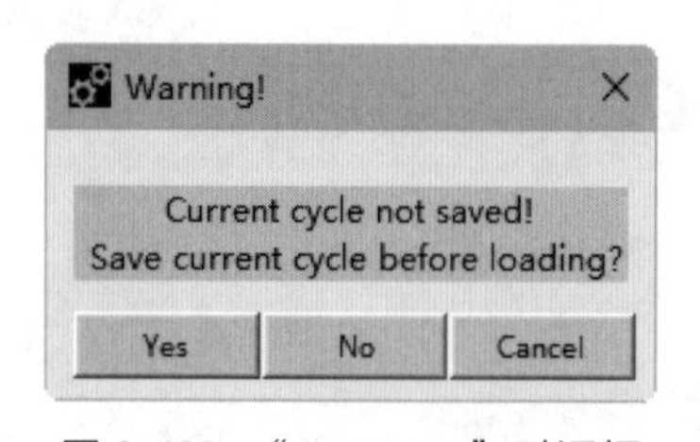

图 9-188　“Warning！”对话框

Confirm

Overwrite existing file?

是(Y)　否(N)

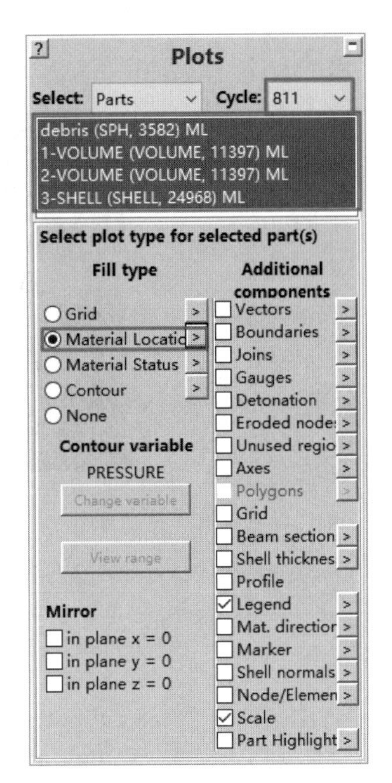

图 9-189　“Confirm”对话框　　图 9-190　“Plots”面板

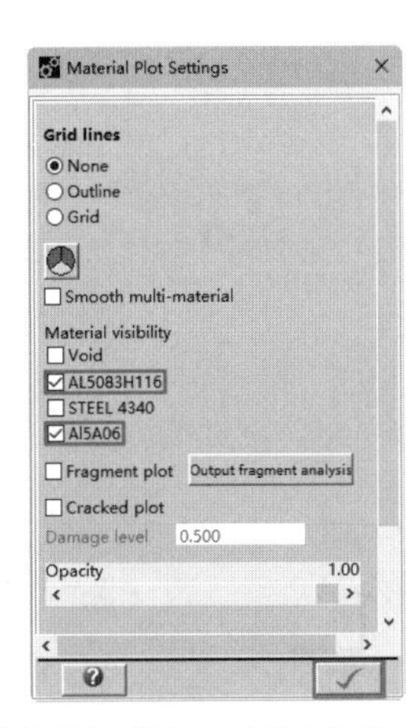

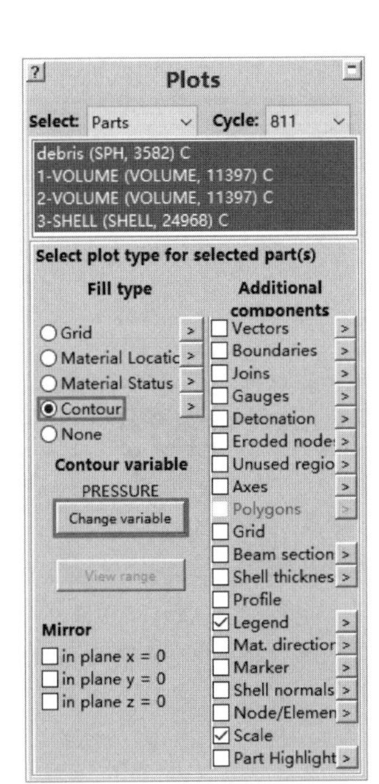

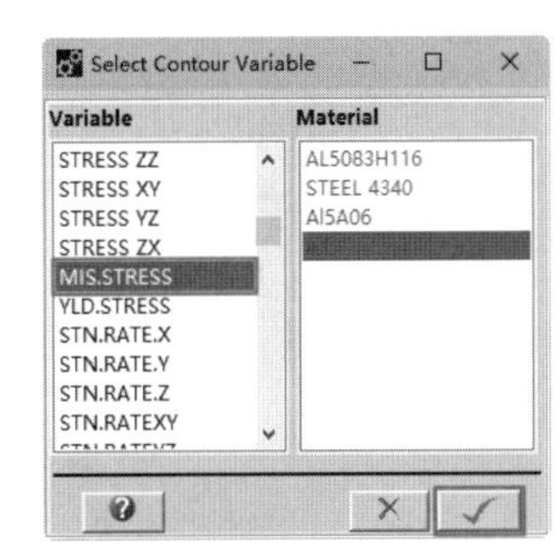

图 9-191　“Material Plot Settings”对话框　　图 9-192　应力云图设置对话框

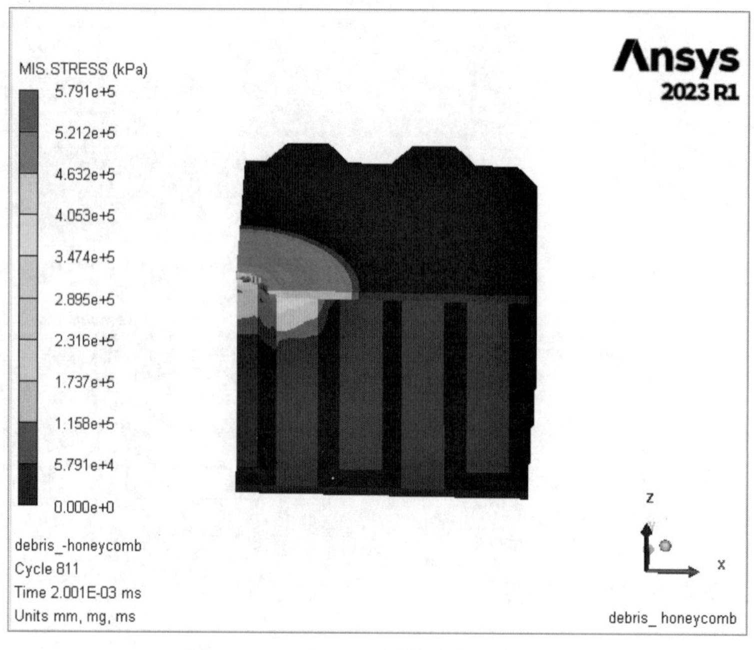

图 9-193　0.002ms 时的应力分布云图

采用相同的方法，单击“Material Location”（本地材料）右侧的展开按钮，在“Material visbility”（材料可见性）中勾选“STEEL 4340”，然后单击“OK”按钮，得到了碎片冲击作用下的应力分布云图，如图 9-194 所示。采用相同的方法，在“Material visbility”（材料可见性）中勾选“STEEL 4340”“AL5083H116”和“Al5A06”，然后单击“OK”按钮，得到了碎片撞击蜂窝夹层板的应力分布云图，如图 9-195 所示。

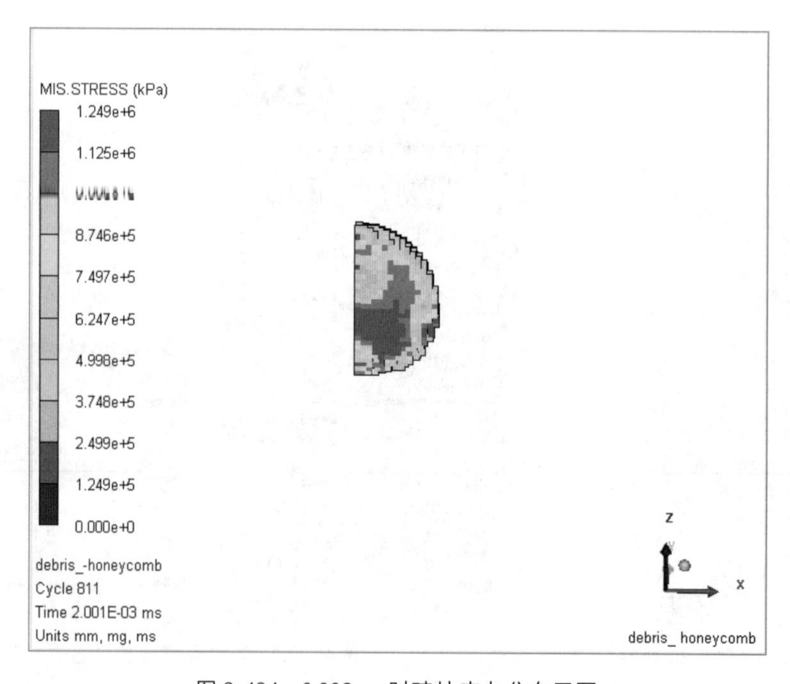

图 9-194　0.002ms 时碎片应力分布云图

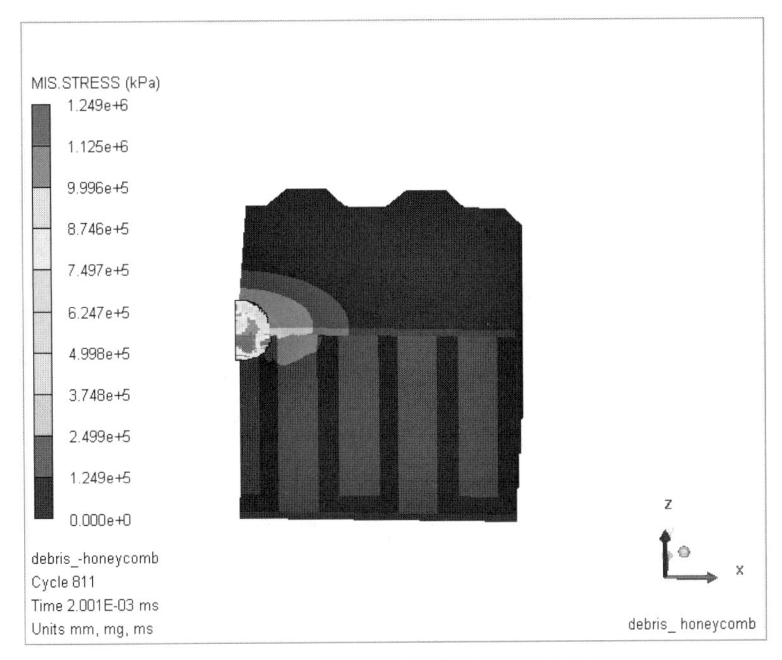

图 9-195　0.002ms 时碎片撞击蜂窝夹层板应力分布云图

② 撞击过程碎片速度分析　在“Plots”（绘图）面板中的“Fill type”（填充类型）栏中选择“Material Location”（本地材料），如图 9-196 所示，然后在“Additional components”（补充选项）栏中选择“Vectors”（速度），显示 0.002ms 时撞击作用下的碎片速度云图，如图 9-197 所示。

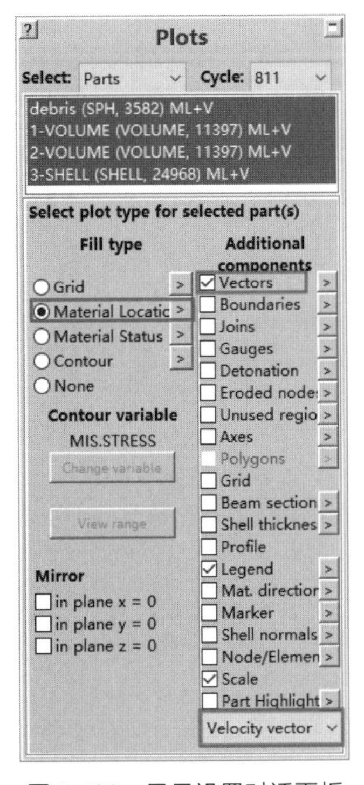

图 9-196　显示设置对话面板

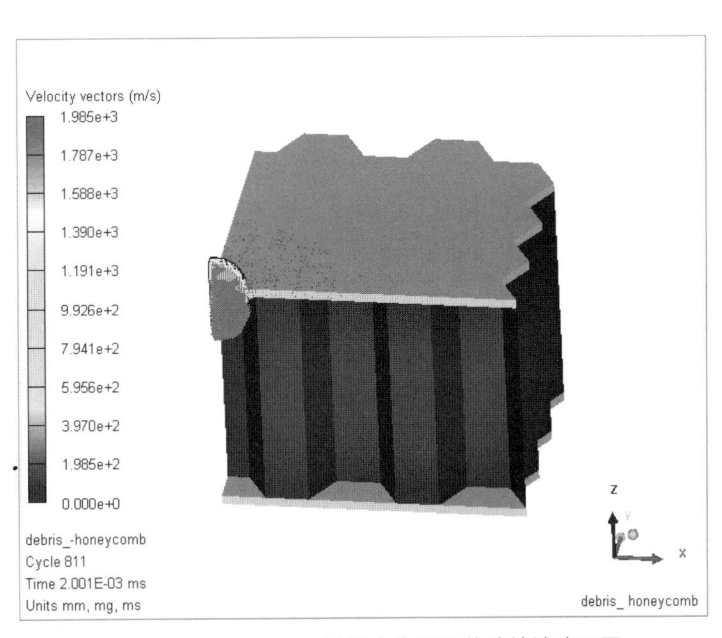

图 9-197　0.002ms 时撞击作用下的碎片速度云图

在“Plots”（绘图）面板的“Cycle”（循环）下拉列表中选择“6177”，此时打开“Confirm”（确认）对话框，单击“确定”按钮，显示 0.016ms 时碎片撞击作用下的速度云图，如图 9-198 所示。

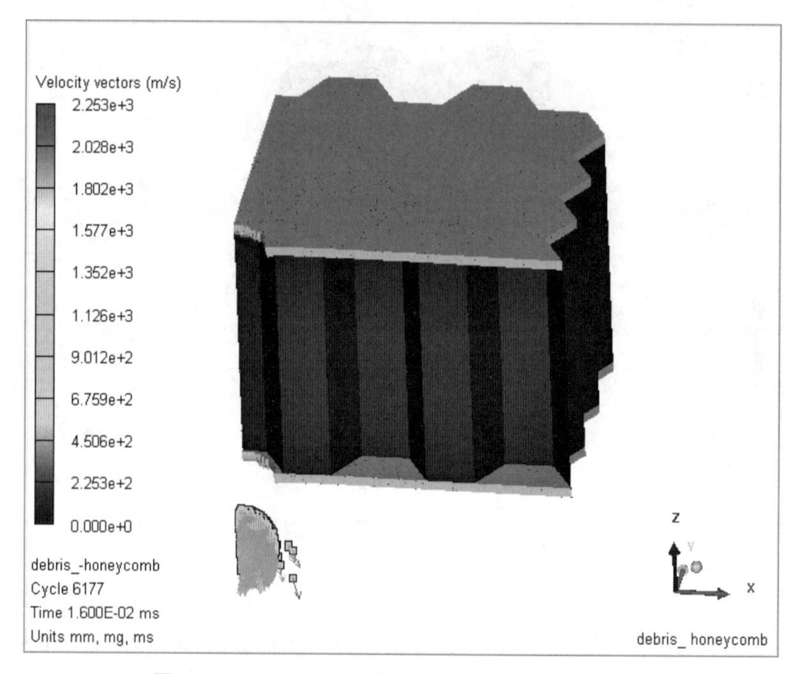

图 9-198　0.016ms 时撞击作用下的碎片速度云图

第10章 聚能装药问题实例

在实际计算过程中，在部分区域采用拉格朗日网格，而在另一些区域采用欧拉网格，则可以得到比较理想的计算效果。针对拉格朗日和欧拉不同数值方法网格相互耦合分析的方法，本章结合聚能装药问题的典型示例，给出了两个基于 Autodyn 的按步骤操作教程，以便读者结合具体操作掌握 Autodyn 数值模拟聚能问题的应用流程和方法。

10.1 聚能装药简介

1888 年，美国科学家 Monroe 在实验中发现了聚能现象，当炸药装药后存在一定形状的空穴时，靶板上的孔洞深度有所增加。由凝聚态炸药爆轰过程可知，圆柱形装药爆炸后，高温高压下的爆炸产物基本是沿炸药表面的法线方向向外飞散，如图 10-1 所示。圆柱形装药作用在靶板上的压力等于爆炸产物的压力，随着爆炸产物的飞散，作用在板上的压力不断衰减，靶板上形成了一个浅坑，如图 10-2（a）所示。如果圆柱形装药一端有空穴，另一端起爆后将在空穴对称轴上汇聚一股速度和密度都很大的气流，这种能量集中的效应称为空穴效应或聚能效应。聚能效应会在目标局部造成强烈的破坏，因而有空穴的圆柱形装药在金属靶板上的成坑比没有空穴的要深，如图 10-2（b）所示。通常把一端有空穴，另一端有起爆装置的装药称为成型装药（shaped charge）、空心装药（cavity charge）或聚能装药等。在炸药凹槽中再加金属衬以及适当控制其到钢板的距离（称其为炸高），如图 10-2（c）和图 10-2（d）所示，能够显著地提高装药的穿透能力。这种金属衬通常被称为药型罩，是聚能装药的核心组成部分，其形状多为圆锥形，一般采用紫铜材料制成。

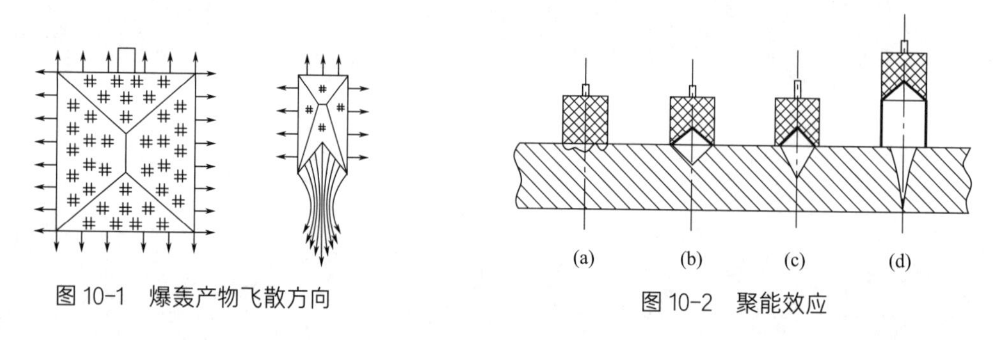

图 10-1　爆轰产物飞散方向

图 10-2　聚能效应

最早发展的聚能装药为射流（JET），随着应用和研究的深入，还发展了爆炸成型弹丸（explosively formed projectile，EFP）、聚能杆式弹丸（jetting projectile charge，JPC）等聚能成型形式，如图 10-3 所示这三种类型的聚能侵彻体。下面根据毁伤元素简述成型装药的分类及应用方向。

典型的射流装药是小锥角罩装药，锥角为 30°～ 70°，在装药爆轰的驱动下药型罩形成杵体和射流，杵体质量大，速度低于 1000m/s，基本无侵彻能力，射流质量小，一般只占药型罩质量的百分之十几，由于头部速度高（一般超过 6000m/s）、速度梯度大，在与目标作用前急剧延伸，形成细长侵彻体，侵彻孔径小，深度深，常用于攻击坦克、装甲车辆等坚固目标。

随着药型罩锥角的增大，射流速度将降低，而杵体的速度将提高。当锥角增大后，射流和杵体速度相同，这时射流和杵体合成速度一致的弹丸，即爆炸成型弹丸。爆炸成型弹丸速度在 1500 ～ 3000m/s，质量为原药型罩的 80% ～ 90%，特点是动能大、气动性能好、贯穿能力强、对炸高无严格要求，是击破各种轻装甲车辆和舰船密封隔舱的有力武器，也可用于对岩石、混凝土等目标的侵彻开孔。

20 世纪 90 年代出现了药型罩介于射流型和射弹型药型罩之间的成型装药，如射流型弹丸装药等。这类装药长径比接近 1，产生的毁伤元素是大长径比、有一定速度梯度的弹丸，弹丸质量占药型罩质量的 50% 以上，头部速度为 2000 ～ 5000m/s，既有射流速度高、侵彻能力强的特征，也有爆炸成型弹丸药型罩质量利用率高、直径大、侵彻孔径大、大炸高、性能好的特征，称为聚能杆式弹丸。该弹丸主要用于串联战斗部的前级装药，为后级装药开辟侵彻通道，也可用于鱼雷战斗部，攻击水中目标。

聚能装药到目前为止已经在军事上和民用上得到了越来越广泛的应用。在民用上，聚能装药广泛应用石油开采、切割、开采矿产等，如图 10-4 所示。在军事上主要用于导弹、破甲弹、各种钻地弹等，如图 10-5 所示。

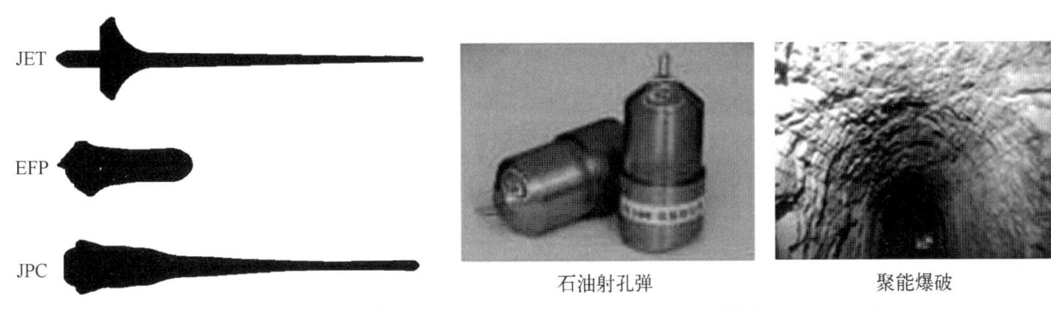

图 10-3　三种类型的聚能侵彻体　　图 10-4　聚能装药民用领域

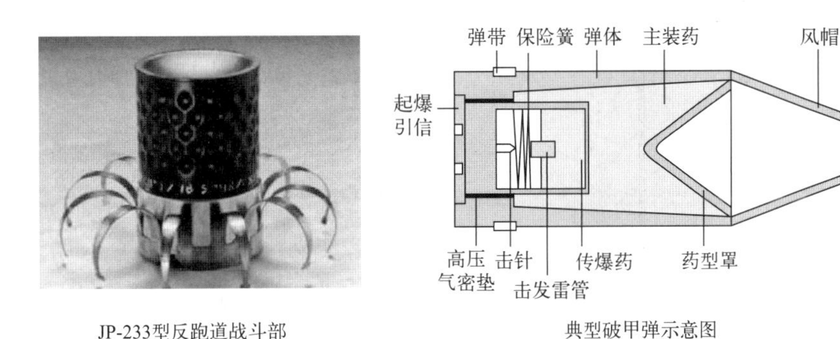

图 10-5　聚能装药军用领域

扫码看视频

10.2　聚能射流侵彻钢板数值仿真

本节采用 Autodyn 软件分析聚能射流侵彻钢板的过程，数值分析中空气、药型罩、壳体和炸药采用 Euler（欧拉）单元建模，钢板采用 Lagrange（拉格朗日）单元建模。射流与靶板的接触采用 Euler-Lagrange（欧拉 - 拉格朗日）算法进行计算，计算模型为二维平面模型。计算过程包括算法选择、材料的定义、初始与边界条件设置、模型的创建、结果后处理分析等。

10.2.1　问题的描述

当空穴里衬有药型罩时，炸药爆轰后，在高压爆轰产物作用下空穴里的药型罩各微元将产生加速运动，并向轴线压合，发生碰撞、挤压，被挤压出的材料称为射流，其余部分材料形成杵，如图 10-6 所示，射流速度可以达到 7000 ～ 9000m/s，具有很强的穿甲能力。聚能射流是弹药爆炸后形成的高速流体，其对靶板侵彻能力是各种弹药对目标毁伤能力的重要评估指标。目前，聚能射流侵彻的方法已广泛应用于各种战斗部的设计上，故研究聚能射流对靶板侵彻具有重要的现实意义。

聚能射流炸药爆轰后，将炸药的能量传给金属药型罩，药型罩以很大的速度向轴线运动汇聚（压垮），药型罩内壁在压垮中产生速度更高的塑性金属流。当爆轰波在压垮过程中产生的压力远超过药型罩材料的屈服强度时，药型罩性能大致相当于一种非黏性、不可压缩的流体，因此，用定常理想不可压缩流体力学模型来解释射流的形成过程。但在实际聚能装药中，药型罩各处壁厚不同，对应的装药厚度也有变化，故药型罩上各处的压垮速度不相同。为了使仿真模拟更接近实际，可把药型罩及对应的装药划分成若干微元，只要求在微元内满足定常条件，即“准定常方法”。Autodyn 非线性动力学仿真软件提供了多种材料模型和状态方程，功能齐全的输入输出处理模块适用于聚能射流侵彻问题的数值模拟计算。本例仿真为破甲战斗部利用聚能射流毁伤装甲目标，其中破甲弹的聚能装药药型罩为铜，装甲目标结构为 30mm 厚钢板。由于破甲弹的聚能装药结构如图 10-7 所示，模型沿对称轴旋转一周获得，故模型具有轴对称特性且聚能装药是线性的，为了节约计算资源，只需要采用平面 1/2 模型仿真。

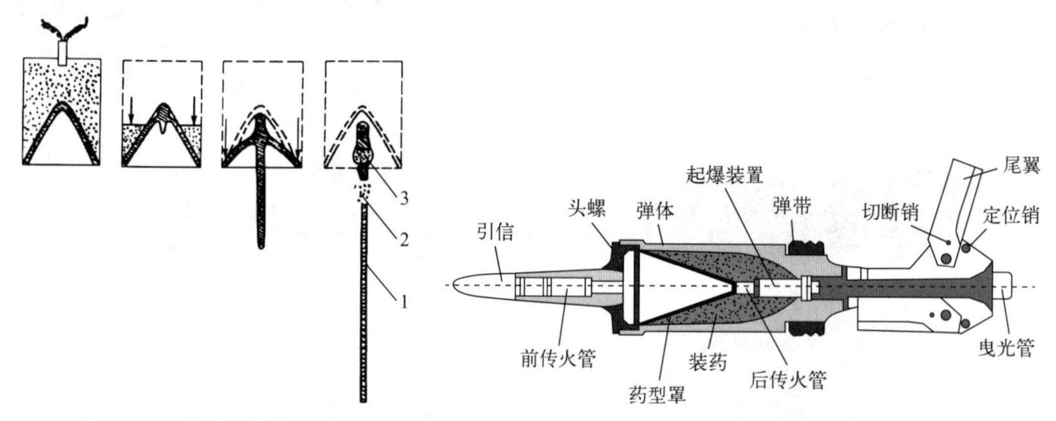

图 10-6 射流和杵的形成

1—射流；2—碎片；3—杵体

图 10-7 破甲战斗部结构示意图

10.2.2 模型分析及算法选择

（1）模型分析

数值仿真的动力学模型由空气、药型罩、壳体、炸药、钢板 5 个部分组成。所用的材料均直接从 Autodyn 材料数据库中获得。模拟所用药型罩材料选用材料库中 COPPER（铜），壳体模型选用 AL 2024（铝 2024），钢板材料选用 STEEL S-7（钢 S-7）材料模型，空气选用理想气体状态方程，炸药选用 LX-14-0，采用 JWL 状态方程。

（2）算法选择

本例中钢板采用 Lagrange（拉格朗日）处理器建模，将钢板的 Lagrange 单元定义为固体，将空气、药型罩、壳体和炸药的多物质 Euler（欧拉）单元定义为流体。因模型是二维使用两种处理器，故射流与钢板的接触为 Euler-Lagrange（欧拉 - 拉格朗日），聚能装药产生的射流通过耦合把能量和压力传递给钢板，实现对钢板的侵彻。

10.2.3 Autodyn 建模分析过程

（1）启动 Autodyn 软件，建立新模型

在 Ansys 2023 的安装文件夹下按 C：\Program Files\Ansys Inc\v231\aisol \AUTODYN\winx64 路径找到 autodyn 的文件夹，会看到文件夹所包含的文件 autodyn.exe，双击 autodyn.exe 将软件打开。

单击工具栏中的“New Model”（新建模型）按钮或选择“File”（文件）下拉菜单中的“New”（新建）命令，如图 10-8 所示。打开“Create New Model”（新建模型）对话框，如图 10-9 所示。单击“Browse”（浏览）按钮 Browse，打开“浏览文件夹”对话框，如图 10-10 所示。按提示选择文件输出目录 C：\Users\Administrator\Desktop\ Autodyn \jet_steel，然后单击“确定”按钮 确定，返回“Create New Model”对话框，在“Ident”（标识）文本框中输入“jet_steel”作为文件名，在“Heading”（标题）文本框中输入“jet_steel”。选择“Symmerty”（对称性）为“2D”“Axial”（轴对称）。设置“Units”（单位制）为默认的“mm、mg、ms”。单击“OK”按钮，如图 10-11 所示，创建新模型。

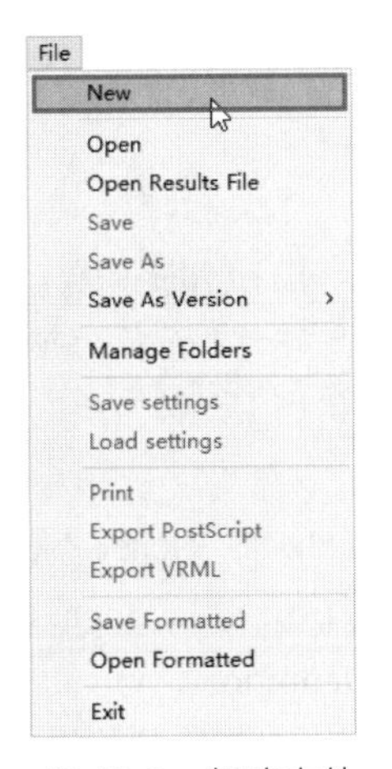

图 10-8　新建文件

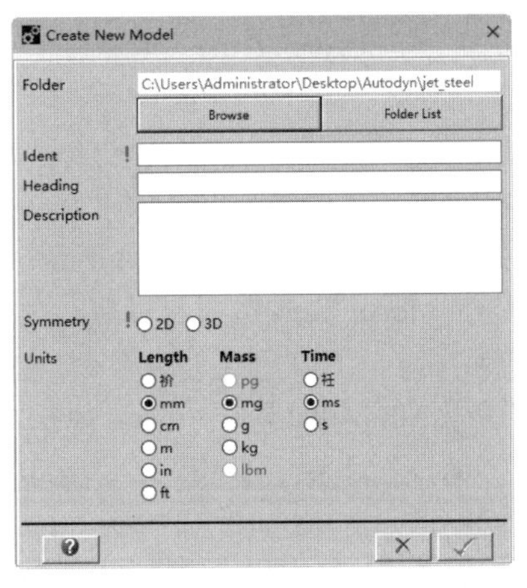

图 10-9　“Create New Model”对话框

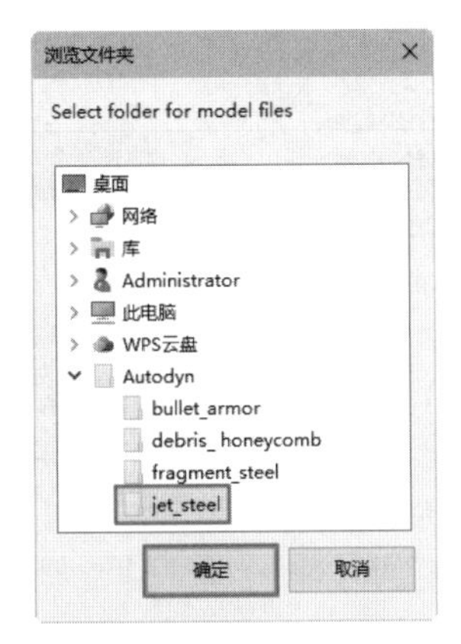

图 10-10　浏览文件夹对话框

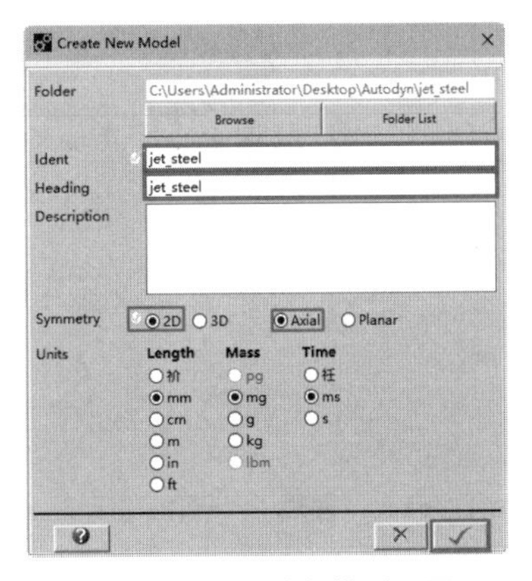

图 10-11　创建新模型设置

（2）修改背景颜色

单击导航栏中的“Settings”（设置）按钮 Settings，打开“Plot Type Settings”（显示类型设置）

面板，如图 10-12 所示。在“Plot Type”（绘图类型）下拉列表中选择“Display”（显示）选项，在“Background”（背景）下拉列表中选择“White”（白色），去掉勾选“Graded shading”（渐变）复选框，如图 10-13 所示。

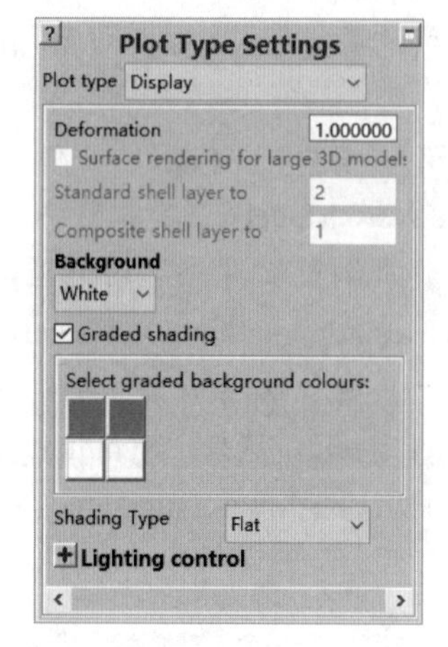

图 10-12 “Plot Type Settings”面板

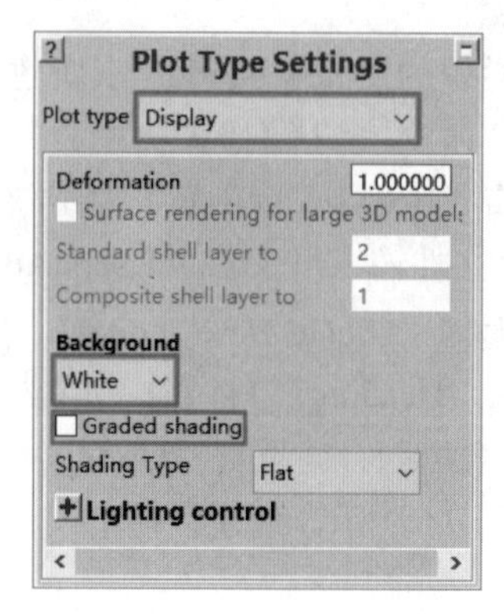

图 10-13 设置背景颜色

（3）定义模型使用的材料

① 加载材料数据　单击导航栏中的“Materials”（材料）按钮 **Materials**，打开“Material Definition”（定义材料）面板，如图 10-14 所示。在该面板中单击“Load”（加载）按钮 **Load**，打开“Load Material Model”（加载材料模型）对话框，如图 10-15 所示，在该对话框中可以加载模型需要的材料。

依次选择材料“AIR（Ideal Gas，None，None）”“AL 2024（Shock，None，None）”“COPPER（Shock，None，None）”“LX-14-0（JWL，None，None）”“STEEL S-7（Shock，Johnson Cook，None）”，单击“OK”按钮 ✓，完成加载，返回“Material Definition”（定义材料）面板，在该面板中可以查看选择的材料类型，结果如图 10-16 所示，还可以根据需要修改参数。

图 10-14 “Material Definition”面板

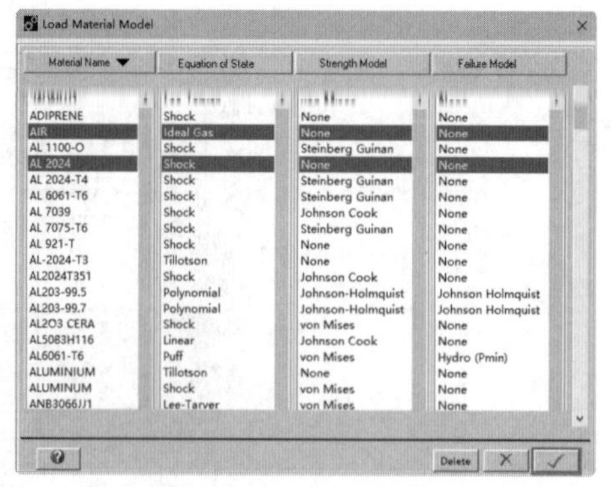

图 10-15 “Load Material Model”对话框

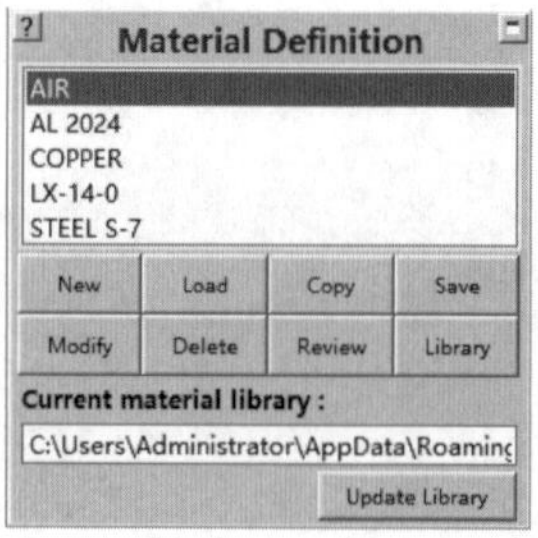

图 10-16 加载材料后的面板

② 改进铝模型　在“Material Definition”（定义材料）面板中选择“STEEL S-7”材料，如图 10-17 所示，然后单击“Modify”（修改）按钮 **Modify**，打开“Material Data Input-STEEL S-7”（输入材料参数）对话框，展开“Erosion”（侵蚀）栏，修改“Erosion”为“Geometric Strain”（几何应变），设置“Erosion Strain”（侵蚀应变）值为“2.500000”，如图 10-18 所示，单击“OK”

按钮 ✓ ，完成材料的修改。

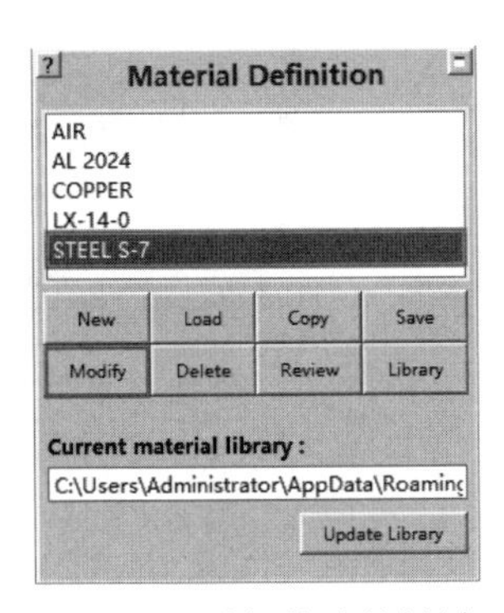

图 10-17　选择修改的材料

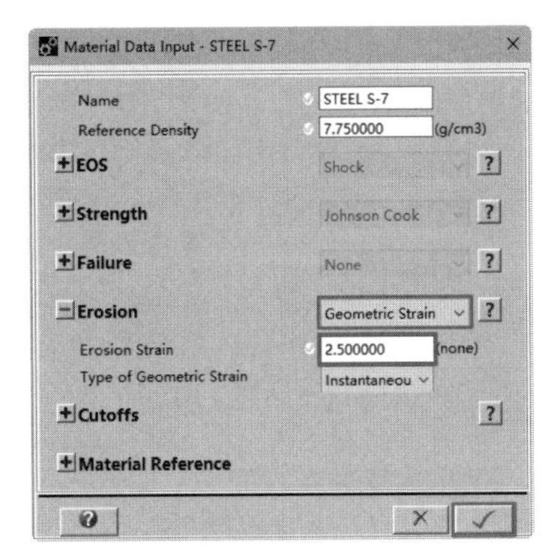

图 10-18　“Material Data Input-STEEL S-7”对话框

（4）定义空气初始条件

单击导航栏中的“Int.Cond.”（初始条件）按钮 Init. Cond. 或者选择“Setup”（设置）下拉菜单中的“Initial Conditions”（初始条件）命令，打开“Initial Conditions”（定义初始条件）面板，如图 10-19 所示。在该面板中单击“New”（新建）按钮 New，打开“New Initial Condition”（新建初始条件）对话框，在该对话框中的“Name”（名称）文本框中输入“air”（空气），勾选“Include Material”（包括材料）复选框，并选择“Material”（材料）为“AIR”，设置“Internal”（内能）为“2.068000e+05”，其余为默认选项，如图 10-20 所示。单击“OK”按钮 ✓ 完成初始条件设置，结果如图 10-21 所示。

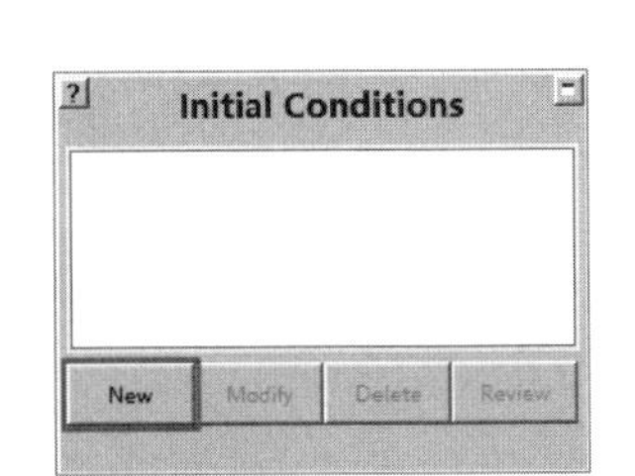

图 10-19　“Initial Conditions”面板

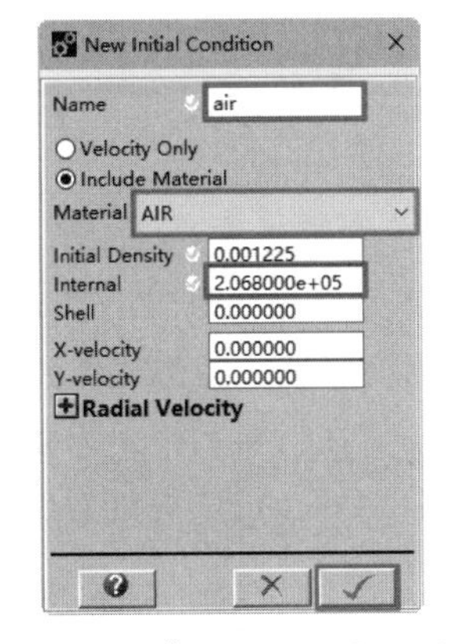

图 10-20　“New Initial Condition”对话框

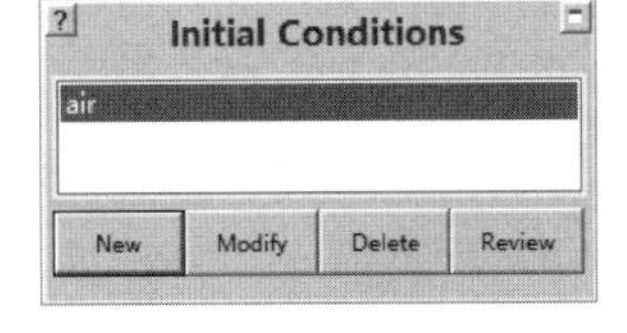

图 10-21　完成初始条件创建的面板

（5）定义边界条件

① 定义流出边界条件　单击导航栏上的“Boundaries”（边界条件）按钮 Boundaries，打开“Boundary Definitions”（定义边界条件）面板，在该面板中单击“New”（新建）按钮 New，如图 10-22 所示。打开“Boundary Definition”（定义边界条件）对话框，在“Name”（名称）文本框中输入“out”（出口），设置“Type”（类型）为“Flow_Out”（流出边界），设置“Sub option”（子选项）为“Flow out（Euler）”（欧拉流出边界），设置“Preferred Material”（首选材料）为“ALL

EQUAL”（具有相同的传输条件），如图 10-23 所示。单击“OK”按钮✓，完成边界条件建立，结果如图 10-24 所示。

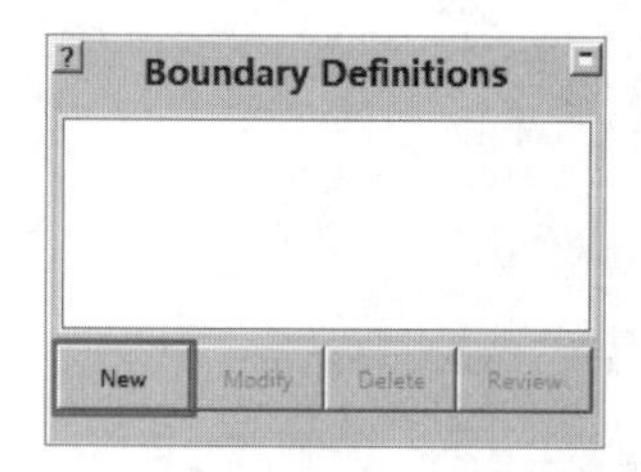

图 10-22 “Boundary Definitions”面板

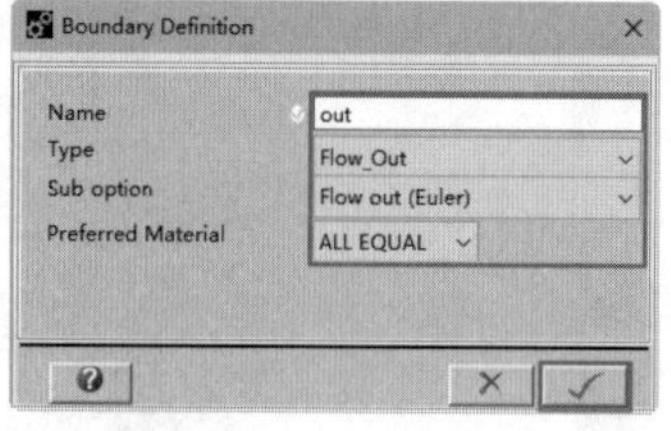

图 10-23 “Boundary Definition”对话框

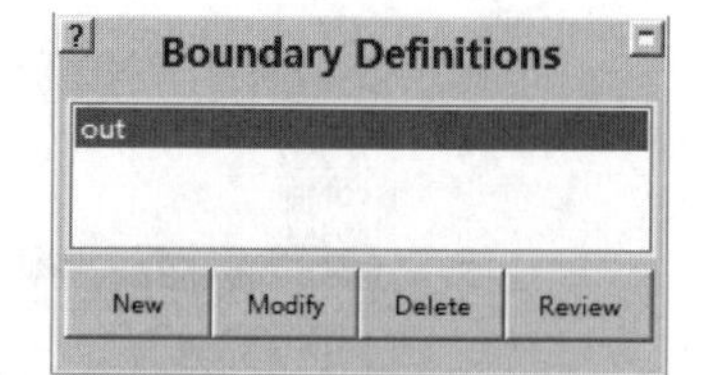

图 10-24 完成边界条件创建的面板

② 定义钢板夹紧边界条件 继续单击“New”（新建）按钮New，定义另一个边界条件，在打开的“Boundary Definition”（定义边界条件）对话框中，设置边界条件的名称为“clamp”（夹紧），“Type”（类型）为 Velocity（速度），“Sub Option”（子选项）为“General 2D Velocity”（常规 2D 速度），设置“Constant X-Velocity”（X 轴速度常量）和“Constant Y-Velocity”（Y 轴速度常量）都为“0.000000”，如图 10-25 所示。单击“OK”按钮✓，完成钢板夹紧边界条件建立，结果如图 10-26 所示。

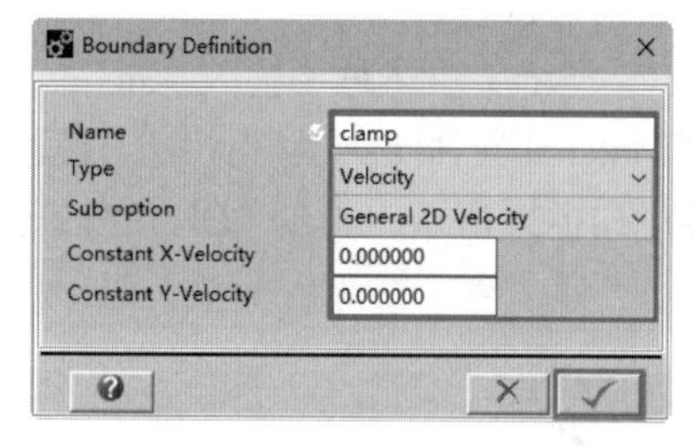

图 10-25 定义“Boundary Definition”对话框

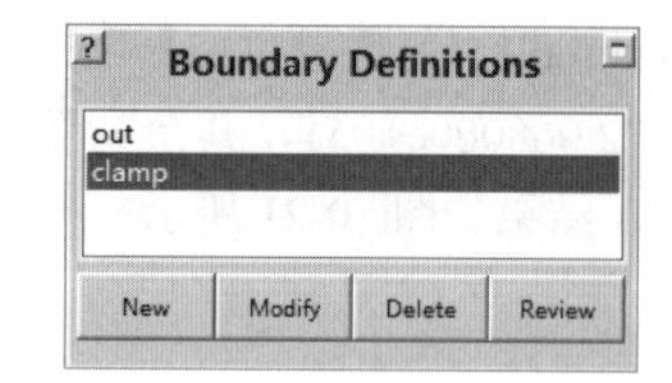

图 10-26 完成边界条件创建的面板

（6）建立聚能射流模型

聚能射流由药型罩、炸药和壳体 3 个部分组成。用 Lagrange（拉格朗日）的方法建立药型罩、炸药和壳体的几何模型，划分网格并填入理想气体到中面网格中后，将药型罩、炸药和壳体选中，并替换成 Euler（欧拉）方法，在材料网格上重新分配质量、动量和能量，得到新的网格速度和网格内各介质的质量及内能。Euler 法的好处是网格不动且不变形，克服了单元网格畸变引起的数值计算困难。

① 建立药型罩模型 单击导航栏上的“Parts”（零件）按钮Parts，打开“Parts”面板，如图 10-27 所示。单击“Parts”面板中的“New”（新建）按钮New，打开“Create New Part”（新建零件）对话框，在“Part Name”（零件名）文本框中输入零件名称“liner”（衬板），在“Solver”（求解）列表中选择“Lagrange”求解器，保持默认的“Part wizard”（零件向导）生成方式，如图 10-28 所示，然后单击“Next”（下一步）按钮Next ▷。

打开“Select Predef”（选择预定义）和“Define Geometry”（定义几何）窗口，在“Select Predef”（选择预定义）窗口中选择“Quad”（四边形）按钮Quad，在“Define Geometry”（定义几何）窗口中依次输入 4 个点坐标，如图 10-29 所示。然后单击“Next”按钮Next ▷，打开“Define Zoning”（划分网格）窗口，在该窗口中的“Cell in I direction”（I 方向单元）文本框中输入“5”，在“Cell in J direction”（J 方向单元）文本框中输入“5”，零件的节点数和单元数显示在对话框上面，如图 10-30 所示。

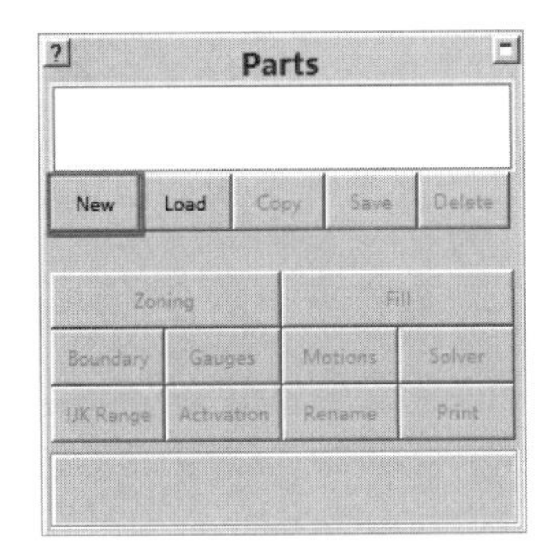

图 10-27　“Parts”面板

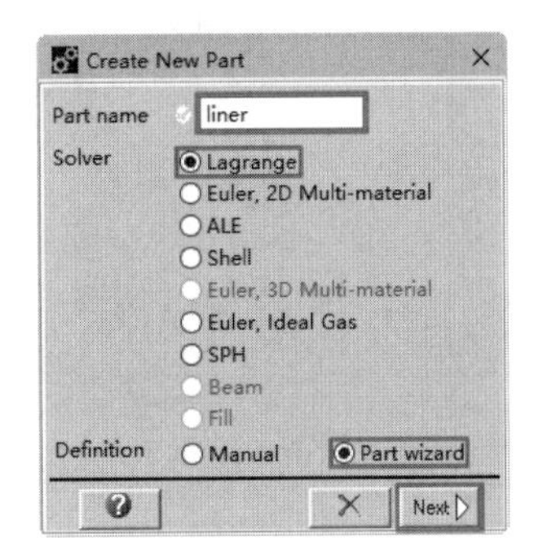

图 10-28　“Create New Part”对话框

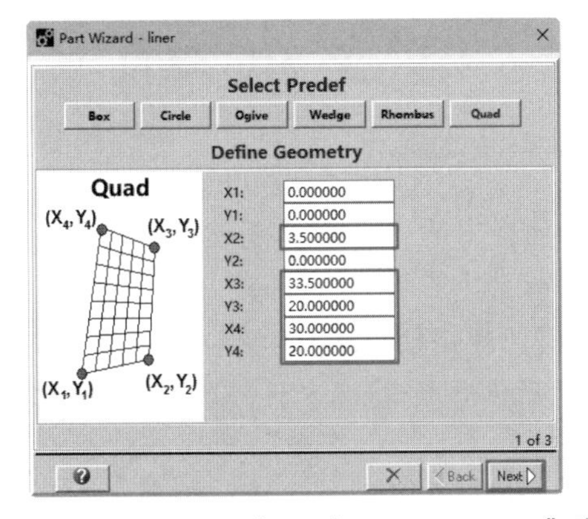

图 10-29　“Select Predef”和“Define Geometry”窗口

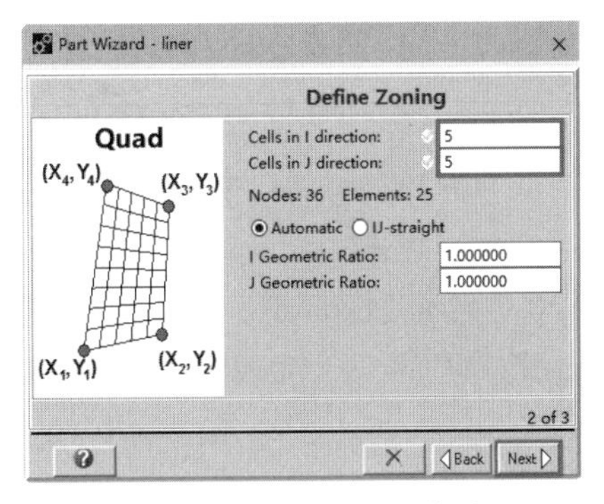

图 10-30　“Define Zoning”窗口

继续单击“Next”按钮Next，打开“Fill part”(填充零件）窗口，通过此窗口填充零件材料。不要选中“Fill with Initial Condition S”（用初始条件填充）复选框，选择“Material”（材料）为“COPPER”（铜），如图 10-31 所示。单击“OK”按钮，完成药型罩零件的建立，结果如图 10-32 所示。

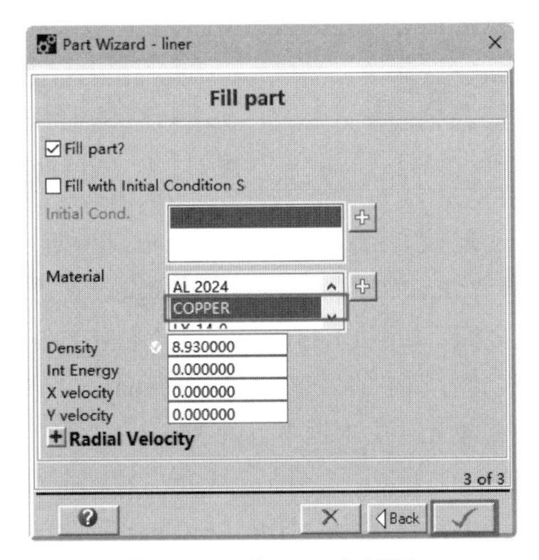

图 10-31　“Fill part”窗口

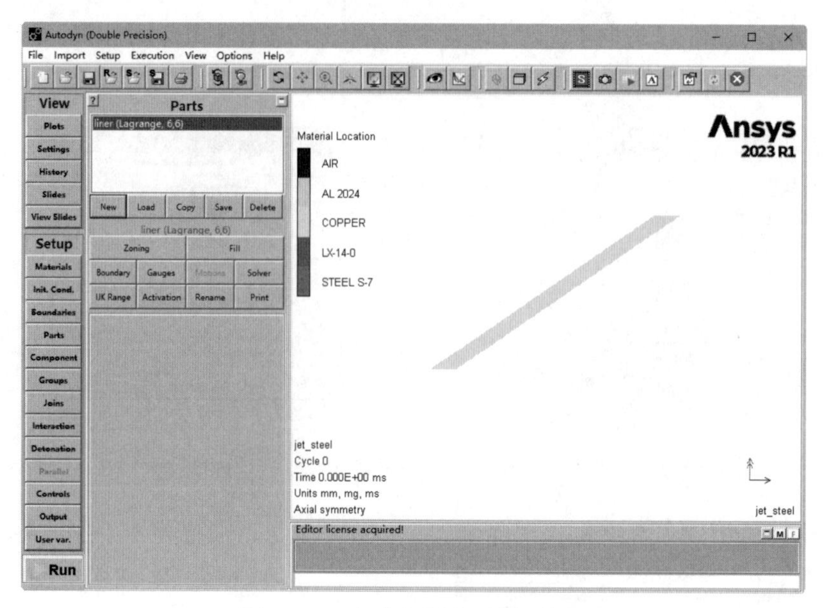

图 10-32　完成药型罩零件的创建

② 建立炸药模型　继续单击“Parts”（零件）面板中的“New”（新建）按钮New，打开“Create New Part”（新建零件）对话框，如图 10-33 所示。在“Part Name”（零件名）文本框中输入零件名称“explosive”（炸药），选择“Lagrange”（拉格朗日）求解器，保持默认的“Part wizard”（零件向导）生成方式，如图 10-34 所示，然后单击“Next”（下一步）按钮 Next。

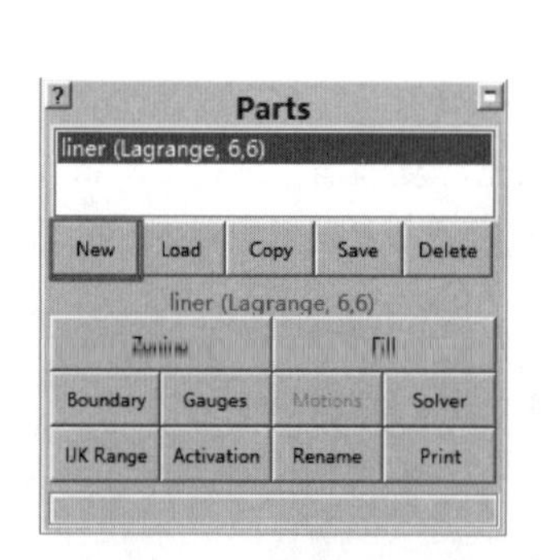

图 10-33　“Parts”面板

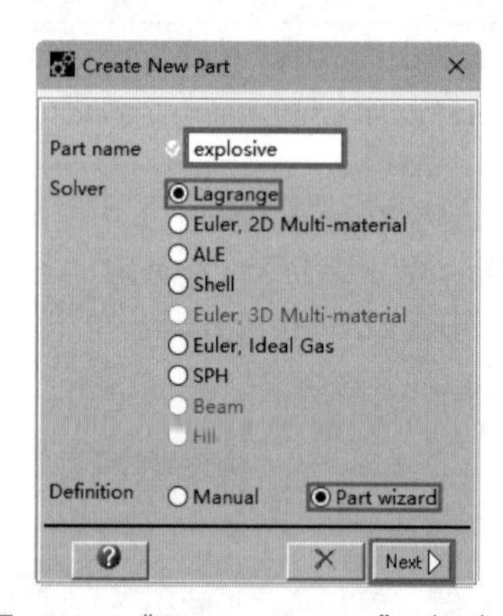

图 10-34　“Create New Part”对话框

打开“Select Predef”（预定义）和“Define Geometry”（定义几何）窗口，在“Select Predef”（预定义）窗口中选择“Quad”（四边形）按钮Quad，在“Define Geometry”（定义几何图形）窗口中依次输入4个点坐标，如图10-35所示。然后单击“Next”按钮Next，打开“Define Zoning”（划分网格）窗口，在该窗口中的“Cell in I direction”（I 方向单元）文本框中输入“5”，在“Cell in J direction”（J 方向单元）文本框中输入“5”，零件的节点数和单元数显示在对话框上面，如图 10-36 所示。

继续单击“Next”（下一步）按钮Next，打开“Fill part”（填充零件）窗口，通过此窗口填充零件材料。不要选中“Fill with Initial Condition S”(用初始条件填充）复选框，选择“Material”

（材料）为“LX-14-0”材料，如图 10-37 所示，单击“OK”按钮 ✓，完成炸药零件的建立，结果如图 10-38 所示。

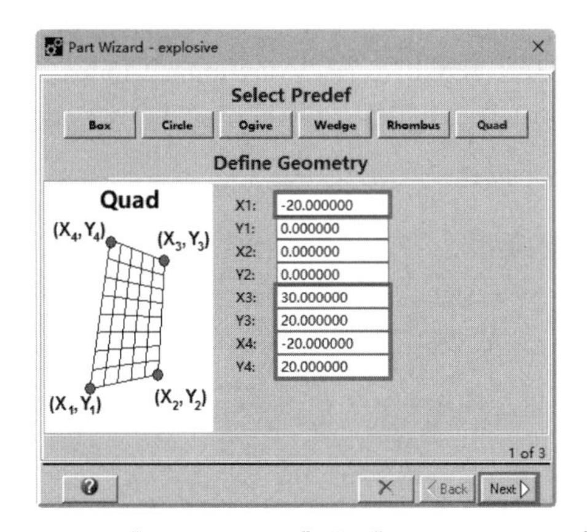

图 10-35　“Select Predef”和“Define Geometry”窗口

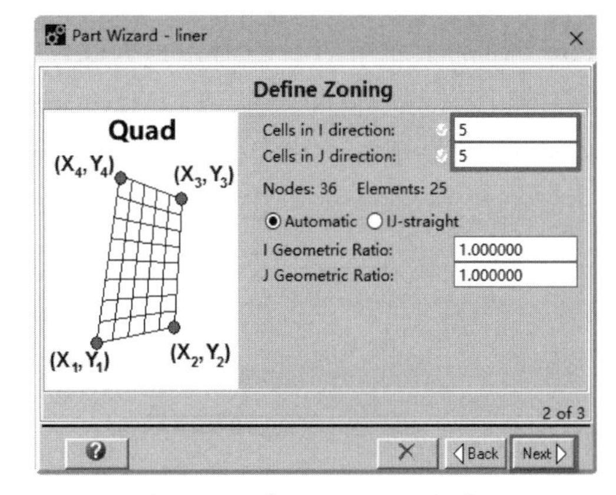

图 10-36　“Define Zoning”窗口

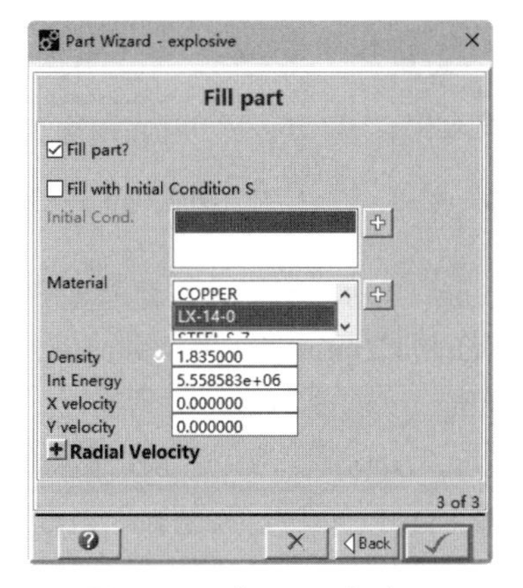

图 10-37　“Fill part”窗口

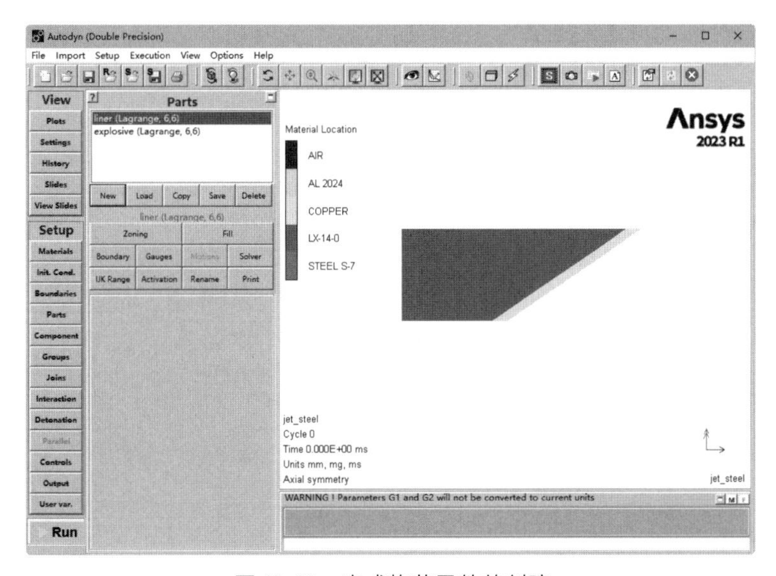

图 10-38　完成炸药零件的创建

③ 建立壳体模型　继续单击“Parts”（零件）面板中的“New”（新建）按钮New，打开“Create New Part”（新建零件）对话框，如图 10-39 所示。在“Part Name”（零件名）文本框中输入零件名称“casing”（壳），选择“Lagrange”（拉格朗日）求解器，设置“Definition”（定义）方式为“Manual”（手动），此时出现为此零件输入 I、J 范围窗口，在“Maximum I Index”（I 最大范围）文本框中输入“5”，在“Maximum J Index”（J 最大范围）文本框中输入“3”，如图 10-40 所示，然后单击“OK”按钮✓，通过分网和填充按钮手动定义零件。

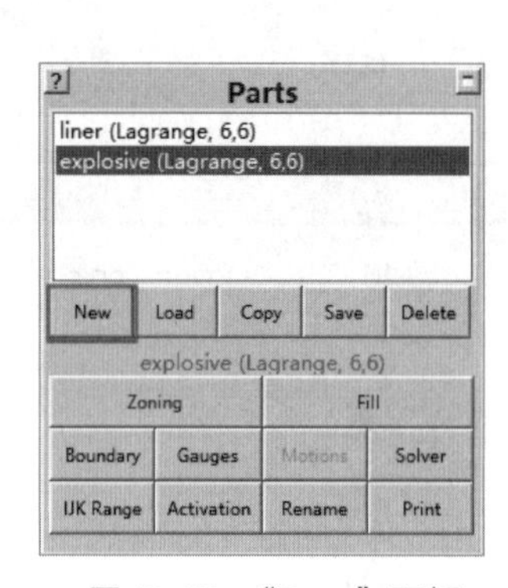

图 10-39　“Parts”面板

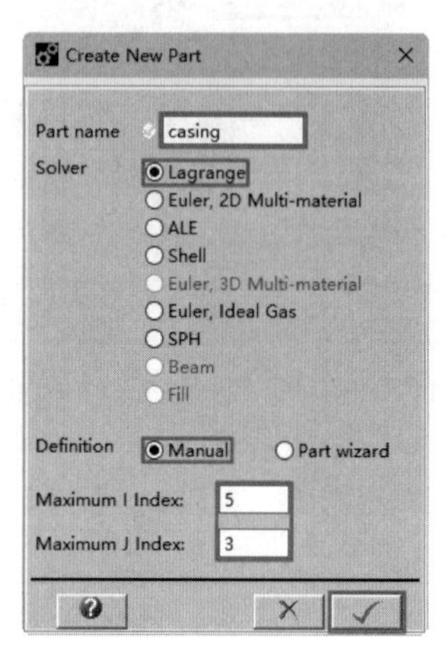

图 10-40　“Create New Part”对话框

单击“Parts”面板中的“Zoning”（划分网格）按钮Zoning，然后勾选“Plot zoning”（绘制网格），如图 10-41 所示。展开“Manual Zoning”（手动划分网格）栏，单击其中的“Node”（节点）按钮Node，打开“Create Zoning”（创建网格）对话框，如图 10-42 所示。依次输入各网格节点的坐标，如图 10-43 所示。单击“Apply”（应用）按钮Apply，最后单击“Create Zoning”（创建网格）对话框中的“Cancel”（取消）按钮✕，关闭该对话框，结果如图 10-44 所示。

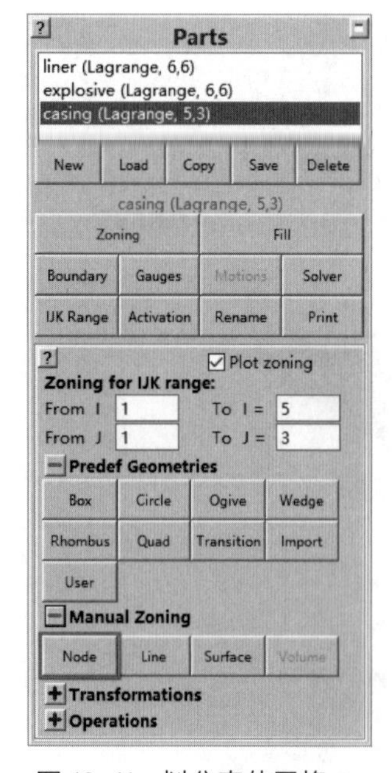

图 10-41　划分壳体网格

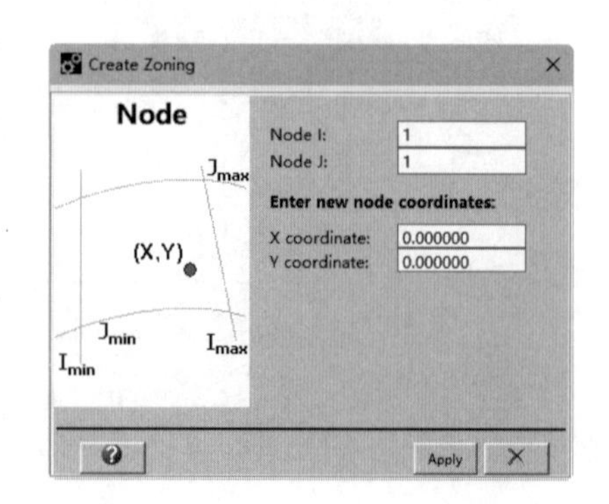

图 10-42　“Create Zoning”对话框

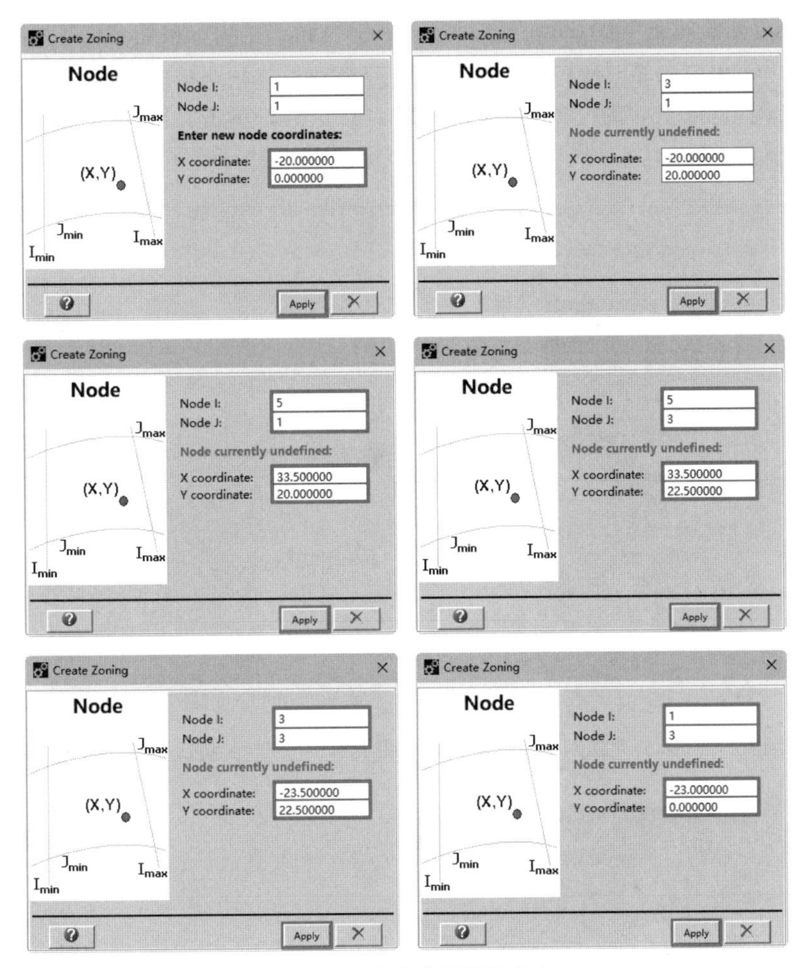

图 10-43　定义壳体网格节点

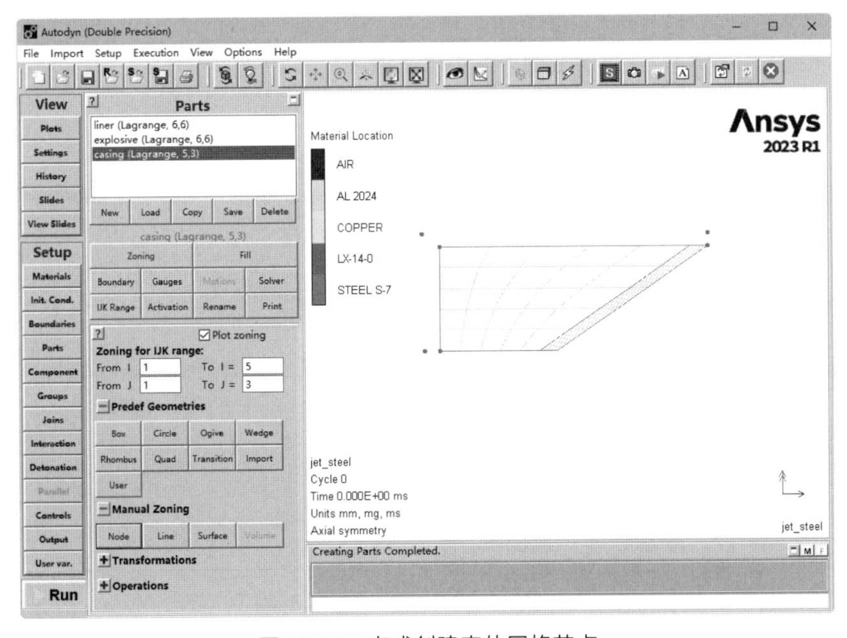

图 10-44　完成创建壳体网格节点

单击“Manual Zoning”（手动划分网格）下的“Line”（线）按钮Line，如图10-45所示，打开“Create Zoning”（创建网格）对话框，勾选“J-varies”（J-变量）复选框，如图10-46所示。先后在“I Index”（I指数）的文本框中输入“1”“3”“5”，单击“Apply”（应用）Apply按钮，生成网格线如图10-47所示，最后单击“Create Zoning”（创建网格）对话框中的“Cancel”（取消）按钮X，关闭该对话框。

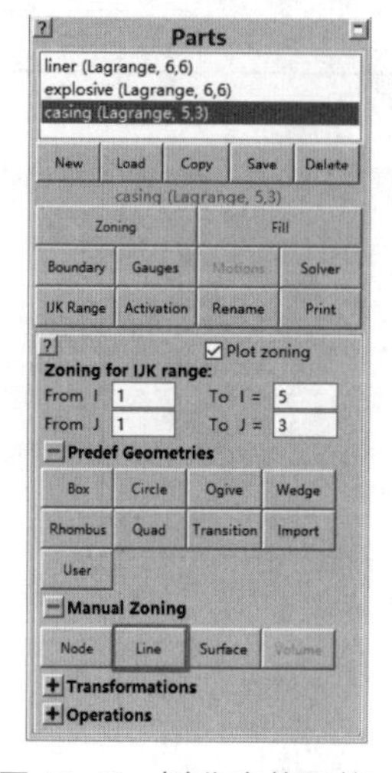

图10-45　划分壳体网格

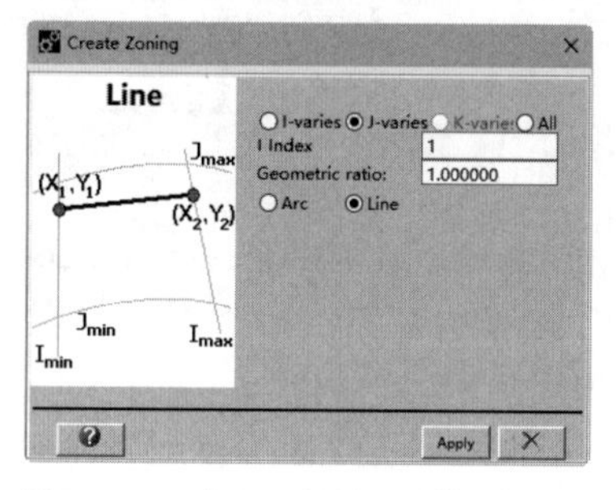

图10-46　“Create Zoning”对话框

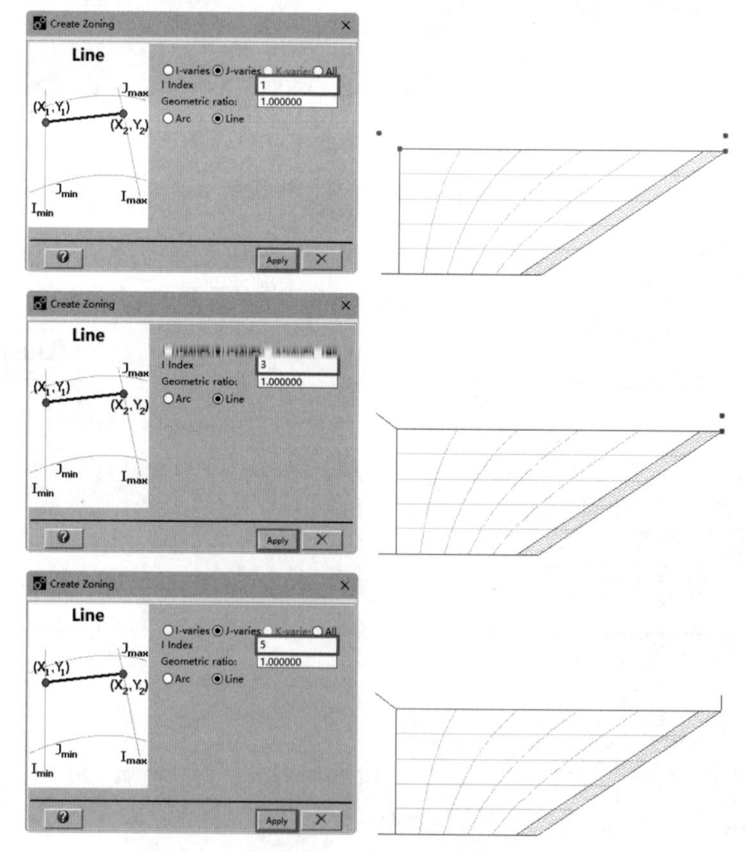

图10-47　创建的网格线

接下来设置“Zoning for IJK range”（网格 IJK 范围），设置参数如图 10-48 所示。然后单击“Manual Zoning”（手动划分网格）下的“Surface”（面）按钮Surface，打开“Create Zoning”（创建网格）对话框，如图 10-49 所示。单击“Apply”（应用）Apply按钮，打开如图 10-50 所示对话框。单击“Cancel”（取消）按钮，生成网格面，结果如图 10-51 所示。

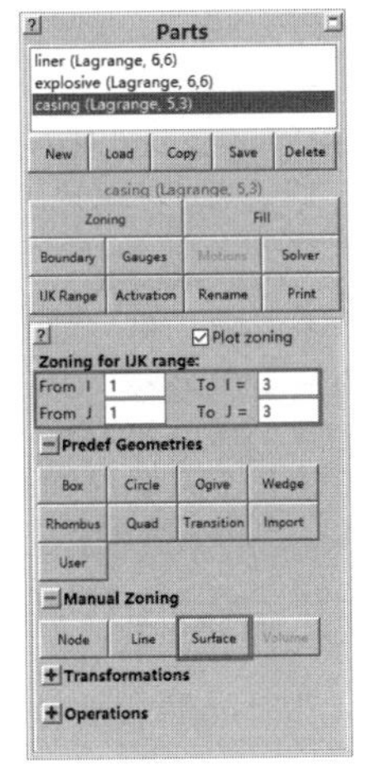

图 10-48　划分壳体网格设置

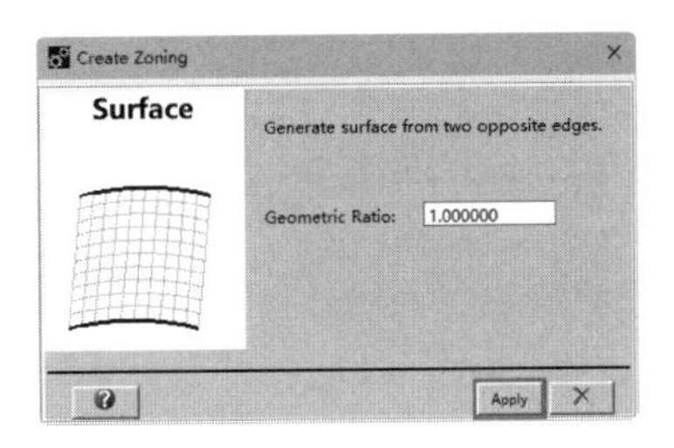

图 10-49　“Create Zoning”对话框

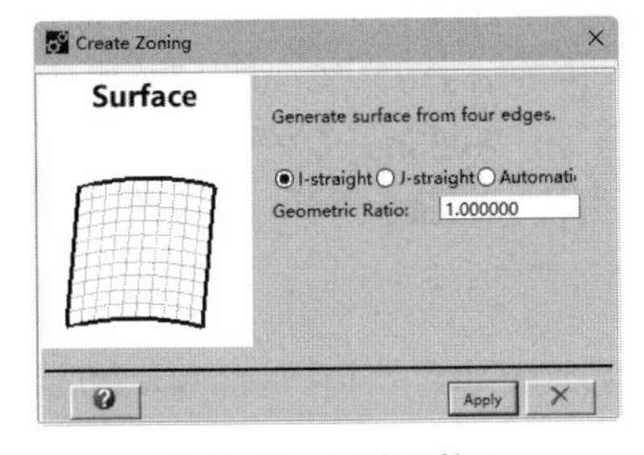

图 10-50　创建网格面

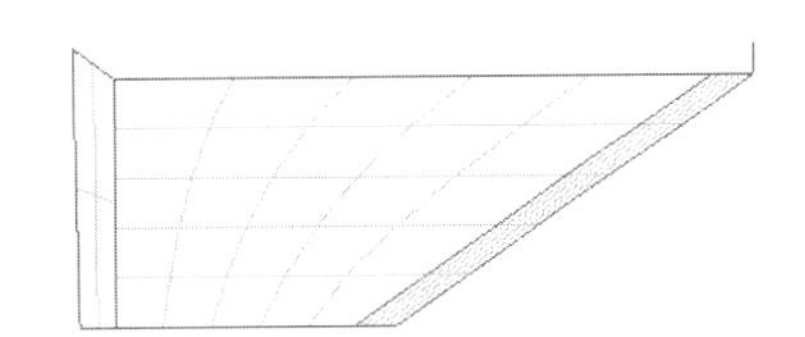

图 10-51　创建的网格面

重复上面操作，设置“Zoning for IJK range”（网格 IJK 范围），设置参数如图 10-52 所示，生成网格面。

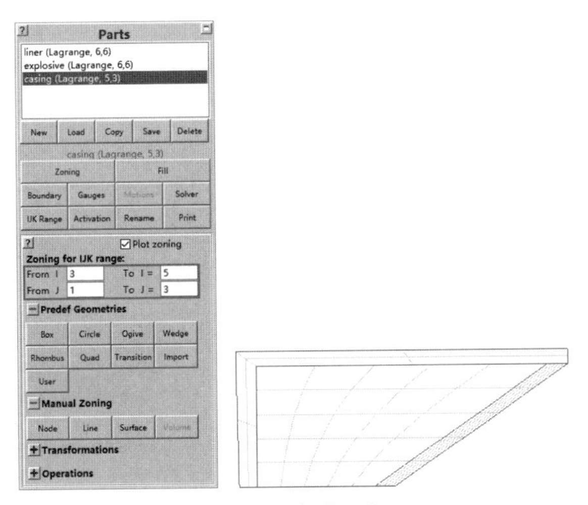

图 10-52　生成网格面

单击“Parts”（零件）面板中的“Fill”（填充）按钮Fill，在“Fill by Index Space”（按索引空间填充）栏中单击“Block”（块）按钮Block，如图10-53所示。打开“Fill part”（填充零件）对话框，在该对话框中设置“Material”（材料）为“AL 2024”（铝 2024）材料，如图10-54所示，单击“OK”按钮✓，最终完成零件建立。

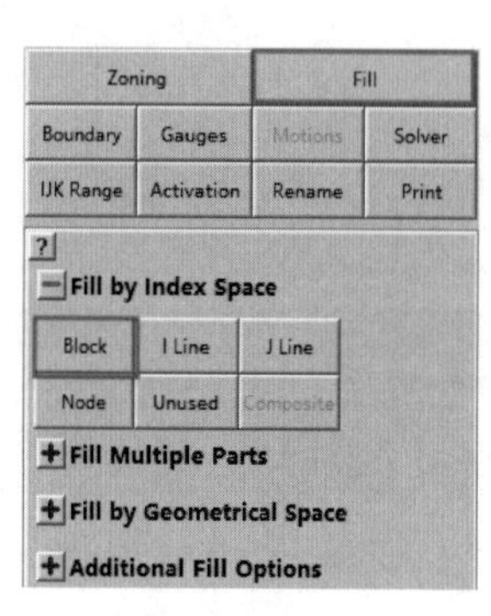

图 10-53 填充壳体

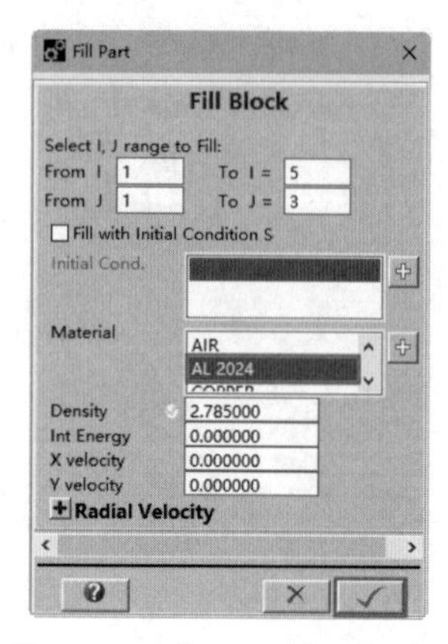

图 10-54 “Fill part”对话框

单击“Parts”（零件）面板中的“Save”（保存）按钮Save，如图10-55所示，对创建的聚能射流模型进行保存。打开“Save Part（s）in library”（零件保存）对话框，如图10-56所示，设置保存名字为“jet”（喷射），单击“打开”按钮打开(O)，打开“Confirm”（确认）对话框，如图10-57所示，单击“是”按钮是(Y)，打开“Save Part（s）to library”（零件保存选择）对话框，如图10-58所示，选择全部零件，单击“OK”按钮✓按钮，保存零件。

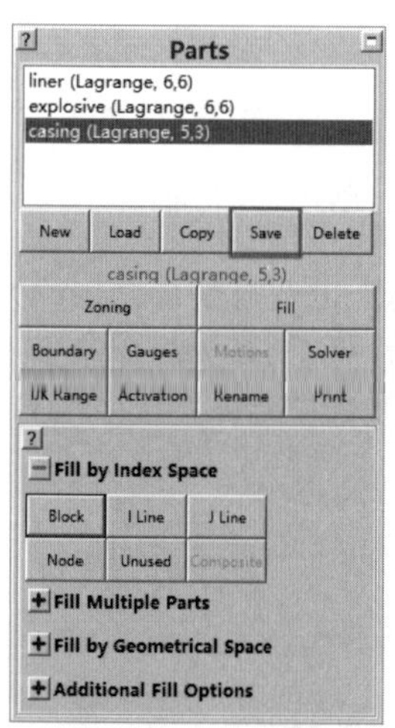

图 10-55 保存零件

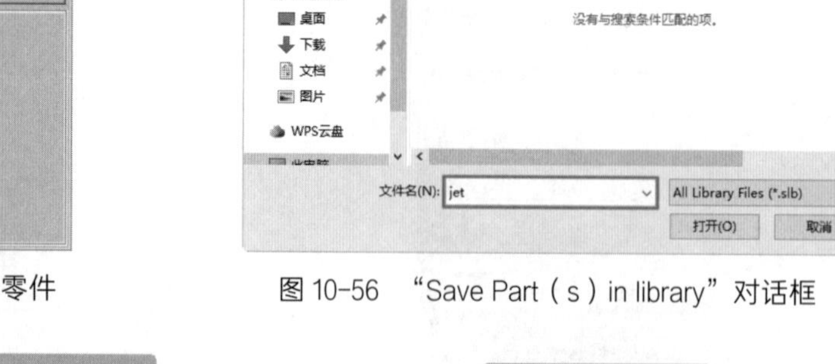

图 10-56 “Save Part（s）in library”对话框

图 10-57 “Confirm”对话框

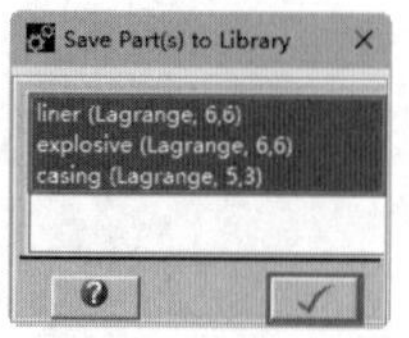

图 10-58 “Save Part（s）to library”对话框

单击“Parts”(零件）面板中的“Delete”(删除）按钮Delete，如图10-59所示，打开“Delete Parts”（删除零件）对话框，如图 10-60 所示，选择所有零件，单击“OK”按钮✓，删除全部零件。

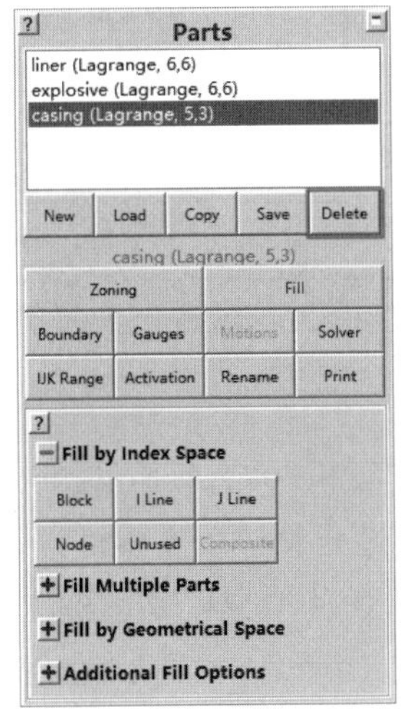

图 10-59　删除零件

图 10-60　“Delete Parts”对话框

④ 添加理想气体　如图 10-61 所示，继续单击“Parts”面板中的“New”（新建）按钮New，打开“Create New Part”（新建零件）对话框，如图 10-62 所示。在“Part Name”（零件名）文本框中输入零件名称“air”（空气），在“Solver”（求解）列表中选择“Euler，2D Multi-material”（欧拉，2D 混合材料）求解器，保持默认的“Part wizard”（零件向导）生成方式，然后单击“Next”（下一步）按钮Next▷。

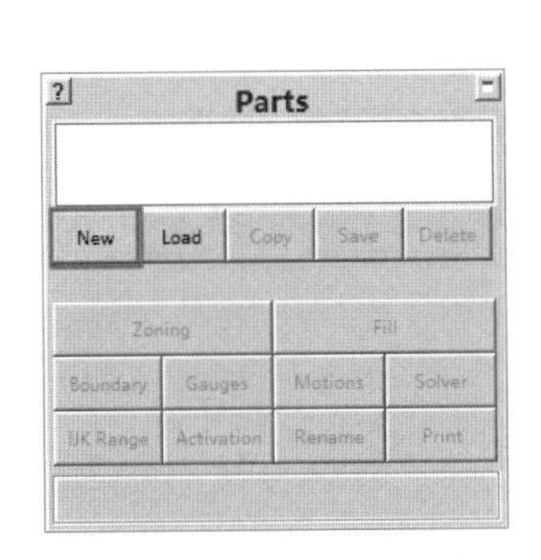

图 10-61　“Parts”面板

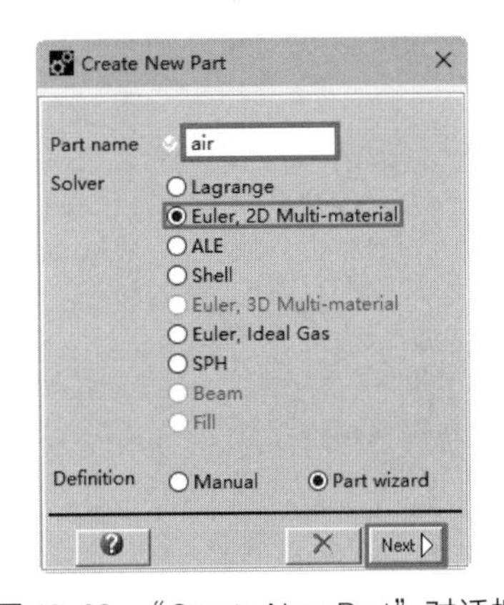

图 10-62　“Create New Part”对话框

打开“Select Predef”（选择预定义）和“Define Geometry”（定义几何）窗口，在“Select Predef”（选择预定义）窗口中选择“Box”（方形）按钮Box，在“Define Geometry”（定义几何）窗口依次输入“-50.000000”“0.000000”“150.000000”和“50.000000”，如图 10-63 所示。然后单击“Next”（下一步）按钮Next▷，打开“Define Zoning”（划分网格）对话框，在该对话框中的“Cell in I direction”（I 方向单元）文本框中输入“300”，在“Cell in J direction”（J 方向单元）文本框中输入“100”，零件的节点数和单元数显示在对话框上面，如图 10-64 所示。

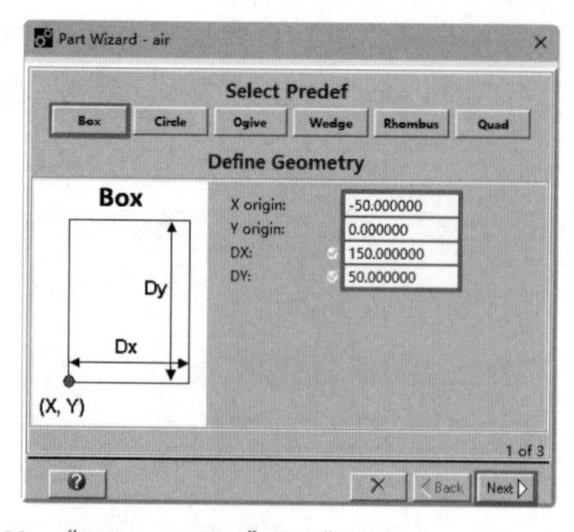

图 10-63 “Select Predef”和“Define Geometry”窗口

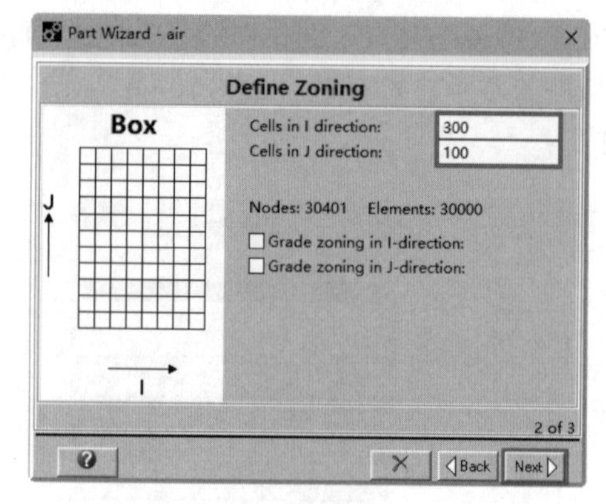

图 10-64 “Define Zoning”窗口

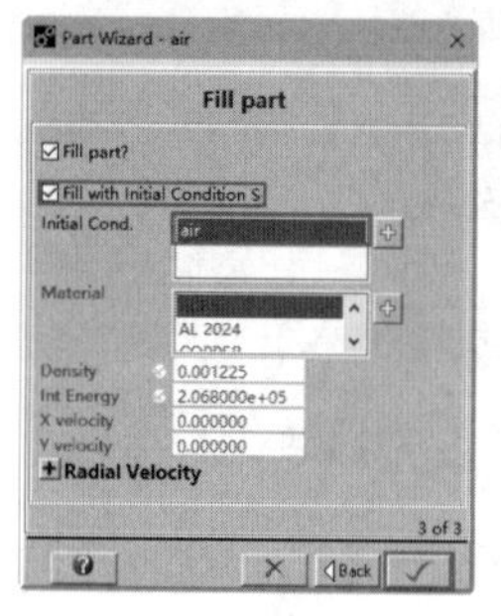

图 10-65 “Fill part”窗口

继续单击“Next”（下一步）按钮Next，打开“Fill part”（填充零件）对话框，通过此窗口填充零件。勾选“Fill with Initial Condition S”（用初始条件填充）复选框，设置“Initial Cond.”（初始条件）为“air”（空气），如图 10-65 所示。单击“OK”按钮，完成理想气体的添加，在零件面板中单击“Zoning”（划分网格）按钮Zoning，去掉“Plot zoning”（绘制网格）的勾选，结果如图 10-66 所示。

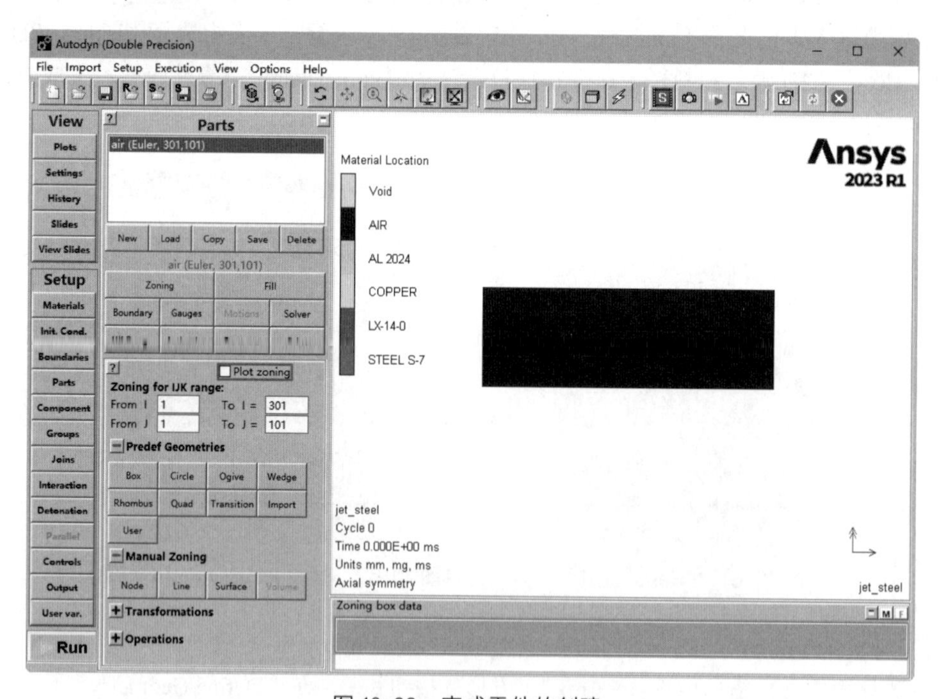

图 10-66 完成零件的创建

单击导航栏中的“Plots”（绘图）按钮Plots，打开“Plots”面板，在该面板中的“Fill type”（填充类型）栏中选择“Material Location”（本地材料），在“Additional components”（补充选项）栏中选择“Boundaries”（边界），如图 10-67 所示。

单击导航栏上的“Parts”（零件）按钮 Parts，打开“Parts”面板，如图 10-68 所示。在该面板中单击“Boundary”（边界）按钮 Boundary，然后单击“I Line”按钮 I Line，打开“Apply Boundary to Part”（应用边界条件）对话框，如图 10-69 所示。设置“From I”为“1”，然后单击“OK”按钮 ✓，创建第一条边界线，继续单击“I Line”按钮 I Line，设置“From I”为“301”，如图 10-70 所示，单击“OK”按钮 ✓，创建第二条边界线。

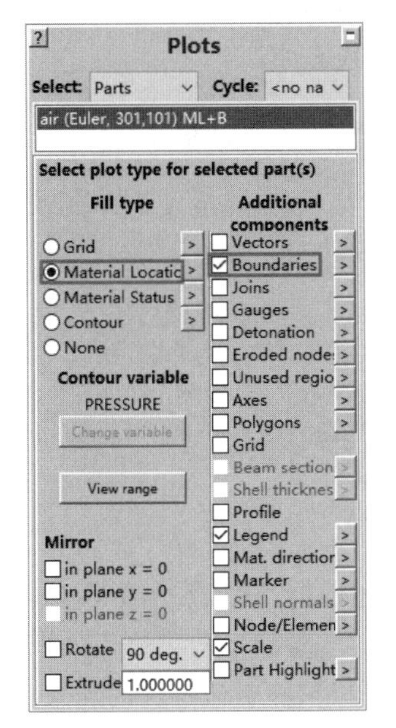

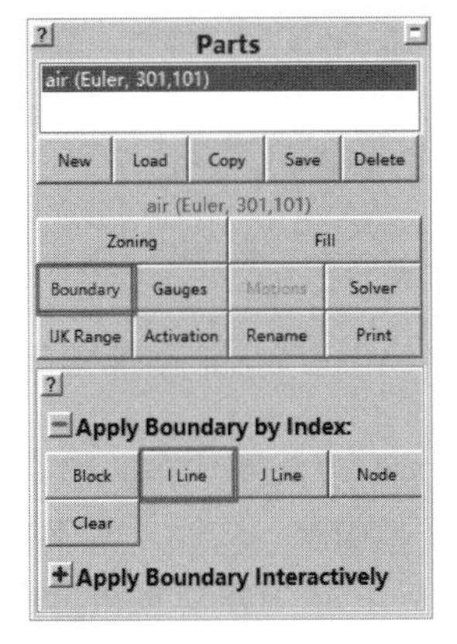

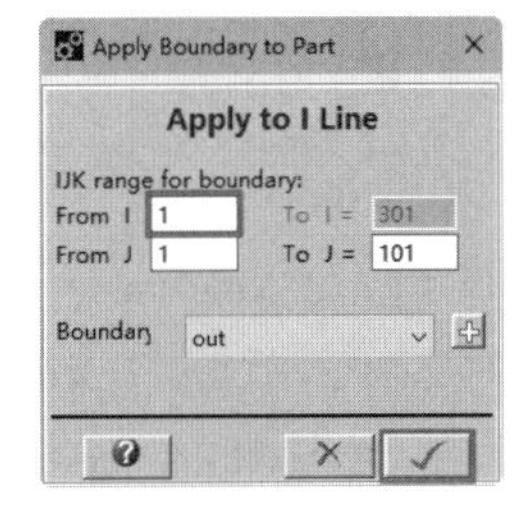

图 10-67　选择“Boundaries”　　图 10-68　“Parts”面板　　图 10-69　“Apply Boundary to Part”对话框

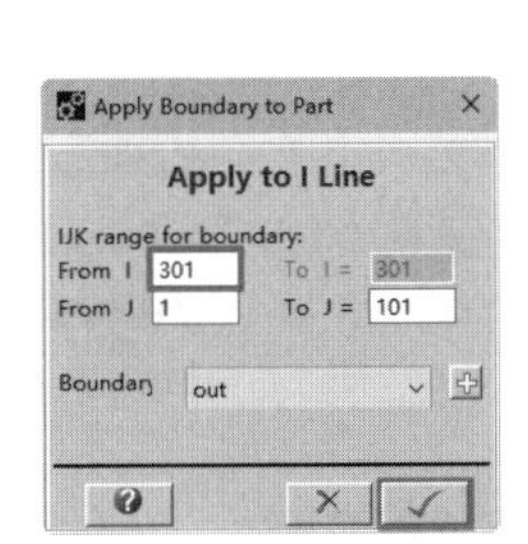

图 10-70　创建第二条边界线

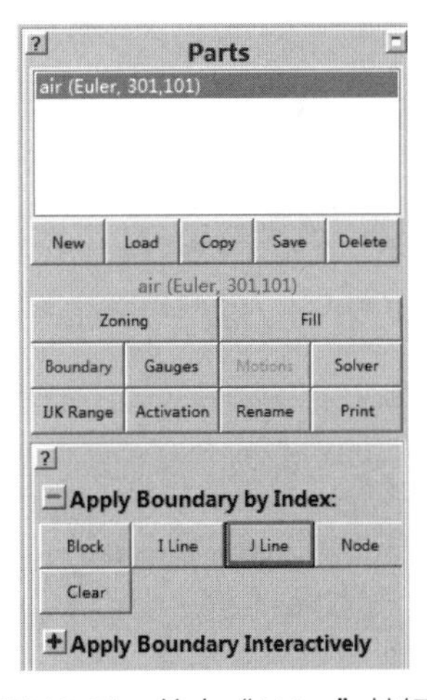

图 10-71　单击“J Line”按钮

单击“J Line”按钮 J Line，如图 10-71 所示，打开“Apply Boundary to Part”（应用边界条件）对话框，设置“From J”为“101”，创建第三条边界线，如图 10-72 所示，单击“OK”按钮 ✓，完成三条边界线的创建，如图 10-73 所示。

如图 10-74 所示，单击“Parts”（零件）面板中的“Load”按钮 Load，打开“Open Part Library”（打开零件库）对话框，如图 10-75 所示，选择“jet.slb”文件后，单击“打开”按钮 打开(O)。

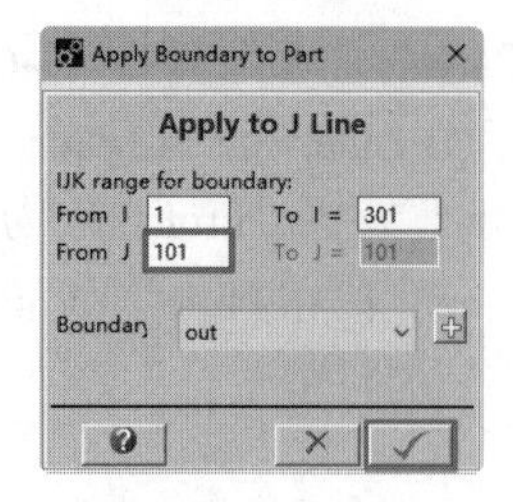

图 10-72　创建第三条边界线

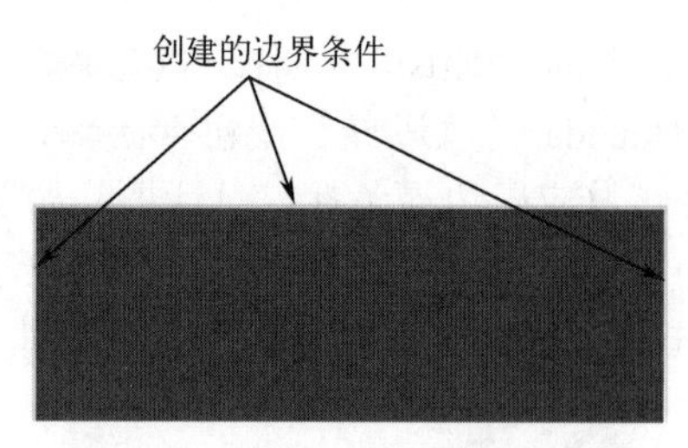

图 10-73　完成三条边界线的创建

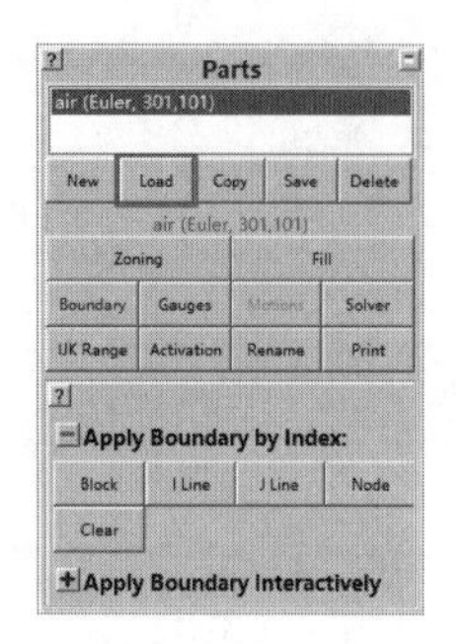

图 10-74　单击“Load”按钮

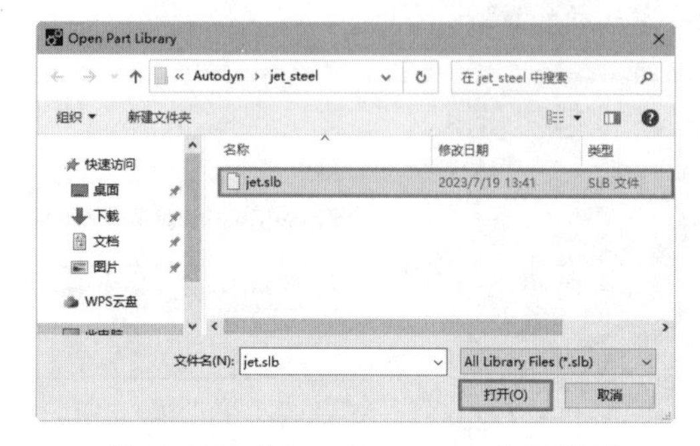

图 10-75　“Open Part Library”对话框

打开“Load New Part（s） from Library”（从零件库加载零件）对话框，如图 10-76 所示。选中所有零件，单击“Load”（加载）按钮 Load，打开“WARNING！”（警告）对话框，如图 10-77 所示。连续单击“确定”按钮，然后单击“OK”按钮 ✓，完成聚能射流零件的加载，结果如图 10-78 所示。

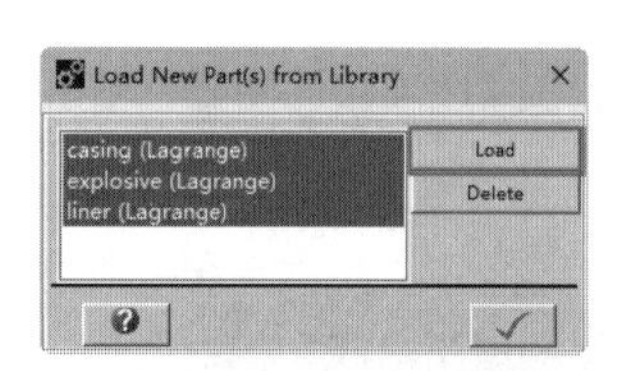

图 10-76　“Load New Part（s） from Library”对话框

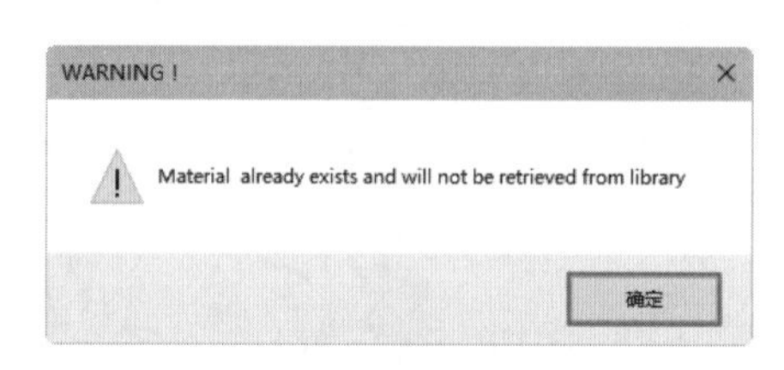

图 10-77　“WARNING！”对话框

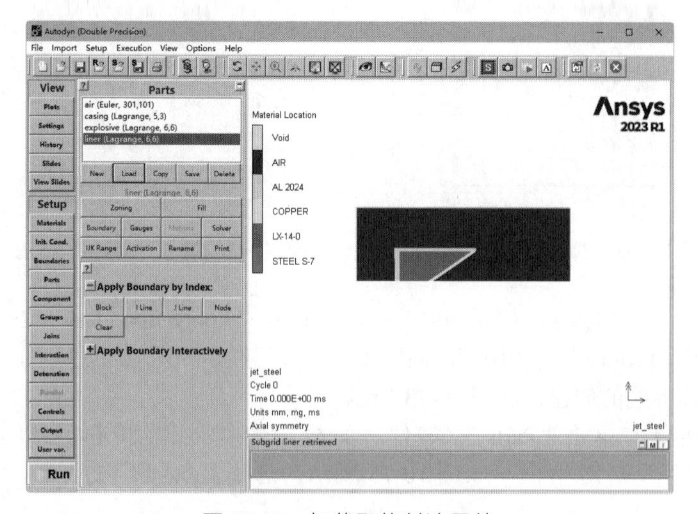

图 10-78　加载聚能射流零件

在“Parts”（零件）面板中选择“air（Euler，301，101）”零件，然后单击“Fill”（填充）按钮 Fill，展开“Additional Fill Options”（附加填充选项）栏，在其中单击“Part Fill”（零件填充）按钮 Part Fill，如图 10-79 所示。打开“Part Fill”（零件填充）对话框，在“Select Part to fill into current Part”（选择要填充到当前零件中的零件）列表中选择“All”（所有），在“Material to be replaced”（要替换的材料）下拉列表中选择“AIR”（空气）材料，如图10-80所示，单击“OK”按钮 ✓，完成零件填充。

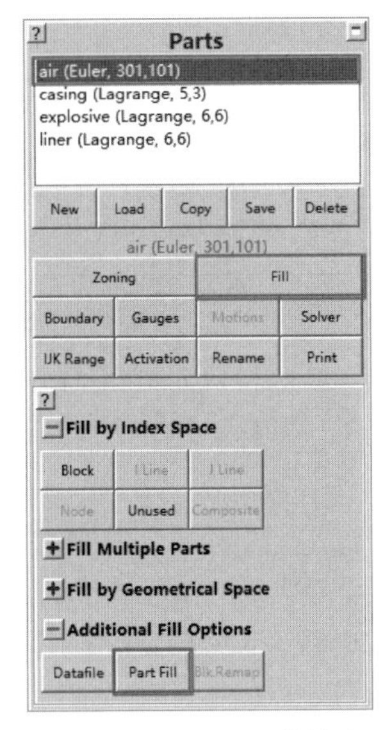

图 10-79　设置零件填充

图 10-80　“Part Fill”对话框

如图10-81所示，单击“Parts”（零件）面板中的“Delete”（删除）按钮 Delete，打开“Delete Parts”（删除零件）对话框，如图10-82所示。选择“casing（Lagrange，5，3）”“explosive（Lagrange，6，6）”和“liner（Lagrange，6，6）”三个零件，然后单击“OK”按钮 ✓，完成删除。

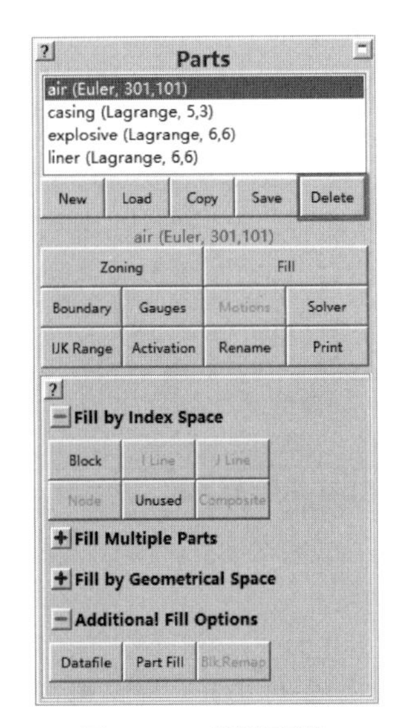

图 10-81　删除零件

图 10-82　“Delete Parts”对话框

（7）创建钢板模型

如图 10-83 所示，单击“Parts”（零件）面板中的“New”（新建）按钮New，打开“Create New Part”（新建零件）对话框。在“Part Name”（零件名）文本框中输入零件名称“plate”（平板），选择“Lagrange”（拉格朗日）求解器，保持默认的“Part wizard”（零件向导）生成方式，如图 10-84 所示，然后单击“Next”（下一步）按钮Next。

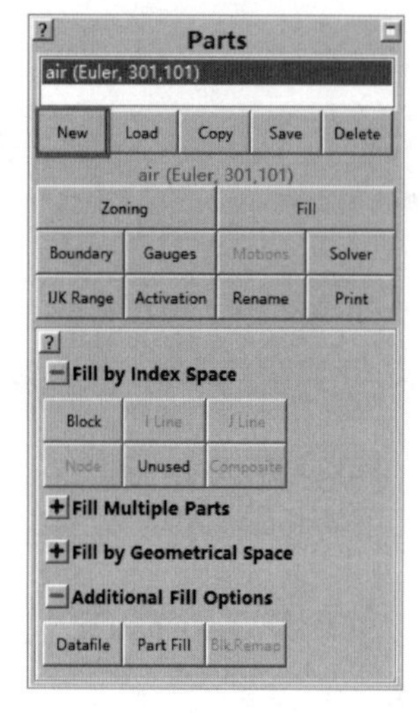

图 10-83　单击“New”按钮

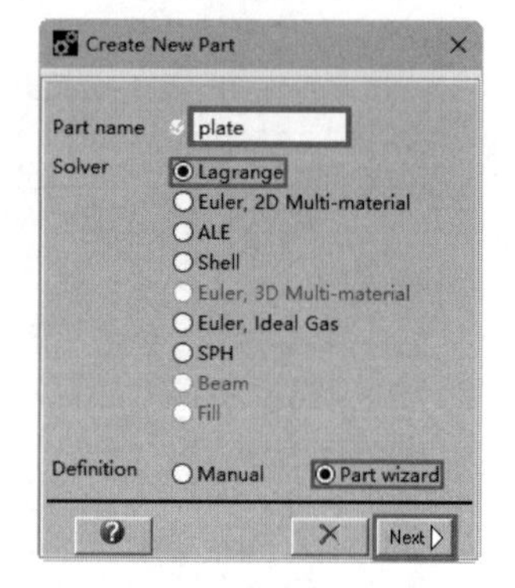

图 10-84　“Create New Part”对话框

打开“Select Predef”（选择预定义）和“Define Geometry”（定义几何）窗口，在“Select Predef”（选择预定义）窗口中选择 Box（方形）按钮Box，在“Define Geometry”（定义几何）窗口中依次输入“60.000000”“0.000000”“30.000000”和“40.000000”，如图 10-85 所示。然后单击“Next”（下一步）按钮Next，打开“Define Zoning”（划分网格）窗口，在该窗口中的“Cell in I direction”（I 方向单元）文本框中输入“60”，在“Cell in J direction”（J 方向单元）文本框中输入“80”，零件的节点数和单元数显示在对话框上面，如图 10-86 所示。

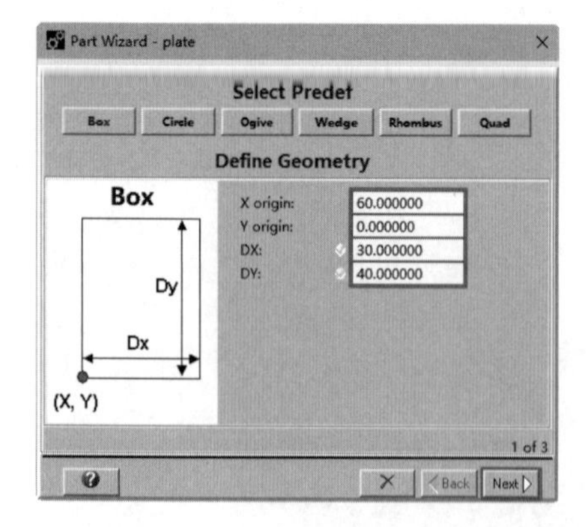

图 10-85　“Select Predef”和“Define Geometry”窗口

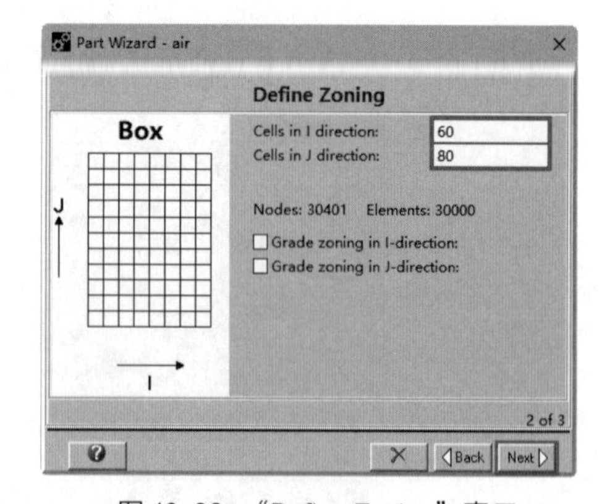

图 10-86　“Define Zoning”窗口

继续单击“Next”（下一步）按钮Next，打开“Fill part”（填充零件）窗口，通过此窗口填充零件。不要选中“Fill with Initial Condition S”（用初始条件填充）复选框，选择“Materia”（材料）为“STEEL S-7”材料，如图 10-87 所示。单击“OK”按钮✓，完成钢板零件建立，此时

“Parts”（零件）面板如图 10-88 所示，生成的模型如图 10-89 所示。

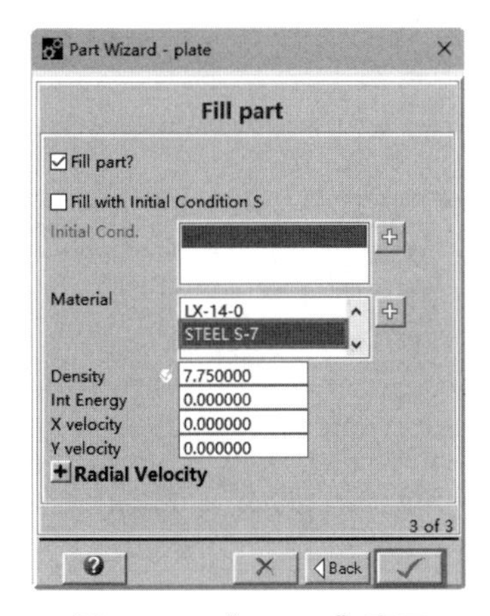

图 10-87　“Fill part”窗口

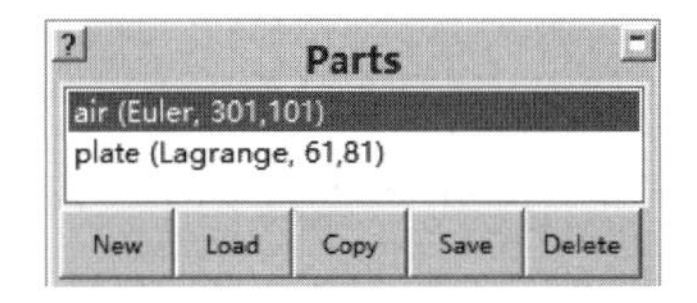

图 10-88　完成钢板创建的“Parts”面板

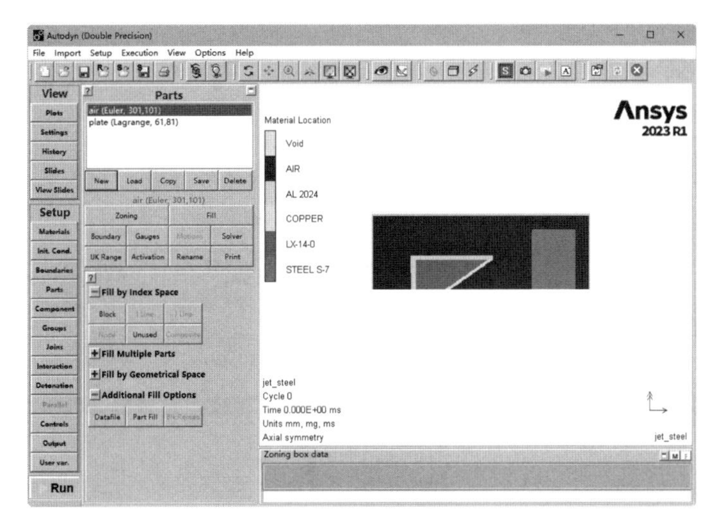

图 10-89　生成的钢板模型

在“Parts”（零件）面板中选择“plate（Lagrange，61，81）”零件，单击“Boundary”（边界）按钮Boundary，然后单击“J Line”按钮J Line，定义零件边界条件，如图 10-90 所示。打开“Apply Boundary to Part”（应用边界条件）对话框，如图 10-91 所示。在“From I”文本框中输入“1”，在“To I”文本框中输入“61”，在“From J”文本框中输入“81”，在“Boundary”（边界）下拉列表中选择“clamp”（夹紧）边界条件，然后单击“OK”按钮✓，完成钢板零件边界条件应用。

（8）选择输出节点

在“Parts”（零件）面板中选择“air（Euler，301，101）”零件，如图 10-92 所示，然后单击“Gauges”（高斯）按钮Gauges，在“Define Gauge Points”（定义高斯点）栏中勾选“Plot gauge poits”（显示高斯点），不勾选“Interactive Selection”（交互式选择）选项，单击“Add”（添加）按钮Add，打开“Modify Gauge Poits”（修改高斯点）对话框。添加需要输入的节点或者单元，第一个节点的设置如图 10-93 所示，单击“OK”按钮✓，添加第一个测量点，重复上述操作设置第二个节点，如图 10-94 所示，结果如图 10-95 所示。

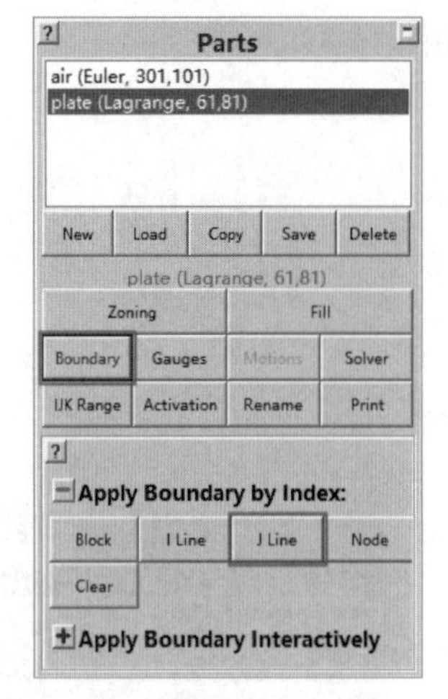

图 10-90　定义零件边界条件

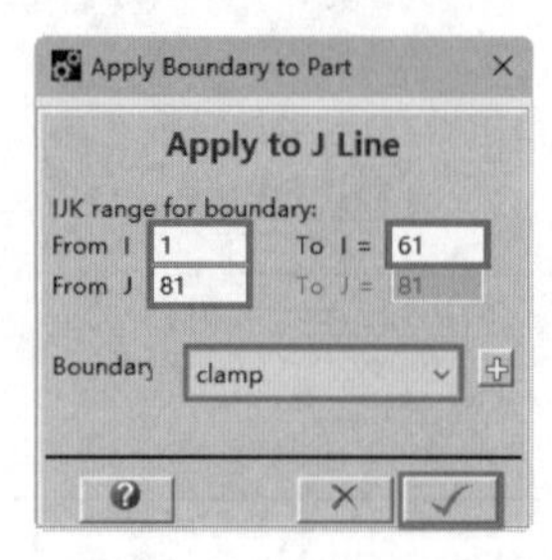

图 10-91　“Apply Boundary to Part”对话框

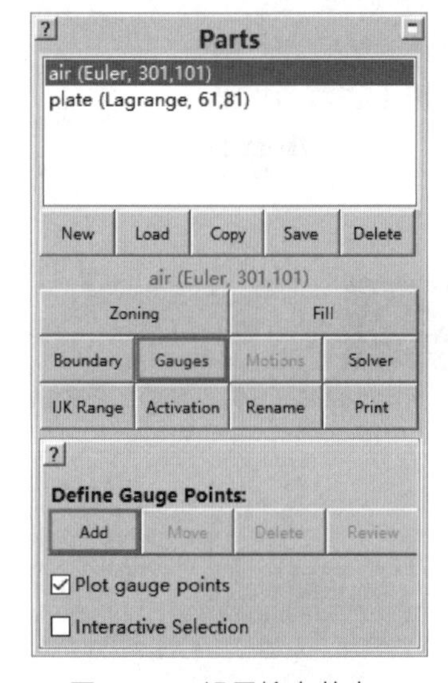

图 10-92　设置输出节点

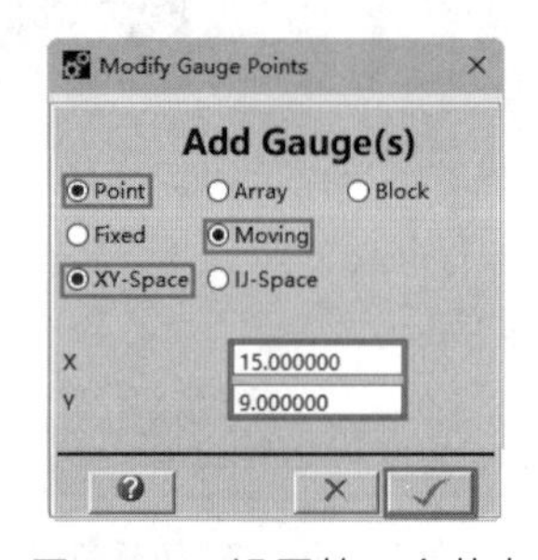

图 10-93　设置第一个节点

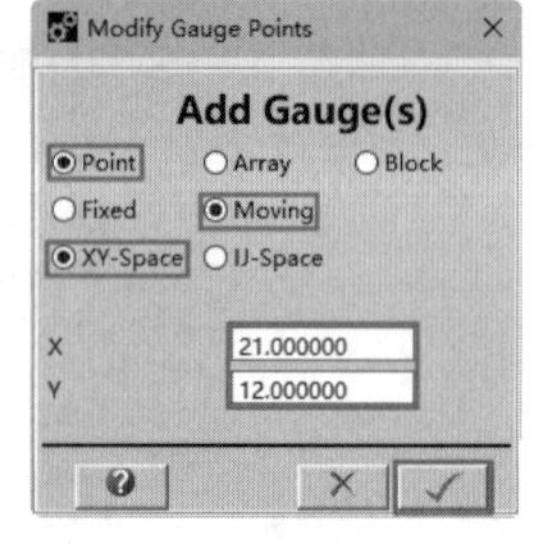

图 10-94　设置第二个节点

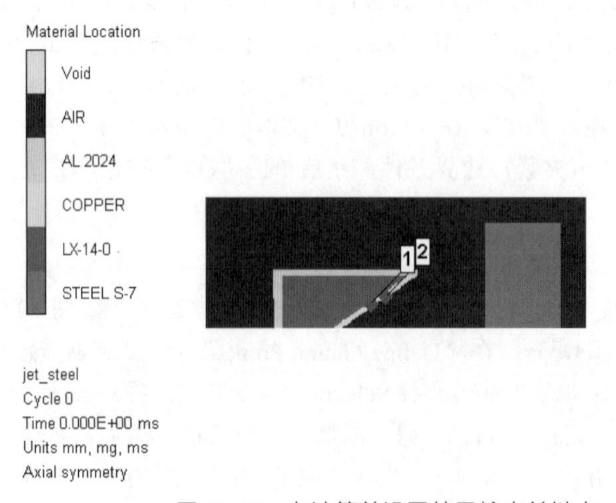

图 10-95　在计算前设置结果输出关键点

（9）设置接触

单击导航栏上的“Interaction”（接触）按钮 Interaction，打开“Interactions”（接触）面板，通过此面板定义接触，单击“Lagrange/Lagrange”（拉格朗日 / 拉格朗日）按钮 Lagrange/Lagrange，设置拉格朗日 / 拉格朗日接触方式，如图 10-96 所示。设置“Type”（类型）为“External Gap”（外部间隙）接触算法，单击“Calculate”（计算）按钮 Calculate ，系统会自动计算间隙值，结果如图 10-97 所示。

单击“Interaction”（接触）面板中的“Euler/Lagrange”（欧拉 / 拉格朗日）按钮 Euler/Lagrange，在“Select Euler/Lagrange Coupling Type”（选择耦合类型）列表中选择“Automatic（polygon free）”[自动（自由多边形）] 选项，系统会自动设置耦合，如图 10-98 所示。

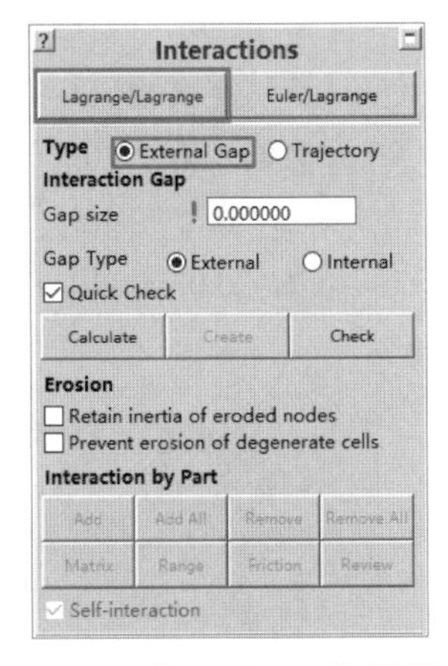

图 10-96　“Interactions”面板

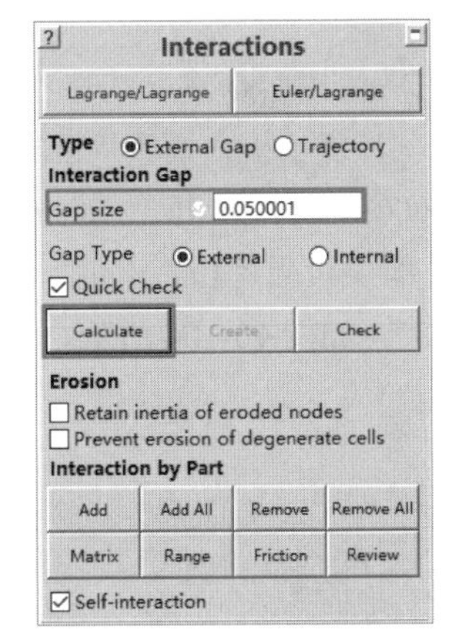

图 10-97　自动计算的间隙值

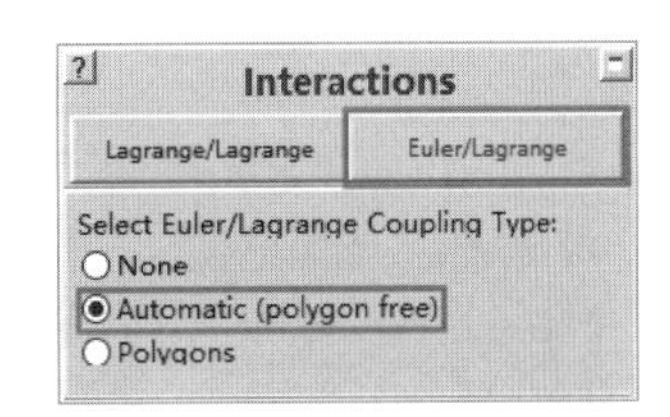

图 10-98　设置欧拉 / 拉格朗日接触

（10）设置起爆点

单击导航栏中的“Detonation”（爆炸）按钮 Detonation，打开“Detonation/Deflagration”（爆炸 / 爆燃）面板，通过该面板设置爆炸物的爆炸爆燃位置，如图 10-99 所示。单击“Point”（起爆点）按钮 Point，打开“Define detonations”（定义起爆点）对话框，如图 10-100 所示。输入起爆点坐标为“-20.000000”“0.000000”单击“OK”按钮 ✓，完成起爆点设置。

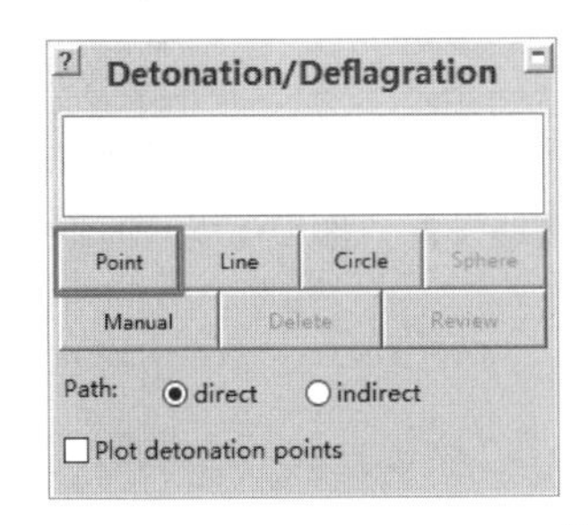

图 10-99　“Detonation/Deflagration”面板

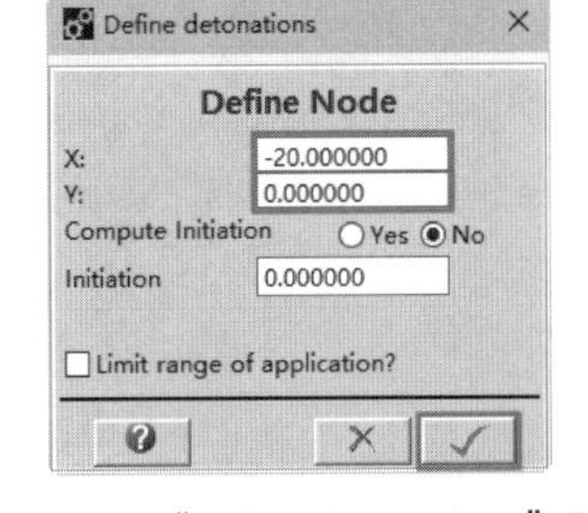

图 10-100　“Define detonations”对话框

可勾选“Detonation/Deflagration”（爆炸 / 爆燃）面板中的“Plot detonation points”（绘制起爆点），或者单击导航栏上的“Plots”（绘图）按钮 Plots，在“Additional components”（补充选项）列表中勾选“Detonation”（爆炸）复选框，显示起爆点位置，结果如图 10-101 所示。

图 10-101　显示起爆点位置

（11）设置求解控制

单击导航栏中的“Controls”（控制）按钮 **Controls**，打开“Define Solution Controls”（定义求解控制）面板，通过该面板为模型定义求解控制。设置“Wrapup Criteria”（终止标准）下面的参数，设置“Cycle limit”（循环限制）为“999999”，设置“Time limit”（时间限制）为“0.030000”，设置“Energy fraction”（能量分数）为“0.005000”，设置“Energy ref.cycle”（检查能量循环数）为“999999”，如图 10-102 所示。展开“Transport”（传递）栏，展开该选项的输入区，通过这些选项设置不同求解器的材料传递，在“ALE/Euler Energy”（ALE/ 欧拉能）下拉列表中选择“Internal”（内能），如图 10-103 所示，这个选项的作用是使传递中内能保持不变。其他的控制参数为默认值即可。

（12）设置输出

在导航栏中单击“Output”（输出）按钮 **Output**，打开“Define Output”（定义输出）面板，在 Save（保存）栏中选择“Time”（时间）复选框，设置“End time”（终止时间）为“0.030000”，设置“Increment”（增量）为“1.000000e-03”。展开“History”（历程）栏，在“History”（历程）栏中选择“Time”（时间）复选框，设置“End time”（终止时间）为“0.030000”，设置“Increment”（增量）为“1.000000e-03”，如图 10-104 所示。

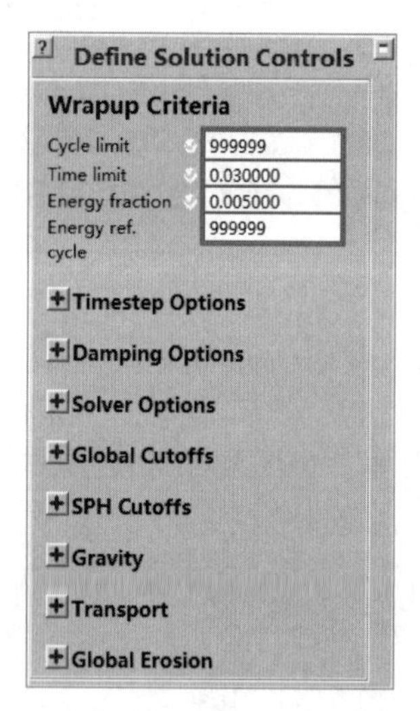

图 10-102 “Define Solution Controls”面板

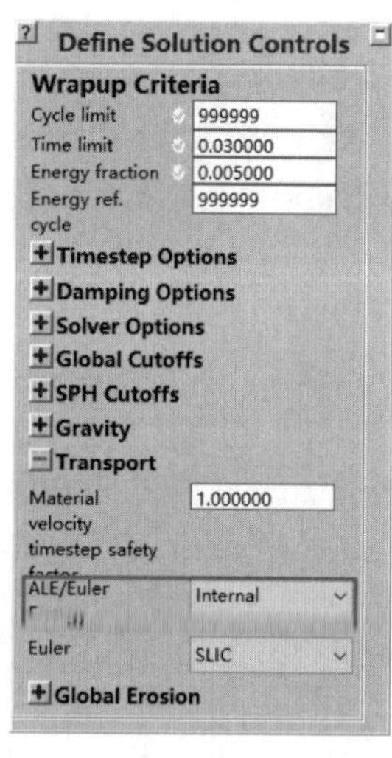

图 10-103 输出传递设置

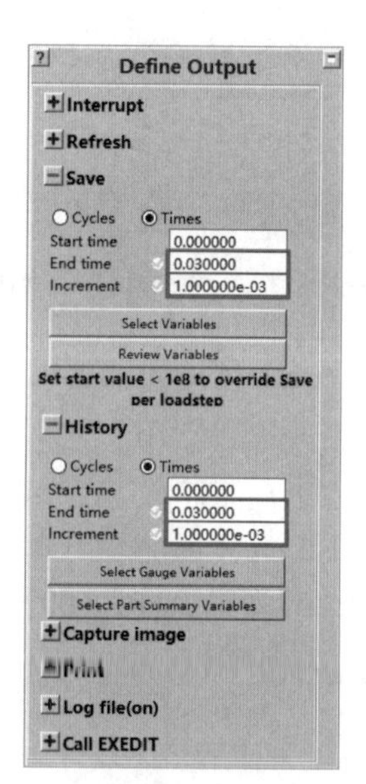

图 10-104 “Define Output”面板

（13）开始计算

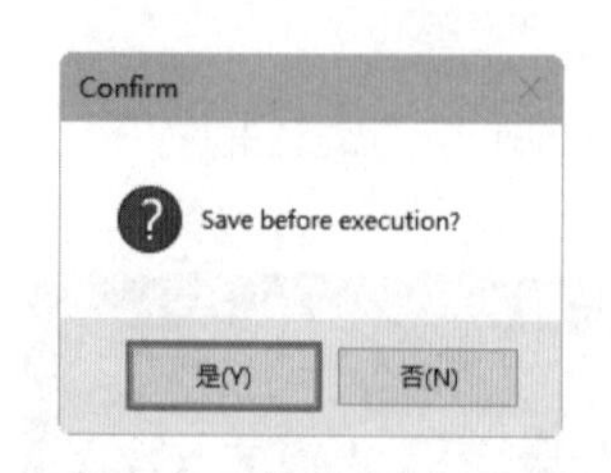

图 10-105 “Confirm”对话框

单击导航栏中的“Run”（运行）按钮 **Run**，打开“Confirm”（确认）对话框，如图 10-105 所示。单击“是”按钮 是(Y) 进行计算，在计算中每隔 0.001ms 对数据进行一次保存，在计算过程中可以随时单击“Stop”（停止）按钮 **Stop** 来停止计算，观测撞击过程及对数据进行读取，观测相关的计算曲线。Autodyn 软件可以十分方便地实现重启动任务。图 10-106 给出了聚能射流对钢板进行侵彻过程中，在 0.010ms、0.018ms、0.030ms 时撞击钢板的图像。

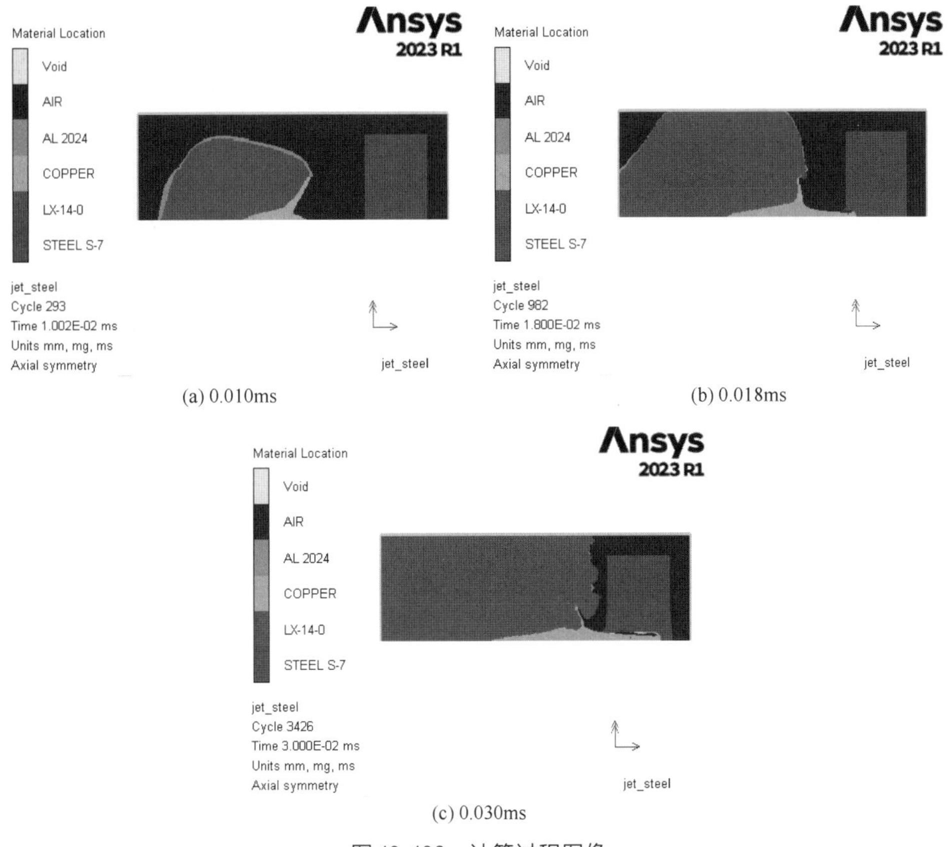

(a) 0.010ms　(b) 0.018ms　(c) 0.030ms

图 10-106　计算过程图像

（14）后处理

① 生成动画　单击工具栏中的“Capture sequence”（录制幻灯片）按钮，打开“Generate multiple slides”（生成多张幻灯片）对话框，如图 10-107 所示。在“Directory for model files”（模型文件目录）中选定存储目录，选取所有时刻，勾选“Create Merged Animation”（创建合并动画）复选框和“GIF”复选框，设置动画输出的格式为“*.GIF”，在“Frame”（帧）中设定图片输出的时间间隔为“0.100000”，如图 10-108 所示。单击“Start”（开始）按钮 Start，开始生成 GIF 图像动画，单击“Stop”（停止）按钮 Stop 可停止输出，生成的动画文件“jet_steel.gif”可以在选定的存储目录中找到。如果勾选“AVI”复选框，动画输出的格式为“*.avi”，如图 10-109 所示。单击“Start”（开始）按钮 Start 后，会打开“Choose Compression”（选择压缩）对话框，如图 10-110 所示。在“压缩程序”列表中选择“Microsoft Video 1”，单击“确定”按钮 确定 完成动画的生成，“jet_steel.avi”动画会被保存在选定的存储目录中，然后单击“Cancel”（取消）按钮 × 关闭该对话框。

② 射流侵彻钢板状态　单击导航栏中的“Plots”（绘图）按钮 Plots，打开“Plots”（绘图）面板，在“Fill type”（填充类型）栏中选择“Material Location”（本地材料），如图 10-111 所示。单击展开按钮 >，打开“Material Plot Settings”（设置材料显示）对话框，如图 10-112 所示，在“Material visbility”（材料可见性）列表中勾选“COPPER”和“STEEL S-7”两个复选框，单击“OK”按钮 ✓。

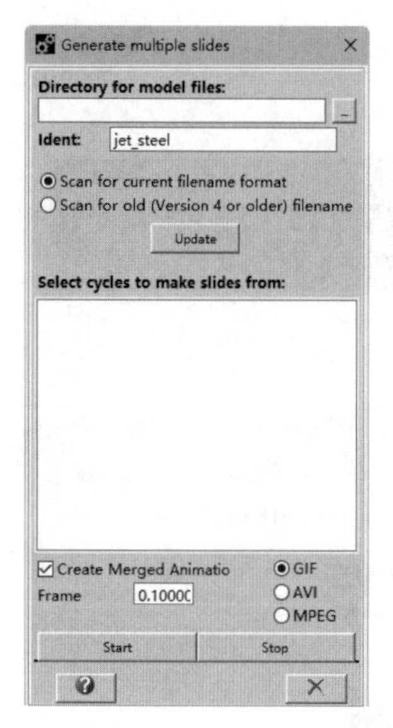

图 10-107 “Generate multiple slides”对话框

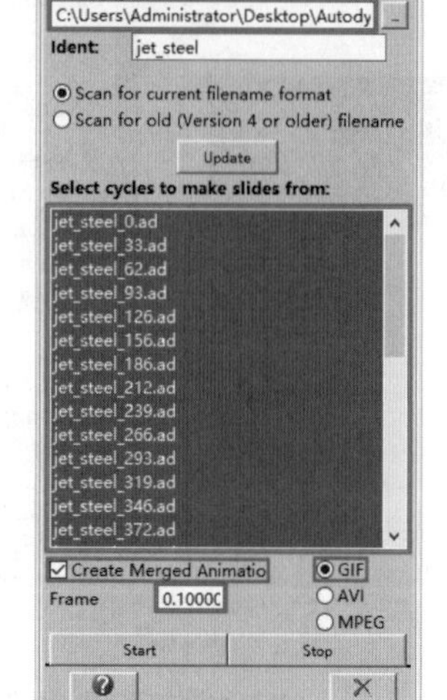

图 10-108 创建动画设置

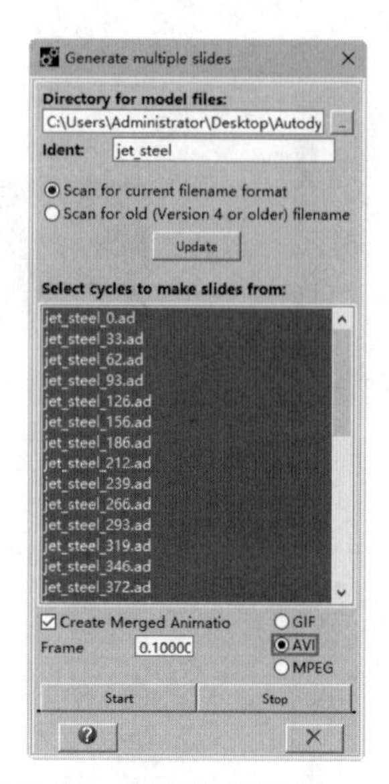

图 10-109 动画格式设置为 AVI

图 10-110 “Choose Compression”对话框

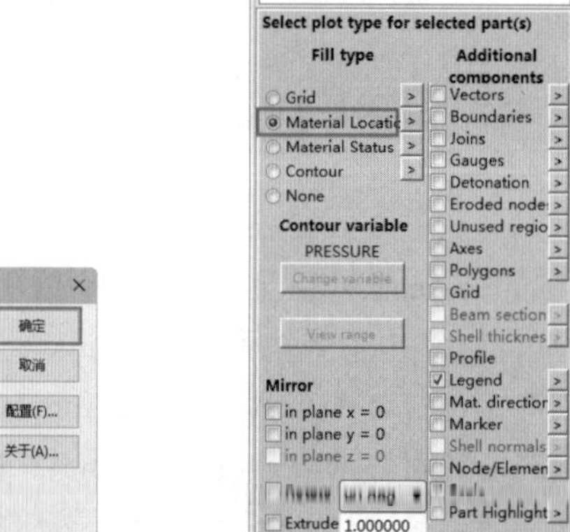

图 10-111 选择“Material Location”

图 10-112 “Material Plot Settings”对话框

在“Mirror”（镜像）栏中勾选“in plane y=0”复选框，设置镜像，如图 10-113 所示。

单击工具栏中的“Capture sequence”（录制幻灯片）按钮，打开“Generate multiple slides”（生成多张幻灯片）对话框。在“Directory for model files”（模型文件目录）中选定存储目录，选取所有时刻，勾选“Create Merged Animation”（创建合并动画）复选框和“GIF”复选框，在“Frame”（帧）中设定照片输出时间间隔为“0.100000”，单击“Start”（开始）按钮 Start，生成名为“jet_steel.gif”的动画文件，然后单击“Cancel”（取消）按钮，关闭该对话框。在导航栏中单击“Slides”（幻灯片）按钮 Slides，打开“Compose Slideshow”（幻灯片序列）面板，在左侧中间的列表框中显示当前幻灯片序列，初始状态下，幻灯片序列包含当前路径下所有符合查找类型要求的文件，按照字母数字的顺序排列。可以在相应的对话面板中选择不同时刻的幻灯片，在视图面板中观察聚能射流侵彻钢板状态，如图 10-114 所示。

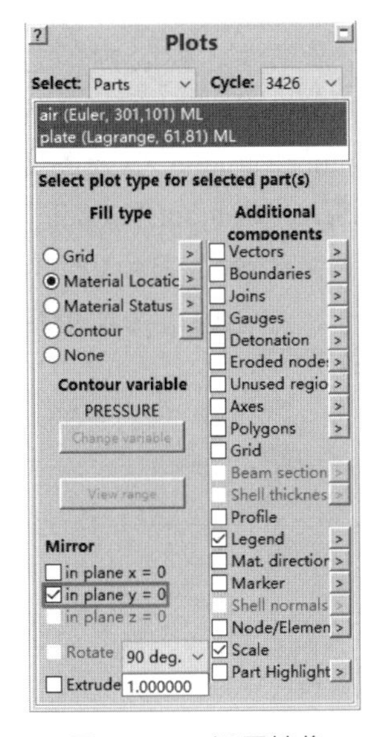

图 10-113　设置镜像

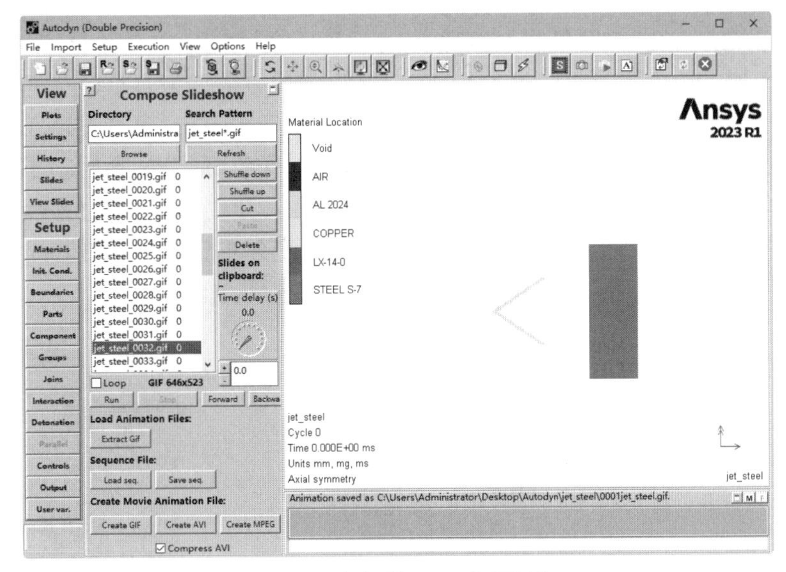

图 10-114　幻灯片设置对话面板

图 10-115 展示了射流在 0.015ms、0.020ms、0.024ms、0.030ms 时侵彻钢板的状态图，从图中可以看出，射流侵彻的孔径要大于射流的直径，随着时间的不断增加，由于射流挤压钢板时，头部速度降低和能量传递导致后继的射流不断堆积，射流的直径将会逐渐增大，慢慢堆积满前端部分的侵彻孔。钢板材料在射流的猛烈挤压下，不仅密度有所增加，而且向边界挤出。

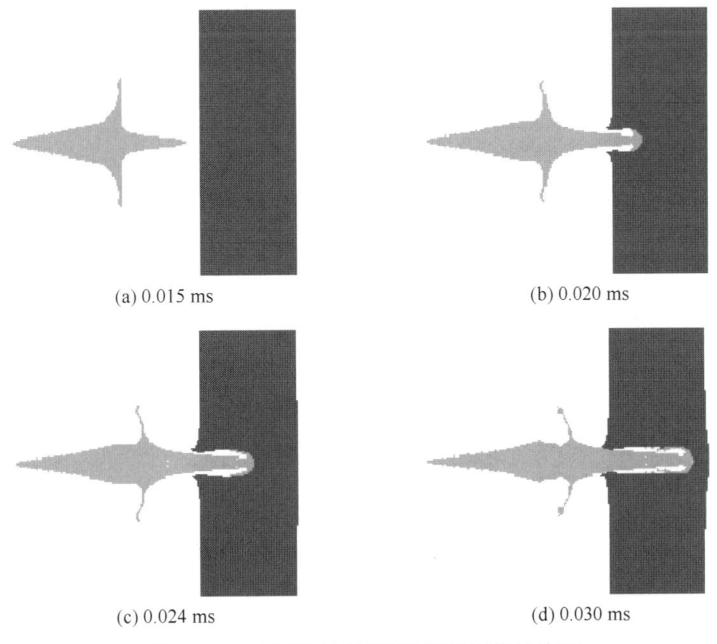

(a) 0.015 ms　(b) 0.020 ms　(c) 0.024 ms　(d) 0.030 ms

图 10-115　不同时刻射流侵彻钢板的状态图

③ 聚能射流速度分布云图　单击导航栏中的“Plots”（绘图）按钮 **Plots**，打开“Plots”面

板，在“Cycle”（循环）下拉列表中选择“424”，在“Fill type”（填充类型）栏中选择“Material Location”（本地材料），如图 10-116 所示。单击展开按钮 >，打开如图 10-117 所示的“Material Plot Settings”（设置材料显示）对话框，在“Material visbility”（材料可见性）列表中勾选“COPPER”复选框，单击“OK”按钮 ✓，关闭该对话框，然后在“Plots”（绘图）面板中的“Fill type”（填充类型）栏中选择“Contour”（云图）复选框，在“Contour variable”（云图变量）中单击“Change variable”（更改变量）按钮 Change variable，打开“Select Contour Variable”（选择云图变量）对话框，如图 10-118 所示。在“Variable”（变量）列表中选择“ABS. VEL”，单击“OK”按钮 ✓，绘制聚能射流速度分布云图，如图 10-119 所示，在图中可知起爆后 0.015ms 时，聚能射流头部速度最高达到了 4.75km/s。

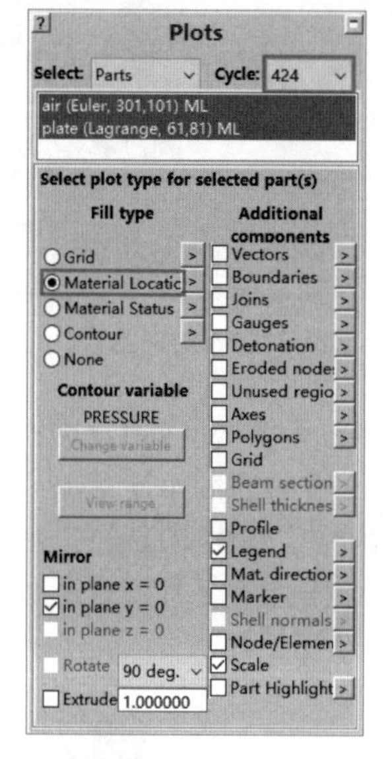

图 10-116　“Plots”面板

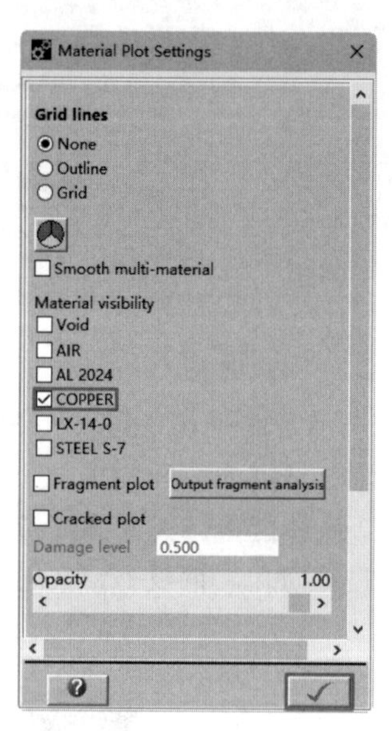

图 10-117　“Material Plot Settings”对话框

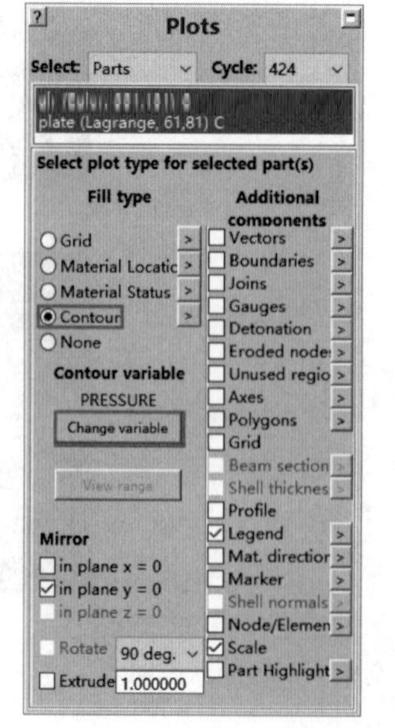

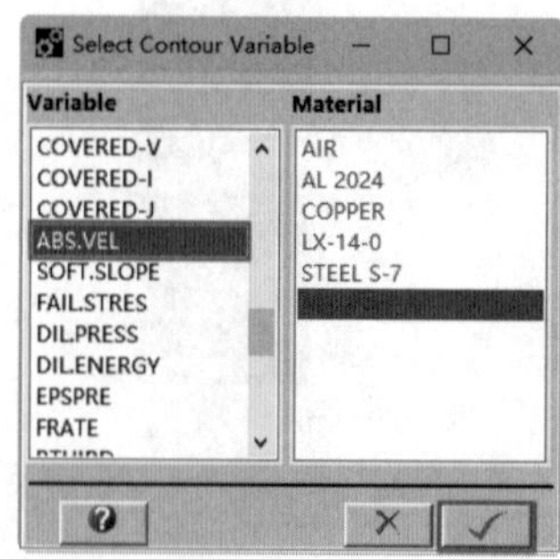

图 10-118　选择云图变量对话框

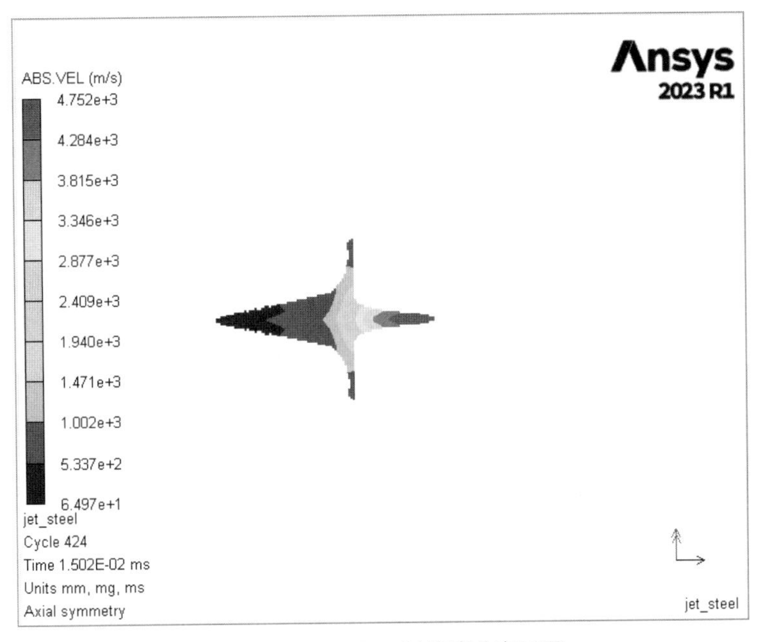

图 10-119　0.015ms 时速度分布云图

④ 生成速度变化曲线图　单击导航栏上的“History”（历程）按钮History，打开“History Plots”（时间历程图）面板，选择“Gauge points”（高斯点），然后单击“Single Variable Plots”（单变量显示）按钮Single Variable Plots，如图 10-120 所示，打开如图 10-121 所示的“Single Variable Plot”（单变量显示）对话框。在对话框的左边选择“Gauge#1”，在右边的“Y Var”栏内选择“ABS. VEL”，在“X Var”栏内选择“TIME”，单击“OK”按钮✓，得到了聚能射流上节点 1 的速度随时间变化的曲线图，如图 10-122 所示。

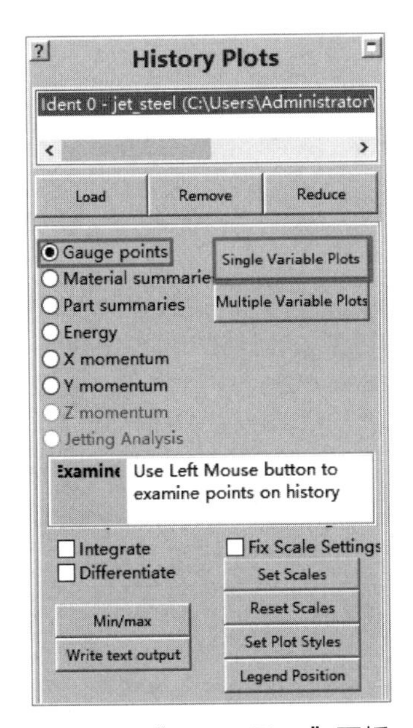

图 10-120　“History Plots”面板

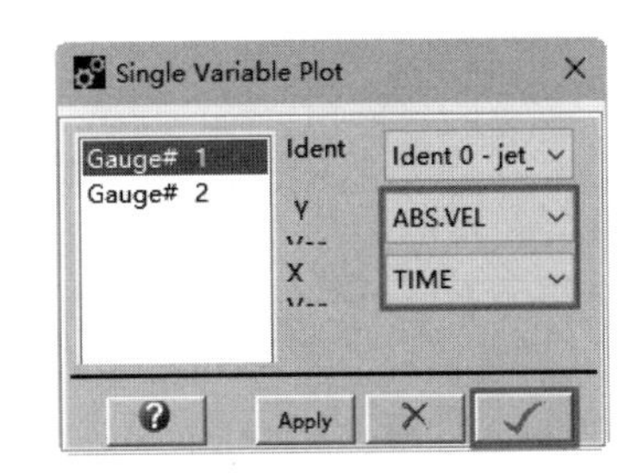

图 10-121　“Single Variable Plot”对话框

按照同样的方法，可以绘制聚能射流上的节点 2 的速度变化曲线，如图 10-123 所示。

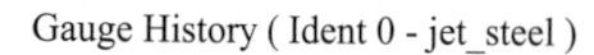

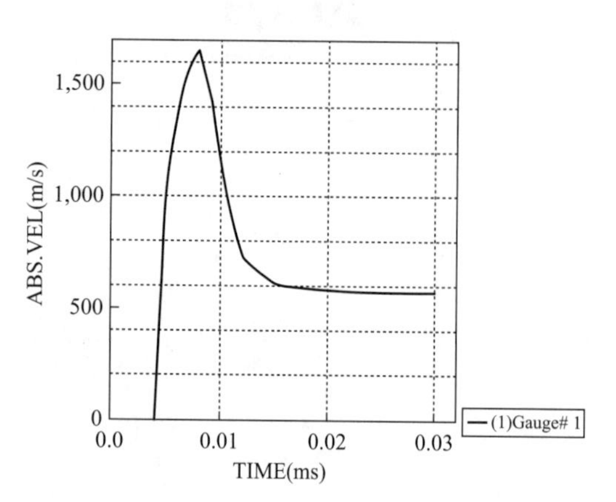

图 10-122　节点 1 的速度随时间变化的曲线

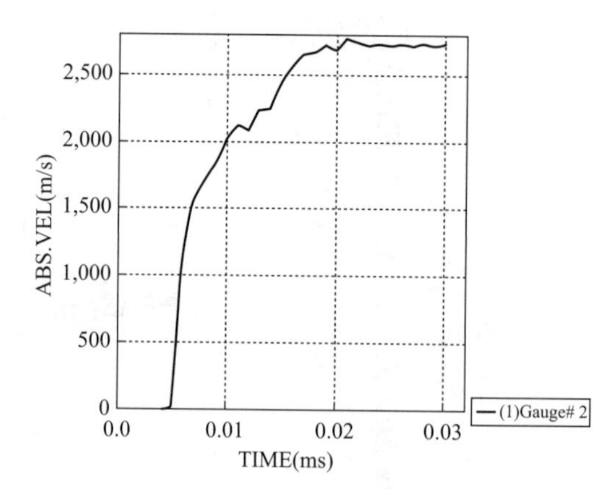

图 10-123　节点 2 的速度随时间变化曲线

单击导航栏中的“Plots”（绘图）按钮**Plots**，打开“Plots”面板，在“Cycle”下拉列表中选择“3426”，在“Fill type”（填充类型）栏中选择“Material Location”（本地材料），在“Additional components”（补充选项）栏中选择“Gauges”（高斯），如图 10-124 所示。单击“Material Location”（本地材料）旁边的展开按钮 >，打开如图 10-125 所示的“Material Plot Settings”（设置材料显示）对话框，在“Material visbility”（材料可见性）列表中勾选“COPPER”复选框，然后单击“OK”按钮 ✓，关闭该对话框。在“Plots”（绘图）面板中的“Fill type”（填充类型）栏中选择“Contour”（云图）复选框，在“Contour variable”（云图变量）中单击“Change variable”（更改变量）按钮**Change variable**，打开“Select Contour Variable”（选择云图变量）对话框，如图 10-126 所示。在“Variable”（变量）列表中选择“ABS. VEL”，单击“OK”按钮 ✓，得到聚能射流速度分布云图，如图 10-127 所示。在起爆后 0.030ms 时，节点 1 位于聚能射流的杵体中，节点 2 位于聚能射流头部。

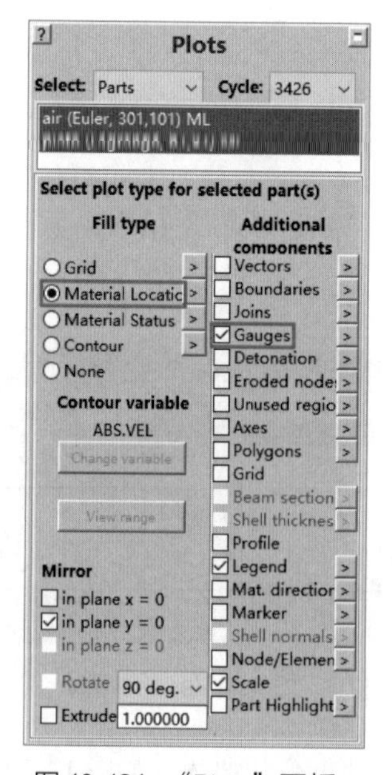

图 10-124　“Plots”面板

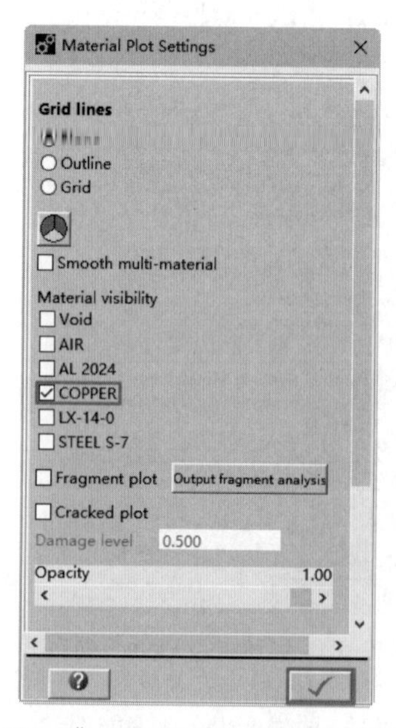

图 10-125　“Material Plot Settings”对话框

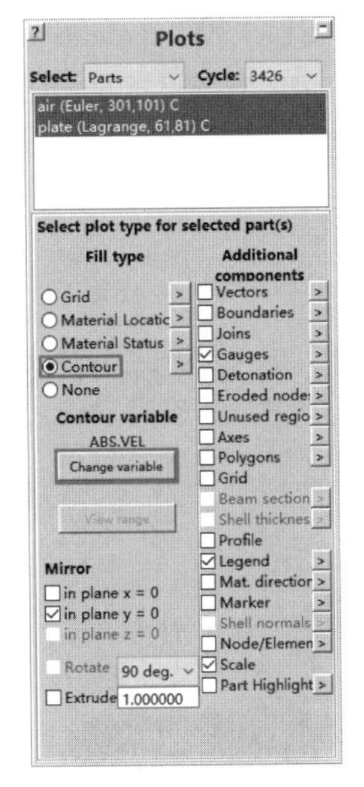

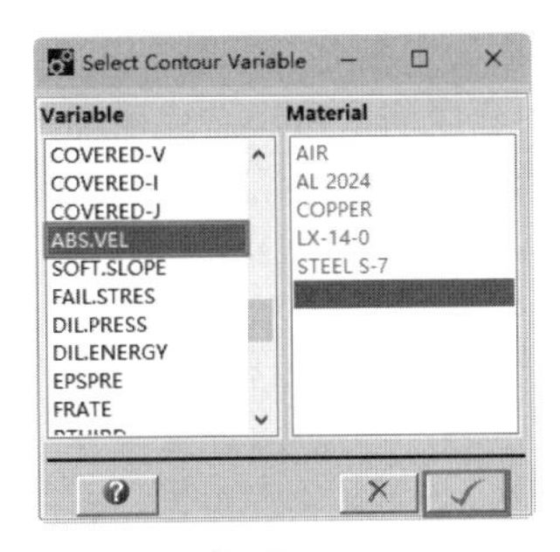

图 10-126　速度云图设置对话框

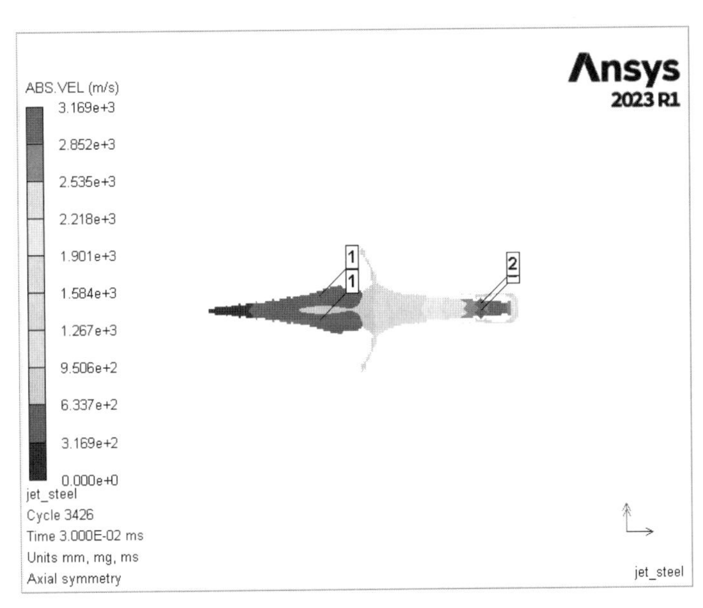

图 10-127　0.030ms 时速度分布云图

在节点 1、2 的速度随时间变化的曲线图中可知，节点 1 观察点在杵体中，在约 0.008ms 时发生了速度骤降。节点 2 观察点在约 0.020ms 时发生了速度下降，这是由于射流在侵彻钢板的过程中，其头部射流受到钢板的阻挡速度不再快速增加而是开始下降到 3.2km/s 以下，通过相互挤压将自身的动能转化为钢板的内能，这样在头部产生更多地堆积并向后延伸，后继的射流微元也受其影响速度下降。

10.3　爆炸成型弹丸成型及侵彻数值仿真

扫码看视频

本节采用 Autodyn 软件分析爆炸成型弹丸成型及侵彻靶板的过程，数值分析中空气、药型罩和炸药采用 Euler（欧拉）单元建模，靶板采用 Lagrange（拉格朗日）单元建模。爆炸成型弹丸与靶板的接触采用 Euler-Lagrange（欧拉 - 拉格朗日）算法进行计算，计算模型为二维平面模型。计算过程包括算法选择、材料的定义、初始与边界条件设置、模型的创建、结果后处理分析等。

10.3.1 问题的描述

爆炸成型弹丸（explosively formed projectile，EFP）是聚能装药技术的重要分支，其基本原理是利用聚能效应，通过高温高压作用将高能炸药在爆轰时释放出来的化学能转化为药型罩的动能和塑性变形能，使金属药型罩锻造成所需形状的高速 EFP 从而以自身的动能侵彻目标。EFP 成型过程如图 10-128 所示。

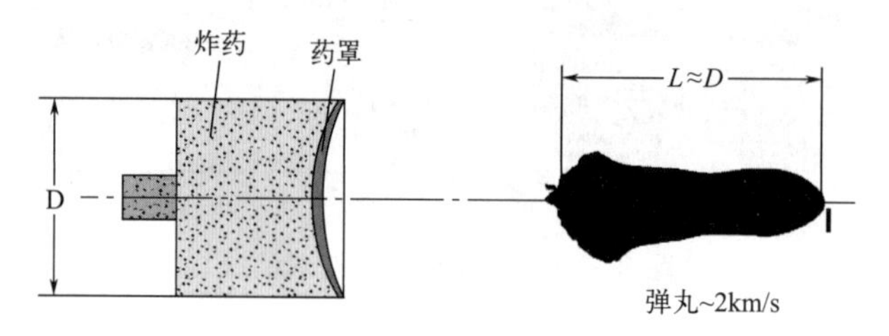

图 10-128 爆炸成型弹丸成型示意图

与射流相比，爆炸成型弹丸具有速度低、形状粗短、质量大、穿透深度浅而后效大等特点，而且改变炸高时穿透深度变化不明显，适用于大炸高下侵彻，侵彻性能受弹丸旋转的影响也较小。爆炸成型弹丸的形状和侵彻性能，主要取决于药型罩与装药的几何形状、性能和初始爆轰波阵面的形状及壳体等。在近距离上，穿透深度一般为一倍装药直径以上，在远距离上，穿透深度则有所下降，这主要是由于爆炸成型弹丸外形不理想，空气阻力较大，降速较大造成的。爆炸成型弹丸主要应用于反坦克炮弹、导弹、航空炸弹、地雷和末端敏感弹药等，特别是在末敏战斗部上得到广泛应用。末端敏感弹药又称"敏感器引爆弹药"，简称"末敏弹"或"现代末敏弹"或"炮射末敏弹"，是一种能够在弹道末段探测出目标的存在，并使战斗部朝着目标方向爆炸的现代弹药，主要用于自主攻击装甲车辆的顶装甲，具有作战距离远、命中概率高、毁伤效果好、效费比高等优点。末敏弹其实就是取消了传输系统、动力系统和姿态控制系统的制导炮弹，严格意义上并未超出子母弹范畴。它完全依靠空气动力圆锥扫描目标区，依靠红外 / 毫米波器件感知目标，依靠爆炸成型弹丸打击目标，从而大幅度地降低了造价，简化和提高了作战效率。末敏弹通常与常规炮弹外形一致，由母弹和发射装药组成。母弹包括弹体、时间引信、抛射机构、末敏子弹等。末敏子弹由减速减旋与稳态扫描系统、敏感器系统、中央控制器、爆炸成型战斗部、弹上电源等组成。破甲战斗部的起爆高度只适合在极近距离也就是 10 倍口径以内，超出这个距离的作用威力可以忽略不计。末敏弹需要在百米距离上摧毁目标，只能采取远距离作用的爆炸成型弹丸战斗部，如果把聚能战斗部的药型罩锥角做成大于 90°，在爆轰载荷作用下药型罩不再产生正常的金属射流，而是形成一个短粗的高速侵彻杵体，这就是爆炸成型弹丸。通常使用重金属来制造金属药型罩，现在的发展趋势是用钽来制造药型罩。钽的熔点约为 3000℃，不会在炸药爆燃中液化，能维持一定的硬度，形成的弹丸初速在 1400 ～ 3000m/s 之间，能够在大炸高依靠其动能击穿装甲。并能在 1000 倍口径距离上保持完整的穿甲弹丸特性，弹丸形状不随炸高变化。现代爆炸成型弹丸已经达到 0.7 ～ 0.9 倍口径的穿甲威力，即 155mm 末敏弹通常可以穿透 125mm 左右的均质装甲，已经远远大于现今主战坦克的顶装甲厚度。

EFP 的成型和对装甲靶板的侵彻均涉及材料高温、高压、高应变率和大变形的复杂热力耦合作用过程，仅靠理论分析和试验研究很难认识整个作用过程。因此，采用 Autodyn 数值模拟软件，对 EFP 的成型及其对均质装甲铝合金靶板的侵彻过程进行仿真分析，研究 EFP 成型以及对铝合金靶板的侵彻能力，为 EFP 战斗部设计提供数据支持。本例仿真末敏弹装药直径为 150mm，EFP 药型罩为钽，靶板结构为 20mm 厚铝合金板，仿真模型为轴对称结构，因而建立 1/2 的 2D 模型仿真。

10.3.2 模型分析及算法选择

（1）模型分析

数值仿真的动力学模型由空气、药型罩、炸药、靶板 4 个部分组成。所用的材料均直接从 Autodyn 材料数据库中获得。模拟所用药型罩材料选用材料库中的 COPPER（铜），铝合金靶材料选用材料库中 AL 2024（铝 2024）材料模型，空气选用理想气体状态方程，炸药选用 COMP B，炸药采用 JWL 状态方程。

（2）算法选择

末敏弹战斗部 EFP 的成型过程数值仿真在 Autodyn 软件上进行，由于 EFP 成型过程涉及炸药爆炸和药型罩反转、拉伸等大变形行为，Lagrange（拉格朗日）方法难以准确模拟，只能采用多物质 Euler（欧拉）算法。对于多物质 Euler 算法除了聚能装置外，还需建立足以覆盖整个弹丸范围的空气网格，并且在模型的边界节点上施加压力流出边界条件，避免压力在边界上的反射。

10.3.3 Autodyn 建模分析过程

（1）启动 Autodyn 软件，建立新模型

在 Ansys 2023 的安装文件夹下按 C：\Program Files\Ansys Inc\v231\aisol\AUTODYN \winx64 路径找到 Autodyn 的文件夹，会看到文件夹所包含的文件 autodyn.exe，双击 autodyn.exe 将软件打开。

单击工具栏中的“New Model”（新建模型）按钮或选择“File”（文件）下拉菜单中的“New”（新建）命令，如图 10-129 所示。打开“Create New Model”（新建模型）对话框，如图 10-130 所示，单击“Browse”（浏览）按钮 Browse，打开“浏览文件夹”对话框，如图 10-131 所示，按提示选择文件输出目录 C：\Users\Administrator\Desktop\Autodyn\efp_target，然后单击“确定”按钮 确定，返回“Create New Model”（新建模型）对话框，在“Ident”（标识）文本框中输入“efp_target”，在“Heading”（标题）文本框中输入“efp_target”。选择“Symmerty”（对称性）为“2D”“Axial”（轴对称）。设置“Units”（单位制）为默认的“mm、mg、ms”。单击“OK”按钮 ✓，如图 10-132 所示，创建新模型。

（2）修改背景颜色

单击导航栏中的“Settings”（设置）按钮 Settings，打开“Plot Type Settings”（显示类型设置）面板，如图 10-133 所示。在“Plot Type”（绘图类型）下拉列表中选择“Display”（显示）选项，在“Background”（背景）下拉列表中选择“White”（白色），去掉勾选“Graded Shading”（渐变）复选框，如图 10-134 所示。

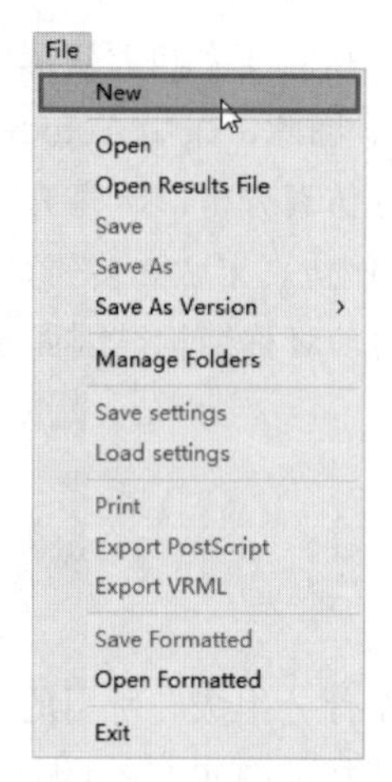

图 10-129　新建文件

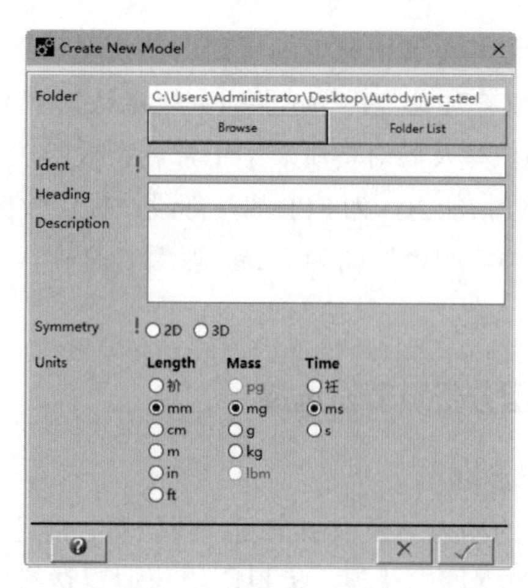

图 10-130　“Create New Model”对话框

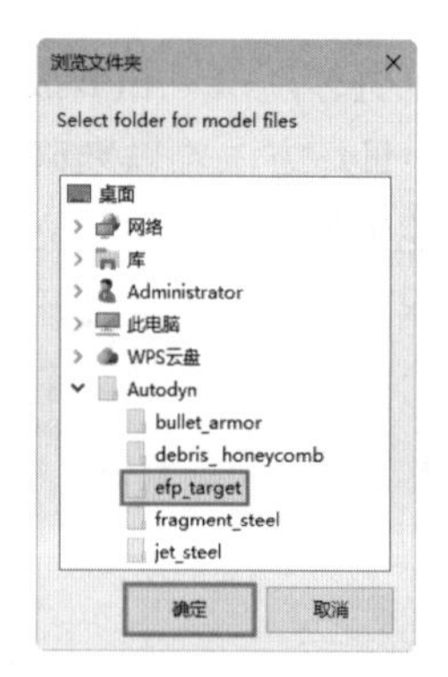

图 10-131　浏览文件夹对话框

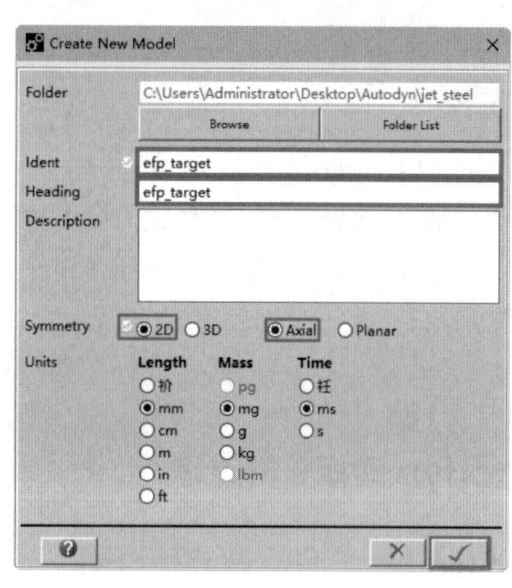

图 10-132　创建新模型设置

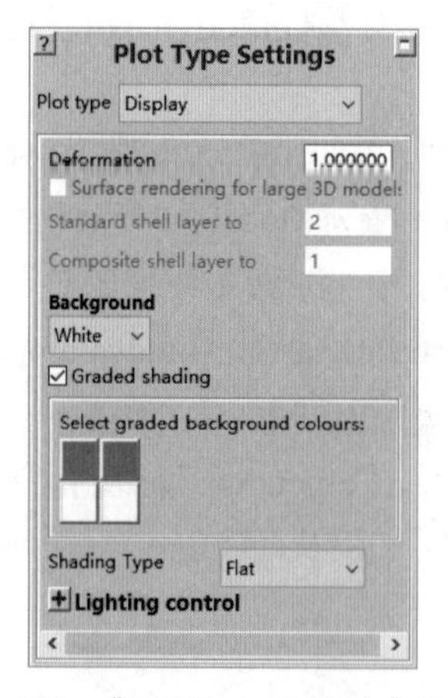

图 10-133　“Plot Type Settings”面板

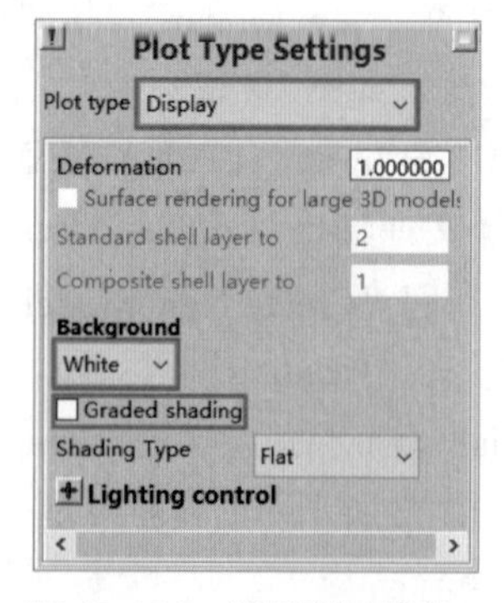

图 10-134　设置背景颜色

（3）定义模型中使用的材料

① 加载材料数据　单击导航栏中的“Materials”（材料）按钮**Materials**，打开“Material Definition”（定义材料）面板，如图 10-135 所示。在该面板中单击“Load”（加载）按钮**Load**，

打开“Load Material Model”（加载材料模型）对话框，如图 10-136 所示，在该对话框中可以加载模型需要的材料。

依次选择材料“AIR（Ideal Gas，None，None）”“AL 2024（Shock，None，None）”“COMP B（JWL，None，None）”“TANTALUM（Shock，Steinberg Guinan，None）”，单击“OK”按钮，完成加载，返回到“Material Definition”（定义材料）面板，在该面板中可以查看选择的材料类型，结果如图 10-137 所示，还可以根据需要修改参数。

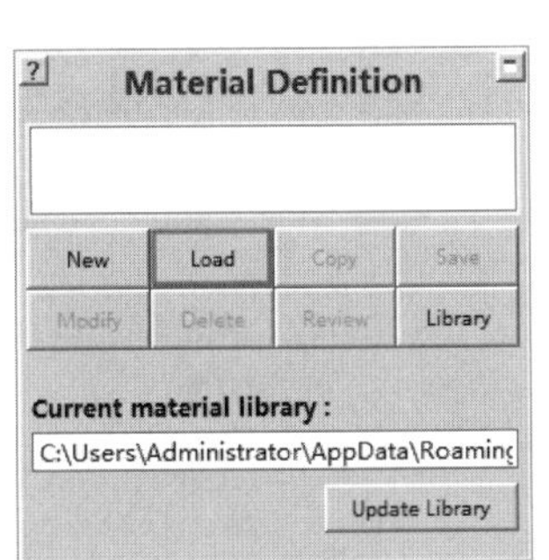

图 10-135　“Material Definition”面板

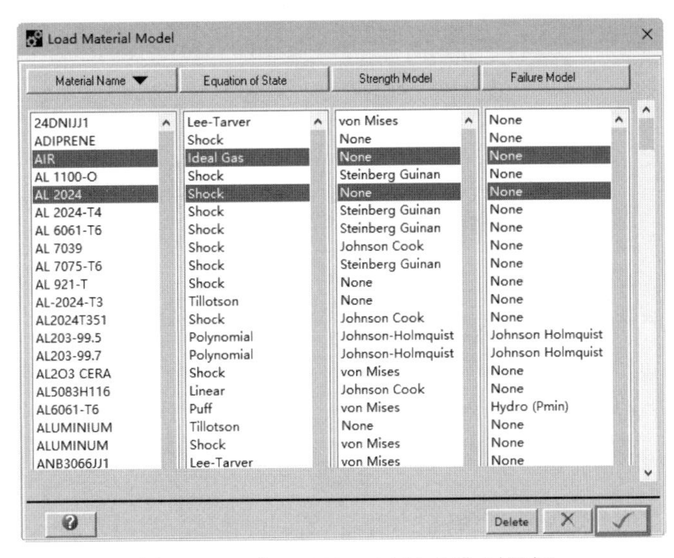

图 10-136　“Load Material Model”对话框

② 改进铝模型　在“Material Definition”（定义材料）面板中选择“AL 2024”材料，如图 10-138 所示，然后单击“Modify”（修改）按钮Modify，打开“Material Data Input-AL 2024”（输入材料参数）对话框。展开“Erosion”（侵蚀）栏，修改“Erosion”（侵蚀）为“Geometric Strain”（几何应变），设置“Erosion Strain”（侵蚀应变）值为“1.500000”，如图 10-139 所示，单击“OK”按钮，完成材料的修改。

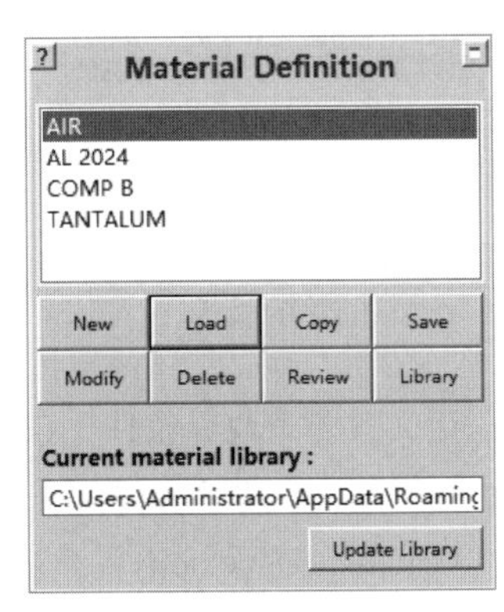

图 10-137　加载材料后的面板

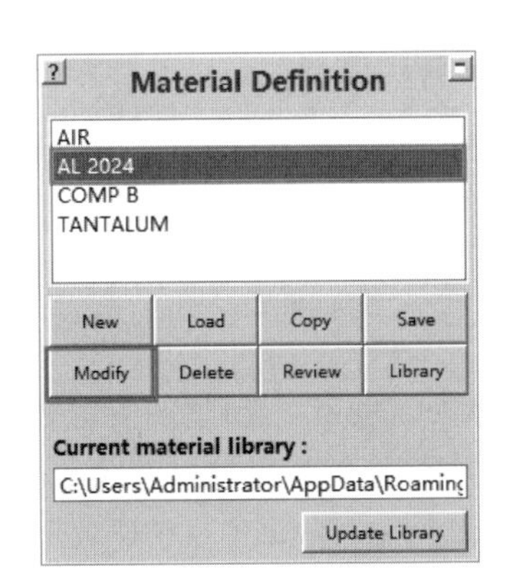

图 10-138　选择修改的材料

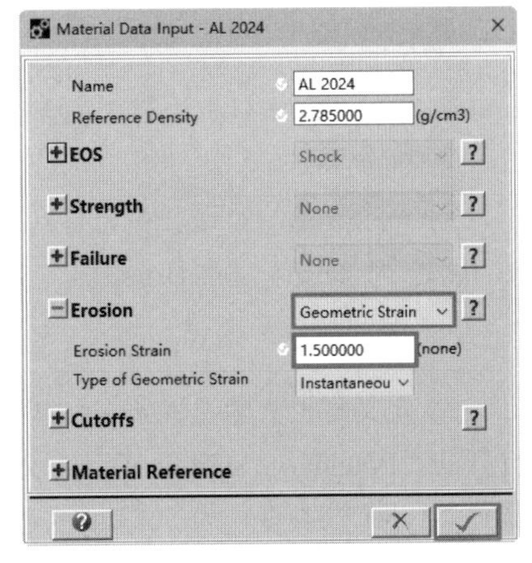

图 10-139　“Material Data Input-AL 2024”对话框

（4）定义空气初始条件

单击导航栏上的“Int.Cond.”（初始条件）按钮**Init. Cond.**或者单击“Setup”（设置）下拉菜单中的“Initial Conditions”（初始条件）命令，打开“Initial Conditions”（定义初始条件）面板，如图 10-140 所示。在该面板中单击“New”（新建）按钮**New**，打开“New Initial Condition”（新建初始条件）对话框，在该对话框中的“Name”（名称）文本框中输入“air”（空气），选中“Include Material”（包括材料）选项，并选择“Material”（材料）为“AIR”，设置“Internal”（内能）为“2.068000e+05”，其余为默认选项，如图 10-141 所示。单击“OK”按钮✓，完成初始条件设置，结果如图 10-142 所示。

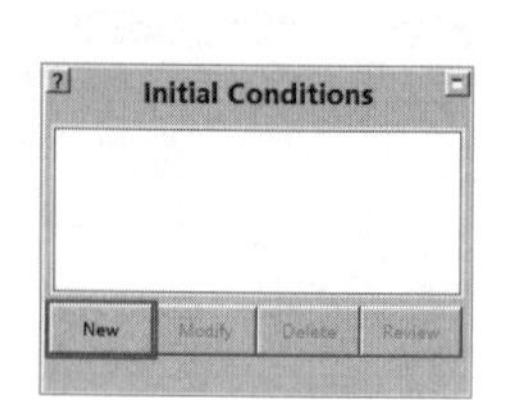

图 10-140 “Initial Conditions”面板

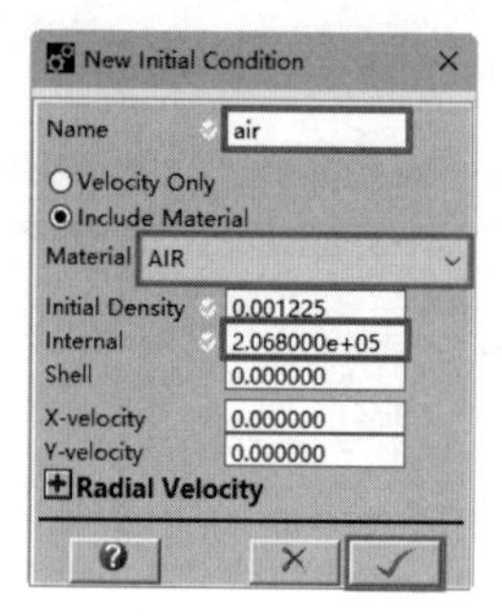

图 10-141 “New Initial Condition”对话框

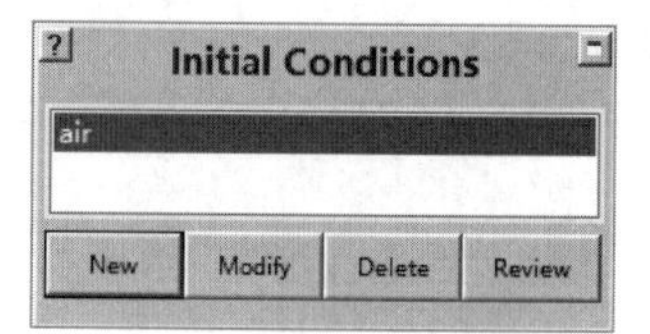

图 10-142 完成初始条件创建的面板

（5）定义边界条件

① 定义流出边界条件　单击导航栏上的“Boundaries”（边界条件）按钮**Boundaries**，打开“Boundary Definitions”（定义边界条件）面板，在该面板中单击“New”（新建）按钮**New**，如图 10-143 所示。打开“Boundary Definition”（定义边界条件）对话框，在“Name”（名称）文本框中输入“out”（出口），设置“Type”（类型）为“Flow_Out”（流出边界），设置“Sub option”（子选项）为“Flow out（Euler）”（欧拉流出边界），设置“Preferred Material”（首选材料）为“ALL EQUAL”（具有相同的传输条件），如图 10-144 所示。单击“OK”按钮✓，完成边界条件建立，结果如图 10-145 所示。

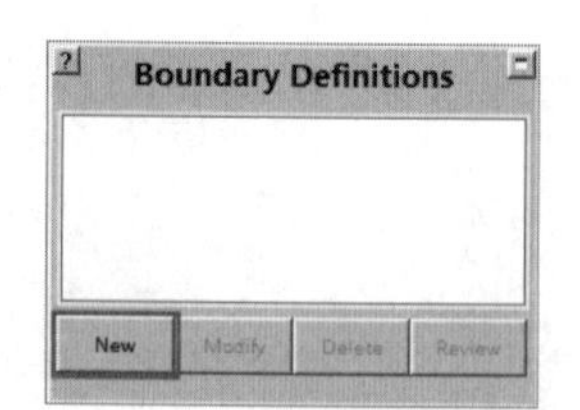

图 10-143 “Boundary Definitions”面板

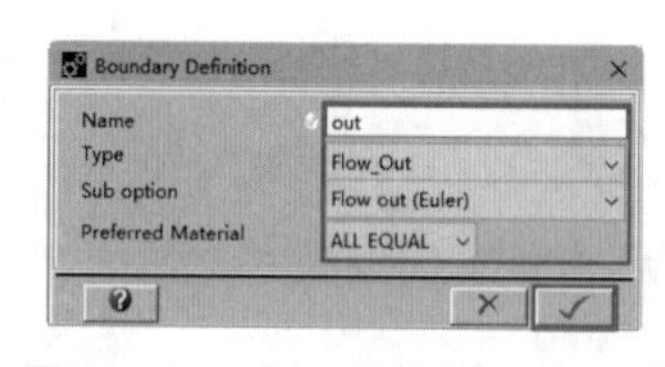

图 10-144 “Boundary Definition”对话框

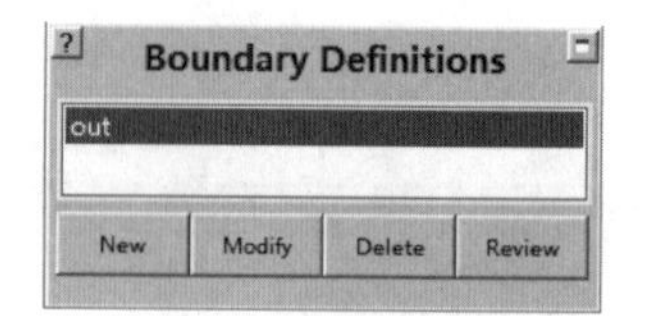

图 10-145 完成边界条件创建的面板

② 定义靶板夹紧边界条件　继续单击“New”（新建）按钮**New**，定义另一个边界条件，在打开的“Boundary Definition”（定义边界条件）对话框中，设置边界条件的名称为“clamp”（夹紧），“Type”（类型）为 Velocity（速度），“Sub Option”（子选项）为“General 2D Velocity”（常规 2D 速度），设置“Constant X-Velocity”（X 轴速度常量）和“Constant Y-Velocity”（Y 轴速度常量）都为“0.000000”，如图 10-146 所示。单击“OK”按钮✓，完成钢板夹紧边界条件建

立，结果如图 10-147 所示。

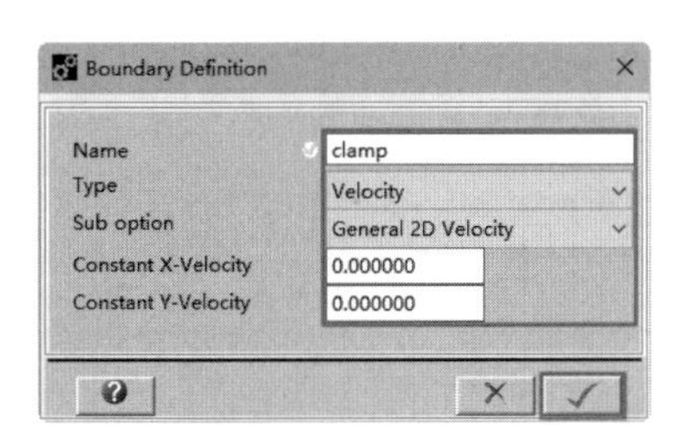

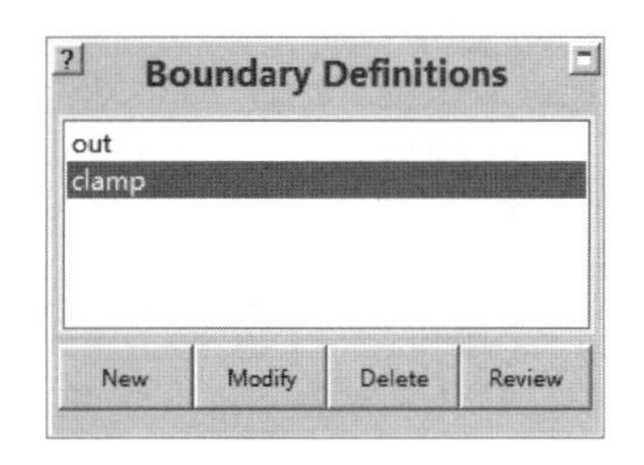

图 10-146　定义“Boundary Definition”对话框　　图 10-147　完成边界条件创建的面板

(6) 建立 EFP 模型

EFP 由药型罩、炸药组成。用 Lagrange（拉格朗日）的方法建立药型罩、炸药的几何模型，划分网格并填入理想气体到平面网格中，然后将药型罩、炸药和壳体选中，并替换成 Euler（欧拉）方法，在材料网格上重新分配质量、动量和能量，得到新的网格速度和网格内各介质的质量及内能。Euler 法的好处是网格不动且不变形，克服了单元网格畸变引起的数值计算困难。

① 建立理想气体　单击导航栏上的“Parts”（零件）按钮，打开“Parts”面板，如图 10-148 所示。在“Parts”面板中单击“New”（新建）按钮，打开“Create New Part”（新建零件）对话框，如图 10-149 所示。在“Part Name”（零件名）文本框中输入零件名称“air”，在“Solver”（求解）列表中选择“Euler，2D Multi-material”（欧拉，2D 混合材料）求解器，保持默认的“Part wizard”（零件向导）生成方式，然后单击“Next”（下一步）按钮。

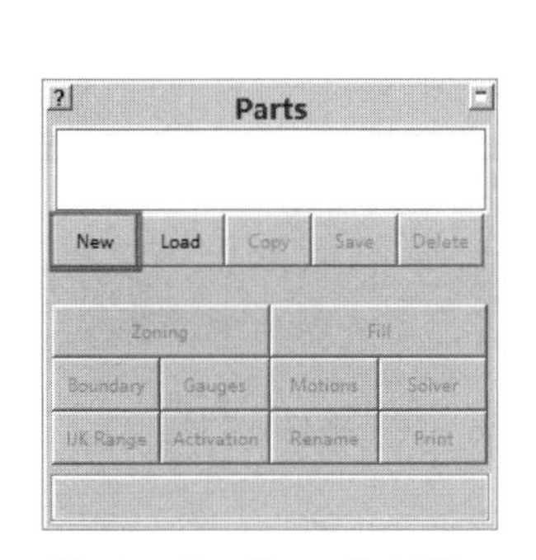

图 10-148　“Parts”面板

图 10-149　“Create New Part”对话框

打开“Select Predef”（选择预定义）和“Define Geometry”（定义几何）窗口，在“Select Predef”（选择预定义）窗口中选择“Box”（方形）按钮，在“Define Geometry”（定义几何）窗口中依次输入“-50.000000”“0.000000”“610.000000”和“120.000000”，如图 10-150 所示。然后单击“Next”（下一步）按钮，打开“Define Zoning”（划分网格）窗口，在该窗口中的“Cell in I direction”（I 方向单元）文本框中输入“732”，在“Cell in J direction”（J 方向单元）文本框中输入“144”，零件的节点数和单元数显示在对话框上面，如图 10-151 所示。

继续单击“Next”（下一步）按钮，打开“Fill part”（填充零件）窗口，通过此窗口填充零件。勾选“Fill with Initial Condition S”（用初始条件填充）复选框，设置“Initial Cond.”（初始条件）为“air”（空气），如图 10-152 所示，单击“OK”按钮，完成理想气体的添加，结果如图 10-153 所示。

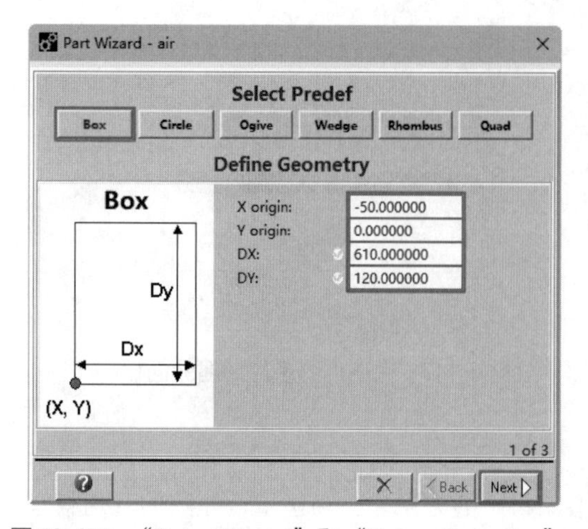

图 10-150 “Select Predef”和“Define Geometry”窗口

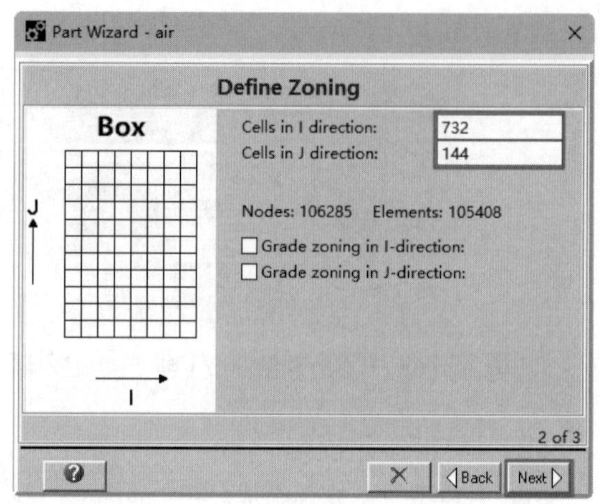

图 10-151 “Define Zoning”窗口

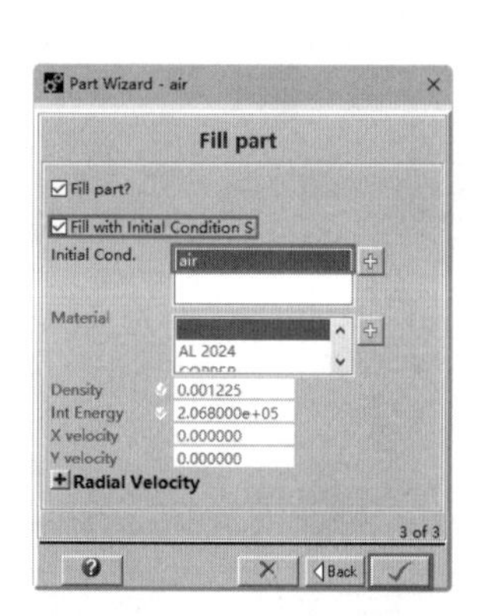

图 10-152 “Fill part”窗口

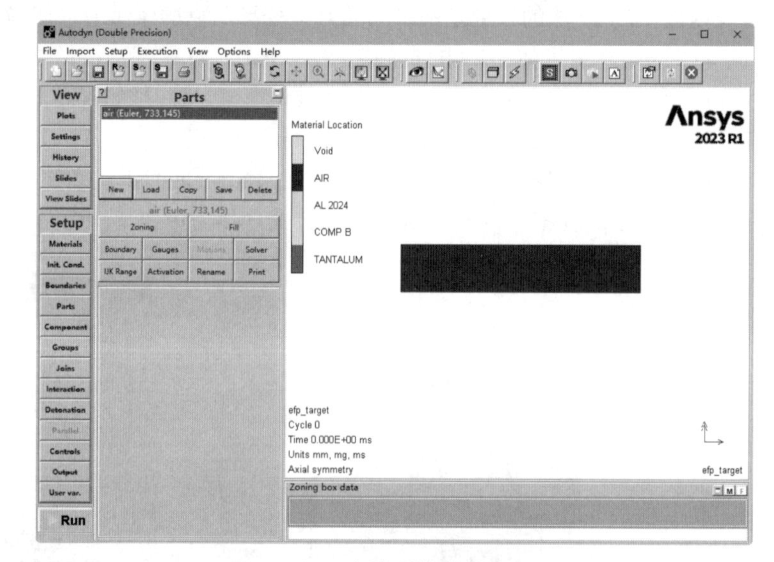

图 10-153 完成零件的创建

单击导航栏中的“Plots”（绘图）按钮Plots，打开“Plots”面板，在该面板中的“Fill type”（填充类型）栏中选择“Material Location”（本地材料），在“Additional components”（补充选项）栏中选择“Boundaries”（边界），如图 10-154 所示。

单击导航栏上的“Parts”（零件）按钮Parts，打开“Parts”面板，如图 10-155 所示。在零件对话面板上单击“Boundary”（边界）按钮Boundary，然后单击“I Line”按钮I Line，打开“Apply Boundary to Part”（应用边界条件）对话框，如图 10-156 所示。设置“From I”为“1”，然后单击“OK”按钮✓，创建第一条边界线，继续单击“I Line”按钮I Line，设置“From I”为“733”，如图 10-157 所示，单击“OK”按钮✓，创建第二条边界线。

最后单击“J Line”按钮J Line，如图 10-158 所示，打开“Apply Boundary to Part”（应用边界条件）对话框，设置“From J”为“145”，如图 10-159 所示，单击“OK”按钮✓，完成三条边界线的创建，如图 10-160 所示。

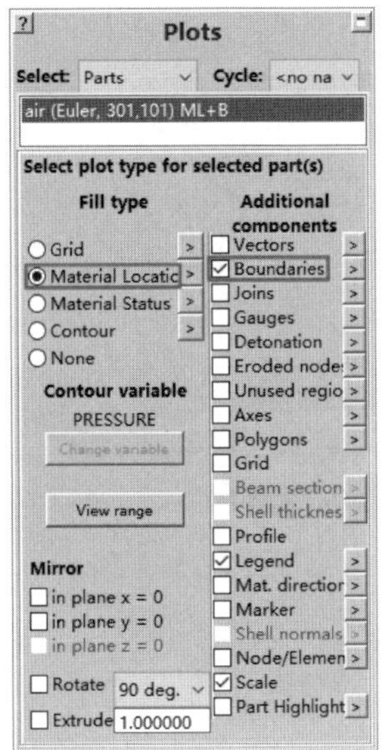

图 10-154　“Plots”面板

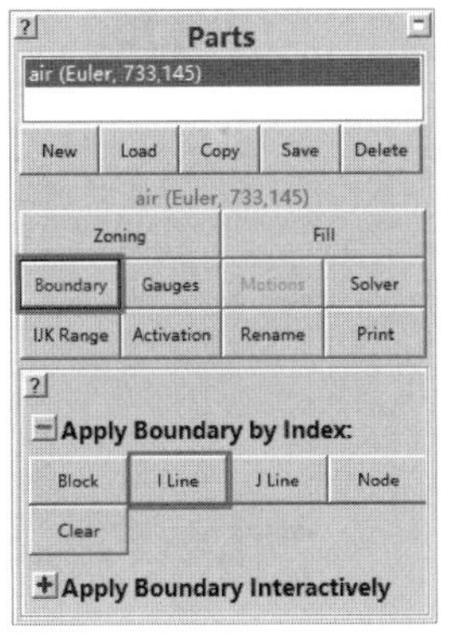

图 10-155　定义零件边界条件

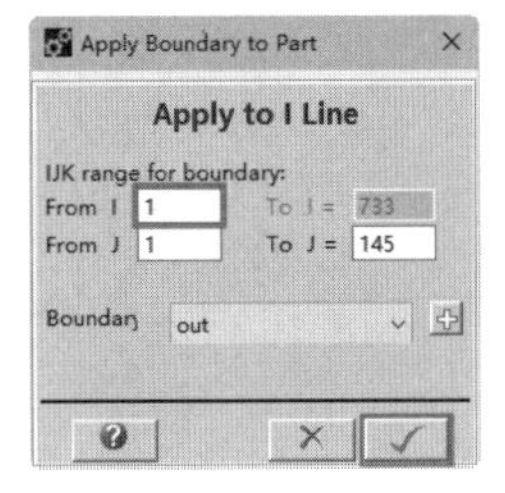

图 10-156　创建第一条边界线对话框

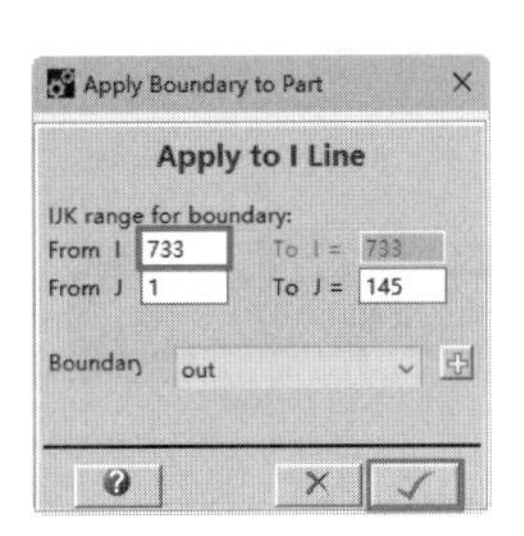

图 10-157　创建第二条边界线对话框

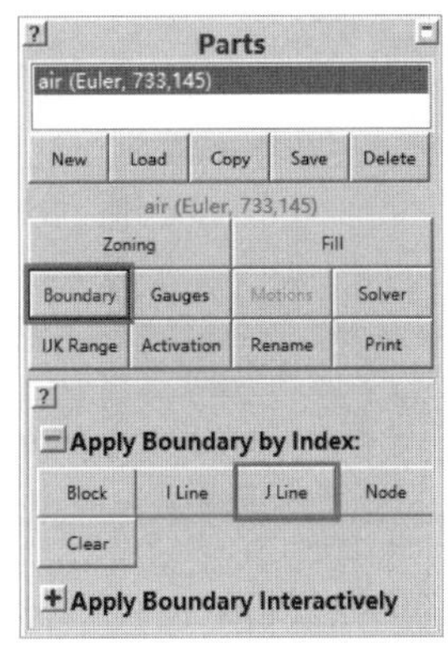

图 10-158　定义零件边界条件面板

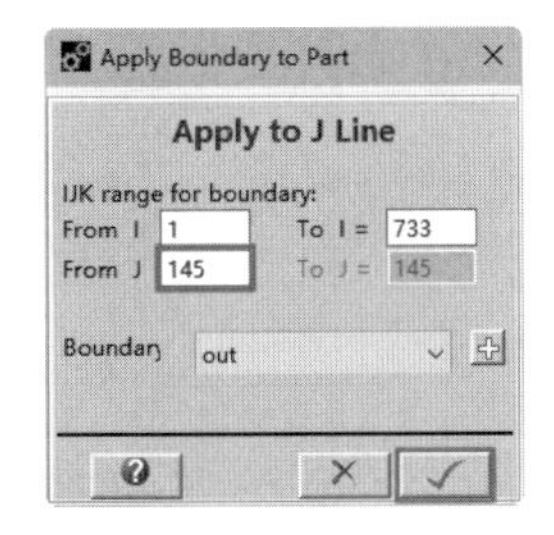

图 10-159　创建第三条边界线

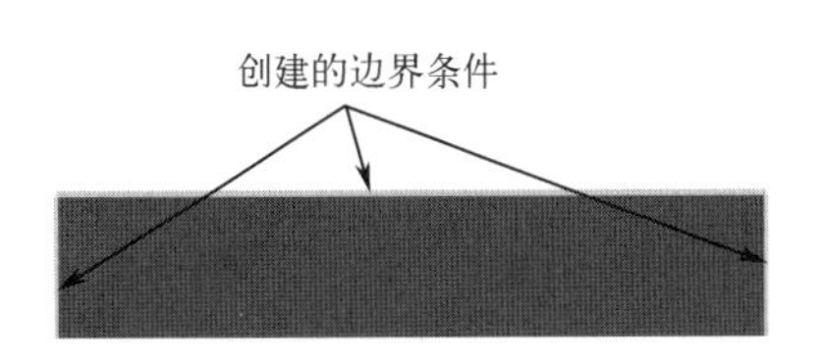

图 10-160　完成创建三条边界线

② 建立炸药模型　单击“Parts”（零件）面板中的“Fill”（填充）按钮Fill，然后展开“Fill by Geometrical Space”（按几何空间填充）栏，如图 10-161 所示。在该栏中选择“Rectangle”（长方形）按钮Rectangle，填充一个长方形，打开“Fill Rectangle”（填充矩形）窗口，依次输入“0.000000”“120.000000”“0.000000”“75.000000”，在“Material”（材料）下拉列表中选择“COMP B”，如图 10-162 所示。单击“OK”按钮✓，完成炸药添加，结果如图 10-163 所示。

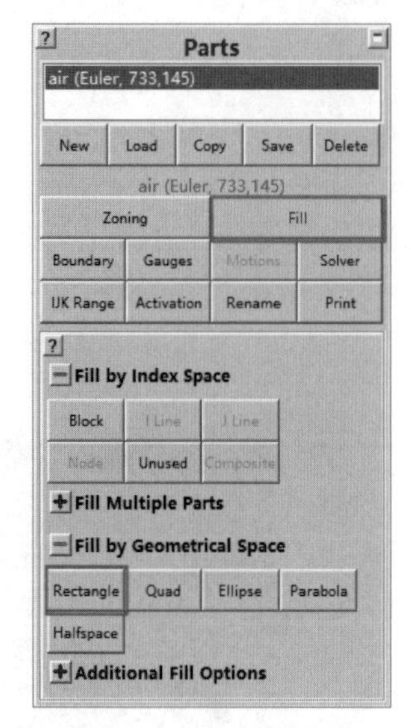

图 10-161　定义炸药零件

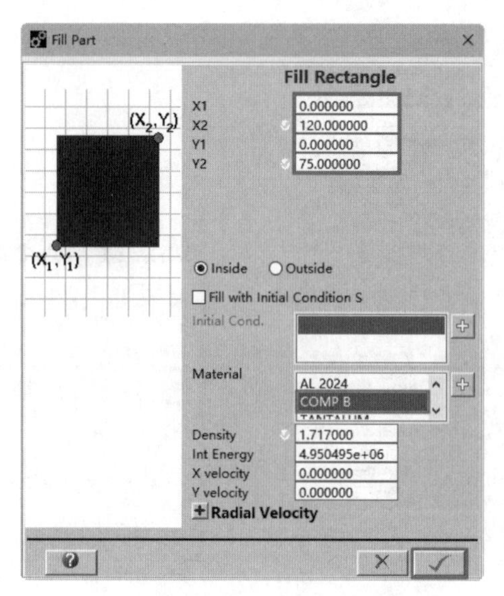

图 10-162　“Fill Rectangle”窗口

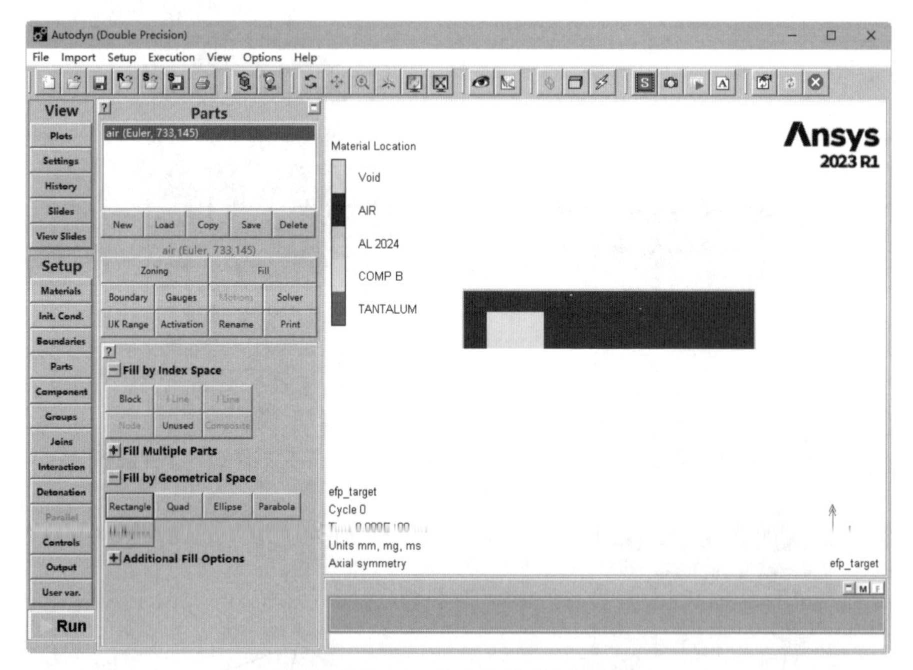

图 10-163　完成炸药的创建

③ 建立药型罩模型　单击“Parts”（零件）面板中的“Fill”（填充）按钮Fill，添加 EFP 药型罩模型，如图 10-164 所示。展开“Fill by Geometrical Space”（按几何空间填充）栏，在该栏中选择“Ellipse”（椭圆）按钮Ellipse，打开“Fill Ellipse”（填充椭圆）窗口，填充一个椭圆形。在“X-centre”（X 中心）文本框中输入“186.000000”，在“Y-centre”（Y 中心）文本框中输入“0.000000”，将椭圆的中心设置为（186，0），在“X-semi-axis”（X 半轴）文本框中输入“99.000000”，在“Y-semi-axis”（Y 半轴）文本框中输入“99.000000”，将椭圆的 X 和 Y 半径设置为99，在“Material”（材料）下拉列表中选择“TANTALUM”，如图 10-165 所示。单击“OK”按钮，完成钽椭圆的创建，如图 10-166 所示。

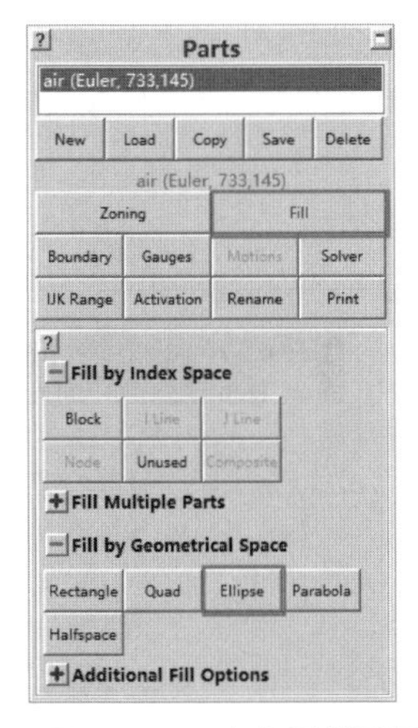

图 10-164　定义零件面板

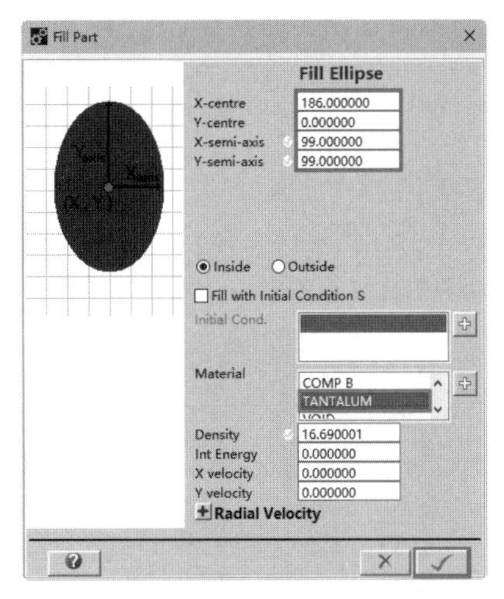

图 10-165　“Fill Ellipse”窗口

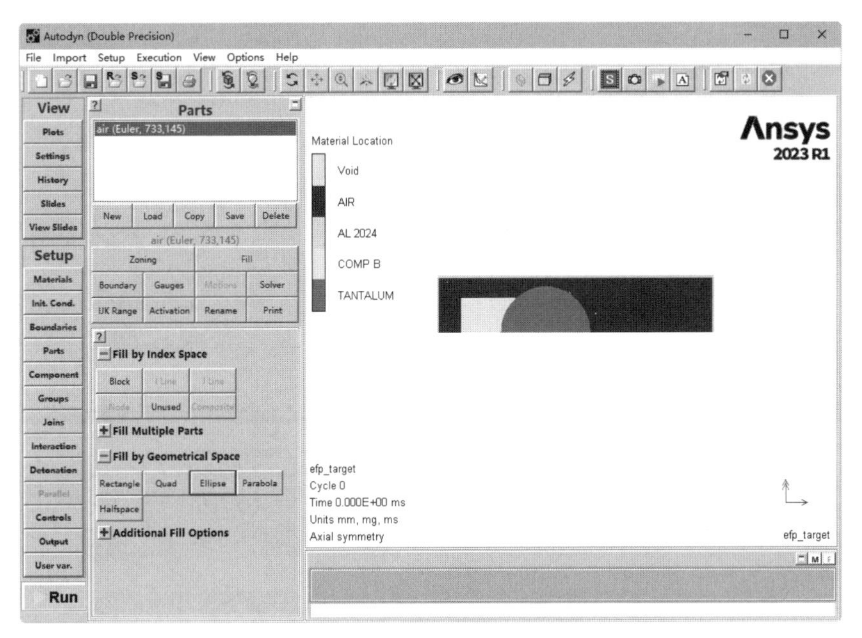

图 10-166　完成钽椭圆的创建

继续在“Fill by Geometrical Space”（按几何空间填充）栏中选择“Ellipse”（椭圆）按钮 Ellipse，打开“Fill Ellipse”（填充椭圆）窗口，依次输入“192.000000”“0.000000”“100.000000”“100.000000”，勾选“Fill with Initial Condition S”（用初始条件填充）复选框，在“Initial Cond.”（初始条件）列表中选择“air”（空气）材料，如图 10-167 所示。单击“OK”按钮 ✓，完成空气椭圆的创建，结果如图 10-168 所示。

继续在“Fill by Geometrical Space”（按几何空间填充）栏中选择“Rectangle”（长方形）按钮 Rectangle，如图 10-169 所示，填充一个长方形。打开“Fill Rectangle”（填充矩形）窗口，依次输入“120.000000”“200.000000”“0.000000”“100.000000”，选中“Fill with Initial Condition S”（用初始条件填充）复选框，在“Initial Cond.”列表中选择“air”材料，如图 10-170 所示。单击“OK”按钮 ✓，完成药型罩的创建，结果如图 10-171 所示。

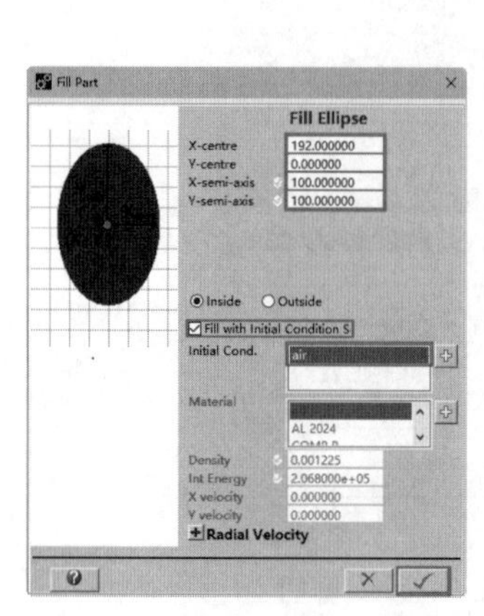

图 10-167 “Fill Ellipse”窗口

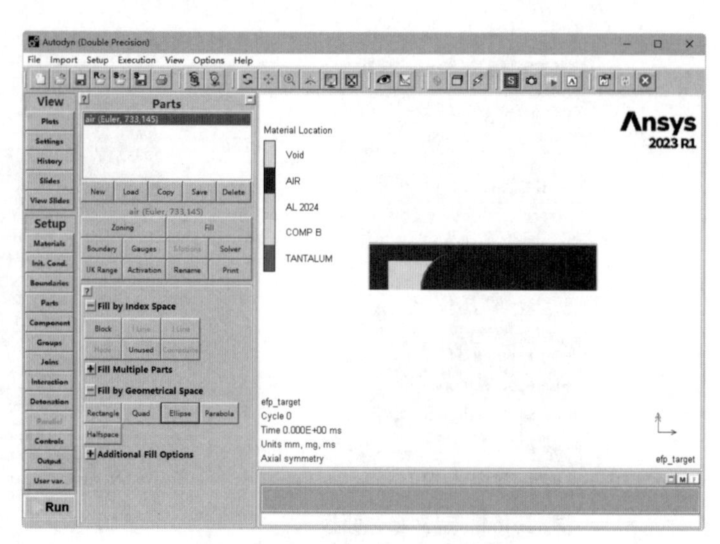

图 10-168 完成空气椭圆的创建

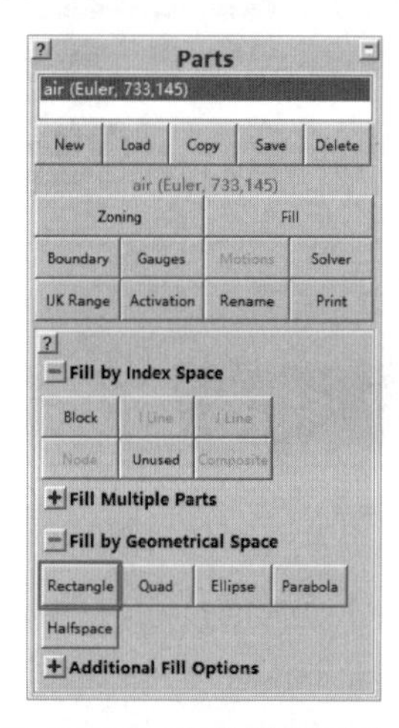

图 10-169 定义零件面板

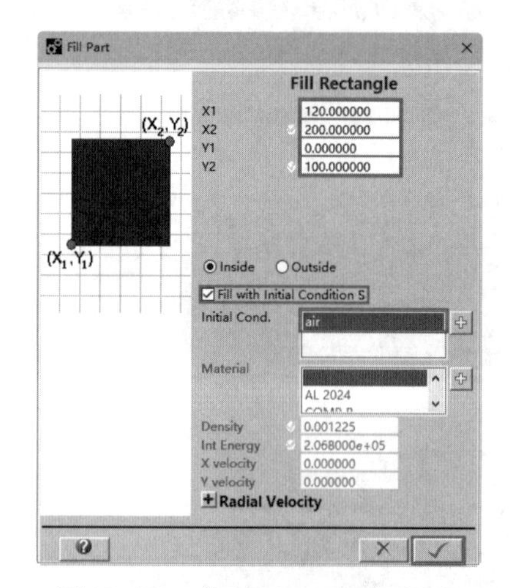

图 10-170 “Fill Rectangle”窗口

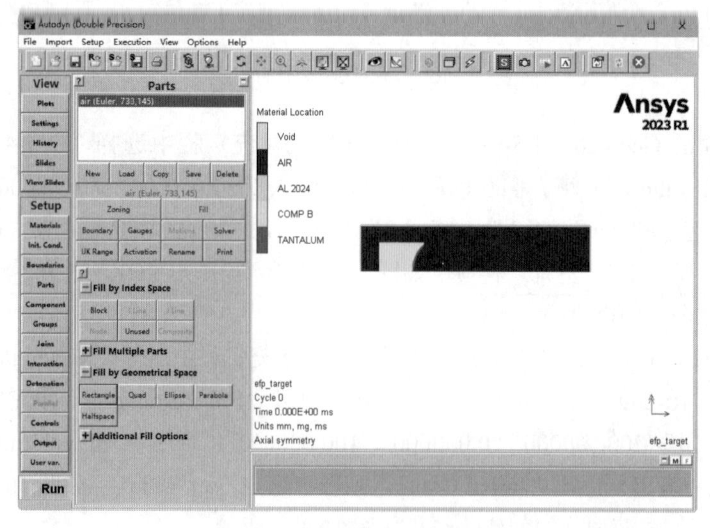

图 10-171 完成药型罩的创建

（7）创建靶板模型

继续在“Parts”（零件）面板中单击“New”（新建）按钮New，打开“Create New Part”（新建零件）对话框，如图 10-172 所示。在“Part Name”（零件名）文本框中输入零件名称“target”（靶板），选择“Lagrange”（拉格朗日）求解器，保持默认的“Part wizard”（零件向导）生成方式，如图 10-173 所示，然后单击“Next”（下一步）按钮 Next ▷。

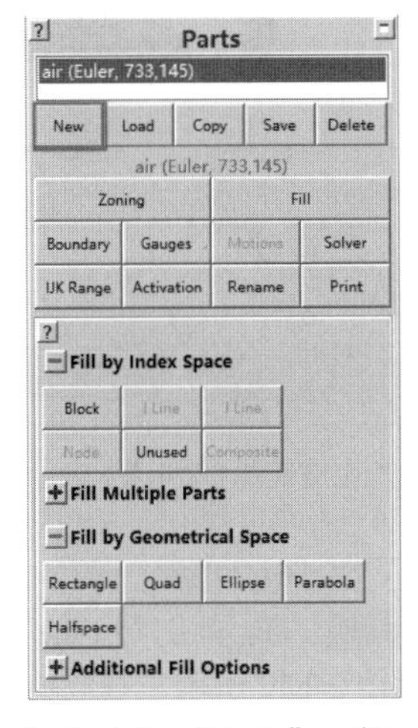

图 10-172　“Parts”面板

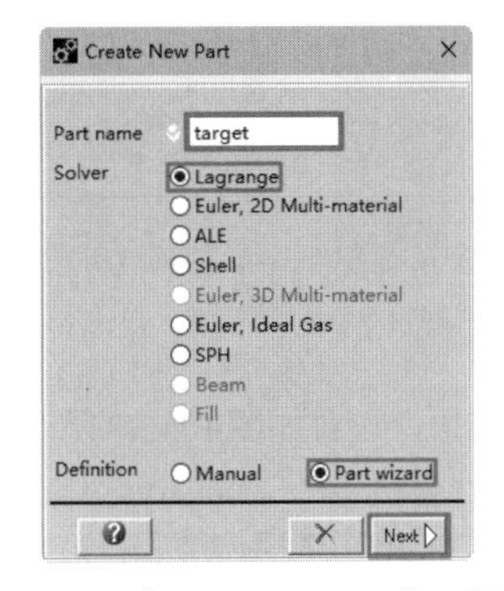

图 10-173　“Create New Part”对话框

打开“Select Predef”（选择预定义）和“Define Geometry”（定义几何）窗口，在“Select Predef”（选择预定义）窗口中选择“Box”（方形）按钮Box，在“Define Geometry”（定义几何）窗口中依次输入“420.000000”“0.000000”“20.000000”“120.000000”，如图 10-174 所示。然后单击“Next”（下一步）按钮Next ▷，打开“Define Zoning”（划分网格）窗口，在该窗口中的“Cell in I direction”（I 方向单元）文本框中输入“20”，在“Cell in J direction”（J 方向单元）文本框中输入“120”，零件的节点数和单元数显示在对话框上面，如图 10-175 所示。

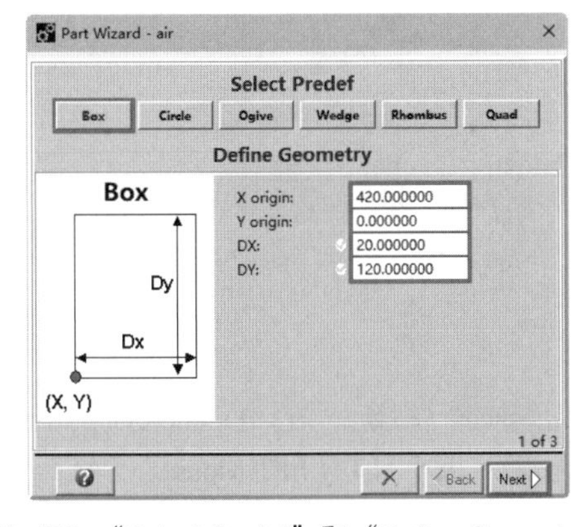

图 10-174　“Select Predef”和“Define Geometry”窗口

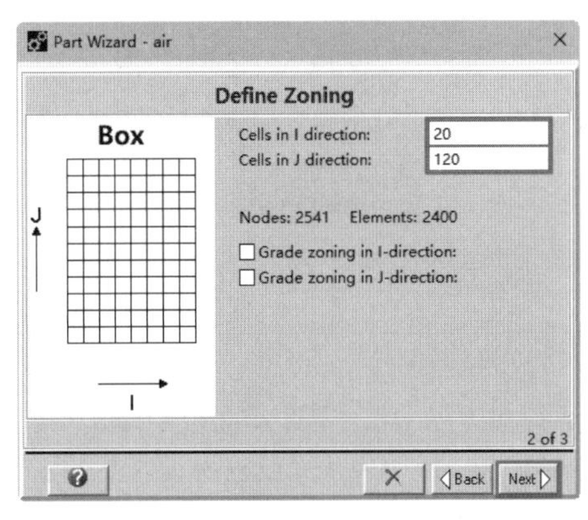

图 10-175　“Define Zoning”窗口

继续单击“Next”（下一步）按钮Next ▷，打开“Fill part”（填充零件）窗口，通过此窗口填充零件。不勾选“Fill with Initial Condition S”（用初始条件填充）复选框，在“Materia”（材料）下拉列表中选择“AL 2024”，如图 10-176 所示。单击“OK”按钮 ✓ ，完成靶板的建立，结果如图 10-177 所示。

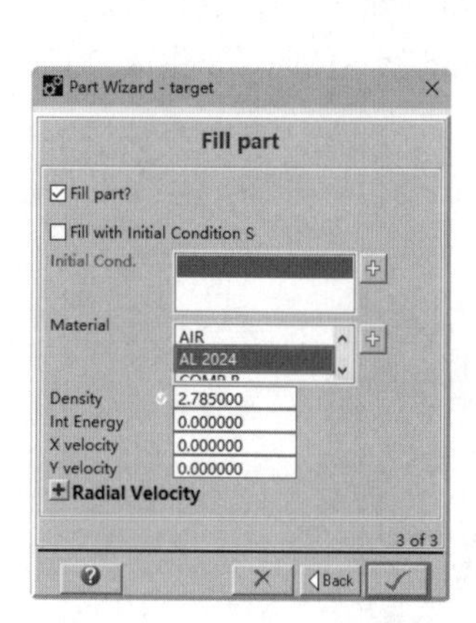

图 10-176 “Fill part”窗口

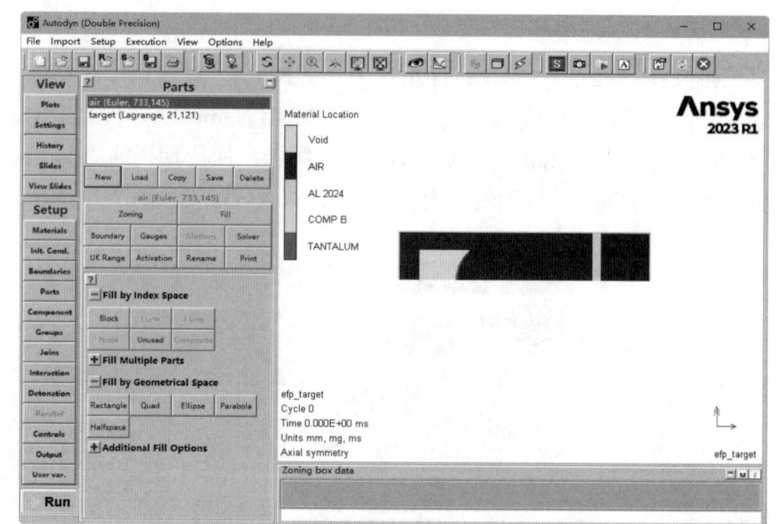

图 10-177 完成靶板的创建

靶板应用边界条件设置如图 10-178 所示，在“Parts”（零件）面板中选择“target（Lagrange，21，121）”零件，然后单击“Boundary”（边界）按钮 Boundary，再单击“J Line”按钮 J Line，打开“Apply Boundary to Part”（应用边界条件）对话框，如图 10-179 所示。在“From I”文本框中输入“1”，在“To I”文本框中输入“21”，在“From J”文本框中输入“121”，在“Boundary”（边界）下拉列表中选择“clamp”（夹紧）边界条件，然后单击“OK”按钮 ✓，完成靶板零件边界条件应用。

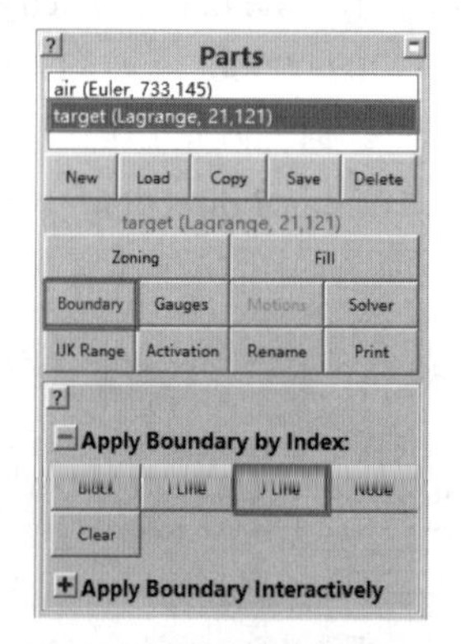

图 10-178 定义零件边界条件

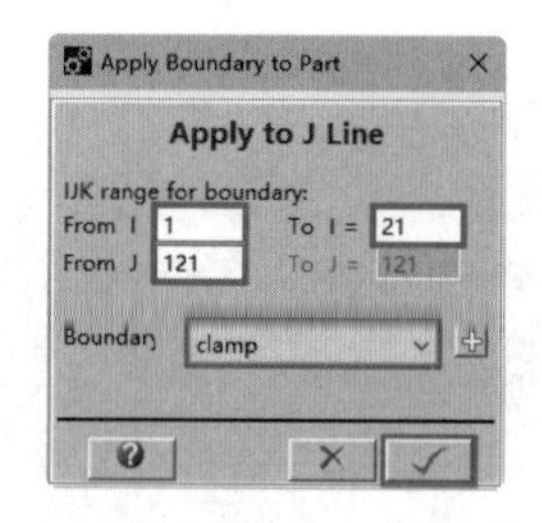

图 10-179 “Apply Boundary to Part”对话框

（8）选择输出节点

继续在“Parts”（零件）面板中单击“Gauges”按钮 Gauges（高斯），在“Define Gauge Points”（定义高斯点）栏中勾选“Interactive Selection”（交互式选择），用“ALT+LEFT Mouse”（ALT+ 鼠标左键）选择需要输入的节点，如图 10-180 所示。在计算前设置结果输出关键点如图 10-181 所示。

（9）设置接触

单击导航栏上的“Interaction”（接触）按钮 Interaction，打开“Interactions”（接触）面板，通过此面板定义接触，单击“Lagrange/Lagrange”（拉格朗日 / 拉格朗日）按钮 Lagrange/Lagrange，如图 10-182 所示。设置“Type”（类型）为“External Gap”（外部间隙）接触算法，单击“Calculate”（计算）按钮 Calculate，系统会自动计算间隙值，结果如图 10-183 所示。

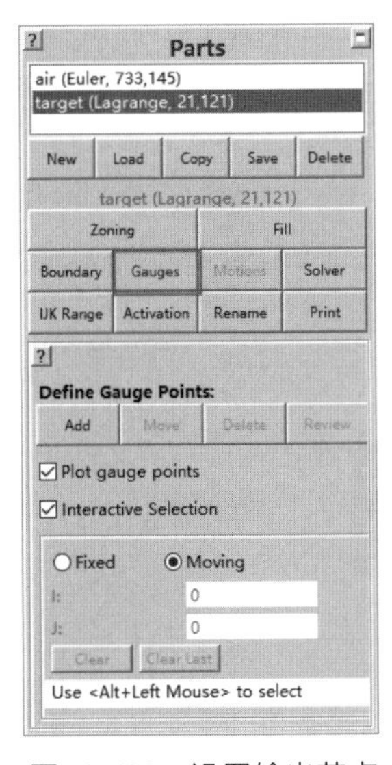

图 10-180　设置输出节点

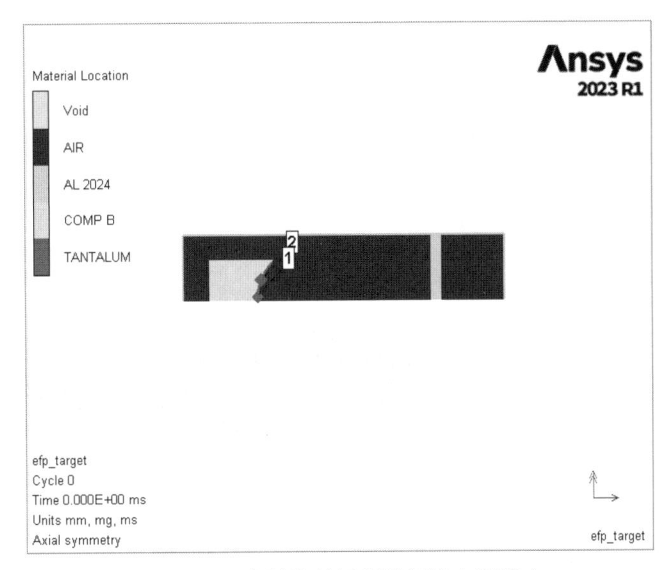

图 10-181　在计算前设置结果输出关键点

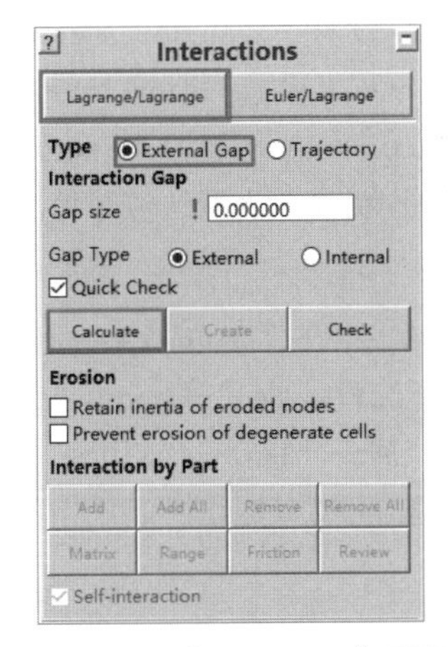

图 10-182　“Interactions”面板

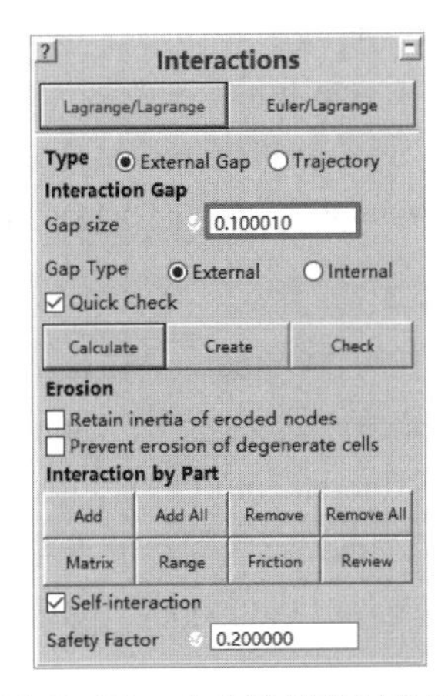

图 10-183　自动计算的间隙值

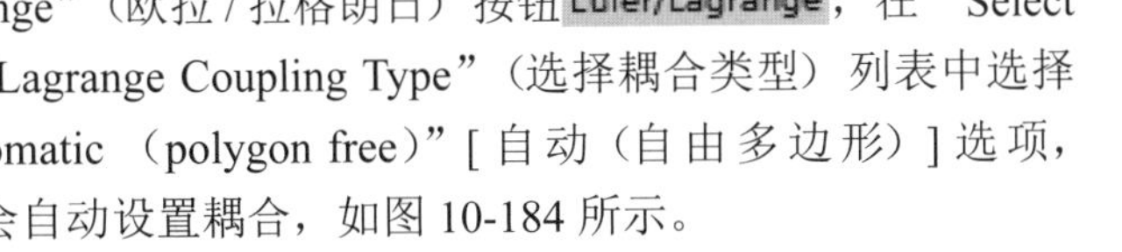

继续单击“Interaction”（接触）面板中的“Euler/Lagrange”（欧拉 / 拉格朗日）按钮Euler/Lagrange，在“Select Euler/Lagrange Coupling Type”（选择耦合类型）列表中选择“Automatic（polygon free）”[自动（自由多边形）] 选项，系统会自动设置耦合，如图 10-184 所示。

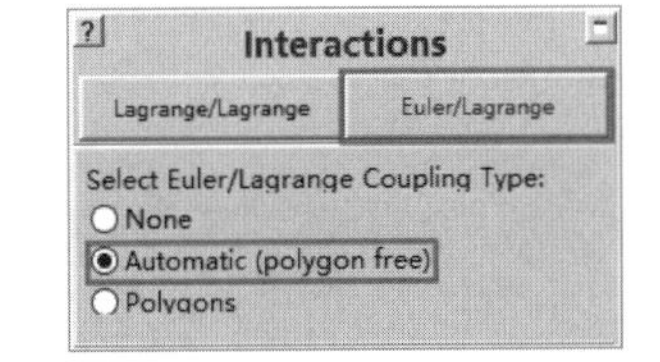

图 10-184　设置欧拉 / 拉格朗日接触

（10）设置起爆点

单击导航栏中的“Detonation”（爆炸）按钮Detonation，打开“Detonation/Deflagration”（爆炸 / 爆燃）面板，通过该面板设置爆炸物的爆炸爆燃位置，如图 10-185 所示。单击“Point”（起爆点）按钮Point，打开“Define detonations”（定义起爆点）对话框，如图 10-186 所示。输入起爆点坐标为“0.000000”“0.000000”，单击“OK”按钮✓，完成起爆点设置。

可勾选“Detonation/Deflagration”（爆炸 / 爆燃）面板中的“Plot detonation points”（绘制起爆点），或者单击导航栏上的“Plots”（绘图）按钮Plots，在“Additional components”（补充选项）列表中勾选“Detonation”（爆炸）复选框，来观察起爆点位置，如图 10-187 所示。

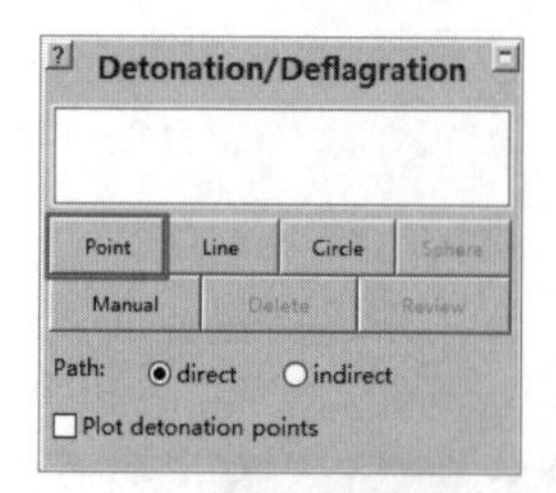

图 10-185 “Detonation/Deflagration”面板

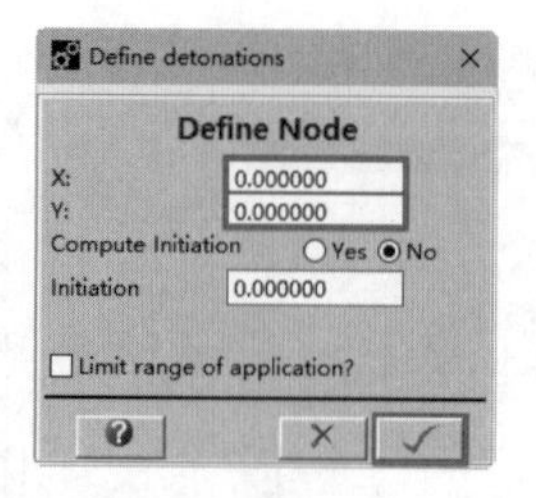

图 10-186 “Define detonations”对话框

图 10-187 显示起爆点位置

（11）设置求解控制

单击导航栏中的“Controls”（控制）按钮 **Controls**，打开“Define Solution Controls”（定义求解控制）面板，通过此面板为模型定义求解控制。设置“Wrapup Criteria”（终止标准）下面的参数，设置“Cycle limit”（循环限制）为“999999”，设置“Time limit”（时间限制）为“0.30000 ”，设置“Energy fraction”（能量分数）为“0.050000”，设置“Energy ref.cycle”（检查能量循环数）为“999999”，如图 10-188 所示。其他的控制参数为默认值即可。

（12）设置输出

单击导航栏中的“Output”（输出）按钮 **Output**，打开“Define Output”（定义输出）面板，在“Save”（保存）栏中选择“Time”（时间）复选框，设置“End time”（终止时间）为“0.300000”，设置“Increment”（增量）为“0.005000”。展开“History”（历程）栏，在“History”（历程）栏中选择“Time”（时间）复选框，设置“End time”（终止时间）为“0.300000”，设置“Increment”（增量）为“0.005000”，如图 10-189 所示。

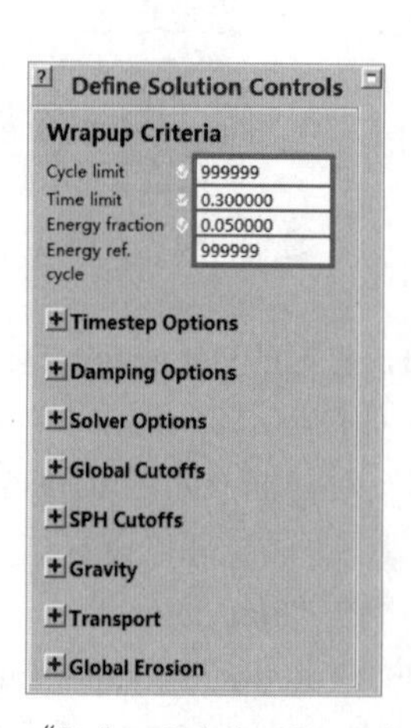

图 10-188 “Define Solution Controls”面板

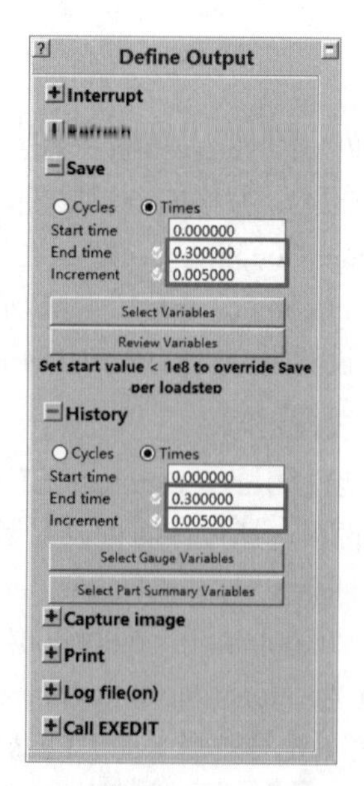

图 10-189 “Define Output”面板

（13）开始计算

单击导航栏中的“Run”（运行）按钮 Run，打开“Confirm”（确认）对话框，如图 10-190 所示。单击“是”按钮 是(Y)，进行计算，在计算中每隔 0.005ms 对数据进行一次保存，在计算过程中可以随时单击“Stop”（停止）按钮 Stop 来停止计算，观测 EFP 形成过程及对数据进行读取，观测相关的计算曲线。图 10-191 给出了 EFP 成型过程中，在 0.020ms、0.100ms、0.150ms 时仿真的图像。

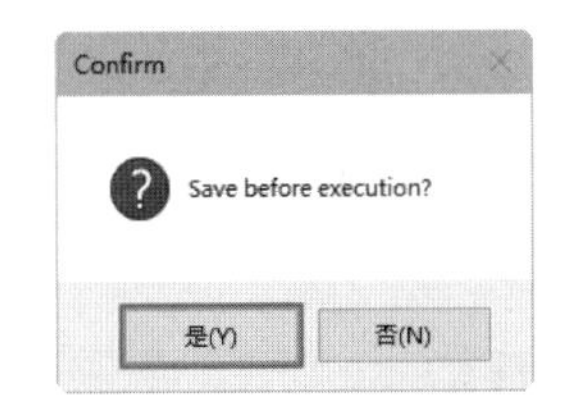

图 10-190　Confirm 对话框

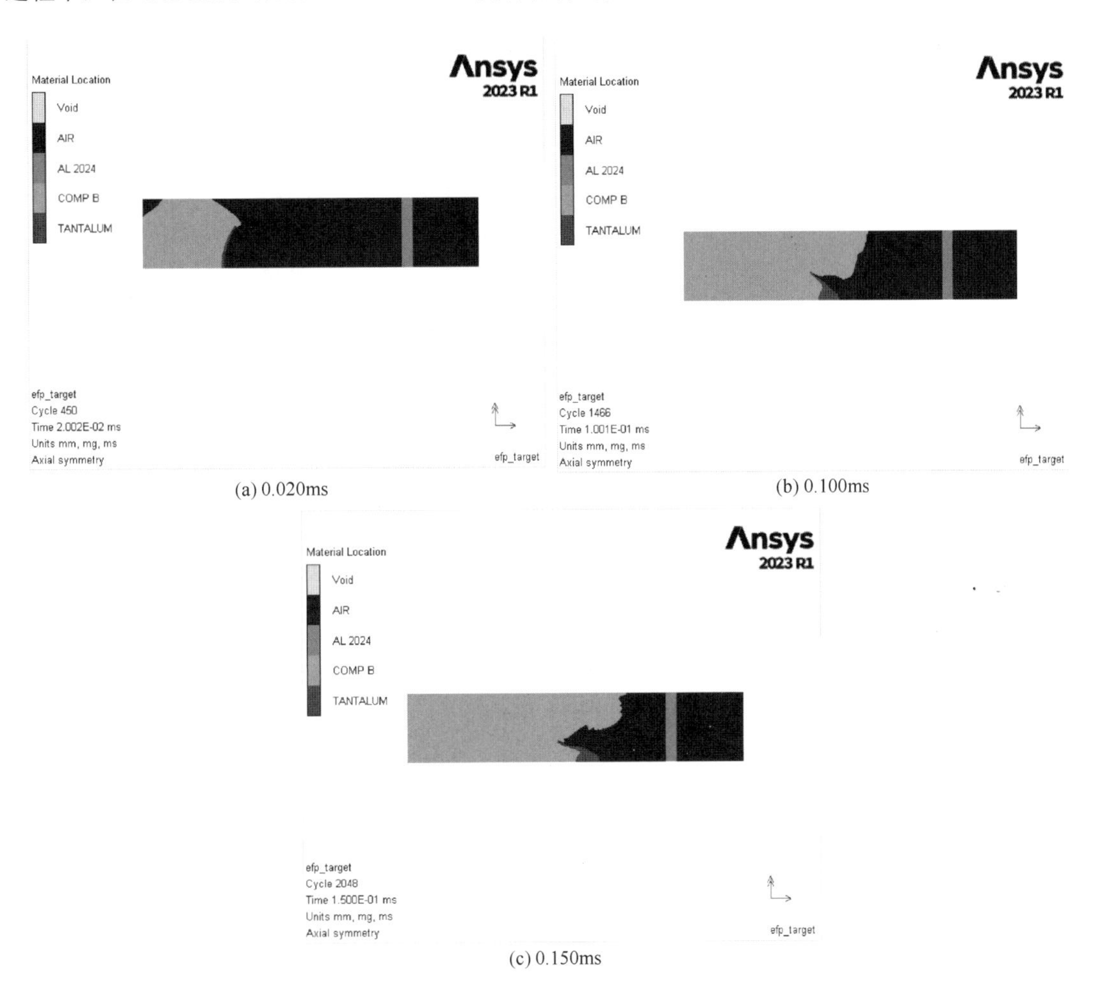

(a) 0.020ms　(b) 0.100ms

(c) 0.150ms

图 10-191　计算过程图像

（14）后处理

① 生成动画　单击工具栏中的“Capture sequence”（录制幻灯片）按钮，打开“Generate multiple slides”（生成多张幻灯片）对话框，如图 10-192 所示。在“Directory for model files”（模型文件目录）中选定存储目录，选取所有时刻，勾选“Create Merged Animation”（创建合并动画）复选框和“GIF”复选框，设置动画输出的格式为“*.GIF”，在“Frame”（帧）中设定照片输出时间间隔为“0.100000”，如图 10-193 所示。单击“Start”按钮 Start 开始生成 GIF 图像动画，单击“Stop”（停止）按钮 Stop 可停止输出，生成的动画文件“efp_target.gif”可以在选定的存储目录中找到。如果勾选“AVI”复选框，动画输出的格式为“*.avi”，如图 10-194 所示，单击

“Start”（开始）按钮Start后，会打开“Choose Compression”（选择压缩）对话框，如图 10-195 所示。在“压缩程序”列表中选择“Microsoft Video 1”，单击“确定”按钮确定，完成动画的生成，“efp_target.avi”动画会被保存在选定的存储目录中，然后单击“Cancel”（取消）按钮✕，关闭该对话框。

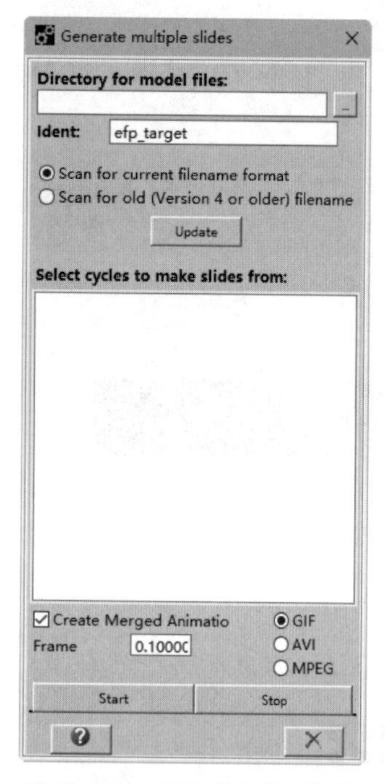

图 10-192　录制幻灯片对话框

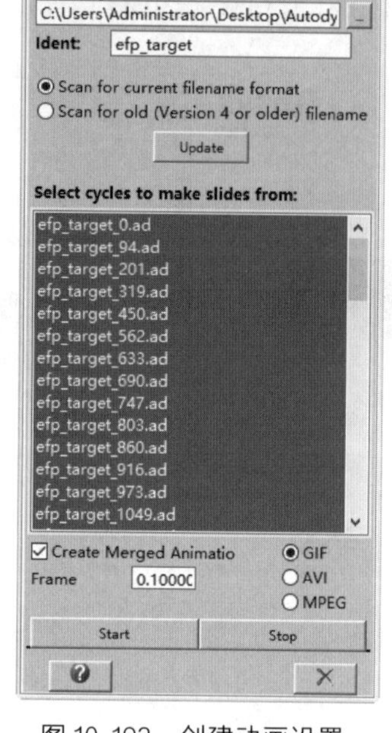

图 10-193　创建动画设置

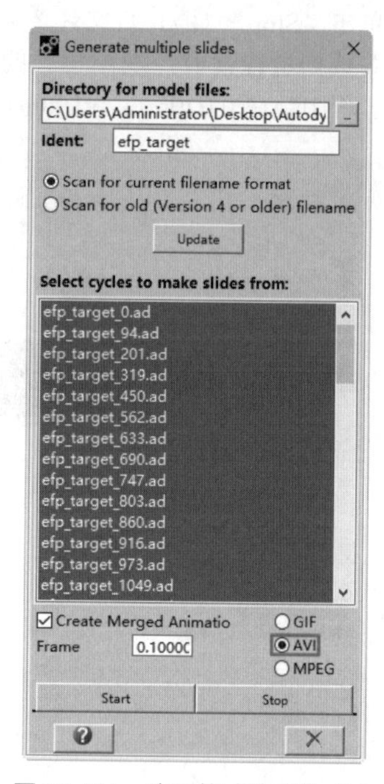

图 10-194　动画格式设置为 AVI

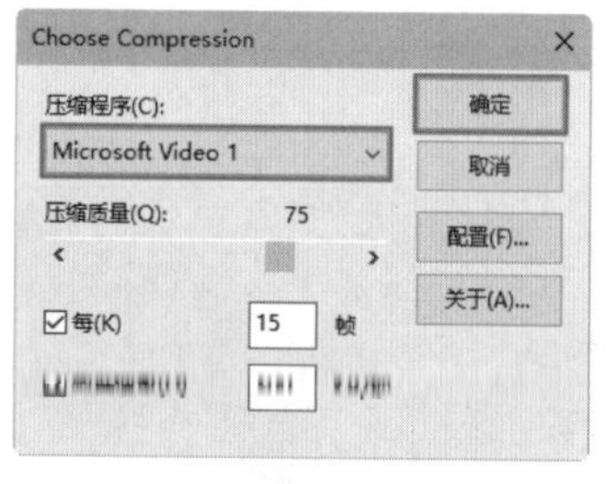

图 10-195　“Choose Compression”对话框

② EFP 成型及侵彻靶板状态　单击导航栏中的“Plots”（绘图）按钮Plots，打开“Plots”（绘图）面板，在“Fill type”（填充类型）栏中选择“Material Location”（本地材料），如图 10-196 所示。单击展开按钮>，打开“Material Plot Settings”（设置材料显示）对话框，如图 10-197 所示。在“Material visbility”（材料可见性）中勾选“AL 2024”和“TANTALUM”，单击“OK”按钮✓。

在“Mirror”（镜像）栏中勾选“in plane y=0”复选框，如图 10-198 所示。

单击工具栏中的“Capture sequence”（录制幻灯片）按钮，打开“Generate multiple slides”（生成多张幻灯片）对话框。在“Directory for model files”（模型文件目录）中选定存储目录，选取所有时刻，勾选“Create Merged Animation”（创建合并动画）复选框和“GIF”复选框。在“Frame”（帧）中设定照片输出时间间隔为“0.100000”，单击“Start”（开始）按钮Start，生成名为“efp_target.gif”的动画文件，然后单击“Cancel”（取消）按钮✕，关闭该对话框。在导航栏中单击“Slides”（幻灯片）按钮Slides，打开“Compose Slideshow”（幻灯片序列）面板，在左侧中间的框中显示当前幻灯片序列，初始状态下，幻灯片序列包含当前路径下所有符合查找类型要求的文件，按照字母、数字的顺序排列。可以在相应的对话面板中选择不同时刻的幻灯片，在视图面板中观察 EFP 成型及侵彻靶板状态，如图 10-199 所示。

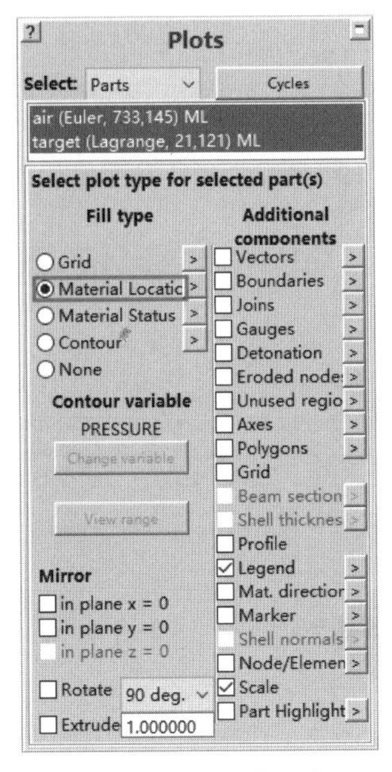

图 10-196　“Plots”面板

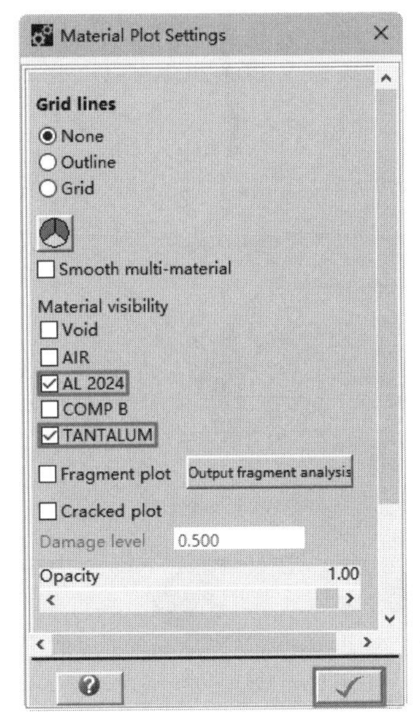

图 10-197　“Material Plot Settings”对话框

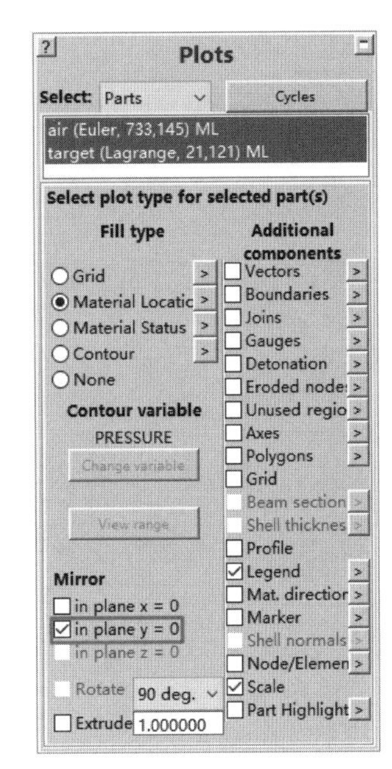

图 10-198　设置镜像

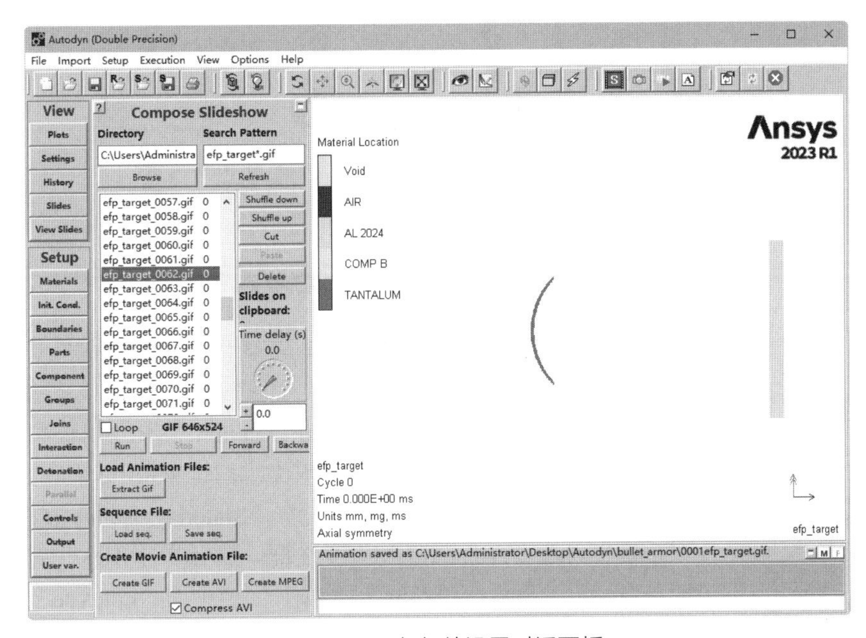

图 10-199　幻灯片设置对话面板

图 10-200 中的（a）～（i）分别表示 EFP 在 0ms、0.04ms、0.06ms、0.07ms、0.08ms、0.10ms、0.16ms、0.19ms、0.22ms 时成型的状态图，从各图中可以看出，在约 0.10ms 时 EFP 基本形成，有一定尾翼。由于速度梯度过大，约在 0.22ms 时形成的 EFP 最终发生了拉伸断裂。

图 10-201 中的（a）～（d）分别表示 EFP 在 0.25ms、0.26ms、0.28ms、0.30ms 时侵彻靶板的状态图，从各图中可以看出，EFP 在约 0.25ms 时开始对靶板进行侵彻，侵彻的孔径要大于 EFP 的直径，随着时间的不断增加，侵彻越来越深，侵彻的直径逐渐增大，直到 0.30ms 时 EFP 完全穿透靶板。

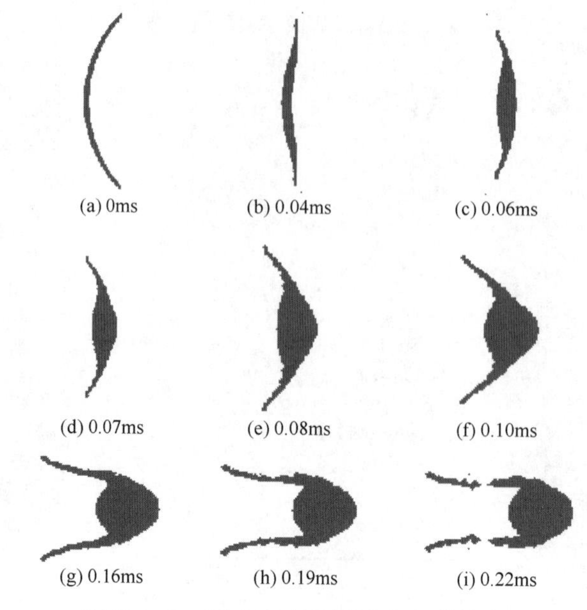

图 10-200　不同时刻射流侵彻钢板的状态图

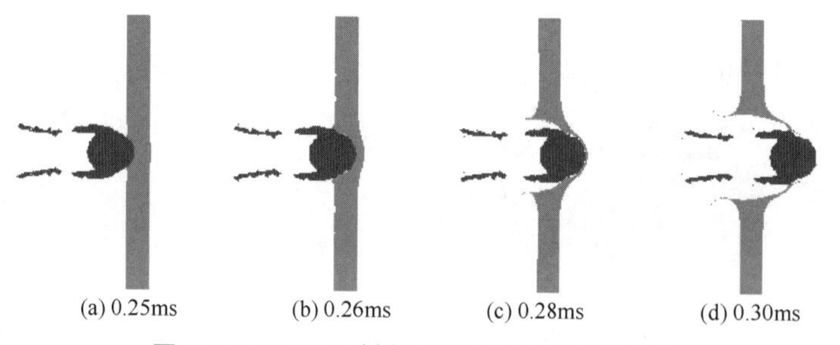

图 10-201　不同时刻 EFP 侵彻靶板的状态图

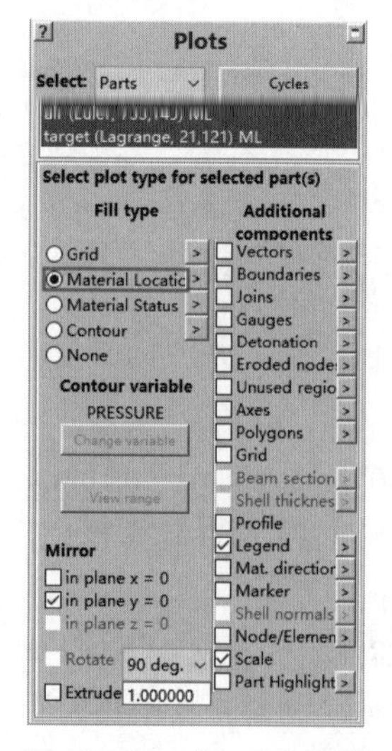

图 10-202　“Plots”面板

③ EFP 速度分布云图　单击导航栏中的“Plots”（绘图）按钮 **Plots**，打开“Plots”面板，在“Cycle”选择“1466”，在“Fill type”（填充类型）栏中选择“Material Location”（本地材料），如图 10-202 所示。单击展开按钮 >，打开如图 10-203 所示的“Material Plot Settings”（设置材料显示）对话框，在“Material visbility”（材料可见性）对话框中勾选“TANTALUM”复选框，然后单击“OK”按钮 ✓，关闭该对话框，然后在“Plots”（绘图）面板中的“Fill type”（填充类型）栏中选择“Contour”（云图）复选框。在“Contour variable”（云图变量）中单击“Change variable”（更改变量）按钮 Change variable，打开“Select Contour Variable”（选择云图变量）对话框，如图 10-204 所示，在“Variable”（变量）中选择“ABS. VEL”，单击“OK”按钮 ✓，绘制 EFP 速度分布云图，如图 10-205 所示。在图 10-205 中可知起爆后 0.10ms 时，EFP 头部速度最高达到了 1.54km/s。重复上面步骤，在“Cycle”选择“8166”，EFP 速度分布云图如图 10-206 所示，在起爆后 0.30ms 时，EFP 完成对靶板的穿透后，头部速度还剩约 1.256km/s，平均速度不小于 1km/s。

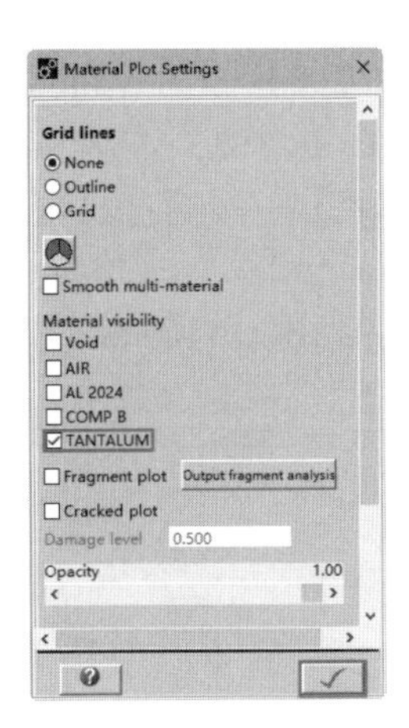

图 10-203　“Material Plot Settings”对话框

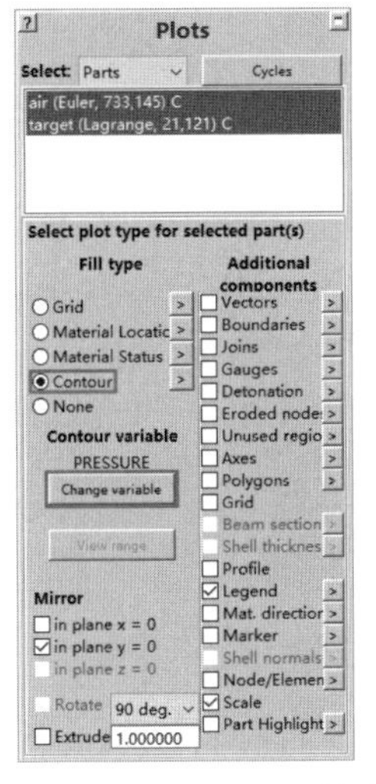

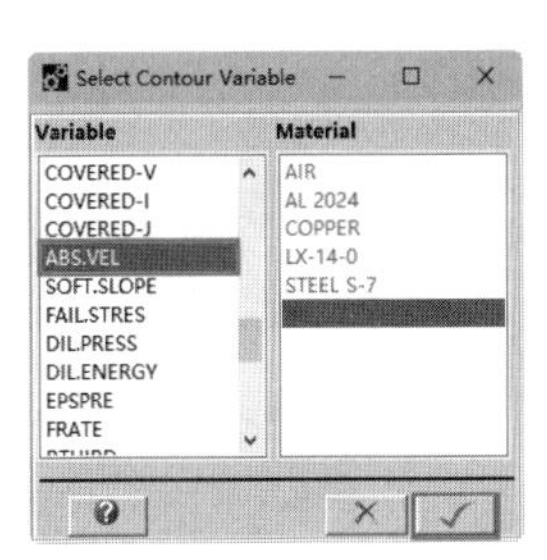

图 10-204　速度云图设置对话框

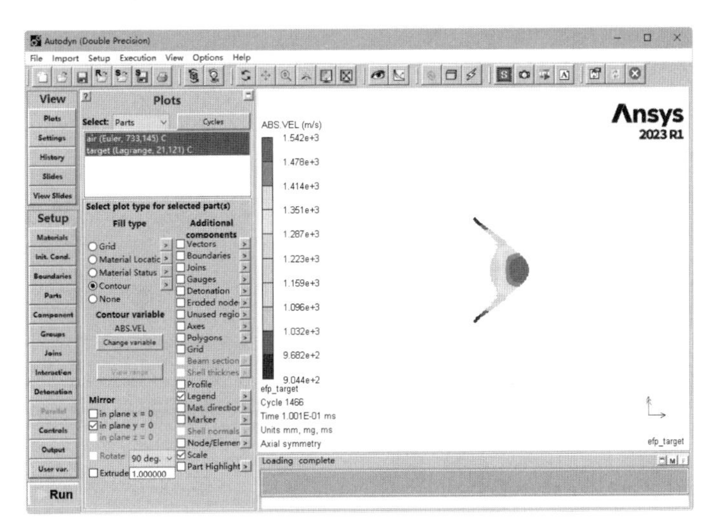

图 10-205　0.10ms 时速度分布云图

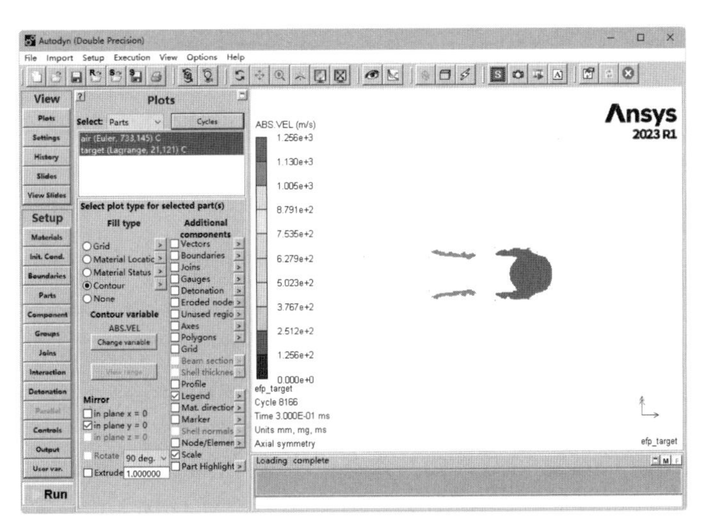

图 10-206　0.30ms 时速度分布云图

④ 生成速度变化曲线图　单击导航栏上的“History”（历程）按钮 History，在“History Plots”（时间历程图）面板，选择“Gauge points”（高斯点），然后单击“Single Variable Plots”（单变量显示）按钮 Single Variable Plots，如图 10-207 所示。打开如图 10-208 所示的“Single Variable Plot”（单变量显示）对话框，在对话框的左边选择“Gauge#1”，在右边的“Y Var”栏内选择“ABS. VEL”，在“X Var”栏内选择“TIME”，单击“OK”按钮 ✓，得到了 EFP 上的节点 1 速度随时间的变化曲线图，如图 10-209 所示。

按照同样的方法，可以获得 EFP 上节点 2 的速度变化曲线，如图 10-210 所示。

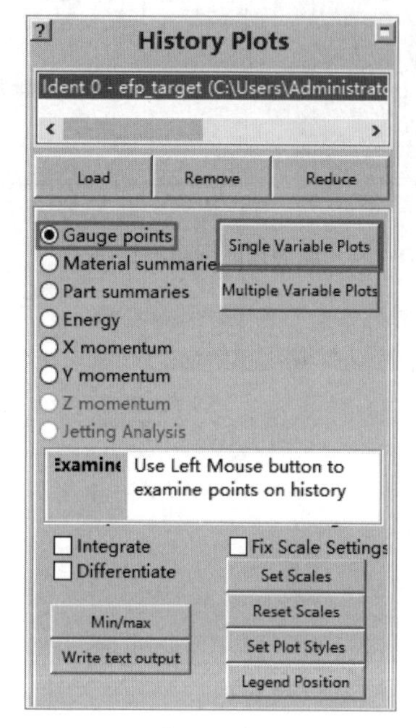

图 10-207　“History Plots”面板

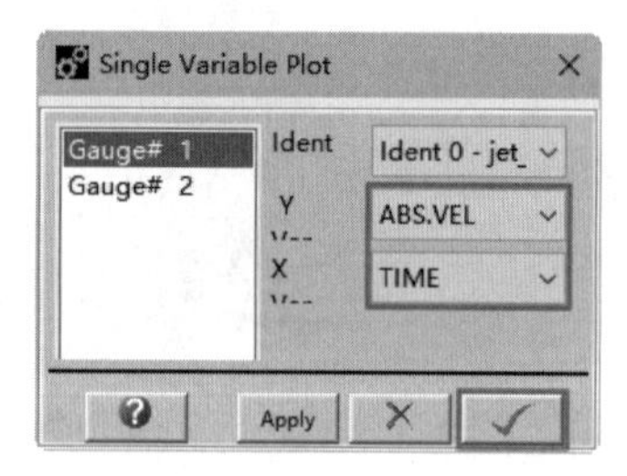

图 10-208　“Single Variable Plot”对话框

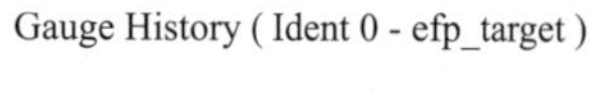

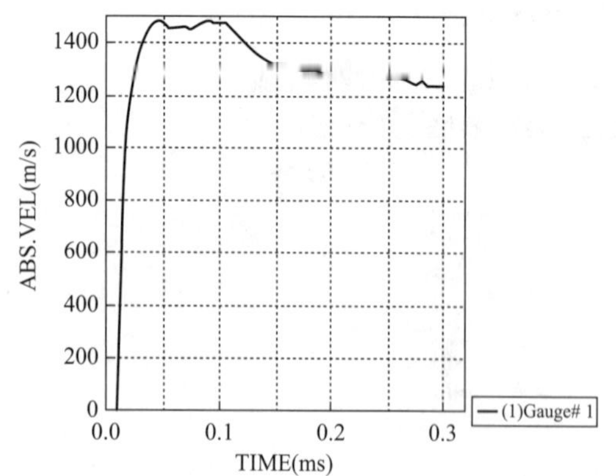

图 10-209　节点 1 的速度随时间变化曲线

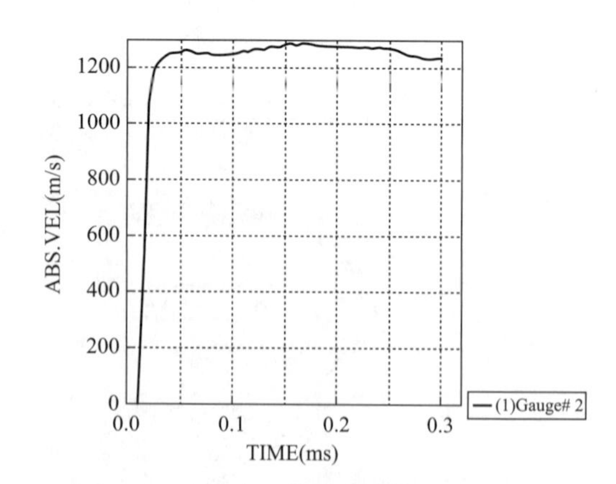

图 10-210　节点 2 的速度随时间变化曲线

单击导航栏中的“Plots”（绘图）按钮 Plots，打开“Plots”面板，在“Cycle”下拉列表中选择“1466”，在“Fill type”（填充类型）栏中选择“Material Location”（本地材料），在“Additional components”（补充选项）栏中选择“Gauges”（高斯），如图 10-211 所示。单

击“Material Location”（本地材料）旁边的展开按钮 >，打开如图 10-212 所示的“Material Plot Settings”（设置材料显示）对话框，在“Material visbility”（材料可见性）列表中勾选“TANTALUM”复选框，然后单击“OK”按钮 ✓，关闭该对话框。在“Plots”（绘图）面板中的“Fill type”（填充类型）栏中选择“Contour”（云图）复选框，在“Contour variable”（云图变量）中单击“Change variable”（更改变量）按钮 Change variable，打开“Select Contour Variable”（选择云图变量）对话框，打开如图 10-213 所示对话框，在“Variable”（变量）列表中选择“ABS. VEL”，单击“OK”按钮 ✓ 得到聚能射流速度分布云图，如图 10-214 所示。

在起爆后 0.10ms 时，节点 1、2 位于 EFP 的中间部位。节点 1 观察点在约 0.10ms 时发生了速度缓慢下降。节点 2 观察点，在约 0.05ms 时发生了速度缓慢下降，直到侵彻靶板结束 0.30ms 时，两个节点剩余速度均不小于 1.20km/s。

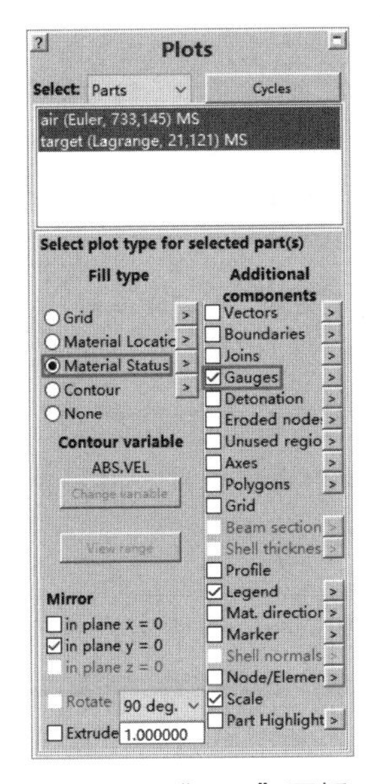

图 10-211　“Plots”面板

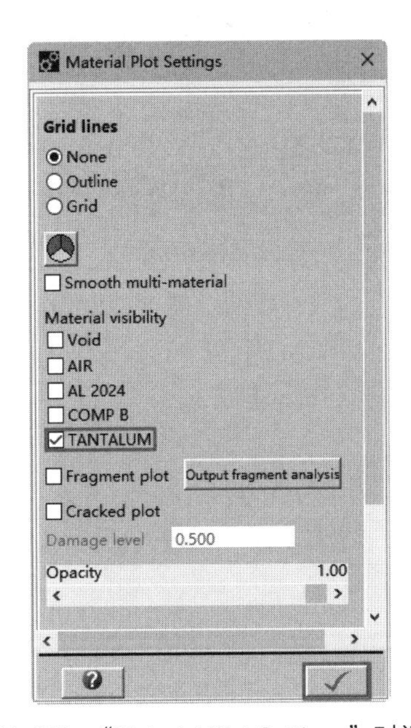

图 10-212　“Material Plot Settings”对话框

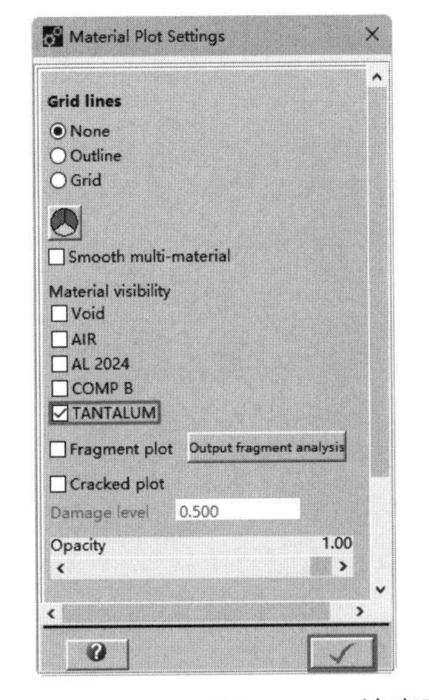

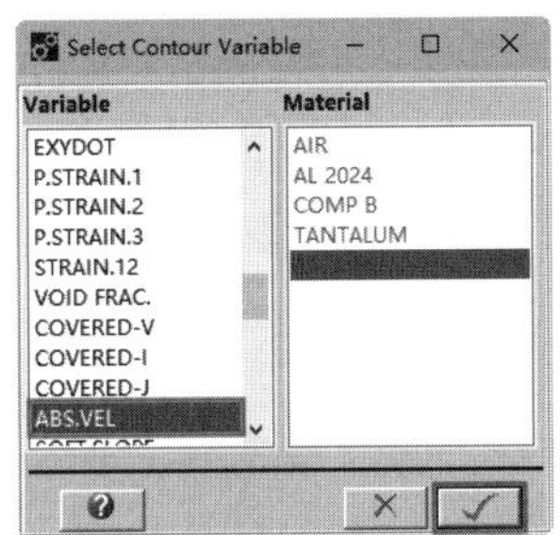

图 10-213　速度云图设置对话框

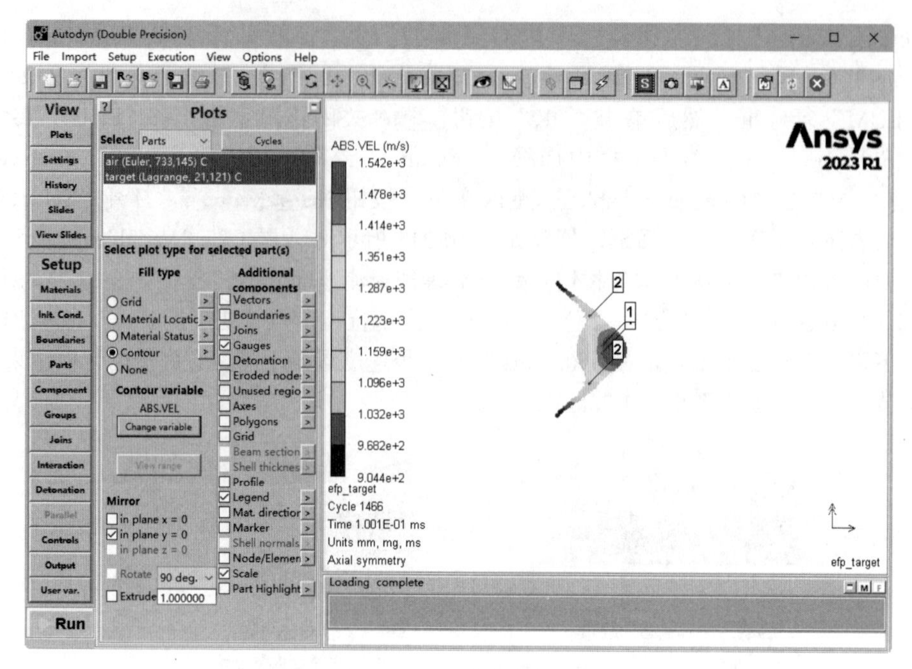

图 10-214　0.10ms 时速度分布云图

第11章 爆炸冲击问题实例

爆炸冲击问题的研究在国防和民用经济领域有着广泛的应用。常规武器设计、工程爆破、爆炸加工、工程防护和爆炸灾害的防护等问题都涉及爆炸冲击。数值模拟软件为爆炸冲击问题等高速瞬态现象的研究提供了一种途径，该方法根据系统的守恒控制方程、材料本构模型和状态方程联立求解，可对系统作用全过程进行模拟和观测。针对拉格朗日和欧拉不同数值方法网格相互耦合分析的方法，本章结合聚能装药爆炸冲击问题的典型示例，给出了两个基于 Autodyn 的按步骤操作教程，以便读者结合具体操作掌握 Autodyn 数值模拟爆炸问题的应用流程和方法。

11.1 爆炸冲击波传播过程数值仿真

扫码看视频

本节主要介绍采用 Autodyn 软件分析 TNT 炸药在空气中爆炸时，产生的爆炸冲击波的传播规律。数值分析中主要采用 Euler（欧拉）算法进行计算，计算模型为二维平面模型。计算过程包括算法选择、材料的定义、初始与边界条件设置、模型的建立、接触设置、结果后处理分析等。

11.1.1 问题的描述

研究空气中爆炸是个十分复杂但又极为重要的问题。高爆炸药在空气中爆炸时，形成了一团瞬间占据炸药原有空间的高温高压气体。对凝聚高爆炸药来说，高温高压气体的温度很高，压力很大。这团气体会猛烈地推动着周围静止的空气，同时产生一系列的压缩波向四周传播。由于后继压缩波总比前面的压缩波传播速度快，各个压缩波最终会叠加成一个压力突然升高的特殊压缩波，即冲击波。冲击波的前沿，称为波阵面或波前，紧跟在波阵面后的是与动压相关的“爆炸风”。

从冲击波的形成过程可以看出，冲击波与压缩波不同，压缩波在介质中是以音速传播的，压缩波经过的区域、介质的状态参数（如压力、密度、温度等）是连续变化的，介质的运动可以认为是等熵过程，因此，波阵面前后的状态参数由等熵运动方程联系在一起。而冲击波在空气中是以超声速传播的，理想冲击波的波阵面是物理间断面，冲击波所到之处，介质的状态参数发生了突跃变化，介质的运动是熵增过程。冲击波的特征主要依赖爆源的物理性质，如球形炸药与柱状装药产生的冲击波波形明显不同，然而，这种不同主要表现在爆源近区。距离爆源足够远处，不管爆源性质如何，所有冲击波几乎都具有相同的形状。自由空气中的理想冲击波波形，即 P-t 曲线，如图 11-1 所示。在冲击波到达之前，该处的压力等于大气压 P_a。冲击波在时间 t_a 到达该处时，压力瞬间由大气压力突跃至最大值。压力最大值与 P_a 的差值，通常称为入射超压峰值。波阵面通过后压力即迅速下降，经过时间 t_0 压力衰减到大气压力并继续下降，直至出现负超压峰值。

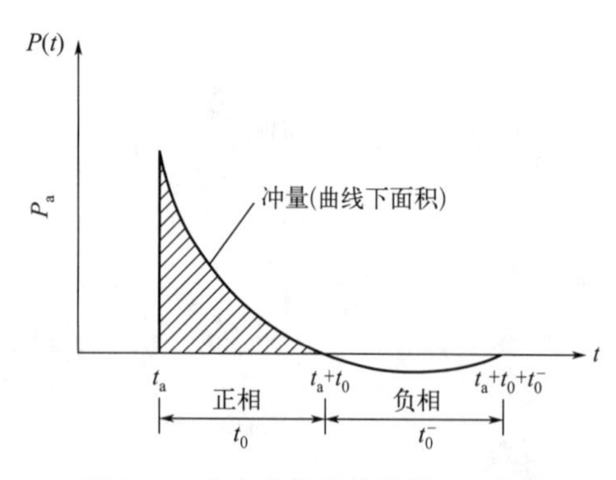

图 11-1　自由空气中的理想 P-t 曲线

在爆炸冲击波的毁伤研究中，冲击波的超压值与正压持续时间是评估毁伤程度的两个重要参数，因本节采用 Autodyn 数值分析的方法研究空气中爆炸冲击波的传播规律。炸药在距离目标 45m 的空中爆炸，炸药形状为球形装药，半径为 1m。计算该炸弹爆炸后距离爆心 R=10m、20m、45m 位置空气中冲击波超压峰值大小和压力变化曲线，获得空气冲击波传播规律的压力分布云图。

11.1.2　模型分析及算法选择

（1）模型分析

本算例拟分别采用材料 AIR 和 TNT 来建立空气模型和炸药模型。空气选用理想气体状态方程，炸药采用 JWL 状态方程。

（2）算法选择

本例采用 Euler，2D Multi-material（欧拉，2D 混合材料）算法，建立二维轴对称计算模型。计算中，炸药与空气均采用 Euler（欧拉）单元，通过设置观测点，计算得到空气压力变化曲线，进而观察冲击波的入射超压峰值。

11.1.3　Autodyn 建模分析过程

（1）启动 Autodyn 软件，建立新模型

在 Ansys 2023 的安装文件夹下按 C：\Program Files\Ansys Inc\v231\aisol \AUTODYN\winx64 路径找到 autodyn 的文件夹，会看到文件夹所包含的文件 autodyn.exe，双击 autodyn.exe 将软件打开。

单击工具栏中的“New Model”（新建模型）按钮或选择“File”（文件）下拉菜单中的“New”（新建）命令，如图 11-2 所示，打开“Create New Model”（新建模型）对话框，如图 11-3 所示，单击“Browse”（浏览）按钮 Browse，打开“浏览文件夹”对话框，如图 11-4 所示。按提示选择文件输出目录 C：\Users\Administrator\Desktop\Autodyn\explosive_Blast 然后单击“确定”按钮，返回“Create New Model”对话框，在“Ident”（标识）文本框中输入“explosive_Blast”作为文件名，在“Heading”（标题）文本框中输入“explosive_Blast”。选择“Symmerty”（对称性）为“2D”“Axial”（轴对称），设置“Units”单位制为默认的“mm、mg、ms”。单击“OK”按钮，如图 11-5 所示，创建新模型。

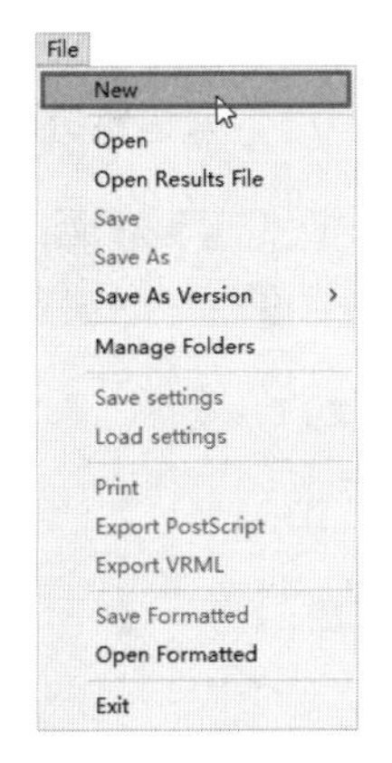

图 11-2　新建文件

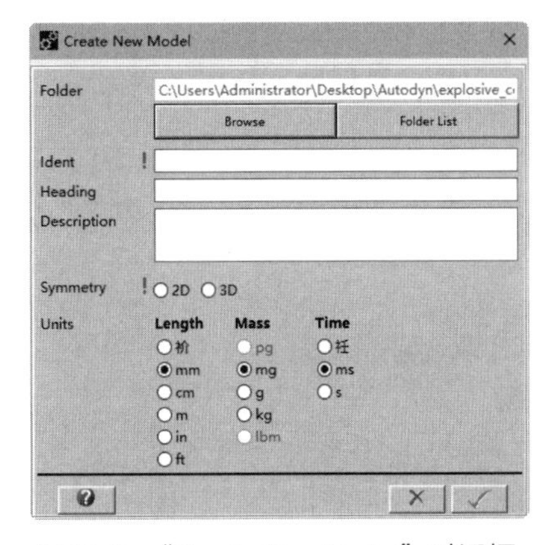

图 11-3　“Create New Model”对话框

（2）修改背景颜色

单击导航栏中的“Settings”（设置）按钮 Settings，打开“Plot Type Settings”（显示类型设置）面板，如图 11-6 所示。在“Plot Type”（绘图类型）下拉列表中选择“Display”（显示）选项，在“Background”（背景）下拉列表中选择“White”（白色），去掉勾选“Graded Shading”（渐变）复选框，如图 11-7 所示。

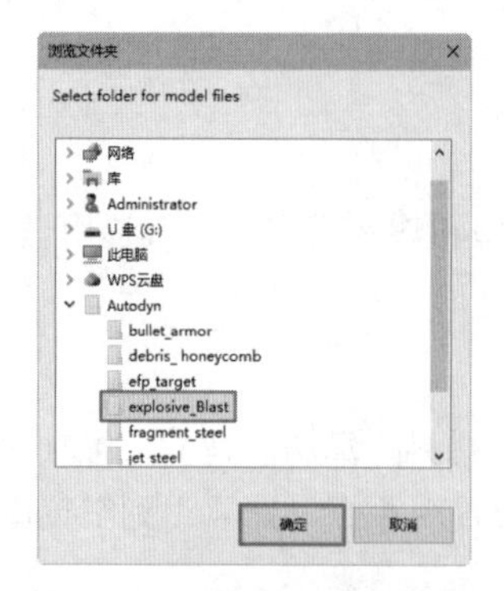

图 11-4　浏览文件夹对话框

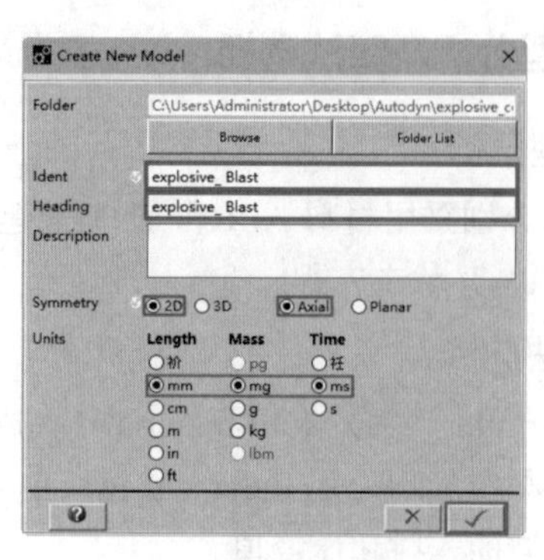

图 11-5　创建新模型设置

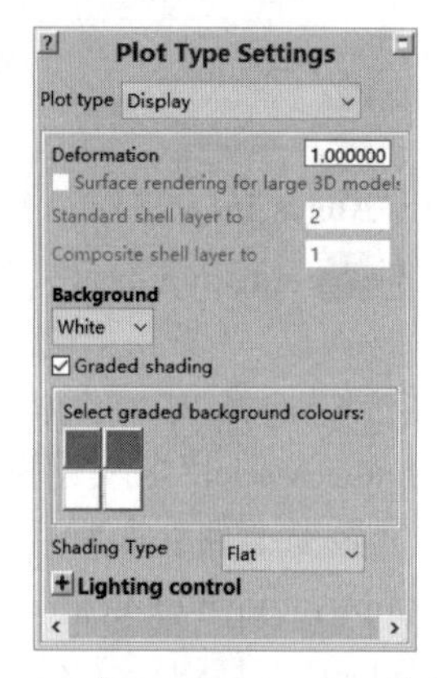

图 11-6　“Plot Type Settings”面板

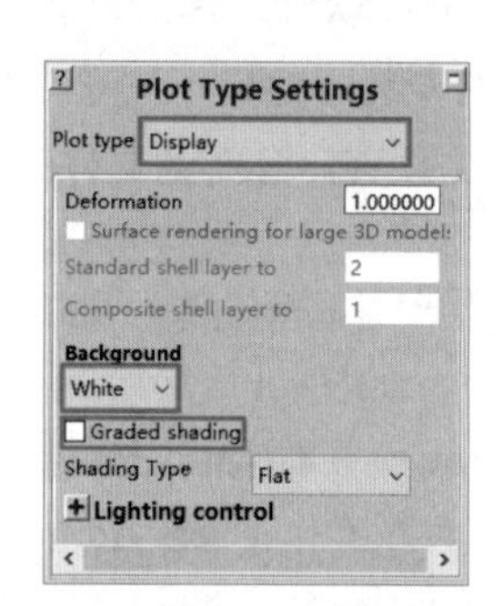

图 11-7　设置背景颜色

（3）定义模型中使用的材料

单击导航栏中的“Materials”（材料）按钮**Materials**，打开“Material Definition”（定义材料）面板，如图 11-8 所示。在该面板中单击“Load”（加载）按钮**Load**，打开“Load Material Model”（加载材料模型）对话框，如图 11-9 所示，在该对话框中可以加载模型需要的材料。

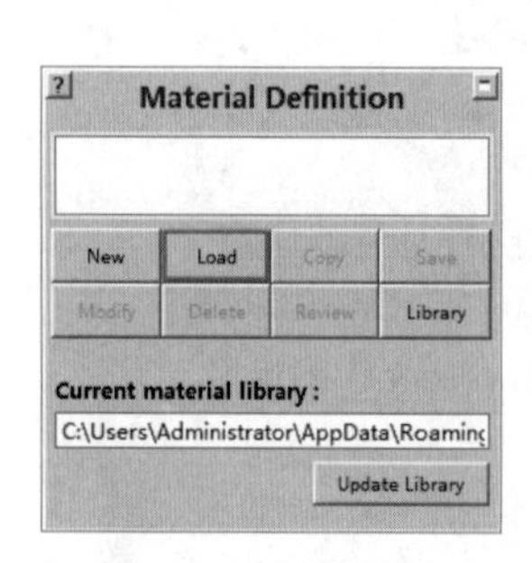

图 11-8　加载材料

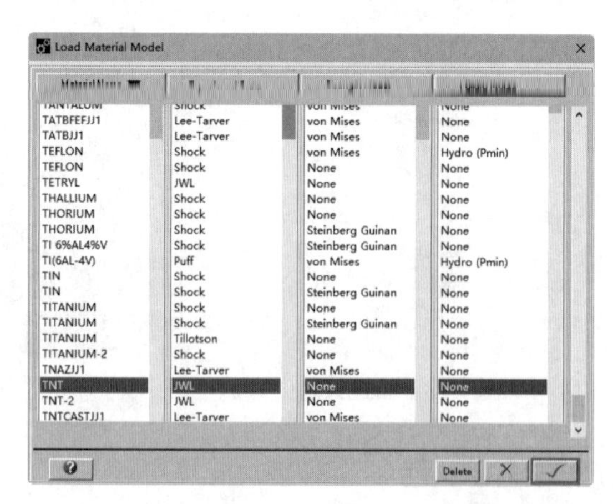

图 11-9　“Load Material Model”对话框

依次选择材料“AIR（Ideal Gas，None，None）”和“TNT（JWL，None，None）”，单击“OK”按钮✓，完成加载，返回到“Material Definition”（定义材料）面板，在该面板中可以查看选择的材料类型，结果如图 11-10 所示，还可以根据需要修改参数。

（4）创建空气模型

单击导航栏上的“Parts”（零件）按钮 Parts ，打开“Parts”面板，如图 11-11 所示。单击“Parts”面板中的“New”（新建）按钮 New ，打开“Create New Part”（新建零件）对话框，在“Part Name”（零件名）文本框中输入零件名称“air”，在“Solver”（求解）列表中选择“Euler，2D Multi-Material”（欧拉，2D 混合材料）求解器，保持默认的“Part wizard”（零件向导）生成方式，如图 11-12 所示，然后单击“Next”（下一步）按钮 Next▷ 。

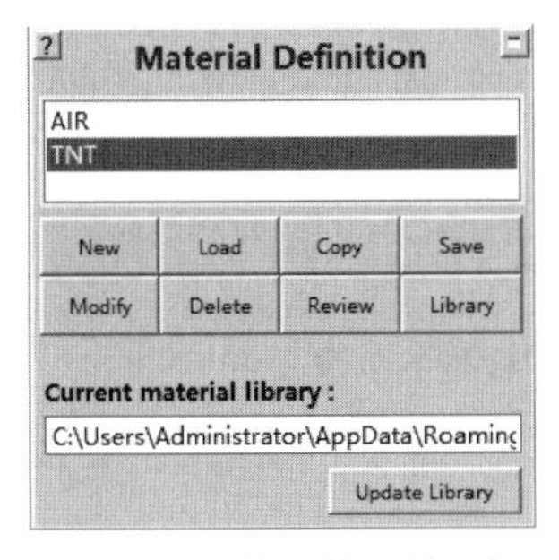

图 11-10　加载材料后的面板

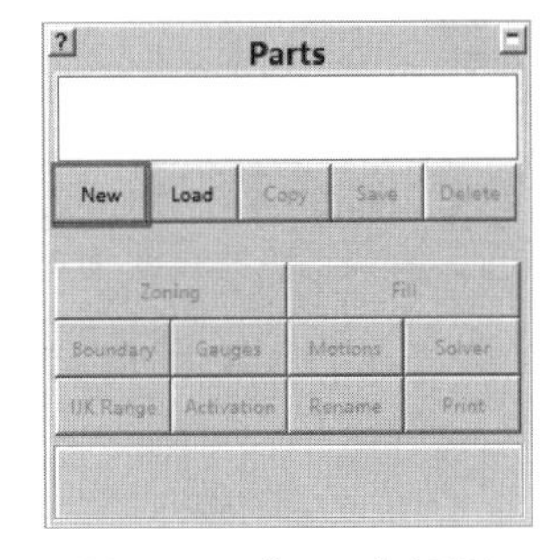

图 11-11　“Parts”面板

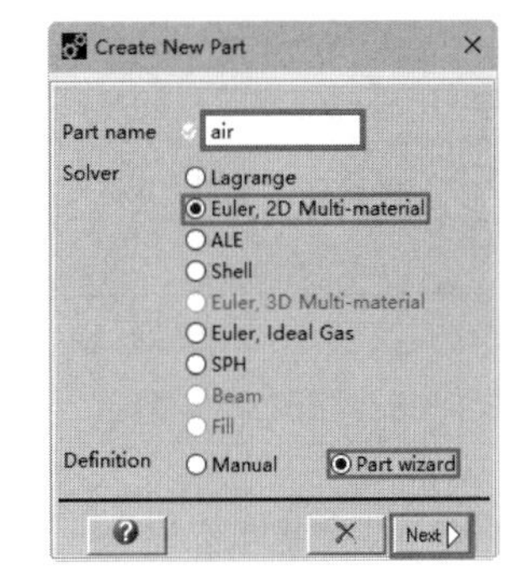

图 11-12　“Create New Part”对话框

打开“Select Predef”（选择预定义）和“Define Geometry”（定义几何）窗口，在“Select Predef”（选择预定义）窗口中选择“Wedge”（楔形）按钮 Wedge ，在“Define Geometry”（定义几何）窗口的“Minimum radius（r）”（最小半径）文本框中输入“100.000000”，在“Maximum radius（R）”（最大半径）文本框中输入“4.500000e+04”，如图 11-13 所示。然后单击“Next”按钮 Next▷ ，打开“Define Zoning”（划分网格）窗口，在“Cells across radius”（穿过网格半径）文本框中输入“450”，零件的节点数和单元数显示在对话框上面，如图 11-14 所示。

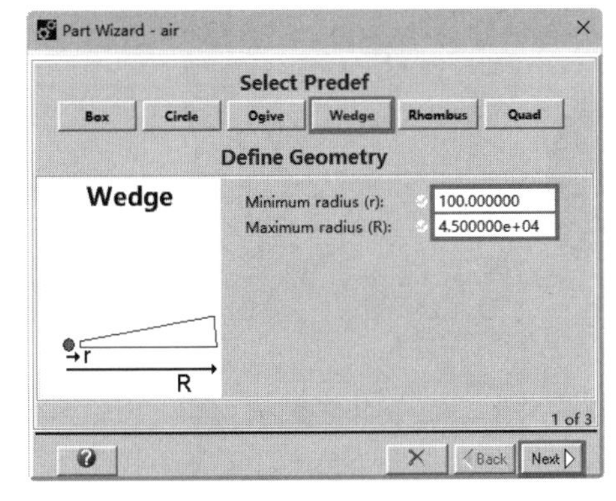

图 11-13　“Select Predef”和“Define Geometry”窗口

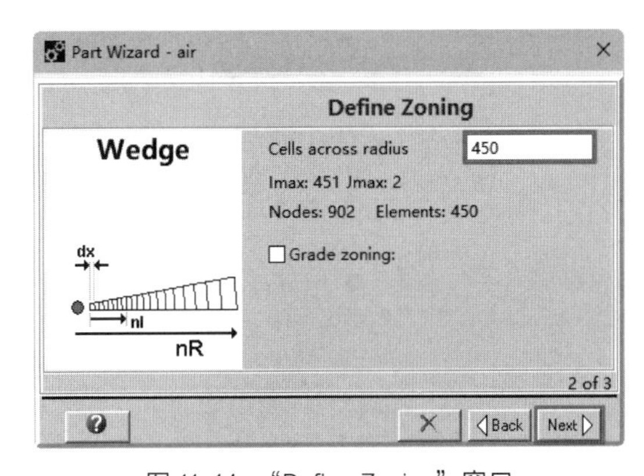

图 11-14　“Define Zoning”窗口

继续单击“Next”按钮 Next▷ ，打开“Fill part”（填充零件）窗口，通过此窗口填充零件。不勾选“Fill with Initial Condition S”（用初始条件填充）复选框，在“Material”（材料）列表中选择“AIR”（空气），用“AIR”填充全部欧拉网格，设置“Int Energy”（内能）为“2.068000e+05”，空气压强为 1 个大气压，如图 11-15 所示，单击“OK”按钮 ✓ ，完成理想气体添加，结果如图 11-16 所示。

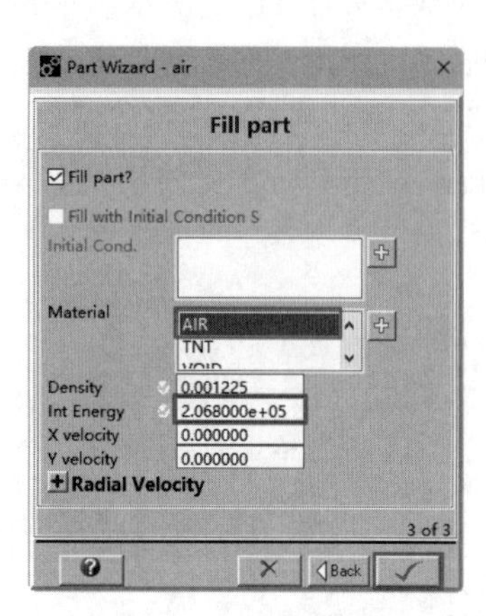

图 11-15 “Fill part”窗口

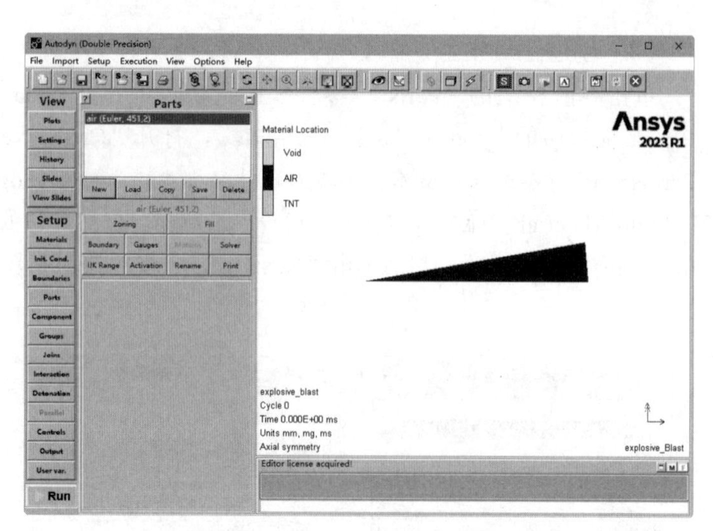

图 11-16 完成空气模型的创建

（5）创建爆炸物模型

在“Parts”（零件）面板中选择“air（Euler，451，2)”零件，然后再单击“Fill”（填充）按钮 Fill，为空气填充 TNT（炸药），展开“Fill by Geometrical Space”（按几何空间填充）栏，如图 11-17 所示。在该栏中选择“Ellipse”（椭圆）按钮 Ellipse，打开“Fill Ellipse”（填充椭圆）窗口，填充椭圆形区域，在“X-centre”（X 中心）文本框中输入“0.000000”，在“Y-centre”（Y 中心）文本框中输入“0.000000”，将椭圆的中心设置为（0，0），在“X-semi-axis”（X 半轴）文本框中输入“1.000000e+03”，在“Y-semi-axis”（Y 半轴）文本框中输入“1.000000e+03”，将椭圆的 X 和 Y 半径设置为 1000，在“Material”（材料）列表中选择“TNT”（炸药）为所用材料，如图 11-18 所示。单击“OK”按钮，完成炸药的填充，生成的模型如图 11-19 所示。

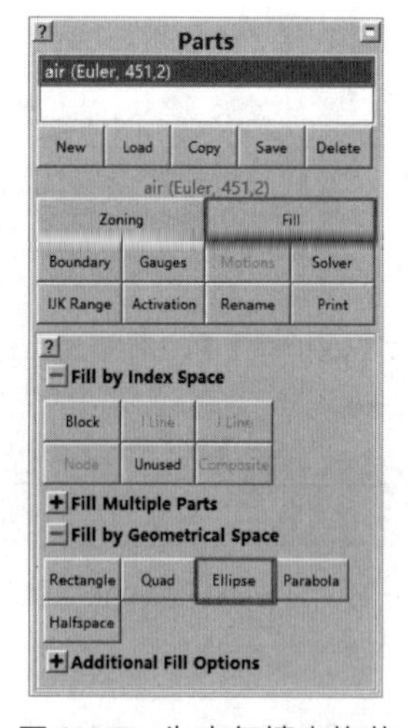

图 11-17 为空气填充炸药

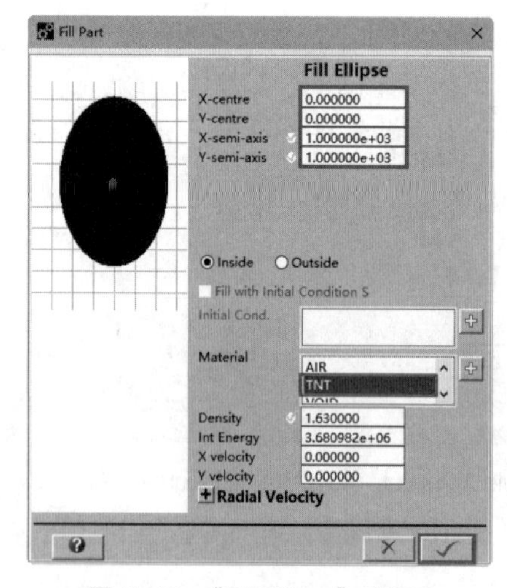

图 11-18 “Fill Ellipse”窗口

（6）选择输出节点

单击“Parts”（零件）面板中的“Gauges”（高斯）按钮 Gauges，在“Define Gauge Points”（定义高斯点）栏中勾选“Plot gauge poits”（绘制高斯点），不勾选“Interactive Selection”（交

互式选择）选项，如图 11-20 所示。然后单击“Add”（添加）按钮 Add，打开“Modify Gauge Poits”（修改高斯点）对话框，添加需要输入的节点或者单元，勾选“Point”（点）、“Fixed”（固定）和“XY-Space”（XY 空间），在“X”文本框中输入“1.000000e+04”，在“Y”文本框中输入“0.000000”，单击“OK”按钮 ✓，就定义了距离爆炸中心 10m 处的一个节点，如图 11-21 所示。重复上述操作设置第二个节点如图 11-22 所示，第三个节点如图 11-23 所示，在计算前设置结果输出关键点如图 11-24 所示。

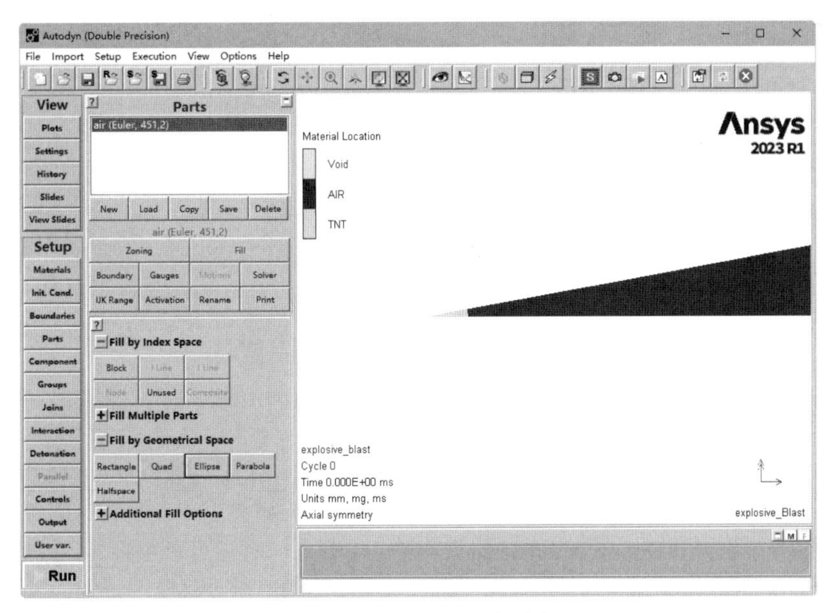

图 11-19　完成炸药的创建

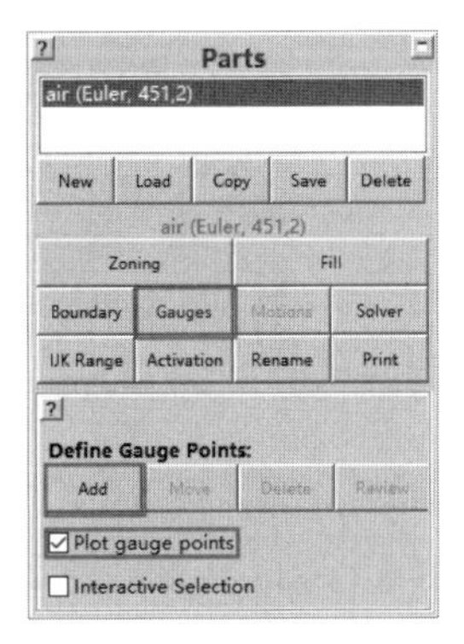

图 11-20　设置输出节点

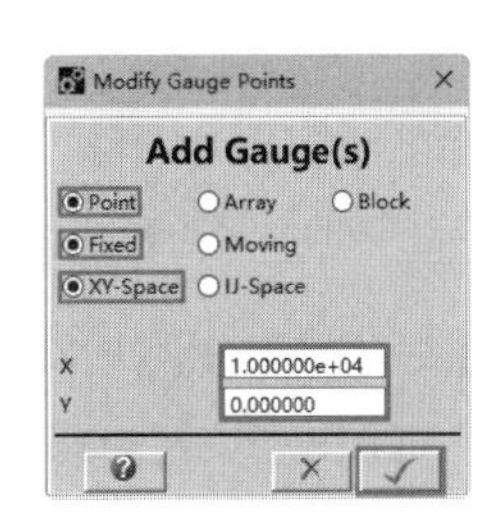

图 11-21　设置输出第一个节点

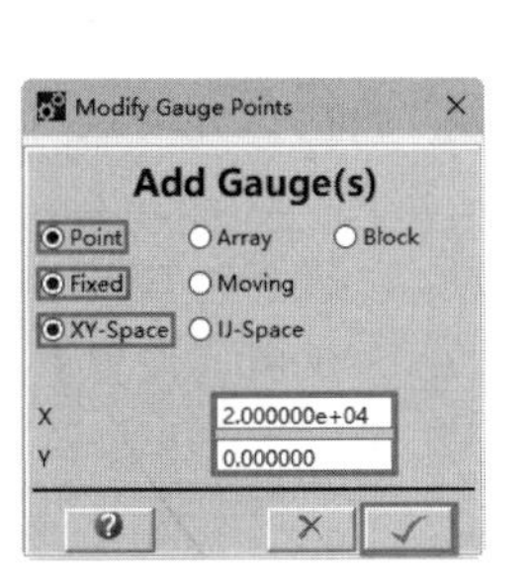

图 11-22　设置输出第二个节点

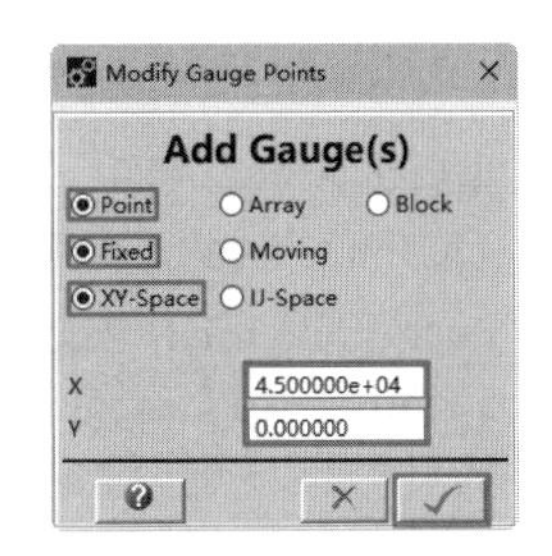

图 11-23　设置输出第三个节点

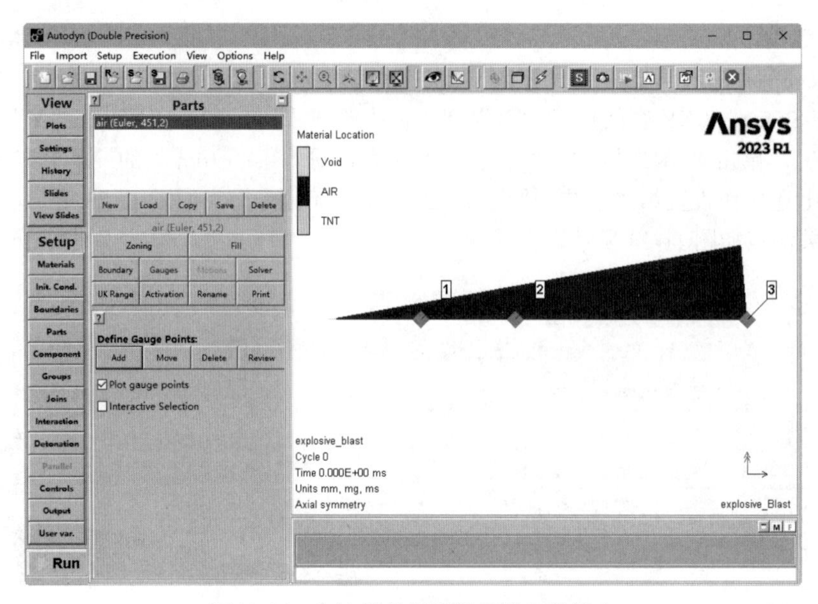

图 11-24 在计算前设置结果输出关键点

(7) 设置起爆点

单击导航栏中的“Detonation”(爆炸)按钮**Detonation**，打开“Detonation/Deflagration”(爆炸/爆燃)面板，通过该面板设置爆炸物的爆炸爆燃位置。如图 11-25 所示，单击“Point”(起爆点)按钮**Point**，打开“Define detonations”(定义起爆点)对话框，如图 11-26 所示。输入起爆点坐标为“0.000000”“0.000000”，单击“OK”按钮✓，完成起爆点设置。

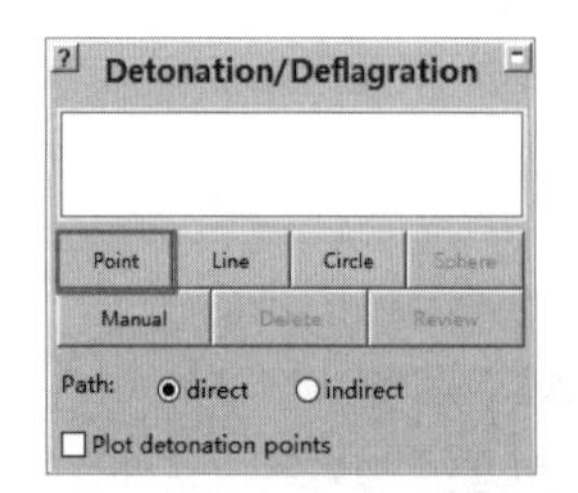

图 11-25 “Detonation/Deflagration”面板

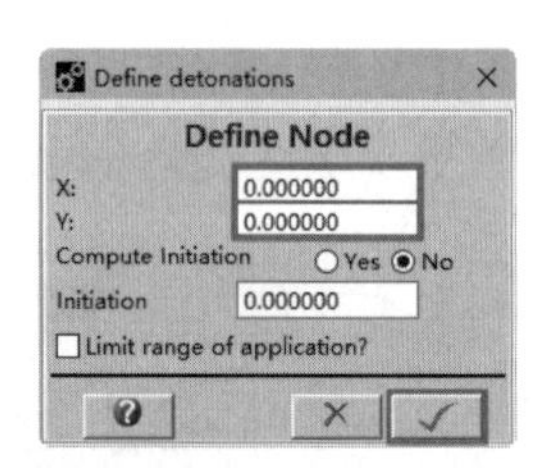

图 11-26 “Define detonations”对话框

可勾选“Detonation/Deflagration”面板中的“Plot detonation points”(绘制起爆点)，或者单击导航栏上的“Plots”(绘图)按钮**Plots**，在“Additional components”(补充选项)列表中勾选“Detonation”复选框，来观察起爆点位置，结果如图 11-27 所示。

(8) 设置求解控制

单击导航栏中的“Controls”(控制)按钮**Controls**，打开“Define Solution Controls”(定义求解控制)面板，通过该面板为模型定义求解控制。设置“Wrapup Criteria”(终止标准)下面的参数，设置“Cycle limit”(循环限制)为“999999”，设置“Time limit”(时间限制)为“50.000000”，设置“Energy fraction”(能量分数)为“0.050000”，设置“Energy ref.cycle”(检查能量循环数)为“999999”，如图 11-28 所示。

(9) 设置输出

单击导航栏中的“Output”按钮**Output**，打开“Define Output”(定义输出)面板，设置

“Save”（保存）栏中选择“Time”（时间）复选框，设置“End time”（终止时间）为“50.000000”，设置“Increment”（增量）为“0.100000”。展开“History”（历史）栏，在“History”（历程）栏中选择“Time”复选框，设置“End time”为“50.000000”，设置“Increment”为“0.100000”，如图 11-29 所示。

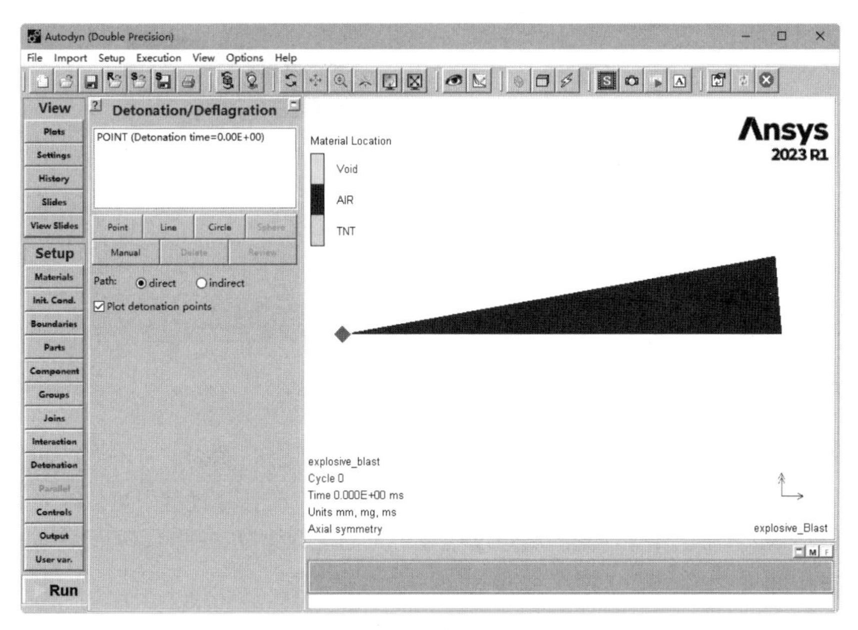

图 11-27　显示起爆点位置

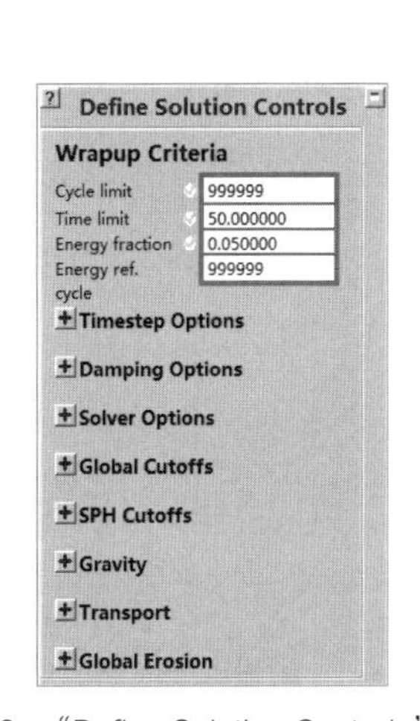

图 11-28　“Define Solution Controls”面板

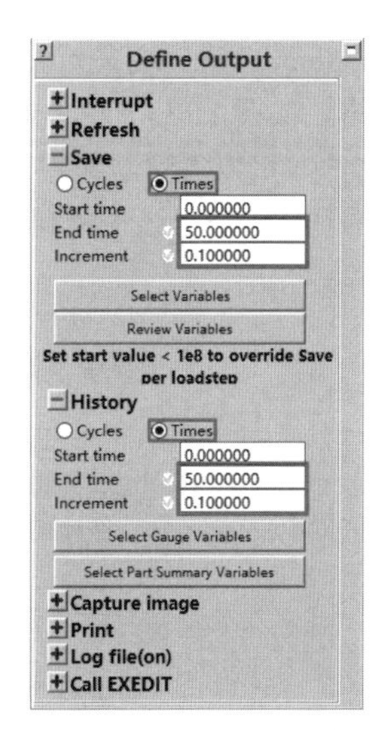

图 11-29　“Define Output”面板

（10）开始计算

单击导航栏上的“Plots”（绘图）按钮 **Plots**，打开“Plots”面板，在该面板中选择“air（Euler，451，2）ML”，设置“Fill type”（填充类型）为默认的“Material Location”（本地材料），在“Mirror”（镜像）列表中勾选“Rotate”（旋转）复选框，并设置角度为“360°”，通过旋转 360°将视图变为 3D 效果，结果如图 11-30 所示。

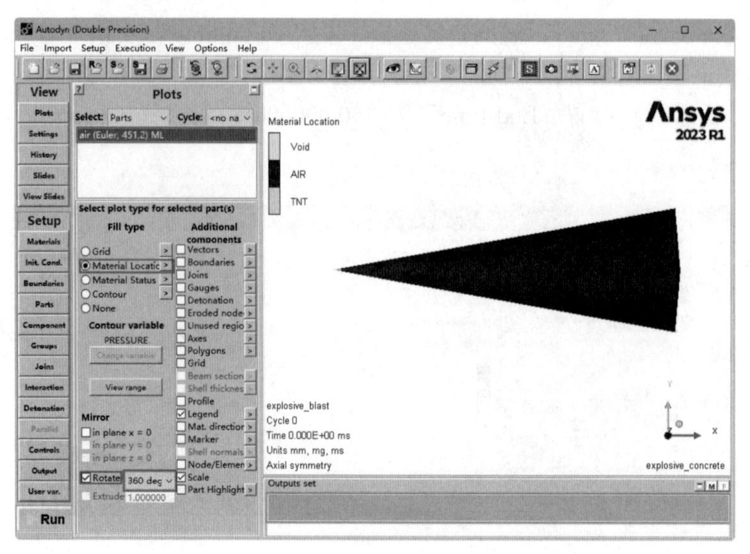

图 11-30 显示设置面板

当模型设置正确后，单击导航栏中的“Run”（运行）按钮 Run，打开“Confirm”（确认）对话框，如图 11-31 所示。单击“是”按钮 是(Y) 进行计算，在计算过程中可以随时单击“Stop”（停止）按钮 Stop 来停止计算，观测爆炸过程及对数据进行读取，观测相关的计算曲线。

（11）后处理

① 爆炸冲击波传播压力分布云图 如图 11-32 所示，在“Plots”（绘图）面板中的“Fill type”（填充类型）栏中选择“Contour”（云图）复选框，在“Contour variable”（云图变量）中单击“Change variable”（更改变量）按钮 Change variable，打开“Select Contour Variable”（选择云图变量）对话框，如图 11-33 所示。在“Variable”（变量）中选择“PRESSURE”（压强），单击“OK”按钮 ✓，可以得到爆炸冲击波传播规律的压力云图，如图 11-34 所示。由该图可知当求解结束后，爆炸冲击波已经传播到楔形的另一端。

图 11-31 “Confirm”对话框

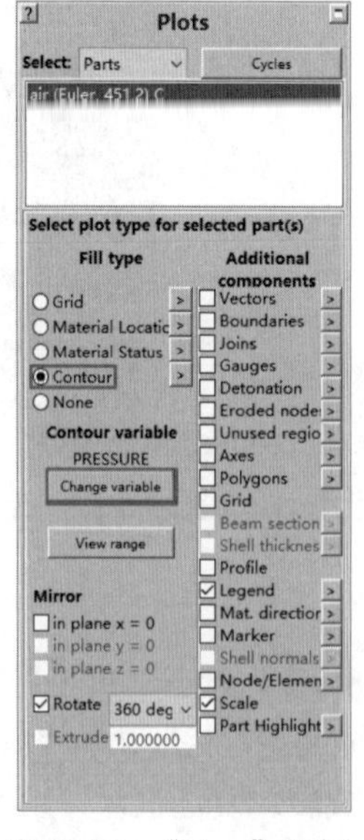

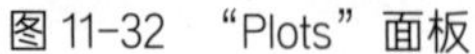

图 11-32 “Plots”面板

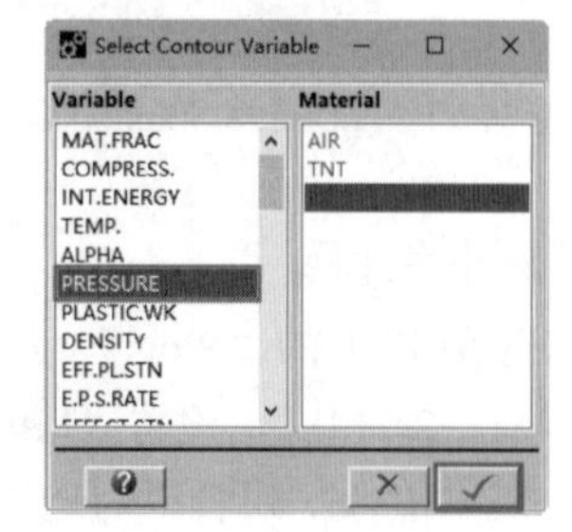

图 11-33 “Select Contour Variable”对话框

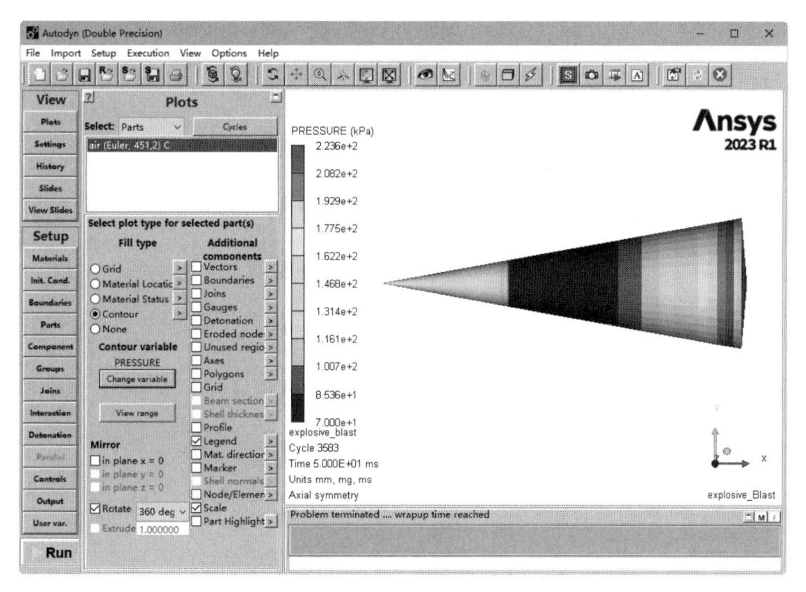

图 11-34　爆炸冲击波传播压力分布云图

② 生成压力变化曲线　单击导航栏上的“History”（历程）按钮 History，打开“History Plots”（时间历程图）面板，选择“Gauge points”（高斯点），然后单击“Single Variable Plots”（单变量显示）按钮 Single Variable Plots，如图 11-35 所示。打开如图 11-36 所示的“Single Variable Plot”（单变量显示）对话框。在该对话框的左边选择“Gauge#1”，在右边“Y Var”（Y 变量）栏内选择“PRESSURE”（压强），在“X Var”（X 变量）栏内选择“TIME”（时间），单击“Apply”按钮 Apply，得到了节点 1 压力随时间的变化曲线，如图 11-37 所示。

按照同样的方法，可以获得节点 2 压力变化曲线（如图 11-38 所示）和节点 3 压力变化曲线（如图 11-39 所示）。从压力变化曲线图可以看出，随着距离爆心距离的增大，空气中冲击波超压峰值逐渐减小。

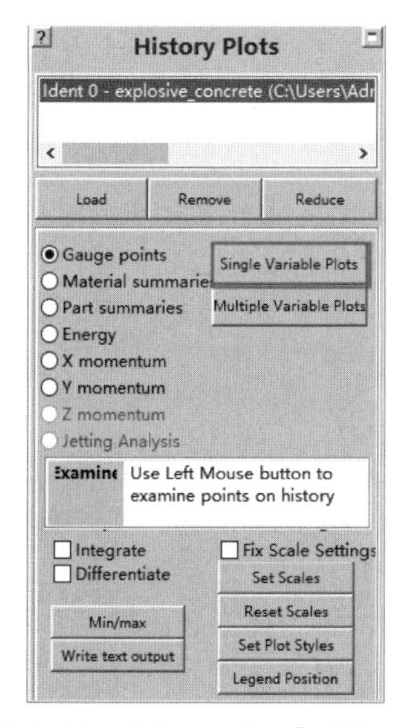

图 11-35　“History Plots”面板

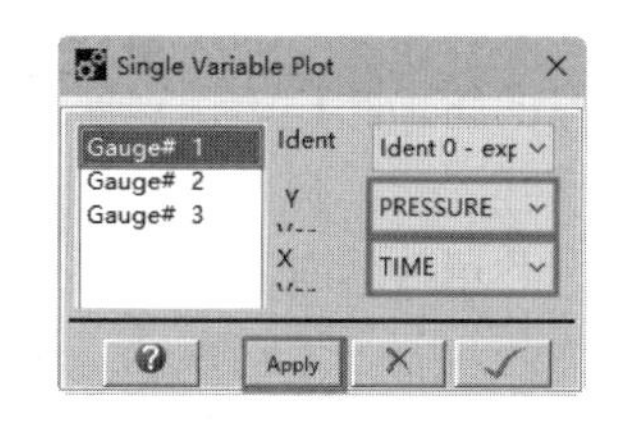

图 11-36　“Single Variable Plot”对话框

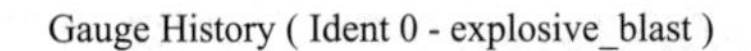

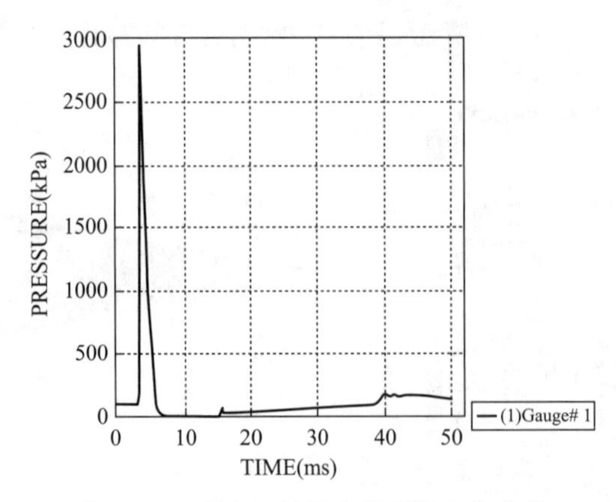

图 11-37　节点 1 的压力随时间变化曲线

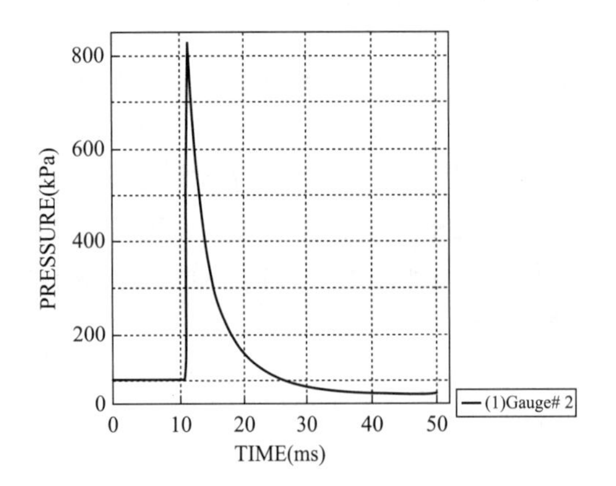

图 11-38　节点 2 的压力随时间变化曲线

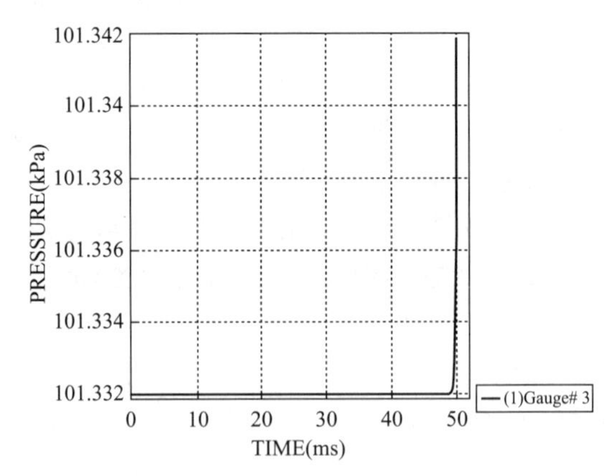

图 11-39　节点 3 的压力随时间变化曲线

11.2　炸药接触爆炸冲击混凝土结构数值仿真

扫码看视频

本节着重介绍 Autodyn 软件中采用拉格朗日和欧拉耦合算法对爆炸冲击混凝土板过程进行模拟。计算过程包括算法选择、材料的定义、初始与边界条件设置、模型的建立、接触设置、结果后处理分析等。

11.2.1　问题的描述

由于岩土类介质原材料丰富、防护性能良好，被广泛应用于军事防护工程，通过构筑几米甚至几十米厚的防护结构，达到保护人员和设备的目的。一般采用单层、双层或多层岩土介质结构，达到增强工事、掩体等目标防护性能的目的，其中以混凝土、土壤 / 混凝土复合目标结构应用较多。利用数值方法研究爆炸场，已成为分析爆炸冲击毁伤问题的常用方法。分析实际爆炸场时，炸药尺寸、炸药密度、起爆位置和环境等因素都对冲击波场有很大的影响，且随着目标的空间位置不同，其波形特征也发生变化。Autodyn 软件可用于研究爆炸冲击问题。本例采用 Autodyn 软件对炸药爆炸冲击混凝土板进行仿真分析，其中混凝土板厚为 500mm，炸药选用 TNT，半径为 200mm。

11.2.2　模型分析及算法选择

（1）模型分析

目前常用的混凝土冲击荷载下的本构模型有 J-H 模型、Forrestal 模型、RHT 模型和 Malvar 模型等，本模拟采用对极限面描述较为细致的 RHT 模型。模拟所用混凝土材料选用 Autodyn 材料库中的 CONC-35MPA 材料模型，主要由 P alpha 状态方程与 RHT Concrete 模型控制。空气选用理想气体状态方程，炸药选用 TNT，炸药采用 JWL 状态方程。

（2）算法选择

计算中，炸药与空气均采用 Euler（欧拉）单元，混凝土板采用 Lagrange（拉格朗日）单元，两类单元之间采用流固耦合算法，空气域所有边界设置为流出边界，即可以满足爆炸冲击波的消散而不至于在边界处产生反射导致影响计算结果的精度。

11.2.3　Autodyn 建模分析过程

（1）启动 Autodyn 软件，建立新模型

在 Ansys 2023 的安装文件夹下按 C：\Program Files\Ansys Inc\v231\aisol \AUTODYN\winx64 路径找到 autodyn 的文件夹，会看到文件夹所包含的文件 autodyn.exe，双击 autodyn.exe 将软件打开。

单击工具栏中的“New Model”（新建模型）按钮或选择“File”（文件）下拉菜单中的“New”（新建）命令，如图 11-40 所示。打开“Create New Model”（新建模型）对话框，如图 11-41 所示，单击“Browse”（浏览）按钮 Browse，打开“浏览文件夹”对话框，如图 11-42 所示。按提示选择文件输出目 C：\Users\Administrator\Desktop\Autodyn\explosive_concrete，然后单击“确定”按钮 确定，返回“Create New Model”（新建模型）对话框，在“Ident”（标识）文本框中输入“explosive_concrete”，在“Heading”（标题）文本框中输入“explosive_concrete”。选择“Symmerty”（对称性）为“2D”“Axial”（轴对称）。设置“Units”（单位制）为默认的“mm、mg、ms”。单击“OK”按钮，如图 11-43 所示，创建新模型。

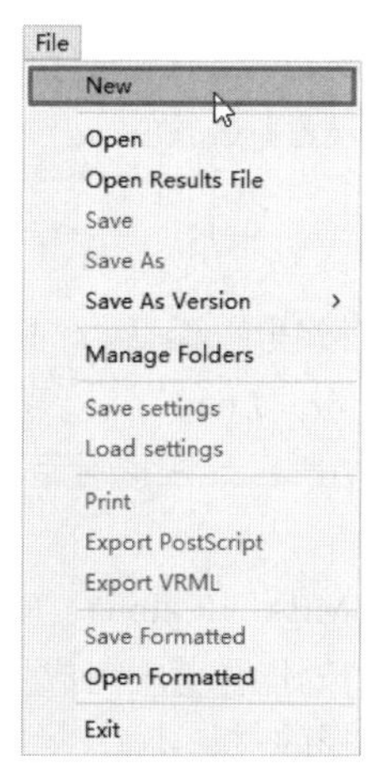

图 11-40　新建文件

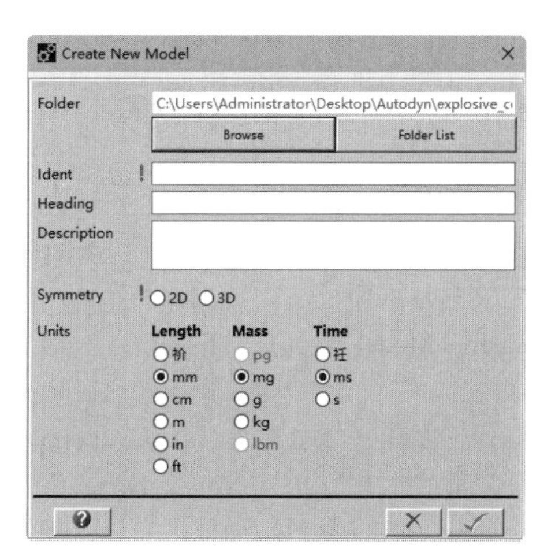

图 11-41　“Create New Model”对话框

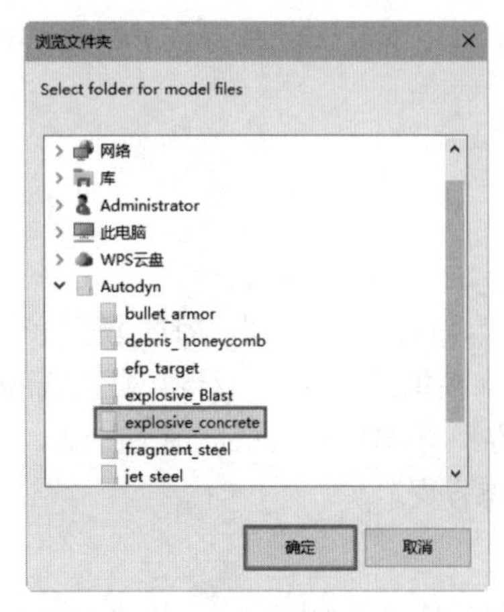

图 11-42 浏览文件夹对话框

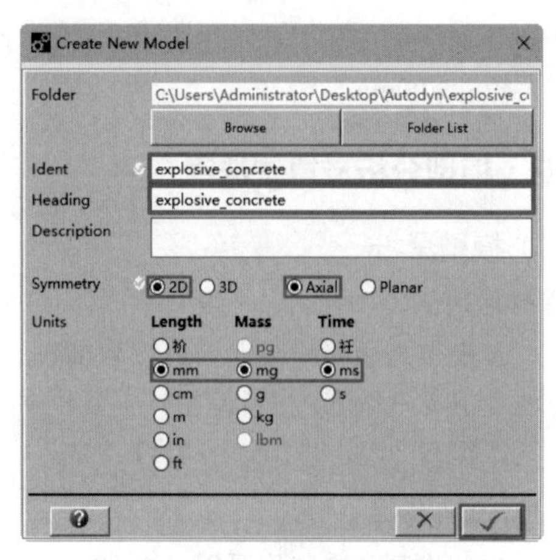

图 11-43 创建新模型设置

(2) 修改背景颜色

单击导航栏中的"Settings"(设置)按钮 Settings，打开"Plot Type Settings"(显示类型设置)面板，如图 11-44 所示。在"Plot Type"(绘图类型)下拉列表中选择"Display"(显示)选项，在"Background"(背景)下拉列表中选择"White"(白色)，去掉勾选"Graded Shading"(渐变)复选框，如图 11-45 所示。

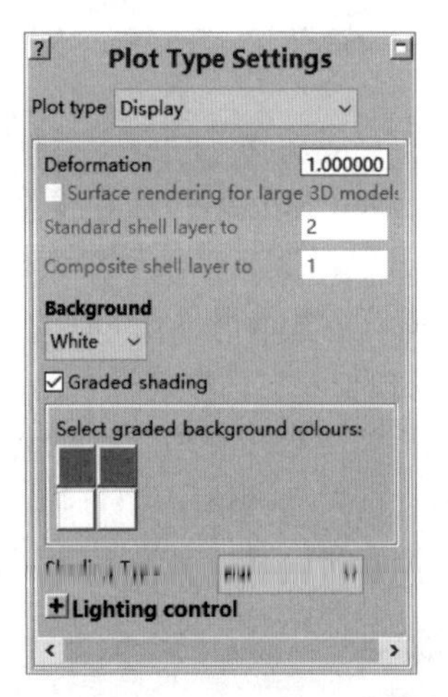

图 11-44 "Plot Type Settings"面板

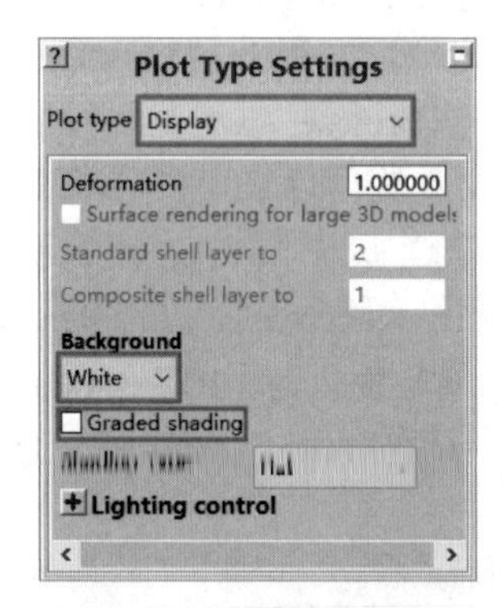

图 11-45 设置背景颜色

(3) 定义模型中使用的材料

① 加载材料数据 单击导航栏中的"Materials"(材料)按钮 Materials，打开"Material Definition"(定义材料)面板，如图 11-46 所示。在该面板中单击"Load"(加载)按钮 Load，打开"Load Material Model"(加载材料模型)对话框，如图 11-47 所示，在该对话框中可以加载模型需要的材料。

依次选择材料"AIR(Ideal Gas，None，None)""CONC-35MPA(P alpha，RHT Concrete，RHT Concrete)"和"TNT(JWL，None，None)"，单击"OK"按钮 ✓，完成加载，返回到"Material Definition"(定义材料)面板，在该面板中可以查看选择的材料类型，结果如图 11-48 所示，还可以根据需要修改参数。

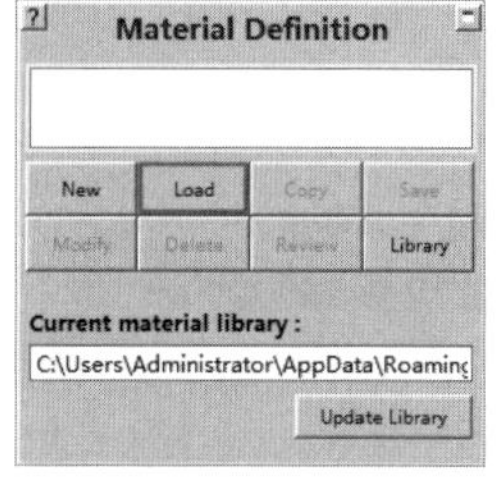

图 11-46　加载材料

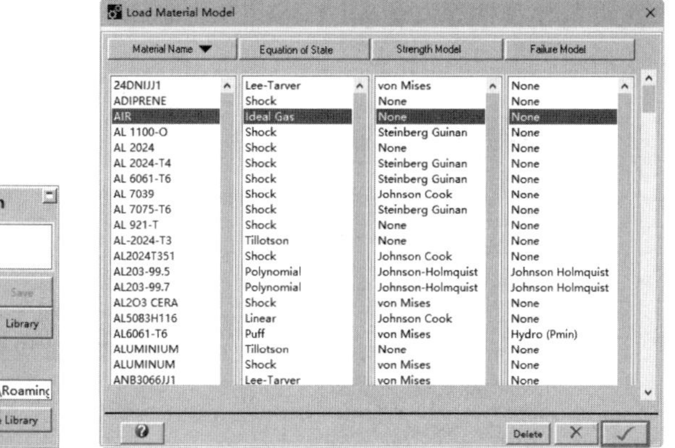

图 11-47　“Load Material Model”对话框

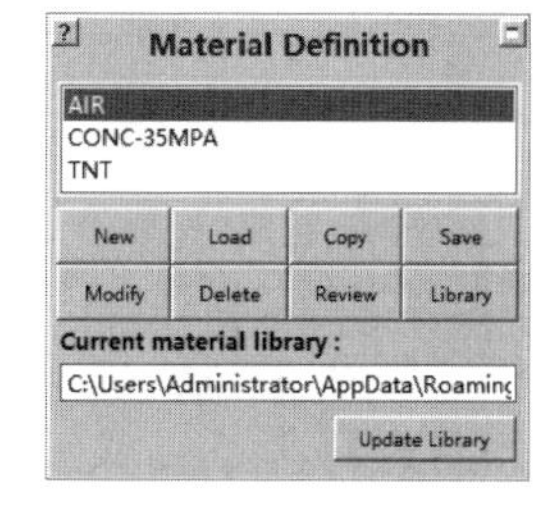

图 11-48　加载材料后的面板

② 改进混凝土模型　在“Material Definition”（定义材料）面板中选择“CONC-35MPA”材料，如图 11-49 所示，然后单击“Modify”（修改）按钮Modify，打开“Material Data Input-CONC-35MPA”（输入材料参数）对话框来修改模型。展开“Failure”（衰减）栏，在“Tensile Failure”（拉伸断裂）下拉列表中选择“Principal Stress”（主应力），在“Principal Tensile Failure Stress”（伸破坏主应力）文本框中输入“5.000000e+03”作为拉伸破坏主应力，将“Crack Softening”（裂纹软化）设置为“Yes”选项，并在“Fracture Energy”（断裂能量）文本框中输入“100.000000”作为断裂能量，单击“OK”按钮✓，完成改进的混凝土模型如图 11-50 所示。

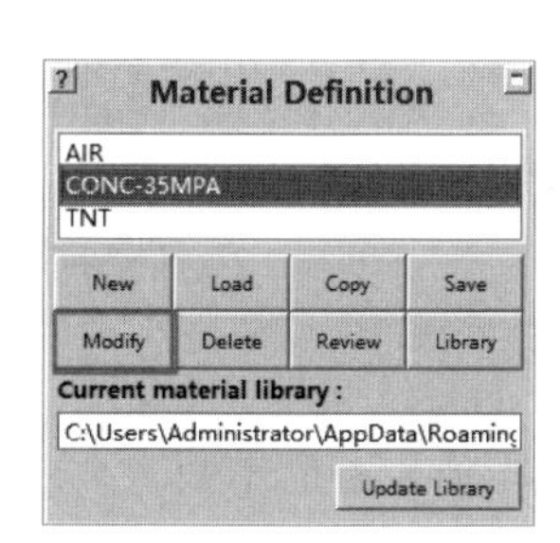

图 11-49　选择修改的材料

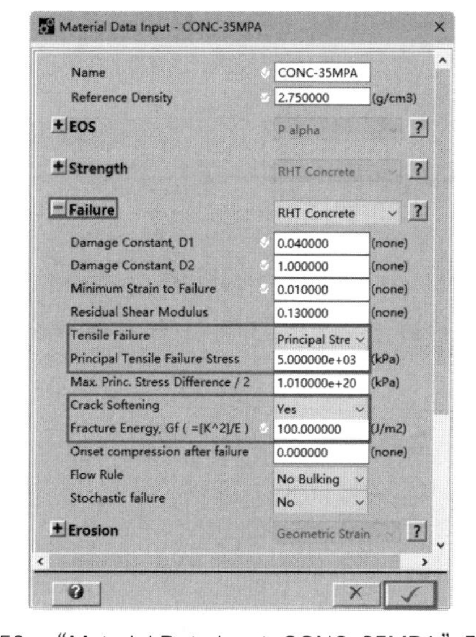

图 11-50　“Material Data Input-CONC-35MPA”对话框

（4）定义空气初始条件

单击导航栏上的“Int.Cond.”（初始条件）按钮Init. Cond.或者选择“Setup”（设置）下拉菜单中的“Initial Conditions”（初始条件）命令，打开“Initial Conditions”（定义初始条件）面板，如图 11-51 所示。在该面板中单击“New”（新建）按钮New，打开“New Initial Condition”（新建初始条件）对话框，在该对话框中的“Name”（名称）文本框中输入“atmos”（大气压），勾选“Include Material”（包括材料）复选框，并选择“Material”（材料）为“AIR”，设置“Internal”

（内能）为“2.068000e+05”，其余为默认选项，如图 11-52 所示。单击“OK”按钮 ✓，完成初始条件设置，结果如图 11-53 所示。

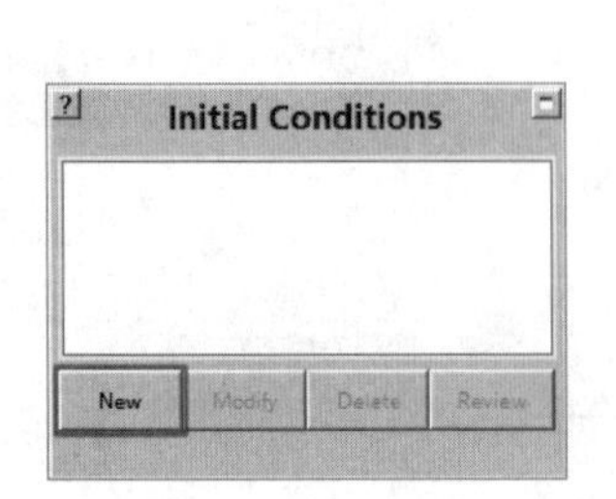

图 11-51 “Initial Conditions”面板

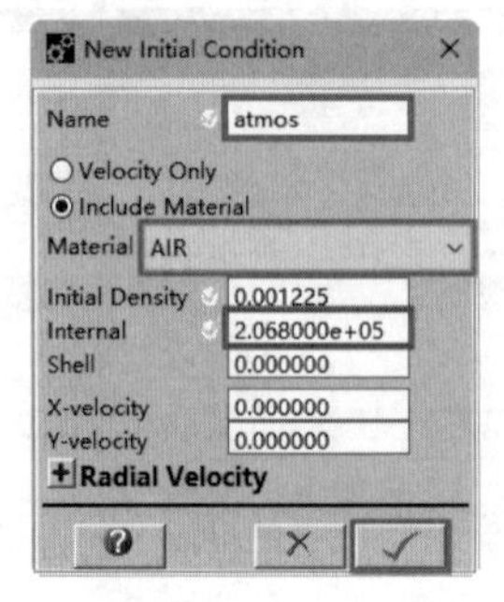

图 11-52 “New Initial Condition”对话框

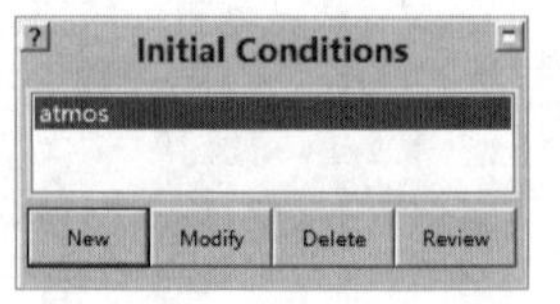

图 11-53 完成初始条件创建的面板

（5）定义流出边界条件

单击导航栏上的“Boundaries”（边界条件）按钮 Boundaries，打开“Boundary Definitions”（定义边界条件）面板，在该面板中单击“New”（新建）按钮 New，如图 11-54 所示。打开“Boundary Definitions”（定义边界条件）对话框，在“Name”（名称）文本框中输入“outlow”（流出），设置“Type”（类型）为“Flow_Out”（流出边界），设置“Sub option”（子选项）为“Flow out （Euler）”（欧拉流出边界），设置“Preferred Material”（首选材料）为“ALL EQUAL”（具有相同的传输条件），如图 11-55 所示。单击“OK”按钮 ✓，完成边界条件建立，结果如图 11-56 所示。

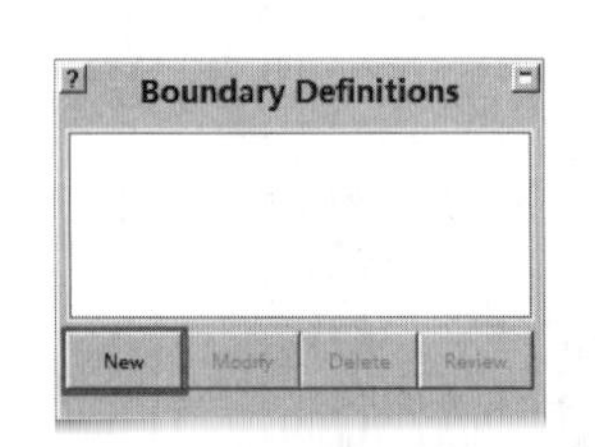

图 11-54 “Boundary Definitions”面板

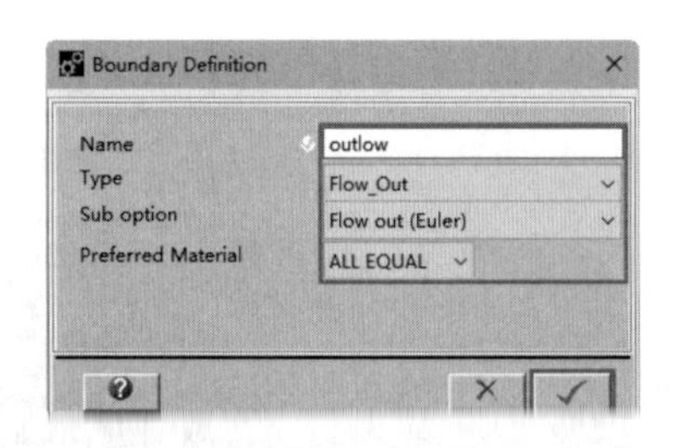

图 11-55 “Boundary Definition”对话框

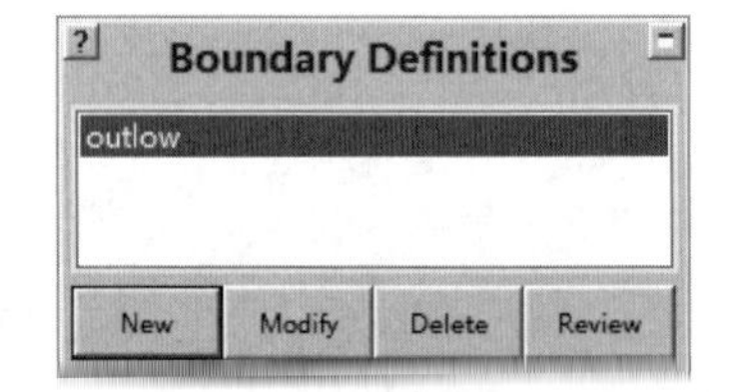

图 11-56 完成边界条件创建的面板

（6）创建混凝土结构模型

单击导航栏上的“Parts”（零件）按钮 Parts，打开“Parts”面板，如图 11-57 所示。单击“Parts”面板中的“New”（新建）按钮 New，打开“Create New Part”（新建零件）对话框，在“Part Name”（零件名）文本框中输入零件名称“structure”（结构），在“Solver”（求解）列表中选择“Lagrange”（拉格朗日）求解器，保持默认的“Part wizard”（零件向导）生成方式，如图 11-58 所示，然后单击“Next”（下一步）按钮 Next▷。

打开“Select Predef”（选择预定义）和“Define Geometry”（定义几何）窗口，在“Select Predef ”（选择预定义）窗口中选择“Box”（方形）按钮 Box，在“Define Geometry”（定义几何）窗口中依次输入“0.000000”“0.000000”“500.000000”“1.000000e+03”，如图 11-59 所示。然后单击“Next”（下一步）按钮 Next▷，打开“Define Zoning”（划分网格）窗口，在该窗口中

的“Cell in I direction”（I 方向单元）文本框中输入“50”，在“Cell in J direction”（J 方向单元）文本框中输入“100”，零件的节点数和单元数显示在对话框上面，如图 11-60 所示。

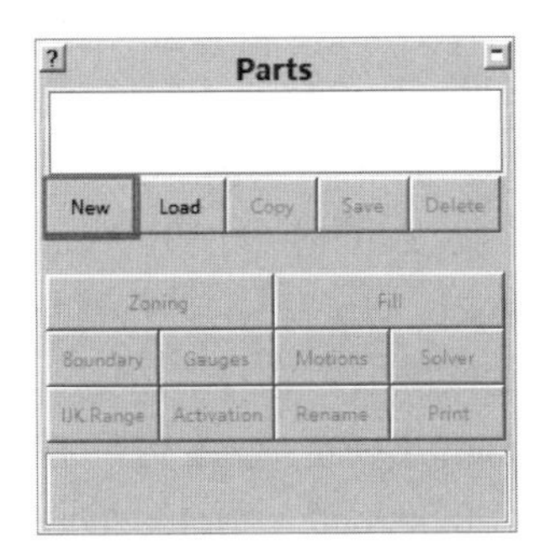

图 11-57　“Parts”面板

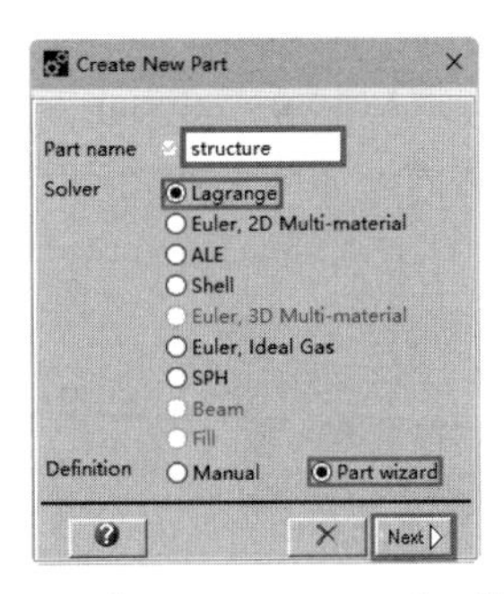

图 11-58　“Create New Part”对话框

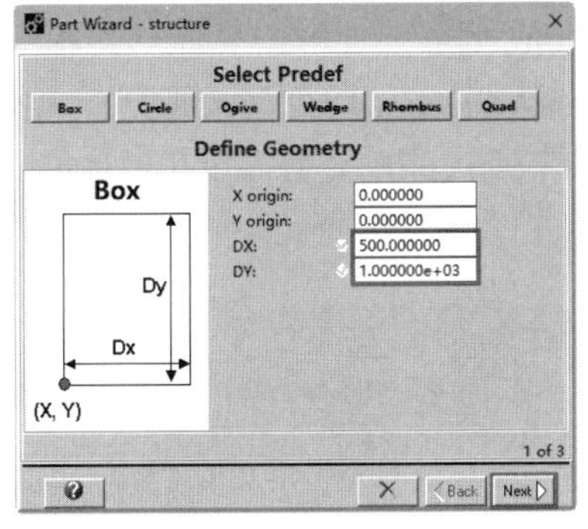

图 11-59　“Select Predef”和“Define Geometry”窗口

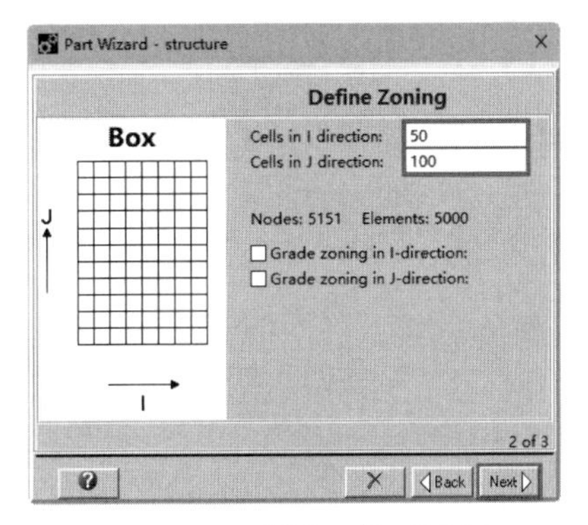

图 11-60　划分网格对话框

继续单击“Next”（下一步）按钮 Next ▷，打开“Fill part”（填充零件）窗口，通过此窗口填充零件。不勾选“Fill with Initial Condition S”（用初始条件填充）复选框，在“Materia”（材料）列表中选择“CONC-35MPA”材料，如图 11-61 所示，单击“OK”按钮 ✓，完成混凝土结构零件建立，结果如图 11-62 所示。

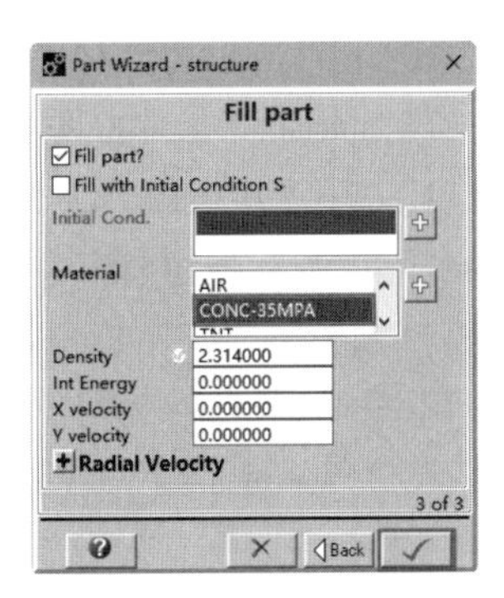

图 11-61　“Fill part”窗口

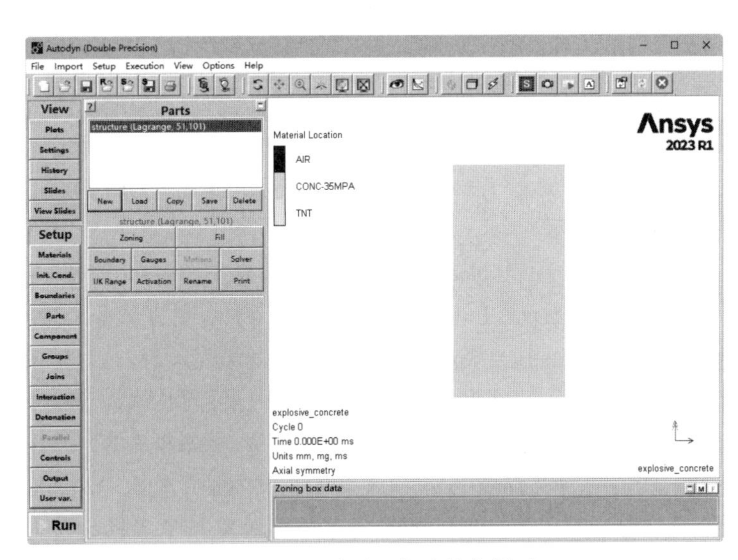

图 11-62　生成混凝土结构模型

（7）创建爆炸物模型

① 创建欧拉域　继续单击“Parts”（零件）面板中的“New”（新建）按钮New，打开“Create New Part”（新建零件）对话框。在“Part Name”（零件名）文本框中输入零件名称“blast”（爆炸），选择“Euler，2D Multi-Material”（欧拉 2D 混合材料）求解器，保持默认的“Part wizard”（零件向导）生成方式，如图 11-63 所示，然后单击“Next”（下一步）按钮Next ▷。

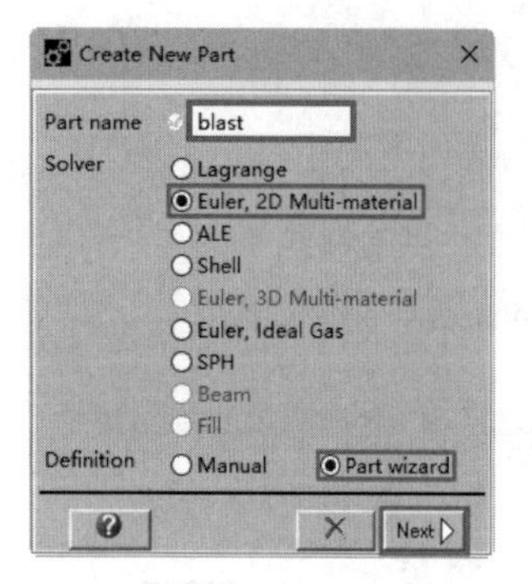

图 11-63　“Create New Part”对话框

② 定义形状及网格　打开“Select Predef”（预定义）和“Define Geometry”（定义几何）窗口，在“Select Predef”（预定义）窗口中选择“Box”（方形）按钮Box，在“Define Geometry”（定义几何）窗口中依次输入“-800.000000”“0.000000”“1.400000e+03”“1.000000e+03”，如图 11-64 所示。然后单击“Next”（下一步）按钮Next ▷，打开“Define Zoning”（划分网格）窗口，在该窗口中的“Cell in I direction”（I 方向单元）文本框中输入“140”，在“Cell in J direction”（J 方向单元）文本框中输入“100”，零件的节点数和单元数显示在对话框上面，如图 11-65 所示。

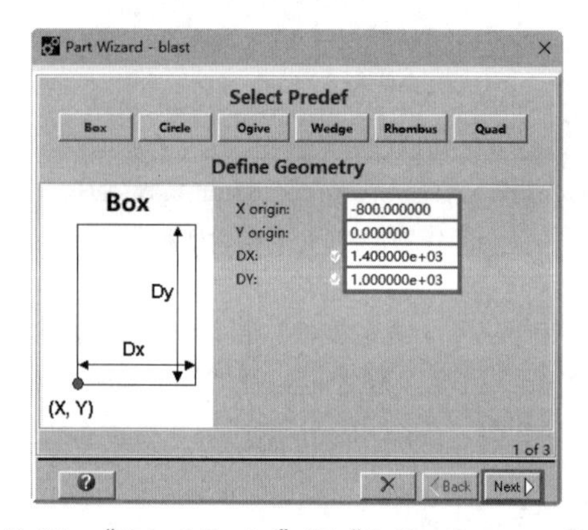

图 11-64　“Select Predef”和“Define Geometry”窗口

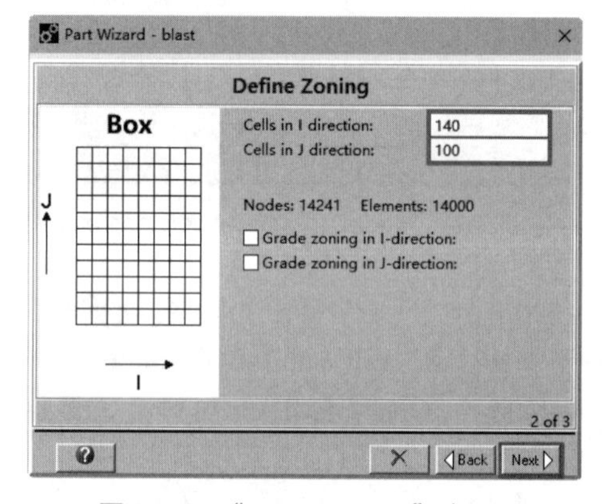

图 11-65　“Define Zoning”窗口

继续单击“Next”（下一步）按钮Next ▷，打开“Fill part”（填充零件）窗口，通过此窗口填充零件。勾选“Fill with Initial Condition S”（用初始条件填充）复选框，在“Initial Cond.”列表中选择“atmos”（大气压），如图 11-66 所示。单击“OK”按钮✓，完成爆炸物零件建立，结果如图 11-67 所示。

③ 填充炸药　为 blast（爆炸）零件填充 TNT。如图 11-68 所示，在“Parts”（零件）面板的列表中选择“blast（Euler，141，101）”零件，并在该面板中单击“Fill”（填充）按钮Fill。展开“Fill by Geometrical Space”（按几何空间填充）栏，并选择“Ellipse”（椭圆）按钮Ellipse打开“Fill Ellipse”（填充椭圆）窗口，填充一个椭圆区域。在“X-centre”（X 中心）文本框中输入“-200.000000”，在“Y-centre”（Y 中心）文本框中输入“0.000000”，将椭圆的中心设置为（-200，0），在“X-semi-axis”（X 半轴）文本框中输入“200.000000”，在“Y-semi-axis”（Y 半轴）文本框中输入“200.000000”。将椭圆的 X 和 Y 半径设置为 200，在“Material”（材料）下拉列表中选择选择“TNT”，如图 11-69 所示，单击“OK”按钮✓，完成炸药的填充。

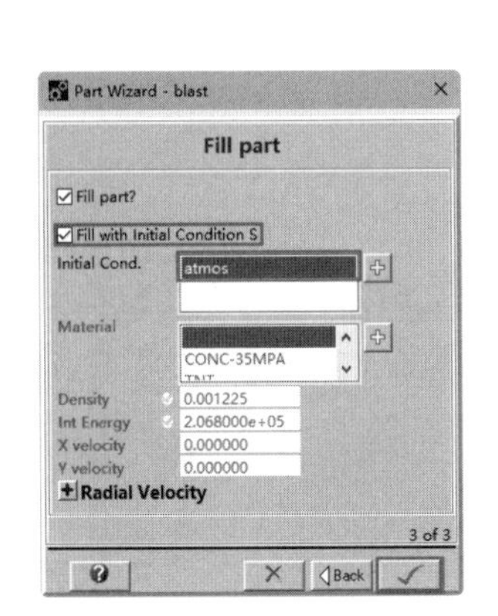

图 11-66　“Fill part”窗口

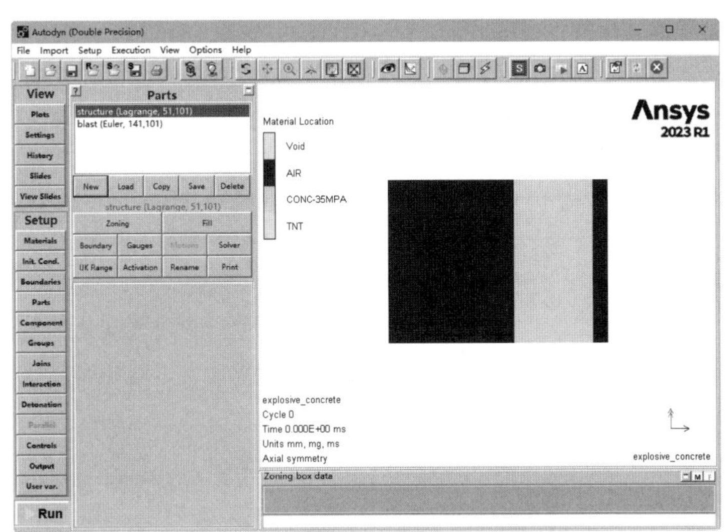

图 11-67　完成爆炸物零件的创建

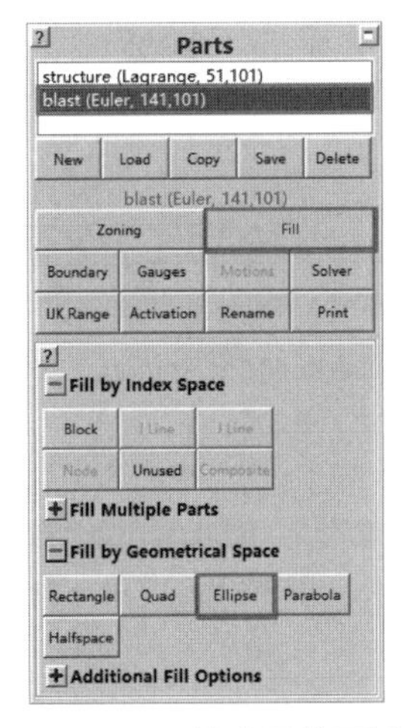

图 11-68　填充零件面板

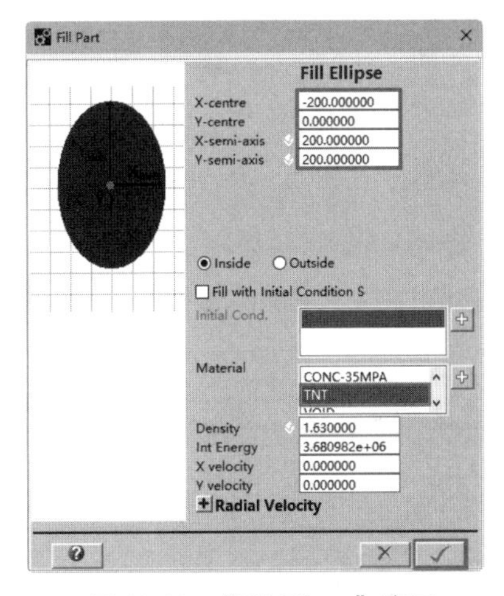

图 11-69　“Fill Ellipse”窗口

检查已生成模型，单击导航栏上的“Plots”（绘图）按钮**Plots**，打开“Plots”（绘图）面板，在“Fill type”（填充类型）列表中选择“Material Location”（本地材料）单选按钮，如图 11-70 所示。然后单击“Material Location”（本地材料）旁的展开按钮>，打开“Material Plot Settings”（设置材料显示）对话框，如图 11-71 所示。勾选“Smooth multi-materials”（平滑混合材料）复选框，单击“OK”按钮✓，观察已生成模型，结果如图 11-72 所示。还可以在“Plots”面板的“Additional components”（补充选项）列表中勾选“Grid”（网格）复选框来观察网格，结果如图 11-73 所示。

④ 施加流出边界条件　在“Plots”（绘图）面板中的“Fill type”（填充类型）列表中选择“Material Location”（本地材料）单选按钮，在“Additional components”（补充选项）列表中勾选“Boundaries”（边界条件）复选框。然后单击导航栏上的“Parts”（零件）按钮**Parts**，打开“Parts”面板，如图 11-74 所示。在该面板中选择“blast（Euler，141，101）”零件，单击“Boundary”（边界条件）按钮**Boundary**，然后单击“I Line”按钮**I Line**，打开“Apply Boundary to Part”（应用边界条件）对话框，如图 11-75 所示，采用默认设置，单击“OK”按钮✓，创

建第一条边界线。继续单击“I Line”按钮I Line，设置“From I”为“141”,“From J”为“1”,“To J”为“101”，如图 11-76 所示，单击“OK”按钮✓，创建第二条边界线。单击“J Line”按钮J Line，设置“From J”为“101”，如图 11-77 所示。最后单击“OK”按钮✓，创建第三条边界线，完成流出边界条件的施加，结果如图 11-78 所示。

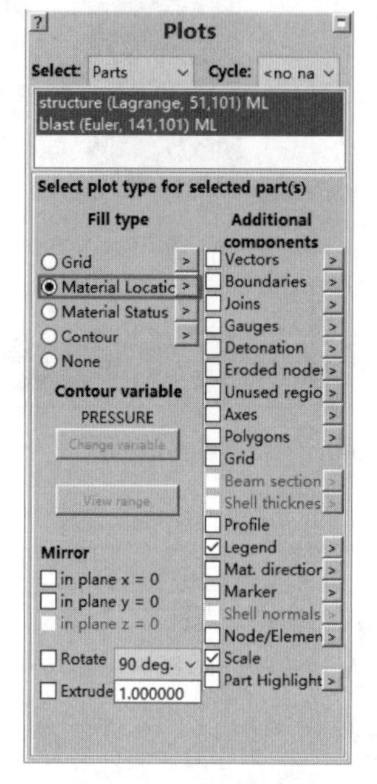

图 11-70 “Plots”面板

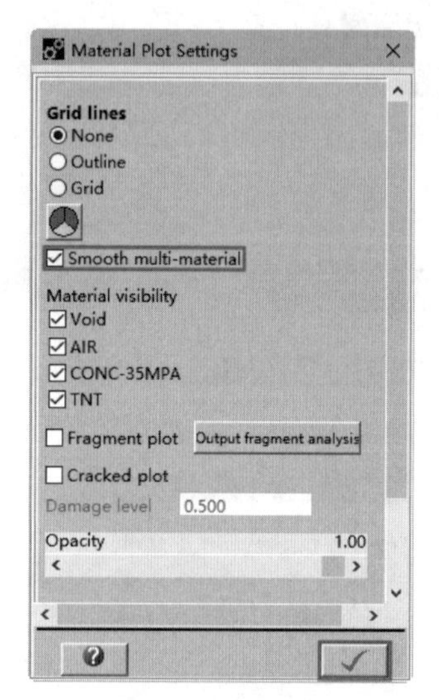

图 11-71 “Material Plot Settings”对话框

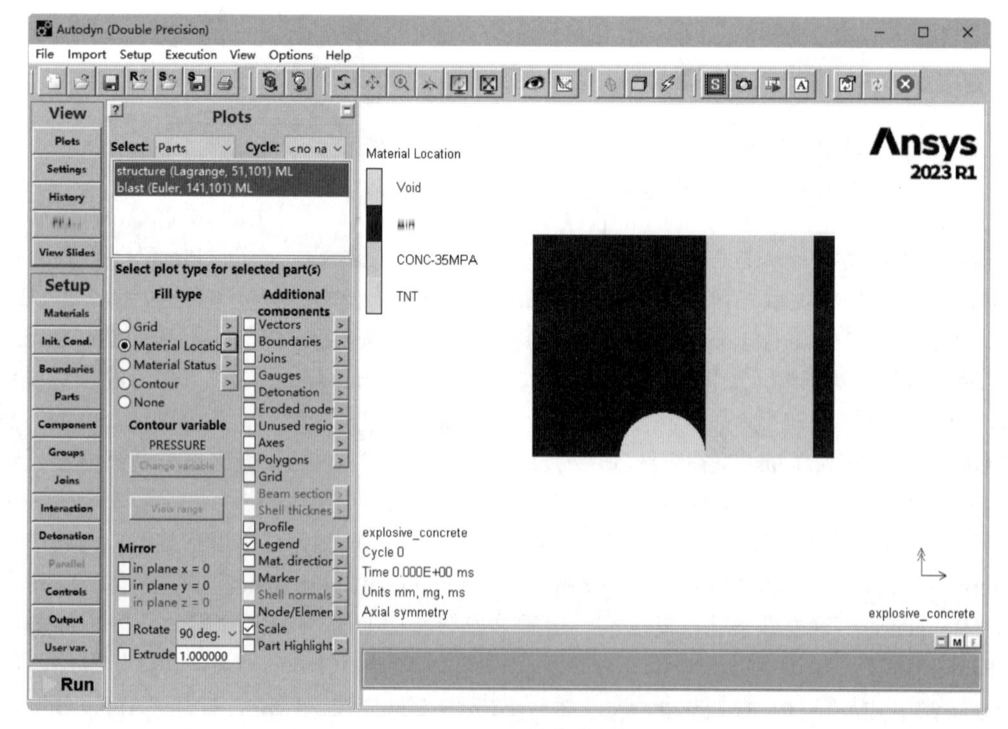

图 11-72 已生成模型

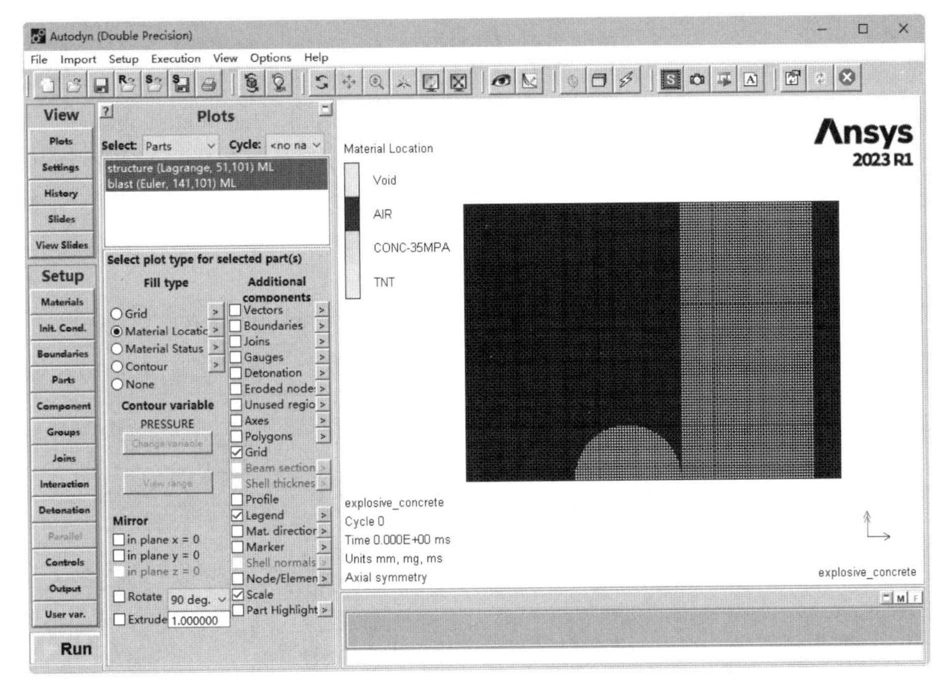

图 11-73　网格显示

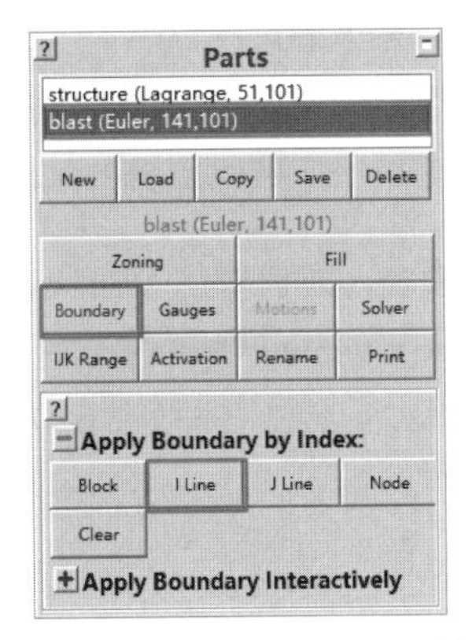

图 11-74　定义零件边界条件

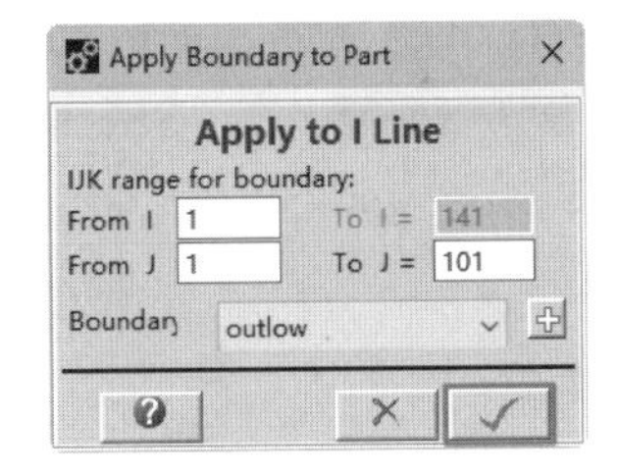

图 11-75　创建第一条边界线对话框

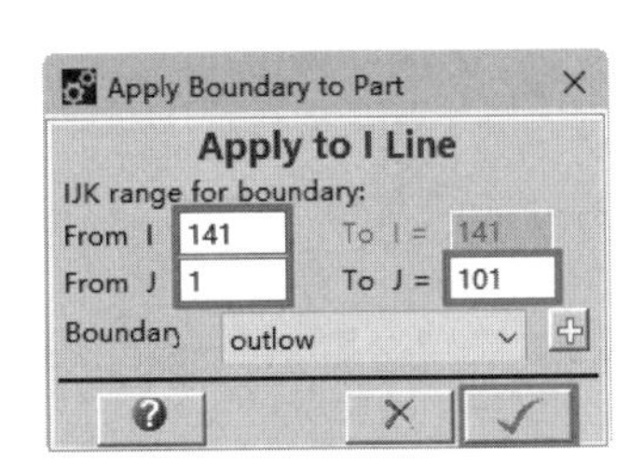

图 11-76　创建第二条边界线对话框

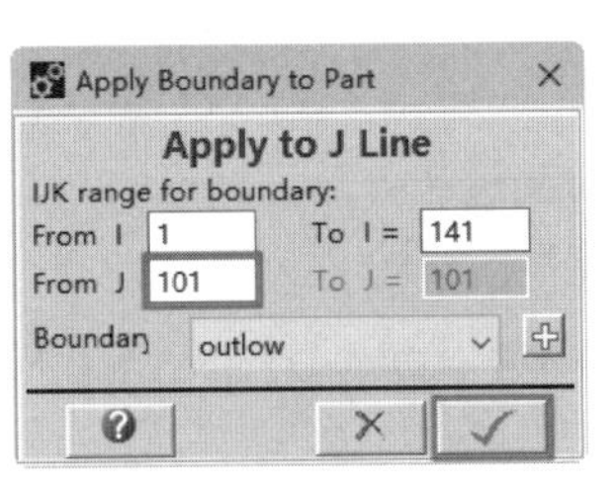

图 11-77　创建第三条边界线对话框

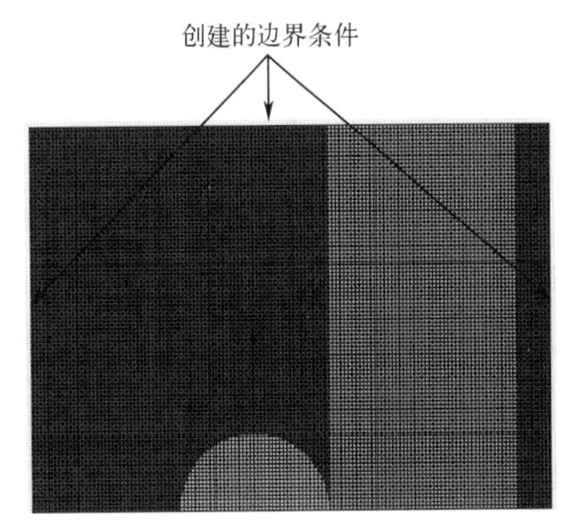

图 11-78　完成流出边界条件的施加

（8）设置接触

① 定义 Lagrange-Lagrange 接触　单击导航栏上的“Interaction”（接触）按钮 Interaction，打开“Interactions”（接触）面板。通过此面板定义接触，单击“Lagrange/Lagrange”（拉格朗日 / 拉格朗日）按钮 Lagrange/Lagrange，设置拉格朗日 / 拉格朗日接触方式，如图 11-79 所示。设置“Type”（类型）为“External Gap”（外部间隙）接触算法，单击“Calculate”（计算）按钮 Calculate，系统会自动计算间隙值，结果如图 11-80 所示。

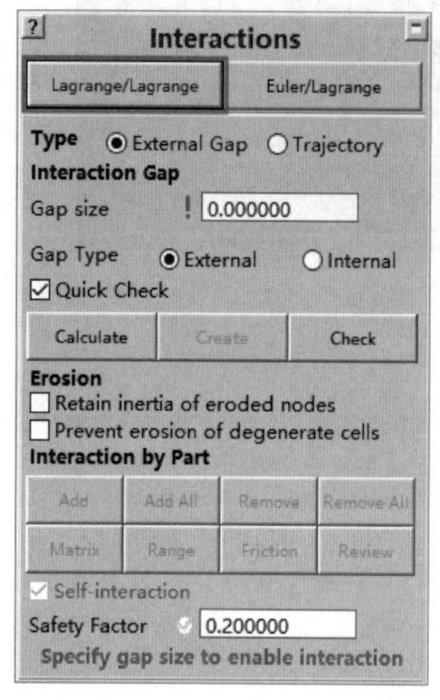

图 11-79　“Interactions”面板

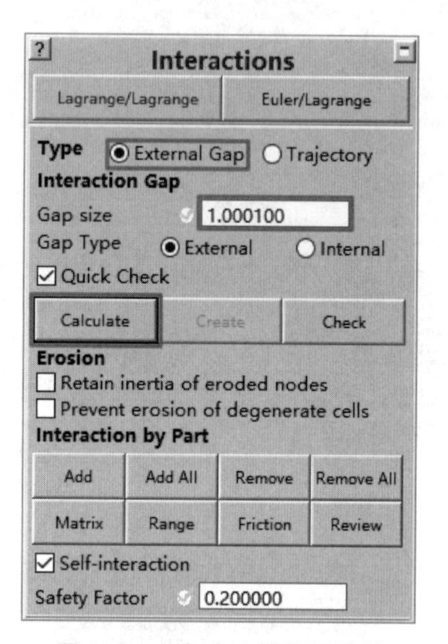

图 11-80　自动计算的间隙值

② 设置 Euler-Lagrange 耦合　单击“Interaction”（接触）面板中的“Euler/Lagrange”（欧拉 / 拉格朗日）按钮 Euler/Lagrange，在“Select Euler/Lagrange Coupling Type”（选择耦合类型）列表中选择“Automatic （polygon free）”[自动（自由多边形）] 选项，系统会自动设置耦合，如图 11-81 所示。

（9）设置起爆点

单击导航栏中的“Detonation”（爆炸）按钮 Detonation，打开“Detonation/Deflagration”（爆炸 / 爆燃）面板，通过该面板选项设置爆炸物的爆炸爆燃位置，如图 11-82 所示。单击“Point”（起爆点）按钮 Point，打开“Define detonations”（定义起爆点）对话框，如图 11-83 所示。输入起爆点坐标为“-200.000000”“0.000000”，单击“OK”按钮 ✓，完成起爆点设置。

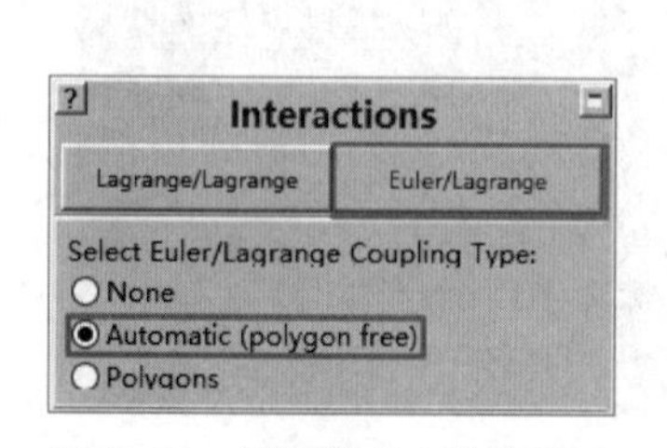

图 11-81　设置欧拉 / 拉格朗日接触

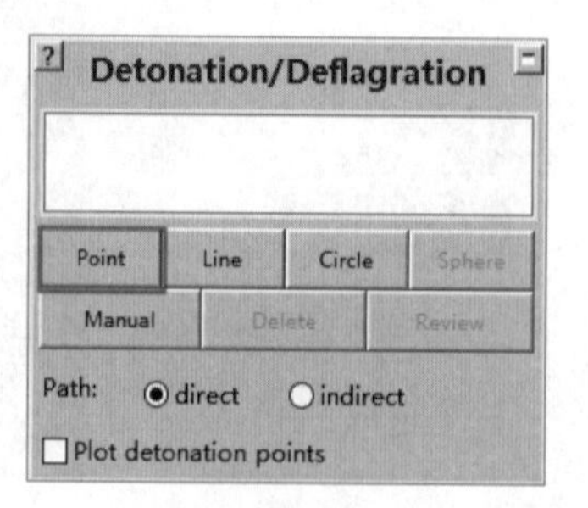

图 11-82　“Detonation/Deflagration”面板

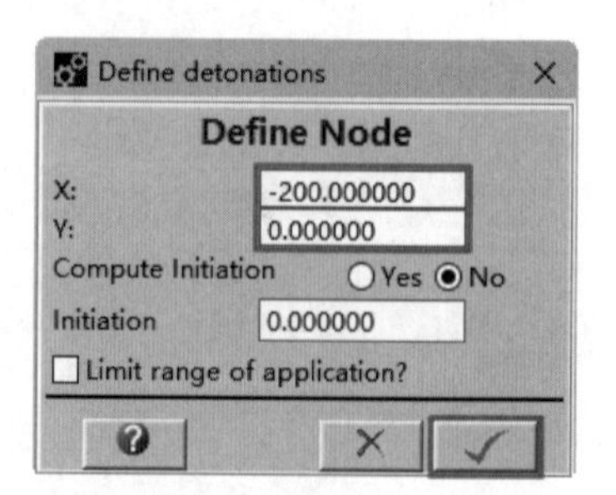

图 11-83　“Define detonations”对话框

勾选“Detonation/Deflagration”（爆炸 / 爆燃）面板中的“Plot detonation points”（绘制起爆点），来观察起爆点位置，结果如图 11-84 所示。

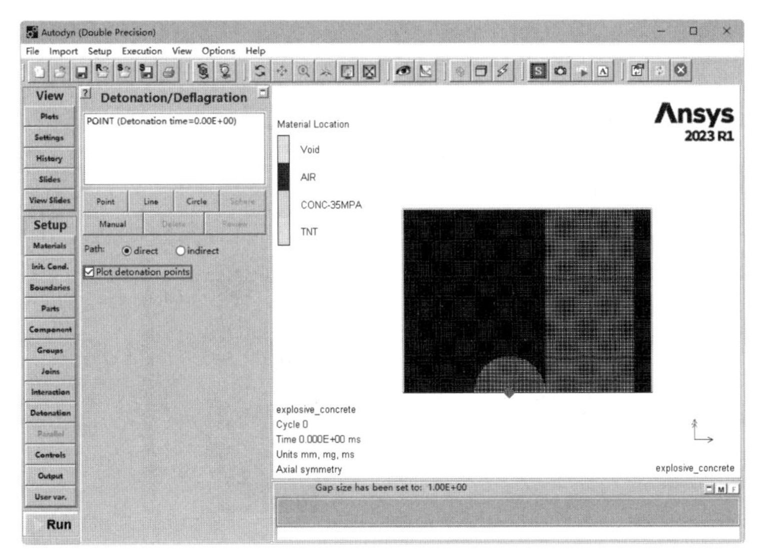

图 11-84　显示起爆点位置

(10) 设置求解控制

单击导航栏中的“Controls”（控制）按钮 Controls，打开“Define Solution Controls”（定义求解控制）面板，通过该面板为模型定义求解控制。设置“Wrapup Criteria”（终止标准）下面的参数，设置“Cycle limit”（循环限制）为“999999”，设置“Time limit”（时间限制）为“0.300000”，设置“Energy fraction”（能量分数）为“0.050000”，设置“Energy ref.cycle”（检查能量循环数）为“999999”，如图 11-85 所示。

(11) 设置输出

单击导航栏中的“Output”（输出）按钮 Output，打开“Define Output”（定义输出）面板，在“Save”（保存）栏中选择“Time”（时间）复选框，设置“End time”（终止时间）为“1.000000”，设置“Increment”（增量）为“0.010000”，如图 11-86 所示。

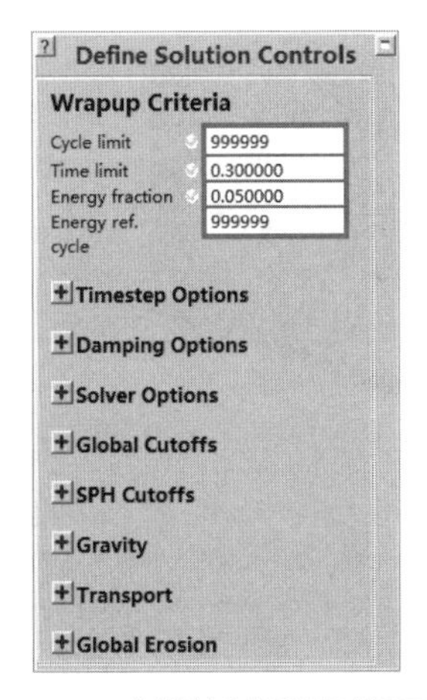

图 11-85　求解控制设置对话面板

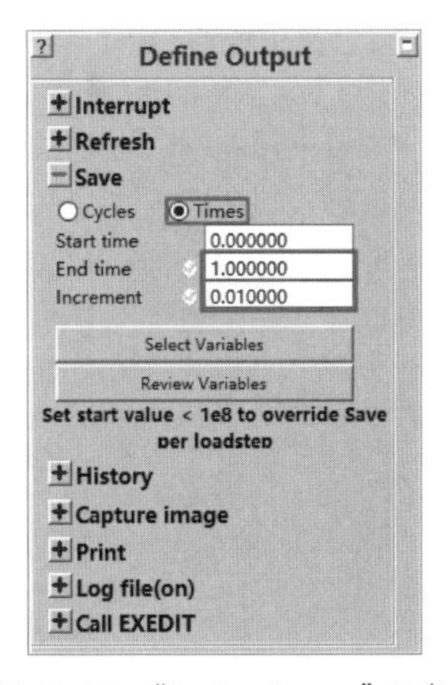

图 11-86　“Define Output”面板

（12）开始计算

单击导航栏上的“Plots”（绘图）按钮**Plots**，然后选中所有零件，在“Fill type”（填充类型）栏中选择“Material Location”（本地材料）单选按钮，在“Mirror”（镜像）栏中勾选“Rotate”（旋转）复选框，并设置角度为“180° ”，如图 11-87 所示。

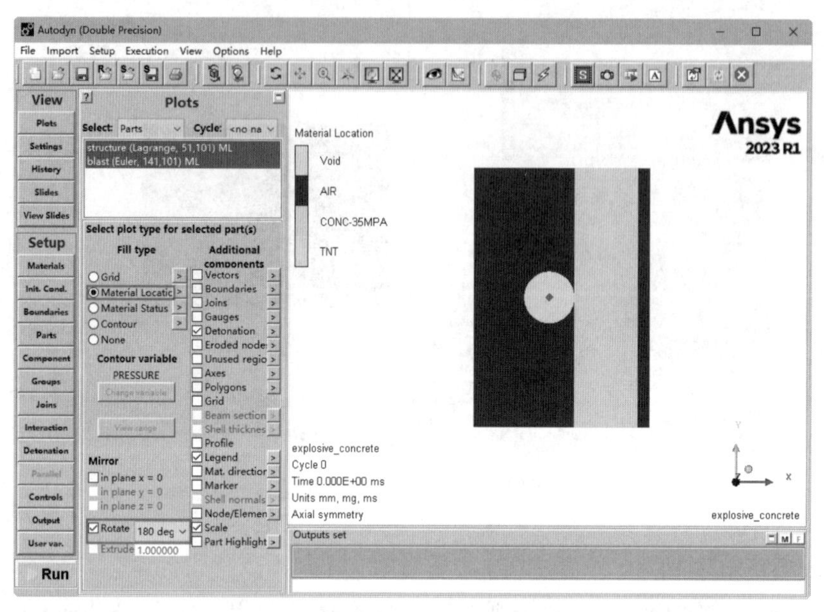

图 11-87　设置“Plots”面板

当模型设置正确后，利用鼠标中间调整视图方向，结果如图 11-88 所示。单击导航栏中的“Run”（运行）按钮 **Run**，打开“Confirm”（确认）对话框，如图 11-89 所示。单击“是”按钮**是(Y)**进行计算，在计算过程中可以随时单击“Stop”（停止）按钮**Stop**来停止计算，观测爆炸过程及对数据进行读取，观测相关的计算曲线。

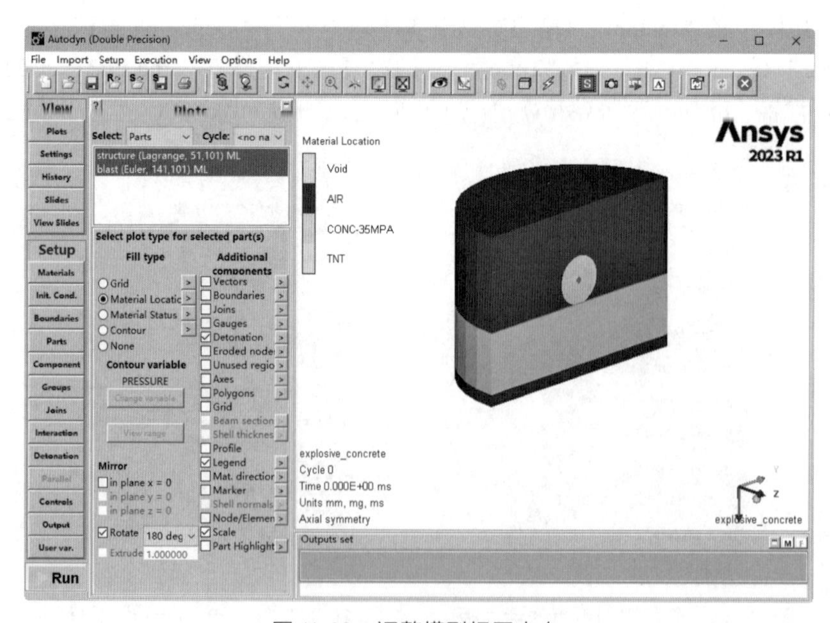

图 11-88　调整模型视图方向

（13）后处理

在“Plots”（绘图）面板中的“Fill type”（填充类型）栏中选择“Material Location”（本地材料）复选框，如图 11-90 所示。单击“Material Location”（本地材料）右侧的展开按钮，打开“Material Plot Settings”（设置材料显示）对话框，如图 11-91 所示，在“Material visbility”（材料可见性）中勾选“CONC-35MPA”材料，单击“OK”按钮。在“Plots”面板中的“Fill type”（填充类型）栏中选择“Contour”（云图）复选框，然后单击“Contour”（云图）右侧的展开按钮，打开“Contour Plot Settings”（设置云图绘制）对话框，如图 11-92 所示。单击“Contour variable”（选择云图变量）中的“Change variable”（更改变量）按钮 Change variable，打开“Select Contour Variable”对话框，如图 11-93 所示。在“Variable”（变量）列表中选择“DAMAGE”（损伤）选项，单击“OK”按钮，得到了混凝土板在炸药作用下的损伤分布云图，如图 11-94 所示。

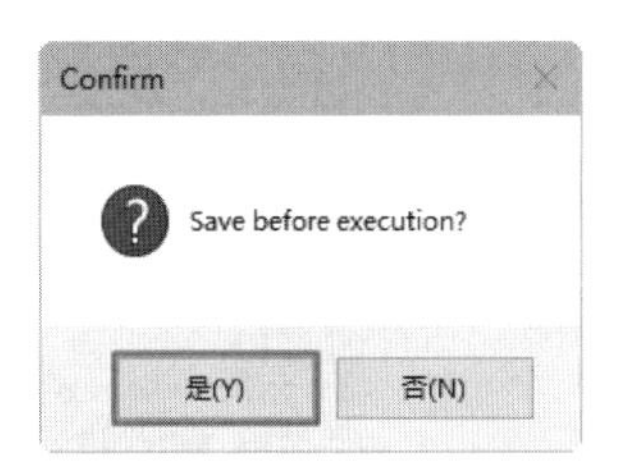

图 11-89　“Confirm”对话框

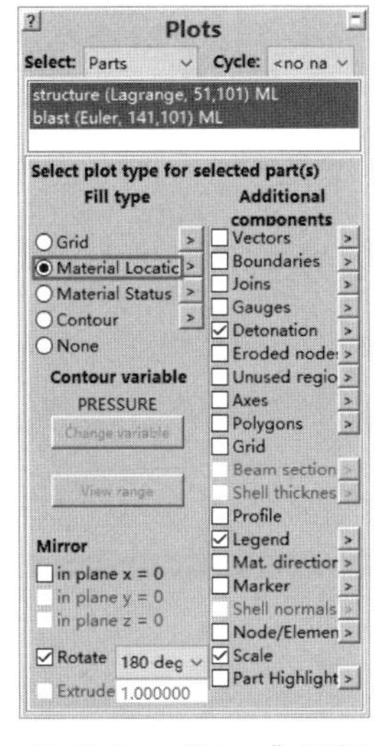

图 11-90　“Plots”面板

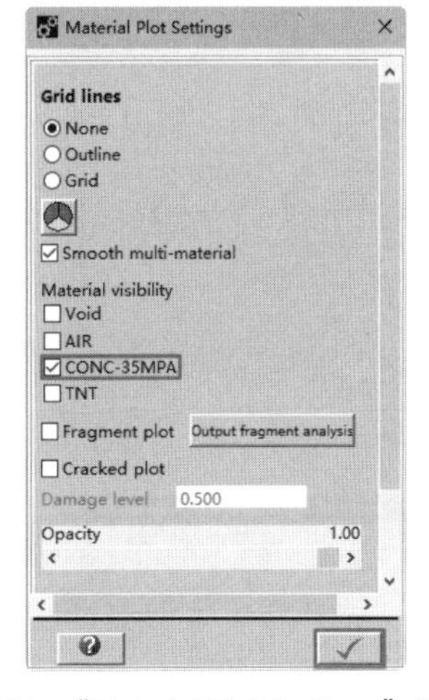

图 11-91　“Material Plot Settings”对话框

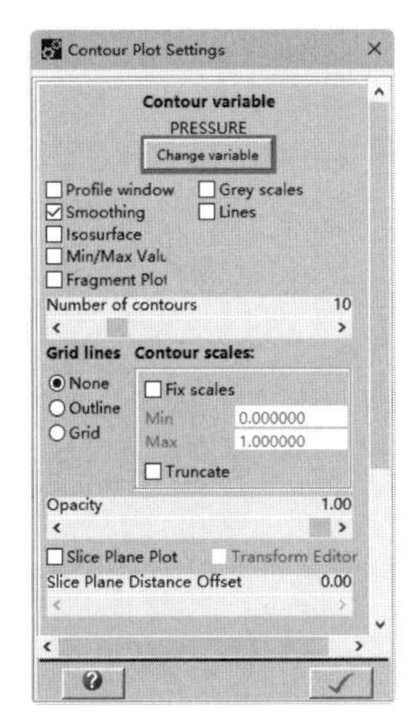

图 11-92　“Contour Plot Settings”对话框

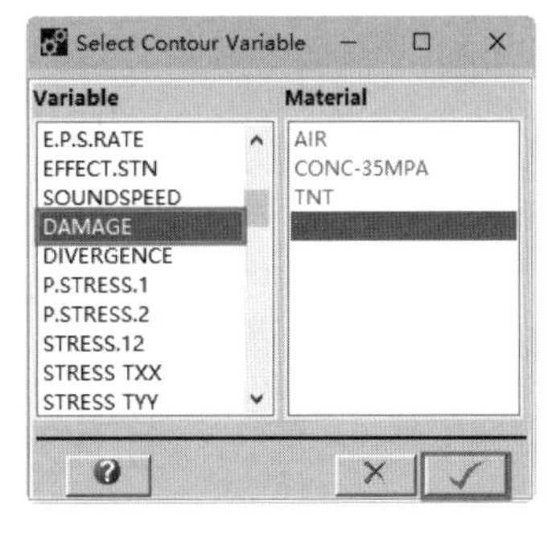

图 11-93　“Select Contour Variable”对话框

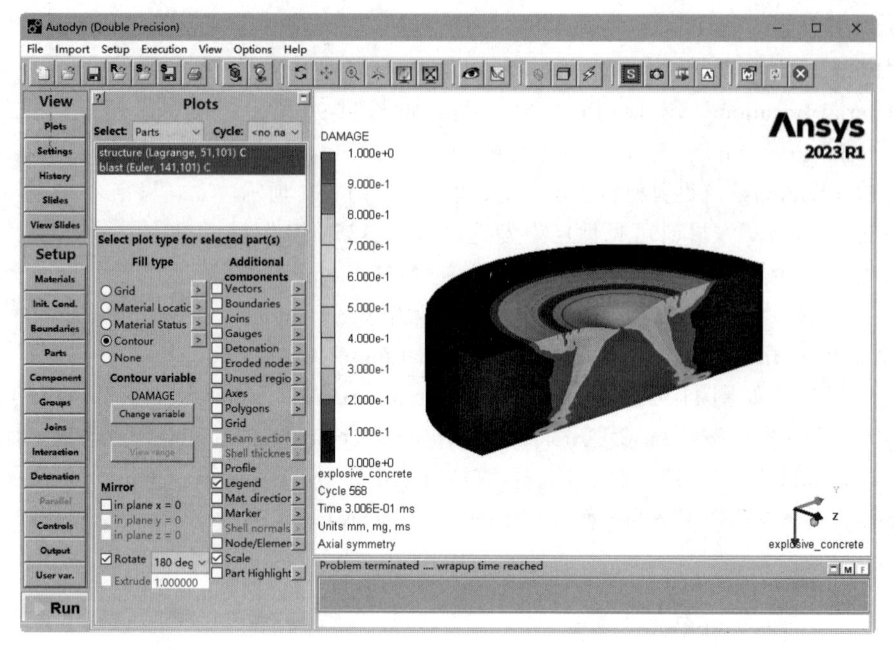

图 11-94　损伤分布云图